장하석

케임브리지 대학교 과학사–과학철학과 석좌교수. 1967년 장재식 전 산업자원부 장관과 최우숙 여사의 차남으로 태어나 서울에서 고등학교 1학년까지 다닌 후 미국 명문 고교인 노스필드 마운트 허먼 스쿨을 수석으로 졸업했다. 캘리포니아 공과대학교에서 물리학과 철학을 공부하였고, 스탠퍼드 대학교에서 〈측정과 양자물리학의 비통일성〉이라는 논문으로 철학 박사학위를 받았다. 하버드 대학교(1993~1994)와 유니버시티 칼리지 런던(1995~2010)을 거쳐 케임브리지 대학교(2010~현재)에 재직 중이다. 과학철학협회PSA 이사, 영국 과학사학회BSHS 회장을 지냈으며, 주요 연구 분야는 18세기 이후 화학과 물리학의 역사와 철학, 과학적 실천의 철학, 실재론, 다원주의, 실용주의, 측정, 증거 등이다.

2004년 출간된 첫 책 《온도계의 철학Inventing Temperature》으로 지난 6년간 영어로 쓰인 저서 중 과학철학에 현저하게 기여한 책에 수여하는 러커토시 상(2006)을 받았다. 2012년 출간된 두 번째 책 《물은 H2O인가?Is Water H2O?》는 "과학의 역사와 철학에서 중요한 텍스트가 되리라 확신한다"라는 심사평과 함께 국적과 소속을 불문하고 지난 5년간 과학철학에서 뛰어난 성취를 보인 저서에 수여하는 페르난두 질 과학철학 국제상(2013)을 받았다. 2014년 2월부터 5월까지 EBS에서 연속 강연한 내용을 바탕으로 같은 해 출간한 과학철학 개론서 《과학, 철학을 만나다》는 한국과학창의재단의 우수과학도서에 선정되었다. 2021년에는 물리학의 역사와 철학 분야에서 혁신적이고 영향력 있는 연구를 수행한 공로로 미국 물리학회APS와 미국 물리연구소AIP가 수여하는 에이브러햄 페이스 상을 받았다.

옮긴이 전대호

서울대학교에서 물리학을 공부한 후 칸트의 공간론에 관한 논문으로 같은 대학에서 철학 석사학위를 받았다. 이어서 독일학술교류처의 장학금으로 라인 강가의 쾰른에서 주로 헤겔 철학을 공부했다. 헤겔의 논리학에 나오는 양적인 무한 개념을 주제로 박사논문을 쓰던 중 유학생활을 청산하고 귀국하여 번역가로 정착했다. 영어와 독일어를 우리말로 옮기는데, 대개 과학책과 철학책을 일거리로 삼는다. 고등학교 시절부터 시를 썼으며 신춘문예로 등단해 시집 《가끔 중세를 꿈꾼다》《성찰》을 냈다. 《철학은 뿔이다》를 썼고, 《정신현상학 강독 1》을 옮기고 썼다. 《인터스텔라의 과학》《위대한 설계》《기억을 찾아서》《로지코믹스》《헤겔》(공역)《초월적 관념론 체계》《나는 뇌가 아니다》를 비롯한 많은 책을 번역했다.

물은 H₂O인가?

HASOK
CHANG

물은 H₂O인가?

증거, 실재론, 다원주의

장하석

전대호 옮김

IS WATER
H₂O?
EVIDENCE,
REALISM,
AND
PLURALISM

🔷 Springer

김영사

물은 H₂O인가?

1판 1쇄 발행 2021. 6. 10.
1판 2쇄 발행 2022. 9. 26.

지은이 장하석
옮긴이 전대호

발행인 고세규
편집 이승환 디자인 조은아 마케팅 정성준 홍보 박은경
발행처 김영사
등록 1979년 5월 17일 (제406-2003-036호)
주소 경기도 파주시 문발로 197(문발동) 우편번호 10881
전화 마케팅부 031)955-3100, 편집부 031)955-3200 팩스 031)955-3111

값은 뒤표지에 있습니다.
ISBN 978-89-349-8886-1 93400

홈페이지 www.gimmyoung.com 블로그 blog.naver.com/gybook
인스타그램 instagram.com/gimmyoung 이메일 bestbook@gimmyoung.com

좋은 독자가 좋은 책을 만듭니다.
김영사는 독자 여러분의 의견에 항상 귀 기울이고 있습니다.

또 다른 나, 안승준(1966~1991)에게 바칩니다.

● 한국어판 서문

고국의 독자들께

이 책이 2012년에 출간된 지 거의 10년 만에 한국어 번역본이 나오게 되어 기쁨을 금할 수 없습니다. 번역과 출간을 무사히 성사시켜주신 김영사의 모든 관계자들께 진심으로 감사드리고 싶습니다. 또 일이 끝까지 이루어지지는 않았지만 처음에 번역을 제안해주셨던 타임교육의 원준희 회장님과 타 관계자들께도 감사드립니다.

특히 번역자 전대호 선생님과 김영사의 편집자 이승환 선생님 두 분은 훌륭한 책이 나오도록 정말 성의를 다해주셨습니다. 책 내용에 깊은 관심을 보이시며 여러 가지 의문을 꼼꼼히 저자와 논의해가며 작업해주셨습니다. 그런 소통을 통하여 저도 새로이 느끼고 배우는 점이 많았습니다. 번역은 단순히 기계적으로 한 가지 언어에서 다른 언어로 내용을 옮기는 작업이 아닙니다. 각 언어에는 고유의 관념들과 세계관까지 담겨 있기 때문에, 수준 높은 번역을 한다는 것은 작품을 새롭게 창조해나가는 과정입니다. 또한 그렇게 만들어낸 작품을 재정비하고 다듬는 편집자의 일도 정밀성을 요구하는 고달프고 수준 높은 지적 노동입니다. 이런 일이 완벽하게 될수록 대부분의 독자들은 더 잘 감지하지 못할 것입니다.

저는 고등학교도 졸업하기 전에 한국을 떠나, 외국 생활이 이제 거의 40년이 되었습니다. 처음에는 미국, 지금은 영국에서 학자의 길을 걷고 있지만 여전히 한국에서 보내주시는 성원에 항상 힘을 얻고 있습니다. 일생 동안 변함없는 사랑으로 돌봐주시는 부모님과 누님을 비롯한 가족들부터, 진로 상담을 청하는 생면부지의 학생들까지, 모두 제가 하는 작업에 또 다른 의미를 느끼게 해주시고 있습니다.

제가 학계에서는 세계적으로 어느 정도 인정을 받고 있지만, 사회 일반에서 저의 생각에 대단한 관심을 보여주시는 곳은 한국밖에 없는 것도 사실입니다. 국내에 과학철학과 과학사에 대한 관심이 퍼져 있다는 것을 2014년에 제가 강연했던 '과학, 철학을 만나다' 시리즈가 EBS에서 방영되면서 확실히 알게 되었습니다. 특히, 한국의 과학 교육을 개선하고자 노력하시는 뜻있는 선생님들과 교육학자들께서 제 작업에 관심을 보여주시고, 협업도 진행해주시는 것을 아주 고무적으로 여기고 있습니다. 한국어로 소개되는 이 책이 창의적이고 비판적인 과학 교육에 이용할 수 있는 자료가 되기를 희망합니다. 저는 과학 교육을 광범위하게 생각합니다. 나이와 직업에 상관없이 관심을 가진 사람들이 과학에 대하여 무언가를 더 깨우칠 수 있도록 한다면 그것이 과학 교육이고, 거기에 저도 조금이나마 기여해보려는 꿈이 있습니다.

이 책은 제가 《온도계의 철학》에서 제시했던 '상보적 과학' 프로젝트의 연속입니다. 즉, 과학지식을 역사적, 철학적으로 재조명함으로써 과학자들이 가르쳐주지 않는 과학을 배우는 것입니다. 일반 시민들이 가지고 있는 과학지식이란 대개 주입식 교육의 산물이며, 그 지식이 어떻게 검증되고 정당화되는지에 대한 의식은 포함되어 있지 못합니다. 요즘 코로나-19 사태나 지구온난화 등 큰 사회적 문제들을 논의할 때 과학을 믿어야 한다는 말들을 많이 합니다. 그러나 왜 과학지식이 훌륭하고 믿을 만한 것인가도 모르고 무조건 맹신한다면, 남들이 믿는다고 해서 음모설이나 사이비종교를 믿는 것과 별 차이가 없습니다.

'물은 H_2O이다'라는 것은 모두가 잘 아는 과학 상식이지만, 사실 우리는 어떻게 과학자들이 그런 것을 알아냈는지도 모르고 이 말을 앵무새처럼 되풀이하는 것에 불과합니다. 이러한 깨달음을 시작으로 저는 이 책을 쓰기 시작했습니다. 인간의 문명이 시작되고 몇천 년 동안 사람들은 물을 더 이상 분해될 수 없는 기본적 원소로 이해했습니다. 그러다가 1800년경에 와서야 유럽의 화학자들이 물을 산소와 수소의 화합물로 생각하게 되었는데, 그렇게 의견을 바꾸는 것이 쉽지 않았습니다. 더 나아가 화학에 원자론을 도입하고 물 분자가 수소원자 두 개와 산소원자 한 개가 합쳐진 것이라 밝혀내는 것은 정말로 어려운 일이었습니다.

그 길고 복잡한 역사를 자세히 들여다보며 이해할 때, 우리는 과학지식의 수준을 높일 수 있습니다. 당연하다고 생각해 재미없다고 느끼는 현대의 과학 상식은 알고 보면 옛날 과학자들이 진지하고 헌신적으로 연구하고 논쟁했던, 당시로서는 최첨단의 내용이었습니다. 그것을 알게 되면 우리도 그때 그 과학자들처럼 흥미를 가지고 다시 새롭게 배울 수 있습니다.

이 책은 상당히 많은 세세한 내용을 다루고 있으며, 언뜻 난해해 보이는 부분도 다소 있을 것입니다. 그러나 과학도 철학도 차분히 하나하나 깨쳐가면 일반인도 즐길 수 있다는 것이 저의 믿음입니다. 그러한 정신으로 저술한 책이니 생소한 내용이라도 도전해 보시면 반드시 얻는 것이 있으시리라 생각합니다. 특히 본문 '들어가는 말'에도 설명하였듯이 각 장의 1절은 사전 지식이 없는 독자들이라도 이해할 수 있도록 비교적 쉽게 풀어놓았으므로, 주요 내용을 일단 파악하시는 데 도움이 될 것입니다. 자연에 대한 호기심과 그 자연을 이해하려는 인간의 노력에 관심이 있으신 모든 독자들께 이 책을 드립니다.

● **감사의 말**

    수많은 사람들이 이 책과 이 저자를 만들어내는 데 기여하였다. 여기에서 그들 모두를 거론할 수는 없을 것이다. 나의 첫 저서에서 감사를 받은 모든 이들에게 다시 한번 감사하고 싶다. 그들 모두의 이름을 열거하지는 않겠다. 그 목록은 나의 부모님으로 시작된다. 부모님의 사랑과 지원과 신뢰는 여전히 내 삶의 반석이다. 목록의 마지막은 이 책이 우리가 같이하는 삶의 일부로서 탄생하는 오랜 기간의 모든 고비들을 사랑으로 공유한 나의 아내 그레첸 시글러이다. 목록의 중간은 형님과 누님, 그리고 그들의 가족들이다. 삶에서 이들보다 나은 안내자나 동반자를 요구할 수는 없을 것이다. 또한 지금까지도 내가 학자로서의 여정을 잘 이어가도록 이끌어주시는 옛 스승들도 언급하지 않을 수 없다. 특히 낸시 카트라잇, 제럴드 홀튼, 피터 갤리슨, 존 듀프레, 짐 우드워드 교수님께 감사드린다.

    유니버시티 칼리지 런던(UCL)의 수많은 옛 동료들과 학생들에게 깊이 감사한다. 나는 그곳에서 16년간 멋진 세월을 보냈다. 딱히 이 책에 들어간 연구를 돕지 않은 사람들도 나에게 긴요한 지적 자극과 친목감을 제공해주었다. 내가 거기에 머문 기간의 후반기에 긴밀하게 협력하고 더없이 후한 도움을 준 동료들 중 특히 조 케인, 대런 카루아나, 안드레아 셀라, 미켈라 마시미, 스티브 밀러, 브라이언 바머, 필립 데이빗, 캐롤라인 에섹스, 벡 허스트, 헬렌 위컴에게 감사한다. 기관의 차원에서는 리처드 캐틀로 학장님과 맬컴 그랜트 총장님의 지원과 격려에 깊이 감사드린다. 또한 학자로서 살면서 가장 큰 기쁨은 학생이 동료로 발전하는 과정을 지켜보는 것이었다. 가장 주목할 만한 사례들은 그랜트 피셔, 사비나 레오넬리, 조젯 테일러, 캐서린 잭슨, 키아라 암브로시오 등이다. 이들 각각은 내가 이 책을 쓰는 것을 여러 방식으로 도왔다. 어쩌면 이들은 그런 사실조차 모를 것이다. 학생들이 공부한 내용으로 학술적인 글을 출판할 때도 비슷한 기쁨을 느낀다. 이런 맥락에서는 염소chlorine와 전기에 관한 학부 연구 프로젝트들에 참여한 학생들에게 특히 감사한다.

케임브리지 대학교의 새 동료들과 학생들에게도 감사하고 싶다. 특히 우호적이고 고무적인 환경을 제공하여 이 프로젝트의 완성을 도운 과학사-과학철학과와 클레어 홀 칼리지에 감사한다. 또한 내가 지금 차지한 교수직을 창설한 리스벳 라우싱에 대한 감사와 나의 전임자들인 피터 립튼, 마이클 레드헤드, 메리 헤시의 업적에 대한 존경심도 기록해두고 싶다.

다양한 연구팀들이 나의 학습과 사유에 매우 중요하게 기여했다. 거기에 속한 동료들에게, 또한 그 팀들을 가능케 한 기관들에 감사한다. '증거, 추론, 탐구' 프로젝트(리버흄 재단과 ESRC 지원), '화학적 분석과 합성의 역사' 프로젝트(리버흄 재단 지원), '실용주의, 다원론, 현상학' 연구팀, '애드 혹AD HOC'(최근 SHAC 지원), 실행적 과학철학 협회(SPSP), 통합적 과학사와 과학철학(Integrated HPS)을 위한 영국 및 국제 네트워크 등이다.

매우 낯설었던 화학, 화학사, 화학철학의 세계에 첫발을 들였을 때 많은 사람들은 나를 환영해주고 그 분야에서 길을 찾을 수 있도록 도와주었다. 다른 이유에서 이미 언급된 사람들 외에 추가로 로지 코츠, 제니 램플링, 우르술라 클라인, 데이비드 나이트, 로 버트 앤더슨, 피터 워더스, 빌 브록, 버나데트 방소드뱅상, 메리 조 나이, 피요 라탄지, 캐트 오스텐, 존 퍼킨스, 김미경, 시모어 마우스 코프, 로빈 헨드리, 요아힘 슘머, 존 매커보이, 매튜 에디, 프레드 패 럿, 아나 시몬스에게 감사하고 싶다.

이 책을 쓰는 데 무수한 값진 제안들과 절실히 필요한 실질 적 도움을 준 키아라 암브로시오와 샤하 아빈에게 감사한다. 이들 은 최고의 조교들이었다. 샤하의 임무는 이 책의 원고 전체를 읽고 논평하는 것을 포함했다. 또한 '전全 런던 HPS 세미나 팀'의 구성원 들에게도 감사한다. 그들은 2010년 봄에 이 책의 처음 네 챕터의 초기 원고들을 함께 읽고 토론하여 아주 큰 도움을 주었다. 통찰력 이 돋보이고 유용한 비판적 제안을 스프링어 출판사에 제출해준 익 명의 심사위원 두 명에게, 또한 옥스퍼드 대학교 출판부에서 의뢰 받았던 익명의 심사위원에게도 감사한다.

이 책을 쓰는 경험은 나를 겸손하게 만들었다. 어쩔 수 없이 인정하게 된 것은, 이 책이 다루는 내용 가운데 많은 것들을 나 스 스로 만족할 만한 수준으로는 영영 통달하지 못하리라는 것이다. 거인들의 어깨 위에 올라서면 해낼 수 있으리라 생각했었지만, 너 무나 많은 거인들과 너무나 높은 어깨들의 위에 올라서기가 불가능 했다. 많은 저자들의 연구를 더 잘 공부하거나 더 설득력 있게 다루 고 싶었으나 포기하고 말았다. 앨런 로크, 앨런 차머스, 우르술라 클 라인, 하워드 스타인, 윌리엄 윔샛, 샌디 미첼, 제럴드 도펠트, 데보 라 마요 등이다. 또한 많은 사람들이 나에게 값진 제안을 건넸으나, 나는 그 제안들을 충분히 수용해낼 수 없었다. 그들에게 사과하고 싶다. 가장 사과를 가장 많이 받아야 할 사람은 에릭 큐리엘이고, 크리스티안 헤니히, 알렉스 벨라미, 강진호, 마리타 휘프너도 언급해야 마땅하다.

내가 받아들이고 써먹을 수 있었던 온갖 도움과 격려와 제안을 준 것에 대해서, 이미 언급한 사람들 외에 추가로 다음과 같은 사람들에게 감사하고 싶다. 이 프로젝트가 진행되는 과정에서 마치 정맥주사처럼 요긴한 격려를 제공한 멘토들이 있다. 앨런 차머스, 존 하일브론, 폴 호이닝엔휘네, 필립 키처, 헬렌 론지노, 로베르토 토레티, 켄 워터스, 앨리슨 와일리, 또한 하비 브라운, 제드 북월드, 제레미 버터필드, 롬 하레, 돈 하워드, 프랭크 제임스, 존 노튼에게 감사한다. 이들과 유사하게 큰 관심과 통찰로 이 프로젝트의 꾸준한 진행을 가능케 한 친구들과 동료들이 있다. 더글러스 올친, 헤네 앤더슨, 시어도어 아라바지스, 캐서린 브래이딩, 줄리아 버스텐, 캐스린 카슨, 엘리자베스 카비키, 제이슨 데이비스, 실비아 데 비앙키, 소피아 에프스타시우, 멜린다 페이건, 울리아나 페스트, 그래엄 구데이, 제프 휴스, 케이티 켄딕, J. B. 케네디, 이안 키드, 김동원, 김성호, 바소 킨디, 루시아 레보비치, 펠리시아 매카렌, 요시파 페트루니치, 그렉 래딕, 레나 솔레(와 '프라티시엥스PratiScienS'), 케이티 탭, 원준희, 이상욱에게 감사한다. 초청 강연을 주선해주거나 그 내용에 대한 비평을 해주는 등 다양한 챕터에 도움을 준 것에 대해서, 셰이머스 브래들리, 섀런 클러프, 패트릭 코피, 마릴레나 디 부키아니코, 조너선 에버렛, 로만 프릭, 수잔나 깁슨, 론 기어리, 플로렌스 그랜트, 리나 하킴, 마타 할리나, 제인 힐, 닉 허겟, 강민수, 존 캐플란, 레나 케스트너, 이스모 코포넨, 안티고네 누누, 파올로 팔미에리, 리디아 패턴, 딘 피터스, 스타티스 프실로스, 앤드류 라베네크, 미클로스 레데이, 펠릭스 리트만, 테드 슈말츠, 카일 스탠퍼드, 제이콥 스테겡가, 토마스 슈튜룸, 이언 와츠, 마이클 웨더번, 브래드 레이에게 감사한다. 또한 다양한 곳에서 나의 강의를 경청해준 청중들에게도 감사한다. 그 장소들은 캘리포니아 주립대학교(버클리 캠퍼스, 샌디에고 캠퍼스), 캘텍, 케임브리지 대학교, 일리노이 대학교(시카고 캠퍼스), 듀크 대학교, 더럼 대학교, 엑시터 대학교, 리즈 대학교, 레 트레이, 런던 정경대학교, 맨체스터 대학교, 미네소타 대학교, 미주리 대학교(세인트루이스 캠퍼스), 막스플랑크 과학사 연구소(베를린), 옥스퍼드 대학교, 레딩 대학교, 런던 왕립학회, 서울대학교, 피츠버그 대학교, 스탠퍼드 대학교, 그리고 BSHS, BSPS, HSS, PSA, SPSP, HPS 학회들 등이다.

마지막으로 언급하지만 가장 덜 중요한 것은 결코 아닌데, 이 책을 가능성의 영역으로부터 현실성의 영역으로 끌어낸 스프링어 출판사의 훌륭한 팀에게도 감사하고 싶다. 찰스 어켈렌스와 티스 나이센은 나의 연구를 신뢰하여 이 책을 스프링어에서 출간하자고 먼저 제안하고 원고를 받아들여주었다. 루시 플리트는 감탄할 정도의 인내심과 효율성으로 나머지 출판 과정을 관리했다. 또한 출판 과정에서 온갖 고된 일을 해준 코리나 판 데어 기센, 순다라무르티 카르티가얀, 그리고 이들의 동료들에게 감사한다.

내가 처음으로 사귀었던 친구, 가장 가까웠던 친구 안승준에 대한 빛바래지 않는 기억에 이 책을 바친다. 그가 살아 있었다면, 정말 남다르게 이 책을 이해하고 감상했을 것이다.

차례

2장 전기분해: 혼란의 더미와 양극의 당김

3장 HO일까, H_2O일까?: 원자의 개수를 세는 법을 터득하기까지

4장 능동적 실재주의와 H_2O의 실재성

5장 과학에서의 다원주의: 행동을 촉구함

일러두기

- 원소 이름과 화합물 이름은 대한화학회 화학술어집을 참조하되 이름에 담긴 역사와 현재의 쓰임을 고려하여 표기했다. 동일 원소/화합물의 다른 이름은 '찾아보기'에 병기했다.
- 외국 인·지명 등은 국립국어원의 외래어표기법을 따랐으나 다음을 비롯한 몇몇은 저자의 의견에 따라 원어 발음에 가깝도록 표기하였다. 원어는 '찾아보기'에 병기했다.

  Newton 뉴튼 Dalton 돌튼 Lavoisier 라봐지에 Cavendish 캐븐디시
  Göttingen 괴팅엔 Wollaston 월라스턴 Cartwright 카트라잇

● 들어가는 말

현대 과학을 조금이라도 접해본 사람이라면 누구나 물이 H_2O라는 것을 안다. 그러나 과학자들은 그것을 아주 어렵게 배웠다. 이 책에서 내가 보여주려 하는 바는, 물은 하나의 원소라는 전통적 견해로부터 물은 화학식이 H_2O인 화합물이라는 합의로 사람들을 이끈 일련의 결정들이 얼마나 상황의존적contingent이었는가 하는 것이다. 그 합의는 19세기 후반에야 이루어졌다. 물에 대한 견해의 변화를 다루는 이 이야기를 통하여 나는 또한 실재론과 다원주의를 포함한 철학의 몇몇 주요 쟁점들에 관한 토론을 발전시키고자 한다. 나는 일부러 인간의 삶에서 가장 친숙한 물질들 중 하나와 그 물질에 관한 가장 기초적인 과학적 사실들 중 하나를 연구 주제로 선택했다. 나의 목표는, 아무리 단순하고 당연시되는 과학 지식이라 하더라도 그 지식의 형성에 수반되게 마련인 어려움들을 우리 모두가 깨닫게 만드는 것이다. 그런 깨달음이 없으면, 우리는 과학의 성취들에 대한 참된 인정에도 도달할 수 없고 과학의 주장들에 대한 적절한 비판적 태도에도 도달할 수 없다.

책의 절반 이상은 18세기 중반부터 19세기 후반까지의 물에 관한 철학사를 다루는 세 장으로 이루어졌다. 나는 서양과학사에서 최초로 물이 화합물임이 밝혀진 사건인 화학혁명을 재구성하여 서술하는 것을 출발점으로 삼을 것이다. 그러면서 악명 높은 플로지스톤 이론을 배척할 결정적 이유가 없었다는 지속적인 의심을 제거하려 애쓰다가 실패할 것이다. 이어서 나는 전기화학의 초기 역사를 살펴볼 것이다. 물은 예상대로 수소와 산소로 전기분해되었지만, 왜 그 두 기체가 똑같은 물 분자에서 기원한다는 추정에도 불구하고 서로 멀리 떨어진 장소들에서 발생하는가, 하는 심각한 수수께끼가 제기되었다. 다음으로 화학적 원자론의 초기 역사가 짧게 이어질 것이다. 그 역사에서 화학자들은 반세기가 넘는 세월이 걸려서야 존 돌턴이 원래 제시했던 물의 화학식 HO를 H_2O로 바꾸는 데 합의했다. 이 내용들을 다루면서 나는 역사 서술에 관한 몇몇 독창적 기여를 할 뿐 아니라, 그 역사 서술의 틀에 적합한 새로운 철학적 견해들도 제시하고자 한다.

구체적인 내용을 다루는 이 세 장에 이어서 더 추상적인 장 두 개가 뒤따를 것이다. 그 장들은 역사적 탐구를 통해 산출된 철학적 견해들을 체계적으로 전개한다. 그 모든 역사적 논의 내내 나를 괴롭히는 일반적인 질문이 하나 있다. 과학자들은 자신들이 도달한 결정들을 정당화하기에 충분한 증거를 과연 가지고 있었을까? 이 질문에 대한 신중한 숙고는 과학 탐구에서 증거에 대한 철저히 맥락적이며 실행에 기초한 견해로 나를 이끌 것이다. 따라서 불가피하게 실재론에 관한 질문이 제기된다. 과학 지식이 상황의존적이라면, 우리는 여전히 과학적 진리의 개념과 추구를 보존할 수 있을까? 상황의존성은 또한 선택을 함축한다. 과거 과학자들은 다른 선택을 합리적으로 할 수 있었고, 그 선택은 오늘날 우리가 지닌 것과 다른 과학 시스템을 낳았을 것이다. 나는 이 함의를 피하려 하기는커녕 끌어안고 완전히 발달한 과학적 다원주의로 발전시킬 것이다.

'물은 H_2O다'라는 명제의 단순하고 유일무이한 진리성을 의문시하는 나의 작업은 사람들의 당혹감을 일으키고 통상적인 전제들을 교란할 텐데, 그것은 전적으로 내가 의도하는 바다. 내가 펼칠 다양한 논증들의 세부사항과 상관없이 말하는데, 현대 과학의 가장 기본적인 진리들을 비판적 관점에서 꼼꼼히 검토하고 그 진리들을 부정하거나 그 진리들에 의존하지 않는 과학 시스템들의 가능성을 숙고하는 것은 미친 짓이 아니라는 깨달음은 사람들에게 유익할 것이다. 생각해보면, 우리가 여전히 존경하는 정치적, 철학적, 과학적 글들을 남긴 위대하고 합리적인 옛날 사상가들 중 다수는 물이 H_2O라는 것을 전혀 몰랐다. 무수한 인물들 중 몇 명만 언급하면 뉴턴, 볼테르, 흄, 프랭클린, 괴테, 칸트가 그러했다. 아무튼 최신 과학은, 물은 단순히 H_2O라는 견해를 더는 지지하지 않는다.[1] 물은 중수소를 비롯한 드문 동위원소들을 포함하고 있을뿐더러, 물의 익숙한 화학적 물리적 속성들은 다양한 이온들의 존재와, 인접한 물 분자들 간의 끊임없는 결합 및 재결합에 본질적으로 의존한다. 단일 분자의 화학식 H_2O는 이 같은 물 분자들의 상호작용을 은폐한다. 만약에 우리 앞에 H_2O 분자들이 단순히 쌓인 무더기가 있다면, 우리는 그것을 물로 알아채지 못할 것이다. 물론 '물은 H_2O다'라는 견해는 물의 구조에 관한 진리의 중요한 요소 하나를 담고 있으며 더 나아가 탐구에도 도움을 주었다. 그러나 그 견해를 영원하고 절대적인 진리로 간주하는 것은 오류일 것이다. 오히려 그 견해는 계속 전진하는 과학의 서사시에서 하나의 중요한 휴식 지점이었을 따

---

1 과학적 세부사항은 Eisenberg and Kauzmann(2005) 참조. Hendry(2008)는 간결한 요약을 제공한다.

름이다. 이 예에서 다음과 같은 일반적인 교훈을 얻을 수 있다. 즉, 과학자들이 이미 수정한 단순소박한 과학적 진리에 교조주의적으로 매달림으로써 얻을 수 있는 이득은 없다.

이 책은 내가 《온도계의 철학》으로 착수한 '상보적complementary 과학' 프로젝트의 연장이다. 이 책에 담긴 연구들은 상보적 과학의 약속, 곧 과학이 외면하는 과학적 질문들을 과학사와 과학철학을 이용하여 다루겠다는 약속을 계속 이행한다. 전작에서 나는 상보적 과학이 산출하는 지식의 성격을 세 개의 범주로 분류했다. 그것들은 잊힌 지식의 회복recovery, 비판적 의식critical awareness, 새로운 발전new developments이다.[2] 물의 역사에 관한 나의 연구는 이 모든 범주들에서 성과를 산출했다.

내가 이 책을 통해 내놓는 것은 역사 연구인 동시에 철학 연구이며 또한 과학 연구다. 나의 연구에 참된 독창성이 있다면, 그것은 아마도 내가 이 세 개의 가닥을 엮는 방식에 있지, 어떤 단일한 가닥에 있지 않을 것이다. 그럼에도 나는 처음 세 장이 18세기와 19세기의 화학사에 관한 그런대로 독창적인 업적이기를 바란다. 또한 마지막 두 장은 최소한 참신한 과학철학적 관점이기를 바라고, 나의 논의들이 여기저기에서 흥미롭고 비정통적인 과학적 사유를 유발하기를 바란다. 다루는 영역이 광범위하고 내 사고의 방향이 특이한 까닭에 나는 연구의 거의 모든 측면에서 완벽한 수준에 전혀 이를 수 없었다. 그러나 나는 이 책의 최초 제안서를 검토한 익

---

2 Chang(2004), 240 – 247쪽.

명의 심사위원이 건넨 말에서 용기와 위로를 얻었다. 실례를 무릅쓰고 그 말을 인용한다. "용감하고 새로운 프로젝트를 추진한다면... 완벽함은 해로운 꿈일 수밖에 없습니다."

이제부터 이 책의 주요 장 다섯 개를 아주 간결하게 요약하겠다. 물에 관한 우리의 철학적 역사를 여는 1장은 18세기 후반의 화학혁명을 다룬다. 이 혁명은 과학사와 과학철학에서 아주 익숙한 주제지만, 이 혁명에 대한 나의 재검토는, 앙투안 로랑 라봐지에의 (물을 수소와 산소의 화합물로 보는) 산소 이론이 (물을 원소로 보는) 플로지스톤 이론과 대결하여 승리했음을 보증하기에 충분할 만큼 강력한 증거가 당대에는 전혀 없었음을 보여줄 것이다. 플로지스톤에 기초한 화학은 실제로 대단히 설득력 있는 지식 시스템이었다. 그 시스템은 금속이 녹슬고 다시 금속으로 환원되는 것과 같은 매우 구체적인 실험실 작업들을 토대로 삼았다. 플로지스톤 개념은 중요한 통합적 설명들을 제공했고 산소 자체의 발견을 비롯한 많은 경험적 발견들에서 탐구를 북돋는 데 중요한 역할을 했다. 반면에 라봐지에의 화학에는, 그의 동시대인들이 알아챘고 현대적(휘그주의적whiggish) 관점에서도 알 수 있듯이, 많은 난점들이 있었다. '산소oxygen'(=산-생산자acid-generator)라는 명칭 자체가 산성에 관한 그릇된 이론을 대표한다. 라봐지에는 산소가 모든 산이 산성을 띠는 요인이라고 굳게 믿었다. 또한 라봐지에의 연소 이론은 칼로릭 개념에 결정적으로 의존했다. 칼로릭은 플로지스톤과 매우 유사한, 무게 없는 유체다.

전반적으로 나는 플로지스톤 이론의 완전한 배제를 뒷받침하는 결정적 근거는 경험적 증거의 형태로도, 단순성이나 진보성의 형태로도 전혀 존재하지 않았다고 주장한다. 그보다는 두 화학 시스템 사이에 참된 방법론적 비정합성incommensurability이 존재했다. 조지프 프리스틀리가 라봐지에의 화학에 저항한 것은 비합리적이거나 부당하지 않았다. 또한 오로지 프리스틀리만 저항한 것도 아니었다. 따라서 나는 플로지스톤이 때 이르게 살해되었다고 결론내린다. 이것은 충격적인 주장이며, 이 주장의 함의들은 진지하게 숙고되어야 한다. 나는 플로지스톤 개념이 존속했어야 한다고 주장한다. 그러나 그 개념은 존속하지 않았으므로, 우리는 어쩌면 그 개념을 되살리는 방안을 숙고해야 할 것이다. 그러나 그 후의 화학사를 훑어보면, 플로지스톤이 다른 이름으로 사실상 재도입되었음이 드러난다. 라봐지에의 화학은 왜 화학반응들이 일어나는지를 전혀 설명하지 못했고, 훗날 사람들은 플로지스톤이 화학적 퍼텐셜에너지가 차지할 개념적 공간을 차지해왔다고 여겼다. 다른 한편으로, 플로지스톤은 당대에도 통상적으로 전기와 동일시되었으며 쉽게 보존되어 자유전자의 개념으로 발전할 수 있었다. 윌리엄 오들링, 유스투스 리비히, G.N. 루이스 같은 저명한 화학자들이 이 같은 플로지스톤과 다른 과학적 대상들 사이의 연관성을 알아채고 발표했다.

　　물에 관한 라봐지에의 주장들이 옳다면, 물을 수소와 산소로 분해하는 것이 가능해야 했다. 2장은 알레산드로 볼타의 '파일pile'(전지)이 발명된 여파로 일어난 거대한 흥분을 언급하는 것으로 막을 연다. 그 발명 덕분에 1800년에 물의 전기분해가 가능해졌다. 물이 화합물이라는 증명으로서 전기분해 이상의 그 무엇을 더 요구할 수 있겠는가? 그러나 문제가 하나 있었고, 이 주제에 관한 최초의 논문을 쓴 윌리엄 니컬슨은 이미 그 논문에서 그 문제를 지적했다. 전기분해가 물 분자 각각을 수소와 산소로 분해한다면, 그 두 기체가 서로 거시적인 거리를 두고 떨어진 양전극과 음전극에서 각각 따로 발생하는 일이 어떻게 일어날 수 있을까? 이 '거리 문제'가 해결되지 않는다면, 물의 전기분해는 라봐지에의 이론을 **반박하는** 증거가 될 위험이 있었다. 실제로 요한 빌헬름 리터는 반反라봐지에적 해석을 내놓았는데, 그 해석에 따르면 전기분해는 **합성**이었다. 즉, 한 전극에서는 물이 음전기와 결합하여 수소가 형성되고, 다른 전극에서는 물이 양전기와 결합하여 산소가 만들어지는 반응이었다. 따라서 물은 원소고, 수소와 산소는 화합물이었다.

당대에 심하게 라봐지에적이었던 주류 화학은 리터의 견해를 반박했다기보다 배척했다. 산소 발생 지점과 수소 발생 지점이 다르다는 '거리 문제'에 대한 설득력 있는 해결책은 19세기 말에 자유이온의 해리dissociation에 관한 스반테 아레니우스의 이론이 제시되고 수용될 때까지 전혀 없었다. 그렇게 해결책이 없던 시절에 화학자들과 물리학자들은 가설적 메커니즘들을 위로로 삼았다. 이를테면 물속에서 산소나 수소가 반대편으로 눈에 띄지 않게 이동한다는 가설, 또는 일렬로 늘어선 물 분자들의 연쇄적인 짝 바꾸기를 통해 두 전극이 연결된다는 가설이 있었다. 누가 어떤 견해를, 어떤 근거로 내놓고 옹호했을까? 왜 리터의 견해는 거부당했을까? 그 거부를 충분히 뒷받침하는 증거는 존재했을까? 이 에피소드를 다루는 최신 문헌은 그리 많지 않다. 몇몇 일차자료들과 좀 오래된 이차자료들을 검토한 것에 기초하여 나는 다양한 경쟁 견해들의 전개를 종합적으로 설명할 것이다. 또한 전기화학이 전기분해(와 전지)의 기본 메커니즘에 관한 명확한 합의 없이 생산적인 연구 과학으로서 급성장했다는 점을 주목할 것이다.

물이 수소와 산소로 이루어졌음을 받아들이는 사람들은 화학적 원자론의 출현으로 인해 또 다른 문제에 직면했다. 산소 원자 몇 개와 수소 원자 몇 개가 결합하여 물을 이룰까? 이 질문이 3장의 주제다. 원자론을 최초로 다룬 1808년의 저서에서부터 존 돌턴은 이런 질문들에 확실히 대답할 길이 없음을 솔직히 인정했다. 원자 량과 분자식 사이에는 근본적인 순환성이 존재한다. 물의 경우에, 실험으로 알려진 바는 수소와 산소가 항상 대략 1 대 8의 비율로 결합한다는 것이었다. 만일 우리가 물 분자는 H_2O임을 안다면, 저 비율로부터 수소와 산소의 원자량 비율은 1 대 16임을 도출할 수 있다. 혹은 원자량 비율이 1 대 16임을 안다면, 저 비율로부터 물의 분자식은 H_2O임을 도출할 수 있다. 하지만 분자식과 원자량 비율 가운데 하나를 알아야만 나머지 하나를 알 수 있다. 그리고 처음에 우리는 둘 가운데 어느 쪽도 모른다. 돌턴은 이 순환성을 깨기 위 하여 '최대 단순성의 규칙들'을 적용했다. 그가 아는 한에서 수소와 산소로 이루어진 화합물은 오로지 물뿐이었으므로, 그는 물이 가능한 최대 단순성을 지닌 조합인 HO라고 추정했다. 아메데오 아보가 드로는 현대인의 눈에 익숙한 시스템을 거의 곧바로 제안했다. 부피가 2인 H_2와 1인 O_2가 결합하여 부피가 2인 H_2O를 이루는 시스템을 말이다. 흥미롭게도 돌턴과 대다수의 화학자들은 아보가드로의 아이디어를 임시방편적이고 사변적이고 개연성이 없다며 거부했다. 그 아이디어는 반세기 뒤에야 일반적으로 채택되었다.

화학적 원자론의 초기 역사를 추적하면서 나는 최소한 다섯 가지의 원자-분자 화학 시스템들을 식별할 것이다. 그 시스템들은 그 역사의 최초 반세기 동안 사용되었다. 각 시스템은 나름의 뚜렷한 목표들이 있었고 나름의 성공들과 실패들도 겪었다. 분자식 H_2O에 대한 합의가 서서히 이루어진 것은 그 시스템들이 복잡하게 전개되고 얽힌 결과로서만 가능했다. 관건은 단지 아보가드로의 가설을 더 명확하고 설득력 있는 형태로 되살리고 널리 알리는 것이 아니었다. 많은 단서들이 조립되어야 했고, 결정적 단서들 중 일부는 1840년대와 1850년대에 유기화학의 매우 미묘한 발전들에서 나왔다. (물의 분자식 H_2O를 포함한) 분자식들과 원자량들에 대한 합의가 마침내 이루어졌을 때, 모든 학자들이 그 합의를 실재론적인 방식으로 받아들인 것은 아니었다. 많은 선도적 화학자들은 여전히 물리적 원자의 존재를 의심했고 구조화학의 모형들을 곧이곧대로 받아들이기를 유보했다. 또한 이 합의로 귀결된, 몇 가지 시스템들의 종합은 몇몇 중요한 질문들을 대답 없이 남겨두었고, 그 질문들은 당시 처음으로 정립되고 있었던 물리화학 분야에 수용되었다.

　　　처음 세 장에서 다루는 에피소드들 각각에서 나는 독점적 지배력을 보유할 자격이 있었던 시스템은 없었다는 판단에 도달할 것이다. 또한 각 상황에서 단일한 지배적 시스템의 부재는 과학의 진보를 방해하지 않았을 것이라는 판단에 도달할 것이다. '물은 H_2O다'라는 명제를 긍정하지 않는 성공적인 과학 시스템들이 가능할뿐더러 실제로 존재해왔다. 이 판단은 과학의 진리 추구에 대한 전통적 견해와 관련해서 어떤 의미를 가질까? 4장에서 이 질문을 다루면서 나는 '능동적 과학적 실재주의active scientific realism'라는 참신한 주장에 접근할 것이다. 능동적 과학적 실재주의는 우리가 최대한 많이 배우기 위하여 과학이 우리와 실재 사이의 접촉을 최대화하려 애써야 한다는 점을 긍정한다. 이때 '실재'란 우리 자신의 의지에 아랑곳하지 않는 모든 것을 뜻한다. 실용주의자들의 말마따나, 실재는 우리가 잘못 짠 도식에 저항한다. 과학적 실재론을 둘러싼 논쟁에 참여하는 거의 모든 진영들이 이 같은 능동적 실재주의를 지지할 수 있으리라 믿는다. 하지만 능동적 과학적 실재주의에는 논란을 일으킬 개연성이 더 높은 또 다른 면모도 있다. 능동적 실재주의는, 유용한 정보를 주는 실재와의 접촉을 가능케 하는 지식 시스템이라면 어떤 것이라도 추구하라고 권한다. 서로 비정합적인 패러다임들이 존재한다면, 우리는 그것들 모두를 한꺼번에 보유해야 한다. 하지만 그렇게 하면 자연에 관한 단일한 진리를 추구하는 데 방해가 되지 않을까? 나는 우리가 그런 작동 불가능한 진리의 개념에서 멀리 벗어날 필요가 있다고 주장한다. 실행 현장에서 '진리'가 무엇을 의미하는지 살펴보면, 그 개념은 서로 다른 여러 개념들로 쪼개진다. 그 개념들 중 하나는 주어진 시스템에 내재적이며 '성공'과 거의 동의어다. 실재주의는 우리가 자연에 관한 유일무이한 진리를 소유하고 있음을 증명하려는 공허하고 오만한 시도가 아니라, 실재로부터 무언가를 배우는 모든 현실적인 방법들을 추구하겠다는 결심이어야 마땅하다.

증거와 실재론에 관한 나의 논의는 과학에 관한 일반적 다원주의로 귀결된다. 나는 5장에서 그 다원주의를 본격적으로 설명하고 옹호할 것이다. 우리가 증거에 대하여 철저히 맥락적인 관점을 채택한다면, 진지한 과학적 주제라면 어떤 것이든지 합리적으로 정당화된 여러 취급 방식들을 허용할 수밖에 없음을 깨닫게 될 것이

다. 과학자들은 그때그때 단일한 이론(또는 시스템)에 동의하는 경향
이 있는 만큼, 우리는 충분한 이유 없이 거부되는 가치 있는 대안들
이 있을 가능성을 알아챌 필요가 있다. 그 경향은 1장과 2장에서 논
의되는 에피소드들에서 두드러지게 드러나며, 과학사에는 그런 사
례들이 많이 있다. 한 지식 시스템이 충분한 지적 보증 없이 거부되
었다는 판단은 중대해서 섣불리 내리기 어렵다. 무엇보다도 먼저
그 판단은 그 시스템을 살려두는 편이 더 나았을 것이라는 주장을
함축한다. 둘째, 판단은 행동의 요구를 동반한다. 예컨대 플로지스
톤 화학이 때 이르게 살해되었다고 내가 생각한다면, 나는 어떤 **행
동**을 해야 할까? 플로지스톤 화학의 잠재력이 버려졌다면, 그 화학
은 복구되고 발전되어야 마땅하다. 이것이 실천적 다원주의다. "백
송이 꽃이 피게 하라"라고 말로만 선언하는 안락의자 다원주의가
아니라 외면당한 꽃들을 실제로 가꾸는, 능동적 다원주의다.

    그런데 왜 다원주의를 채택하는 편이 더 나을까? 왜 여러 지
식 시스템들을 살려두어야 할까? 즉각 떠오르는 이유는, 우리가 우
리의 모든 필요들을 충족시키는 완벽한 단일 이론 혹은 관점에 도
달할 개연성은 낮다는 직감이다. 이것을 비관론이라고 불러도 좋
다. 그러나 나는 이것이 근거 없는 비관론이라고 생각하지 않는다.
오히려 나는 이것을 인간의 능력에 대한 합당한 겸양으로 여긴다.
우리가 완벽한 단일 시스템을 발견할 성싶지 않다면, 다수의 시스
템을 보유하는 것이 합당하다. 그 시스템들은 제각각 다른 장점을
지닐 것이다. 다양한 지식 시스템들에서 다양한 실용적 지적 혜택
들이 나올 것이다. 다수의 시스템들의 공존은 그것들 간의 융합, 들
여와 쓰기co-optation, 경쟁을 통한 생산적 상호작용을 촉진할 수 있

다는 점도 주목해야 한다. 이 같은 상호작용의 혜택들은 더 널리 인정받는 관용의 혜택들에 못지않게 중요하다. 전자와 후자 모두 내가 옹호하는 다원주의 프로그램의 필수 요소다. 다원주의와 상대주의를 구별하는 것이 중요하다. 상대주의는 게으른 방임과 판단 포기를 함축한다. 다원주의는 판단을 포기하기는커녕 오히려 단 하나의 가치 있는 시스템을 육성하는 것보다 다수의 가치 있는 시스템들을 육성하는 것이 더 낫다고 주장한다. 내가 말하는 다원주의는 지식의 육성에 적극적으로 참여한다. 내가 말하는 다원주의의 관건은 단지 지식 평가가 아니라 지식 육성이다. 이런 의미에서 다원주의는 상보적 과학 프로젝트의 바탕에 깔린 정신이다.

　　이 책의 이례적인 구조를 조금 설명해둘 필요가 있다. 각 장은 세 개의 절로 이루어졌다. 1절은 비전문가들도 이해할 수 있는 수준의 흥미로운 소개와 요약을 제공한다. 마치 관심 있는 친구들과 진지한 사교적 대화를 나누는 듯한 느낌으로 쓴 것이다. 2절은 나의 입장을 스스럼없이 완전하게 드러낸다. 거기에서는 독자들이 상당한 배경지식을 갖췄음을 전제하고서, 내가 하고 싶은 말을 내가 원하는 방식으로, 곧 직설적이며 초점이 뚜렷하고 체계적인 방식으로 말한다. 이어지는 3절은 특정 주제들에 해박한 전문가들이 관심을 가질 만한 세부사항들과 예상되는 반론들을 다룬다. 이 부분에서는 심층적 논의, 자기방어, 연구의 부족에 대한 변명, 제한적 단서, 미래의 연구 전망이 뒤섞여 등장한다. 일부 내용은 진짜 전문가들이 본다면 피상적이고 개략적이어서, 특정 논제들과 질문들을 내가 인지하고 있음을 기록하고 나 자신을 비롯한 학자들의 미래 연구를 격려하는 수준에 머무를 것이다.

　　이 책에 대체 무슨 이야기가 담겼는지에 대해서 일단 감을 잡고 싶은 독자나 이 책에 많은 시간을 투자할 수 없다고 생각하는 독자, 혹은 전문적 세부사항은 빼고 큰 이야기만 원하는 독자에게는 표면 접근법을 권한다. 이 '들어가는 말'을 읽은 다음에 모든 장의 1절을 읽어라. 그 독서가 당신의 호기심을 충분히 자아낸다면, 혹은 저자가 생각하는 바가 무엇인지를 완전히 알아보자는 결심을 당신이 이미 했다면, 내용 전체 접근법을 채택하여 모든 장의 1절과 2절을 읽을 수 있다. 만일 당신이 역사적 세부사항을 지루하게 느끼는 철학자라면 1장, 2장, 3장을 표면 접근법으로 읽은 다음에 내용 전체 접근법으로 4장과 5장을 읽을 수 있다. 하지만 나는 이렇게 정중하게 요청하고 싶다. 처음 몇 장의 1절을 읽는 동안에 당신이 역사에 대한 호기심을 느끼게 될 가능성을 열어놓아라. 내가 학생들에게 늘 하는 말이지만, 당신이 눈을 뜨고 있다면, 결국 역사가 당신을 사로잡을 것이다.

　　당신이 각 장에서 논의되는 주제들 중 어느 것에라도 전문적 관심이 있다면, 아마도 당신은 최소한 3절의 일부를 읽고 싶을 것이다. 내가 2절에서 하는 말에 당신이 쉽게 동의한다면, 3절의 몇몇 부분들은 아마도 필수적이지 않을 것이다. 반면에 일부 논점들에 대해서 당신이 반론과 의심을 품었다면, 3절의 해당 부분들이 당신의 요구를 충족시키기를 바란다. 당신이 2절에서 제시되는 나의 입장에 동의한다 하더라도, 만일 의심이나 반론을 품은 사람들에 맞서서 이 입장을 옹호하는 데 관심이 있다면, 3절의 해당 부분들을 읽는 것이 도움이 될 것이다. 3절의 나머지 부분들은 논쟁적이지 않다. 그 부분들은 특정 주제를 더 깊고 상세하게 파고들 뿐이다. 그 부분들이 2절에 들어갔다면, 생각의 흐름에 방해가 되었을 것이다.

이 책이 일차적으로 겨냥하는 독자층은 과학사 및 과학철학 분야에서 온갖 수준의 학문적 활동에 종사하는 학자들과 학생들이다. 또한 다양한(특히 화학과 물리학 분야의) 과학 연구자들, 과학 교육자들, 과학을 배우는 학생들에게도 이 책이 흥미로우리라고 생각한다. 더 나아가 각 장의 1절은 폭넓은 대중이 쉽게 읽을 수 있도록 기획되었다는 점을 감안할 때, 이 책은 대중과학서로서의 잠재력도 어느 정도 지녔다. 궁극적으로, 분야의 울타리와 전문가 집단의 울타리는 나에게 중요하지 않다. 내가 첫 저서의 '들어가는 말'에서 썼듯이, 나의 글을 쓰도록 나를 강제한 매혹을 당신도 그 글을 통하여 조금이라도 엿볼 수 있다면, 이 책은 당신의 것이다.

IS WATER H₂O?

1장

물과 화학혁명

EVIDENCE,
REALISM,
AND
PLURALISM

고대 이래 원소로 여겨져온 물이 화합물이라는 것이 최초로 밝혀진 것은 18세기 후반의 화학혁명을 통해서였다. 이 장에서 나는 수정주의적 입장에서 그 중대한 사건에 대한 설명을 제시한다. 체계적 평가에서 드러나듯이, 과거의 플로지스톤주의 화학 시스템은 라봐지에의 산소주의 화학 시스템보다 명확히 열등하지 않았다. 실제로 라봐지에의 시스템은 당대에 이미 알려진 중요한 경험적 이론적 문제들에 시달렸으며, 플로지스톤주의 시스템과 산소주의 시스템 사이에는 의미론적 비정합성은 심하지 않았지만 상당한 방법론적 비정합성이 있었다. 라봐지에주의자들의 효과적이고 무자비한 캠페인도 역할을 했지만, 플로지스톤이 종말을 맞은 것은 무엇보다도 **합성주의**compositionism가 화학의 지배적 경향으로서 등장했기 때문이었다. 플로지스톤주의의 관행은 합성주의와 쉽게 들어맞지 않았다. 플로지스톤이 종말을 맞으면서 값진 지식의 요소들이 많이 소실되었다. 그것들은 나중에 다른 개념들(이를테면 퍼텐셜에너지, 전자)의 도움으로 사실상 복구되고 발전되었다. 그러나 나는 플로지스톤주의 시스템이 계속 존속할 수 있었다면 과학을 위하여 더 나았을 것이라고 주장한다. 이 결론은 과학에서의 다원주의를 옹호하는 더 일반적인 주장을 선취하는 것이기도 하다. 그 주장은 5장에서 완전한 형태로 제시될 것이다. 이 생각들을 더 정확하게 제시하고 방어하기 위하여 나는 **실천 시스템**system of practice이라는 개념을 과학 활동의 단위로서 도입하고 사용한다.

1.1 요절한 플로지스톤

18세기 중반까지도 사람들은 여전히 물을 원소로 여겼다. 유럽인의 관점에서 볼 때 이 견해는 최소한 아리스토텔레스 시대의 고대 그리스인들에게까지 거슬러 올라갔다. 아리스토텔레스에 따르면, 물은 (불, 흙, 공기와 더불어) 네 가지 기본 원소 가운데 하나였고, 이 원소들이 지상 세계를 구성하는 모든 물질들을 이뤘다. 심지어 탈레스는 물을 만물의 **근원**으로까지 간주했다. 오늘날 우리는 물이 원소가 아니라 화합물이며 산소와 수소로 이루어졌음을 안다. 이 장은 200여 년 전에 일어난 화학혁명의 결과로 우리가 이 사실을 어떻게 알게 되었는지에 관한 이야기를 들려준다. 이것은 이미 아주 많이 거론된 이야기이므로, 박식한 독자들은 왜 내가 또 그 이야기를 꺼내는지 의아하게 여길 수도 있겠다. 이유는 간단하다. 너무 많이 거론된 그 이야기들이 대부분 틀렸기 때문이다. 이때 '틀렸다'는 것은 여러 의미다. 즉, 역사적 상황에 관한 오류가 있거나, 중요한 과학적 논증들을 누락했거나, 심층적인 오해에 기초하여 판단을 내렸거나, 철학적으로 지나치게 순박하고 단순하다는 뜻이다. 가용한 최선의 통찰들은 대개 전문적인 문헌들 속에 들어 있는데, 심지어 전문적인 과학사학자들과 과학철학자들조차도 그 문헌들을 무시한다.

내가 재구성하는 이야기가, 역사적 철학적 과학적 사유의 흥미진진한 주제인 화학혁명에 대한 당신의 관심을 북돋기를 바란다. 이 책의 모든 장이 그렇지만, 1절(1.1)은 주요 내용들을 간략하게 표면 수준에서 제시할 것이다. 이는 철학적 역사적 화학적 관련 분야들에 대한 배경지식이 많지 않은 독자들도 쉽게 읽을 수 있게 하기 위해서다. 비전문가 독자들도 충분한 흥미를 느끼면서 2절(1.2)로 나아가고, 3절(1.3)의 일부로까지 나아가기를 바란다.

1.1.1 조지프 프리스틀리

우리 이야기의 출발점은 18세기 아마추어 과학자의 한 모범인 조지프 프리스틀리(1733~1804)다.[1] 비국교파 성직자이자 정치 고문으로 활동했던 프리스틀리는 정통 영국 국교인 성공회가 지배하는 사회 주류층에서 배제되었지만 그리 핍박받지는 않았으며 왕성하게 활동을 펼쳤다. 그는 배우거나 가르치기 위해서 대학교 근처에 간 적이 전혀 없는 영국 과학자들 중 한 명이다. 그의 과학 연구는 집에서, 처음에는 "따뜻하고 쥐가 들끓는 요크셔 오두막 부엌"에서 이루어졌다(Crowther 1962, 218쪽). 그의 위대한 화학 연구는 1767년에 리즈로 이사하면서 시작되었다. 그곳에서 그는 "공영 양조장과 붙어 있는 주택에 거주하는" 행운을 누렸다(Priestley 1970, 94쪽). 발효 통 안에 축적되는 것으로 밝혀진 '고정 공기fixed air'(오늘날의 명칭은 '이산화탄소')를 가지고 실험하는 과정에서 프리스틀리는 인공 탄산수를 만들어내는 방법을 발견하여 유럽 전체에서 유명해졌다. 이 연구는 그의 장기적인 '공기 화학pneumatic chemistry'—'공기', 즉 기체를 다루는 화학—연구 프로그램의 출발점이기도 했다.

---

[1]　프리스틀리의 삶과 업적에 관한 추가 세부사항은 Chang(2012a)과 거기에 실린 참고문헌 목록 참조. 가장 권위 있고 방대한 프리스틀리 평전은 Schofield(1997, 2004)다.

프리스틀리와 그의 동시대인들은 기체를 '공기'라고 부를 때가 더 많았다.

프리스틀리는 새로운 공기들을 가장 많이 발견하고 생산한 인물이었다. 그의 연구보다 그리 멀지 않은 과거에 대대수 사람들은 공기를 물과 마찬가지로 순수한 원소로 여겼다. 평범한 공기와 다른 몇몇 기체들이 관찰되었다는 보고가 그전에도 산발적으로 있기는 했지만 말이다. 프리스틀리의 연구 이후, 평범한 공기는 최소한 두 가지 성분으로 이루어졌다는 것, 그리고 다양한 화학반응에 의해 다양한 유형의 공기가 생산될 수 있다는 것은 의심할 여지가 없는 사실로 정착했다. 프리스틀리의 저서 《다양한 유형의 공기에 관한 실험과 관찰》(1774, 1790)은 250년 후인 오늘날 다시 읽어봐도, 온갖 자연현상에 매혹될 줄 알고 그 현상들을 일으키는 우리의 능력에 아이처럼 경탄할 줄 아는 사람들에게는 더없는 즐거움을 안겨준다.

프리스틀리는 오늘날 우리가 '산소'라고 부르는 기체를 생산하여 병에 담고 그 기체에 대한 이야기를 온 세계에 들려준 최초의 인물이다. 칼 제라시와 로알드 호프만이 쓴 재미있는 희곡 《산소》(2001)는, 산소를 발견한 공로로 최초의 '거꾸로-노벨화학상'을 받아야 할 사람이 누구인가라는 질문의 답을 명확히 제시하지 않는다. 그러나 그 저자들을 비롯해서 충분한 지식을 갖춘 사람이라면 누구라도 프리스틀리가 카를 빌헬름 셸레(1742~1786)보다 먼저 산소에 관한 논문을 출판했고 앙투안로랑 라봐지에(1743~1794)보다 먼저 산소를 연구했음을 부인하지 않을 것이다. 1775년 3월 15일에 런던 왕립학회장 제임스 프링글에게 쓴 편지에서 프리스틀리는 생생히 느껴지는 흥분으로 이렇게 보고한다. "내가 생산한 모든 유형의 공기 가운데 가장 주목할 만한 (…) 이 공기는 호흡과 연소를 위한 성능, 그리고 짐작하건대 평범한 대기 공기의 다른 모든 쓸모를 위한 성능이 평범한 공기보다 다섯 배에서 여섯 배나 더 우수합니다." 처음에 그는 이 새로운 공기 속에서 물체들을 태우는 방법으로 그것의 우수성을 검사했다. 이어서 "이 공기의 우수성에 대한 증명을 완결하기 위하여 나는 생쥐 한 마리를 이 공기로 채운 밀폐된 공간에 집어넣었습니다. 같은 양의 평범한 공기 속에 집어넣었다면 생쥐는 약 15분 안에 죽었을 텐데, 두 번의 시도에서 그 생쥐는 한 시간 내내 생존했으며 꺼낼 때도 꽤 활기찬 상태였습니다"(Priestley 1775, 387-388쪽). 그 후 그 새로운 공기를 스스로 흡입할 용기를 낸 프리스틀리는 이렇게 보고했다. "내 폐에 들어온 그 공기의 느낌은 평범한 공기와 다르지 않았지만, 나는 한동안 내 가슴이 유별나게 가볍고 편하다고 생각했습니다. 누가 장담할 수 있겠습니까마는, 훗날 이 순수한 공기는 인기 있는 사치품이 될지도 모릅니다. 지금까지는 생쥐 두 마리와 나 자신만 이 공기를 호흡하는 특권을 누렸습니다."

　　프리스틀리가 과학자로서의 전성기에 여러 해 동안 설교를 맡은 장소인 리즈 소재 '밀 힐 교회Mill Hill Chapel'의 신축 건물 벽에는 다음과 같이 자랑스럽게 선언하는 파란색 표지판이 붙어 있다(그림1.1). "산소의 발견자 조지프 프리스틀리가 1767년부터 1773년까지 이곳의 목사였다." 이런 기념 문구를 프리스틀리가 보았다면 짜증을 냈을 것이다. 왜냐하면 그는 자신의 새로운 기체를 '산소'라고 부르지 않았으니까 말이다. 그는 '탈脫플로지스톤 공기

그림1.1 리즈 소재 밀 힐 교회에 설치된 프리스틀리 기념 표지판(장하석 사진)

dephlogisticated air'라는 명칭을 사용했는데, 이는 단순히 언어적 표현의 문제가 아니었다. 정말로 그는 평범한 공기에 섞여 있는 '플로지스톤'을 제거하고 남은 공기를 가리키기 위하여 그 문구를 사용했다. 플로지스톤은 무엇이었을까? 간단히 말해서 그것은 가연성의 요소였다. 여기에서 '요소'란 영어로 'principle'인데, 현대적 어법에서 'principle'은 '원리'를 뜻하지만, 이 경우에는 다른 물질들과 결합하여 자신의 고유한 속성들을 그 물질들에 부여하는 어떤 근본적인 물질을 뜻했다. 플로지스톤은 가연성 물질들에 가연성을 전달

해주는 요소였다. 가연성 물질은 플로지스톤을 풍부하게 보유한 물질이었고, 그런 물질은 연소할 때 자신이 보유한 플로지스톤을 방출했다. 이 같은 플로지스톤 방출은 연소할 때 생겨나는 불꽃을 통해 드러났다.

몇몇 실험들은 금속들도 플로지스톤을 풍부하게 보유했으며 반짝이는 광택, 가단성, 연성延性, 전기 전도성(또한 적절한 조건하에서 나타나는 가연성) 같은 금속 특유의 속성들이 플로지스톤에서 유래함을 시사하는 듯했다. 금속에서 플로지스톤을 제거하면, 금속은 금속의 핵심 속성들을 잃고 '금속회calx'라는(오늘날 우리는 녹이나 산화물로 판정하는) 흙과 유사한 물질earthy subsatnce이 되었다. 이 모든 이야기는 우리 현대인의 귀에는 너무 심한 상상으로 들린다. 그러니 우리가 플로지스톤 이론가에게 상식을 일깨울 수 있을지 한번 생각해보자. 만일 금속회가 정말로 플로지스톤을 잃은 금속이라면, 금속회에 다시 플로지스톤을 제공함으로써 그것을 금속으로 되돌릴 수 있어야 할 것이다. "그렇게 되돌릴 수 있나요?"라고 우리가 물으면, 플로지스톤 이론가는 "당연히 되돌릴 수 있죠"라고 대답한다. 수천 년 전부터 용광로가 해온 일이 바로 그것이다. 금속을 함유한 광석은 흔히 순수한 금속이 아니라 금속회를 포함하고 있는데, 그런 광석을 이를테면 숯처럼 플로지스톤을 풍부하게 함유한 물질과 혼합하라. 이어서 그 혼합물을 강하게 가열하여 플로지스톤이 숯에서 금속회로 이동하게 만들어라. 그러면 반짝이는 금속이 나온다! 독일 의사 겸 화학자 게오르크 에른스트 슈탈(1659~1734)은 황과 황산 사이에서 이와 유사하게 일어나는 상호변환을 연구했는데, 그 연구는 플로지스톤 화학의 주춧돌이 된 실험들 중 하나였다. 임마

누엘 칸트는 슈탈의 연구를 존경했다. 그 철학자는 《순수이성비판》
에서 어떻게 실험 과학이 원리를 갖추고서 자연과 씨름하기 시작했
는지를 보여주는 주요 사례 가운데 하나로 슈탈의 연구를 언급했
다. "슈탈이 금속들에서 무언가를 빼앗았다가 되돌려줌으로써 금속
들을 금속회로, 다시 금속회를 금속들로 변환했을 때, 한 줄기 빛이
모든 자연과학자들에게 비추었다."[2]

　　프리스틀리가 산소를 생산한 방법도 그 자신이 생각하기에
는 슈탈의 실험과 유사했다. 즉, 프리스틀리는 수은 금속회가 공기
로부터 플로지스톤을 흡수하여 "생기를 회복하는" 과정을 통해 공
기를 "탈플로지스톤화化"함으로써 산소(탈플로지스톤 공기)를 생산했
다고 생각했다. 그런 탈플로지스톤 공기는 연소를 특별히 잘 뒷받
침해야 마땅하다. 왜냐하면 그런 공기는 플로지스톤을 아주 왕성하
게 재흡수할 테니까 말이다. 그리고 실제로 그러함이 프리스틀리의
실험에서 밝혀졌다. 또한 호흡은 몸의 작동으로 인해 생산된 플로
지스톤을 폐로부터 제거하는 과정이기 때문에, 탈플로지스톤 공기
는 호흡에도 특별히 좋아야 마땅하다고 그는 추론했다. 그리고 실
제로 그러했다.

　　이쯤 되면, 조르주 퀴비에가 프리스틀리를 현대 화학의 아버

2　Kant [1787] (1998), 108-109쪽. 이 인용문은 재판 서문(B xii-xiii)에 나온
다. 나는 Bensaude-Vincent and Simon(2008), 87쪽에서 이 문장이 인용된
것을 보고 관심을 갖게 되었다. 그 책의 저자들은 노먼 켐프 스미스의 고전적
번역으로 이 문장을 인용했는데, 흥미롭게도 스미스는 독일어 'Kalk'(금속회)
를 '산화물oxide'로 번역하는 시대착오를 범했다. 칸트가 드는 다른 사례들은
갈릴레오의 경사면 실험과 토리첼리의 대기압 측정 실험이다.

지로, 그러나 "자신의 딸을 끝내 인정하지 않으려 한 아버지"[3]로 재치 있게 칭한 이유를 충분히 이해할 수 있다. 프리스틀리는 흔히 비극적 인물로, 완벽한 실험 솜씨를 지녔고 좋은 과학적 의도로 가득했으나 시대에 뒤처진 사고방식에 교조주의적으로 매달린 탓에 눈뜬장님이 된 인물로 여겨진다. 그의 화학적 불운은 정치적 부정의에 의해 더욱 가중되었다. 프리스틀리가 프랑스혁명을 지지한다는 이유로 1791년에 반동적인 군중이 그의 집과 실험실을 약탈했다. 그날은 바스티유 감옥 습격 2주년 기념일이었다. 그 후 프리스틀리는 런던 생활을 시도했지만 결국 미국으로 도피해야 했다. 젊고 세련되었으며 재능과 야망을 겸비한 앙투안로랑 라봐지에가 일으킨 과학적 진보의 물결이 프리스틀리의 연구를 쓸어낸 것은 슬프지만 불가피하고 옳은 일이었다고 사람들은 말한다. 라봐지에는 프리스틀리의 실험들과 관찰들을 다른 방식으로 설명했다. 연소는 녹슮(금속이 금속회로 변환되는 것)과 마찬가지로 산소와의 결합이었다. 프리스틀리가 탈플로지스톤화를 본 곳에서 라봐지에는 산화를 보았다. 라봐지에가 비춘 빛을 보고 난 화학자들은 다시는 플로지스톤을 돌아보지 않았다.

　심지어 과학혁명에서 패배한 진영이 단순히 틀렸다고 말하기를 거부한 것으로 유명한 토머스 쿤조차도 프리스틀리에게는 놀랄 만큼 냉담했다. 물론 라봐지에 화학에 대한 프리스틀리의 저항이 "비논리적이거나 비과학적"이었다는 점은 부정했지만, 쿤은 프

3　*Encyclopaedia Britannica*, 9th edition, vol. 5(1876), 462쪽에서 재인용.

리스틀리가 그토록 오래 저항한 것은 무리한 짓이었다고 생각했다. 역사학자의 관점에서 본다면 "자신이 속한 전문가 집단 전체가 견해를 바꾼 후에도 계속 저항하는 사람은 그 저항으로 인해 과학자이기를 그친 것이라고 말할 수도 있다"(Kuhn 1970, 159쪽). 플로지스톤 교리에 눈먼 완고한 노인 프리스틀리에 관한 이야기는 많은 사람들의 상상력을 사로잡았지만 여러 차원에서 오해를 일으킨다. 당신이 이 장을 다 읽고 나면 그 이야기에 대해서 상당한 의심을 품게 되기를 나는 바란다. 문제에 주목하는 최선의 방법은 이런 질문을 던지는 것이다. 프리스틀리의 견해에서 대체 무엇이 그토록 그릇되었을까? 삶을 마감할 때까지 그는 화학 연구를 이어가면서 풍부한 지식과 정교한 추론으로 플로지스톤을 옹호하는 논문들을 출판했다(Priestley [1796] 1969, 1803). 그는 계속해서 플로지스톤 이론을 새로운 현상들(예컨대 내가 2장에서 본격적으로 논할 전기분해)을 이해하기 위한 합리적이고 생산적인 틀로 여겼다. 그리고 그가 보기에 플로지스톤 이론을 명백히 반박하는 현상은 아직 없었다. 또한 다른 유능하고 헌신적인 몇몇 과학자들도 플로지스톤 이론을 버리기를 거부했는데, 그들에 관한 이야기도 들을 필요가 있다. 우리는 그들 중 몇 명을 곧 만나게 될 것이다.

1.1.2 물

산소 이론과 플로지스톤 이론의 경쟁에서 결정적인 대목 하나는, 물은 전혀 원소가 아니며 산소와 수소의 화합물이라는 라봐지에의 주장이었다. 그 상황의 아이러니를 주목할 필요가 있다. 당시에 산소(탈플로지스톤 공기)를 만드는 방법을 가장 잘 알았던 인물은 프리스틀리였고, 수소는 같은 영국인이자 플로지스톤주의 동료인 헨리 캐븐디시(1731~1810)에 의해 1766년에 발견되고 연구된 바 있었다. 캐븐디시의 수소 생산 방법은 금속 조각을 산에 담그는 것이었다(Jungnickel and McCormmach 1999, 202쪽 이하 참조). 캐븐디시는 또한 그 두 공기(산소와 수소)를 폭발시켜 물을 만들어내는 방법을 발견했고, 프리스틀리는 그 실험을 성공적으로 재현했다. 이 작업들을 해내는 방법을 라봐지에에게 가르쳐준 장본인은 다름 아니라 프리스틀리였고, 또 캐븐디시였다(친구 찰스 블랙든을 통하여). 그럼에도 통상적인 이야기에 따르면, 이 기체들이 무엇이고 서로 반응하면 무슨 일이 일어나는지를 옳게 해석한 인물은 라봐지에였다.

그러나 실제로 물의 합성은 플로지스톤 이론의 **놀라운** 설득력을 예증하는 최고의 사례다. 캐븐디시와 프리스틀리는 한동안 수소(그들의 용어로는 '가연성 공기')를 산의 작용으로 금속에서 추출된 순수 플로지스톤으로 여겼다(이 추출 과정에서 금속은 금속회로 변하면서 산에 용해되어 염을 형성했다).[4] 금속회를 산에 집어넣으면, 금속회는 가연성 공기를 산출하지 않으면서 용해되었다. 왜냐하면 금속회는 플로지스톤을 함유하고 있지 않기 때문이었다. 이 견해를 더 신중히 다듬은 한 버전은 물의 형성을 설명하는 데 쓰였다. 캐븐디시와 프리스틀리가 더 나중에 품은 견해에 따르면, 가연성 공기는 '과過플로지스톤 물', 즉 플로지스톤을 과다 함유한 물이었다. 한편 '탈플

---

4 여기에서 '염'은 평범한 소금뿐 아니라 다른 많은 것들도 아우른 한 화학물질의 집합 전체를 가리킨다.

로지스톤 공기', 곧 산소는 '탈플로지스톤 물'이었다. 과플로지스톤
물과 탈플로지스톤 물이 서로 결합하면, 플로지스톤의 과다와 결핍
이 상쇄되어 평범한 물이 산출되었다. 요약하자면 이러하다. 물의
합성에 관하여 (적어도) 두 개의 경쟁하는 견해들이 있었으며, 두 견
해 모두 설득력과 일관성이 있었다.

(1) 수소 + 산소 → 물
(2) 과플로지스톤 물 + 탈플로지스톤 물 → 물

　　두 번째 설명은 물의 합성에 관한 사실들에 의해 플로지스
톤 이론이 반박되는 것을 막기 위하여 플로지스톤 이론가들이 간
단히 꾸며낸 동화 같은 이야기가 아니다. 캐븐디시와 프리스틀리는
물을 기체들의 필수 성분으로 생각할 이유들이 충분히 있었다. 가
장 기본적인 예로 액체인 물을 가열하면 증기가 산출된다는 사실
이 그런 생각을 부추겼다. 증기가 그렇다면, 다른 유형의 기체들도
마찬가지가 아닐까? 라봐지에([1789] 1965, 1장)도 물을 비롯한 액체
들에 칼로릭(열소)을 집어넣으면 그 액체들로부터 기체들이 생산된
다는 것에 흔쾌히 동의했다. 프리스틀리(1788, 154쪽)는 "물은 모든
유형의 공기의 구성 요소이며 말하자면 참된 토대여서, 물이 없으
면 공기 형태의 물질은 존속할 수 없다"라는 추측에 전적으로 만족
했다. 그(152쪽)는 물 없이 가연성 공기를 생산하는 방법은 전혀 모
른다면서 "물은 다른 모든 유형의 공기를 생산할 때에도 쓰이므로,
그 모든 공기들의 형성에도 물이 필수적일 가능성이 있다"라고 추
정한다.[5] 이런 생각의 틀 안에서는, 과플로지스톤화phlogisticate나 탈

플로지스톤화dephlogisticate가 물의 공기화 과정에 영향을 미쳐 여러 유형의 공기들을 산출한다는 생각이 완벽하게 합리적이었다.

역사에 밝은 철학자들은 프리스틀리의 견해에서 틀린 점이 정확히 무엇인지 지적하기 위해 애써왔다. 그러나 "우리는 그가 틀렸음을 **안다**. 왜냐하면 플로지스톤은 아예 존재하지 않기 때문이다"라고 말하고 싶은 충동을 우리는 억눌러야 한다. 왜냐하면 그런 말은 우리가 **그것을** 어떻게 아는가, 하는 질문을 유발할 따름이니까 말이다. 순수한 형태의 플로지스톤을 분리해낼 수 없었다는 지적은 설득력이 없다. 우리가 그런 물질적 분리 가능성을 항상 요구한다면, 과학의 모습은 영 달라질 것이다. 쿼크와 에너지를 비롯한 폭넓은 개념들을 모두 포기해야 할 테니까 말이다. 게다가 라봐지에 이론의 핵심에도 **칼로릭**이 있었다. 칼로릭은 플로지스톤과 마찬가지로 순수한 형태로 분리해낼 수 없었다. 플로지스톤은 관찰 불가능했으므로 과학적으로 정당하지 않은 개념이었다는 말도 소용이 없다. '관찰 가능성'을 어떻게 정의하건 간에, 오늘날의 과학은 관찰 불가능하지만 이론적 필수성 때문에 상정된 대상들(이를테면 암흑물질과 초끈들)로 가득 차 있다. 또한 플로지스톤이 관찰 불가능했는지도 불분명하다. 플로지스톤주의자들이 보기에 플로지스톤은 (예컨대 연소 과정에서 나오는 불꽃의 형태로) 관찰 가능할 뿐 아니라 (제련 과

---

5   프리스틀리는 빨갛게 가열한 '테라 폰데로사 아에라타terra ponderosa aerata' (탄산바륨 광물) 위로 수증기를 통과시켜 고정 공기를 생산하는 실험에서, 가열만으로는 고정 공기가 생산되지 않음을 주목하면서 "고정 공기의 무게의 절반은 그 성분인 물이 차지한다"라는 실험적 추정도 제시했다.

정, 또는 금속을 산에 녹여 가연성 공기를 생산하는 과정에서) 직접 조작까
지 가능했다. 버밍엄 근처의 과학 관계자들이 결성한 주목할 만한
모임인 달빛친목회Lunar Society는 명백히 그러하다고 느꼈다. 프리스
틀리도 달빛친목회의 회원이었다.[6] 화학혁명이 마지막 단계로 접어
들던 1782년, 제임스 와트의 사업 파트너 매슈 볼튼은 도자기 생산
업자 조사이아 웨지우드에게 편지를 써서, 금속회가 가연성 공기(수
소)를 '마심imbibing'으로써 금속으로 변환되는 프리스틀리의 새로운
실험에 경탄했다고 전했다. 당시에 프리스틀리는 가연성 공기를 순
수한 플로지스톤으로 여겼다. "우리는 오랫동안 플로지스톤에 대해
서 떠들었지만 무엇에 대해서 떠드는지도 몰랐습니다. 그러나 이제
프리스틀리 박사가 그 사안에 빛을 비췄습니다. 우리는 그 원소를
한 그릇에서 다른 그릇으로 부을 수 있고 금속회를 금속으로 환원
하려면 그 원소가 얼마나 많이 필요한지 정확하게 말할 수 있습니
다."(볼튼의 편지. Musgrave 1976, 200쪽에서 재인용)

　　　　이와 관련해서 제기되는 플로지스톤에 대한 반론 하나는 무
게에 관한 것이다. 그 반론의 투박한 버전은, 플로지스톤은 '저울질
할 수 없는imponderable' 물질(생각할 수 없는 물질이라는 뜻이 아니라 무게
없는 물질이라는 뜻)이므로 과학에 수용되면 안 된다는 것이다. 하지
만 오늘날 물리학은 광자와 같은 무게 없는 입자들에 대해서 더없
이 낙관적이지 않은가. 더구나 플로지스톤의 시대에는 다른 저울질
할 수 없는 대상들도 문제없이 상정되었다. 예컨대 전기 유체가(또

6　달빛친목회에 대해서는 Schofield(1963), Uglow(2002) 참조.

는 전기 유체들이) 그러했고, 무엇보다도 라봐지에의 칼로릭이 그러
했다. 같은 반론의 또 다른 버전은 금속이 녹슬 때 무게가 증가한다
는 점에 초점을 맞춘다. 금속은 금속회로 되면서 무게가 증가한다.
만약에 금속이 무언가를(즉, 플로지스톤을) 잃는다면, 이런 일은 일어
나지 않을 것이다. 산소 이론은 그 무게 증가를 아주 깔끔하게 설
명한다. 그 이론에서 금속회는 산소와 결합한 금속이며 따라서 금
속 자체보다 당연히 더 무겁다. 그러나 이 설명은 플로지스톤 이론
에 대한 반박으로서는 효과가 없다. 왜냐하면 플로지스톤 이론에
도 그 무게 증가를 설명할 길들이 있기 때문이다. 플로지스톤은 '가
벼움levity'을 지녔다는, 많은 비웃음을 산 아이디어에 꼭 의지할 필
요는 없었다.[7] 프리스틀리가 제시했고 리처드 커원(약 1733~1812)도
제시한 훨씬 더 진지한 설명은 금속은 녹슬 때 플로지스톤을 잃으
면서 물과 결합한다는 것이었다. 반대로 금속회가 금속으로 환원될
때는, 금속회가 물을 방출하고 플로지스톤을 흡수한다. 외부에 플
로지스톤 원천이 없을 경우, 금속회는 때때로 스스로 방출하는 물
로부터 플로지스톤을 흡수한다. 바꿔 말해, 금속회는 탈플로지스톤
물(라봐지에의 용어로는 산소!)을 방출한다.

---

7 기통 드 모르보는 라봐지에주의로 '개종'하기 전에 이 아이디어의 매우 그
럴싸한 버전을 제시했다. 그 버전에 따르면, 플로지스톤은 상대적 가벼움을
지녔다. 플로지스톤은 공기보다 가벼워야 하므로, 대상에 플로지스톤을 첨가
하면 대상의 겉보기 무게는 감소할 것이다. Crosland(1971), 135쪽에 인용된
〈Dissertation sur le phlogistique〉(1770)의 일부, 그리고 Poirier(1996), 62쪽
의 설명 참조.

1.1.3 라봐지에 이론의 난점들

이제 우리가 납득하기 시작할 수 있듯이, 프리스틀리는 자신의 플로지스톤 이론을 고수할 만했다. 그것은 전적으로 합리적인 행동이었다. 실제로 더 납득하기 어려운 것은, 왜 프리스틀리를 뺀 나머지 거의 모두가 라봐지에의 편이 되었고 왜 그의 이론을 계속 지지했는가, 하는 것이다. 화학혁명에 관한 오래되고 판에 박힌 이야기로부터 우리의 생각을 해방시키기 위하여 나는 우선, **현대 화학과 물리학의 관점에서 판단하면 라봐지에가 얼마나 틀렸는지** 지적하지 않을 수 없다.[8] 존 매커보이(1997, 22 – 23쪽)의 말마따나, 이미 "18세기 말에 이르렀을 때, 라봐지에가 산소의 본성과 기능에 관하여 제기한 주요 이론적 주장이 거의 모두 부족한 것으로 드러났다"는 것은 '엄연한 사실'이다. 같은 맥락에서 로버트 시그프리드는 "그의 연구를 그토록 생산적인 방향으로 이끈 핵심 전제들이 틀렸다는 점이 늦어도 1815년경에 실험적으로 밝혀졌다"라고 말한다. 좀 더 자세히 들여다보자. 라봐지에 화학 시스템의 주요 기둥 세 개는 기존 화학과의 명백한 결별을 상징했다. 그 기둥들은 산 이론 theory of acids, 연소 이론, 칼로릭 이론이었다. 이 모든 이론들은 명백히 틀렸다. 현대 화학의 관점에서 볼 때 그러하고, 심지어 19세기 화학의 관점에서 볼 때도 그러하다(라봐지에의 성취들 가운데 더 오래 지속하는 것들은 나중에 거론하겠다).

가장 완고한 라봐지에 추종자들도 선선히 인정하겠지만, 그

8　이에 관한 상세한 논의는 Chang(2009b) 참조.

의 산 이론은 오류였다. 라봐지에는 모든 산이 산소를 함유했다고 말했지만, 염산(당시 용어로 'muriatic acid', 현대 용어로 'hydorchloric acid, HCl')과 시안화수소산(당시 용어로 '청산prussic acid', 현대 용어로 'hydrocyanic acid, HCN')을 비롯한 몇몇 산에 산소가 들어 있다는 증거는 없음을 라봐지에주의자들도 잘 알고 있었다. 20세기 옥스퍼드 대학교의 화학자 해럴드 하틀리(1971, 110쪽)에 따르면, "이 교설doctrine을 완고하게 수용한" 탓에 "화학자들은 수많은 환상에 빠졌다". 셸레가 염소를 분리해낸 후 20년 동안 화학자들이 염소가 원소임을 알아채지 못한 것도 그런 환상 때문이었다.[9] 그 산 이론은 라봐지에의 나머지 시스템에 불운하고 비본질적인 방식으로 덧붙은, 안심하고 폐기할 수 있는 부속물에 불과했을까?[10] 적어도 라봐지에 본인은 그렇게 생각하지 않았다는 사실을, 그가 총애하는 산소를 '산 생산자'를 뜻하는 'oxygen'으로 명명한 것에서 엿볼 수 있다.[11]

　　라봐지에의 '반플로지스톤주의' 시스템에서 더욱 핵심적인 것은 연소 이론이었다. 라봐지에 시스템의 핵심 부분임을 결코 부

9　염소 일반과 원소로서의 염소에 관한 상세한 이야기는 Ashbee(2007) 그리고 Gray et al.(2007) 참조. 이 두 논문은 Chang and Jackson(2007)의 처음 두 장이다. 또한 Brooke(1980) 그리고 Crosland(1980) 참조.

10　그 산 이론을 받아들이지 않으면서 라봐지에의 나머지 이론을 받아들이는 것이 가능했다는 점은 확실하다. 호머 르 그랑(1975, 69쪽)이 주장하듯이, 심지어 라봐지에의 최측근 클로드루이 베르톨레도 그런 태도를 취한 것으로 보인다. 라몬 가고(1988)는 이것이 스페인에서 널리 퍼진 태도였다고 말한다.

11　윌리엄 브룩(1992, 125쪽)은 한걸음 더 나아가 이렇게 주장한다. "라봐지에가 기체의 개념을 갖게 된 후, 그를 산소로 이끈 주제는―'산소'라는 이름이 벌써 암시하듯이―연소가 아니라 산성이었다."

정할 수 없는 이 이론은 확실히 옳았고 여전히 현대 화학에 보존되어 있을까? 이 질문에 긍정으로 답한다면, 당신은 라봐지에를 옹호하는 역사가들이 면밀히 주도한 기억상실증에 동참하는 것이다. 실제로 현대인이 다음과 같이 생각할 수 있다면, 그것은 전혀 믿을 수 없는 일이다. '연소는 산소와의 결합이며 그렇기 때문에 열과 빛을 방출한다. 그리고 라봐지에가 이 모든 것을 발견했다.' 열과 빛이 대체 산소와 무슨 상관이 있단 말인가? 연소에서 열이 산출되는 것에 대한 라봐지에의 설명은, 산소 기체로부터 칼로릭 유체가 방출된다는 것이었다. 애당초 산소는 그 칼로릭 유체를 보유한 탓에 기체 상태라고 라봐지에는 덧붙였다. 그러나 라봐지에 시대의 많은 사람들은(또한 라봐지에 본인도) 이 이야기에 심각한 난점들이 있음을 알아챘다. 화학혁명 직후의 선도적인 스코틀랜드 화학자 토머스 톰슨(1773~1852)은 1802년에 처음 출판된 저서 《화학 시스템》(1권 354-358쪽)에서 잘 알려진 그 난점들을 차분하면서도 통렬하게 요약했다. 그 난점들은 기체 상태의 산소가 개입하지 않는 연소의 사례들(예컨대 화약의 폭발)과 산소가 전혀 없는 조건에서의 연소를 포함했다.[12] 톰슨은 이렇게 판정했다. "전반적으로 볼 때, 라봐지에의 이론은 연소에 대한 충분한 설명을 제공하지 못한다는 점을 부정할 수 없다."(358쪽) 톰슨은 플로지스톤으로의 회귀를 옹호하지 않았다. 그러나 그는 화학이 라봐지에를 넘어서기를 바랐다. 이것은 화학혁명의 절정으로부터 불과 15년 뒤의 일이었다.

---

12   또한 Mauskopf(1988) 93-113쪽 참조.

열에 관한 라봐지에의 칼로릭 이론에 대한 더 일반적인 맥락에서의 불만도 점점 더 증가했다. 특히 런던에서 그러했는데, 1800년경에 그곳에는 열이 운동의 한 형태라는 견해를 옹호하는 사람들이 놀랄 만큼 많이 모여 있었다. 그들은 럼퍼드 백작, 험프리 데이비, 토머스 영, 헨리 캐븐디시 등이었다. 라봐지에 시스템에서 칼로릭은 단지 연소에서 방출되는 열을 설명하기 위한 수단에 불과하지 않았음을 유의해야 한다. 오히려 칼로릭은 라봐지에의 세계관에서 핵심적인 요소였다. 예컨대 물질의 세 가지 상태에 대한 설명에서 그러했다. 명백히 라봐지에([1789] 1965, 175쪽)는 칼로릭을 자신의 화학 시스템의 주춧돌로 여겼다. 그는 칼로릭을 (빛과 더불어) 자신의 화학 원소 목록의 맨 위에 올렸으며(그림1.2 참조) 새로운 화학을 다루는 자신의 결정판 교과서의 첫 장 전체를 칼로릭의 본성과 역할에 대한 설명에 할애했다. 그의 시스템은 아름답고 합리적이었지만, 플로지스톤 이론도 그에 못지않게 아름답고 합리적이었다. 현대적인 관점에서 보면, 두 이론은 동등하게 틀렸다.

　　여러 과학철학자들과 과학사학자들이 그 두 이론을 둘러싼 논쟁이 단순히 참과 거짓의 문제가 아니었음을 알아채고서, 왜 대다수의 화학자들이 라봐지에의 편을 들었는지 설명하는 과제에 도전해왔다. 이 주제를 다룬 앨런 머스그레이브의 고전적인 논문은 잘 알려진 시도들을 여러 건 논하고 일축한다(1976, 182 – 186쪽). 라봐지에의 새로운 화학은 관찰에 기초한 귀납을 통해 확립되지 않았다. 금속이 산화할(즉, 녹슬) 때 금속의 무게가 증가하는 것과 같은 사실들에 의해 플로지스톤 이론이 간단히 반증되었다는 것도 마찬가지로 틀린 얘기다. 라봐지에의 이론이 승리한 것은 그 이론

	Noms nouveaux.	Noms anciens correſpondans.
Subſtances ſimples qui appartiennent aux trois règnes & qu'on peut regarder comme les élémens des corps.	Lumière........	Lumière.
	Calorique........	Chaleur. Principe de la chaleur. Fluide igné. Feu. Matière du feu & de là chaleur.
	Oxygène........	Air déphlogiſtiqué. Air empiréal. Air vital. Baſe de l'air vital.
	Azote..........	Gaz phlogiſtiqué. Moſète. Baſe de la mofete.
	Hydrogène......	Gaz inflammable. Baſe du gaz inflammable.
Subſtances ſimples non métalliques oxidables & acidifiables.	Soufre..........	Soufre.
	Phoſphore.......	Phoſphore.
	Carbone.........	Charbon pur.
	Radical muriatique.	Inconnu.
	Radical fluorique.	Inconnu.
	Radical boracique.	Inconnu.
Subſtances ſimples métalliques oxidables & acidifiables.	Antimoine........	Antimoine.
	Argent..........	Argent.
	Arſenic..........	Arſenic.
	Biſmuth.........	Biſmuth.
	Cobolt..........	Cobolt.
	Cuivre..........	Cuivre.
	Etain...........	Etain.
	Fer.............	Fer.
	Manganèſe......	Manganèſe.
	Mercure.........	Mercure.
	Molybdène......	Molybdène.
	Nickel..........	Nickel.
	Or.............	Or.
	Platine..........	Platine.
	Plomb..........	Plomb.
	Tungſtène.......	Tungſtene.
	Zinc...........	Zinc.
Subſtances ſimples ſalifiables terreuſes.	Chaux..........	Terre calcaire, chaux.
	Magnéſie........	Magnéſie, baſe du ſel d'Epſom.
	Baryte..........	Barote, terre peſante.
	Alumine........	Argile, terre de l'alun, baſe de l'alun.
	Silice...........	Terre ſiliceuſe, terre vitrifiable.

그림1.2 라봐지에의 화학 원소 표. 오른쪽 열에는 라봐지에가 지어낸 새로운 용어들이, 왼쪽 열에는 그에 상응하는 옛 용어들이 수록되어 있다(1789년 원조 프랑스어판 192쪽에서 인용).

이 플로지스톤 이론보다 본질적으로 더 단순했기 때문이라는 설명도 호소력은 더 강할지 몰라도 마찬가지로 오류다. 이 견해의 가장 투박한 버전을 머스브레이브는 '단순주의simplicism'(혹은 규약주의

conventionalism)로 명명하고 비판하는데, 그 버전에 따르면, 플로지스톤 이론은 관찰 불가능한 물질인 플로지스톤을 상정함으로써 상황을 쓸데없이 복잡하게 만들었다. 그러나 이 주장은 라봐지에도 마찬가지로 관찰 불가능한 물질인 칼로릭을 상정해야 했다는 사실을 무시한다.

언급한 설명들을 물리친 다음에 머스그레이브는 산소 연구 프로그램이 더 진보적이었다는 것이 결정적 요인이었다고 제안한다. 이때 '진보'는 임레 러커토시의 철학에서 정의된 의미로 쓰인다. 머스그레이브의 주장에 따르면, 어느 시점 이후 플로지스톤 이론은 새로운 예측을 성공적으로 내놓지 못했기 때문에 화학자들이 그 이론을 버린 것은 합리적이었다. 플로지스톤 이론은 계속해서 임시방편적 가설들—결함 있는 이론을 보호하기 위한 변명들—을 내놓을 뿐이었다. 1.3.1에서 더 자세히 설명하겠지만, 안타깝게도 나는 이 러커토시적 설명이 유효하다고 생각하지 않는다. 머스그레이브는 이렇게 말한다. "1770년부터 1785년 사이에 산소 프로그램이 플로지스톤 프로그램보다 우월하다는 점이 명확히 드러났다. 산소 프로그램은 일관되게 발전했으며 각각의 새 버전이 이론적으로나 실험적으로 진보적이었던 반면, 1770년 이후의 플로지스톤 프로그램은 그렇지 않았다."(205쪽) 내가 보기에 이 주장은 매력적이긴 하지만 입증되기 어렵다. 플로지스톤 프로그램의 진보가 1770년에 끝났다는(반면에 산소 프로그램은 매끄럽게 진보했다는) 생각은 논문의 앞부분(199쪽)에 나오는 머스그레이브 자신의 진술들과도 모순된다. "라봐지에는 실패하고 있었던 반면, 프리스틀리는 1766년의 플로지스톤주의 버전으로 큰 성공을 거두고 있었다. (…) 전체를 통틀어 가장 인상적인 실험은 1783년 초에 이루어졌다." 그 실험은, 가연성 공기 속에서 금속회를 가열하면 금속으로 환원될 것이라는 플로지스톤주의의 예측을 입증하는 실험이었다. 머스그레이브의 주장을 설득력 있게 뒷받침하려면, 플로지스톤 프로그램이 참신하고 성공적인 예측을 내놓지 못하게 된 시점 이후에 라봐지에의 연구 프로그램이 내놓은 참신하고 성공적인 예측들을 발견해야 한다. 그리고 그 시점은 1770년이 아니라 1783년이다. 대체 어디에 그런 예측들이 있을까? 혹시 가연성 공기(수소)가 산화하면 산이 만들어지리라는 것이 그런 참신하고 성공적인 예측일까?[13] 혹은 염산이 산소와 '염산 기muriatic radical'(그림1.2의 둘째 집단 참조)로 분해되리라는 것이 그런 예측일까?

　　라봐지에를 편드는 합의의 합리성을 옹호하려는 이 모든 시도들이 실패로 돌아가고 나면, 이야기는 더 복잡해진다. 흔히 두 가지 방향이 추구되는데, 하나는 좀 복잡한 방식의 단순주의(규약주의)에 의지하여 화학혁명이 합리적이었다는 전제를 방어하는 것, 다른 하나는 사회적 설명들을 모색함으로써 합리성에 대한 전통적 철학적 관심으로부터 다른 곳으로 주의를 돌리는 것이다. 나는 이 두 방향을 1.3.1과 1.3.2에서 살펴볼 것인데, 내가 그 방향들을 따르지 않는 이유는 이 장의 둘째 절(1.2)에서 제시될 나의 입장을 통해 더 먼저 명확히 드러날 것이다. 그러나 일단 지금은 내가 신중한 숙고 끝

13　라봐지에가 내놓은 이 실패한 예측을 머스그레이브(1976, 199-200쪽)도 지적한다. 또한 그는 라봐지에가 얼마나 오랫동안 이 예측을 붙들고 씨름했는지도 언급한다.

에 내리고자 하는 **플로지스톤 이론은 때 이르게 살해되었다**라는 결론의 함의를 파헤치기로 하자.

1.1.4 물이 원소일 수 있을까?

판단했다면, 행동할 책임이 있다. 정말로 내가 플로지스톤 이론은 때 이르게 버려졌다고 믿는다면, 나는 만약에 그 이론이 존속했다면 무엇이 성취될 수 있었을지 숙고해야 한다. 나의 주요 목표는 '만약에 …였다면'을 내세우는 가상적 역사 서술이 아니다(1.3.5 참조). 궁극적으로 나는 더 활동가적인activist 유형의 학문 활동을 옹호한다. 부당하게 버려진 사유의 방향을 되살릴 가능성을 실제로 열고 그 방향에서 무엇이 나오는지 보는 그런 학문 활동 말이다. 내가 추구하는 것은 포괄적인 견해다. 플로지스톤 이론이 과학 지식에 기여한 바가 무엇인지, 그 이론이 더 오래 존속했다면 어떤 기여를 할 수 있었을지, 지금 그 이론이 부활한다면 어떤 기여를 할 수 있을지 나는 알고 싶다. 이 모든 범주의 기여들이 플로지스톤 이론의 조급한 폐기 때문에 소실되거나 간과되었다면, 우리는 그것들을 되찾고 상상하고 창조해야 한다. 이런 기획은 역사학도 아니고 철학도 아니고 진짜 과학도 아니라고 당신이 반발한다면, 어쩔 수 없다. 전작(Chang 2004, 특히 6장)에서 설명한 대로 나는 이런 연구를 '상보적 과학'이라고 부른다. 나는 과학사와 과학철학의 전통적 기능들을 부정하지 않으면서 그 분야들에 참신한 기능 하나를 부여하고자 한다. 당연한 말이지만, 나는 산소 개념이나 라봐지에로부터 내려온 현대 화학의 전통을 없애자고 제안하는 것이 아니다. 설령 그런 없애기가 가능하더라도 말이다. 1.2.4에서 추가로 설명하고

5장에서 더 일반적으로 설명하겠지만, 나의 전체 기획은 다원주의적이다.

이 시점에서 다양한 질문들을 제기할 필요가 있다. (1)과학자들이 플로지스톤주의 시스템을 거부함으로써 상실한 지식이 혹시 있었을까?(이제부터 나는 한낱 이론보다 더 많은 것이 결부되어 있음을 강조하기 위하여 '이론' 대신에 '시스템'이라는 표현을 사용할 것이다.)[14] 바꿔 말하면, 플로지스톤주의 시스템은 했고 산소주의 시스템은 할 수 없었던 좋은 것이 있었을까? 과학혁명은 전형적으로 그런 지식의 상실을 동반한다고 쿤은 생각했다. 그를 기리는 뜻에서, 이를 '쿤 상실Kuhn loss'이라고 부른다.[15] (2)플로지스톤 시스템이 존속했다면 발전할 수 있었을 테지만 그 이론의 때 이른 죽음 때문에 발전이 지체되거나 가로막힌 지식이 혹시 있었을까? (3)플로지스톤주의 시스템과 산소주의 시스템이 둘 다 있었을 때, 두 시스템의 상호작용으로부터 나온 이로운 결과들이 있었을까? (4)만약에 플로지스톤주의 시스템이 존속했다면, 산소주의 시스템과 플로지스톤주의 시스템 사이에서 이로운 상호작용이 계속되었을까?

나는 1.2.4에서 이 질문들에 어느 정도 상세히 답하려 노력하겠지만, 여기에서 당신의 상상력을 자극하기 위하여 몇 가지 예

---

14 이것은 당대의 어법에 부합하는 듯하다. 다양한 화학 교과서들이 '시스템'으로 불렸다. 예컨대 내가 이미 언급한 바 있는 Thomson(1802)이 그러하다. 다른 예로 라봐지에의 동료 앙투안 푸르크루아의 *Système des connaissances chimique*(1801)가 있다. 나는 1.2.1.1에서 '실천 시스템'을 더 엄밀하게 정의할 것이다.

15 요아니스 보트시스에 따르면, 이것은 하인츠 포스트가 고안한 용어다.

비적인 생각들을 제시하고자 한다. 플로지스톤주의 시스템에서 제시된 화학적 현상에 대한 설명들 중 다수는 산소주의 시스템에 성공적으로 수용되었지만, 이런 수용이 항상 가능하지는 않았다. 예컨대 플로지스톤 이론은 모든 금속이 유사한 속성들을 지닌 이유를 멋지게 설명했지만, 라봐지에의 이론은 이에 대해서 할 수 있는 말이 거의 없었다. 플로지스톤을 (음의) 전기와 동일시하는 것은 전망이 밝은 사유의 대로였는데, 플로지스톤이 죽음으로써 그 대로가 막혔다. 흔히 플로지스톤 이론가들은 화학방정식에서 무게를 맞추는 일에 소홀했다는 비난을 받지만, 실제로 플로지스톤은 화학에서 무게를 통해 모든 것을 설명할 수는 없음을 일깨우는 유용한 구실을 했다. 저명한 영국 화학자 윌리엄 오들링은 1871년에, 플로지스톤은 화학적 퍼텐셜에너지의 명백한 선조였다는 견해를 밝혔다.

화학혁명에 대한 나의 특이한 견해는 많은 사람들을 불편하게 할 것이다. 플로지스톤 이론에 대한 거부가 성급하고 근거가 없었다면, 물이 원소라는 생각에 대한 거부도 마찬가지였을 것이다. 하지만 물은 확실히 원소가 아니지 않은가? 당신이 물이 원소라는 생각과 같은 기이한 것들을 믿는다면, 현대 과학의 무게 전체가 당신을 짓눌러 부숴버릴 것이다. 하지만 물을 원소로 간주하는 합리적 과학 시스템은 정녕 존재할 수 없었을까? 이 질문에 다음과 같이 쉽게 대답할 수 있다. "존재할 수 있었다. 그리고 그 시스템의 이름은 플로지스톤주의 시스템이었다." 혹은, 실은 화학혁명 이전의 모든 과학 시스템들이 물을 원소로 간주했다. 그러나 더 어려운 질문은 이것이다. 물을 원소로 간주하는 시스템을 우리의 현시점에서 타당하다고 믿을 수 있거나 최소한 유용하게 사용할 수 있을까? 이

질문을 숙고할 때에도 우리는 이렇게 말하고 싶은 충동을 억눌러야
한다. "당연히 **우리는** 이제 물이 수소와 산소의 화합물임을 **안다**. 어
떤 이론이든지 이와 다른 말을 한다면 틀린 이론이며 숙고할 가치
가 없다." 우리가 이런 식으로 생각하는 것은 단지 우리가 물은 화
합물이라는 것 등의 전제들에 기초한 과학적 세계관의 포로들이기
때문이다. 진정한 다원주의적 도전은, 우리가 그 세계관에서 벗어
날 수 있을까, 하는 질문을 던지고 물이 화합물이라는 것을 전제하
지 않는 또 다른 세계관을 찾아내는 것, 그리고 그런 세계관이 존재
한다면, 그 세계관을 발전시켜서 얻을 만한 혜택이 있을까 묻는 것
이다. 이언 해킹(2000)의 뒤를 이어 레나 솔레(2008, 230쪽)가 말하듯
이, 일반적인 질문은 이것이다. 잘 확립된 과학적 결과들은 필연적
일까, 아니면 우연적일까? "우리의 과학만큼 성공적이고 진보적이
지만 내용이 근본적으로 다른 과학이 존재할 수 있을까?"

　　　용어에 관한 통찰 하나를 거론할 필요가 있다. 그 자체로는
사소하지만 방금 언급한 다원주의적 전망을 무한히 더 밝게 해줄
통찰이다. 현대 과학에서 말하는 '원소', 예컨대 산소는 화학적 원소
라고 우리가 말할 때의 '원소'는 더 분해할 수 없는 궁극의 단순한
물질을 의미하지 않으며 심지어 아직 분해되지 않은 물질을 의미하
지도 않는다. 화학적 원소가 그런 물체들이라는 소박한 견해는 후
대의 과학에서 배척되어야 했다. 물은 원소이며 더 분해할 수 없다
는 견해가 배척되었던 것과 마찬가지로 말이다. 현대 과학에 따르
면 산소, 수소, 물―또는 모든 각각의 화학물질―의 원자들과 분자
들은 중성자, 전자, 양성자와 같은 더 단순한 여러 입자들로 이루어
졌다. 정말 진지하게 현대물리학까지 고려하면, 심지어 전자도 '단

순한' 입자가 아니다. 전자는 평범한 의미의 '입자'가 아예 아니며, 오히려 파동-입자 이중성을 나타내는 에너지 꾸러미다. 혹은 양자장의 특정한 요동 상태다. 이런 난해한 이야기에 연연할 필요는 없다. 요점은 '물은 원소다'와 '산소는 원소다'가 실은 똑같은 정도로 틀렸다는 것이다. 그러므로 원소로서의 물을 포함한 이론의 잠재적 장점을 숙고하려 할 때 필사적으로 변론을 늘어놓아야 한다고 느낄 이유는 없다. 이는 원소로서의 산소를 포함한 이론의 장점을 숙고하기 위해서 특별한 변론을 늘어놓을 필요가 없는 것과 마찬가지다. 정말로 중요한 질문은 한 화학 시스템 안에서 '원소'가—그것의 기능들을 볼 때—무엇을 의미하는가, 하는 것이다. 예컨대 프리스틀리와 캐븐디시는 물이 원소라는 견해를 고수했는데, 이때 원소란 플로지스톤을 첨가하거나 빼냄으로서 **변형**할 수 있는 물질을 뜻했다. 확실히 우리는 이런 식의 사유로부터 얻을 수 있는 잠재적 통찰들이 존재하는지 여부를 고찰할 수 있다.

화학혁명기의 물을 단일한 견해의 빈곤함을 일깨우는 실례로 삼자. 플로지스톤 이야기는 우리가 단 하나의 지식 추구 방법을 고집할 경우 실제적 앎과 잠재적 앎이 어떻게 상실될 수 있는지를 생생히 보여준다.

1.2 플로지스톤이 살아남았어야 하는 이유

화학혁명의 결과에 관하여 이런저런 의심과 의문을 제기했으니, 이제 나의 견해를 온전하고 자유롭게 제시하고자 한다. 나는 각 장의 2절에서 늘 이런 작업을 할 텐데, 여기에서 나는 (1.1에서 제공한 것을 비롯한) 상당량의 배경지식을 전제할 것이며 학문 분야 간 경계나 다양한 전문가들이 제기할 수도 있을 반론을 거의 신경 쓰지 않고 논의를 펼칠 것이다. 그런 다음에 1.3에서 예상되는 반론들을 다루고 기존 문헌과 비교할 때 나의 견해가 어디에 위치하는지 살펴볼 것이다. 먼저 1.2.1에서는 산소와 플로지스톤 중 하나를 선택하도록 하는 어떤 증거가 있었는지를 체계적으로 평가할 것이다. 그 평가의 결론은 이미 1.1에서 언급한 방향과 일치할 것이다. 즉, 플로지스톤 이론을 버리고 라봐지에의 이론을 채택할 이유를 제공하는 결정적 증거는 없었다는 결론이 나올 것이다. 그렇다면 다음과 같은 역사적 설명에 관한 질문이 제기된다. 왜 화학자들은 그런 정당화되지 않은 선택을 했을까? 1.2.2에서 나는 당대의 화학자들이 라봐지에를 옹호하는 합의에 실은 간단하고 신속하고 보편적으로 도달하지 않았다고 주장할 것이다. 그럼에도 확실한 다수가 결국 플로지스톤을 버렸음을 인정하면서 1.2.3에서는 그런 집단적 결정이 내려진 이유에 대한 설명을 시도할 것이다. 이때 나는 화학혁명의 바탕에 깔린 더 크고 더 장기적인 경향, 곧 '합성주의'의 도래를 거론할 것이다. 설명한다는 것은 설명의 대상을 옹호한다는 것을 의미하지 않는다. 모든 평가와 설명이 끝난 후 1.2.4에서는 향상된 지식을 갖춘 시각으로 플로지스톤의 운명을 살펴보고, 만약에 플로지스톤이 존속했다면 화학에 어떤 혜택을 줄 수 있었을지 따져 볼 것이다.

1.2.1 플로지스톤 대 산소

　　플로지스톤에 기반한 화학을 버리고 산소에 기반한 라봐지에의 화학을 채택하는 것은 충분한 과학적 정당성이 있었을까? 그 결정을 뒷받침하는 증거가 충분히 있었을까?[16] 이 사안에 대해서는 진정으로 체계적인 평가가 아직 이루어지지 않았다고 나는 느낀다. 하지만 이것은 선학들이 매우 철저하게 연구해놓은 한 주제에 관한 거창한 주장이므로, 내가 품은 생각을 더 신중하게 설명할 필요가 있다. 무엇보다도 먼저 지적하는데, 화학혁명에 관한 기존의 역사학적 문헌 중 다수는 정당화의 문제를 다루지 않는다. 또한 차차 추가로 설명하겠지만, 철학적 분석들의 대다수는 제각각 특정한 관점에서 수행되었기 때문에 전체 상황의 많은 측면들을 간과하거나 은폐한다. 따라서 나는 더 폭넓은 분석의 틀을 제시하는 것을 출발점으로 삼으려 한다.

1.2.1.1 실천 시스템들을 평가하기

　　적어도 영어권 전통에서 과학에 대한 철학적 분석은, 과학을

---

16 '증거'의 의미가 정확히 무엇인지는 당연히 진지한 철학적 질문이며, 나는 이 질문을 차차 다룰 것이다. 일단은 충분히 널리 수용되며 정합적이라고 느껴지는, 지식의 정당화에 관한 직관적 개념, 곧 이론은 관찰 혹은 사실에 의해 정당화된다는 개념에 의지한다.

명제들의 집합으로 보고 그 명제들의 진릿값과 논리적 상호관계에
초점을 맞추는 통상적인 관습에 의해 불필요하게 제한되어왔다. 과
학철학적 논의의 주요 주제는 **이론**이었고, 이론이란 체계적으로 모
아놓은 명제들을 의미했다. 이런 경향은 실험 수행을 비롯한 과학
의 비언어적 비명제적 차원들이 철학적 분석에서 간과되는 결과를
낳았다. 많은 역사학자, 사회학자, 철학자들이 이 문제를 지적했지
만, 과학적 실천을 더 온전하게 분석하기 위한 언어를 제공하는 대
안적인 철학적 틀은 아직 명확히 합의되지 않았다. 과학적 실천에
대한 진지한 연구는 과학적 작업에서 우리가 실제로 **하는** 일이 무
엇인가를 다뤄야 한다. 그러려면 초점을 명제에서 행위로 옮길 필
요가 있다. 나는 무엇보다도 먼저 다음을 인정한다. 과학자가 하는
일은 순수한 이론 구성까지 포함해서 모두 어떤 행위다. 과학자의
일은 퍼시 브리지먼(1959, 3쪽)의 표현을 빌리면 신체적 작업, 정신
적 작업, 그리고 "종이와 연필" 작업으로 이루어진다. 물론 과학적
작업에 관한 모든 언어적 묘사는 명제의 형태를 띨 수밖에 없다. 그
러나 우리는 과학적 활동의 명제적 측면들에만 관심을 기울이는 실
수를 범하지 말아야 한다.

　　나는 '인식활동들epistemic activities'로 이루어진 '(과학적) 실천
시스템'을 내 분석을 특징짓는 주요 용어들로 사용할 것을 제안한
다.[17] (또한 나는 '지식 시스템system of knowledge'과 '실천 시스템system of practice'

17　Chang(2011a, d)에서 나는 이 용어들에 대한 설명을 초보적으로 시도한
바 있다. 여기에서는 그 설명의 일부를 제시할 것이다. 추가 세부사항을 원하
는 독자는 그 논문들을 참조하라.

을 교환가능한 용어들로 사용할 것이다. 특히 지식은 실천에 뿌리를 둔다는 점을 망각할 위험이 없다고 느껴지는 대목들에서 그렇게 할 것이다.[18] **인식활동**이란, 어떤 식별 가능한 규칙들에 맞게(그 규칙들이 명시되어 있지 않을 수도 있지만) 특정한 방식으로 지식의 생산이나 개선에 기여할 의도로 행하는 다소 정합적인coherent 정신적 신체적 작업들의 집합을 말한다. 내 제안의 중요한 부분 하나는, 각각의 상황에서 과학자들이 성취하려 하는 목표들을 명심하라는 것이다. 식별 가능한 목표의 존재는 (비록 활동자들 본인은 그 목표를 명시적으로 밝히지 않더라도) 활동과 한낱 신체적(인간의 몸이 관여하는) 사건을 구별해주는 특징이다. 그리고 활동의 정합성은 활동이 목표를 얼마나 잘 성취해내는가에 의해 정의된다. 인식활동의 통상적인 유형들은 측정, 예측, 가설-검증 등이다. 일부 인식활동들은 주로 정신적이다. 이론적 실천이라고 할 만한 것도 존재하며, 화학에서 이론적 실천은 분류, 화학 반응식의 계수 맞추기, 분자 구조의 모형화 등의 활동들로 이루어진다. 사실 거의 모든 인식활동은 정신적인 동시에 신체적이다. 과학 연구를 활동들의 집합으로 생각하기 시작하면, 과학자들이 하는 인식활동의 유형들이 엄청나게 다양하다는 점을 즉각 깨닫게 된다. 과학자들은 서술하기, 예측하기, 설명하기, 가설 세우기, 검증하기, 관찰하기, 탐지하기, 측정하기, 분류하기, 묘사하기, 모형화하기,

18　비교적 느슨한 1.1의 논의에서도 나는 단지 이론들뿐 아니라 더 많은 것을 고찰할 필요를 느꼈기 때문에, 흔히 '플로지스톤 시스템'과 '반플로지스톤 시스템'(혹은 '프랑스 화학 시스템')을 거론한 당대의 화학자들을 따라서 '시스템'이라는 용어를 사용하기 시작했다.

시뮬레이션하기, 종합하기, 분석하기, 추상화하기, 이상화하기 등의
활동을 한다.

인식활동은 일반적으로 고립된 채로 이루어지지 않으며 그
렇게 이루어지면 안 된다. 오히려 모든 각각의 인식활동은 다른 인
식활동들과의 관계 안에서 실천되어 하나의 전체 시스템을 구성하
는 경향이 있다. **실천 시스템**이란 특정 목표를 성취할 목적으로 수
행되는 인식활동들의 정합적 집합이다. 예컨대 라봐지에가 창조
한 화학 시스템을 구성하는 활동들은 화학반응에서 생산되는 기체
를 모으기, 화학반응의 반응물과 생성물의 무게를 측정하기, 분석
을 위해 유기물질을 연소시키기, 화합물을 그 조성에 따라 분류하
기 등이었다. 이 시스템의 전체적인 목표들은 다양한 물질의 조성
을 알아내기, 물질의 조성을 통하여 화학반응을 설명하기 등이었
다. 각 활동의 정합성이 목표 성취 능력에 의해 정의되는 것과 유사
하게, 실천 시스템의 정합성이 무엇인가는 그 시스템의 전체적인
목표들에 의해 정의된다. 시스템의 정합성은 활동들과 관련된 명제
들의 한낱 일관성consistency을 뛰어넘는다. 오히려 시스템의 정합성
이란, 시스템의 다양한 활동들이 시스템의 목표들의 성취를 향하여
효과적으로 응집한다는 것이다. 정합성은 다양한 수준과 모습으로
나타나며, 논리적 공리들을 통해 잘 정의되는 일관성보다 덜 엄밀
한 개념일 수밖에 없다.

인식활동과 실천 시스템을 명확하게 구분하기가 어렵다는
느낌이 들 수도 있겠는데, 이 모호성은 내가 의도하는 바다. 그 구
분은 단지 상대적이며 맥락의존적이다. 우리가 한 덩어리를 이룬
과학적 실천을 연구하는 매 상황에서 그 전체적인 연구 대상을 **시**

스템으로 부르자는 것이 나의 제안이다. 그 시스템의 더 특수한 측면들을 더 세밀하게 연구하고자 한다면, 우리는 그 시스템을 다양한 하위 **활동**들로 분석할 수 있다. 주어진 상황에서 우리가 전체 시스템으로 간주하는 바는 더 큰 시스템의 성분 활동으로 간주될 수 있으며, 주어진 상황에서 우리가 성분 활동으로 간주하는 바는 다른 상황에서 다른 활동들로 이루어진 전체 시스템으로서 분석될 수 있다(두 페이지 전에 처음으로 '인식활동'이라는 개념을 도입할 때 나는 편의상 활동은 작업들로 이루어진다고 말했다. 엄밀히 말하면 '작업operation'이라는 용어는 필수적이지 않다. 물론 우리가 **세** 층위를 한꺼번에 보고자 할 경우에는 그 용어가 편리하지만 말이다). 이런 식으로 나의 틀은 모든 층위에 적용 가능하며, 우리가 초점을 맞추고자 하는 임의의 층위에 적합하도록 바투 다가가 세부에 적용하거나 멀찌감치 물러나 폭넓게 적용할 수 있다. 초점을 어디에 맞추든지, 우리는 전체적인 실천을 '시스템'으로, 그것의 성분들을 '활동'으로 부를 것이다(또한 활동의 성분들을 '작업'으로 부를 것이다. 그러나 이 범주적 꼬리표들을 영구적인 토대를 갖춘 무언가에 붙일 의도는 없다).

　　나는 활동의 형이상학을 깊이 파고들 생각이 없지만, 여기에서 서술 층위들 사이에 비환원적 관계가 성립함을 강조할 필요가 있다. 활동과 과정의 구조는 사물과 진술statement의 구조와 달리 원자론적 환원성을 띠지 않는다.[19] 주어진 하나의 인식활동은 다른 인

19　당연한 말이지만, 사물과 진술의 원자론적–환원적 구조에 대해서도 회의를 품을 이유들이 있지만, 이것은 따로 다뤄야 할 주제다.

식활동들이 모여서 형성한 시스템으로 분석될 수 있지만, 그렇게 분석했을 때 '성분' 활동들이 '전체' 활동보다 절대적인 의미에서 반드시 더 단순하지는 않으며, 이런 분석은 무한정 계속될 수 있다. 한 예로 화학물질을 '연소 분석'하는 활동을 생각해보자. 이 활동은 다양한 다른 활동들로 이루어졌다고 분석될 수 있다. 그 활동들은 표적 물질을 태우기, 그 연소의 생성물들을 다른 화학물질들을 이용하여 흡수하기, 양팔저울로 무게를 측정하기, 퍼센트 계산하기 등이다. 또한 이 성분 활동들도 다른 활동들로 구성된다. 예컨대 양팔저울로 무게를 측정하는 활동은 표본을 한쪽 접시에 올리고 추를 반대쪽 접시에 올리기, 바늘이 가리키는 숫자를 읽기 등으로 구성된다. 이런 식이라면, 우리가 활동들을 계속 분석하면 점점 더 단순한 활동들에 도달할 테고 바라건대 결국엔 더 이상 분석할 수 없는 기초단위들인 원자적 작업들에 도달하리라는 느낌이 들 수도 있겠다. 그러나 그 느낌은 덜 간편한 무언가를 망각하는 것에서 비롯된다. 양팔저울로 무게를 측정하는 활동은 인증certification 활동, 곧 우리가 사용하는 추가 올바른 표준 추라는 우리의 전제를 뒷받침하는 활동도 포함한다. 이 활동이 없으면, 양팔저울로 무게를 측정하는 활동 전체가 비정합적이게 된다. 이 인증 활동은 이를테면 신뢰할 만한 공급자로부터 추를 구매하기, 또는 우리의 추들을 더 신뢰성 높은 추들과 비교하기, 또는 우리의 추들을 특정 자연현상(예컨대 특정 온도에서 특정 부피의 물의 무게)과 비교하기일 수 있을 것이다. 어떤 방법으로 하건 간에, 이 인증이라는 성분 활동은 전체 활동인 양팔저울로 무게 측정하기보다 어떤 명확한 의미에서도 더 간단하지 않다. 다양한 인식활동들 사이의 관계는 궁극적으로 비환원적이다. 인식활동들은 복잡한 관계망을 형성한다. 비록 많은 경우에 우리는 한 활동을 명백한 성분들로 분석함으로써 유용한 통찰을 얻을 수 있기는 하지만 말이다. 가장 낮은 층위의 서술은 존재하지 않으며, 활동 분석 과정의 명확한 종결도 존재하지 않는다. 분석이 생산적이라면 언제든지, 그러나 생산적인 한도를 넘지 않는 한에서, 분석은 수행되어야 한다.

　　인식활동의 개념과 실천 시스템의 개념을 당면 사례에 적용하기 시작하기에 앞서, 나의 틀을 더 명확히 하기 위하여 일반적인 언급 몇 마디를 보탤 필요가 있다. 첫째, 활동과 활동의 목적에 초점을 두면, 명제와 명제의 진리성에 매달리는 낡은 철학적 집착에 새로운 빛을 비출 수 있다. 물론 명제는 과학에서 중요하다. 관찰 진술들, 경험적 법칙들, 이론적 원리들이 모두 명제다. 그러나 정말로 중요한 것은 다양한 인식활동들 안에서 명제들이 어떻게 기능하는가를 이해하는 것이다. 진술이 옳음을 판정하는 것은 확실히 가장 중요한 인식활동들 중 하나다. 그러나 옳음의 기준은 시스템마다 쉽게 다를 수 있다(이 주제에 관한 본격적인 논의는 4장, 4.3.1 참조). 우리가 거론하는 옳음이 '절대적 진리'(영어에서 첫 철자를 대문자로 쓴 'Truth')라면, 그것은 과학자가 참여하는 실천 시스템에 전혀 의존하지 않겠지만, 그런 진리를 다루는 과학적 활동이 현실에 과연 있는지 의심스럽다. 각각의 활동 혹은 시스템의 성공은 무엇보다도 먼저 그 활동 혹은 시스템이 스스로 설정한 목적을 얼마나 잘 성취하는가를 통해 판정될 필요가 있다. 게다가 우리가 그 목적 자체의 가치를 판단하는 것도 허용된다. 그러나 과학에서 '절대적 진리'가 유효한 목적 혹은 판단 기준인 경우는 거의 없을 것이다.[20]

　　마지막으로, 실천 시스템의 개념을 이미 과학사 및 과학철학 문헌에서 사용되는 다른 용어 몇 개와 비교하고 대조하는 작업이 유익할 것이다. 가장 먼저 떠오르는 비교 대상은 쿤의 패러다임 개념이다. 몇 가지 명백한 유사성이 있긴 하지만, 몇 가지 중요한 차이도 있기 때문에 실천 시스템은 패러다임과 다른 새로운 개념이라고 할 수 있다. 스스로 흔쾌히 인정했듯이 쿤은 '패러다임'이라는 용어를 두 가지 주요 의미로 사용했다.[21] 첫째 의미인 '모범exemplar'은 내가 말하는 '시스템'과 일치하지 않는다. 둘째 의미인 '전문분야 매트릭스disciplinary matrix'는 나의 개념과 유사하지만, 두 가지 이유에서 나는 전문분야 매트릭스의 개념이 유용하지 않다고 본다. 첫째, 쿤이 말하는 전문분야 매트릭스의 개념은 기본적인 형이상학적 원리들부터 제도적 구조들까지의 온갖 요소들을 뭉뚱그리면서도 어떻게 그 전체가 결집하는가에 대하여 아무 언급도 하지 않는데, 나는 그보다 더 명확하고 질서정연한 개념이 필요하다고 생각한다. 실험과학의 실천에 대한 해킹의 논의(Hacking 1992, 44-50쪽)도 유사한 난점을 지녔다. 그는 실험적 실천에 개입하는 요소들의 유형 15가지를 지목하지만 그 다양한 유형의 요소들이 어떻게 결합하고 상호작용하는지 자세히 설명하지 않는다. 또한 쿤의 패러다임 개념

20　그렇다고 절대적 진리가 규제적 원리regulative principle로서—덜 거창하게 말하면, 수사법이나 동기부여의 측면에서 유효한 목적으로서—지닌 가치를 부정하는 것은 아니다.

21　이 설명은 쿤이 1969년에 써서 《과학혁명의 구조》의 재판에 수록한 '후기'(Kuhn 1970, 180-191쪽)에 나온다.

은, 패러다임은 과학의 정상 단계에 한 과학 분야 전체를 독점하며
그러해야 마땅하다는 그의 주장과 너무 긴밀하게 묶여 있다. 5장에
서 자세히 설명하겠지만, 나는 그 독점 전제에 대해서 서술적 반론
들과 규범적 반론들을 가지고 있다. 또 다른 흥미로운 비교 대상은
존 픽스톤의 '앎의 방식들ways of knowing'인데, 내가 보기에 이 용어
는 실천 시스템들의 **유형들**(줄여서 시스템-유형들)을 뜻한다. **시스템-
유형**이란 어떤 핵심 활동들을 공유한 다양한 시스템들로 이루어진
집합이다. 시스템-유형은 실제 시스템이 아니며, 매우 일반적인 시
스템도 아니다. 오히려 시스템-유형은 채워야 할 공백들을 의도적
으로 남겨둔 불완전한 시스템 규정이다(내가 방금 전에 사용한 개념인
'활동-유형'도 마찬가지다). 그 공백들을 어떻게 채우느냐에 따라서 우
리는 그 유형의 다양한 사례들을 얻게 된다. 나는 1.2.3.2에서 이 개
념을 사용할 기회를 갖게 될 것이다(추가 세부사항은 Pickstone 2000,
2007; Chang 2011d 참조).

1.2.1.2 문제 영역

지금까지 나의 분석 틀을 설명했으니, 이제 당면 과제에 접
근하자. 그 과제는 18세기 후반에 존재했던 대로의 플로지스톤주의
phlogistonist[22] 화학 시스템과 산소주의oxygenist 화학 시스템의 상대

22　당대의 영어 어법에 더 충실하려면 'phlogistic'이라고 해야겠지만,
나는 'oxygenist'와 멋진 대구를 이루는 'phlogistonist'를 더 선호한다.
'phlogistic'과 'oxygenic'(또는 그 밖에 적합한 표현)이 이루는 대구는 그렇게
멋지지 않다. 나의 용어들은 역사가들의 표준 어법과 충분히 잘 일치한다. 예

적 장점들을 비교하는 것이다. 관련 질문들에 대답하려 할 때 주의해야 할 점은, 우리가 **누구의** 판단을 고찰하고 있는지를 늘 명확히 상기하는 것이다. 우리는 다양한 관점들을 고려해야 한다. 실제 논쟁에서 경쟁한 양편 각각은 무엇을 생각했을까? 역사적 철학적 탐구자로서의 우리 자신(다양한 사람들)은 무엇을 생각할까? 어떤 것에 중점을 두어야 할지는 우리의 탐구 목적에 따라 달라진다. 내가 지금 설정한 목적은, 과거 과학자들 자신이 플로지스톤주의 시스템을 버릴 이유가 충분하다고 생각했는지 여부뿐 아니라 실제로 그럴 이유가 충분히 있었는지 여부를 판단하는 것이다. 그러므로 나는 마지막에 나 자신의 판단을 제시해야 한다. 물론 역사 속 주인공들의 판단을 완전히 무시한다면, 그것은 어리석은 짓이겠지만 말이다. 이런 관점 구분의 중요성은 내가 나의 구체적 평가를 진행함에 따라 점점 더 명확해질 것이다.

　　나는 **포괄적인** 평가를 내리려 애쓸 것이다. 왜냐하면 우리가 이제껏 살펴본 바로는, 논쟁을 판가름했거나 판가름했어야 마땅한 단순한 개별 '결정타'나 치명적 오류는 양편 중 어디에도 전혀 없었던 것으로 보이기 때문이다. 바꿔 말해 아마도 다수의 중요한 요인들이 결정에 관여했을 것이며, 우리는 그 모든 요소들을 세심히 살펴보고 각각의 중요도를 비교할 필요가 있다. 그러므로 다음과 같은 매우 일반적인 물음을 출발점으로 삼자. 플로지스톤주의 시스

컨대 표준적인 교과서인 브록의 *Fontana/Norton History of Chemistry*(1992, 78쪽)에서 '플로지스톤주의자들phlogistonists'에 관한 논의를 볼 수 있다.

템과 산소주의 시스템이 직면한 중요한 과학적 문제들은 무엇이었으며, 각 시스템은 그 문제들을 얼마나 잘 해결했을까? 이 질문들에 대답하려면 먼저 다음과 같은 두 가지 질문을 다뤄야 할 것이다. 첫째, 그 문제들에 대한 해결들을 어떤 기준들 혹은 인식적 가치들에 따라 평가해야 할까? 둘째, 고찰되는 구체적 상황들에 각각의 인식적 가치를 정확히 어떻게 적용해야 할까? 이 모든 질문들은 비정합성에 직면한 상황에서의 패러다임 선택에 관한 쿤의 논의(1970, 1977)에서 아주 명확하게 제기되었다(화학혁명에서의 비정합성에 관한 더 자세한 논의는 1.3.3 참조).

《과학혁명의 구조》에서 쿤이 비정합성에 관하여 제기한 주요 주장들 중 하나는, 서로 다른 패러다임들은 스스로 합법적이며 중요하다고 간주하는 문제들의 목록을 서로 다르게 보유한다는 것이다.[23] 이것은 이론의 여지가 없어서 그런지, 비정합성에 관한 열띤 토론에서 흔히 무시된다.[24] 또한 쿤 본인도 말년에 지칭reference에 기반을 두고 비정합성을 논하면서 문제 영역problem-field에 대한 관심을 버린 것으로 보인다. 그러나 경쟁하는 양편이 인정한 문제 영역들을 식별하지 않는다면, 이론-선택이나 패러다임-선택에 관하여 합리적인 논쟁을 시작이라도 하는 것이 과연 어떻게 가능할지 나는 도무지 모르겠다. 이론은 단순히 '증거에 비추어 검증되지'

---

23 쿤이 초기에 비정합성의 이 같은 면모를 강조했다는 점에 대해서는 Hoyningen-Huene 1993, 208-209쪽 참조.

24 앤드류 파일(2000, 104쪽)은 화학혁명에 관한 철학적 논평을 제시한 저자들 가운데 예외적으로 이 면모를 강조한다.

표1.1 화학혁명 당시 문제 영역의 구획

양편 모두가 중요하다고 간주한 문제들	플로지스톤주의자들만 (매우) 중요하다고 간주한 문제들	산소주의자들만 (매우) 중요하다고 간주한 문제들
연소, 금속의 녹슮과 환원, 　호흡을 이해하기	성분들의 속성을 통해 　화합물의 속성을 설명하기	열과상태 변화에 관한 이론
산酸에 관한 이론	광물학, 지질학	염鹽에 관한 화학
다양한 물질들의 조성	기상학	
	영양, 생태학	

않는다. 우리는 증거에 비추어 이론을 검증해야 할 대목이 **어디인지를**, 바꿔 말해 이론이 경험적으로 성공적이기를 우리가 가장 바라는 대목이 어디인지를 항상 선택해야 한다. 문제들에 초점을 맞추는 접근법은 지식에 대한 실용주의적 관점과 특히 잘 어울린다. 그 관점은 4장과 5장에서 나의 논의에 큰 영향을 미칠 것이다. 일단 여기에서는, 지식을 **탐구** 과정들로 분석하는 존 듀이의 경향(예컨대 Dewey 1938)을 상기하는 것으로 충분하다.

　표1.1은 화학혁명 당시에 문제 영역이 어떻게 구획되었는지 보여준다. 이 문제 영역을 우리 앞에 펼쳐놓는 것이 중요하다. 왜냐하면 그것은 화학혁명의 전쟁터였기 때문이다. 일부 문제들은 양편 모두에 의해 공히 중요하다고 인정되었으며, 다른 문제들은 한편에 의해서만 중요하다고 간주되었다. 산소주의 시스템과 플로지스톤주의 시스템은 세 가지 과정, 곧 연소, 녹슮, 호흡이 서로 밀접하게 관련되어 있음을 공통으로 알아채고 이 과정들을 이해하는 것에 큰 중요성을 부여했다. 산에 관한 이론도 양편 모두가 중요하게

여기고 진지하게 논한 주제였다.[25] 이 주제들은 다양한 물질의 **조성**과 밀접한 관련이 있었다. 이때 다양한 물질이란 물, 금속들, 금속회들, 다양한 유형의 '공기들', 그리고 플로지스톤을 풍부하게 함유했다고 여겨진 다양한 비금속 물질들을 포함했다. 커윈(1789, 6-7쪽)은 모든 논쟁을 해결할 열쇠는 조성이라고 생각했다. "그러므로 현재 논쟁은 몇 가지 논점에 국한되어 있다. 즉, 이른바 과플로지스톤 산들, 식물성vegetable 산들, 고정 공기, 황, 인, 당sugar, 숯, 금속들에서 **가연성의 요소**[플로지스톤]가 발견되느냐 여부에 국한되어 있다." 프리스틀리도 말년에 펜실베이니아 주로 망명한 상태에서 플로지스톤 이론을 옹호하기 위해 출판한 글([1796] 1969)에서 거의 전적으로 조성에 초점을 맞췄다. 구체적으로, 금속들과 물의 조성이 주요 논점이었지만, 탄소, 질소, 고정 공기의 조성도 논의했다. 커윈과 프리스틀리는 이 물질들의 조성에 관한 플로지스톤주의적 견해들을 자신이 반박했다는 라봐지에의 주장에 대응하고 있었던 것이다.

　　위 문제들과 대조적으로, 몇몇 다른 문제들은 보편적으로 중요하게 여겨지지 않았다. 플로지스톤주의자들은 라봐지에 이전의 화학에 만연했던 선입견, 곧 '화학물질의 성질들을 설명하고 화학반응 도중에 그 성질들이 겪는 변화를 설명'해야 한다는 선입견을

25　Brock(1992), 125쪽 참조. 플로지스톤 이론에 대한 리처드 커윈의 고전적 해설에는 '플로지스톤과 산의 조성에 관한 에세이'라는 제목이 붙어 있다. 이 글에서 커윈(1789, 38쪽)은 산성에 관한 라봐지에의 연구를 중요한 업적으로 간주했다. "산들의 본성과 내적 조성에 관해서는, 라봐지에 씨의 추론들과 논증들에 의해 화학 이론이 대폭 발전했음을 인정해야 한다."

공유했다(Kuhn 1970, 107쪽).[26] 더 구체적으로 말하면, 플로지스톤주의자들은 많은 물질들의 속성들을 그 물질들의 조성에 포함된 '요소들principles'(특히 플로지스톤)을 통하여 설명하려 애썼다(더 자세한 논의는 1.2.3.2 참조). 두드러진 사례 하나는 왜 (플로지스톤주의자들이 보기에 화합물들인) 금속들은 일련의 속성들을 공통으로 지녔는가에 대한 설명이었다(Kuhn 1970, 148쪽). 실제로 화학혁명이 시작될 즈음에 이 질문은 플로지스톤 패러다임 안에서는 더 이상 연구 과제가 아니었다. 왜냐하면 금속들은 플로지스톤을 함유했기 때문에 공통적인 금속의 속성들(광택, 가단성, 연성, 전기 전도성)을 지녔다는 것이 거의 상식으로 받아들여졌기 때문이다.[27] 산소주의자들은 이 대답을 배척했다기보다 저 질문 자체를 배척했던 것으로 보인다. 화학은 이 연구 분야를 20세기에야 되찾았다. 일부 플로지스톤주의자들은 중요하게 여겼지만 산소주의자들은 무시한 몇몇 문제들도 있었다(그 문제들을 모든 플로지스톤주의자들이 한결같이 중시한 것은 아니었지만). 예컨대 광물학, 지질학, 기상학, 생태계 내의 영양분 순환에 관한 다양한 문제들이 그러했다.

　　반대편에는 산소주의자들이 플로지스톤주의자들보다 훨씬 더 중시한 문제들이 있었다. 열 현상들은 모든 화학자들로부터 주목받았고, 여러 플로지스톤주의자들이 열의 본성을 설명하려 애썼

26　1.3.4에서 보겠지만, 라봐지에 본인도 이 측면에서는 라봐지에 이전 화학자의 면모를 강하게 지니고 있었다!

27　Kirwan(1789), 168쪽 참조.

지만, 잠열에 관한 조지프 블랙의 연구를 기초로 삼아 열(칼로릭)을 정말로 화학의 중심으로 끌어온 인물은 라봐지에였다. 열에 관한 이론은 물질이 고체, 액체, 기체로 바뀌는 상태 변화와 밀접한 관련이 있다. 라봐지에는 상태 변화에 관하여 매우 확고한 이론을 가지고 있었으며, 자신의 화학 시스템 안에서 매우 중요한 자리를 상태변화에 할애했다.[28] 염salt에 관한 이론도 마찬가지다. 이 이론은 18세기 화학의 중대한 공통 관심사였지만, 플로지스톤 이론은 이 분야에 기여할 것이 상대적으로 적었다. 반면에 "산소는 산과 염기가 이중으로 결합하여 염을 형성할 때 접착제 혹은 끈의 구실을 한다"[29]라고 보는 라봐지에주의 화학 시스템 내에서 이 연구 분야는 전망이 밝았다. 라봐지에는 이 연구 방향에 열정을 보였다. 그는 저서《화학원론》의 무려 3분의 1을 염 이론에 할애했다.[30]

  화학혁명의 문제 영역을 훑어보았으므로 우리는 이제 우리

---

28 Lavoisier([1789] 1965)의 맨 첫 장을 보라. 블랙의 생각들은 널리 알려져 있었지만 그의 사후에 비로소 출판되었다(Black 1803 참조). 몇몇 플로지스톤주의자들도 개별적으로 열과 상태 변화에(예컨대 캐븐디시는 끓음과 증발에) 깊은 관심을 기울였다. 그러나 이 관심은 그들의 화학 이론에 대체로 영향을 미치지 않았다. 뚜렷한 예외는 장앙드레 들룩이다. 그는 비rain의 형성을 설명하는 이론에 대한 나름의 견해 때문에 라봐지에의 화학에 반발했던 것으로 보인다. 그러나 들룩의 화학은 특이했으며, 그를 플로지스톤주의자로 분류해야 할지도 애매하다. 물론 그가 라봐지에의 적수였다는 것은 틀림없는 사실이지만 말이다.

29 Brock(1992), 216쪽.

30 총 3부로 이루어진 라봐지에의 저서에서 2부([1789] 1965, 173 – 291쪽)가 염 이론을 다룬다. 그 부의 제목은 '산과 염화 가능한 염기의 결합과 중성 염의 형성에 관하여'다.

의 주요 질문을 공략할 수 있다. 양편의 실적을 어떻게 비교할 것인가? 가장 먼저 제기할 질문은 이것이다. 어느 편이 더 중요한 문제들에 집중하고 있었다고 말할 수 있을까? 나 자신의 판단은, 위의 표1.1에 수록된 모든 문제들이 중요하고 가치 있었다는 것이다. 그런데 우리가 이런 판단만 내린다면, 우리는 역사 속 주인공들이 무엇이 중요한가에 대해서 내린 판단을 업신여기는 것이다. 역사학자들은 이런 판단을 경계하는 경향이 있겠지만, 우리는 이런 판단을 내리는 것을 피할 수 없다. 인식론적 평가를 추구하는 철학자들은 확실히 그것을 피할 수 없으며, 심지어 역사학자들도 서술할 가치가 있는 것이 무엇인지 판단해야 한다. 그저 역사적 주인공들의 판단에 동조하는 것은 해결책이 아니다. 특히 당대의 중요한 과학자들의 견해가 엇갈렸던 이 같은 사례들에서는 더욱더 그러하다. 가장 해로운 선택은 무턱대고 과거 승자의 판단에 동조하는 것이다.[31]

　　　　양 진영 중 하나라도 중요하게 여긴 모든 문제들이 (적어도 첫눈에 보기에) 중요했다고 인정한다면, 우리는 이렇게 물을 수 있다. 각 진영은 그 문제들을 얼마나 잘 해결했을까? 예상할 만하게도(또한 쿤이 말한 대로), 각 진영은 스스로 중요하다고 여긴 문제들을 잘 해결하고 다른 문제들은 그리 잘 해결하지 못한 경향이 있다. 그러므로 여기에서 한 진영보다 다른 진영을 더 선호할 근거를 찾기는 어렵다. 실제로 내가 보기에는, 플로지스톤주의 시스템은 다뤘지

31　우리의 판단을 역사적 승자들의 판단에 맞추는 것에 내가 반대하는 이유들은 Chang(2009b) 참조.

만 산소주의 시스템은 다루지 않은 중요한 문제들이 더 많았다. 다른 조건들이 같다면, 이것은 산소주의 시스템보다 플로지스톤주의 시스템을 더 권장할 이유일 만하다. 어쩌면 더 중요한 것은, 공통의 문제들, 곧 양 진영 모두가 중요하다고 인정한 문제들을 어느 진영이 명확히 더 잘 해결했는가일 것이다. 화학혁명 당시에 그런 공통의 문제들은 결코 적지 않았지만, 각 진영은 자신이 그 모든 문제들을 꽤 잘 해결하고 있으며 상대방 진영보다 상당히 더 잘 해결하고 있다고 생각했다. 두 시스템의 지지자들은 공통의 문제들에 대하여 근본적으로 다른 해답들을 내놓았으며 서로를 썩 잘 이해했지만 그 해답들의 상대적 질에 대한 평가에서 의견이 엇갈렸다. 그리하여 우리는 판단 기준에 대한 질문, 바꿔 말해 당시의 논쟁에서 유효했던 인식적 가치들에 대한 질문에 도달한다.

1.2.1.3 인식적 가치들의 어긋남

플로지스톤주의 시스템과 산소주의 시스템은 공유한 문제들 중 대다수에 대하여 전혀 다른 해답들을 내놓았으며, 누가 그 문제들에 대하여 더 나은 해답들을 내놓았는가에 대한 판단에서 견해가 선명하게 엇갈렸다. 이 대목에서 우리는 비정합성의 또 다른 차원에 진입한다. 비정합성의 중요한 원천 하나는 인식적 가치들의 어긋남이다. 이 상황을 더 자세히 살펴보자.

가장 중요한 요소는 **단순성**과 **완전성**의 대립이었다. 산소주의자들, 특히 라봐지에 본인은 단순성을 매우 소중히 여겼다. 특히 우아함이라고 할 만한 유형의 단순성이 중시되었다. 플로지스톤주의자들, 특히 프리스틀리는 완전성을 더 중요하게 여겼고 주어진 문제 영역에 속한 모든 관찰된 현상들과 그것들의 모든 관찰된 측면들을 설명하기를 원했다. 라봐지에주의자들은 자신들의 이론적 견해에 멋지게 들어맞는 모범적인 사례들에 주의를 집중하면서 더 지저분한 사례들은 제쳐놓기를 좋아했다. 반면에 프리스틀리와 몇몇 플로지스톤주의자 동료들은 자신들이 산출하고 관찰한 모든 주요 현상들을 설명하려고 노력했다. 설령 더 난해한 사례들에서는 설명들이 어색해지더라도 말이다. 단순성이나 완전성이 필요하다는 점을 각 진영이 알아채지 못한 것은 아니다. 그러나 서로 경쟁하는 그 가치들을 강조하는 정도, 혹은 그것들에 집착하는 정도에서 명확한 차이가 있었다.

　　이 차이를 보여주는 좋은 사례로 금속의 녹슮과 환원이 있다. 프리스틀리는 최초로 탈플로지스톤 공기를 생산할 때 수은의 빨간색 금속회를 사용했는데, 라봐지에와 그의 동료들은 그 금속회를 녹슮과 환원이 산화와 탈산화임을 보여주는 모범 사례로 간주했다. 수은을 평범한 공기 속에서 가열하면 그 빨간색 금속회로 변환할 수 있었다. 그런 다음에 햇빛을 큰 렌즈로 집중하여 더 높은 열을 가하기만 하면 그 금속회를 다시 금속으로 되돌리면서 다른 탐지 가능한 물질들이 산출되거나 흡수되는 일 없이 산소를 생산할 수 있었다. 이 멋진 산화 및 환원의 광경은 라봐지에주의자들에 의해 계속 반복해서 거론되었다. 프리스틀리는 이렇게 반발했다 ([1796] 1969, 24쪽). "하지만 이것은 한 금속의 이 특정한 금속회의 사례일 뿐이다." 그가 보기에 라봐지에주의자들은 예외적인 사례 하나에 집중함으로써 전체 그림을 왜곡하고 있었다. 다른 금속들은 다르게 행동했다. 프리스틀리(31쪽)는 철의 금속회는 "가연성 공기 속에서 가열하여 그 금속회가 그 공기를 왕성하게 흡수하게 하거나, 플로지스톤을 함유했다고 여겨져온 다른 물질과 접촉시켜서 가열하지 않는 한" 금속으로 되살릴 수 없음을 지적했다. 심지어 수은의 경우에도 또 다른 유형의 금속회가 존재했다.[32] 그 금속회는 "아무리 높은 열을 가해도 완전히 되살릴 수 없지만, 가연성 공기 속에서 가열하여 그 공기를 흡수하게 하거나 플로지스톤을 함유했다고 여겨지는 숯이나 철가루나 기타 물질들과 섞어서 가열하면 되살릴 수도 있다"(24쪽).

　　이 같은 단순성과 완전성의 발산은 연소를 둘러싼 논쟁에서도 중요한 역할을 했다. 내가 1.1에서 간략하게 논한 라봐지에의 연소 이론이 지닌 난점들을 여기에서 자세히 살펴볼 필요가 있다. 특히 그 난점들은 박식한 역사학적 문헌들에서도 간과되는 경향이 있기 때문에 더욱더 그러하다. 배경지식으로, 라봐지에는 연소를 산소가 '산소 기oxygen base'와 칼로릭으로 **분해**되면서 산소 기는 가연성 물질과 결합하고 칼로릭은 방출되는 과정으로 이해했다는 점을 상기하자. 그에 따르면, 연소에서 산출되는 열은 산소 기체에서 나왔다. 따라서 연소를 가능케 하는 산소는 반드시 처음부터 기체 상태여야 했다. 왜냐하면 물질이 다량의 칼로릭과 결합하면 기체 상태로 되기 때문이었다. 연소에서 산출되는 빛도 이와 유사한 방식으로, 그러나 더 모호하게 설명되었다.

32　프리스틀리는 그 금속회를 "투르비트 광물turbith mineral을 빨간색 열에 노출시키면 남는 것"이라고 설명했다. 현대에 편집된 그의 텍스트에는 '투르비트 광물'은 '기본적인 황화수은'이라는 편집자의 설명이 덧붙어 있다.

　　토머스 톰슨은 라봐지에의 연소 이론에 대한 반론들을 요약
해놓았는데, 그 요약으로 돌아가자(Thomson 1802, 1권, 354–358쪽).[33]
톰슨의 생각은 이러했다. 우리가 라봐지에의 견해를 따른다면 "[연
소의] 산물이 기체면, 산소 기체 안에 있던 모든 칼로릭과 빛이 그
산물의 기체 상태를 유지하는 데 필요하리라고 자연스럽게 예상하
게 된다". 그러나 예컨대 숯이 불타면 산물로 기체가 나오는데도,
이 연소는 아주 많은 열과 빛을 산출한다. 톰슨에 따르면, 라봐지에
는 이 문제를 알았지만 설득력 있는 해답을 내놓지 못했다. 톰슨은
반대 방향의 문제도 지적했다. "모든 연소 사례에 쓰이는 산소는 기
체 상태여야 한다고 자연스럽게 예상하게 된다. 그러나 실제는 전
혀 그렇지 않다." 예컨대 질산을 특정한 기름들에 부으면 '아주 빠
른 연소'가 일어나는데, 그 반응에는 기체 상태의 산소가 아니라 액
체 상태의 산소만 들어간다. 또는 화약의 폭발을 생각해보라. 그 폭
발은 주변의 산소 기체의 도움 없이 일어난다. 그 폭발에 필요한 산
소는 화약 자체에 포함된 초석(nitre 또는 saltpeter) 안에 고체 상태
로 들어 있다. 톰슨은 또한 라봐지에의 이론을 받아들이면 "산소뿐
아니라 다른 기체들이 응축할condensation 때에도 칼로릭과 빛이 방
출되리라고 자연스럽게 예상하게 된다. 그러나 산소가 관여하지 않
는 한, 그런 일은 절대로 일어나지 않는다"고 지적했다. 예컨대 수
소 기체와 질소 기체가 결합할 때는 열이나 빛이 방출되지 않는다.

33　톰슨의 논증들에 대한 파팅튼과 매키의 논의(Partington and McKie
1937~1939, 340–342쪽), 그리고 모리스의 논의(Morris 1972)도 참조하라.

암모니아 기체와 염산 기체가 결합하면 '고체 상태의 염concrete salt' 이 형성되면서 빛은 산출되지 않고 열만 아주 조금 산출된다. 톰슨 은 산소가(또한 다른 기체들도) 반응물질로 관여하지 않는 몇몇 반응 에서도 다량의 칼로릭과 빛이 방출된다는(즉, 어느 모로 보나 연소가 일 어난다는) 점도 지적했다. 예컨대 황이 특정 금속들과 결합할 때, 그 리고 인phosphorus과 석회가 결합할 때, 그런 일이 일어난다.

　　이런 문제들은 라봐지에와 그의 동료들을 자신들의 교설을 폐기하는 것은커녕 수정하는 것으로도 이끌지 못했다. 그들이 이 런 변칙 사례들을 **몰랐던 것은** 아니다. 예컨대 시모어 마우스코프 (1988)가 생생하고 자세하게 서술하듯이, 라봐지에는 화약에 관한 화학에 관심이 아주 많았으며 화약의 작용을 자신의 이론을 통해 설명하기 위하여 서로 다른 시도를 몇 번 했다(사실 라봐지에가 화약 에 관심을 가진 것은 전혀 놀라운 일이 아니다. 그는 1775년부터 왕립 화약청 의 감독관으로 일하면서 그 직위 덕분에 파리 무기고Paris Arsenal에 자신의 거처 와 실험실을 마련했으니까 말이다).[34] 그 시도들은 그리 성공적이지 못 했다. 라봐지에의 최측근인 클로드루이 베르톨레(1748~1822)는 그 의 연소 이론에 대한 반례로 화약을 들면서 훗날 톰슨이 요약한 난 점을 정확히 지적했다. 라봐지에는 영리하지만 어설픈 변론밖에 제 시할 수 없었으며 스스로도 끝내 그 변론에 그리 만족하지 못했다. 비록 베르톨레는 다른 이유들 때문에 라봐지에의 시스템으로 '개 종'한 후 이 문제에 대해서 더 이상 불만을 표시하지 않았지만 말이

34　Guerlac(1975), 65 – 66쪽.

다.[35] 그렇게 파리 한복판에서 한번 휘청거린 후, 라봐지에주의 연소 이론은 변함없이 줄기차게 행진했다. 톰슨의 보고에 따르면, 루이지 발렌티노 브루냐텔리(1761~1818)는 '열산소thermoxygen'의 개념을 고안하여 몇몇 난점들을 해결했다. 열산소란 자신의 빛과 칼로릭을 그대로 보유하면서 다른 물질들과 결합하는 산소다. 톰슨은 이 해결을 노골적인 임시방편으로 보며 불만스러워했지만, 그것은 라봐지에주의 이론이 자신의 주요 교설을 유지하면서 중요한 변칙 사례를 다루는 한 방법이었다. 라봐지에주의자들은 그런 아이디어들을 꼭 필요할 경우 고려했지만 그들의 시스템의 핵심에 수용하지는 않았다.[36]

　　라봐지에에 대한 톰슨의 결론은 명백히 부정적이었다. "전반적으로 라봐지에의 이론은 연소를 충분히 설명하지 못한다는 것을 부정할 수 없다." 이런 판단은 톰슨만의 것이 아니었다. 산소가 가연성 물질과 결합한다는 것을 인정한 다른 여러 화학자들도 연소에

35　마우스코프(Mauskopf 1988, 110 – 111쪽)는 베르톨레의 반발을 강조하고 라봐지에가 끝내 만족하지 못했다고 전한다(115쪽). 베르톨레에 관해서는 Le Grand(1975) 참조.

36　러커토시가 말했듯이, 보조 가설들로 이루어진 '보호대protective belt'에서 일어나는 요동은 연구 프로그램의 '핵심hard core'에 영향을 미치지 않으며, 미치지 않아야 한다. 흥미로운 언급을 하나 하자면, 아마도 브루냐텔리의 해결책은 라봐지에 본인이 베르톨레의 반론을 막아내기 위해 고안한 아이디어의 재탕에 불과했을 것이다. 실제로 파팅튼과 매키가 지적하듯이(Partington and McKie 1937~1939, 341 – 342쪽), 베르톨레는 라봐지에가 이 사안을 다뤘었다는 점을 톰슨에게 상기시켰다. 라봐지에가 이 사안을 어떻게 연구했는지에 대한 설명은 Mauskopf(1988, 113 – 114쪽) 참조.

서 나오는 열과 빛에 대한 라봐지에의 설명에 대해서는 회의적인
태도를 유지했다. 이 '후기 플로지스톤주의자들'은 흔히 자신들의
시스템 안에서 산소와 플로지스톤이 문제없이 공존하게 하고, 플로
지스톤에는 현대식으로 말하면 연소에서의 에너지 관계라고 칭할
것을 설명하는 역할을 맡겼다(세부사항은 1.2.2 참조).[37] 그러나 라봐지
에는 알려진 모든 사실들을 설명하는 것보다 이론의 단순성을 유지
하는 것에 더 많은 관심을 두었다. 화학혁명에 대한 훗날의 칭찬 위
주의 역사 서술은 실제 사연의 이 측면을 집단기억에서 삭제하는
데 거의 성공했다.

단순성과 완전성 외에 더 광범위한 유형의 인식적 가치들도
역할을 했다. 일종의 인식적 보수주의는 많은 플로지스톤주의자들
이 옹호한 가치들 중 하나였다. 반면에 산소주의자들은 개혁 혹은
참신함 그 자체에 매력을 느꼈다. 다음과 같은 캐븐디시의 글은 플
로지스톤주의자들의 보수주의를 예증한다(1784, 152쪽). "이 견해들
중 어느 쪽이 가장 참된지를 실험으로 판정하기는 매우 어려울 것
이다. 그러나 통상적으로 받아들여지는 플로지스톤 원리가 모든 현
상들을 적어도 라봐지에 씨의 원리에 못지않게 잘 설명하므로, 나
는 플로지스톤 원리를 고수해왔다."[38] 확실히 여기에서 나타나는
캐븐디시의 기질은 라봐지에가 1773년에 자신의 연구들은 "물리학

---

37 Partington and McKie(1937~1939), part 4. 또한 Allchin(1992) 참조.

38 이런 신중함 혹은 보수주의 외에 또 다른 고려도 있다고 캐븐디시는 덧붙
였다. "더 단순한 물질보다 더 복잡한 물질에서 큰 다양성을 찾는 편이 더 합
당하다." 이것은 식물의 조성에 관한 언급이다.

과 화학에서 혁명을 일으키게 되어 있다"라고 선언하면서 드러낸 젊은 열정과 의미심장한 대비를 이룬다. 그렇게 선언할 당시에 라 봐지에는 플로지스톤을 공격하는 최초의 논문조차도 아직 발표하지 않은 상태였다.[39]

　　다른 한편으로 선도적인 플로지스톤주의자들이 단순히 과학적 변화에 저항했던 것일 리는 없다. 확실히 그들도 새로운 발견을 하고 새로운 이론적 아이디어를 고안하는 것을 즐겼으니까 말이다. 플로지스톤을 옹호하는 많은 논증들의 동기는 보수주의가 아니라 **다원주의**, 라봐지에주의의 교조주의에 맞선 다원주의였다. 이것은 플로지스톤주의자들이 맹목적으로 독단에 빠져 있었다는 통상적인 견해와 정반대다. 1.2.2에서 더 보충하겠지만, 일단 나는 플로지스톤주의 진영의 과학적 다원주의를 상징하는 인물로 프리스틀리를 꼽을 것이다. 그가 1796년에 출간한, 플로지스톤을 방어하는 저서는 이에 관한 감동적인 증언이다. 프리스틀리는 "자유로운 토론은 항상 진리를 추구하는 데 도움이 될 것이다"라고 선언하면서 독자에게 자신이 과학계에서 비非교조주의적인 길을 걸어왔음을 상기시켰다.

　　나의 과학적 저작들을 잘 아는 사람이라면, 내가 어떤 가설에 유난히 집착해온 듯하다고 말할 수 없다. 나는 의견의 변화를 자주

---

39 라봐지에의 선언은 Donovan(1988), 219쪽에서 재인용. 도노번은 라봐지에가 말하는 '혁명'을 오늘날의 통상적인 의미로 이해하지 말라고 주의를 준다. 지금 나의 논점은 '혁명'의 정확한 의미와 무관하다.

공언해왔고, 새로운 [라봐지에주의] 이론에 대한 호의를 여러 번 밝혔으니까 말이다. 특히 그 이론의 매우 중요한 부분인 **물의 분해**에 대해서 나는 여러 번 호의를 밝혔다.(Priestley [1796] (1969), 21쪽)

프리스틀리는 자신의 저서를 "커윈 씨와 논쟁했던 살아 있는 이들"(라봐지에 이후 프랑스 화학의 선도자들, 곧 베르톨레, 라플라스, 몽주, 기통 드 모르보, 푸르크루아, 하센프라츠)에게 헌정하면서 산소주의 시스템에 대한 자신의 반론들에 답변해줄 것을 요청했다. 불길하게도 그는 과학계 내부의 정치적 상황을, 라봐지에의 삶을 그가 세금 징수에 관여한 탓에 1794년에 단두대에서 때 이르게 종결시킨 더 큰 정치에 빗댔다. "당신들이 학계를 지배하는 방식이 **로베스피에르의 공포정치** 꼴이 되기를 원하지는 않겠지요? 우리 반골들은 이제 몇 남지 않았지만, 우리를 권력으로 침묵시키기보다 설득하여 같은 편으로 얻기를 바랍니다."[40]

나는 이 모든 것이 회고적 자기 연출이었거나 생존을 추구하는 패배자의 양심 품은 애원이었다고 생각하지 않는다. 프리스틀리는 명성과 성취가 최고조에 달했을 때에도 이와 유사한 인식적 견

---

40 Priestley 〔1796〕 (1969), 17 – 18쪽. 프리스틀리는 프랑스혁명의 대의에 대한 확고한 충심을 담아 다음과 같이 헌사를 마무리했다. "내가 나의 조국에서 박해당하고 거절당하던 시절에 영광스럽게도 나를 받아준 프랑스의 품에 성공이 돌아가기를 나는 진심으로 바랍니다. 그러므로 나는 크게 만족하면서 이렇게 서명합니다. 여러분의 동료 시민, 조지프 프리스틀리."

해를 밝힌 바 있었다. 예컨대 탈플로지스톤 공기(산소)의 발견을 선언한 1775년의 편지에서 프리스틀리는 이렇게 썼다.(1775, 389쪽)

> **가설**을 세우기에 충분할 만큼 생산적인 창의력을 갖춘 사람이 가설에 너무 많이 집착하는 경향이 없는 것은 행복한 일입니다. 그럴 때 가설은 새로운 사실들의 발견으로 이어지고, 새로운 사실들이 충분히 많아지면 자연에 관한 참된 이론이 쉽게 나올 것입니다.

이 대목에 이어 곧바로 그는 "아질산은 평범한 공기의 토대이며 초석(질산칼륨)은 대기의 분해에 의해 형성됩니다"라고 제안하면서 이렇게 덧붙였다. "하지만 내일이면 내 생각이 달라질 수도 있습니다." 몽테뉴가 자신의 생각을 피력한 뒤에 붙이곤 하던 "물론 나는 모르지만"이라는 말이 들리는 듯하다.[41] 대조적으로 산소주의 진영에는 뚜렷한 절대주의적 충동이 있었다. 슈탈의 플로지스톤주의 텍스트에 대한 화형식은 어쩌면 그 충동이 가장 끔찍하게 표출된 사건이었을 것이다. 유스투스 리비히(1851, 25쪽)가 서술했듯이, 그 사건은 "엄숙한 진혼곡이 울려 퍼지는 가운데 여사제의 예복을 입은 라봐지에 부인이 플로지스톤주의 화학 시스템을 제단 위의 불

41　몽테뉴 사상의 이 같은 측면에 대한 멋진 해설은 Bakewell(2010), 43쪽, 그리고 7장 참조. 몽테뉴의 《수상록》과 프리스틀리의 《다양한 유형의 공기에 관한 실험과 관찰》을 비교하는 작업은 어쩌면 생산적일 것이다. 두 사람 모두 데카르트 풍의 확실성 추구를 확실히 삼간다.

꽃에 바치는 축제"였다.

　　이 같은 양 진영의 논증들을 보았으니, 이제 **우리는** 어떤 결론을 내려야 할까? 내가 느끼기에 라봐지에는 연소를 완전히 설명하는 데 명백히 실패했다. 그렇다면 그의 이론은 한마디로 오류였고, 따라서 그 이론의 만족스러운 단순성은 무의미했던 것일까? 혹은 약간 더 미묘한 태도로 이렇게 묻자. 이론 평가에 관한 바스 반 프라센(1980, 87쪽)의 견해에 따라서, 라봐지에의 연소 이론은 경험적으로 적합하지 않았으며, 실용적 가치에 불과한 단순성이 아무리 높더라도 그 부적합성을 벌충할 수는 없었다는 판정을 내려야 하지 않을까? 실제 사정은 그렇게 간단명료하지 않다. 왜냐하면 경험적 적합성empirical adequacy은 (각 이론이 다루는 다양한 문제 영역들에서) 단편적으로만 성립할뿐더러 각각의 작은 단편에서 다양한 정도로 성립하기 때문이다. 경험적 적합성과 실용적 가치들 사이의 엄격한 위계가 잘 성립되지 않는다는 점은, 단순성을 비롯한 실용적 가치들이 충분히 높으면 경험적 적합성의 경미한 부족은 벌충되지 않을까, 하는 질문을 던져보면 명확히 드러난다.[42] 또한 경험적 적합성 자체도 단 하나의 값을 갖는 변수가 아니라는 점을 인정하면, 문제는 더 심각해진다. 경험적 적합성을 기준으로 볼 때 어떤 시스템이 한 영역에서는 장점을 가지고 다른 영역에서는 단점을 가질 경우, 우리는 그 장점과 단점 가운데 어느 쪽을 중시해야 할까? 이 단

---

[42]　나는 5장에서, 과연 경험적 적합성을 다른 가치들보다 더 중요한 가치로 간주해야 하는가, 하는 문제를 다시 본격적으로 다룰 것이다.

계에서 내가 할 수 있는 말은, 우리가 산소-플로지스톤 선택에 관하여 아무것도 확정적으로 말할 수 없다는 것이 전부다. 적어도 우리가 모든 관련 문제들을 두루 살펴보고 해답들의 평가에 관여하는 모든 인식 가치들을 두루 살펴보는 작업을 마칠 때까지는, 아무것도 확정적으로 말할 수 없다.

　　　가치들이 상충할 경우, 인식론자는 불편할 수밖에 없다. 역사 속의 다양한 과학자들이 중시한 가치들 중 어느 것이 더 중요한지를 우리가 어떻게 판단할 것인가? 우리에게 그런 판단의 권리가 있기는 할까? 내가 보기에 이것은 권리의 문제가 아니다. 우리는 우리의 판단을 통하여 과거의 행위자들에게 무언가를 **하려고** 하는 것이 아니니까 말이다. 오히려 이것은 현재의 문제이며, 우리는 우리 자신을 위하여 그런 판단을 내릴 **의무**가 있다고 나는 믿는다. 과학철학자로서, 혹은 지식의 문제를 숙고하는 책임감 있는 시민으로서 우리는 현재의 인식 가치들에 기초하여 판단할 필요가 있다. 그 다음에 그 판단을 이런저런 방식으로 과거에 적용하는 것을 피하기는 불가능하다. 이는 현재의 윤리적 가치들을 역사 연구로부터 완전히 배제하기가 일반적으로 불가능한 것과 마찬가지다(예컨대 과거에 일어난 집단학살이 옳았는지 그릇되었는지에 대해서 판단할 권리가 우리에게 없다는 말은 쓸모가 없을 것이다). 거꾸로, 과거 과학에서 작동했던 인식 가치들에 대해서 우리가 내리는 판단들을 늘 주의 깊게 살피고 경계하는 것이 중요하다. 왜냐하면 그 판단들은 현재 과학에 대한 우리의 판단에 영향을 미칠 것이기 때문이다. 우리가 과거 과학에서 무엇을 찬양하고 비난하느냐는—아무리 암묵적이거나 미묘한 찬양이나 비난이라 하더라도—우리가 현재의 과학을 어떻게 다루느냐, 하는 문제와 완전히 별개일 수 없다. 따라서 플로지스톤-산소 선택에서 단순성과 완전성 가운데 어느 쪽이 더 우월한 가치였는가, 하는 식의 질문을 던지는 것은 무의미하지 않다. 나는 그 질문을 솔직하게 편향된 방식으로 이렇게 던지고자 한다. 우리가 탐구하는 새로운 현상들에 이론들을 맞추는 것과 선호되는 한 이론에 교조적 지배권을 부여하는 것 가운에 어느 쪽이 더 합리적인 혹은 과학적인 태도일까?

1.2.1.4 동일한 가치의 다른 구현

화학혁명 당시에 맞선 양편이 다양한 인식적 가치들에 다양한 비중을 두었다는 점을 지금까지 살펴보았으니, 이제 우리는 쿤 (1977, 331쪽)이 제기한 또 하나의 난점, 곧 동일한 인식적 가치도 다른 방식으로 해석되고 구현되어 사뭇 다른 결론들을 유발하고 심지어 그 가치를 배신했다며 양 진영이 서로를 비난하는 상황을 유발할 수 있다는 점을 검토해야 한다. 화학혁명 시기의 중대한 사례들이 몇 개 있다.

양 진영은 모두 통일성에 가치를 두었으며, 각 진영은 자신이 성취할 수 있는 유형의 통일성을 자신을 옹호하는 강력한 증거로 거론했다. 이 부분에서는 어느 정도 수렴이 존재했다. 양 시스템 모두 연소, 녹슮, 호흡을 유사한 방식으로 통일했으니까 말이다. 그러나 무엇이 어떻게 통일되는가, 하는 것에는 서로 상당한 차이가 있었다. 라봐지에의 칼로릭 이론은 연소에 대한 설명과 상태변화에 관한 설명을 연결했다. 산소에 대한 그의 생각은 연소와 산성을 관련지었다. 왜냐하면 많은 연소 산물들은 산성이었기 때문이다. 플

로지스톤주의 진영에는 금속들의 행태—공통 속성들, 녹슮/환원,
산과의 반응—에 관한 만족스러운 이론적 통일성이 존재했다. 또
플로지스톤 이론은, '원소적 불elementary fire'의 표현들인 모든 무게
없는 물질들의 웅장한 통일성에도 더 적합했다. 그 무게 없는 물질
들은 플로지스톤, 전기, 빛, 자기 등이었다(플로지스톤과 전기의 관련성
에 대해서는 2장, 그리고 1.2.4.1 참조).

　　　유사하지만 더욱 두드러진 양상은, 양 진영 모두가 **체계성**
systematicity을 중대한 가치로 여기면서 서로 상대 진영은 체계성 없
이 자의적이고 무계획적이라며 비난했다는 점이다. 플로지스톤
주의 진영에서 라봐지에주의자들에 대하여 제기한 비난은, '유사
한 결과에 유사한 원인을 배정한다'는 규칙을 그들이 충실히 지키
지 못한다는 것이었다. 프리스틀리([1796] 1969, 33쪽)와 커원(1789,
281-282쪽)은 둘 다 화학물질의 조성에 관한 논쟁들에서, 플로지스
톤이 다양한 물질들에 공통으로 들어 있음을 인정하지 않는 산소주
의에 맞서기 위해 이 논증을 사용했다. 하지만 라봐지에도 할 말이
있었다. 그는 다양한 플로지스톤주의자들이 다양한 새 현상들 때문
에 발생한 문제들을 해결하려 애쓰면서 이론에 도입한 수많은 복잡
한 대책들과 상호모순적 변화들을 노골적으로 업신여겼다.

　　　그렇다면 왜 우리가 가설적 요소에 의존할 필요가 있을까? 그 요
소의 존재는 늘 상정되지만 한 번도 증명되지 않았다. 한 사례에
서는 그 요소가 무겁다고 간주해야 하고, 다른 사례에서는 무게
가 없다고 간주해야 하고, 심지어 몇몇 사례들에서는 마이너스
무게를 지녔다고 상정해야 한다. 그 요소는 몇몇 사례에서는 그

룻을 통과하고 다른 사례들에서는 그릇에 담기는 물질이다. 그 요소를 옹호하는 사람들도 감히 그것을 엄밀하게 정의하지 못한다. 왜냐하면 그 요소의 우수성과 편리성은 다름 아니라 그것에 부여된 정의들의 불확실성에 있기 때문이다. 왜 우리가 그런 가설적 요소에 의존할 필요가 있을까?[43]

　　1.3.1에서 더 자세히 논하겠지만, 라봐지에의 진술은, 각각의 플로지스톤주의자 혹은 각각의 플로지스톤 이론의 버전이 플로지스톤의 본성에 관하여 이런 모순된 믿음들을 품었다고 암시한다는 점에서 오해를 유발한다. 실은 다양한 플로지스톤 이론들이 때로는 시간차를 두고 존재했으며, 그것들이 서로 완벽하게 일치하지는 않았을 뿐이다(여기에서 내가 라봐지에 시스템과 비교하며 평가하는 대상은 플로지스톤 시스템의 가장 좋은 버전들이다). 하지만 플로지스톤 시스템 전체가 더 체계적으로 발전해야 한다는 라봐지에의 요구는 합당했다. 라봐지에 진영과 대조적으로 플로지스톤주의 진영에는 자기편의 모든 사람들이 똑같은 목소리를 내게 만들 의지와 수단을 가진 지도자들이 없었다.

　　또한 양 진영의 논증들을 검토해보면, 내가 '경험주의 empiricism'라고 부르는 입장을 양쪽에서 다 수용했음을 확인할 수 있다. 이때 경험주의란 뜬금없는 가설들을 들먹이는 것을 피하고

43　이 대목은 라봐지에, 베르톨레, 푸르크루아가 파리 아카데미에 제출한 보고서에 등장한다. 라봐지에는 플로지스톤을 다루는 커원의 논문(1789, 15쪽)에 대한 자신의 논평에서 이 대목을 인용한다. 또한 라봐지에(1786) 참조.

관찰 가능한 사실들과 그로부터 도출된 아이디어들의 곁에 머물겠다는 약속이다. 위 인용문에서 라봐지에와 그의 동료들은 플로지스톤을 가설적 대상으로 간주하면서 비난했다. 그들은 플로지스톤의 존재가 "늘 상정되지만 한 번도 증명되지 않았다"라고(자신들의 '빛물질lumière', 칼로릭, 염산 기radical muriatique도 똑같은 처지인데도 뻔뻔스럽게) 꼬집었다. 자기네 이론에서는 "오로지 확립된 진리들만 받아들이고 어떤 가정도 없이 화학의 모든 사실들을 설명한다"고 그들은 주장했다.[44] 대다수 플로지스톤주의자들의 경험주의적 신념도 이에 못지않게 확고했다. 내가 이미 인용했듯이, 프리스틀리는 자신이 가설에 그리 집착하지 않으며 가설은 주로 새로운 사실들을 끌어내기 위한 수단으로 간주한다고 말했다.

이렇게 어긋난 가치 구현의 사례들을 살펴보고 나니, 우리 자신의 판단에 관한 다음과 같은 질문이 다시 고개를 든다. 어떤 유형의 통일성이 더 가치 있고, 어떤 유형의 체계성이 더 유용하고, 어떤 유형의 경험주의가 더 진정한 경험주의일까? 이 모든 경우에서 한쪽이 다른 쪽보다 더 중요했음을 반박 불가능하게 논증할 길을 나는 도무지 모르겠다. 이것이 나의 솔직한 판단이다. 물론 이 판단은 논쟁을 종결할 수 없다는 점에서 우려를 자아낼 수도 있겠지만 말이다.

44 이 대목은 플로지스톤을 다루는 커원의 저서의 프랑스어 번역판에 첨부된 서문에 등장한다. Kirwan(1789), xiii.

1.2.2 화학혁명은 정말 어떻게 전개되었을까?

1.2.1에서 증거에 관한 평가를 실행한 끝에 우리는 매우 불확실한 결론에 이르렀다. 산소주의 시스템과 플로지스톤주의 시스템은 제각각 고유한 장점들과 난점들을 지녔었고, 어느 한쪽이 경험적 증거에 의해 더 잘 뒷받침되었다고 판단할 기준들은 다양했던 것이 명백해 보인다. 어떤 의미에서, 이것은 증거의 뒷받침이 이론과 관찰 사이의 단순명료한 논리적 혹은 확률론적 연결에 관한 문제가 아니라, 서로 어긋나고 맥락적일 수 있는 인식적 가치들에 의해 매개되는 복잡한 관계라는 점을 암시하는 단서에 불과하다. 나 자신의 판단은, 양쪽 시스템 모두가 가치 있는 목표들을 성취하기 위한 노력에서 부분적으로 성공했다는 것, 그리고 한쪽을 다른 쪽보다 명확히 선호할 이유는 없었다는 것이다(이 판단의 함의들은 1.2.4에서 더 자세히 논하겠다). 그런데 플로지스톤을 버리고 산소를 선택하는 것에 대해서 명확한 정당화가 없었다면, 왜 화학자들은 그 선택을 **했을까**? 왜 화학혁명이 일어났을까? 1.1에서 나는 이 질문을 살짝 건드렸다. 그때 내가 본격적인 논의에 뛰어들지 않은 이유 하나는, 내가 생각하기에 철학자들과 역사학자들이 허깨비 같은 한 질문을 붙들고 많은 시간과 에너지를 낭비해온 것에 있다. '왜 대다수의 화학자들이 신속하게 라봐지에 진영으로 넘어갔을까?'라는 질문에 답하려는 시도는 매우 허망하다. 왜냐하면 그런 신속한 전향은 실제로 일어난 일이 전혀 아니기 때문이다. 화학혁명의 원인, 합리성, 귀결에 관한 추가 논의를 시작하기에 앞서, 먼저 나는 화학혁명에 관하여 더 정확한 서술을 하고자 한다.

화학혁명에 관한 문헌은 방대하다. 여기에서 그 문헌을 포괄적으로 살피는 것은 불가능한 일일 것이다. 대신에 나는 독자들에게 존 매커보이(2010)가 근래에 내놓은 비판적 문헌 연구를 읽어보라고 권한다. 여기에서 내가 추구하는 목표는 다음과 같은 특정한 수정주의적 논제를 제기하는 것이다. '화학혁명은 화학계가 신속하게 또한 거의 보편적으로 라봐지에의 이론으로 전향한 사건이 **아니었다**.' 나는 이 주장을 다른 글(Chang 2010)에서 더 상세히 펼쳤으므로 여기에서는 간략한 요약만 제시하겠다. 무엇보다도 먼저 우리는 라봐지에와 동시대에 그를 옹호한 사람들과 그의 사후에 그를 찬미한 사람들에게서 유래한 의기양양한 선언들에 휩쓸리지 말아야 한다. 하지만 깨끗한 승리의 선언은 예상을 크게 벗어난 다른 곳들에서도 찾아볼 수 있다. 한 예로 프리스틀리가 플로지스톤 이론을 방어하기 위해 1796년에 출판한 저서의 첫 문장을 보라. "오늘날 통상적으로 일컫는 **새로운 화학 시스템** 혹은 **반플로지스톤주의** 시스템이 한때 과학사를 통틀어 가장 위대한 발견으로 여겨졌던 슈탈의 이론을 누르고 널리 퍼진 것만큼 크고 갑작스럽고 보편적인 혁명은 없었거나, 있었더라도 극히 드물었다."(Priestley [1796] 1969, 1쪽) 어쩌면 이것은 패배자의 과장된 한탄에 불과했겠지만[45] 기이하게도 똑같은 생각을 로버트 시그프리드(1989, 31쪽) 같은 매우 전문적인 역사학자들의 글에서도 발견할 수 있다. "과학사에서 잘 알려진 모든 혁명들 가운데 가장 극적인 것은 어쩌면 화학혁명일 것이다.

---

45 혹은 프리스틀리는 1790년대 중반에 일부 독일 플로지스톤주의자들이 상당히 급작스럽게 마음을 바꾼 것에 상심한 것일지도 모른다(이에 관해서는 Hufbauer 1982 참조).

(…) 라봐지에가 기체들에 관한 화학을 탐구하기 시작한 때와 유럽에서 플로지스톤을 옹호한 최후의 주요 인물인 리처드 커원이 공개적으로 항복을 선언한 때 사이의 간격이 겨우 20년에 불과하다." 만장일치의 인상은 래리 홈스(2000, 751쪽)의 서술에서도 느껴진다. "프리스틀리 본인을 제외한 모두가 프랑스 화학자들의 편으로 넘어갔다." 매커보이(2010, 18-19쪽)에 따르면, "화학혁명의 돌발성, 짧은 지속 기간, 빠른 속도"는 "많은 논평자들의 뇌리에 화학혁명이 과학사에서 고전적 혁명의 가장 좋은 예라고 할 만한 것으로 각인된" 핵심 요인들 중 일부다. 철학적 논평자들의 가장 신중한 글에서도 유사한 생각을 발견할 수 있다. 앤드류 파일(2000, 105쪽)은 "1800년에 이르렀을 때, [플로지스톤 이론의] 옹호자들은 사실상 모두 없어진 상태였다"라고 판단하며, 앨런 머스그레이브(1976, 205쪽)는 늦어도 1796년에 "화학혁명은 종료되어 있었다"라고 말한다.

　　　그러나 약 1790년 이후의 일차문헌을 조금만 세심하게 살펴봐도, 득세하는 라봐지에 진영으로 넘어가기를 거부한 화학자들이 많이 있었음을 명백히 확인할 수 있다. 나는 그들을 '반반反反플로지스톤주의자'로 부르겠다. 물론 라봐지에는 자신감이 넘쳤으므로 1790년경에 (벤저민 프랭클린에게 보낸 편지에서) "인간 지식의 중요한 분야 하나에서 혁명이 일어났다"라고 선언했지만, 아직 개종하지 않은 사람들이 많이 있음을 그 역시 잘 알고 있었다. 특히 독일과 영국에 그런 사람들이 많았으며, 같은 편지에서 라봐지에가 인정했듯이, 심지어 프랑스 화학자들도 아직 "양분되어" 있었다.[46] 반반플로지스톤주의자들의 다수는 존경할 만하고 실제로 존경받는 화학자들이었다. 그들은 외곬의 보수주의나 교조주의에 사로잡힌 늙은

이들이 아니었다. 흔히 사람들은 1789년에 라봐지에의 《화학원론》
이 출판됨으로써 화학혁명이 돌이킬 수 없게 확고해졌다고 여기지
만, 그 출판 **이후에도** 최소한 세 가지 유형의 반대자들이 존재했다
(표1.2 참조).

첫째, 몇몇 완고한 사람들이 실제로 있었다. 이 유형의 대표
자는 프리스틀리지만, 그 외에도 많은 사람들이 같은 유형이었다.
셸레는 일찍 삶을 마감하는 바람에 자신의 '완고한' 신념들을 제대
로 검증받을 기회를 얻지 못했지만 1786년에 사망할 때까지 플로
지스톤 이론을 포기할 기색을 전혀 보이지 않았다. 가장 눈에 띄
는 인물 하나는 장앙드레 들룩이다. 그는 대기가 물로 변형되어 비
가 내린다는 자신의 이론과 과학과 정치에서의 성급함과 혁명성
에 대한 자신의 일반적인 반감에 기초하여 라봐지에 화학에 반발했
다(예컨대 De Luc 1803). 들룩은 독일 특히 괴팅엔의 다양한 반라봐
지에적 인물들과 긴밀히 교류했고 버밍엄 달빛친목회에 속한 프리
스틀리의 동료들(예컨대 제임스 와트)과도 밀접한 관계를 유지했다.[47]
1796년에 프리스틀리는 자신이 아는 한에서 남아 있는 플로지스
톤 옹호자들은 막 사망한 어데어 크로퍼드 외에 달빛친목회 회원들
이 전부라고 말했다(Priestley [1796] 1969, 20쪽). 어쩌면 그는 로버트

---

46 Guerlac(1975), 112쪽. Donovan(1993), 184쪽에서 재인용.

47 미들턴(1965, 115–131쪽)은 비에 관한 들룩의 이론을 논한다. 새로운 화
학에 대한 들룩의 상세한 반론은 De Luc(1803), 1–306쪽 참조. 들룩은 먼저
새로운 화학 그 자체에 대한 반론을 제시하고 이어서 기상학과 관련한 반론
을 제시한다. 들룩의 연구가 속한 더 큰 맥락들에 대해서는 Heilbron(2005),
Tunbridge(1971) 참조.

표1.2 다양한 반반플로지스톤주의자들(범주와 출생순서에 따라 배열함)

완고한 사람들("늙수그레한 거부자". 실제로 일부는 나이가 그리 많지 않았음)	형세 관망자들	새로운 반라봐지에주의자들
제임스 허튼(1726~1797)	피에르조제프 마케르 (1718~1784)	럼퍼드 백작 벤저민 톰슨 (1753~1814)
장앙드레 들룩(1727~1817)	헨리 캐븐디시(1731~1810)	조지 스미스 깁스 (1771~1851)
앙투안 보메(1728~1804)	게오르크크리스토프 리히텐베르크(1742~1799)	토머스 톰슨(1773~1852)
요한 크리스티안 비클렙 (1732~1800)	로렌츠 크렐(1745~1816)	요한 빌헬름 리터 (1776~1810)
조지프 프리스틀리 (1733~1804)	클로드루이 베르톨레 (1748~1822)	험프리 데이비 (1778~1829)
토베른 베르그만 (1735~1784)	요한 가돌린(1760~1852)	
제임스 와트(1736~1819)	프리드리히 그렌 (1760~1798)	
발타자조르주 사주 (1740~1824)		
카를 빌헬름 셸레 (1742~1786)		
장클로드 들라메테리 (1743~1817)		
장바티스트 라마르크 (1744~1829)		
어데어 크로퍼드 (1748~1795)		
요한 프리드리히 베스트룸브 (1751~1819)		
로버트 해링턴(1751~1837)		

해링턴을 몰랐을 것이다. 해링턴(1804)은 계속해서 프랑스 화학에 '사형 집행 영장'을 발부하려 했다. 독일 쪽에서는, 늦어도 1796년 까지 대다수 화학자들이 라봐지에 진영으로 넘어갔거나 적어도 적

극적 저항을 포기했다고 칼 허프바우어는 전한다(1982, 140 – 144쪽).
그러나 그는 요한 크리스티안 비클렙과 요한 프리드리히 베스트룸
브를 비롯한 몇몇 플로지스톤주의자가 '거의 따돌림 당한' 채로 남
아 있었음을 인정한다. 또한 무엇보다도 광물학과 지질학에 관심을
둔 스웨덴의 토베른 베르그만과 스코틀랜드의 제임스 허튼 같은 사
람들이 있었다. 예컨대 허튼은 플로지스톤이 환경 속에서 순환한다
는 생각을 가지고 있었다. 이 생각은 탄소 및 에너지의 순환에 대한
현대 생태학의 이해를 연상시킨다고 더글러스 올친(1994)은 지적한
다. 심지어 다름 아니라 파리 현지에도 중요한 반라봐지에적 인물
들이 남아 있었다. 예컨대 권위 있는 〈물리학 저널Journal de physique〉
(1794년 이전의 제목은 〈물리학 관찰Observations sur la physique〉)의 편집자 장
클로드 들라메테리는 프리스틀리의 생각들을 따르며 들룩과 친분
을 쌓았다. 아서 도노번(1993, 174쪽)은 들라메테리를 "가장 결연하
고 효과적으로 라봐지에와 맞선 프랑스인"으로 간주한다.[48] 또한 장
바티스트 라마르크가 있었다. 레슬리 벌링게임(1981)은 그의 독특
한 화학적 견해들이 프랑스 과학의 자연사적 전통에 속한다고 본
다. 페린(1981, 62쪽)은 프랑스의 완고한 사람들의 목록에 앙투안 보
메와 발타자조르주 사주도 포함시킨다.

　　둘째 범주의 반대자들은 타협 혹은 신중한 중립을 추구했다.
〈산소 이후의 플로지스톤〉(1992)이라는 적절한 제목이 붙은 논문에

48　들라메테리가 라봐지에와 맞선 것에 대해서는 Guerlac(1975), 105 –
106쪽 참조.

서 올친은, 많은 화학자들이 무게 측정에 관한 숙고 때문에 산소의 존재를 인정하면서도 또한 오늘날 우리라면 에너지에 관한 숙고라고 불렀을 숙고 때문에 플로지스톤을 유지했다고 설득력 있게 논증한다. 플로지스톤 이론에 관한 일련의 고전적 논문들에서 J.R. 파팅튼과 더글러스 매키(1937~1939, 125 - 127쪽, 143 - 148쪽)는 이 범주에 속한 사람들을 이미 많이 지적했는데, 그들 중 다수는 독일인이거나 독일어 사용자다. 예컨대 프리드리히 그렌, 로렌츠 크렐, 예레미아스 리히터, 요한 가돌린이 그러하다. 18세기 독일 화학계에 관한 허프바우어(1982)의 연구는 이 부분을 더 깊이 파고들었다. 더 일반적으로 사람들은 흔히 라봐지에의 이론을 스스로 보기에 합당한 것을 선별하여 부분적으로만 받아들였다. 늙은 플로지스톤주의자 피에르조제프 마케르는 1784년에 사망할 때에도 이런 유형의 접근법을 채택하고 있었으며, 심지어 라봐지에의 가까운 동료 겸 동지 클로드루이 베르톨레도 라봐지에의 일부 생각들(특히 산 이론)에 대한 의심을 거두지 않았다.[49] 다른 많은 사람들도 라봐지에의 화학에서 몇 가지 명백한 장점을 보았지만 그 장점들이 그 이론을 확실히 옹호할 충분한 이유가 된다고 여기지 않았다. 앞서 언급했듯이, 캐븐디시(1784, 150 - 153쪽)는 자신이 관찰한 현상들을 양쪽 이론 모두가 설명할 수 있다는 냉철한 견해를 제시하면서도 플로지스톤 이론을 계속 유지하는 쪽을 선호한다고 밝혔다. 알프레드 노드먼(1986,

---

49　마케르에 관해서는 Holmes(2000, 752쪽), 베르톨레에 관해서는 Le Grand(1975) 참조.

239-241쪽)은, 1790년대에도 게오르크 크리스토프 리히텐베르크는 최종 판결을 내리기에는 아직 지식이 부족함을 설득력 있게 논증했으며 화학의 언어를 규제함으로써 타인들에게 성급한 선택을 강요하려는 라봐지에파의 시도에 분개했다고 설명한다. 도노번(1993, 168쪽)은 라봐지에의 수법을 이렇게 명료화한다. "[《플로지스톤에 관한 숙고》에서] 그의 전략은 그가 유일한 선택지들로 제시한 두 이론 가운데 하나를 독자가 선택하도록 강제하는 것이었다." 그러면서 그는 "케이오를, **과학의 쿠데타**를 시도했다".

더욱더 흥미로운 것은 셋째 범주의 반대자들이다. 그들은 라봐지에의 시스템이 확립되었음을 전적으로 인정하면서도 그 시스템의 수명이 신속하게 끝나가는 중이라고 느꼈다. 이와 관련해서 매우 의미심장한 과학적 토론 한 토막이 있다. 1800년에 이루어진 그 토론을 나는 우연히 발견했다. 당시에 윌리엄 허셜(1739~1822)은 태양에서 유래한 적외선을 막 탐지한 차였다. 그는 적외선을 프리즘을 통해 햇빛 광선들로부터 분리된 칼로릭으로 여겼다. 조지프 뱅크스(1743~1820)는 허셜에게 편지를 써서 이 기념비적 발견을 축하하면서도 한 가지 조언을 했다. "나의 모든 친구들은, 최근에 프랑스 화학자들이 새로운 명칭들을 도입할 때 기초로 삼은 프랑스 화학 시스템은 이미 기반이 흔들리고 있으며 머지않아 전복될 가능성이 높다는 의견입니다. 그래서 나는 당신이 칼로릭 대신에 복사열radiant heat이라는 용어를 사용하는 편이 더 낫지 않을까 하고 감히 제안합니다. 칼로릭이라는 용어를 쓰면, 당신이 아마도 제대로 검토한 적도 없는 화학 시스템을 채택한 것처럼 보일 것입니다." 허셜은 뱅크스의 조언을 기꺼이 받아들였다. "당신의 편지를 받아 영광이며 매우 기꺼이 '칼로릭'이라는 단어를 '복사열'로 바꾸겠습니다. '복사열'은 나의 취지를 더없이 잘 표현합니다."[50] 뱅크스는 유명한 화학자가 아니라 식물학자였다. 그러나 오랫동안 왕립학회장을 지낸 그와 그의 '모든 친구들'이 1800년에 프랑스 화학의 종말이 임박했다고 예측하고 있었다면, 통상적인 역사 서술에서 우리가 간과해온 무언가가 있음에 틀림없다. 뱅크스는 정확히 무엇을 염두에 두고 있었을까? 확실히 대답하기는 불가능하지만, 우리는 꽤 믿을 만한 추측을 할 수 있다. 나는 이미 라봐지에의 산 이론, 연소 이론, 열 이론이 지닌 난점들을 논한 바 있다. 신세대 라봐지에 비판자들 중 일부는 당시에 뱅크스가 활동하던 런던에 있었다. 예컨대 험프리 데이비와 럼퍼드 백작이 그러했고, 그 외에 캐븐디시와 들룩 같은 연로한 반대자들도 런던에 있었다.

신세대 반라봐지에 화학자들 가운데 가장 흥미로운 사례는 어쩌면 험프리 데이비(1778~1829)였을 것이다. 라봐지에의《화학원론》이 출판되었을 때 열 살 정도의 아이에 불과했던 데이비는 라봐지에주의를 정통 교설로 배우며 성장한 사람들 중 하나였지만 더 깊은 숙고를 통해 그 교설을 배척하게 되었다. 그가 유명해진 것은 '웃음 기체laughing gas'(아산화질소)와 전기화학 때문만이 아니었다 (더 자세한 내용은 2장 참조). 데이비는 염소는 원소이며 염산은 수소와 염소만 함유하고 산소는 함유하지 않았음을 논증함으로써 라봐

---

50 뱅크스가 허설에게 1800년 3월 24일에 쓴 편지와 허설이 뱅크스에게 1800년 3월 26일에 쓴 편지. Lubbock(1933), 266-267쪽에서 재인용.

지에의 산 이론을 관에 넣고 못을 박은 것으로도 유명했다.[51] 데이
비의 연구가 받아들여진 후, 산에 관한 라봐지에의 산소 이론은 화
학자들 사이에서 확실히 신망을 잃었다. 럼퍼드 백작, 영, 캐븐디시
와 더불어 데이비는 또한 열에 관한 라봐지에주의적 칼로릭 이론
에 진지하게 도전했다. 그 이론이 총체적 지배권을 쥔 적은 한 번도
없었다.[52] 시그프리드(1964)가 자세히 보고하듯이, 데이비는 플로
지스톤의 부활을 포함한 다양한 화학 시스템들을 구상하기까지 했
다. 데이비드 나이트(1978, 4쪽)는 이렇게 논평한다. "데이비가 그것
[플로지스톤 이론]을 복원하고 프랑스 교설들을 뒤엎을 것이라는
희망과 공포가 적어도 1810년까지 널리 퍼져 있었다." 그런 희망을
인쇄물에서 표현한 인물들 중 하나는 조지 스미스 깁스 경이었다.
영국 서부 바스Bath 지역에서 의사이자 화학 교사로 활동한 깁스는
훗날 샬럿 왕비의 주치의가 되었다. 1809년에 그는 데이비의 발견
으로 라봐지에가 결국 틀렸음이 확증되었다는 의견을 밝혔다.[53] 그
런 예견을 한 또 한 사람은 젊은 마이클 패러데이(1791~1867)였다.
그는 1812년에 데이비를 권위자로 언급하면서 이렇게 썼다. "과거
의 플로지스톤 이론이 다시 참된 이론으로 채택되더라도 네가 놀
라지 않기를 바란다."[54]

51　Gray et al.(2007) 참조.

52　1840년대와 1850년대에 에너지 개념과 초기 열역학이 칼로릭 이론을 완
전히 무너뜨렸을 때, 라봐지에의 기본적 우주상은 실제로 과거의 유물이었다.

53　Golinski(1992, 213쪽) 참조. 골린스키는 이것 때문에 깁스를 '삐딱하다'
고 평한다.

그림1.3 구세대 및 신세대 반반플로지스톤주의자들(표1.2의 첫째 및 셋째 범주의 주요 인물들)의 겹침

이 모든 것을 감안하면, 화학혁명의 진면목은 무엇이었다고 말할 수 있을까? 상당수의 화학자들이 적어도 한동안 라봐지에 화학으로 완전히 '개종'했으며[55] 그 화학이 교과서들에서 확실한 우위를 점했다는 점은 여전히 인정해야 한다. 그러나 또한 부분적이거나 미지근한 개종 사례들도 흔했으며 그 사례들 중 다수는 플로지스톤의 유지를 포함했다는 점도 인정할 필요가 있다. 게다가 완고

54 마이클 패러데이가 벤저민 애벗에게 1812년 8월 11일에 보낸 편지. James(1991), 17쪽.

55 개종자의 인원수에 대한 꼼꼼한 계산은 McCann(1978) 참조.

한 플로지스톤주의자들만 있었던 것이 아니라, 실제로 라봐지에의
승리 이후에 과학 교육을 받은 신세대 반대자들도 있었다. 이 두 세
대와 관련해서 아주 흥미로운 점은 그들이 시간적으로 상당히 겹
친다는 사실이다. 신세대는 모든 완고한 구세대가 신념을 포기하
기 전에 출현했다(그림1.3 참조). 나이트(1978, 29쪽)는 더 나중의 에피
소드 몇 개를 언급하면서 다음과 같이 말하는데, 이것은 이 흥미로
운 사실을 사실상 과소평가하는 발언이다. "고딕 건축에서 일어났
던 일과 마찬가지로, 이 같은 플로지스톤의 생존과 부활은 거의 동
시대적이었다."[56] 플로지스톤이 진정으로 성공적 부활을 한 적은
없으며, 실제로 많은 의미에서 라봐지에와 그의 동료들은 화학에서
'혁명'을 일으켰다. 그러나 그 혁명은 급작스럽고 경계가 명확한 사
태가 아니었다. 그것은 다면적인 투쟁이었으며, 그 귀결은 만장일
치의 합의도 아니고 어떤 확고한 정통 교설의 확립도 아니었다.

1.2.3 무게, 합성, 화학적 실천

　　산소주의 시스템이 플로지스톤주의 시스템을 누르고 승리
한 방식에 관한 서술을 수정했으므로, 이제 설명의 임무로 복귀하
자. 나의 수정주의적 역사 서술에서도 화학자들의 명백한 다수는
결국 플로지스톤을 버린 것이 사실이며, 이 사실은 아직 설명되지
않았다("전부 다 사회적인 사건이었다!"라고 외치고 싶다면, 1.3.2를 참조하

---

56 나이트는 스티븐슨(1849)과 오들링(1871)을 언급한다. 오들링의 연구는
1.2.4에서 더 논의될 것이다.

라). 나의 설명을 간단히 말하면 다음과 같다. 산소가 플로지스톤을 누르고 승리한 것은 훨씬 더 큰 변화, 곧 '합성주의'의 점진적 부상의 한 부분이었을 따름이다.

1.2.3.1 무게의 중요성

화학혁명과 관련해서 결정적으로 중요한 요인 하나를 우리는 아직 충분히 고찰하지 않았다. 많은 박식한 역사학자들과 화학자들은 화학에 대한 라봐지에의 가장 중요한 기여는 무게를 강조한 것이라고 주장해왔다. 무게의 중요성을 알아채고 화학적 변화의 와중에 무게가 어떻게 변화하는지 정확히 측정하는 기법들을 사용한 것이 라봐지에의 가장 중요한 기여라고 말이다. 이 견해에 따르면, 라봐지에 본인이 산소를 아무리 사랑했더라도, 그의 화학 시스템의 진정한 중심은 산소가 아니었다. 그 새로운 시스템은 일관되게 무게에 초점을 맞췄기 때문에 플로지스톤주의 시스템보다 더 우월해졌다. 실제로 산소주의자들은, 플로지스톤주의 시스템에 맞선 가장 결정적인 논증들의 기초가 화학반응에서 무게를 고찰하는 것에 있다고 여겼던 것으로 보인다. 대조적으로 플로지스톤주의자들은 무게를 그리 중시하지 않았다. 물론 일부 플로지스톤주의자들은 무게를 중요한 속성으로 인정했을뿐더러 무게 측정법도 더없이 잘 알았지만 말이다.[57] 이 차이는 어디에서 유래했을까? 또한 무게에 관한 사안들을 다루는 태도의 차이는 그 경쟁하는 시스템들을 뒷받침하는 증거를 고려하는 작업에 어떤 영향을 미쳤을까? 1.2.1에서의 논의는 딱히 무게에 초점을 맞추지 않았다. 왜냐하면 무게는 인식적 가치가 아니기 때문이다. 무게란 과연 무엇인지 골똘히 생각하다보면, 증거란 무엇인가를 전혀 다른 차원에서 고찰하게 될 것이다.

만일 당신이 라봐지에처럼 무게에 집착하고 무게를 보존되는 양으로 간주한다면, 당신은 화학혁명 당시에 어느 진영이 옳았는가에 대해서 간단명료한 견해에 도달할 수 있다. 물의 분해와 재합성을 생각해보라. 라봐지에의 견해는 명확하기 그지없다. 100g의 물을 분해하면, 15g의 수소와 85g의 산소가 나온다(수치들은 라봐지에 본인이 제시한 것이다).[58] 이어서 우리는 그 **정확한** 양의 수소와 산소를 합쳐서 다시 100g의 물을 만들 수 있다. 물은 수소와 산소로 이루어진 화합물이라는 생각에 대한 증명으로 이보다 더 나은 것이 있을 수 있겠는가? 대조적으로, 플로지스톤주의가 들려주는 이야기, 곧 수소는 '과플로지스톤 물'이고 산소는 '탈플로지스톤 물'이라는 이야기를 들어보자. 캐븐디시와 프리스틀리는 물이 모든 기체의 기반이라고 생각했지만, 왜 과플로지스톤화된 물이 탈플로지스톤화된 물보다 밀도가 더 낮은가에 대해서 그럴싸한 이야기를 제시하지 못했고, 수소로 변한 물에 정확히 얼마나 많은 플로지스톤이 들어갔는지(혹은 산소로 변한 물에서 정확히 얼마나 많은 플로지스톤이

57 커원은 플로지스톤을 다루는 저서(1789)의 첫 장을 무게에 대한 고찰에 할애했다. 캐븐디시는 무게를 비롯한 온갖 것들의 정밀 측정에서 가장 뛰어났다. 토르베른 베리만은 금속들의 플로지스톤 함량을 정량적으로 분석하기까지 했다(Brock 1992, 180쪽).

58 이 수치들은 커원의 연구(1789, 16쪽)에 대한 라봐지에의 논평에서 등장한다. 프랑스혁명으로 미터법이 도입되기 전에 라봐지에가 사용한 'g'는 '그램'이 아니라 '그레인grain'이었다는 점을 유의할 필요가 있다. 라봐지에는 '그램'의 도입에도 기여했다.

빠져나왔는지)도 말하지 못했다. 여기에서 라봐지에의 설명이 지닌 힘을 쉽게 알 수 있다.

그러나 너무 성급한 판단은 삼가야 한다. 화학혁명 당시의 화학자들에게 특정 핵심 물질들의 조성에 관한 라봐지에의 무게에 기반한 논증들을 수용할 이유가 충분히 있었을까? 이 질문은 결정적이다. 왜냐하면 조성에 관한, 무게에 기반한 논증들은 당시에 가용했던 증거들 가운데 어쩌면 유일하게 플로지스톤주의자들의 합리적 항복을 강제할 수 있을 만한 증거였기 때문이다. 프리스틀리와 몇몇 사람들은 무게 기반 논증들을 분명하게 거부했다. 그 이유는 무엇이었을까? 그들의 거부는 그릇된 행동이었을까? 방금 제시한 라봐지에의 추론은 매우 중요한 두 가지 전제에 의존한다.

(a) 무게는 모든 화학물질들의 양을 재는 적절하고 좋은 척도다.
(b) 무게는 보존된다.

이 전제들을 받아들인다면, 화합물의 조성에 관한 생각들을 뒷받침하는 증거의 주요 출처로 무게를 사용하는 것은 당연한 일일 터이다. 그러나 전제 (a)와 (b) 자체를 뒷받침하는 증거가 충분히 있었을까?

이 질문을 고찰할 때 우리는 먼저, 무게는 **당연히** 초점을 맞춰야 할 중요한 사안이며 무게 없는 대상들은 훌륭한 화학에 적합하지 않다는 선입견을 버려야 한다. 전제 (a)는 심지어 라봐지에 자신의 화학에서도 보편적으로 타당하지 않았다. 왜냐하면 그의 원소 목록에 가장 먼저 오른 두 항목인 빛과 칼로릭은 무게가 없었으

니까 말이다. 전제 (b)도 까다로웠다. 상식적 직관과 달리, 무게가
보존되어야 할 심오한 형이상학적 이유는 전혀 없었다(또한 실제로
상대성이론에서 등장하는 공식 $E=mc^2$은 무게가 보존되지 않음을 선언한다).
당연한 말이지만, 모든 측정 가능한 양이 보존되는 것은 아니다. 일
부 양들은 온도와 유사하다. 온도 값들을 덧셈하는 것은 무의미하
며, 설령 덧셈하더라도 그 총량이 보존되지도 않는다. 아무튼 프리
스틀리를 비롯한 몇몇은 물의 분해와 재합성에서 무게가 정확히 보
존된다는 라봐지에의 주장을 기꺼이 받아들이지 않았다. 이것은 심
각한 문제였다. 왜냐하면 라봐지에의 논증은 그의 실험들의 엄밀
한 정확성에서 힘을 얻는다고 여겨졌기 때문이다. 윌리엄 니컬슨
(1753~1815)은 라봐지에의 시스템을 수용했지만 그가 주장한 무게
측정의 정확도를 의심할 세부적인 이유 몇 가지를 제시했다. 라봐
지에의 연구에서 이 측면은 니컬슨의 짜증과 의심을 유발했다.

> 독자의 양해를 구하며 이렇게 지적하지 않을 수 없다. 때로는 실
> 험의 세부사항보다 1,000배 길게 이어지는 이 수치들의 열은, 참
> 된 과학에서는 필요 없는 퍼레이드를 보여주는 역할을 할 따름이
> 다. 또한 이것이 더 중요한데, 실험들의 참된 정확도가 은폐되어
> 있어서 우리가 고찰할 수 없을 경우, 그 실험들이 정말로 확실한
> 증명을 성취할 만큼의 정밀성이 있었는가, 하는 의심을 왠지 품
> 게 된다.[59]

현대적인 지식을 갖춘 사람이라면 이 대목에서 니컬슨에게
공감하지 않기가 거의 불가능하다. 라봐지에는 물이 함유한 산소

와 수소의 무게 비율이 8 대 1이나 그와 유사한 값이 아니라 85 대 15라고 철저히 확신했다.

1.2.3.2 합성주의 대 요소주의

이제껏 제시한 논증을 다시 요약해보자. 무게에 대한 설명을 가장 중시하는 라봐지에의 방법론을 받아들인다면, 플로지스톤주의 시스템보다 산소주의 시스템을 옹호할 매우 강력한 경험적 증거가 실제로 존재한다. 하지만 무게에 대한 고찰이 가장 중요하다는 것을 받아들여야 할 이유가 있을까? 이 질문의 핵심은 앞서 언급한 전제 (a)와 (b)를 받아들여야 하는가, 그리고 받아들여야 한다면 그 이유는 무엇인가 하는 것이다. 우리는 그 전제들이 자명하지 않음을 보았다. 또한 그것들은 직접적인 경험적 증거에 의해 증명되지도 않았다. 오히려 그것들은 라봐지에와 그의 추종자들에 의해 진리로 **상정**되었고 그들이 경험적 증거를 산출할 때 의지하는 실험적 실천의 구조적 기초로 사용되었다. 무게를 통하여 화학적 변화를 추적하는 것은 산소주의 시스템 내부의 핵심적인 인식활동이었으며 라봐지에의 다른 많은 실천들과 잘 정합했다. 그러나 그 활동은 플로지스톤주의 시스템에서도 이루어기는 했지만 거기에는 잘 들어맞지 않았다. 화학에서 무게 계산의 관행은 내가 **합성주의** compositionism이라고 부르는 화학 지식의 전통 안에서 발생했다. 합

---

59 커원의 저서에 붙인 니컬슨의 서문(1789, xi쪽)에 나오는 대목이다. 얀 골린스키(1995)도 같은 논점을 지적하면서 그런 정확성 주장의 맥락들을 탐구한다.

성주의는 플로지스톤주의 교설의 바탕에 깔린 **요소주의**principlism[60]
와 대비된다. 산소주의 시스템과 플로지스톤주의 시스템은 제각각
화학물질의 근본적 존재론에 관한 중요한 형이상학적 교설을 포함
하고 있었으며, 그 두 교설은 서로 사뭇 달랐다. 앞으로 내가 논증
하겠지만, 합성주의를 향한 경향이 강화되면서 산소주의 시스템에
는 대체로 우호적이고 플로지스톤주의 시스템에는 뚜렷이 불리한
분위기가 형성되었다. 이것이 산소주의의 승리를 가져온 가장 중요
한 요인이었다고 나는 믿는다.

　　지금 나는 많은 화학사학자들(특히 시그프리드)의 잘 확립된
연구에 의지하여 합성주의 전통과 요소주의 전통을 거론하고 있
다. 물론 정확한 용어들은 나 자신이 고안했지만 말이다.[61] (나는 이
생각들을 이미 Chang 2011d에서 제시한 바 있으며 여기에서 약간 더 발전시
킬 것이다.) 내가 '전통tradition'을 언급하는 것은 느슨한 어법이다. 나
의 고유한 분석 틀 안에서 더 정확하게 말하려면, 나는 이 전통들이
1.2.1.1에서 내가 **시스템 유형**이라고 부른 것의 사례들이라고 말해
야 한다. 플로지스톤주의 시스템은 요소주의의 특수한 구현 사례였
고, 산소주의 시스템은 합성주의의 특수한 구현 사례였다. (그러나
1.3.4에서 더 설명하겠지만, 실제 상황은 더 복잡했다. 라봐지에 시스템에는 몇

60　'principalist'라는 용어가 일부 이차문헌에서 사용되었지만, 우리가 거론
하는 것은 'principal'이 아니라 'principle'(요소)이므로 나는 'principlist'가
더 적합한 철자법이라고 생각한다.

61　예컨대 Siegfried and Dobbs(1968), Siegfried(1982), Klein(1994),
Siegfried(2002) 참조. 클라인(1996)은 실험적 차원과 이론적 차원의 상호작용
을 명확하게 보여준다.

몇 중요한 요소주의적 면모들이 있었고, 플로지스톤주의 시스템에도 합성주의적 면모들이 있었다.)

합성주의 시스템-유형의 근본적인 인식활동 하나는 화학물질을 원소로서, 혹은 원소들로 이루어진 화합물로서 기술하는 것이었다.[62] 그 외에 더 실험적인 활동들이 있었다. 즉, 화합물을 원소들로 분해하기, 그리고 그 원소들로부터 그 화합물을 재합성recomposition하기가 있었다. 분해와 재합성[63]을 둘 다 할 수 있을 경우, 그것은 해당 물질의 조성에 관한 주장을 뒷받침하는 최고의 증명으로 간주되었다. 이 실천들은 성분들이 화학반응 내내 보존되는 안정적 단위들이라는 전제를 필요로 했다. 또한 그 전제는 화학반응을 각각 특유하고 안정적인, 설령 합성 상태에서는 그것들의 속성이 표출되지 않더라도 내내 동일성을 유지하는 블록들의 재배열로 설명하는 활동을 떠받쳤다.

현대 과학을 배운 사람들에게 합성주의는 상식이거나 화학

---

62 Chang(2011d)에서 설명했듯이, 합성주의는 분석적 "앎의 방식way of knowing"(존 픽스톤의 용어)이다. 왜냐하면 합성주의는 "복잡한 (…) 대상들을 원소들의 배열로 환원하는"(Pickstone 2007, 494쪽) 일에 몰두하는 것에 기초를 두기 때문이다. 또한 분석적 앎의 방식에 대한 픽스톤의 규정은 실험적 분석 활동, 더 정확히 말하면 분해decomposition를 함축한다. 분해란 다양한 수단을 동원하여 물질을 그 구성 부분들로 물리적으로 나눠놓는 것이다.

63 '분해'와 '재합성'은 라봐지에 본인이 사용한 용어들이다. 예컨대 Kirwan (1789) 16쪽에 인용된 라봐지에의 언급을 참조하라. 나는 여기에서 '분석 analysis'과 '합성synthesis'이라는 용어의 사용을 회피하는데, 왜냐하면 '분석'은 물질을 실제로 분해하지 않으면서 탐지하는 작업을 뜻할 수도 있고, '합성'은 자연에 존재하지 않는 새로운 물질을 인간이 만들어낸다는, 라봐지에 시대에는 없었던 의미를 후대에 띠게 되었기 때문이다.

자체의 필수 조건처럼 느껴질지도 모른다. 그러므로 합성주의 화학에 맞선 대안으로 어떤 것들이 있었는지 알아보는 것은 유용한 작업이다. 18세기에 합성주의 화학의 주요 경쟁자는 요소주의였다. 요소주의는 **요소** 개념, 곧 특정 속성들을 다른 물질들에 주는 근본 물질의 개념을 중심으로 형성된 하나의 시스템-유형이다. 요소주의에서 핵심적인 인식활동들은 관찰 가능한 속성들에 따라 물질들을 분류하기, 요소들을 지목함으로써 물질의 속성들을 설명하기, 요소들을 추가함(혹은 빼냄)으로써 물질들을 변환하기였다. 합성주의와 마찬가지로 요소주의 시스템-유형도 많은 형태로 구현되었는데, 그것들 모두는 위의 세 가지 핵심 활동들을 공유했다. 그리고 눈여겨보아야 할 것은, 요소주의 존재론은 요소들과 요소들에 의해 변환되는 기타 물질들 사이의 비대칭성을 전제했다는 점이다. 요소들은 능동적이었고, 기타 물질들은 수동적이었다. 요소주의에는 과거의 잔향殘響들이 남아 있다. 이를테면 바탕에 깔린 원소들이 요소들의 영향으로 달라진다는 과거의 형이상학, 심지어 물질이 형상을 부여받는다는 과거의 형이상학이 남아 있다. 20세기 초에 뒤엠은 아리스토텔레스의 '복합체mixt' 개념을 철학적으로 되살리려 애썼는데(Bensaude-Vincent and Simon 2008, 125쪽 참조) 어쩌면 요소주의 화학의 뿌리를 그 개념까지 거슬러 추적하는 연구가 유의미할지도 모른다. 혹은 연금술의 물질 변환 개념을 통해 요소주의의 뿌리를 추적할 수도 있을 것이다. 프리스틀리는 벤저민 프랭클린에게 이렇게 쓴 바 있다. "나는 금속들의 변환을 완전히 포기하지 않는다, 하고 말씀드리면 당신은 미소를 지을 것입니다."[64] 하지만 현대 과학사학자들에게 가장 생생한 요소주의의 사례는 요한 베허

(1635~1682)와 게오르크 에른스트 슈탈(1660~1734)에 의해 창시되고 라봐지에의 시대까지 실천된 플로지스톤주의 화학 시스템일 것이다. 그 시스템을 실천한 가장 유명한 인물은 프리스틀리였다.

　화학적 작업들 자체를 요소주의적 변환이나 분해-재합성으로 명확하게 분류할 수 있는 것은 아니다. 그런 분류가 가능하려면, 실험적 실천은 전적으로 비이론적이라고 전제해야 할 것이다. 많은 화학적 작업들은 양쪽 해석 모두와 쉽게 조화될 수 있었다. 그리고 이것은 탁상공론식 해석의 문제가 아니다. 왜냐하면 해석이 실제 실험에 영향을 미치기도 했기 때문이다. 이런 맥락에서 보면, 불을 가하여 물질을 분석하는 방법의 타당성을 둘러싼 초기 논쟁은 흥미롭게 다가온다. 일부 사람들은 불이 물질을 분해하는 역할만 한다는 합성주의적 확신을 가졌지만, 다른 사람들은 불이 분석되는 물질을 변환할 것이라는 요소주의적 우려를 표했다(Debus 1967; Holmes 1971).

　어떻게 합성주의가 우위를 점하게 되었을까? 여러 화학사학자들이 합성주의의 기원에 관하여 유익한 글을 썼다. 그들은 합성주의의 뿌리를 실험적 실천으로서의 분해-재합성뿐 아니라 다양한 화학물질들 간의 '선택적 친화성'에 관한 생각들에서도 찾았다.

64　프리스틀리가 프랭클린에게 1776년 2월 13일에 쓴 편지. Schofield (2004)에서 재인용. 스코필드는 프랭클린이 1777년 1월 27일에 쓴 재치 있는 답장도 인용한다. 그 답장에서 프랭클린은, 만약에 프리스틀리가 연금술사들이 추구하는 '현자의 돌'을 발견한다면 그것을 버려야 한다고, 왜냐하면 그것은 단지 사악한 인류가 서로를 학살하는 것을 돕게 될 것이기 때문이라고 말한다. 혁명의 시대에 어울리는 대화라고 아니할 수 없다!

시그프리드(1982, 2002)와 클라인(1994, 1996)이 자세히 설명한 대로,
합성주의 화학은 그 기원이 적어도 17세기의 기계론 철학자들까
지 거슬러 오르며 늦어도 18세기 후반에는 완전하게 작동하게 되
었다. 로버트 멀토프(1962, 1996, 14-16장)는 합성주의 개념의 기원
을 금속공업 및 중화학공업에서 특정 공정들이 개발된 것과 관련지
어 설명했다. 래리 홈스(1971)와 앨런 디버스(1967)는 분석화학 기
법들과의 관련성을 강조했다. 합성주의의 기원은 다채로웠으며, 합
성주의의 우세는 빙하의 속도처럼 느리게 발생한 다양한 실천들이
합성주의에 편입된 결과였다. 그렇게 합성주의가 부상하는 가운데,
요소주의적 사고는 합성주의의 블록 존재론과 불화하면서 차츰 매
력을 잃었다. 그 존재론에서는 모든 물질 조각들이 동등한 존재론
적 지위를 지녔다. 또한 18세기의 친화성 교설 덕분에 화학에서 합
성주의가 확고히 정착했다고 말하는 것이 아마도 공정할 것이다.
1718년에 출판된 에티엔프랑수아 조프루아의 친화성 표는 그 교설
의 전형적 요약이다.[65] 조프루아의 화학 시스템은 합성주의적 틀을
확고한 기반으로 삼았으며, 화합물을 파괴 불가능한 부분들의 조합
으로, 화학반응을 그 부분들의 **재배열**로 설명했다. 거기에 친화성의
개념과 친화성의 상대적 강도를 추가함으로써 조프루아는 왜 특정
한 화학적 조합들이 다른 조합들보다 더 우선적으로 이루어지는지
설명할 수 있었다.

---

65 합성주의와 관련한 친화성 화학의 역사에 대해서는 Klein(1994, 1996),
Klein and Lefèvre(2007), Kim(2003)과 Taylor(2006) 참조.

　　앞의 전제 (a)와 (b)가 자명한 것처럼 보이게 되고 그럼으로써 라봐지에의 무게 기반 화학이 승리한 것은 합성주의가 일반적으로 채택되었기 때문이라고 나는 믿는다. 화학적 성분들을 추적할 때 오직 무게만 변수로 삼을 수 있었던 것은 아니다. 그러나 라봐지에와 그의 동시대인들에게 충분히 잘 작동하는 변수는 무게뿐이었다.[66] 합성주의 그 자체는 충분한 경험적 증거로 뒷받침되어 있었을까? 이미 언급했듯이, 이것은 그릇된 질문이다. 경험적 증거의 생산은 (a)와 (b) 같은 전제들에 의해 비로소 **가능해진다**. 그 전제들 자체는 경험적 증거에 의해 검증되지 않는다.[67] 요소주의적 사고방식과 합성주의적 사고방식은 서로 다른 실험적 실천들과 연결되어 있었다. 가장 중요한 것을 꼽으면, 요소주의적 사고는 물질을 **변환**하는 실험과 연결되어 있었던 반면, 합성주의적 사고는 **분해 및 재합성**과 연결되어 있었다. 이때 내가 말하는 '연결'이란, 개념적 측면과 실험적 측면이 서로를 강화하고 빚어내는 것을 의미하지, 한 측면이 원인으로서 다른 측면을 일방적으로 규정하는 것을 의미하지 않는다. 이것이 내가 말하는 실천 시스템의 '정합성'이 뜻하는 바다. 프리스틀리의 공기 화학은 근본적으로 물질을 변환하는 작업이었

66　4장에서 추가로 설명하겠지만, 자연은 무언가가 이런 식으로 잘 작동하는지 여부를 통하여 과학을 지도한다. 그런 지도는 구체적 상황들에서 실천적으로만 받을 수 있다. 3장은 나중에 다른 조건들 아래에서 부피와 비열도 무게처럼 성공적으로 추적 기능을 수행했음을 보여줄 것이다.

67　그렇기 때문에 그 전제들은 내가 Chang(2008, 2009c)에서 사용한 용어들 '형이상학적 원리' 혹은 '존재론적 원리'의 지위를 가진다. 이것은 최근에 마이클 프리드먼(예컨대 2001)이 옹호한 신칸트주의적 관점이다.

다. 공기 화학에 관한 그의 주요 논문을 살펴보면 이를 명확히 확인할 수 있다. 온갖 다양한 공기들을 발견하여 명성을 얻기 시작하기 전에 프리스틀리는 "동물의 호흡이나 부패로 **오염된** 공기"와 "불타는 숯의 매연으로 **오염된** 공기" 같은 것들에 대해서 보고하고 있었다(Priestley 1774, 차례). 당시에 그는 호흡이나 연소의 과정에서 공기가 어떤 물질과 **결합한다**는 생각을 구체적으로는 전혀 하지 않았을 것이다. 오히려 호흡은 변환 작업으로 간주되었고, 실제로 변환 작업이었다. 자기 연구의 배경을 이룬 기존 연구들을 언급하면서 프리스틀리는, 고정 공기를 집어넣으면 석회질 물질들calcareous substances의 부식성이 줄어든다는 것을 발견한 조지프 블랙의 공로를 격찬했다(Priestley 1774, 3쪽).

    이 사고방식은, 플로지스톤이 물질들에 가연성과 금속성을 주는 요소라는 슈탈의 생각과도 (적어도 처음에는) 잘 어울렸다. 자기 자신의 연구를 진행하면서 프리스틀리는 플로지스톤에 관한 이 같은 요소주의적 사고방식을 강하게 채택했고, 플로지스톤을 주입하면 공기가 어떻게 "탈플로지스톤 공기에서부터 평범한 공기와 과플로지스톤 공기를 거쳐 질식 공기nitrous air(질소 기체)에 이르기까지 일정하게 단계 변화를 겪으면서"(1775, 392쪽) 변환되는지를 늘 일상적으로 이야기했다. 이 연쇄적 변환은 공허한 이론이 아니라 그의 세밀한 실험실 작업에 뿌리를 둔 것이었다. 이런 견해들을 낳은(또한 이런 견해들에 기초를 둔) 수많은 실험들에서 프리스틀리는 변환 과정에서 물질들이 부여받는 모든 유형의 속성들(예컨대 색깔, 냄새, 탄성, 다른 다양한 물질들과의 화학적 반응성)을 주목했지만 무게는 그리 자주 주목하지 않았다. 과플로지스톤화와 연계된 무게의 변화는 변덕스러운 듯했다. 따라서 무게는 자연의 현상에서 안정적인 패턴을 추출한다는 목적에 비춰볼 때 신뢰할 만한 변수로 간주되지 않았다.

　　라봐지에의 사고는 어떤 유형의 실험적 실천과 연결되어 있었을까? 라봐지에 역시 공기 화학에서 동기를 얻었지만 그 방식은 프리스틀리와 사뭇 달랐다. 초기의 '결정적인 해'부터 곧바로 라봐지에는 특정 화학반응에서 고체 물질들에 의해 공기가 흡수되고 방출되는 것에 매혹되었다. 그의 사고는 화학물질들이 **성분들**을 지녔다는 전제를 기초로 삼았다. 성분이란 화학반응 내내 보존되는 단위를 말한다. 이렇게 입력과 출력을 추적하는 것에 초점을 맞추는 사고방식은 라봐지에의 정량적 취향과 결합하여 그의 '대차대조표' 기법(Poirier 2005),**68** 혹은 '대수학적' 성향(Kim 2005)을 낳았다. 그렇게 합성주의적 사고방식에 발을 들인 라봐지에는 분해와 재합성이라는 오래된 합성주의적 실천에 적합한 실험들을 추구하고 개발했다. 그 실천은 물질의 조성을 확인하는 가장 설득력 있는 방법이었다.

　　이 맥락에서 라봐지에의 열 연구를 살펴보는 것은 흥미로운 작업이다. 그는 피에르시몽 라플라스와 함께 열을 연구했다(1749~1827).**69** 라봐지에와 라플라스는 열이 탐지 가능한 무게를 지

68　화학반응에서 등장하는 무게들의 대차대조표를 생각하는 것은 라봐지에와 그가 속한 중산계급 과학계의 상업-부르주아적 감성에 흡족했을 것이 틀림없다. 물론 모든 산소주의자들이 동일한 계급적 배경을 공유했던 것은 아니고, 아무튼 나로서는 그 사고방식과 계급적 배경 사이의 실질적 인과 연결을 입증할 길도 없지만 말이다.

69　Lavoisier and Laplace [1783] (1920). 이 공동연구에 관한 유익한 논의는 Guerlac(1976) 참조. 또한 Chang(2004), 134－136쪽과 참고문헌 참조.

니지 않았음을 인정했지만(또한 이 논문에서 그들은 칼로릭의 물질적 실
재성조차도 강하게 승인하지 않는다), 명백히 열을 보존되는 양으로 간
주했으며 열의 정량적 척도를 발견하여 합성주의적 사고에 적합하
게 만드는 것을 추구했다. 이 목적을 위하여 그들은 얼음 열량계ice
calorimeter를 발명했다. 이 장치의 배후에는, 액체 상태의 물은 단위
량의 얼음과 특정량의 칼로릭(잠열latent heat)이 결합하여 이룬 화합
물이라는 라봐지에의 화학적 견해가 있었다. 얼음 열량계는 실용적
이지 못했고, 열을 다루는 합성주의적 실천은 라봐지에의 화학에서
그리 생산적으로 발전하지 못했다.

　　　정량화 장치로서는 양팔저울이 더 성공적이었다. 그 장치는
무게가 있는 화학적 성분들을 간편하고 정확하게 추적할 수 있게
해주었으며 합성주의 시스템이 더 강력하게 성장하도록 도왔다. 양
팔저울balance은 대차대조표balance-sheet 관리에 그야말로 안성맞춤
인 장치였다. 이 같은 화학적 무게의 산술은 합성주의가 부과한 도
식을 채우는 라봐지에의 작업에서 핵심적인 열쇠였다. 무게를 따지
는 라봐지에의 화학적 설명에서 화학반응은 재료들과 산물들의 무
게를 추적함으로써 연구되었고 조성은, 반응 후에 더 무거워진 물
질은 다른 물질과 결합한 것이 틀림없다는 전제의 도움으로 밝혀졌
다. 이 같은 무게 기반 합성주의 시스템은 공기 화학에서 뚜렷한 성
공을 거두었다. 라봐지에 이전의 공기 화학에서는 다양한 기체들의
화학적 역할은 주목받았지만 그것들의 무게는 충분히 주목받지 못
했다. 라봐지에의 무게 기반 합성주의 시스템의 성공은 화학반응에
서 가장 중요한 변수는 무게라는 확신을 재강화했다. 그러나 그 실
천 시스템 안에서 작업하지 않는 사람들은 그 확신을 공유하기 어

렵다고 느꼈을 것이다.

　　지금까지의 논의를 요약하자. 무게에 대한 고찰에 기초를 둔 산소주의 시스템이 증거의 관점에서 명백히 우월했다는 주장은 합성주의를 수용할 때만 타당하다. 플로지스톤주의자들은 무게 기반 논증을 무시했다. 왜냐하면 그들은 요소주의자였기 때문이다. 우리가 화학혁명을 합성주의의 매우 점진적인 확립이라는 커다란 물결 위에 올라탄 잔물결로 간주할 때, 화학혁명은 훨씬 더 이해하기 쉬워진다. 플로지스톤과 산소의 충돌 그 너머를 보는 것이 중요하다. 우리가 화학혁명을 '현대 화학'을 낳은 사건으로 간주하고자 한다면, 우리는 그 사건을 합성주의 혁명으로 규정하는 로버트 시그프리드와 베티 조 돕스(1968)의 견해를 따라야 한다. 그리고 합성주의 혁명의 종착점은 라봐지에가 아니라 돌튼이었다. 이에 대해서는 3장에서 더 이야기할 것이다.

1.2.4 플로지스톤은 어떤 좋은 점이 있을까?

　　이제껏 화학혁명에 대한 서술을 다듬고 설명들을 고찰했으므로, 이제 나는 다음과 같은 규범적 질문을 다룰 준비가 되었다. 18세기 후반과 19세기 초반의 화학자들이 플로지스톤주의 화학 시스템을 배척한 것은 옳았을까?("그건 중요하지 않아. **지금은** 충분한 증거가 있으니까!"라고 말하고 싶다면, 5장을 참조하라.) 1.2.1.1에서 나는 플로지스톤주의 시스템은 더 넓은 문제 영역을 다뤘기 때문에 산소주의 시스템보다 약간 더 우월했다고 주장했다. 1.2.1.2에서는 서로 어긋나는 인식적 가치들 사이의 간극을, 특히 산소 진영의 단순성과 플로지스톤 진영의 완전성을 대비하면서 검토했다. 그때 나는 완전성을 편들었는데, 물론 그것은 최종 판결이 아니었다. 1.2.1.3에서는 공통의 인식 가치들인 통일성, 경험주의, 체계성이 발산적으로 구현된 사례들을 살펴보았으며 어느 진영도 나무랄 수 없음을 깨달았다. 1.2.3에서는 무게에 기반을 두고 조성을 다루는 논증들은 명백히 산소 진영을 두둔했지만 플로지스톤주의자들의 입장에서는 그 논증들의 **전제들**을 받아들일 즉각적이고도 강력한 이유가 없었음을 주목했다. 결론적으로 솔직히 말하는데, 나로서는 플로지스톤주의 시스템을 단호히 배척할 타당한 이유가 충분히 있었다고 판정할 길이 없다. 내가 Chang(2011b)에서 더 자세히 논한 대로, 플로지스톤의 죽음은 아무리 천천히 이루어졌다 하더라도 시기상조였다고 나는 확신한다.

　　　이제 이 결론의 함의들을 훑어보자. 내가 정말로 나의 판결을 고수한다면, 나는 그 판결의 귀결들을 받아들여야 한다. 플로지스톤이 죽임당하지 말아야 했다는 주장을 내가 하고 싶다면, 나는 플로지스톤을 보존했다면 어떤 좋은 것들이 나왔을지 말해야 한다 (반사실적 사고에 부과되는 이 같은 의무에 관한 더 꼼꼼한 진술은 1.3.5 참조). 그러므로 이제 나는 1.1의 말미에서 제기한 아래의 네 가지 질문에 더 신중하게 대답하는 것을 시도할 필요가 있다.

(1) 과학자들이 플로지스톤주의 시스템을 거부함으로써 상실한 지식이 혹시 있었을까?

(2) 플로지스톤 시스템이 존속했다면 발전할 수 있었을 테지만 그 이론의 때 이른 죽음 때문에 발전이 지체되거나 가로막힌 지식이 혹시 있었을까?[70]

(3) 플로지스톤주의 시스템과 산소주의 시스템이 둘 다 있었을 때, 두 시스템의 상호작용으로부터 나온 이로운 결과들이 있었을까?
(4) 만약에 플로지스톤주의 시스템이 존속했다면, 산소주의 시스템과 플로지스톤주의 시스템 사이에서 이로운 상호작용이 계속되었을까?

질문 (1)과 (3)은 실제 역사에 관한 것이고, 질문 (2)와 (4)는 가능성에 관한 것이다. 질문 (1)과 (2)는 산소주의 시스템 자체의 장점들과 비교할 때 플로지스톤주의 시스템 자체가 어떤 장점들을 지녔는가에 관한 것이다. 질문 (3)과 (4)는 일원주의적 방식의 과학하기와 비교할 때 상호작용적-다원주의적 방식의 과학하기가 어떤 장점들을 지녔는가에 관한 것이다. 또한 1.2.3의 논의를 감안하면, 이 질문들 각각을 상이한 두 수준에서 다룰 필요가 있다. 무슨 말이냐면 첫째, 플로지스톤주의 시스템과 산소주의 시스템 간 경쟁 및 상호작용과 관련해서 다루고, 둘째, 요소주의와 합성주의 간 경쟁이라는 더 큰 맥락에서 다룰 필요가 있다. 나는 1.2.4.1에서 질문 (1)과 (2)를 함께 다루고, 1.2.4.2에서 (3)과 (4)를 다룰 것이다.

70 부당하게 버려진 지식 시스템을 오늘날 실제로 부활시키면 새로운 지식이 산출될 수 있을까, 하는 질문도 제기해야 한다. 나는 그럴 수 있다고 생각한다. 그러나 여기에서 나는 이 질문에 초점을 맞추지 않는다. 왜냐하면 1.3.5에서 설명할 테지만, 플로지스톤주의 시스템의 경우에는 그것의 모든 잠재력이 결국엔 실제로 실현되었다는 것이 나의 판단이기 때문이다. 그러나 이 판단에서는 내가 틀렸을 수도 있다.

1.2.4.1 플로지스톤이 존속했더라면 얻어졌을 혜택들

화학혁명 당시에 '쿤 상실'을 겪은 한 부분이 명확히 존재하며, 나는 그것을 이미 언급한 바 있다. 플로지스톤주의자들은 모든 금속이 플로지스톤을 풍부하게 함유했다고 말함으로써 금속들의 공통 속성들을 설명했다.[71] 이 설명은 화학혁명을 통해 상실되었다. 친숙한 방식대로 플로지스톤을 산소의 부재로(혹은 라봐지에처럼, 산소에 대한 강한 친화성으로)[72] 대체하면, 이 설명은 작동하지 않으니까 말이다. 폴 호이닝엔휘네(2008, 110쪽)의 말마따나 "100여 년 뒤에야 현상을 설명하는 플로지스톤의 잠재력이 현대 화학에서 회복될 수 있었다. 그 회복은 금속에 관한 전자 이론이 등장하면서 비로소 이루어졌다".[73]

뿐만 아니라, 플로지스톤주의적 설명은, 모든 금속은 자유전자들의 '바다sea'를 보유했기 때문에 금속의 속성들을 공유한다는 현대적 견해와 실제로 매우 유사하다. 우리가 정말로 휘그주의적이라면, 우리는 플로지스톤을 자유전자의 전신前身으로 인정할 것이다.[74] 실제로 플로지스톤과 전기의 연관성은 휘그주의적 역사학자

71　Kuhn(1970), 157쪽 참조.

72　정확하게 하려면, 여기에서 말하는 '산소'는 '산소 기oxygen base'라고 해야 한다. 이에 관한 라봐지에의 견해는 Kirwan(1789), 15 – 16쪽에 실린 그의 언급을 참조하라. 플로지스톤 이론과 산소 이론을 오가는 번역이 이루어질 수 있는가에 대한 상세한 논의는 Chang(2012b) 참조.

73　아무리 줄여 말하더라도, 이 문제가 100여 년이 지난 뒤에야 다시 합법적인 과학적 문제로 간주되었다는 것은 흥미로운 일이다!

74　자신의 판단을 최선의 현대 과학에 맞추지만 당대에 성공했던 어

들이나 철학자들이 현 시점에서 과거를 돌이키며 꾸며낸 허구가 전혀 아니다. 윌리엄 서더스(1978)의 견해를 계승한 올친(1992, 112쪽)은 18세기에 플로지스톤과 전기의 밀접한 관련성을 상정한 인물을 무려 23명이나 지목한다. 그 관련성을 상정할 동기들이 충분히 있었다(예컨대 제임스 허튼(1794)이 토로한, 모든 무게 없는 유체들의 웅장한 통일성을 발견하려는 공통의 욕구를 제쳐두더라도). 한 예로, 금속회를 금속으로 환원하는 작업에 전기를 사용할 수 있음이 발견되었다. 즉, 전기가 플로지스톤의 역할을 하는 셈이었다. 이런 이유들 때문에 영국 화학자 존 엘리엇(1780, 92쪽)은 플로지스톤을 '전자electron'로 개명해야 한다고 주장하기까지 했다.[75] (훗날 1800년에 이루어진 물의 전기분해가 왜 산소 기체와 수소 기체가 각각 다른 장소에서 생성되는가 하는 수수께끼로 귀착했을 때, 요한 빌헬름 리터의 대답은, 수소 기체는 물과 음전기의 화합물이고 산소 기체는 물과 양전기의 화합물이라는 것이었다. 이 대답은 플로지스톤을 음전기와 동일시한다는 점에서, 수소는 과플로지스톤 물이라는 과거 캐븐디시의 견해와 정확히 맥이 통한다. 이 에피소드는 2장에서 더 깊고 자세하게 탐구될 것이다.)

괴상한 과학철학자들이나 완전히 잊힌 과거의 과학자들만 플로지스톤에 대해서 이런 파격적인 생각을 품었던 것이 아님을 보여주기 위하여 나는 위대한 미국 화학자 길버트 뉴튼 루이스(지금

먼 과거 이론에도 맞추지 않는 휘그주의적 관점에 대한 본격적인 논의는 Chang(2009b) 참조.

75 나는 이 기묘한 사실을 Partington and McKie(1937~1939, 350쪽)에서 알게 되었다.

도 쓰이는 산성의 정의와 '옥텟 규칙octet rule'의 창안자)를 언급하겠다. 예
일 대학교에서 한 실리먼 강의Silliman Lectures에서 루이스(1926, 167-
168쪽)는, 플로지스톤주의자들은 보일의 연구 이후 "화학적 분류에
서 그 다음의 큰 걸음을 내디뎠다"고 선언한다. "그것은 우리가 산
화와 환원으로 부르는 현상에 대한 연구를 통해서였는데, 처음에
그 현상은 과플로지스톤화와 탈플로지스톤화로 불렸다." 화학혁명
에서 플로지스톤이 사망한 것은 화학 분야에서 커다란 기회의 상실
이었다고 루이스는 생각했다.

> 그들[플로지스톤주의자들]이 "불타는 물질은 자신의 플로지스톤
> 을 버린 다음에 공기 속의 산소와 결합한다"라고 말할 생각만 했
> 더라도, 플로지스톤 이론은 결코 평판이 떨어지지 않았을 것이
> 다. 그들의 새로운 분류법뿐 아니라 메커니즘마저도 본질적으로
> 옳았음을 오늘날 깨닫는 것은 실로 기묘한 일이다. 우리가 환원
> 이나 산화라고 부르는 모든 과정은 거의 무게가 없는 한 물질을
> 얻거나 잃는 것임을 우리는 최근에야 깨달았다. 우리는 그 물질
> 을 플로지스톤이 아니라 전자라고 부른다.[76]

이 같은 루이스의 진술은 현대적인 의미의 '산화'와 산소 사
이에는 어떤 내재적 관련성도 없음을 잘 깨우쳐준다. 이 화학 분야
에서는 과플로지스톤화/탈플로지스톤화라는 용어의 배후에 놓인

---

76 이 인용문을 알려준 패트릭 코피에게 감사한다.

기초적 개념 구조를 유지하는 편이, 산화/환원이라는 상당히 혼란스러운 용어의 배후에 놓인 개념 구조를 채택하는 것보다 더 합리적이었을 수도 있다. 바꿔 말해 만약에 플로지스톤 개념이 존속했더라면, 화학자들과 물리학자들은 화학적 변환에서 결정적 역할을 하며 특히 금속에 풍부하게 들어 있는 그 미지의 물질(전자)을 더 쉽게 이해하기 시작했을 것이다. 플로지스톤의 개념을 사용하여 오늘날의 학생들에게 산화/환원 반응을 성공적으로 가르쳤다는 올친(1997)의 보고는 이 잠재력을 뚜렷하게 시사한다.

그 밖에 또 어떤 곳에서 좋은 결과가 나올 수 있었을지 따져보기 위하여 나는 잠시 휘그주의적 상상력을 발휘하려 한다. 상실된 이론적 기회들에 관한 나의 생각이 너무 사변적이라고 느끼는 독자도 있을지 모르겠지만, 우리는 적어도 다음과 같은 견해를 받아들일 수 있다. 즉, 플로지스톤 개념의 보존은 라봐지에주의자들은 손대지 않았던 몇몇 실험적 탐구를 북돋웠을 것이다. 만약에 플로지스톤이 살아남았고 플로지스톤과 전기의 관련성이 유지되었다면, 19세기 과학자들은 금속처럼 플로지스톤을 풍부하게 함유한 물질에서 '전기 유체electric fluid'를 추출하는 작업을 그들에게 가용한 모종의 그럴싸한 수단들을 써서 시도했을 것이라고 나는 확신한다. 만약에 그랬다면, 금속 표면에 강력한 (이미 1802년에 발견된) 자외선을 쪼여서 플로지스톤을 떼어낸다는 발상에 누군가는 이르지 않았을까? 충분히 민감한 전위계만 있었다면, 곧바로 광전효과가 발견되었을 것이다. 두 전극 사이의 진공에 가까운 공간을 통해 전류를 흘려보내는 실험은 어떨까? 정전기로부터 스파크를 일으키는 전통적인 방법에서 유래한, 아주 익숙한 그 실험도 일찌감치 이루어지

지 않았을까? 실제로 데이비는(또한 옌스 야코브 베르셀리우스도) 전기
가 진공을 통과할 수 있음을 실험으로부터 알고 있었다. 심지어 데
이비는 전기의 통과가 공기 속에서보다 진공에서 더 쉽게 일어난
다고 여겼으며, 베르셀리우스는 이 모든 것을 전기의 물질성을 보
여주는 증거로 간주했다(Russell 1963, 145쪽 참조). 그러나 희박한 기
체 속에서의 방전은, 그 현상의 매혹적인 모습에도 불구하고, 오이
겐 골트슈타인이 '음극선cathode ray'의 정체를 밝혀낸 1870년대에야
진지하고 폭넓은 과학적 관심을 받게 되었다(Darrigol 2000, 274쪽 이
하 참조). 만약에 플로지스톤과 전기를 관련짓는 방향의 연구가 더
장려되었다면 아주 일찍부터 음극선이 발견되고 탐구되었으리라고
추정하는 것은 너무 무책임한 사변일까? 만약에 내가 상상하는 연
구자들이 엘리엇이 18세기에 명명한 '전자'를 실험을 통해 분리해
냈다면, 그는 기뻐하며 축하했을 것이다.

　　　또한 우리는 플로지스톤 이론이 연소에서 불꽃의 생성을 잘
설명했다고 말할 수 있을 것이다. 나이트(1978, 33쪽)가 지적하듯이,
데이비는 라봐지에의 이론이 빛을 무시하는 것을 못마땅하게 여
겼다. 젊은 시절인 1799년에 발표한 한 글에서 데이비는 라봐지에
의 이론은 두 가지 결함을 지녔다고, 물질적 칼로릭을 전제하는 것
과 "빛을 완전히 무시하는 것"이 그 결함들이라고 썼다. 올친(1992,
111-112쪽)에 따르면 허튼을 비롯한 다른 화학자들도 마찬가지였
다. 하지만 플로지스톤은 연소에서 생성되는 빛을 더 잘 설명했을
까? 오늘날의 이론에서 불꽃은 플라스마, 곧 양이온들과 전자들의
혼합물이다. 내가 방금 언급했듯이, 플로지스톤주의적 금속 이론에
대한 휘그주의적 이해에서는 플로지스톤을 자유전자와 동일시할

근거가 확실히 있다. 그렇다면 플로지스톤 이론은 불꽃을 멋지게 설명한다. 만일 우리가 불꽃의 방출을 가연성 물질에서 플로지스톤(전자)이 분리된 결과로 간주한다면 말이다. 19세기 초반에 왕립 연구소Royal Institution의 윌리엄 브랜드(1814)는 불꽃이 정전기적 인력에 반응함을 보여주는 실험을 했다. 그러나 이 연구는 새로운 연구 방향을 여는 데 실패했다. 만약에 플로지스톤-전자주의가 기본 틀의 구실을 했더라면, 진보가 훨씬 더 촉진되었을 것이다. 물론 불꽃에 대한 플로지스톤주의적 설명은 수정될 필요가 있다. 왜냐하면 그 설명은 불꽃을 플로지스톤과 탈플로지스톤화된 물질의 혼합물로 보는 것이 아니라 그냥 플로지스톤으로 보는 경향이 있었을뿐더러 플라스마가 빛을 내는 이유를 구체적으로 설명하지 못했기 때문이다. 그러나 불꽃은 무게 없는 화학적 물질들인 칼로릭과 빛 물질의 혼합물이며 이 두 물질은 모두 산소 기체에서 방출된다는 라봐지에의 설명과 비교하면, 그래도 플로지스톤주의적 설명이 덜 황당했다.

또한 플로지스톤이 존속했더라면, 화학반응이 무게 측정에 의거하여 식별된 블록들의 결집과 재결집에 불과하지 않음을 계속 상기시킬 수 있었을 것이다. 휘그주의적으로 말하면, 플로지스톤은 화학적 퍼텐셜에너지의 표현으로서 구실했다. 산소주의 시스템의 무게에 기반한 합성주의는 화학적 퍼텐셜에너지를 완전히 간과했다. 실제로 이 측면에서 라봐지에 전통은 꽤 불안정했다. 한 예로 라봐지에는 무게를 그토록 강조하면서 칼로릭에 무게를 부여하지 않음으로써 자신의 연소 이론을 파괴할 씨앗을 스스로 뿌렸다. 라봐지에의 연소 이론이 연소에서 열과 빛이 방출되는 것을 아주 성공적으로 설명했느냐 하면, 실은 전혀 그렇지 않았다. 그 이론은 에너지 개념을 보유하고 있지 않았다. 화학자들은 에너지에 대한 생각을 시작하기 위하여 마이어, 줄, 헬름홀츠 등의 인물들이 등장하기를 기다릴 필요가 없었고 열과 일의 연관성에 대해 생각할 필요도 없었다. 내가 1.2.2에서 이미 언급했듯이, 많은 플로지스톤주의자들은 무게와 관련한 고찰을 위해서 산소를 수용하면서도 에너지와 관련한 고찰이라고 할 만한 것을 위해서 플로지스톤을 보존하려 애썼다. 빅토리아시대의 일부 화학자들도 이러한 전략을 놓치지 않았다(그것을 기억해냈는지, 아니면 재발명했는지는 확실치 않지만).《브리태니커 백과사전》제9판(1876)에서 프랜시스 헨리 버틀러는 '플로지스톤'을 퍼텐셜에너지의 또 다른 이름으로 설명했다. "금속이 녹슬 때 일어난다고 추정된 플로지스톤의 삭감은 (…) 금속이 [산소] 기체와 결합하는 것으로 인한 퍼텐셜에너지의 상실이었다. 그리고 플로지스톤의 획득은 산소의 제거에 동반되는 퍼텐셜에너지의 증가였다." 버틀러는 퍼텐셜에너지의 개념을 플로지스톤주의 시대에 이루어진 뚜렷한 발전으로 인정했다. "그런 허깨비 같은 무無를 다양한 고체와 유체의 고유하고 필수적인 성분으로 간주하는 관점은 18세기 후반기에 이르러서야 일반화되었다."[77]

윌리엄 오들링도 1871년에 발표한 매우 흥미로운 논문에서 똑같은 견해를 제시했다. 오늘날에는 잘 알려지지 않은 인물이지

---

[77] 5권(1876), 461쪽. 버틀러의 글은 '화학Chemistry' 항목의 '역사적 소개 Historical Introduction'이다. 그 항목의 공동 저자들은 '[Henry] Armstrong 교수, R. Meldolar, F.H. Butler'다.

만, 오들링은 빅토리아시대 영국의 선도적인 이론화학자들 중 하나
였으며 왕립 연구소의 화학교수였다. 오들링(1871, 319쪽)에 따르면,
플로지스톤주의자들의 주요 통찰은 "가연성 물질들은 활성화되고
사용될 수 있는 힘 혹은 에너지를 공유했다"는 것과 "가연성 물질
들에 속한 에너지는 그 물질들 모두에서 동일하며 그 에너지를 지
닌 가연성 물질로부터 그 에너지를 지니지 않은 불연성 물질로 옮
겨갈 수 있다"는 것이었다. 라봐지에는 그 에너지가 산소 기체 속에
칼로릭의 형태로 들어 있다고 봄으로써 이 통찰을 그르쳤다. 그러
면서 그는 왜 다른 기체들이 함유한 칼로릭은 연소를 일으키는 능
력이 없는지를 설득력 있게 설명하지 못했다. 오들링(322쪽)은 "슈
탈주의자들은 비록 후대에 알려진 많은 것을 몰랐지만 다른 한편
으로 후대에 망각된 많은 것을 알고 있었다"고 생각했다. 또한 그는
빅토리아시대의 또 다른 선도적 화학자 알렉산더 크럼브라운(1866)
도 선대의 화학자들이 "플로지스톤을 거론하면서 염두에 둔" 것은
"의심의 여지없이" 퍼텐셜에너지라는 동일한 견해를 지녔다고 보고
했다(322쪽). 실은 오들링과 크럼브라운보다 리비히(1851, 49-50쪽)
가 더 먼저였다. 그들보다 20년 전, 화학에서 에너지 개념의 사용이
아직 일반화되지 않았을 때 리비히는 이렇게 썼다. "심지어 오늘날
에도 많은 화학자들은 동일한 유형에 속하거나 동일한 원인에 의해
결정된다고 여기는 과정들을 통칭하기 위하여 '플로지스톤'과 유사
한 일반적인 이름들을 사용하는 것이 불가피하다고 느낀다. 그러나
(…) 베르톨레의 시대 이래로 화학자들은 '힘force'으로 불리는 것을
가리키는 용어들을 사용한다."

　　오들링은 플로지스톤주의자들이 플로지스톤을 물질로 간주

하는 경향이 있었음을 인정하면서도, 플로지스톤은 평범한 보통 물
질이라는 것이 그들의 취지였는지에 대해서 의문을 제기했다(323-
324쪽). "비록 플로지스톤을 불의 요소 혹은 물질로 정의했지만 (…)
그들[슈탈주의자들]은 오늘날 많은 과학자들이 전기 유체와 빛의
매체인 에테르luminiferous ether를 생각하고 거론하는 것처럼 플로지
스톤을 생각하고 거론했다." 전기 유체와 에테르는 19세기 중반에
도 여전히 존속했던 무게 없는 유체들이다. 아무튼 오들링은 플로
지스톤주의자들이 이렇게 물질을 거론한 것을 양해할 수 있다고 생
각했다(323쪽).

　　　슈탈과 그의 후계자들이 정말로 플로지스톤을 물질로 간주했다
　　　하더라도, 그들의 교설이 지닌 장점을 인정하지 않는 일은 더는
　　　없어야 한다. 이는 블랙과 라봐지에가 칼로릭을 물질로 간주했다
　　　하더라도, 잠열에 관한 그들이 이론이 가졌던 장점은 인정해야
　　　하는 것과 마찬가지다.

　　　플로지스톤은 1871년에 사람들이 이해한 화학적 퍼텐셜에
너지와 물론 똑같지 않았지만, 오들링(325쪽)은 "플로지스톤주의자
들은 당대에 자연의 진짜 진리 하나를 소유하고 있었다. 그 후 한동
안 완전히 간과된 그 진리는 이제 확고한 형태로 결정화되었다"라
고 주장했다. 그는 논의를 마무리하면서 베허Becher를 인용했다. "내
가 내 주전자를 올바로 붙잡고 있다고 나는 믿는다." 그리고 그 주
전자(베허의 이름은 독일어로 컵을 뜻하니까, 혹시 주전자보다는 컵?), 곧 에
너지에 관한 교설은 당연히 "지금까지의 역사를 통틀어 과학에서

확립된 가장 웅장한 보편적 법칙"이었다.

결론적으로, 플로지스톤을 죽이는 선택은 두 가지 역효과를 꽤 명확하게 일으켰다고 나는 생각한다. 첫째 역효과는 몇몇 소중한 과학적 문제와 그에 대한 해답이 버려진 것이고, 둘째 역효과는 미래 과학을 위한 몇몇 이론적 실험적 연구 방향이 봉쇄된 것이다. 우리의 입장에서는 어쩌면 이 역효과들이 아무 문제도 아닐 것이다. 왜냐하면 내가 생각하기에 플로지스톤주의 시스템의 좌절된 잠재력은 매우 우회적인 어떤 길들을 거쳐 결국 거의 완전히 실현되었으니까 말이다. 그러나 플로지스톤의 요절이 상당히 구체적인 방식으로 과학의 진보를 지체시켰다는 점은 꽤 명확하다고 나는 느낀다. 만약에 플로지스톤의 개념이 존속하고 발전했다면, 그 개념은 둘로 갈라졌으리라고 생각한다. 한편으로, 무게 있는 물질들 사이에서 전달될 수 있으며 야릇한 실재성을 지닌 듯한 이 무게 없는 물질을 놓고 고민하다가 늦어도 19세기 초반에 누군가가 에너지 보존의 원리를 깨달을 수 있었을 것이다.[78] 그 가상의 세계에서 과학자들은 플로지스톤의 보존을 거론할 것이며, 플로지스톤은 온갖 다양한 형태로 나타나지만 그 모든 형태들은 상호 전환이 가능하다고 말할 것이다. 이 어법이 어색하다면, 우리가 실제로 쓰고 있는 어법도 그에 못지않게 어색하다. 우리는 여전히 연소를 가능하게 하는 '산소'(산 생산자, 독일어로 'Sauerstoff'(산을 만드는 물질))를 거론하고, 이

---

78 폭스(1971)가 아주 자세히 서술하듯이, 칼로릭 이론은 19세기 초반에 많은 난점들에 시달리고 있었다. 이런 사정은 대안을 고려할 의지를 북돋웠을 것이다.

온의 '산화수oxidation number'를 거론하니까 말이다. 다른 한편으로 플로지스톤 개념은 돌튼의 이론처럼 지나치게 단순화된 원자론을 경유하지 않고도 전자에 대한 연구가 시작되도록 이끌 수 있었을 것이다. 화학자들은 플로지스톤에서 곧장 기본입자들로 넘어갔거나, 적어도 원자들이 모여서 분자가 되고 다음 단계로 분자들이 모여서 거시적 물질이 된다는 그릇된 단순화를 경유하지 않았을 것이다. 플로지스톤 이론이 존속했다면, 화학자들은 불꽃을 단서로 삼아서 '제4의 물질 상태'라 일컫는 플라스마에 더 많은 관심을 기울였을 것이며, 그 이론은 합성주의 화학에서 말하는 구성 블록들의 내구성이 겉보기에 불과할 수도 있음을 일깨웠을 것이다. 플로지스톤이 생존했다면, 화학적 원자는 물리적으로 깨뜨릴 수 없는 단위라는 손쉬운 돌튼적인 전제가 위태로워질 수 있었을 것이다.[79] 플로지스톤이 19세기까지 살아남았다면, 화학과 물리학에서 활기찬 대안적 전통이 유지되었을 테고, 그 덕분에 과학자들은 물질의 경이로운 유동성을 더 쉽게 인정하고 이온, 용액, 금속, 플라스마, 음극선, 심지어 어쩌면 방사능의 정체를 더 일찍 파악할 수 있었을 것이다.

---

79 이 '돌튼적인' 전제가 정말로 돌튼의 전제인 것은 아니다. 왜냐하면 돌튼은 원자가 내부 구조를 지녔다고 생각했으니까 말이다. 그는 원자의 내부에 평범한 물질로 된 작고 단단한 핵이 있고 그 핵은 칼로릭으로 둘러싸여 있다고 생각했다. 그러나 돌튼은 원자의 물질적 핵은 파괴 불가능하다고 생각했으므로, 이 전제를 '돌튼적'이라고 하는 것은 충분히 정당하다.

1.2.4.2 플로지스톤과 산소가 상호작용했더라면 얻어졌을 혜택들

우리는 플로지스톤주의 시스템 자체의 현실적 장점과 잠재적 장점 외에 다른 것들도 살펴봐야 한다. 5장에서 추가로 논하겠지만, 다원성 자체에서 유래하는 중요한 혜택들이 있을 수 있다. 구체적으로 말하면, 플로지스톤주의 시스템과 산소주의 시스템이(혹은 요소주의와 합성주의가) 상호작용할 때 얻어지는 현실적 잠재적 혜택들을 고찰할 필요가 있다. 타가수정cross-fertilization이나 경쟁적 다툼에서 얻어지는 무언가가 있을 수 있지 않을까? 문화들 간의 상호작용에서 우리는 그런 혜택들을 쉽게 인정한다. 과학에서라고 인정하지 않을 이유가 있겠는가?

다수의 시스템들을 유지할 때 얻을 수 있는 혜택들을 고찰하기에 앞서, 몇 가지 우려를 떨쳐낼 필요가 있다(이 논점들은 5장에서 일반적이고 상세하게 논의될 테지만, 예비적인 고찰은 이 대목에서 하는 것이 적당하다). 우선, 서로 다른 시스템들의 공존은 혼란을 일으키고 효율적인 연구를 방해하지 않을까? 플로지스톤과 산소의 공존이 그런 해로운 혼란을 일으켰다는 증거는 거의 없다. 또한 만약에 플로지스톤이 존속했다면 상황이 훨씬 더 악화되었으리라고 생각할, 설득력 있는 근거도 없다. 둘째, 경쟁하는 과학 시스템들을 너무 많이 유지하면 소중한 자원들이 낭비되지 않을까? 이것은 타당한 일반적 우려다. 그러나 적어도 플로지스톤주의 진영에서 이것은 심각한 걱정거리가 아니었을 것이다. 왜냐하면 플로지스톤 옹호자들은 대개 개별적으로 연구하는 아마추어 과학자였으며 (국가의 지원에 의존한 라봐지에와 그의 동료들과 달리) 대개 본인의 자원으로 마련한 값싼

장비를 사용했으니까 말이다. 셋째, 기초적인 사항들에 관한 논쟁
은 과학자들의 에너지와 주의집중을 흩뜨려 전문적 연구에 착수하
는 것을 방해하지 않을까? 플로지스톤-산소 논쟁의 경우에는 근본
적인 사항들에 관심을 기울인 과학자들이 그렇지 않은 과학자들보
다 전문적 연구에서 덜 생산적이었다는 증거는 전혀 없다.

　　　세 가지 우려를 일단 해소했으니, 이제 생산적 상호작용에
관한 질문으로 눈을 돌리자. 소박한 질문이 하나 있는데, 그 질문
안에는 훨씬 더 복잡한 무언가의 씨앗이 들어 있다. 만약에 프리스
틀리가 산소를 생산하지 않았고 라봐지에에게 산소 생산법을 알려
주지 않았다면, 라봐지에는 자신의 업적을 어떻게 이뤄냈을까? 또
만약에 캐븐디시가 수소와 산소로부터 물을 만들어내지 않았고 블
랙든을 통해 라봐지에에게 그 반응을 알려주지 않았다면, 어떻게
되었을까?[80] 이 논점에 관한 모리스 크로슬랜드(1983, 238쪽)의 견
해는 상당히 단호하다. "영국 과학자들, 특히 캐븐디시와 프리스틀
리가 수행한 기체에 대한 연구의 혜택이 없었다면, 라봐지에는 화
학을 새롭게 건설할 수 없었을 것이 틀림없다." 물론 라봐지에와 그
의 친구들이 결국 독자적으로 그 특수한 실험들을 고안했을 가능성
을 배제할 수는 없지만, 이 논점은 더 일반적이다. 프리스틀리, 셸
레, 캐븐디시를 비롯한 18세기 후반의 플로지스톤주의자들은 공기

80　셸레와 산소에 대해서도 같은 질문을 제기할 수 있다. 왜냐하면 라봐지에
가 셸레의 업적을 얼마나 많이 알고 있었는지 우리는 확실히 알지 못하니까 말
이다. 앤서니 버틀러가 주장하듯이, 프리스틀리가 파리를 방문했을 그 무렵에
셸레가 라봐지에에게 산소에 관한 편지를 보냈다는 증거가 있다.

화학과 금속 화학에서 새로운 실험적 발견을 해낼 능력에서 라봐
지에주의자들을 포함한 다른 모든 집단들을 월등히 앞질러 있었다.
라봐지에는 그들이 이뤄낸 발견들을 기반으로 삼아서 그토록 효율
적으로 새로운 시스템을 건설했다. 핵심은 플로지스톤 그 자체라기
보다 요소주의다. 이 역사에 관여한 개인들의 천재성을 논외로 하
면, 요소주의적 변환의 실천은 그 실험적 혁신들과 발견들을 아주
잘 유도하는 어떤 면모를 갖고 있었다고 나는 믿는다. 그 실천은 과
학자들로 하여금 강력해 보이는 여러 물질들을 다른 여러 물질들
에 적용하고 어떤 일이 일어나는지 살펴보게 했다(그런 강력한 물질들
은 그 자체로 요소이거나 요소를 포함하고 있다고 여겨졌다). 다른 한편, 라
봐지에와 동료들이 이뤄낸 의심의 여지없이 위대한 성취들은 그들
이 요소주의 이론들에 동화되지 않고 오히려 요소주의자들의 연구
결과를 합성주의적으로 재해석한 것에서 유래했다. 만약에 요소주
의 전통과 합성주의 전통이 상호작용하면서 공존하지 않았다면, 이
런 협력적 진보는 불가능했을 것이라고 나는 판단한다. 그 생산적
인 상호작용은 단지 우연에 불과할까? 적어도 다원성이 가능케 한
뜻밖의 행운으로 생각하고 싶다.

　　　산소주의 시스템이 플로지스톤주의 시스템을 어떻게 도
발하고 또 풍부하게 만들었는지 살펴보는 작업은 덜 흥미로울 수
도 있겠지만, 이 논점을 최소한 제기하는 것은 균형과 완전성을 위
하여 중요하다. 플로지스톤주의 시스템이 라봐지에 이론의 반발
로 도전에 직면하고 자극받았다는 것은 의심할 바 없는 사실이다.
1.2.2와 1.2.4.1에서 논한 혼성 시스템들hybrid systems은 그 반발에
대한 건강한 대응의 산물이다. 산소주의를 드러내놓고 받아들이지

않고 플로지스톤주의 시스템을 고수한 사람들도 더 합성주의적인 방향으로 발전하여 무게를 더 중시하게 되었다. 이런 혼성 시스템들은, 플로지스톤을 완전히 말소하라는, 혁명 후의 강력한 주장과 양립할 수 없었다. 반면에 산소주의 시스템이 플로지스톤주의 시스템과의 상호작용에서 이미 얻은 혜택들은 플로지스톤의 죽음으로 제거되지 않고 유지되었는데, 이는 다행스러운 일이다.

　　만약에 플로지스톤-산소 상호작용이 더 오래 지속되었다면 추가로 어떤 혜택들을 얻을 수 있었을까? 이 질문에 대한 숙고의 지침과 출발점을 실제 역사에서 얻을 수 있다. 내가 이미 언급한 대로, 무게를 고려하여 산소를 받아들이면서도 에너지를 고려하여 플로지스톤을 보존한 혼성 시스템들은 소멸했다. 오들링은 그 시스템들이 나아가는 방향이 옳았다고 평가했을 것이다(물론 오들링은 화학 혁명 당시에 그런 혼성 전통이 실제로 있었음을 몰랐던 것으로 보이지만). "요새 화학자들은 슈탈주의적이면서 또한 라봐지에주의적이다. 즉, 에너지와 물질을 모두 고려한다."(1871, 323쪽) 이런 유형의 완전한 화학관化學觀은 이미 존재했었다. 비록 라봐지에주의적 정통 교설에 의해 근절되었지만 말이다. 만약에 플로지스톤과 산소의 상호작용이 지속되었다면, 화학자들은 19세기 내내 매우 역동적인 혼성 전통을 유지할 수 있었으리라고 나는 느낀다.

　　요소주의와 합성주의 사이의 생산적 갈등은 화학에서 건강한 다원주의가 유지되는 데 기여했을 것이다. 합성주의가 더 순수한 향태로 발전하고 라봐지에로부터 돌튼과 그 이후까지 당당히 행진하며 점점 더 지배력을 강화함에 따라, 화학의 주춧돌을 다음과 같은 삭막한 선택의 문제로 간주하게 만드는 유혹도 커졌다. '단순소박한 원자론에 동의하라. 아니면, 화학적 물질에 관한 어떤 존재론적 논의도 포기하라.' 이것은 몇몇 논평자들이 19세기에 있었던 원자론과 실증주의의 대립을 서술하기 위하여 뽑아낸 문구다. 만약에 화학자들이 기본적인 합성주의를 유지하면서도 이런 이분법에 반발하고 플로지스톤주의-요소주의의 성취들을 더 잘 알았다면, '원소'를 보는 더 유연한 관점과 '무게 없는 물질'에 대한 더 섬세한 해석을 발전시켜 전기와 열역학을 화학 안에 더 쉽게 편입할 수 있었을 것이다. 거꾸로, 내가 '누락 효과lacuna effect'라고 부르는 것도 있다. 플로지스톤주의 시스템은 많은 것들을 만족스럽게 설명해내지 못했다. 그러나 산소주의 시스템은 그것들을 설명하려는 시도조차 하지 않았다. 플로지스톤주의 시스템이 존속했다면 얻어졌을 혜택 하나는 그 시스템이 미해결 문제들을 일깨우는 구실을 했으리라는 것이다.

마지막으로, 어떤 새로운 과학적 지식이 어디로부터 유래할 수 있었을지에 관한 상상을 펼치는 것에 대하여 변론하고자 한다. 나는 진지한 의도를 품고 플로지스톤주의 화학 시스템에 대해서, 그 시스템의 잊힌 장점들과 그 시스템이 19세기에 가져올 수 있었을 혜택들에 대해서 논하고 있다. 설령 플로지스톤의 상실된 미래에 관한 나의 구체적 생각들이 모조리 부질없더라도, 나의 생각들을 읽으면서 독자의 과학적 상상력이 해방되는 효과가 나기를 희망한다.

1.3 선택, 합리성, 대안

각 장의 셋째 절에서 나는 다양한 반론들을 예상하며 짚어보고 나의 입장을 과학사와 과학철학에 관한 기존 문헌과 비교하면서 더 세심하게 자리매김할 것이다. 여기에서 소절小節들은 체계적인 상호연관성이 없을 수도 있다.

1.3.1 합리성

앞서 1.1에서 나는 흔한 통념대로 화학혁명을 합리적 사건으로 묘사하려는 철학적 시도들을 간단히 묵살했다. 만약에 그런 논증들이 성공적이라면, 그것들은 모든 화학자들이 재빨리 라봐지에 시스템으로 개종하는 것이 합리적 선택이었음을 보여줄 터이다. 또한 말할 나위도 없이 우리는, 실제로 플로지스톤 이론이 배척된 것은(이 일은 그 철학자들이 상상하는 것보다 더 느리게 이루어졌는데) 성급한 선택이 결코 아니었다고 결론지어야 할 터이다. 그렇다면 플로지스톤이 때 이르게 살해되었다는 나의 판단은 타당성을 잃을 것이므로, 나는 이 가능성을 더 신중하게 고찰해야 한다. 다른 글(Chang 2010)에서 그 논증들을 충분히 다뤘으므로 여기에서는 그것들의 핵심만 제시할 것이다.

그 논증들을 살펴보기에 앞서, '합리적'이라는 말의 의미에 대해서 간략하게 언급할 필요가 있다. 합리성의 의미에 관한 보편적 합의는 존재하지 않으며, 나는 여기에서 몇 마디 말로 그런 합의를 제조하는 것을 꿈꾸지 않는다. 하지만 유익한 논점 몇 개를 제기할 수 있다고 생각한다. 또한 내가 생각하기에 그 논점들은 보편적 승인을 받아야 마땅하다. 첫째, 합리성은 진리에 관한 사안이 **아니 다**. 오히려 합리성은 그때그때의 지식 혹은 믿음을 감안하면서 판 단이나 결정을 내리는 좋은 방법에 관한 것이다. 우리의 가장 합리 적인 판단들은 (궁극의 진리 따위가 있다면) 궁극의 진리를 한참 벗어 날 수도 있다. 왜냐하면 우리가 채택해야 하는 근거들은 한계가 있 기 때문이다. 둘째, 합리적 사고 혹은 논의는, 아무튼 의식적 숙고가 존재하는 한에서는, 해당 공동체 내부에서 합의된 모종의 규칙 혹 은 방법을 따른다. 셋째, 중요한 것은 합리성의 최소 조건이다. 최소 한의 조건을 말하면, 합리적 행위는 행위자가 밝힌 목표를 성취하 거나 적어도 행위자가 특정 목표에 기여하는 행위로서 의도한 것이 어야 한다.

　　나는 화학혁명의 합리성을 옹호하는 논증들 가운데 가장 좋 은 세 가지를 문헌에서 발견했는데, 이제부터 그것들을 검토하고자 한다. 첫째 논증은 필립 키처(1993, 272쪽)의 것이다. 그는 "라봐지에 를 옹호할 근거로 삼을 만한, 인지적으로 우월한 추론을 화학혁명 관여자들이 가지고 있지 않았다"라는 견해를 때려 부수려 한다. 그 가 논증하고자 하는 바는 "요새 유행하는 이 견해는 (…) 라봐지에 가 옳다는 증거가 누적되며 발휘한 힘에 눌려 플로지스톤 이론이 허물어졌다"라는 과거의 견해보다 적합성이 떨어지는 '신화'라는 것이다. 키처는 그 과거 견해의 개선된 버전을 제시하려 애쓰는데, 내가 보기에 그의 버전은 다른 어떤 버전보다 더 성공적이다. 그는 플로지스톤 이론의 다양한 장점을 명확히 알고 있으며, 경험적 적 합성의 측면에서 플로지스톤 이론과 라봐지에 이론은 처음에 뚜렷 한 차이가 없었음을 인정한다(273쪽). 그러나 플로지스톤 이론들은

1780년대에 출현한 새로운 경험적 증거를 다룰 수 없었다고 키처
는 주장한다.

플로지스톤 이론의 사실적 부적합성을 보여주려는 (라봐지에
본인의 논증을 필두로 한) 다른 많은 논증들과 마찬가지로, 키처는 무
게 관계에 초점을 맞춘다. 그는 플로지스톤주의자들이 무게에 관한
증거를 그냥 무시했다거나 플로지스톤이 음의 무게를 가졌다는 생
각으로 도피했다고 간주하는 흔한 오류에 빠지지 않는다(플로지스
톤이 음의 무게를 가졌다고 생각한 사람은 극소수에 불과하다). 오히려 그는
이렇게 옳게 지적한다(277쪽). "그들은 훨씬 더 합당한 행동을 한다.
즉, 공기로부터 무언가가 흡수된다는 라봐지에의 주장을 받아들이
고 이 승복을 플로지스톤이 방출된다는 전통적 견해와 조합하려 한
다." 키처는 이 방어적 전략이 결국 막다른 곳에 도달한다고 주장한
다. 커원의 이론은 결국 뒤엉키고 심지어 일관성을 잃었다고 키처
는 옳게 지적한다.[81] 그러나 그는 프리스틀리가 말년에 내놓은 플로
지스톤 방어 논증([1796] 1969, 1803)을 상세히 설명하지 않는다. 그
논증은 커원의 이론처럼 비일관적이 않은데도 말이다. 또 키처는
캐븐디시(1784)가 내놓은 플로지스톤 이론의 후기 버전을 고려하지
않는다. 적어도 내가 보는 한에서, 그 버전은 모순이나 과도한 복잡
성이 전혀 없다.

훨씬 더 중요하게 지적해야 할 점은 이것이다. 키처가 제기

---

81 Kirwan(1789), Kitcher(1993) 283-288쪽. 커원 이론의 운명에 관한 더
상세한 설명은 Mauskopf(2002) 참조.

하는 경험적 적합성에 관한 질문은 절대적이지 않고 상대적이다. 관건은 플로지스톤 이론이 절대적으로 흠이 없었느냐 하는 질문이 아니라(이 질문의 답은 "당연히 그렇지 않았다"이다) 그 이론이 경쟁 이론들보다 더 우월하거나 열등했느냐 하는 질문이다. 정말이지 우리는 '플로지스톤 이론은 X를 오해했다'를 최종 결론으로 간주하는 버릇에서 벗어날 필요가 있다. 또한 라봐지에 이론은 X를 옳게 이해했는지, 그 이론은 Y와 Z를 오해하지 않았는지 물을 필요가 있다. 라봐지에 이론이 설명할 수 없었던(혹은 현대의 기준에서 볼 때 오해한) 것들을 무시하고 최소화하는 경향이 철학계와 역사학계 모두에서 광범위하게 존재해왔다. 나는 1.1에서 그 경향을 반박하려고 최선을 다했으며 1.2.1에서는 플로지스톤주의 시스템과 라봐지에주의 시스템의 경쟁하는 장점들을 균형 있게 평가했다. 이 문제와 관련해서 키처는 플로지스톤을 비방하는 사람들의 대다수보다 훨씬 더 신중하다. 그럼에도 라봐지에의 분석은 "문제가 없지 않았다"라는 그의 인정은 한 문단의 절반 정도로 급히 중얼거리듯이 개진되고, 꽤 긴 변론성 각주가 덧붙는다(278쪽과 각주70). 이어서 그는 플로지스톤 이론들에게 가장 큰 난관이었던 문제들을 강조하는 더 긴 논의를 재개한다.

　　내가 논하고자 하는 둘째 논증은 머스그레이브의 1976년 논문 〈왜 산소가 플로지스톤을 대체했을까?〉에서 제시된 것인데, 내가 생각하기에 그 논문은 여전히 이 주제를 다룬 최고의 논문으로 남아 있다. 머스그레이브는 화학혁명이 완벽하게 합리적인 사건이었을뿐더러 러커토시의 과학철학을 입증하는 사례이기도 하다고 본다.[82] 머스그레이브에 따르면, 플로지스톤 프로그램은, 당시에 순수한 플로지스톤으로 여겨진 가연성 공기 속에서 금속회를 가열하면 금속회가 환원되리라는 프리스틀리의 예측이 1783년에 입증될 때까지는 매우 진보적이었다(그림1.4). 프리스틀리와 그의 친구들은 금속회가 말 그대로 플로지스톤을 들이마시면서 금속으로 변환되는 것을 보며 매우 기뻐했다. 이어서 머스그레이브(1976, 201쪽)는 어떻게 라봐지에가 가연성 공기의 연소를 통해 물을 생산하는 캐븐디시의 새로운 연구를 이용하여 플로지스톤주의의 이 같은 외견상의 승리를 극적으로 뒤엎었는지 서술한다. 역시나 그답게, 라봐지에는 프리스틀리의 실험에서 금속회가 금속으로 변환되면서 (다른 환원 사례들에서처럼) 무게의 일부를 잃는다는 지적으로 역공을 개시했다. 이어서 그는 그 상실된 무게는 그 실험에서 금속회에서 나온 산소와 가연성 공기의 결합으로 틀림없이 생성되었을 물로 옮겨갔을 것이라고 추론했다(그리고 가연성 공기를 '수소hydrogen'로 재명명했다). 역설적이게도, 물이 생성되어야(혹은 되었어야) 한다는 라봐지에의 예측(정확히 말하면 '사후 예측retrodiction')을 입증한 인물은 다름 아니라 프리스틀리였다. 그는 원래 실험 장치에서 사용한 물을 수은으로 대체한 다음에 다시 실험함으로써 그 예측을 입증했다.

　　그러나 어쩌면 러커토시도 연구 프로그램의 일반적 본성에 기초하여 예측했겠지만, 플로지스톤 프로그램은 그 시점에서 최

82　앨런 머스그레이브는 (사적인 대화에서) 자신이 화학혁명을 연구하기 시작할 때의 의도는 실은 러커토시의 방법론이 타당하지 않음을 보여주는 것이었다고 말한다. 이 실패한 반박의 시도는 머스그레이브에게 깊은 인상을 주었다. 그는 훌륭한 포퍼주의자이므로 그러해야 마땅하다!

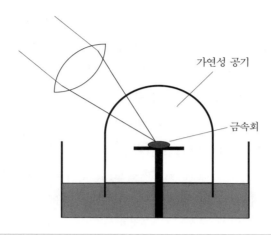

그림1.4 가연성 공기 속에 놓인 금속회의 환원

종적으로 패배하지 않았다. 이는 캐븐디시와 프리스틀리가, 가연성 공기는 플로지스톤이 아니라 과플로지스톤 물이며 산소(혹은 탈플로지스톤 공기)는 탈플로지스톤 물이라는 취지로 자신들의 이론을 사후에 기발하게 수정한 덕분이었다. 그러나 머스그레이브(203-206쪽)는 그 시점부터 플로지스톤 이론은 영영 곤경에서 벗어나지 못했으며 거슬리는 새 발견들을 수용하려 몸부림쳤지만 참신하고 성공적인 예측을 전혀 내놓지 못했다고 주장한다. 물론 "퇴화하는 프로그램은 꿋꿋이 버틸 수 있고, 플로지스톤주의가 바로 그렇게 했다". 그리고 이 대목에서 다음과 같은 러커토시적 판결이 내려진다. '퇴화하는 연구 프로그램에 매달리는 것은 불합리하다.' 따라서 머스그레이브는 1783년경 이후에 플로지스톤 프로그램을 버리는

것은 화학자들에게 합리적인 선택이었으며, 대다수의 화학자들은 실제로 합리적이어서 프리스틀리와 캐븐디시 같은 "늙수그레한 저항자들elderly hold-outs"을 버려두고 떠났다고 결론짓는다.

머스그레이브의 논증은 확실히 매력적이지만 내가 1.1에서 간략하게 주장한 대로 근본적인 문제를 지녔다. 플로지스톤 프로그램이 참신하고 성공적인 예측을 내놓지 못하게 된 후에 산소 프로그램이 내놓은 참신하고 성공적인 예측이 과연 있는가? 머스그레이브(201쪽)는 프리스틀리의 1783년 실험에서 물이 생성되었어야 한다는 라봐지에의 추론을 참신한 예측으로 꼽지만, 이는 유지되기 어려운 주장이다. 라봐지에의 분석은 사후에야 비로소 이루어졌다. 물론 논리적 관점에서는 프리스틀리가 원래 실험에서 관찰하지 못한 것을 라봐지에의 이론이 '예측'했다고 말할 수 있다. 그러나 머스그레이브도 인정하듯이, 캐븐디시의 이론도 똑같은 '예측'을 했다. 또한 라봐지에는 수소와 산소를 혼합하여 폭발시키는 실험에서 물이 생성될 것을 예측하지 못했다. 물의 조성에 관한 그의 가설 자체가 이 예상 밖의 결과를 설명하기 위한 사후 조정이었다. 라봐지에는 이 반응의 생성물이 산일 것이라고 예측했다. 왜냐하면 그가 보기에 산은 산소를 함유하기 때문이었다. 실제로 라봐지에는 산을 생산하려 했지만 실패했으며, 그 실험에서 물이 생성된 것을 (프리스틀리, 캐븐디시와 마찬가지로) 알아채지 못했다. 물의 조성에 관한 라봐지에의 설명은 참신한 예측으로서가 아니라 전형적인 사후 가설로서 태어났다. 그 설명은 '시간적 참신함temporal novelty'도 없었고 '사용적 참신함use-novelty'도 없었다. 그 실험의 결과가 곧바로 라봐지에의 가설 구성에 사용되었으니까 말이다.

라봐지에가 내놓은 성공적이며 참신한 예측이 과연 있었을까? 머스그레이브(203쪽)는 그런 예측 하나를 제시한다. "물은 산소를 함유하고 있으므로 느린 연소를 일으키고 수소를 산출할 것이다. 실제로 철 부스러기를 물속에 담가두면 녹이 슬고 수소가 수집되었다." 하지만 이것 역시 캐븐디시가 1784년에 내놓은 플로지스톤 이론으로부터도 도출할 수 있는 결과였다. 철이 자신의 플로지스톤을 물에게 주면, 과플로지스톤 물이 생성되어야 하며, 그것이 바로 수소다. 뜨거운 금속을 이용하여 수증기를 분해하는 라봐지에의 유명한 실험도 마찬가지다. 플로지스톤이 금속에서 물로 옮겨가면, 금속은 금속회로 바뀌고, 물은 가연성 공기(과플로지스톤 물)로 바뀌어야 한다. 산의 수용액 속에서 금속이 용해될 때 일어나는 일이 바로 그것이다. 요컨대 설령 이것들이 성공적이고 참신한 예측이었다 하더라도, 이것들은 플로지스톤 프로그램과 산소 프로그램이 공유한 예측이었으므로 그 양쪽 중 어느 하나를 선택할 이유가 되지 못했다. 한편, 1780년대와 그 이후에 산소 연구 프로그램은 뚜렷이 진보적이지 못한 면모들을 지니고 있었다. 앞서 언급한 대로, 라봐지에는 염산이 산소와 '염산 기muriatic radical'로 분해될 것이라고 자신 있게 예측했다. 라봐지에의 화학 원소 표(그림1.2)에는 염산 기 외에도 불산 기와 붕산 기가 등재되어 있는데, 이것들은 모두 존재하지 않는다. 이와 유사하게, 청산(시안화수소, HCN)과 황화수소(H_2S)가 산소를 함유하지 않았다는 문제에 대한 라봐지에주의자들의 대응도 진보적 결과를 낳지 못했다. 베르톨레가 중립적인 태도로 화약의 연소에 관하여 의문을 제기했을 때에도, 라봐지에는 성공적이며 참신한 예측을 동반하지 않은 임시방편적 가설들만 간신히 내놓았다. 또한 라봐지에주의자들은, 산소 기체뿐 아니라 염소 기체도 (그 밖의 다른 기체들과 달리) 연소를 가능케 한다는 발견 앞에서 상당히 반동적으로 반응했다. 따라서 진보성에 대한 러커토시의 기준을 채택한다면, 플로지스톤주의와 산소주의 중에 어느 쪽이 더 진보적인지에 대한 판정은 사실 매우 불명확하다고 나는 생각한다. 결론적으로 머스그레이브는 화학혁명의 1783년 이후 단계에 대한 합리적 재구성을 설득력 있게 제시하지 못한다.

내가 고찰하려는 셋째 사례는 앤드류 파일(2000)이다. 그는 단순성에 기반한 논증들 가운데 어쩌면 가장 세련된 논증을 제시한다. 녹슮에서 무게의 증가는 플로지스톤 이론에 대한 '결정적 반박'이 아니었음을 인정하는 것(109쪽)에서 벌써 파일의 논증의 정교함이 확연히 드러난다. 머스그레이브와 마찬가지로 파일은 1783년 즈음까지는 라봐지에의 이론의 전반적 우월성이 거의 없었음을 강조한다. 따라서 그때까지는 '개종자'가 거의 없었다는 점, 그리고 라봐지에 본인도 물의 조성에 관한 새로운 가설에 도달한 다음에야 공격적 캠페인에 착수했다는 점은 이해할 만하다. 그러나 1783년 이후 대다수의 화학자가 신속하게 산소 이론으로 개종한 이유에 대한 파일의 설명은 만족스럽지 않다. 한 가지 문제는 그가 전체 이야기에서 스스로 보기에 합리적인 부분들(예컨대 커원의 개종)만 선별하고 완고한 플로지스톤주의자들과 일부 형세 관망자들을 외면한다는 점이다. 그러나 파일의 사건 선별을 일단 받아들인다 하더라도, 그 선별된 사건들의 합리성에 관한 파일의 논증은 단순성에 관한 미묘한 논점에 의존한다는 점에서 상당히 위태롭다.

파일(2000, 108-109쪽)은 금속이 녹스는 과정에서 무게가 증

가하는 것을 설명하려면 금속이 플로지스톤을 잃으면서 다른 무언
가(이를테면 물이나 고정 공기)와 결합함을 인정해야 했다고 지당하게
지적한다. 하지만 산소 이론이 제공하는 더 단순하면서 유효한 이
야기가 있는데, 그런 복잡한 이야기들을 지어내고 고수할 이유가
있겠는가? 또한 파일은 1783년 이후의 주류 플로지스톤 이론은 혼
성적이었음을, 곧 산소의(그 이론 내부에서의 명칭은 '산소'가 아니었더라
도) 화학적 역할을 확실히 인정하면서도 플로지스톤의 존재를 고수
했음을 명확히 지적한다. 그런 다음에 이처럼 대단히 정교한 논의
의 한복판에서 파일(113쪽)은 갑자기 단순성에 관한 다음과 같은 단
순소박한 주장으로 추락한다.

> 1800년에 이르면, 과거의 플로지스톤 이론은 죽은 상태였고, 두
> 드러진 논쟁은 라봐지에 이론과 다양한 절충 이론들 사이에서 벌
> 어졌다. 그런 논쟁이 해결될 가능성이 있었을까? 이 대목에서 단
> 순성이 라봐지에를 두둔하는 요인으로 등장한다. 라봐지에의 연
> 소 이론은 연소를 네 개의 물질들이 아니라 세 개의 물질들을 통
> 해 기술한다는 점에서 절충 이론들보다 객관적으로 더 단순하다.

파일이 라봐지에의 이론에서 꼽는 세 개의 물질은 연료
combustible, 산소 기, 칼로릭일 것이다. 플로지스톤 진영에서는 이
물질들 외에 추가로 플로지스톤이 연소에 관여해야 했다는 것이 파
일의 취지일 텐데, 나는 그의 생각을 납득하기 어렵다. 왜 파일은
플로지스톤주의자들이 플로지스톤을 이용하여 열을 설명하는 대
신에 반드시 칼로릭을 필요로 했다고 생각하는 것일까?(이 문제에 대

해서 플로지스톤주의자들은 의견이 엇갈렸다.) 또 왜 파일은 라봐지에 역시 칼로릭뿐 아니라 '빛 물질'의 존재를 상정했다는 사실을 누락함으로써 그를 봐주는 것일까? 빛 물질은 라봐지에의 화학 원소 표에서 가장 먼저 등장하는 항목이다(그림1.2). 물질들의 개수를 어떻게 세냐에 따라서, 오히려 플로지스톤주의자들이 세 개의 물질을 동원하여 네 개의 물질을 동원한 라봐지에를 이겼다고 판정하는 것도 충분히 가능하다. 아무튼 이론이 물질들을 X개 상정하는지 아니면 X+1개 상정하는지에 기초하여 화학의 근본 이론을 선택하는 것은 옳지 않은 듯하다. 그런 선택에 앞서서 먼저 왜 이런 유형의 단순성이 그토록 중요한지에 관한 합당한 이야기가 필요할 것이다.

　　파일(114쪽)은 라봐지에를 두둔하기 위하여 역시 단순성에 기반을 두지만 약간 다른 논증을 추가로 제시하는데, 그 논증은 단순성 자체에 관한 것이라기보다 견해의 불변성과 균일성에 관한 것이다. 1.2.1.4에서 언급했듯이, 이 논증은 라봐지에 본인이 내놓아 수사학적 효과를 크게 거둔 한 주장과 관련이 있다. 플로지스톤은 필요에 따라 형태를 바꾸는 '진정한 프로테우스veritable Proteus'이며, 플로지스톤이 과연 무엇인지에 대해서 플로지스톤주의자들은 결코 합의할 수 없었다는 것이 그 주장이다. 얼핏 보면, 라봐지에 진영은 통일된 입장이었던 반면, 플로지스톤주의 진영은 내부에서조차 합의를 이뤄내지 못해 정말 형편없어 보인다. 그러나 더 신중하게 숙고해보면, 이것은 그리 중요한 논점이 아니다. 우리가 플로지스톤주의적 입장 **각각의** 합리성을 고찰하려 한다면, 이 논점은 무력해진다. (기독교 내부에 상충하는 종파들이 많이 있기 때문에, 기독교도들은 사이언톨로지에 합리적으로 설득되어 기독교를 버려야 할까?) 아무튼 플로지스톤주의 진영의 불변성 및 균일성 부족에 기반한 모든 판단은 반反플로지스톤주의 진영도 라봐지에가 바랐을 법한 만큼의 질서정연함을 갖추지 못했다는 점을 인정함으로써 완화될 필요가 있다. 우리가 이미 보았듯이, 라봐지에 본인도 자신의 일부 견해들을 계속해서 대폭 수정했다. 또한 나는 베르톨레 등이 산酸에 관한 라봐지에의 이론에 전적으로 동의하기를 꺼렸다는 점을 언급한 바 있다. 블랙과 리히텐베르크를 비롯한 주요 동조자들과 개종자들은 라봐지에의 새로운 화학물질 명명법nomenclature에 반대했다. 또한 칼로릭의 본성에 대해서도 산소주의자들 사이에 의견의 불일치가 있었다. 칼로릭이 빛과 동일한 물질인지 여부에 대해서, 칼로릭이 입자들로 이루어졌는지 여부에 대해서 산소주의자들은 의견이 엇갈렸다. 알칼리의 조성에 대해서는 플로지스톤주의 진영에 못지않게 산소주의 진영에서도 많은 불확실성과 변덕이 있었다. 무게 없는 물질들에 대해서는 양쪽 진영 모두에서 상당한 존재론적 불만과 망설임이 있었으며, 진영을 막론하고 많은 사람들은 '원소적 불' 등의 본성에 관한 나름의 생각을 선호하면서 칼로릭이나 플로지스톤을 사용하지 않았다. 이 분야의 전반적 유동성과 다양성을 인정하면, 플로지스톤 이론의 유동성과 다양성은 그리 심하게 느껴지지 않는다.

화학혁명의 합리성에 관한 나 자신의 견해는 이러하다. **실제로 일어난** 화학혁명은, 경쟁하는 시스템들 가운데 하나를 선택하는 것에 관한 조리 있는 토론이 대체로 있었다는 의미에서, 꽤 합리적인 사건이었다. 증거가 어느 쪽을 지지하는지는 명백하지 않았고, 따라서 반응은 엇갈렸는데, 이것 역시 꽤 합리적이다. 내가 주목하는 주요 비합리성은 일부 화학자들이 라봐지에에게 동조하기를 거부한 것에 있지 않고, 너무 많은 다른 화학자들이 라봐지에에게 기꺼이 동조한 것에 있다. 이 문제는 이어지는 1.3.2에서 논의될 것이다. 그렇게 명명할 근거가 사라진 뒤에도 '산소' 같은 용어들을 계속 유지한 것은 어쩌면 비합리적이었다. 돌이켜보며 라봐지에를 찬양한 후대 사람들은 비합리성을 심화했다. 물론 어떤 의미에서 그 찬양은 합리적이기도 했다. 그 찬양을 조장한 사람들의 (정치적) 목적에 유익했으니까 말이다.[83]

1.3.2 화학혁명에 대한 사회적 설명들

합리성에 매달리는 철학자들의 반대편에는 오로지 사회적 요인들을 통해서만 화학혁명을 제대로 설명할 수 있다고 주장하는 사람들이 있다. 당대 화학자들의 라봐지에 추종을 그렇게 이해관계에 기초하여 설명하는 접근법은, 협소한 파리 과학계의 정치판에 몰입된 사람들에게만 잘 맞으며 혁명이 발발한 이후에는 심지어 그들에 대해서도 설명력이 심각하게 떨어진다고 나는 생각한다. 머스그레이브(1976, 206-207쪽)는 화학혁명 시기에 과학자들이 내린 다양한 결정들을 설명할 때 흔히 거론되는 사회적 요인 세 가지를 효과적으로 반박한다. 그 요인들은 국적, 나이, 명명법이다. 머스그레이브의 논증은 너무 간략하기 때문에, 나는 다른 출처들에서 끌어온 견해를 일부 추가할 것이다.

내가 아는 한에서, 화학혁명에 대한 가장 꼼꼼하고 포괄적인

---

83 그 목적에 관한 논의는 Bensaude-Vincent(1983, 1996), Kim(2005) 참조.

사회학-문헌학적 연구는 길먼 매캔(1978, 117쪽)의 것이다. 그 연구의 결론에 따르면, 나이와 국적은 "패러다임 선택의 중요한 원인들**이었다.** 시간의 경과를 제외하면 그 원인들이 다른 어떤 변수보다더 중요했다". 매캔의 목표는 과학혁명에 관한 어떤 세부적인(쿤의이론과 유사한) 이론을 제시하고 검증하는 것이었으며, 나는 그가 이목표를 성공적으로 이뤄냈다고 생각한다. 그러나 이런 유형의 분석은 내가 지금 모색하는 유형의 설명을 산출할 수 없다. 비교적 늙은화학자들보다 젊은 화학자들이 라봐지에에게 동조할 개연성이 더높았다는 지적은 틀림없이 타당하다. 그러나 이 지적은, 전반적으로 늙은이보다 젊은이가 새로운 것을 더 쉽게 받아들인다는 시시한일반적 경향의 한 예로 볼 수 있다. 국적의 경우에는, 타국인들보다프랑스인들이 '프랑스 화학'을 받아들일 개연성이 더 높았다는 것은 너무 뻔한 말이다. 이 말은 새로운 화학이 애당초 프랑스 내부의싸움에서 승리한 이유를 설명하는 데 아무 도움이 되지 않는다. 화학혁명은 프랑스에서 시작되었지만, 다른 나라 각각의 맥락에 관해서도 흥미로운 이야깃거리가 틀림없이 있다. 특히 독일어권 국가들의 맥락에 관해서 그러한데, 칼 허프바우어(1982)는 그에 관한 상세하고 미묘한 이야기를 들려준다. 플로지스톤 이론의 창시자들은 독일인들인 베허와 슈탈이었다는 점, 따라서 독일에는 플로지스톤 이론에 대한 민족주의적 선호가 있었다는 점이 마땅히 지적되어야 한다. 화학혁명기 이전 세대에서 슈탈의 업적은 "독일 화학계가 집결하는 장소"로까지 구실했다(8-11쪽). 그러나 모든 독일 화학자가 독일 민족주의자였던 것은 아니다. '세계시민주의자'이거나 '친프랑스파'인 사람들에게 라봐지에 옹호는 정치적으로 유익했으며, 독일

화학계와 자신을 그리 강하게 동일시하지 않는 사람들에게 "라봐지에주의를 두둔하는 시류"는 꽤 매력적일 수 있었다(97쪽). 그리고 결국 새로운 화학의 채택이 독일 화학계의 신세대에게 필요조건으로 되면서 마침내 플로지스톤주의적 편향이 뒤집혔다(140-144쪽). 그러나 왜 독일에서 이 같은 새로운 화학을 향한 전향이 일어났는가 하는 질문 앞에서 허프바우어의 설명은 사회적인 것이 아니라 과학의 내용에 관한 것으로 보인다. 그에 따르면, 반전의 계기는 산화수은으로부터 산소가 생산되는 것을 둘러싼 논쟁이었고(8장, 특히 139쪽), 이에 대한 허프바우어의 설명은 딱히 사회학적인 구석이 없다.

　　왜 새로운 화학에 대한 옹호가 유행했는지를 사회적으로 설명하고자 한다면, 라봐지에와 그의 동료들이 가용한 온갖 제도적 수사학적 수단을 동원하여 벌인 매우 의식적이고 잘 조직된 캠페인을 주목하는 것이 최선이라고 나는 생각한다. 이 사안은 일반 사회의 정치적 조류에 관한 것이 아니라 학계의 정치academic politics에 관한 것이다. 새로운 화학적 명명법의 영향 등은 이 맥락에서 이해되어야 한다. 라봐지에의 캠페인은 확실히 인상적이고 효과적이었다. 이것은 내가 생각하기에 전체 이야기의 사회적-제도적 측면에 관한 가장 중요한 설명 인자이며 이차문헌에서 꽤 철저하게 다뤄졌다. 헨리 겔락(1975, 11장), 아서 도노번(1993, 7장), 모리스 크로슬랜드(1995)는 "새로운 화학" 혹은 "프랑스 화학"을 옹호하는 이 "캠페인", 심지어 "정치선전propaganda"(Crosland 1995, 116쪽)을 잘 조망한다. 캠페인의 핵심 요소들은 다양해서, 새로운 명명법, 권위 있는 새 교과서(《화학원론》), 새로운 저널(〈화학 연보Annales de chimie〉),[84] 대중 앞에서의 공개 실험(Guerlac 1975, 101-102쪽; Duveen 1954), 커원의 교과서를 비롯한 반론을 합심하여 파괴하기를 포함했다.

　　그러나 라봐지에주의 캠페인의 중요성을 지적하는 언급에 너무 휘둘리지 않는 것이 중요하다. 플로지스톤이 사망한 것이 단지 라봐지에 유행 때문이었다면, 라봐지에가 프랑스혁명에 휩쓸려 1794년에 처형된 후에는, 늦어도 그 처형에 이어 그를 중심으로 뭉쳤던, 규율이 잘 잡힌 프랑스 과학자 집단이 해체된 후에는, 플로지스톤이 부활할 수도 있었을 것이다. 또한 크로슬랜드(1995)가 자세히 서술하듯이, 라봐지에의 무자비한 캠페인은 개종자뿐 아니라 적도 만들어냈다. 이런 유형의 앙심은 라봐지에의 죽음과 정치적으로 무관하지 않을지도 모른다. 특히 장폴 마라의 과학 연구 시도를 라봐지에가 고압적으로 묵살한 것에 대하여 마라가 품은 원한이 라봐지에의 죽음에 영향을 미쳤을 가능성이 있다.[85] 그러나 실제로 플로지스톤이 복귀하여 강한 세력을 얻은 일은 결코 없었다. 앞서 거론한, 라봐지에주의에 반기를 든 신세대의 대다수는 플로지스톤주의자가 아니었다(그래서 나는 그들을 '반반플로지스톤주의자'라는 장난스럽지만 적확한 명칭으로 부른다). 플로지스톤을 죽인 것은 라봐지에와 그의 친구들일 수도 있다. 그러나 플로지스톤의 죽음을 존속시킨 더 큰 힘이 존재했다. 라봐지에 이후의 화학은 단호하게 합성주의적이었으며(1.2.3 참조), 그 경향이 플로지스톤의 복귀를 막았다. 결국 플로

84　〈화학 연보〉는 라봐지에와 동료들이 플로지스톤주의적인 들라메테리의 〈물리학 저널〉에 맞서기 위해 창간했다. 관련 정보를 가장 풍부하게 담은 문헌은 Crosland(1994)다. 또한 Court(1972) 참조.

85　Donovan(1993)과 Poirier(1996)는 마라의 역할을 잘 설명한다.

지스톤은 합성주의와 더 잘 어울리는 항목들로, (보존되는) 에너지와 (무게가 있지만 아주 조금만 있는) 전자 등으로 변신하여 복귀했다.

1.3.3 비정합성

나는 1.2에서 비정합성incommensurability(흔히 '공약 불가능성' 또는 '통약 불가능성'으로 번역하는 용어지만 저자의 뜻에 따라 '비정합성'으로 번역함 – 옮긴이)에 관하여 다양한 이야기를 했다. 비정합성에 대한 나의 생각은 다른 글(Chang 2012b)에서 더 체계적으로 펼쳤으므로 여기에서는 간략한 요약만 제시하고자 한다. 화학혁명은 쿤이《과학혁명의 구조》에서 거듭 언급한 전형적인 과학혁명의 사례들 중 하나다. 물론 쿤은 화학혁명을 별도로 깊이 있게 연구하지는 않았지만 말이다.《과학혁명의 구조》속의 거의 모든 중요한 순간에 화학혁명이 사례로 등장한다. 예컨대 "산소를 발견한 이후, 라봐지에는 다른 세계에서 연구했다"(Kuhn 1970, 118쪽)라고 쿤은 말한다. 그리하여 쿤의 과학혁명 개념에 우호적인 사람들은 화학혁명을 비정합성이란 무엇인가를 보여주는 주요 사례로 이해해왔다. 폴 호이닝엔휘네(2008, 101쪽, 104쪽)는 화학혁명이 쿤의 과학혁명 모형과 얼마나 잘 일치하는지 상세히 보여주면서, 실제로 화학혁명이 과학혁명에 대한 쿤의 견해가 형성되는 데 결정적으로 기여했기 때문에 그런 일치가 성립한다는 주장으로까지 나아간다. 그럼에도 화학혁명에 관한 다른 많은 서술들에서 비정합성은 핵심 요소로 등장하지 않으며, 일부 저자들은 화학혁명에서의 비정합성을 명시적으로 부정한다. 나는 앞선 논의에서 내가 화학혁명을 매우 실재적인 비정합성의 사례로서 충실하게 서술했기를 바란다.

비정합성에 대한 나의 견해는 호이닝엔휘네와 하워드 생키 (2001, ix‒xv쪽)가 명확히 제시한 **의미론적** 비정합성과 **방법론적** 비정합성의 구분에 기초를 둔다. 그들은 그 구분을 다음과 같이 설명한다.

> 의미론적 비정합성 논제는 이론에 쓰인 용어들의 의미가 이론적 맥락에 따라 달라진다는 쿤과 파이어아벤트의 주장에서 도출된다.

> 방법론적 비정합성 논제에 따르면, 과학 이론 평가의 공통된 객관적 방법론적 기준은 존재하지 않는다. 이론 평가의 기준은 패러다임에 따라 달라진다. 경쟁하는 이론들의 비교 평가에 적용할 만한 외적인 혹은 중립적인 기준은 존재하지 않는다.[86]

내가 생각하기에 화학혁명에서 의미론적 비정합성은 미미한 수준이었지만 방법론적 비정합성은 중대했다.

우선 의미론적 비정합성부터 살펴보자. 작업적operational 수준과 현상적 수준에서 보면, 양쪽 진영이 실험과 관찰을 서술하면서 서로 명확하게 소통할 필요가 있을 때 공통으로 의지할 수 있는

---

[86] 호이닝엔휘네와 생키는 파이어아벤트가 이 방법론적 논제에 동의했지만 이를 비정합성으로 분류하지 않았으며, 비정합성이라는 용어는 의미론적 논제에만 사용했다고 밝힌다. 또한 그들은 쿤의 비정합성 개념의 "지각적 perceptual" 차원을 언급하는데(ix 쪽), 그 차원을 상세히 논하지는 않는다.

충분히 이론 중립적인 용어들이 거의 모든 경우에 존재했다. 물론
예외도 있었다. 이를테면 프리스틀리는 '가연성 공기'라는 용어로
수소뿐 아니라 때로는 일산화탄소도 지칭했던 것으로 보인다. 일산
화탄소의 정체는 1800년경에야 확증되었다. 그러나 이 사례에서도
필요할 경우 '가벼운 가연성 공기'와 '무거운 가연성 공기를' 구분
하는 데 어려움이 없었다. 이론적 수준에서는 의미론적 비정합성이
어느 정도 존재했다. 왜냐하면 플로지스톤 이론과 산소 이론을 오
가는 단순소박한 직접 번역은 성공할 수 없으니까 말이다(예컨대 '플
로지스톤'을 산소주의적 용어 하나로 번역할 길은 없다). 그러나 플로지스
톤 함량과 산소 친화성 사이의 대응에 기초하여 중요한 공통 유사
성-관계들과 유사성-분류들을 지목할 수 있다. 비록 일부 예외와
해석적 모호성이 존재하기는 하지만 말이다. 전반적으로 볼 때, 의
미 있고 합리적인 토론을 막을 만한, 의미론적 비정합성으로 인한
중대한 소통 실패는 없었다.

　　내가 보기에 화학혁명을 충분한 이유 없이 패러다임 선택이
이루어진 진정한 사례로 만드는 것은 비정합성의 방법론적 차원이
다. 이 차원은 문제 영역(1.2.2.1), 인식적 가치들(1.2.2.2 또한 1.2.2.3),
그리고 실천에 기초한 형이상학이라고 할 만한 것(1.2.3.2)을 포함하
는데, 나는 이것들은 이미 논한 바 있다. 쿤은 실천에 기초한 형이
상학을 명시적으로 논하지 않았지만, 내가 생각하기에 나의 논의는
쿤이 말년에 품었던 비정합성 개념에 대한 제드 북월드(1992)의 설
명과 유사하다. 북월드는 과학 실험기구들이 분류의 틀을 만들어낸
다고 생각했다. 화학혁명은 흔히 나타나는 과학의 발전 경향을 생
생히 보여주는 사례가 아닌가 하고 나는 생각한다. 방법론적 비정

합성은 널리 퍼져 있다. 그리고 과학적 발전의 과정에서 방법론적 비정합성의 존재는 많은 흥미로운 철학적 쟁점들을 유발한다.

1.3.4 요소주의와 합성주의 사이에서

1.2.3.2에서 나는 플로지스톤주의 시스템과 산소주의 시스템이 각각 요소주의principlism와 합성주의compositionism에 뿌리를 둔다는 견해를 밝혔다. 그러나 그 견해는 너무 단순하므로, 여기에서 더 정교한 견해를 제시하고자 한다. 라봐지에의 사상이 전적으로 합성주의적이었던 것도 아니고, 플로지스톤주의 시스템이 전적으로 요소주의적이었던 것도 아니다.

라봐지에는 합성주의 혁명의 전령이었지만 산 이론에서만큼은 요소주의에 흠뻑 젖어 있었다. 그는 산소를 산성의 요소principle of acidity로 간주했다. 이 생각은 그의 신조어 '산소'의 기반이 될 정도로 충분히 확고했다. 많은 역사학자들이 이 사실을 지적했다. 예컨대 브록(1992, 112-113쪽)은 라봐지에의 산에 관한 산소 이론은 다름 아니라 슈탈이 품었던, 황산은 '보편 산universal acid' 혹은 산성의 요소라는 생각의 직계 후손이었다는 아이러니를 설명한다. 슈탈보다 후대에 베리만 등이 고정 공기(이산화탄소)를 보편 산으로 제안했으며, 어떤 의미에서 라봐지에는 고정 공기 속의 산소가 고정 공기를 산성으로 만든다는 설명을 추가함으로써 한걸음 더 깊이 들어갔을 따름이다. 베르톨레는 이 사고방식에 내재하는 요소주의에 반대했다. 또한 라봐지에의 칼로릭은 물질에 유동성과 탄성을 주는 또 다른 요소였다고 볼 수 있다. 칼턴 페린(1973, 97-101쪽)은 이 논점을 더 파고들어, 라봐지에의 화학 원소 표에 등재된 처음 다섯 개의 원소들simple substances(빛, 칼로릭, 산소, 질소, 수소; 그림1.2 참조)은 모두 요소였다고 상당히 설득력 있게 주장한다. "첫 소집단에 속한 구성원들의 고유한 특징은 그것들 각각이 라봐지에의 화학에서 핵심 요소라는 점으로 보인다. 즉, 그것들 각각은 중요한 일반 속성들을 전달해주는 무언가다."[87] 이 사실은 접미사 '-gène'에서도 드러나며, 실제로 라봐지에주의자들은 질소azote를 '알칼리젠 alcaligène'으로 명명하는 것을 고려했다. 라봐지에는 이 첫 소집단을 '원소들elements'로 칭하기도 하고 '요소들principles'로 칭하기도 한다. 어쩌면 이 이중 명칭은 요소주의와 합성주의 사이에 어정쩡하게 낀 그의 혼란스러운 입장을 반영할 것이다. 세월이 흐르면서, 라봐지에주의 시스템의 요소주의적 면모들은 점차 제거되었다.

　　한편, 플로지스톤주의 시스템과 합성주의 사이의 관계는 흥미롭게 애매했다. 플로지스톤이 가연성과 금속성을 물질들에 준다는 생각 자체는 물론 요소주의에 뿌리를 둔 것이었지만, 플로지스톤의 실재성에 대한 가장 설득력 있는 증명들 중 일부는 합성주의의 전형적 활동인 분해 및 재합성의 형태로 이루어졌다. 황이 황산과 플로지스톤의 화합물임을 보여주는 슈탈의 실험이 이미 그러했고, 금속이 금속회와 플로지스톤으로 이루어졌음을 보여주는 캐븐디시와 프리스틀리의 인상적인 실험도 그러했다. 이 실험들은 합성주의가 득세하는 일반적 분위기 속에서 플로지스톤주의 진영이 내

87　시그프리드(1982, 37쪽)는 이 소집단을 라봐지에의 "분류학적 쓰레기통 taxonomic garbage"이라고 불렀다!

놓을 수 있는 가장 설득력 있는 증거로 간주될 만했다. 이런 식으로 플로지스톤이 합성주의적으로 변질되는 모습은 친화성affinity 화학의 발전에서도 관찰된다. 플로지스톤이 친화성 표에 포함되는 것은 이례적이지 않았으며, 이는 플로지스톤이 합성주의적 연구 활동에서 사용됨을 의미했다. 요소들은 평범한 물질적 블록과 유사해질수록 요소로서 제대로 기능하기는 더 어려워졌다.

왜 플로지스톤주의자들은 합성주의로 완전히 전향할 유혹을 느끼지 않았는가, 하는 의문이 드는 독자도 어쩌면 있을 것이다. 그 전향의 첫걸음은 라봐지에와 라플라스가 열량계를 써서 칼로릭을 정량화한 것과 똑같은 방식으로 플로지스톤을 정량화하는 것이었을 테다. 실제로 프리스틀리는 기체의 과플로지스톤화 정도를 측정하기 위하여 '질식 공기 검사nitrous air test'를 사용함으로써 그와 매우 유사한 활동을 했다. 더 나아가 이런 의문도 들 수 있을 것이다. 요소가 물질적인 놈이라면, 요소와 또 다른 물질의 결합은 대체 왜 합성주의자들이 상상하는 것처럼 지위가 동등한 두 물질의 단순한 결합이 아니란 말인가? 형상과 물질에 관한 고대의 형이상학에 더는 뿌리박지 않은 일부 요소주의자들은 이런 준準합성주의적 사고방식으로 쉽게 옮겨가서 '요소'라는 용어를 '원소element'와 거의 동의어로 사용했다. 다름 아니라 라봐지에 본인이 그런 일탈한 요소주의자였다고 할 수도 있을 것이다.

내가 보기에 플로지스톤 시스템이 맞은 종말의 핵심에는 이런 내적인 부조화가 있었다. 화학혁명은 플로지스톤주의 시스템이 합성주의적으로 변질한 끝에 내적으로 붕괴한 사건이었다고 할 수도 있다.

    몇몇 실험에서 특정 화학물질들은 그것으로부터 형성되는 모든 화합물에 어떤 고유한 속성들을 주는 것으로 보였고 그런 의미에서 다른 물질들을 지배하는 것으로 보였다. 그런 실험들은 요소주의자들이 완전히 합성주의로 전향하는 것을 막는 경향이 있었다. 요컨대 속성의 수준에서는 요소들과 기타 물질들 사이의 비대칭성이 관찰되었다. 물론 이 비대칭성은 요소들이 다른 물질들과는 본질적으로 다른 유형의 물질들이라는 것을 꼭 의미하지는 않는다는 깨달음이 뒤를 이었지만 말이다. 특히 실험에서 어떤 물질을 효과적인 도구로 사용할 수 있을 경우(예컨대 금속 환원 실험에서 숯에 포함된 플로지스톤이 그러했다), 그 물질이 요소로 간주되곤 했다. 이런 맥락에서 플로지스톤은 계속해서 (넓은 의미의) 가연성을 주는 요소로 간주되었다. 이런 실험적 실천을 감안하면, 라봐지에가 요소주의를 단박에 버리지 않고 꾸물거린 것을 이해할 수 있다. 산소와 관련해서 그는 물질들을 태움으로써 산성을 띠게 만드는 것을 매우 인상적으로 경험했다. 칼로릭과 관련해서는, 열을 가하여 고체를 액체로, 액체를 기체로 변환하는 것에서 똑같은 작업적 확신을 얻었다.

    요소주의와 합성주의를 가르는 경계선이 흐릿해지는 것을 친화성 화학의 발전에서도 볼 수 있다. 친화성 화학은 화학혁명보다 훨씬 더 전에 시작되었고 훨씬 더 나중까지 존속했다(Kim 2003과 Taylor 2006은 각각 프랑스와 영국의 친화성 이론에 관한 최고의 연구다). 친화성은 요소주의 전통과 합성주의 전통 모두와 양립할 수 있었고 실제로 양쪽 전통 모두에 수용되었다. 우르술라 클라인(1994)이 보여주듯이, 에티엔프랑수아 조프루아(1672~1731)의 시대에 친화성의 개념이 기원한 것은 합성주의의 탄생과 깊은 관련이 있는 것으로 보인다. 그러나 앞서 언급한 대로, 플로지스톤이 친화성 표에 포함되는 것은 이례적인 일이 아니었다. 무게는 원래 친화성 화학에서 그리 중시되지 않았다. 친화성의 지배를 받는 물질들의 대다수에 무게를 부여하는 데 전혀 문제가 없었는데도 말이다. 라봐지에와 커원은 친화성에 관하여 서로 기꺼이 토론할 수 있었고, 베르톨레는 본격적인 친화성 이론을 라봐지에주의 프로그램에 접목했다. 비록 라봐지에 이후의 주류 화학은 친화성 없는 합성주의로 이행했지만 말이다. 김미경(2005)은 이를 정확히 지적하면서 프랑스 화학의 내부에서 갈등을 일으킨 '정량화학적 원자론stoichiometric atomism'으로 규정한다.

1.3.5 반사실적 역사

이 장에서 나는 반사실적 역사를 많이 다뤘다. 특히 1.2.4가 그러했다. 충분히 납득할 만하게도 많은 역사학자들은 반사실적 사고思考를 경계하고, 그런 사고는 실제 증거에 기초하지 않으므로 타당성이 없으며 명확히 정해진 목적에 기여하지 않으므로 무의미하다고 염려한다. 반사실적인 것들은 소설가에게는 흥미로운 영역일지 몰라도 역사학자들이 진지하게 다뤄야 할 주제는 아니라고 그들은 말한다. 이런 회의론에 맞서서 그렉 래딕과 공동저자들은 근래 〈아이시스Isis〉의 '포커스' 섹션으로 나온 논문집에서 '반사실적 추론과 과학사학자'에 관한 가치 있는 고찰들을 다양하게 제시함으로써 소중한 공헌을 했다. 래딕(2008, 547쪽)은 이렇게 말한다. "[과학사학자들이] 과학적 과거의 연대기를 작성하는 것 이상의 작업을 시도할 때마다—과학적 과거의 모양을 설명하고 중요성을 평가하고 이해하기 어려운 점들을 설명하려 할 때마다—그들은 일어날 수도 있었던 일이나 일어나지 않을 수도 있었던 일에 관하여 주장하고 있는 것이다." 개인적으로 나는 세 가지 구체적인 이유 때문에 반사실적 역사를 연구하는데, 그 이유들은 1.2.4의 논의에서 암묵적으로 제시되었다. 여기에서 그것들을 더 체계적이고 명확하게 밝히려 한다.

　　첫째 이유는 인과론적 주장들을 뒷받침하는 것이다. 나는 반사실적 추론이 역사에 대한 인과론적 이해에 도움이 된다는 제프리 호손(1991)의 주장에 동의한다. "X가 Y를 일으켰다"라고 주장하는 사람은 "만약에 X가 없었다면, Y는 일어나지 않았을 것이다"라는 취지의(대개는 이런 확정적 진술보다 더 약한 형태의) 반사실적 진술을 하는 셈이다. 이것은 인과관계를 다루는 철학자들 사이에서 상식이다. 물론 가장 완강한 흄Hume주의자들은 예외지만 말이다. 주장하는 사람이 처한 특수한 상황과 채택한 특수한 인과 이론에 따라서, 해당 반사실적 진술은 약간 다를 수도 있다. 예컨대 우리는 "만약에 내가 X를 Xc로 바꿀 수 있었다면, Y는 Yc가 되었을 것이다" 혹은 "만약에 X가 없었다 하더라도, Y는 여전히 일어났을 것이다. 왜냐하면 상황이 충분히 결정되어 있었으므로 Z가 Y를 일으켰을 것이기 때문이다"라고 주장할 수도 있다. 하지만 요점은 이것이다. 한낱 상관성을 넘어선 인과관계에 관한 이야기는 모종의 반사실적 진술들도 수용할 용의가 있어야만 말이 된다.

　　이 장의 논의에 대해서 말하면, 나는 플로지스톤의 요절이 과학의 발전을 지체시켰다고 주장하고 싶었다. 이런 인과론적 주장을 어떻게 뒷받침해야 할까? 가장 만족스러운 방법은 우리가 역사적 상황에 직접 개입하여 인과적으로 유효할 성싶은 변수들을 바꾸면 어떤 일이 벌어지는지 보는 것이겠지만, 과거에 개입하는 것은 원칙적으로 불가능하다. 차선책은 핵심 변수들이 자연스럽게 바뀐 대조적 상황들에서 수집한 실제 사실들을 비교함으로써 개입을 시뮬레이션하는 것일 터이다. 만일 많은 독립적 주체들이 유사한 활동에 종사했다면(이를테면 다양한 시대에 다양한 국가들이 경제 발전을 위해 애쓴 것처럼), 그런 비교 연구를 신뢰할 만하게 수행할 수 있다. 그러나 과학사에서는 그런 연구를 하기가 대체로 더 어렵다. 화학혁명은 딱 한 번뿐이었다. 화학혁명이 여러 번 있었으며 그중 일부에서는 플로지스톤이 신속하게 사라졌고 다른 일부에서는 더 오래 존속했다면 좋겠지만, 실제 역사는 그렇지 않았다. 이런 상황에서 연구자는 인과관계에 관한 진술을 아예 포기하든지, 아니면 **반사실적** 비교 상황들에 의지해볼 수 있다. 그렇게 우리는 상상 속에서 상황에 개입하여 그런 상황에서 어떤 일이 벌어질지를 추론해본다. 만약에 프리스틀리가 교활하고 카리스마적인 인물이었고 영국에 남아서 지속적인 플로지스톤 화학의 전통을 육성했다면 어떻게 되었을까? 그랬다면 화학이 어떻게 발전했을까? 등등의 질문을 제기할 수 있다.

　　일부 사람들은 이러한 추론을 이어가기 위한 기반이 없다며 반발할 텐데, 실제로 이것은 사고실험에 몰두하는 물리학자가 직면하는 것과 동일한 유형의 문제다. 마찰 없는 경사면에서 물체를 아래로 미끄러뜨리는 것처럼 온건한 사고실험이든, 광속으로 이동하면서 빛 파동을 관찰하는 것에 관한 젊은 아인슈타인의 사고처럼

터무니없는 사고실험이든 간에, 사고실험을 하는 물리학자는 우리
와 똑같은 유형의 문제에 부딪힌다. 이런 유형의 사고를 통해 이뤄
낼 수 있는 최소의 성과는 우리의 암묵적 전제들을 명료화하는 것
이다. 그리고 우리의 반사실적 추론을 우리가 경험적으로 아는 바
를 적절히 확장하는 일로 간주할 수 있다면, 그 추론은 인과론적 주
장을 합법적으로 지탱하는 버팀목으로 사용될 수 있다고 나는 생각
한다. 예컨대 19세기 과학자들이 금속은 플로지스톤으로 가득 차
있다고 생각했다면 가용한 다양한 수단(이를테면 열, 자외선)으로 그
플로지스톤을 추출하려 애썼을 것이라고 내가 말할 때, 나의 사고
는 이러한 반사실적 추론의 범주에 든다고 희망해본다. 나의 사고
는 호기심 많은 과학자들이 수백 년에 걸쳐 행동해온 방식을 일반
화한 것일 따름이다. 그렇다면 이 반사실적 추론은 플로지스톤의
죽음이 과학적 발전을 지체시켰다는 인과론적 주장을 뒷받침할 수
있다.

　　반사실적 추론의 둘째 목적은 내가 1.2를 마무리하면서 말
한 대로 우리의 상상력을 해방시키는 것이다. 우리의 생각은 우리
가 아는 바와 우리가 가능성의 한계라고 생각하는 바에 의해 제한
되는 경향이 있다. 적당량의 반사실적 추론은 다양한 방식으로 우
리의 사고를 개방시켜주는 이점이 있다. 과학철학자가 행복한 반사
실적 상황을 상상하는 능력을 보유한다면, 그 능력은 과학의 실제
과거와 현재를 찬양하는 한없이 낙관적인 경향을 완화하는 유용한
해독제일 것이다. 그런 찬양은 국외 여행을 한 번도 안 해본 사람이
자국을 세계에서 가능한 최고의 장소로 확신하는 것과 유사하다.
반사실적 상상은 우리의 규범적 자기만족을 깨뜨리고 과학의 실제

발전에 대한 더 철저하고 면밀한 평가를 우리에게 강제할 수 있다. 이런 유형의 혜택이 1.2.1에서 펼친 나의 논의에서 나타나기를 바란다. 역사학자에게도 반사실적 사고는 수정주의적 연구의 보조수단으로 유용할 수 있다. 역사학적 관찰과 데이터 수집은 과학적 관찰 및 데이터 수집과 마찬가지로 이론에 준거한 활동이다. 과거에 과학이 실제로 수행된 방식 외에는 좋은 과학을 수행할 다른 방식이 있을 수 없었다고 생각하면 우리의 시각은 제한되며, 그렇기 때문에 우리가 놓치는 것들이 있을 것이다. 반사실적 상상력을 조금 더 발휘하면 기존에 포착하지 못한 과거 과학의 값지고 흥미로운 측면들을 더 쉽게 발견할 수도 있을 것이다. 나는 1.2.2가 이런 혜택을 보여주었기를 바란다.

　　마지막으로 나의 사고 일반에서 중요하지만 지금까지의 논의에서 강조되지 않은 반사실적 역사의 또 다른 목적이 있다. 궁극적으로 나는 실제 역사가 선택하지 않은 경로들을 단지 상상하는 것이 아니라 **따라가보는 것**에 관심이 있다. 래딕(2008)은 내 연구의 정신과 스티브 풀러(2008a)의 반사실적 역사로의 능동적 시간여행 사이의 유사성을 지적하는데, 그 지적은 특히 이런 의미에서 옳다.[88] 물론 우리가 과거를 바꿀 수는 없지만(니콜 오렘을 설득하기 위한

---

[88]　풀러가 〈아이시스〉 논문에서 전개한 논의도 전통적 요소 하나를 포함하고 있음을 지적하지 않을 수 없다. 즉, 그는 현재를 보는 '유일무이한the' 관점과 과거를 보는 '유일무이한' 관점 따위가 있다고 전제한다. 그러나 나는 그가 더 다원주의적인 시각에 반대하지 않으리라고 상상한다. 그런 시각은 풀러가 그 논문에서 제시하는 논점들을 변경시키지 않을 테니까 말이다.

풀러의 시간여행은 상상으로 그칠 수밖에 없다), 우리는 우리의 실제 현재
에서 과거에 상실된 기회들을 되찾기 위해서 무언가 할 수 있다.

　　5장의 5.3.4에서 추가로 설명하겠지만, 이 방향에서 나의
주요 목표는 더 많고 우수한 과학 지식을 실제로 얻는 것이며, 바
로 이것이 나의 '상보적 과학' 프로그램의 가장 야심적인 부분이다
(Chang 2004, 특히 6장). 과거에 실제로 선택되지 않은 가능한 발전
경로를 살려내야 할지, 또 어떻게 살려낼지에 대해서 어느 정도 감
을 잡으려면, 우선 만약에 그 경로가 선택되었더라면 **어떻게 되었**
을지 상상해볼 필요가 있다. 이런 맥락에서 반사실적 역사는 더 능
동적인 단계를 위한 예비 작업, 타당성 조사, 심지어 행동 계획으로
기능한다. 반사실적 추론은 선택되지 않은 경로들을 상상으로 따라
가면서 어떤 길이 뚫어볼 가치가 있을 만큼 유망한지 판단하는 정
찰 작업으로 구실할 수 있다. 여러 이유 때문에 이 책은 상보적 과
학의 마지막 능동적 단계에 진입하지 못하며, 지금까지의 논의에서
나는 대체로 안락의자에 앉아 키보드나 두드리는 철학으로 만족해
야 했다. 상보적 과학에서 나의 다음번 주요 프로젝트는 전지battery
에 대한 이해를 다룰 텐데, 거기에서는 그 능동적 단계를 본격적으
로 시도할 것이다. 그 단계의 첫걸음들은 다른 글(Chang 2011c)에
서술되어 있으며, 어느 정도의 귀띔은 이 책의 2장에서도 제공된다.
다른 한편, 물의 끓는점의 비정상적 변이와 관련하여 내가 수동적
으로 행한 온도계의 철학적 역사에 대한 연구(Chang 2004, 1장)는 곧
바로 실험실에서의 능동적 연구로 이어졌다(Chang 2007b, 또한 요약
은 Chang 2011c).

　　다시 플로지스톤으로 돌아가자. 나의 수동적인 역사적 판단

은, 플로지스톤을 죽여 없앨 설득력 있는 이유가 존재하지 않았다는 것이다. 능동적인 다음 단계의 출발점은 이런 질문이다. 그렇다면 우리는 플로지스톤을 되살려야 할까? 이 대목에서 서로 다른 두 가지 논점이 우리 앞에 놓여 있음을 명심해야 한다. 200년 전에 플로지스톤이 죽임당하지 말아야 했다는 나의 말은 일차적으로 실제 역사에 관한 판단이다. 내가 생각하기에 플로지스톤주의 시스템은 이미 많은 것을 성취한 상태였으며 종말의 순간까지도 값진 역할을 하고 있었다. 그 판단 자체는, 플로지스톤 시스템이 존속했더라면 계속해서 유용한 기여를 했을지 여부와 어떻게 그렇게 했을지에 대해서는 아무 이야기도 하지 않는다. 이런 반사실적 주제에 대해서 내가 확고한 긍정적 느낌을 품고 있지 않다면, 플로지스톤을 되살리는 돈키호테적 사업에 착수하는 것은 말도 안 되는 이야기였으리라. 그러므로 내가 반사실적 역사에 뛰어들어, 플로지스톤이 사실상 사망한 후 두 세기 동안 이어진 과학사의 다양한 시점에서 플로지스톤이 존재했다면 얻어졌을 가상의 혜택들을 탐구하는 것이 중요했다.

나의 반사실적 역사 연구의 결과들은 1.2.4에서 보고되었다. 반사실적 연구의 첫 성과들은 고무적이었고, 나는 플로지스톤의 팔팔한 생존이 화학과 물리학의 발전을 가속시켰으리라는 것을 상당히 확신하게 되었다. 그러나 역사 연구를 계속하다보니 또한 나는 플로지스톤을 되살리는 작업이 실제로 여러 학자들에 의해 이미 이루어졌음을 알고 놀라면서 기뻐했다. 비교적 괴짜에 가까운 사람들이—19세기 초반의 데이비부터 20세기 후반의 올친까지—다양한 과학적 목적으로 플로지스톤을 다시 사용하려고 시도한 사례들만 있는 것이 아니다. 더 중요한 것은 플로지스톤 개념의 일부 중요한 측면들이 실제로 되살아났다는 점, 다른 이름들로 되살아나서, 힘겹게 19세기를 헤쳐가는 라봐지에주의-합성주의 화학의 결함을 보완하는 데 기여했다는 점이다. 오들링 등이 플로지스톤을 화학적 퍼텐셜에너지의 전신으로 보았을 때, 루이스가 플로지스톤을 전자의 전신으로 보았을 때, 그들의 행동은 설령 휘그주의적이었을지 몰라도 틀림없이 무의미하지 않았다. 그리고 그들의 통찰에서, 왜 나는 플로지스톤을 현대 화학에 복귀시키려는 시도를 할 생각이 없는가 하는 질문의 답을 충분히 얻을 수 있다. 플로지스톤은 이미 우리 곁에 있다!

IS WATER H2O?

2장

전기분해

혼란의 더미와 양극의 당김

EVIDENCE,
REALISM,
AND
PLURALISM

화학혁명 시기에 제시된 물의 본성에 관한 논증들을 어떻게 평가하든 간에(1장), (1800년에 최초로 실행된) 물의 전기분해는 물이 화합물이라는 결정적 증거로 받아들여졌어야 한다는 느낌이 들 만하다. 그러나 전기분해는 중대한 수수께끼를 동반했다. 전기의 작용으로 물 입자 각각이 산소 입자와 수소 입자로 분해되는 것이라면, 거시적인 거리만큼 서로 떨어진 두 개의 전극에서 각각 산소 기체와 수소 기체가 발생하는 것은 어찌된 일일까? 이 거리 문제는 물의 전기분해를 라봐지에주의 화학을 입증하는 증거가 아니라 심각하게 벗어난 이상 사례로 바꿔놓았다. 리터와 그의 추종자들은 전기분해가 실은 한 쌍의 합성이라고, 원소인 물이 양전기 및 음전기와 결합하여 산소와 수소가 형성되는 것이라고 주장했다. 이 견해는 라봐지에 이후 화학자들 중 다수에게 무시당했지만 당대에는 결코 최종적으로 반박되지 않았다. 리터와 맞선 사람들은 거리 문제에 대하여 수많은 해결책을 제안했지만 어떤 것도 완벽한 설득력을 갖추지 못했다. 현대적인 이온 이론은 19세기가 끝날 무렵에야 등장했으므로, 거의 한 세기 동안 전기화학은 아주 기초적인 질문들에 대한 합의된 대답 없이 진행되었던 것이다. 그럼에도 전기화학은 괄목할 만한 진보를 이뤄냈다. 그 분야의 실험적 실천은 합의된 근본 이론에 의지하지 않고서 안정화되고 표준화되었다. 이론적 영역에서는 다원주의적 진보가 일어났다. 경쟁하는 여러 시스템들이 생산적으로 상호작용하면서 제각각 특유의 공헌을 했다.

2.1 전기분해와 그 불만

화학혁명은 물이 화합물이라는 명백한 증명을 내놓지 못했다. 적어도 내가 1장에서 제시한 설명에 따르면 그러하다. 그러나 라봐지에가 죽고 6년 뒤인 1800년에 새로 등장한 경이로운 실험기구는 물을 더 깔끔하게 분해함으로써 그 증명을 더 잘 해내리라는 기대를 불러일으켰다. 그것은 파비아 대학교의 물리학교수 알레산드로 볼타(1745~1827)가 발명한 그 유명한 '파일pile'(곧 전지, 영어로 '배터리battery[1]')이었다.

볼타는 이미 여러 중요한 실험기구들을 발명한 것으로 유명한 전기 연구자였다. 그림2.1에서 보듯이, 볼타의 새로운 장치는 말 그대로 금속판 쌍들을 쌓은 더미pile였다. 볼타의 원조 장치에서 쌍을 이룬 금속은 아연(그림에서 Z)과 은(A)이었지만, 거의 모든 금속 쌍들을 사용할 수 있었다. 그런 금속 쌍들을, 어떤 용액에 흠뻑 적신 물질(판지, 가죽 등)의 층을 사이사이에 끼우면서 쌓아올려 더미로 만들었는데, 그냥 물에 적셔도 되었지만 소금물에 적시는 쪽이 훨씬 더 나았다(Volta 1800, 404쪽, 406쪽).

---

1 정확히 말하면, 더 나중에 등장한 어법에서의 'battery'. 원래 이 단어는 정전기를 모아두기 위한 저장용 단지들의 배열을 가리켰다. 볼타의 발명 이후, 전기를 생산하는 전지들의 집단을 가리키는 용어로 '갈바닉 배터리galvanic battery'가 사용되었다. 세월이 흐르면서 'battery'는 단일한 전지도 가리키게 되었다. 원조 논문에서 볼타(1800, 420쪽)는 자신의 실험기구를 '전기 구동기appareil électro-moteur'로 부르자고 매우 합당하게 제안했다. 그러나 이 명칭은 호응을 얻지 못했다.

그림2.1 볼타 전지

　　그렇게 만든 더미의 꼭대기와 바닥을 도체(이를테면 사람의
몸)로 연결하면, 다양한 현상들이 발생했다. 위 그림 속 장치에서 사
람이 한 손을 더미의 바닥과 연결된 물 대야에 담그고 다른 손을 더
미의 꼭대기에 대면 전기 충격을 받을 수 있었다. 금속 쌍 20개로
이루어진 더미를 가지고 이 실험을 한 볼타는 "손가락 전체에 상당
한 통증을 유발하는 충격"을 받았다(407-408쪽). 아무 도체나 사용
하여 그 두 끄트머리(전지의 '양쪽 극')를 연결하면, 전류가 그 도체
를 통과하며 흘렀다. 전지에서 나온 전선들을 피부에 대는 실험을
한 볼타는 통증과 전율을 느꼈다고 보고했다. 그것들은 회로가 닫

혀 있는 동안 지속하며 점점 더 강해졌다. "전류가 유지된다는 것을
이보다 더 명백하게 증명할 길이 있겠는가?" 그는 전지를 사용하여
"전기 유체electric fluid의 끝없는 순환", "영구운동"(420~421쪽)을 일으
켰다고 생각했다. 전지의 효과에 대한 계속된 탐구에서 볼타가 보
유한 전류 탐지기는 그 자신의 몸뿐이었다. 그리하여 그는 다양한
자가 실험을 수행했다. 전류를 다양한 감각기관들에 가한 그는 기
이한 맛, 시각적 섬광, 탁탁거리는 소음을 체험했다. 전류로 자극할
수 없는 유일한 감각은 후각이었다(420~428쪽).

　　　볼타 전지에 관한 소식이 영국에 도달한 것과 거의 동시
에 윌리엄 니컬슨(1753~1815)과 앤서니 칼라일(1769~1840)이 런
던에서 그 장치를 이용하여 물을 수소 기체와 산소 기체로 분해
했다(Nicholson 1800). 볼타는 자신의 전지를 기술하는 논문을 프
랑스어로 쓴 긴 편지 형식으로 런던 왕립학회장인 조지프 뱅크스
(1743~1820)에게 보냈었다. 그 논문을 왕립학회의 기관지인 〈철학
회보Philosophical Transactions〉에 발표하기 위해서였다. 뱅크스는 볼
타의 편지를 그 정기간행물에 싣기 전에 친구 칼라일에게 보여주
었다. 영국 황태자의 외과의사였던 칼라일은 볼타의 연구에 고무된
나머지 스스로 볼타 전지를 제작하여 야심적인 아마추어 과학자인
친구 니컬슨에게 보여주었다. 한동안 동인도회사에서 일하고 조사
이아 웨지우드가 설립한 도자기 회사의 상업대리인으로 활동한 경
력이 있는 니컬슨은 과학에 관한 글을 출판하여 생계를 꾸리는 선
구적이고 불확실한 시도를 하고 있었다(Lilley 1948~1950, 82쪽). 겨
우 3년 전에 그가 자신의 과학 정기간행물을 창간한 것은 어쩌면
과학을 위한 행운이었다. 그 정기간행물 〈자연철학, 화학, 기술 저

널A Journal of Natural Philosophy, Chemistry and the Arts〉(당대에는 '니컬슨의 저널'이라는 애칭으로 불림)은 흥미로운 글을 내놓을 수 있는 모든 사람으로부터 모든 과학적 주제에 관한 기고를 받았다. 출판할 원고의 선정과 편집은 니컬슨이 직접 맡았다. 그는 어떤 전문가 집단의 말을 들을 필요도 없었으며 정기간행물 출판을 위한 재정을 구독료만으로 충당했다.

니컬슨은 자신의 저널을 자신과 칼라일의 공동연구를 보고할 창구로 활용했다. 그러니 안달할 일도, 출판이 지체될 일도, 심사를 통과할 필요도 없었다. 볼타 전지에 관한 소식은 유럽 과학계 전체에서 즉각적인 돌풍과 흥분을 일으켰고, 그 흥분의 중심에는 니컬슨이 1800년 7월에 발표한 논문의 내용, 특히 물의 전기분해가 있었다. 역사학자 사무엘 릴리(1948~1950, 83－86쪽)가 설명하듯이, 한동안 니컬슨의 저널은 볼타 전지에 관한 새로운 생각과 실험 결과를 발표하는 최고의 매체가 되었다. 특히 볼타의 발명품 덕분에 전기화학은 릴리가 "대중적 연구popular research"라고 부른 것에 딱 알맞은 주제가 되었고, 니컬슨은 그런 대중적 연구가 자신의 저널을 통해 촉진되기를 바랐다(93쪽 이하). 극빈자만 아니라면 누구나 적은 비용으로 볼타 전지를 제작할 수 있었고, 그 장치가 일으키는 현상들은 재미있는 신체 충격부터 기존에 알려지지 않았던 화학적 분해까지 광범위하고 매혹적이고 중요했다. 조지프 프리스틀리(1802) 같은 늙은 베테랑, 험프리 데이비(1800a, b) 같은 젊은 야심가, 그리고 지금은 잊힌 다른 많은 이들이 흥분으로 가득 찬 전기화학 보고서를 니컬슨에게 보냈다.

2.1.1 거리 문제

볼타 전지를 이용한 물의 분해에는 예상치 못한 심각한 함의들이 있었다. 당신은 거기에 정말로 새롭거나 문제가 될 만한 것이 무엇이 있었느냐며 고개를 갸웃거릴 수도 있을 것이다. 이미 여러 해 전에 라봐지에가 수증기를 뜨거운 총열gun-barrel 속으로 통과시키면 총열의 금속이 산화하면서 수소 기체(가연성 공기)가 산출됨을 보여주는 유명한 실험을 통해 물의 분해를 입증했다고 지적하면서 말이다. 그러나 라봐지에의 실험은 이론적으로 애매했다. 왜냐하면 그 실험은 금속의 사용을 필요로 했는데, 금속의 조성은 당대 논쟁의 핵심에 놓여 있었기 때문이다. 플로지스톤주의자들은 금속이 플로지스톤으로 가득 차 있다고 여겼다. 1장에서 설명했듯이, 캐븐디시와 프리스틀리는 그 실험의 결과를 이렇게 쉽게 설명할 수 있었다. 금속이 물에 플로지스톤을 주어 물을 가연성 공기로 변환했으며, 그렇게 플로지스톤을 내주었으므로 금속은 금속회로 바뀌었다. 이것은 플로지스톤주의 이론에 완벽하게 부합하는 설명이었다.[2] 전기분해는 그런 해석의 애매함이 없었다. 혹은, 처음엔 없는 것처럼

---

2 프리스틀리의 서술은 이러하다(1788, 154쪽: 강조는 원문). "수증기를 이용하여 철에서 가연성 공기를 얻을 때 물이 분해된다는 것은 그럴싸하지 않다. 왜냐하면 가연성 요소〔플로지스톤〕가 철에서 나온다고 볼 가능성도 얼마든지 있고, 철의 무게 증가는 플로지스톤을 대체한 **물** 때문에 일어난 것일 수도 있으니까 말이다. 또한 **철의 녹**scale of iron이나 **자철석**finery cinder을 가연성 공기 속에서 가열하면, 그 물질들은 과거에 얻은 것, 즉 물을 내놓는다." 또한 Priestley〔1796〕(1969), 30‒33쪽 참조. 캐븐디시와 프리스틀리의 어법에서, 금속이 플로지스톤을 내주면서 물을 흡수한다는 말은 금속이 탈플로지스톤 물(산소)을 흡수한다는 말과 매우 유사하다.

보였다.

　　사실 물의 전기분해는 일찍이 1789년에 이루어졌지만, 니컬슨과 칼라일의 연구가 더 나았음을 쉽게 알 수 있다. 그 과거의 분해는 암스테르담의 네덜란드인 아드리안 파츠 판트로스트베이크(1752~1837)와 얀 뤼돌프 데이만(1743~1808)의 업적이었다. 그들은 정전기 스파크를 물속으로 거듭 통과시킴으로써 그 업적을 이뤄냈다. 이 실험이 네덜란드에서 라봐지에의 새로운 화학이 수용되는 것에 중요하게 기여했다고들 하지만, 산소와 수소가 혼합된 채로 산출되었기 때문에 이 실험은 깔끔하지 못했다. 그들은 그 혼합 기체에 다시 스파크를 가하여 물로 변환하는 데 성공했지만, 그 소량의 혼합 기체를 쉽게 성분들로 분리하여 수소와 산소의 존재를 다른 방법으로 입증할 수는 없었다.[3] 반면에 니컬슨-칼라일 실험에서는 수소와 산소가 깔끔하게 분리된 채로 산출되어 쉽게 병에 담기고 검사되었다. 그림2.2(출처는 Pauling and Pauling 1975, 357쪽)가 보여주는 현대적인 실험 장치는 니컬슨의 장치들 중 하나의 직계후손이다. 원래 장치에서는 뒤집어놓은 컵 두 개를 이용하여 기체들을 모았다(Nicholson 1800, 185쪽). 조지 존 싱어(1814, 339쪽)의 말마따나 "볼타의 장치에 의한 분해는 대단히 정확하게 이루어진다. 그 장치의 작용 아래 놓인 물체의 구성 성분들은 어느 정도 거리를 두고 분리되며, 그 사이의 공간에서는 관찰 가능한 변화가 일어나지 않는다".

---

3 이 실험과 그 영향에 관한 세부사항은 Snelders(1979) 그리고 Snelders(1988), 135 – 137쪽 참조.

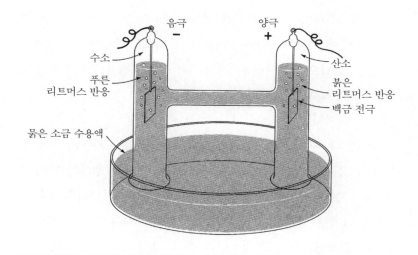

그림2.2 물을 전기분해하는 현대적 장치. 현대의 전형적인 장치들 대다수에서와 마찬가지로 여기에서 전기분해되는 것은 순수한 물이 아니라 이온 용질ionic solute을 약간 포함한 물이다. 그림 속 기체들의 부피 비율은 부정확하다는 점을 유의하라.

　　그러나 니컬슨-칼라일 전기분해의 그 깔끔함은 또한 심층적인 문제 하나를 들춰냈다. 전기의 작용으로 물 분자 각각이 산소 입자와 수소 입자로 분해되는 것이라면, 왜 그 두 기체가 같은 장소에서 나오지 않고 거시적인 거리만큼(거뜬히 10센티미터 정도) 떨어진 두 위치에서 나올까? 또 왜 산소는 전지의 양극과 연결된 전선에서 나오고 수소는 음극과 연결된 전선에서 나올까? 니컬슨(1800, 183쪽) 본인은 이렇게 썼다.

　　수소는 한 전선과 접촉하는 위치에서 발생하는 반면, 산소는 거

의 5센티미터 떨어진 다른 전선과 결합하여 고정된다는 사실의
발견은 적잖이 놀라운 일이었다. 이 새로운 사실은 아직 설명되
지 않았으며, 화학반응에서 전기의 작용에 관한 모종의 일반 법
칙을 시사하는 듯하다.

더 나중에 니컬슨이 금 전극과 백금 전극을 사용하자, 산소
가 전극 금속을 산화시키는 대신에 기체의 형태로 생성되었다. 이
실험은 다른 사람들도 쉽게 재현할 수 있었으므로, 대다수의 논평
자들은 여기에 심각한 문제가 있는 것이 명백하다고 판단했다. 나
는 이것을 '거리 문제'로 명명하려 한다. 당시 브리스톨 소재 공기
학 연구소Pneumatic Institution에서 일하던 험프리 데이비(1778~1829)
는 거리 문제 앞에서 당황한 인물들 중 하나였다. 니컬슨의 논문이
발표되고 채 두 달이 지나지 않았을 때 데이비는 전기화학에 관한
논문들을 발표하기 시작했다. 그는 1800년의 나머지 기간 내내 매
달 한 편의 논문을 니컬슨에게 보냈다. 12월에 이르렀을 때, 데이비
는 정말로 물이 분해된 것인가에 대해서 의심을 품고 있었다.

물이 전기적 과정에서 분해되는지 여부를 확실히 판단할 수 있
으려면 필시 많은 새로운 관찰들이 축적되어야 한다. 물이 분해
된다고 전제하면, 물의 성분들 중 적어도 하나가 눈에 보이지 않
는 형태로 빠르게 이동하여 금속 물질들을 통과하거나 물을 통
과하고 유기물질까지도 통과할 수 있다고 가정해야 한다. 그리
고 이런 가정은 알려진 모든 사실들에 비정합적이다.(Davy 1800b,
400쪽)[4]

거리 문제는 해소될 기미가 없었다. 더 나중의 실험들은 산출되는 산소와 수소 사이의 거리를 90센티미터로 늘렸다(Singer 1814, 341쪽). 데이비 자신도 두 개의 컵을 사용하는 실험장치를 고안하여 거리 문제를 더 도드라지게 했다. 그 장치에서 수소와 산소는 명확히 분리된 두 개의 물 컵에서 각각 산출되었다(그림2.3 참조). 왕립학회에서 한 유명한 베이커 강연Bakerian Lecture(1775년에 헨리 베이커의 기부금으로 설립되어 현재까지도 지속되고 있는 권위 있는 강연 시리즈 - 옮긴이)의 첫 회에서 데이비는 한 실험을 보여주었다. 그것은 금으로 된 원뿔형 그릇 두 개에 담긴 물을 가는 석면 가닥들로 연결해놓고 전기분해하는 실험이었다. 데이비는 연결용 다리로 석면을 사용한다는 발상을 윌리엄 하이드 월라스턴에게서 얻었다고 밝혔다(Davy 1807, 6쪽, 3쪽; 도판1의 그림3).

거리 문제는 당대의 문헌 어디에서나 지적되지만, 나는 여기에서 몇몇 사례만 언급하고자 한다. 내가 아는 한에서 오늘날의 과학사학자들 중에서 가장 명확하게 거리 문제의 중요성을 지목한 윌리엄스는 "그런 기이하고 설명 불가능한 현상은 즉각 보편적 관심을 끌어들였다"고 말한다(Williams 1965, 227쪽). 데이비의 의심은 영국의 분위기에서 이례적이지 않았다. 또한 우리는 독일에서의 흥분된 반응들을 곧 보게 될 것이다. 프랑스에서도 거리 문제는 심각하

---

4 데이비가 '비정합적incommensurable'이라는 용어를 쿤과 파이어아벤트보다 160년 먼저 사용했다는 점을 주목하라! 또한 Davy[1801](1839), 206쪽의 이 문장을 보라. "물에서 산소와 수소, 산과 알칼리가 분리된 채 산출되는 것에 관한 사실들은 통상적으로 받아들여지는 화학 이론에 철저히 비정합적이다."

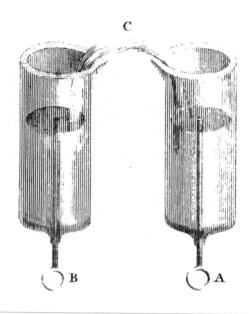

그림2.3 분리된 컵 두 개를 사용하는 데이비의 전기분해 장치

게 받아들여졌다. 그 문제를 해결하기 위한 노력이, 혁명 시기와 나
폴레옹의 통치기에 과학아카데미Académie des Sciences를 대체했던 국
립연구소Institut National에서 (역시나 프랑스답게) 공식적으로 이루어
졌다. 1799년에 콜레주 드 프랑스의 자연사Natural History 교수로 임
명된 위대한 자연학자 조르주 퀴비에(1769~1832)에게는 볼타 전지
관련 현상들을 국립연구소에 보고하는 임무가 주어졌다. 퀴비에는
거리 문제를 명확하게 지적했다. "그렇다면, 똑같은 물 입자에서 나
오는 산소와 수소가 왜 따로 떨어진 두 위치에서 나타나는 것일까?

또 산소와 수소 각각이 볼타 전지의 양쪽 극 중 특정한 한쪽과 연결
된 전선에서 변함없이 발생하고 반대쪽에서는 절대로 발생하지 않
는 이유는 무엇일까?"(Wilkinson 1804, 148쪽에서 재인용) 광물학자 겸
수도원장 르네쥐스트 아위(1743~1822)는 에콜 폴리테크니크의 공
식 물리학 교과서에서 똑같은 우려를 표했다. "물 분자 하나가 분해
되는 것이라면, 왜 기체들이 서로 다른 장소들에서 나타날까? 물 분
자 두 개가 분해되는 것이라면, 왜 한 분자는 수소만 방출하고 다른
분자는 산소만 방출할까?"(Haüy 1806, 2권, 50 – 52쪽)

　　전기화학에 대한 최초의 흥분이 가라앉은 뒤에 돌이켜보며
제기된 몇몇 평가를 살펴보는 것은 흥미로운 작업이다. 나는 두 건
의 평가를 인용하고자 한다. 첫째는 조지 존 싱어(1768~1817)의 평
가다. 그는 런던의 어머니 집에서 사설 강의를 하여 생계를 꾸렸는
데, 그의 강의를 들은 학생들 중에는 마이클 패러데이(1791~1867)
도 있었다.[5] 오늘날 싱어는 잊힌 지 오래된 인물이지만 당대에는 대
단히 존중받았다. 그의 저서 《전기학과 전기화학의 기초Elements of
Electricity and Electro-Chemistry》(1814)는 프랑스어, 독일어, 이탈리아어
로 번역되는 영광을 누렸다. 싱어의 명확한 평가는, 15년에 걸친 뜨
거운 논쟁에도 불구하고 거리 문제는 해결되지 않았다는 것이었다.

　　가장 난해한 부분은 다양한 화합물의 분리된 성분들이 떠는 것으

----

[5]　싱어의 삶에 관한 정보는 《영국 인명 사전Dictionary of National Biography》
(1897), 52권, 211 – 212쪽에서 얻었다.

로 보이는 어떤 비가시적 형태다. 그 성분들은 그 형태를 띠고 액체를 가로질러 서로의 반대편 전선에 자리잡으면서도 중간에 놓인 액체에는 어떤 뚜렷한 변화도 일으키지 않는 것으로 보인다. 전기에너지 가설에 따르면, 수소는 자연적으로 양성이기 때문에 음극 전선에 끌리고, 산소는 자연적으로 음성이기 때문에 양극 전선에 끌린다고 한다. 하지만 이 가설은 동일한 물 입자가 자신의 성분들을 어떻게 그토록 멀리 떨어진 두 위치에서 방출되도록 만들 수 있는지 설명하지 못한다.(Singer 1814, 378 – 379쪽)

　싱어와 그의 동시대인들은, 물속에서 떠다니지만 탐지되지 않는 자유이온의 개념을 가지고 있지 않았다는 점을 유념해야 한다.
　내가 언급하고 싶은 또 다른 회고적 평가는 더블린에서 활동한 마이클 도노번(1790~?)의 것이다. 과학사학자들이 그를 무시하는 것은 싱어를 무시하는 것보다 더 심각하게 부당하다. 도노번은 '갈바니즘galvanism'의 역사와 현황에 관한 논문으로 1815년에 왕립 아일랜드 아카데미의 현상공모에서 상을 받았다(루이지 갈바니의 이름에서 유래한 '갈바니즘'은 당시에도 여전히 널리 쓰이는 용어였으며 볼타 전기와 동물 전기를 아울러 가리켰다). 비록 그는 특히 아일랜드와 영국 바깥에서는 영향력이 크거나 널리 알려진 인물이 아니었던 것으로 보이지만, 그의 저서는 옳은 지식과 예리한 통찰로 가득 차 있다. 도노번(1816, 45쪽)에 따르면 "그 현상은 과학자들을 경악하게 했으며, 어떤 합리적인 설명도 제시될 수 없었다". 전기분해의 생성물들이 분리된 채로 나오는 것은 "오랫동안 설명 불가능하다고 여겨졌다".(340쪽) 비록 그는 나름의 이론을 제시하여 모든 주요 문제들을 해결하고자 했지만, 자신의 이론이나 다른 누군가의 이론에 관한 합의가 아직 이루어지지 않았음을 잘 알았으며, 당대까지의 전기화학 이론들의 상태를 통렬하게 비판했다.

그 탐구에서 표출된 열정이 오히려 역효과를 일으킨 것을 우리는 후회하지 않을 수 없다. 너무 이른 시기에 발명된 가설들이 사람들의 관심을 사로잡았다. 그들의 재능은 실험에서 발휘되는 편이 훨씬 더 이로웠을 것이다. 그런 의미에서 우리는 시간과 노동의 낭비뿐 아니라 일찌감치 굳어진 편견도 후회해야 한다. 그 편견은 참된 인상들을 수용하는 것에 늘 비우호적이다.(Donovan 1816, 149 - 150쪽)

이렇게 싱어와 도노번이 상황을 평가할 무렵, 젊은 패러데이는 손수 제작한 장치들로 실험하면서 거리 문제에 매료되었다(Williams 1965, 22 - 23쪽, 267쪽). 그로부터 20년 뒤인 1832년에 그가 더 본격적으로 거리 문제에 관심을 기울이기 시작할 때까지도 그 문제는 명확히 해결되지 않은 채로 남아 있었다. 윌리엄스의 견해에 따르면, 거리 문제에 대한 패러데이의 해답은 "그가 이룬 모든 유명한 발견의 단초가 된 기본 개념을 그에게 제공하게 되지만", 화학자들의 과반수는 패러데이의 해답을 받아들이지 않거나 어쩌면 제대로 이해하지도 못했다(2.2.3.2 참조). 실제로 거리 문제에 대한 합의된 해답은 (아무리 관대하게 보더라도) 스반테 아레니우스(1859~1927)가 제안한 현대적인 이온 이론이 1880년대에 확립되기 전까지는 존재하지 않았다. 그 이론에 따르면, 외부에서 전기가 가해지기 전에도 일부 물 분자들은 이미 이온들로 해리되어 있다. 거리 문제를 둘러싼 불확실성은 전기화학 역사의 처음 한 세기 전체를 물들였으며, 우리는 이를 저명한 물리화학자 빌헬름 오스트발트(1853~1932)의 증언을 통해 확인할 수 있다. 1896년에 출판한, 전기화학의 역사를 다룬 어마어마한 저서에서 그는 이렇게 말했다.

> 기본적인 사실인 분해 자체 외에도, 분해의 산물들이 서로 다른 위치에서 동시에 나타난다는 매우 놀라운 현상이 있었다. (…) 그때 이래로 과학은 이 질문의 답을 끊임없이 추구했으며, 그 문제를 만족스럽게 해결하기까지 오랜 시간과 많은 노력이 필요했다.(Ostwald[1896] 1980, 128 – 129쪽/131쪽)[6]

2.1.2 합성으로서의 전기분해

거리 문제는 분해된 물질들의 조성에 관한 전기분해의 함의들을 완전히 모호하게 만들 듯했다. 처음엔 (네덜란드 실험 장치에서의) 전기분해가 라봐지에 이론의 결정적 확증으로 간주되었다면, 이제 전기분해는 그 이론의 가장 난감한 문제들 중 하나를 불거지게 했다. 그러므로 일부 반라봐지에주의자들이 전기분해를 움켜잡은 것은 놀라운 일이 아니다. 윌리엄스의 말마따나, 어쩌면 너무 드라마틱하게도 "소수의 독일 화학자들은 전기화학적 분해를 겨

6　오스트발트 인용의 출처 표기에서 둘째 숫자(여기에서는 131)는 독일어 원서의 쪽수다.

는 물의 이 같은 기이한 행동을 물고 늘어지면서 라봐지에의 새로
운 화학 시스템을 폭파하기 위한 노력에서 공격의 주요 빌미로 삼
았다". 그 캠페인에서 "선봉에 나선 공격수"는 저술 활동이 왕성하
고 상상력이 풍부하며 많은 논란을 일으킨 과학자 겸 철학자 요
한 빌헬름 리터(1776~1810)였다. 실레지아(슐레지엔)에서 태어나 예
나 대학교에서 공부한 리터는 20세에 갈바니즘에 관한 글을 출
판하기 시작했으며 갈바니즘을 자연의 살아 있는 부분과 죽어 있
는 부분 모두의 작동 바탕에 깔린 근본적인 힘으로 간주했다. 볼타
의 발명에 대해서 알게 된 그는 왕성한 실험 활동을 통해 전지의
구실을 하는 온갖 재료들의 조합을 시험하고 그것들의 효과를 철
저히 탐구했다. 프로이센의 물리학자 겸 기상학자 하인리히 빌헬
름 도페(1803~1879)는 리터의 업적에 대한 존중을 이렇게 표현했
다. "이 거대한 임무를 떠맡은 사람은 리터였다. (…) 그는 자신의 감
각 기관들을 연구에 바치다시피 했다." "그는 쉼 없는 노동과 슬픔
과 무질서한 삶에 기력이 소진되어 (…) 요절했다."(Mottelay 1922,
380-381쪽에서 재인용) 리터를 이끈 것은 예리한 관찰력과 실험 장
치 설계만이 아니었다. 또한 맞선 양兩극의 통일, 자연의 심층적 주
기성週期性, '만물은 변용된 물이다'라는 탈레스 풍의 기이한 믿음과
같은 몇몇 거대한 테마들이 그를 이끌었다. 발터 베첼스(1990)가 설
명하듯이, 리터는 신속하게 독일 낭만주의자들이 가장 좋아하는 물
리학자가 되어갔다(더 자세한 내용은 2.3.5 참조). 낭만주의 시인 노발
리스(1772~1801)는 이렇게 선언했다. "정말이지 리터는 자연에 깃든
진정한 세계영혼을 탐색하고 있다. 그는 자연에서 보이고 만져지는
문자들을 해독하고자 하고, 더 높은 정신적 힘들이 정립한 바를 설

명하고자 한다."(Wetzels 1990, 210쪽에서 재인용)

리터에 따르면, 전기가 물속을 통과할 때 일어나는 일은 분해가 아니라 **합성**이었다. 전지의 양극에서는 양전기가 물과 결합하여 산소가 생성되고, 음극에서는 음전기와 물이 결합하여 수소가 생성되는 것이었다.[7] 그렇다면 그 두 기체는 분리된 위치들에서 나오는 것이 당연했다. 그 위치들은 두 가지 유형의 전기 각각이 공급되는 장소들이었다. 이처럼 물은 다시 원소로, 산소와 수소는 화합물로 간주되었다. 리터는 이렇게 썼다.

> 발생한 두 가지 기체는 이제껏 대체로 동일한 물의 서로 다른 성분들로 간주되어왔다. 그러나 이 실험으로[8] 그 기체들이 물의 분해에서 유래한 것이 전혀 아님을 확실히 증명할 수 있었다. 새로운 [라봐지에의] 화학 이론에 따르면, 그 기체들이 물의 분해에서 유래한다고 믿는 것이 매우 합당하겠지만 말이다. 그 기체들은 서로 전혀 다른 두 과정에서 유래한 것이었다.(Ostwald [1896] 1980, 156쪽/161쪽에서 재인용)

나는 이를 전기분해에 관한 리터의 '합성 견해synthesis view'라

---

7 오스트발트가 지적했듯이([1896] 1980, 148-149쪽/152-153쪽), 니컬슨의 저널에 논문을 발표한 어느 익명의 저자가 리터보다 먼저 똑같은 견해를 내놓은 것일 수도 있다.

8 이 실험이란 V자형 튜브를 이용한 실험을 말한다. 나는 2.2.1.2에서 그 실험을 논할 것이다.

고 부를 텐데, 오늘날 이 견해를 기억하는 역사학자는 소수에 불과
하다. 심지어 합성 견해를 아는 사람들도 그것이 당대에 얼마나 자
연스럽게 느껴졌을지 깨닫지 못하는 경향이 있다. 과거의 역사학자
들과 과학자들은 이 사실을 모르지 않았다. 직접 쓴 전기화학 교과
서에서 아레니우스는 처음에는 리터의 견해가 지배적이었다고 평
가했다([1897] 1902, 21쪽).

> 왜 이온들이 전류에 의해 양쪽 극에서만 분리되는지 설명하는 일
> 이 반드시 필요해졌다. 처음에는 음전기와 물이 결합하여 수소가
> 형성되고 양전기와 물이 결합하여 산소가 산출된다고 (리터의
> 주장대로) 믿어졌다.

어쩌면 초기에 리터의 견해가 점한 우위를 과장한 서술이겠
지만, 현대 전기화학의 창시자인 아레니우스가 합성 견해를 적어도
당대에는 충분히 합리적이었던 견해로 간주했다는 점이 중요하다.
오스트발트([1896] 1980, 24쪽/24쪽)는 합성 견해가 당대의 지배적 존
재론에 어떻게 부합했는지를 더 잘 설명해준다. "일반적으로 전기
는 물질로 간주되었고, 물에서 나오는 생성물들은 전기와 물, 또는
전기와 물의 성분들이 결합한 화합물로 간주되었다." 전기가 물질
이라는 생각은 당시에 심지어 라봐지에주의자들에 의해서도 심각
하게 문제시되지 않았다. 전기분해를 할 때 연구자는 액체에 전기
를 주입한다. 따지고 보면, 전기분해되는 물질과 전기가 결합하면
서 화학적 변화를 일으킨다는 생각도 꽤 합리적이지 않은가? (수소
가 발생하는 전극에 관한 리터의 설명은, 음극에서 나온 전자들이 물속의 수소

표2.1 물의 조성에 관한 캐븐디시와 리터의 견해 비교

우리가 관찰하는 바:	가연성 공기	생명 공기	결합	물
라봐지에의 견해:	수소	산소	→	H-O〔화합물〕
캐븐디시의 견해:	과플로지스톤 물	탈플로지스톤 물	→	물〔원소〕
리터의 견해:	음전기를 받은 물	양전기를 받은 물	→	물〔원소〕

이온들(H$^+$)과 결합하여 그 이온들을 중성 수소 기체로 변환한다는 우리의 현대적 교과서에 나오는 설명과 과연 사뭇 다를까?)

한편, 전기분해에 관한 리터의 합성 견해가 라봐지에 시스템에 반발한 사람들에게 매력적이었다는 점은 쉽게 이해할 수 있다. 물의 조성에 관하여 라봐지에와 캐븐디시가 서로 경쟁하며 내놓은 견해들을 비교하고, 그것들을 리터의 견해와 비교해보라. 표2.1은 그 세 가지 견해를 요약해서 보여준다.

플로지스톤을 음전기와 동일시하면, 캐븐디시의 구상과 리터의 구상은 거의 정확히 일치한다. 이처럼 플로지스톤 이론은 거리 문제에 전혀 봉착하지 않으면서 물의 전기분해를 완벽하게 이해할 길을 제공했다. 1장의 1.2.2에서 신세대 반라봐지에주의자로 언급된 조지 스미스 깁스는 바로 그런 식으로 리터의 견해를 변형하여 플로지스톤주의적 설명을 제시했다(Wilkinson 1804 참조). 니컬슨은 깁스의 견해에 동조하는 저자들의 논문 여러 편을 자신의 저널에 실었다.[9] 데이비도 이 가능성을 자신의 다른 신新플로지스톤주의적 추측들과 관련지어 충분히 진지하게 고려했다.[10] 1820년에 전류가 자기장을 만든다는 것을 발견하여 유명 과학자가 될 한스 크

리스티안 외르스테드(1777~1851)는 리터와 마찬가지로 형이상학적 이유에서 라봐지에 이론을 싫어했다. 나는 그 이유를 2.3.5에서 논할 것이다. 외르스테드는 들라메테리의 〈물리학 저널〉에 실린 일련의 편지들을 통해 리터의 견해를 파리 과학계에 알리는 데 결정적인 역할을 했다(Williams 1965, 229쪽; Christensen 1995). 심지어 반세기 후에도 스티븐슨(W. F. Stevenson 1849)은 이런 유형의 견해를 옹호하고 있었다. 우리에게는 플로지스톤과 음전기의 관련성이 더욱더 와닿는다. 1장의 1.2.4에서 언급했듯이, 지금 돌이켜보면, 플로지스톤과 전자의 동일시가 매력적이라는 점을 생각해보라.

프리스틀리가 이 주제에 관심을 갖지 않을 수 없었으리라는 점은 쉽게 상상할 수 있다. 특히 그의 과학 연구의 첫 주제가 전기였으며, 그가 공기 화학을 연구하기 전에 그를 과학에 전념하게 만들고 어느 정도의 명성을 얻게 해준 것이 바로 전기였음을 상기하면, 더욱 그러하다. 망명지 미국에서 프리스틀리는 니컬슨의 저널을 읽음으로써 상황의 추이를 살폈으며 1801년 9월에 이르자 독자적인 논문을 쓰기에 충분할 만큼의 연구 결과를 확보했다. 니컬슨의 저널 1802년 3월호에 실린 그 논문에서 프리스틀리(1802, 198쪽)는 물의 전기분해는 라봐지에주의자들이 생각하는 것처럼 진행되

9 깁스가 라봐지에주의적 이론에 대한 반발을 이어간 것에 관한 간략한 논의는 Golinski(1992), 213쪽 참조.

10 Siegfried(1964), Brooke(1980), 150쪽, 또한 Knight(1978), 52쪽 참조. 데이비 본인의 발언은 특히 Davy(1808a), 33쪽 참조. 이 발언은 데이비의 유명한 베이커 강연에서 나왔는데, 그 강연에서 그는 칼륨과 나트륨 발견을 선언했다.

지 않는다고 주장했다.[11] 첫째, 볼타 전기를 가하면 흔히 수소와 산소가 생성되는 것은 맞지만, 그 두 기체의 부피 비율은 항상 예상대로 2:1로 일정한 것이 전혀 아니었다. 프리스틀리는 전기분해에서 산소의 발생은[12] 이미 물속에 용해되어 있던 산소 기체가 빠져나오는 것일 뿐이지, 물이 전기분해된 결과가 아니라고 주장했다. 비록 물의 전기분해는 "현재 거의 보편적으로 받아들여지지만", 여전히 그는 그것을 "완전히 허무맹랑한" 가설로 여겼다. 이 견해를 뒷받침하기 위하여 프리스틀리는 몇몇 실험을 서술했는데, 진공 속에서 실험하거나 수면을 기름 층으로 덮어 외부 공기와의 접촉을 차단할 경우 산소의 생성이 한동안 이루어지다가 멈췄다고 했다. 또한 실험용 물에 녹아 있는 기체를 미리(내가 추측하기에, 물을 끓임으로써) 제거하면, 산소가 전혀 발생하지 않았다.[13] 반면에 음극에서는, 음전기가 물과 결합하여 수소를 형성한다는 것을 충분히 쉽게 상상

11　프리스틀리의 연구를 거론하는 역사학자들의 대다수는 이 논문을 간과한다. 예외적으로 스코필드는 Schofield(2004), 366쪽에서 이 논문을 간략하게 거론한다.

12　실제로 프리스틀리는 이 논문에서 '산소'와 '수소'를 '탈플로지스톤 공기' 및 '가연성 공기'와 동의어로 사용한다. 정확히 말하면, '수소'라는 용어는 여백에 넣은 요약에서만 등장하므로, 니컬슨이 그 용어를 집어넣은 것일 수도 있다. 그러나 '산소'는 프리스틀리가 직접 쓴 것이 확실한 본문에서 '탈플로지스톤 공기'와 뒤섞여 여러 번 등장한다.

13　이 대목에서 프리스틀리의 서술은 모호해서, 이 조치들이 산소의 발생만 막았는지 아니면 산소와 수소의 발생을 모두 막았는지 불분명하다. 201쪽에서 그는 수면을 기름으로 덮어놓고 한 실험에서 수소(가연성 공기)의 발생도 중단되었다고 보고한다. 하지만 논문 내내 명백히 드러나는 요점은 두 기체가 각각 독립적으로 발생한다는 프리스틀리의 생각이다. 더 자세한 내용은 2.3.2 참조.

할 수 있었을 것이다. 이렇게 논문의 첫 페이지에서 라봐지에주의 에 반격을 날린 후, 프리스틀리는 역시나 그답게 기이하고 재미있 는 실험 결과들을 지나칠 정도로 많이 보고했다. 특히 양극으로 구 실한 다양한 금속(심지어 금으로 된) 전선들이 용해된 것이 보고되었 다. 현대의 관점에서 예상외의 결과들이지만 개연성이 전혀 없지는 않다(추가 논의는 2.3.2).

　이 모든 것으로부터 프리스틀리는 음전기와 플로지스톤이 연결되어 있고 양전기와 산소가 연결되어 있다는 결론을 내렸다.[14] 그는 자신이 여러 해 전에 "전기 물질과 플로지스톤의 유사성"을 지 적했음을 독자들에게 상기시켰다. 실제로 그는 숯이 우수한 전도 체라는 사실을 발견한 인물이었다. 그는 이론적인 이유에서 이 사 실을 반겼다. 왜냐하면 숯이 플로지스톤을 풍부하게 지닌 물체라 는 점은 이론의 여지가 없었기 때문이다. 이쯤 되면 음전기와 플로 지스톤을 완전히 동일시하고 싶은 유혹을 느낄 만했지만, 양전기와 정확히 대응하는 것이 없다는 점이 문제였다. 그리하여 프리스틀리 는 이렇게 말했다.

　이 실험들은 두 가지 전기 유체, 곧 산소 요소를 포함한 양전기 유체와 플로지스톤 요소를 포함한 음전기 유체가 존재한다는 가 설을 입증하는 듯하다. 그 유체들이 물과 결합하여 상반된 두 유

---

14 논문의 한 대목에서(202쪽 중간) 그는 음과 양을 뒤바꿨는데, 나는 그것을 단순한 실수로 생각한다.

형의 공기, 곧 탈플로지스톤 공기와 가연성 공기를 이루는 것으로 보인다.(202쪽)

이 견해는 리터의 견해와 매우 유사하다. 비록 프리스틀리는 리터를 거명하지 않았고, 이 시점에서 그가 리터의 연구에 대해서 알았는지 불명확하지만 말이다. 관련 실험들에서 나타난 몇 가지 난점에도 불구하고 프리스틀리는 기본적인 관련성들이 충분히 명백하다고 생각했다. 전기분해에 관한 사실들이 주류 견해대로라면, 그것들은 "새로운 [라봐지에의] 이론의 완전한 증명을 이룰" 것이라고 그는 인정했다. 그러나 그 사실들은 주류 견해대로가 아니며 오히려 "플로지스톤 교설의 충분한 증명"을 제공했다. 반항과 공손함을 겸비한 특유의 태도로 그는 논문을 이렇게 마무리했다. "당신(저널의 편집자 니컬슨을 뜻함 - 옮긴이)이 나에게 동의하건 말건, 나는 진실한 당신의 벗입니다. J. 프리스틀리."(203쪽)[15]
  이 모든 것은 라봐지에주의자들에게 예상 밖이며 매우 불쾌한 일이었다. 어쩌면 그들은 새로운 세기의 벽두에 자기네가 마침내 반대파를 완전히 제거하게 되었다고 생각했을지도 모른다. 그러나 플로지스톤 이론을 넣은 관에 박는 마지막 못으로 기대했던 물의 전기분해는 도리어 라봐지에주의 이론의 눈엣가시가, 심지어 죽어가는 플로지스톤 이론을 되살리는 정맥주사가 될 판이었다. 프리스틀리의 논문이 당대에 얼마나 많이(특히 니컬슨의 저널을 읽지 않은

---

15 또한 Wilkinson(1804), 74-80쪽 참조.

사람들로부터) 주목받았는지는 불분명하지만, 리터의 연구들은 확실히 관심을 끌어들였다. 에어푸르트 대학교의 물리학 화학 교수 요한 바르톨로메우스 트롬스도르프(1770~1837)는 당시에 라봐지에주의자들이 가졌던 느낌을 생생하게 표현했다.

우리는 지금 독일에서 갈바니즘 실험에 완전히 몰두하고 있다. 아주 뚜렷한 재능을 지닌 청년인 리터 씨는 이 자연철학 분야에 전적으로 헌신하고 있으며, 그런 만큼 매우 독창적인 실험을 여러 건 해냈다. 그는 물이 단순한 물체simple body임을 명확하고 만족스럽게 증명할 수 있다고 자부한다. 그리고 그의 친구 파프 교수는[16] 물을 전부 상응하는 양의 산소 기체로, 아니면 전부 수소 기체로 변환했다고 주장한다. (…) 나는 볼타 전지가 일으키는 현상들을 만족스럽게 설명할 수 없긴 하지만, 리터와 파프에게 동조하여 물은 분해되지 않는 물질이며 그들의 실험의 불가피한 귀결은 찬란한 건축물과도 같은 새로운 화학의 파괴라고 결론지을 생각은 전혀 없다.(Wilkinson 1804, 135–136쪽에서 재인용)

퀴비에는 비슷한 견해를 더 간결하고 뚜렷하게 밝혔다.

그러나 [리터의 견해는] 다른 모든 화학적 현상들의 총체와 확실

---

[16] 크리스토프 하인리히 파프(1773~1852)는 1798년부터 사망할 때까지 킬 대학교에서 가르쳤다(Hufbauer 1982, 223쪽). 그의 전기화학 연구에 관해서는 Kragh(2003) 참조.

히 모순되는 것으로 보이므로, 그것을 받아들이기는 거의 불가능했다. 설령 해당 실험에 대해서 다른 만족스러운 설명을 제시할 수 없었다 하더라도 말이다.(Wilkinson 1804, 151쪽에서 재인용)

퀴비에 자신과 동료 라봐지에주의자들은 비록 전기분해에 대한 좋은 설명을 스스로 제시할 수 없더라도 리터의 견해를 받아들일 수는 없었다는 퀴비에의 말은 아마도 정직한 고백이었을 것이다.

2.1.3 라봐지에주의를 구제하기 위한 가설들

전기분해의 메커니즘에 관한 가설들은 결코 부족하지 않았으며 다들 거리 문제를 해결하고 라봐지에주의 화학을 구제하는 것을 목표로 삼았다. 물이 화합물이라는 견해를 방어하고자 하는 이들이 선택할 수 있는 길은 세 갈래였다. 첫째 길과 둘째 길은 앞서 언급한 퀴비에의 1801년 보고서에서 이미 명확히 제시되었고, 마지막 길은 그로부터 몇 년 뒤에 등장했다.

(a) **불균형**. 퀴비에는 이 가설이 수학자 가스파르 몽주(1746~1818)에게서 유래했다고 밝혔다. 몽주는 커원을 박살내는 일에 동참했던 라봐지에의 동료들 중 하나다. 몽주는 전기분해의 결과로 각 전극의 주변에서 물질들의 불균형이 발생한다고 보았다. "갈바니즘의 작용은 물 입자 각각에서 한 성분을 떼어내 다른 성분의 과잉이 발생하도록 만드는 경향이 있다."(Wilkinson 1804, 150쪽에서 재인용) 매우 논리적인 견해이긴 하지만, 이 견해의 주요 문제는 상정

된 불균형을 쉽게 탐지할 수 없다는 점이었다. 그리고 물속의 수소나 산소의 과잉이 어떤 탐지 가능한 효과도 일으키지 않을 수 있다는 것은 이해하기 어려운 일이었다. 몽주가 상정한 불균형은 실은 엉뚱한 발상이 아니었지만,[17] 당대의 많은 사람들은 그 발상을 진지하게 고려하지 않았다.

(b) **보이지 않는 운반**. 이 가설에 따르면, 물속에 진입한 전기는 물 분자의 한 부분을 움켜쥐고 다른 부분을 그 자리에서 풀어주어 방출시킨다. 그런 다음에 전기는 움켜쥔 포로와 더불어 신속하게 반대편 전극으로 이동하여 그곳에서 포로를 풀어준다. 이어서 전기는 전지로 돌아와 회로를 완성한다. 울리치(현재는 런던의 일부)에서 활동한 군의관 겸 화학자 윌리엄 크룩섕크(?~1810/11)는[18] 아마도 이 생각을 최초로 제시한 인물일 것이다. 구체적으로 그의 설명은 다음과 같다.

> 갈바니즘을 일으키는 물질은(그 진정한 정체가 무엇이건 간에) 두 상태로, 즉 산소화된oxygenated 상태와 탈산소화된deoxygenated 상태로 존재할 수 있다. (…) 그런데 전기가 은 쪽 극[아연-은 볼타 전지의 음극]에서[19] 탈산소화된 상태로 물에 진입하면 (…) 물속의 산소를 움켜쥐고 수소를 풀어준다. 따라서 수소가 기체의

---

17 예컨대 Pauling and Pauling(1975), 358쪽 참조. 이 문헌에서 따온 그림 2.2는 양극과 음극의 주변이 각각 산성과 염기성임을 보여준다는 점을 주목하라. 상세한 추가 설명은 2.2.2 참조.

18 크룩섕크의 삶과 연구에 관한 상세 정보는 Coutts(1959) 참조.

형태로 나타난다. 반대로 갈바니즘의 영향이 아연 쪽 [극] 전선에서 진입하면, 그 영향은 기존에 자신과 결합해 있던 산소를 분리시킨다. 그러면 산소는 기체 형태로 방출되고, [또는] 금속과 결합하여 산화물을 형성한다.(Cruickshank 1800b, 257~258쪽)

그럴싸하게 들릴지도 모르지만, 보이지 않는 운반 가설은 매우 구체적인 여러 난관에 봉착했다. 퀴비에의 보고서는, 물을 두 그릇으로 나눈 후에 황산이나 심지어 사람의 손으로 연결해도 역시 전기분해가 일어난다는 사실이 일으키는 난점을 보고했다(Wilkinson 1804, 150쪽). 많은 화학자들은 산소나 수소가 황산을 무사히 통과할 수 있다는 생각을 받아들이기 어려웠을 것이며, 산소나 수소가 인체를 통과할 가능성은 더없이 기괴하게 느껴졌을 것이다.

(c) **분자들의 사슬.** 위의 두 가설이 지닌 난점들을 감안하면, 또 다른 대안이 폭넓은 지지를 받은 것을 납득할 수 있다. 그 대안적인 아이디어의 가장 인기 있는 버전은 그로투스(1785~1822)에게서 유래했다. (현재 라트비아에 속한) 쿠를란드 출신인 그는 약관 20세에 그 아이디어를 발표하여 지금까지도 물리화학자들 사이에서 거명된다. 그는 외톨이 수소 입자와 산소 입자가 물속에서 보이지 않게 운반된다고 가정하는 대신에, 물 분자들이 보이지 않는 사슬을 이

19　쿠츠(1959, 125쪽)는 전지의 부분들을 가리키기 위해 크룩섕크가 사용한 용어들에 관한 관례를 설명한다.

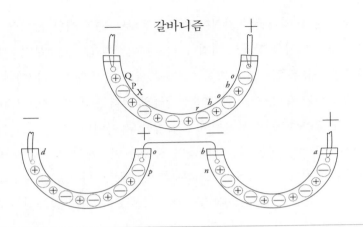

그림2.4 그로투스 사슬

뤄 양쪽 극을 연결한다고 가정했다. 이렇게 줄줄이 연결될 때 물 분자 각각은 전기적으로 분극되어 수소가 양전기를 띠고 산소가 음전기를 띠게 된다. 그로투스(1806, 335쪽)는 볼타 전지를 "전기 자석 electrical magnet"이라고 불렀으며, 마치 작은 막대자석들이 한 줄로 늘어서 큰 막대자석의 양쪽 극을 연결하는 것처럼, 혹은 철가루가 막대자석의 양쪽 극을 잇는 자기력선을 그리는 것처럼, 물 분자들이 한 줄로 늘어서 사슬을 이루는 것을 상상했다. 그림2.4는 그 분자 사슬을 그로투스 본인의 그림으로 보여준다(Grotthuss 1806, 삽화 IX).

　　　전지의 스위치를 켜면, 분해 작용이 시작된다. 음극은 바로 곁에 있는 (양전기를 띤) 수소 입자를 움켜쥐어 중성화한 다음에 풀어놓는다. 그렇게 짝꿍을 빼앗긴, 같은 물 분자 속 산소 입자는 곁에 있는 수소 입자를 움켜쥐어 새로운 물 분자를 형성한다. 이런 짝꿍 바꾸기가 사슬 전체로 퍼져나가는데, 이렇게 음극으로부터 퍼져나가는 작용은 양극이 유발하는 작용과 완벽하게 일치한다. 이어서 새로 형성된 물 분자들 각각이 전극들의 척력/인력 때문에 뒤집혀 원래와 같은 배열이 복구된다. 그로투스의 아이디어는 큰 인기를 얻었다. 다른 사람들(예컨대 비오)이 자신을 언급하지 않고 그 아이디어를 채택한다고 그로투스가 투덜거릴 정도였다(Partington 1964, 27쪽). 데이비(1807, 29-30쪽)도 그로투스를 거명하지 않으면서 본질적으로 같은 견해를 내놓았다.

그로투스의 아이디어는 당시에 잘 알려진 사실들을 설명하기에 확실히 적합했다. 그러나 애당초 왜 물 분자들이 한 줄로 늘어서 사슬을 이루는가에 관한 의문이 제기되었다. 그로투스 자신은 명확한 물리적 설명과 동기를 가지고 있었다. 바로 막대자석 비유가 그 설명과 동기였다. 그러나 다른 모든 사람들이 그 견해를 공유했을 개연성은 낮다. 2.2.2에서 추가로 설명하겠지만, 심지어 모종의 분자 사슬이 필요하다고 생각한 사람들도 사슬의 정확한 구조에 대해서는 의견이 엇갈렸다. 이 밖에도 수많은 다른 가설이 존재했으며, 지금까지 소개한 가설들의 변형도 많았다. 그 모든 아이디어들의 목록을 만들기는 거의 불가능할 것이다. 물론 오스트발트([1896] 1980), 모틀리(1922), 파팅튼(1964)의 영웅적인 시도가 있긴 했지만 말이다.

2.1.4 '승자 없음'은 '승리 없음'이 아니다

19세기 초반의 전기화학을 돌이켜보면, 전기분해의 미시적 메커니즘에 관한 명확한 합의가 없었던 이유가 명백히 드러난다. 사실 이 분야에서 미시적 이론의 구성은 감당할 수 없을 만큼 어려운 과제였다는 점은 오늘날의 관점에서 돌이켜 보았을 때는 물론이고 당대의 학자들에게도 충분히 명백했다. 군건한 이론적 토대가 실험 방법들을 떠받칠 것을 요구한다면, 전기분해는 시대를 너무 많이 앞서간 실험 기술이었다고 볼 수밖에 없다.

전기분해의 메커니즘에 관한 신뢰할 만한 가설을 세우려면, 물을 이룬다고 추정된 원자적 입자들이 어떻게 상호작용하는가에 관한 명확한 아이디어들이 필요했다. 어떻게 전기가 원자들을 떼어 놓는가에 관한 이론을 구성하려면, 무엇이 원자들을 함께 묶어놓는가에 대해서 어느 정도 알 필요가 있었다. 전기화학적 사실들 자체는 투박한 정전기학적 견해를 넌지시 두둔했지만, 그 견해에는 명백한 한계가 있었다. 나는 그 한계를 2.2.3에서 설명할 것이다.

또 다른 문제는, 전기가 실제로 어떻게 작동하는지, 심지어 전기가 무엇인지 모른다는 점이었다. 지배적인 견해는 전기가 플로지스톤이나 칼로릭, 자기magnetism와 마찬가지로 무게 없는(또는 '미묘한subtle') 유체라는 것이었다. 그러나 단 하나의 전기 유체가 존재하며 그것의 상대적 과잉과 결핍이 양전하와 음전하로 나타난다고 믿는 사람들과 양전기 유체와 음전기 유체가 따로 존재한다고 믿는 사람들 사이에 해결되지 않은 의견의 불일치가 있었다. 또한 쌍 유체 이론가들은 이 질문에도 답해야 했다. '음negative'과 '양positive'이라는 명칭은 과연 무엇을 의미할까? 단일 유체 이론과 쌍 유체 이론 중 어느 쪽을 선택하는가에 따라 전기화학적 메커니즘들에 관한 가설의 형태는 중대하게 달라졌으리라는 점을 쉽게 수긍할 수 있다. 더 나아가 전기가 평범한 물질에(또한 두 가지 전기 유체가 존재한다면, 그 유체들이 서로에게) 어떤 작용을 하는가에 관한 이론의 구성에서는 단서로 삼을 만한 것이 극히 드물었다.

더 구체적으로 말하면, 볼타 전지에서 나오는 전기의 본성에 관하여 많은 불확실성이 존재했다. 실제로 볼타 전기가(혹은 당대의 통상적인 명칭으로 '갈바니즘'이) 마찰에 의해 발생하는 '평범한 전기common electricity'와 동일한지 여부는 이 시절에 열띤 논쟁의 주제였다. 그 두 전기가 동일하다는 합의가 점차 형성되기는 했지만, 이 주제에 관한 의문의 잔재가 전기 일반의 작동을 둘러싼 불확실성을 가중시켰으리라는 점을 쉽게 상상할 수 있다. 볼타 전기의 본성에 관한 불확실성은 (2.3.3에서 설명할) 볼타 전지의 작동에 관한 불확실성에 의해 더욱 심화되었다. 전지의 주요 부품을 이루는 물질들에 대한 확고한 지식이 없는 상황에서 전지에 관한 이론이 매우 불확실했다는 점은 놀라운 일이 아니다. 그 당시 금속의 조성에 관한 지식에는 큰 공백이 있었다. 플로지스톤주의적 견해는 대체로 배척된 뒤였고, 라봐지에주의 화학은 금속의 조성에 관한 질문 자체를 묵살했다. 산(그리고 염)의 본성에 관한 불확실성도 여전히 존재했다. 산성에 관한 라봐지에의 이론은 당시에 퇴출되는 중이었다. 물자체도 당연히 수수께끼였고, 수용액의 미시적 구조도 이해할 길이 없었다.

지금 우리가 전기분해의 메커니즘에 관한 19세기 초반의 이론들 중 하나를 선택하려 한다면, 어떤 특정한 방향으로 쏠리고 싶은 유혹을 그다지 느끼지 않는다. 현대적인 관점에서 보면 당시의 모든 가설들은 근본적으로 틀렸다. 그러나 그 가설들 각각은 나름대로 진리의 한 자락을 붙들었다. 당시의 과학자들이 현대적인 이온 이론과 유사한 무언가를 고안할 수 있었어야 한다는 기대는 전혀 비합리적이다. 일부 물 분자들이 **자발적으로** 해리되어 이온으로 되는 것을 그들이 어떻게 상상한단 말인가? 또한 그 해리의 결과로 H^+ 이온과 O^- 이온이 아니라 H^+ 이온과 OH^- 이온이 나오는 것을 그들이 대관절 왜 상상한단 말인가? 물 분자가 H^+ 이온과 OH^- 이온으로 해리된다는 설명은 우여곡절 끝에 19세기 말에야 비로소 확고해졌다. 과거 화학자들의 합리성은, 당시에 가용했던 대안들을 가지고, 혹은 당시에 합리적인 화학자라면 고려해보았어야 마땅한 대안들을 가지고 그들이 무엇을 했는가를 통해 판단되어야 한다(이 논점에 대한 추가 논의는 2.3.6 참조).

　　이런 사정을 감안할 때, 19세기 과학자들이 결정하지 않기로 결정한 것은―정확히 말하면, 제각각 결함이 있는 경쟁자들 중에서 명백한 승자를 판정하지 않기로 한 것은―현명한 선택이었다고 나는 느낀다. 궁극적 진리를 미결정으로 남겨둔 채로 전기화학자들은 실험적 이론적 연구를 이어갔다. 우리는 2.2.2에서 그 연구를 자세히 살펴볼 것이다. 화학혁명을 일으킨 라봐지에주의자들의 행진에서처럼 명확한 선택의 유혹에 넘어가지 않고 그렇게 미결정 상태를 유지한 것은 올바르고 성숙한 행동이었다고 나는 느낀다. 19세기 전기화학의 흡족한 다원주의에 묻어 있는 유일한 옥에 티는 라봐지에주의적 교조주의의 유산이다. 여러 진지한 이론적 대안들 가운데 딱 하나만 억압당했는데, 그것은 리터의 합성 견해였다. 왜냐하면 그 대안은 물이 원소라는 반라봐지에주의적 견해의 부활을 꾀했기 때문이다. 이 억압의 교조주의적 본성이 가져온 또 하나의 귀결은, 훨씬 더 나중까지도 전기분해가 물이 화합물임을 보여주는 독립적 증거로 구실하지 못한 것이었다(더 긍정적으로 보면, 이 같은 교조주의적 색채 덕분에, 물이 화합물이라고 믿는 모든 사람들에게 유용한 공통 기반이 창출되었다. 이런 혜택들이 더 다원주의적인 과학 체제에서도 어떻게 보존될 수 있는지에 대해서는 5장 참조).

전기분해를 둘러싼 모든 불확실성을 감안하더라도, 그 실험의 중요성과 그것이 유발한 온갖 발전들을 얕잡아보는 것은 옳지 않은 행동일 것이다. 2.2.3에서 추가로 논하겠지만, 19세기 화학자들과 물리학자들은 전기화학의 이론적 핵심에 놓인 심각한 불확실성과 의견의 불일치에 구애받지 않고 계속해서 전기분해를 발전시키고 이용했다. 그들은 새로운 실험들을 결코 틀리지 않게 해석할 수 있게 해주는 훌륭한 근본 이론을 먼저 보유하는 호사를 누리지 못했다. 그 과정에서 불확실성은 삶에서 제거할 수 없는 사실이었다. 그리하여 다양한 지식 시스템들이 동시에 발전하고 번성하여 제각각 고유하게 공헌하면서 서로를 자극하고 풍부하게 만들었다. 나는 이런 진행 방식의 철학적 장점들을 2.2.3에서 논하고 5장에서 다시 논할 것이다. 그러나 철학으로 넘어가기에 앞서 먼저 인정해야 할 것이 있다. 몇몇 학자들의 노고에도 불구하고, 오늘날 우리 대다수는 이 시기의 전기화학에 관한 균형 잡힌 역사적 느낌조차 가지고 있지 않다. 나는 종결에 대한 집착이 상황을 이렇게 만들었다고 본다. 그 집착은 과학자들 사이에서뿐 아니라 과학철학자들과 과학사학자들 사이에서도 만연하며 몇몇 의외의 장소에서도 불쑥 등장한다. 예컨대 토머스 쿤은, 과학적 논쟁은 명백한 옳음과 그름에 의해 결판난다는 통념을 반박한 인물로 유명한데도, 각 분야

에서 정상과학 연구가 가능하기 위하여 독점적 패러다임이 필수적
이라고 강변했다. 덜 알려진 과학사의 다른 많은 국면들과 마찬가
지로 19세기 전기화학의 많은 부분은 통일된 이론적 토대 없이 실
천되었다. 19세기 전기화학이 과학자들과 철학자들로부터, 심지어
역사학자들로부터도 대체로 외면당해온 것은 그런 이유 때문이라
고 나는 의심한다.

2.2 굴하지 않은 전기화학

이 절에서는 물의 전기분해에 관한 논쟁을 더 깊고 넓게 살펴볼 것이다. 첫째, 서로 경쟁한 다양한 이론들이 그 현상을 얼마나 잘 설명했는지 고찰할 것이다. 리터의 합성 견해는 제거되어야 마땅했을까? 라봐지에주의를 구제하기 위한 다양한 가설들은 얼마나 유효했을까? 이 고찰에 이어서 나는 전기분해에 관한 그 논쟁을 렌즈로 삼아서 19세기 초반 전기화학의 발전을 신선하고 유익한 시각으로 바라볼 것이다. 데이비가 알칼리 금속을 발견한 것과 패러데이가 전기화학당량electrochemical equivalent을 설명한 것을 비롯한 소수의 눈에 띄게 찬란한 순간을 제외하면, 19세기의 대부분 동안 전기화학은 경쟁하는 이론들의 진창에 빠져 있었으며 아레니우스 이후에야 비로소 생산적 합의에 도달했다고 느껴질 수도 있겠다. 나는 그 느낌을 바로잡고, 지저분한 다원주의적 상태 안에 숨어 있는 생산적 발전 패턴을 끄집어내고자 한다.

2.2.1 합성 견해는 어떻게 제거되었는가

물의 전기분해는 뜻밖에도 물이 화합물이라는 생각을 위협했다. 그 위협의 구체적 형태는 내가 **합성 견해**라고 부르는 것, 곧 볼타 전지를 물과 연결했을 때 발생하는 수소와 산소는 실은 원소인 물과 두 가지 전기 유체 각각으로 이루어진 화합물이라는 견해였다. 이 장의 1절(2.1)에서 우리는 라봐지에주의 화학을 위태롭게 만드는 이 위협의 등장을 보았고 그에 따른 격렬한 반응들도 보았다. 또한 나는 합성 견해의 묵살이 **거리 문제**에 대한 어떤 합의된 해법에도 근거하지 않고 이루어졌음을 지적했다. 이제 나는 이 상황을 더 깊이 들여다보고자 한다. 이는 전기분해가 물이 수소와 산소로 이루어진 화합물이라는 주장을 뒷받침하는 긍정적 증거로 구실했는지, 또 구실했다면 어떻게 그러했는지를 합당하게 평가하기 위해서다. 이 절에서는 합성 견해의 제거에 대한 정당화를 검토할 것이다. 2.2.2에서는 거리 문제에 대한 라봐지에주의적 대응들의 장점을 평가할 것이다.

　　우리 논의의 틀을 일단 잡으려면 매우 기초적인 과학철학을 사용하는 것이 유용할 것이다. 논의를 이어가면서 나는 증거에 대한 철학자들의 사고방식을 중대하게 변경할 것을 제안할 생각이지만, 논의의 시작을 위해서는 표준적인 철학적 상식이 적절하고 그것으로 충분할 것이다. 그러므로 우선 물의 조성에 관한 두 개의 경쟁 가설을 가설-연역hypothetico-deductive(H-D) 모형에 따라 검증하는 것을 고찰하자. 가설들을 C('물은 화합물compound이다')와 E('물은 원소element다')로 표기하자.

　　　C = '물은 산소와 수소로 이루어진 화합물이다.'
　　　E = '물은 원소다.'

　　H-D 검증을 하려면, 가설로부터 예측들을 도출하여 관찰들과 비교해야 한다. 따라서 우리는 가설 C와 E가 볼타 전기를 물에 가했을 때의 결과에 대해서 어떤 예측을 하는지 알고 싶다. 그런데 곧바로 우리는 오로지 C나 E만 가지고는 유용한 예측을 전혀 할 수 없음을 깨닫는다. 그리고 19세기 초반에는, 물속으로 전류를 흘려

보내면 어떤 일이 일어날지 연역할 수 있게 해주는 충분히 발달한 전기이론이 없었다.

그러니 철학적 틀을 조금 더 확장하자. 관찰이 가설을 뒷받침하는 증거로 구실할 수 있으려면, 관찰과 가설 사이에 어떤 명확한 논리적 관계가 확립될 필요가 있다. 관찰로부터 가설이 추론될 수 있다면 가장 좋겠지만, H-D 모형에 따르면 거꾸로 가설로부터 관찰이 추론되는 경우에도 우리는 최소한 허탕을 친 것은 아니다. 만일 관찰로부터 가설이 추론되지도 않고 가설로부터 관찰이 추론되지도 않는다면, 관찰과 가설 사이에 적어도 어떤 긍정적 확률적 관계가 성립하기를 우리는 바랄 것이다. 일단 여기에서 나는 어떤 특정한 철학적 확증이론을 옹호할 생각이 없다. 우리가 어떤 확증이론을 채택하건 간에 이것은 확실한데, 현재 우리가 다루는 사례에서, 또 대다수의 과학적 사례들에서 관찰과 가설 사이에 성립할 필요가 있는 추론적 관계를 확립하려면 모종의 추가 가정들이 필요하다.

지금 우리가 다루려는 것은 반증의 힘을 약화하는 보조가설 auxiliary hypothesis의 문제가 아니다. 오히려 신뢰할 만한 보조가설이 전혀 없는 상황의 문제성이 우리 논의의 핵심이다. 이 대목에서 잠시 걸음을 멈추고, 보조가설의 긍정적 권능 부여 역할을 강조할 필요가 있다. 뒤엠적인 총체주의Duhemian holism나 포퍼적인 반증주의의 난점을 공부하면서 보조가설의 개념을 처음 접한 철학자들의 입장에서는 보조가설을 이론 검증의 논리를 어지럽히는 성가신 방해 인자로 간주하는 것이 어쩌면 자연스러울 것이다. 그러나 뒤엠이 강조했듯이, 'H-D' 속의 'D'를 가능케 하는 적절한 보조가설의

도움이 없으면, 가장 뻔한 상황들을 제외한 모든 상황에서 이론에
대한 H-D 검증은 결코 이루어질 수 없다. 보조가설의 필요성은,
어느 정도 직접 관찰이 가능한 것(예컨대 음극과 양극에서 나오는 수소
기체와 산소 기체)과 그런 관찰로 확증하려는(흔히 관찰 불가능한 것들
의 영역에 온전히 속한) 이론적 가설(예컨대 물 분자는 수소 원자와 산소 원
자로 이루어졌다는 것) 사이의 잘 알려진 간극에 의해 더욱 강화된다.
이런 사정은 임의의 다른 철학적 이론-검증 모형에서도 유사하게
발생할 것이다. 이 통찰은, 어떻게 관찰의 이론적재성theory-ladenness
of observation이 관찰에 이해 가능성을 제공함으로써 긍정적 역할을
하는가에 관한 노우드 러셀 핸슨의 견해와 맥이 닿는다(Lund 2010
참조).

　　　운이 좋다면, 필요한 보조가정이 이미 다른 곳에서 잘 확립
된 사실이나 이론의 형태로 발견될 수 있을 것이다. 그러나 우리가
주목하는 사례에서 모든 가용한 보조가정들은 완전히 새롭고 불확
실했다. 니컬슨과 칼라일이 처음으로 물을 전기분해했을 때, 전류
가 물을 만나면 어떤 작용을 해야 하는가에 관한 정착된 이론적 견
해는 전혀 없었다. 실은 '전류', 곧 전기의 흐름이라는 개념 자체도
아직 익숙하지 않았다. 일정한 전류는 볼타 전지의 발명으로 비로
소 가용해졌으니까 말이다. 심지어 1799년에 게오르크 크리스토
프 리히텐베르크는 전류가 물을 만난 상황에서는 전기가 두 부분으
로 분해될 것이라는 견해를 내놓기까지 했다(Ostwald [1896] (1980),
24쪽/24쪽 참조). 그리고 니컬슨-칼라일의 연구 이전에 전기와 물의
상호작용에 관하여 알려진 최고의 지식은 캐븐디시가 산소와 수소
의 혼합물을 전기 스파크로 폭발시켜 물을 **합성**한 것이었다. 런던

의 외과의사 찰스 허닝스 윌킨슨(1763/1764~1850)[20]은 초기의 전기 화학을 다룬 멋진 개론서에서 이렇게 썼다. "어떻게 전기 폭발이 물의 분해를 일으키는지 이해하기가 어려워 보였다. 그리고 물이 분해되자, 어떻게 전기 폭발이 물의 재합성을 일으키는지 이해하기가 어려워 보였다."(Wilkinson 1804, 382쪽)

　　다음과 같은 가장 기본적인 질문에 대답해야 했다. 전기의 작용은 더 단순한 물질 배열을 창출하는 경향이 있을까, 아니면 더 복잡한 물질 배열을 창출하는 경향이 있을까? 리터의 대답은 이러했다. 전기는 (라봐지에의 칼로릭처럼 무게가 없기는 하지만) 물질적인 놈이며 (라봐지에의 칼로릭이 고체와 결합하여 액체를 이루고 액체와 결합하여 기체를 이루는 것처럼) 평범한 물질과 결합하여 화합물을 이루는 경향이 있을 것이다. 이 대답을 기초로 삼으면, 물이 원소라는 가설(E)로부터 물과 전기가 만나면 모종의 화합물이 형성되리라는 예측을 추론할 수 있다. 더 나아가 (당대에 전기의 본성에 관해서 어쩌면 가장 흔한 견해였던 쌍 유체 이론이 말하는 대로) 양전기와 음전기는 별개의 두 가지 유체라는 보조가설을 추가하면, 서로 다른 두 가지 물질이 두 전극에서 각각 따로 나오리라는 예측에 도달하게 된다. 앞서(이 책 191쪽) 인용한 글에서 오스트발트가 지적했듯이, 이 추론은 이례적이거나 비합리적인 구석이 전혀 없었다. 그리고 그 예측은 관찰에 의해 아주 멋지게 입증되었다. 그러므로 전기분해에 관한 관찰 사실들은, 당대에 합당했으며 또한 널리 퍼져 있던 보조가설들의 집

20　윌킨슨의 삶과 업적에 대해서는 Thornton(1967) 참조.

합의 맥락 안에서, 물이 원소라는 가설을 경험적이며 긍정적으로
뒷받침했다는 결론을 내려야 한다고 나는 생각한다.

　　가설 E는 가설 C와 정면으로 모순되므로, C를 옹호하는 사
람들은 E를 배척할 근거를 발견할 필요가 있었다. 적어도 E에 대한
확증으로 여겨지는 모든 것을 부숴버려야 한다고 그들은 생각했다.
그리하여 리터의 추론을 흠집 내기 위한 맹렬한 노력이 거의 수단
을 가리지 않고 이루어졌다. 그 노력은 유효했을까? 우리는 리터의
견해가 비교적 짧은 시간 안에 거의 모든 사람들로부터 배척당했다
는 것이 역사적 사실이라고 알고 있다. 하지만 그 배척이 어떻게 그
리고 왜 일어났는지를 더 자세히 살펴볼 필요가 있다. 그 배척에서
지적이며 직업적인 관성이 아주 중요한 역할을 했음을 인정해야 한
다. 1절(2.1)에서 인용한 글에서 퀴비에와 트롬스도르프가 꽤 솔직
하게 밝혔듯이, 물이 원소임을 받아들이려면 당시에 널리 받아들여
진 화학 시스템을 너무나도 많이 수정해야 했다. 우리는 또한 화학
계 내부의 피로감도 상상해야 한다. 예컨대 트롬스도르프는 오랫동
안 굳세게 저항한 끝에 1796년에야 '맹목적 추종자'로서가 아니라
개연성들을 따져보고서 라봐지에주의 화학의 물결에 굴복했다. 이
제 와서 물이 원소라는 견해로 되돌아간다는 것, 그것도 새로운 현
상 하나 때문에(물론 의심의 여지없이 중요한 현상이긴 하지만) 그렇게 한
다는 것은 그에게, 그리고 그와 유사한 상황에 처한 많은 사람들에
게 엄청나게 피곤한 일로 느껴졌을 것이다.

　　하지만 물에 관한 리터의 견해를 반박하는 구체적인 논증도
혹시 있었을까? 당대의 문헌에서 발견할 수 있는 논증은 놀랄 만큼
드물다. 비록 후대의 일부 저자들은 리터의 견해가 이미 당대에 최

종적으로 반박되었다고 돌이켜보며 선언하지만 말이다. 예컨대 오
스트발트는 어떤 의미에서 리터에게 상당히 우호적이었음에도 불
구하고, 이미 1802년에 베를린 토목공학 아카데미의 교수 파울 루
이스 시몬(1767~1815)의 실험을 통해 "그 사안의 과학적 종결이 이
루어졌다"라고 단언했다. 시몬의 실험 결과에 대하여 약간의 논란
이 있었지만, J.F. 에르트만의 유사한 실험이 그 결과를 입증했으
며 "그렇게 그 사안은 최종적으로 판가름났다"(Ostwald [1896] 1980,
159 – 161쪽/163 – 166쪽). 시몬과 에르트만이 해낸 일은, 전기분해에
서 생성되는 산소와 수소의 총 무게가 사라진 물의 무게와 거의 같
음을 입증한 것이었다(시몬의 실험에서 두 무게는 4.61그레인과 4.60그레
인). 이것이 보여준 바는 단지 전기 유체는 무게가 없다는 것[21]이었
는데, 전기 유체는 모든 '저울질 할 수 없는imponderable' 유체들과
마찬가지로 무게가 없다는 것이 당시에 널리 퍼진 통념이었으므로,
그 입증은 사소한 곁다리 성과라고 해도 과언이 아니었다. 시몬-에
르트만 실험 결과의 중요성을 강조하면서 오스트발트는 그 성과를
거의 같은 시기(1799년)에 럼퍼드가 칼로릭은 무게가 없음을 실험
을 통해 보여준 것에 빗댔다. 오스트발트는 충분히 훌륭한 역사학
자이므로 이 상황의 아이러니를 포착했으리라고 나는 상상하고 싶
다. 라봐지에주의자들은 무게 없는 전기 유체를 상정하는 리터의
견해를 묵살했다. 바로 그 라봐지에주의자들이 이번엔 칼로릭은 **원**

21　혹은 전기 유체의 무게는 당대의 기술로 탐지할 수 없을 정도로 작다는
것(전자의 무게에 대해서도 똑같은 얘기를 매우 정당하게 할 수 있었다).

래 무게가 없다고 주장하면서 럼퍼드의 반反칼로릭 논증을 묵살하는 중이었다.[22] 따라서 그들은 무게에 기초하여 리터의 견해를 반박하는 시몬의 논증에 큰 신뢰를 주기가 상당히 불편했을 것이다. 오스트발트는 시몬의 실험이 결정적이었다고 하지만, 실제로 나는 그 실험이 그런 결정적 영향력을 발휘했다는 인상을 당대의 일차문헌에서 느끼지 못한다.

리터의 견해에 대한 반론들 가운데 내가 본 가장 설득력 있는 반론은 젊은 옌스 야코브 베르셀리우스(1779~1848)와 그의 후원자 빌헬름 히싱에르(1766~1852)에 의해 1803년에 최초로 명확하게 제시되었다. 베르셀리우스의 첫 번째 주요 출판물에 담긴 그 반론의 핵심은 이러하다. "그 이론은 그 현상이 물이 아닌 다른 물질의 분해에서 유래하는 모든 경우에 매우 무력해진다. 예컨대 [황산칼리sulfate of potash]가 금이나 납으로 된 전선에 의해 분해될 때, 리터 씨에 따르면 그 현상을 이렇게 설명해야 한다. 즉, [황산칼리]는 단순한 물질인데 음전기와 결합하면 [가성 칼리caustic potash]로 되고 양전기와 결합하면 황산으로 된다고 말이다."[23] 더 나중에 도노번

---

22 럼퍼드에 관한 더 일반적인 논의는 Brown(1950), 372쪽, Brown(1979) 참조. 라봐지에주의자들은, 열이 마찰에 의해 무한정 생산됨을 보여주는 더 유명한 '포신 뚫기cannon-boring' 논증에 기초한 럼퍼드의 더 강력한 반칼로릭 논증에 대해서도 충분히 강한 반론들을 내놓았다(Chang 2004, 171쪽, 그리고 참고문헌).

23 오스트발트의 텍스트를 영어로 옮긴 번역본에서는 대괄호들 안에 '황산칼륨potassium sulfate'과 '수산화칼륨potassium hydorxide'이 등장하는데, 나는 그것들을 수정했다. 그 용어들은 문제적인 방식으로 시대에 맞지 않는다. 왜냐하면 베르셀리우스와 히싱에르는 데이비가 칼륨을 분리해내기 전에 이 인용문을

(1816, 47쪽)이 유사한 논증을 내놓았는데, 그는 리터가 물의 경우만 고찰하고 성급하게("많은 숙고 없이") 전기분해에 관한 그의 견해에 도달했다고 생각했다. 산소와 수소는 다른 물질들의 전기분해를 통해서도 생산될 수 있으며, 이는 합성 견해를 곤란하게 만드는 것이 틀림없다. 예컨대 도노번은 '아질산nitrous acid'을 전기분해하면 산소와 질소가 나온다고 지적하면서 웅변가처럼 이렇게 물었다. "산소와 질소는 양전기를 띤 아질산과 음전기를 띤 아질산이라고 그[리터]는 생각할까? 우리가 호흡하는 공기가 아질산이라고?" 이 질문 앞에서 "그렇다. 그렇게 생각하지 못할 이유가 무엇인가?"라고 대답하는 것도 충분히 가능했다. 그러나 도노번의 질문에는 더 진지한 논점이 있고, 그것은 일관성에 관한 것이다. 리터는 양전기를 띤 물과 양전기를 띤 아질산이 **둘 다** 산소라고 주장하고 싶었을까? 도노번이 스스로 언급하지는 않았지만, 암모니아의 경우는 그의 논증에 추가로 힘을 실어줄 만했다. 음전기를 띤 물과 음전기를 띤 암모니아는 둘 다 수소이고, 양전기를 띤 아질산과 양전기를 띤 암모니아는 둘 다 질소일까?

　　　그러나 나는 이 논증들도 리터의 견해를 케이오시키지 못한다고 본다. 우선, 서로 다른 두 화합물(예컨대 (물+음전기), 그리고 (암모니아+음전기))이 똑같은 핵심 속성들을 가지고 따라서 동일한 물질

썼기 때문이다. 그 시기에는 칼리가 원소라는 통념이 널리 퍼져 있었다. 물론 칼리가 화합물일 수도 있다는 의심이 있긴 했지만, 그 의심은 근거가 없었다 (황산을 가리키는 과거의 용어 'vitriolic acid'를 현대의 용어 'sulfuric acid'로 바꾸는 것에는 이런 문제가 없다).

(예컨대 수소)로 판별되는 것은 논리적으로 불가능하지 않다. 더 진지한 논점은 이것인데, 나는 베르셀리우스와 히싱에르(또한 도노번도) 리터의 견해를 야박하게 해석하고 있다고 생각한다. 볼타 전지의 효과가 **항상** 합성이라거나 볼타 전지의 작용을 받는 대상이라면 무엇이든지 원소라는 것이 리터의 본의였을 리는 결코 없다. 정반대로, 전기는 (아질산 같은) 화합물을 분해하지만 원소에 가해지면 화합물을 형성한다고 주장하는 것은 완벽하게 합리적이었을 것이다. 더욱더 진지한 논점은 다음과 같다. 전기가 화합물과 만나 상호작용할 때 두 단계의 과정을 일으킨다고 볼 수도 있었을 것이다. 즉, 전기가 먼저 화합물과 결합하고 이어서 그 결합으로 생성된 화합물의 분해를 유발한다고 말이다. 이것이 터무니없는 이야기로 들린다면, 위대한 라이너스 폴링(1901~1994)과 그의 아들 피터 폴링(1931~2003)이 함께 쓴 교과서에 나오는, 물의 전기분해에 대한 현대적 견해 하나를 보라. 그림2.5는 그 견해를 보여준다(Pauling and Pauling 1975, 357쪽).

음극에서는 음전기가 전자들의 형태로 액체에 진입하여 물분자들과 결합한다. 이어서 그 결합물이 수소 기체와 수산화이온(OH^-)으로 분해된다. 이것은 오늘날의 교과서들에서 볼 수 있는 가장 표준적인 견해는 아니지만 그렇다고 해서 상상에 불과한 것도 아니다. 전기분해의 과정이 전기와 물질의 결합을 포함한다는 생각은 적어도 그 과정의 첫 단계에서는 완벽하게 합리적이다.

다시 19세기 초반의 실제 역사로 돌아가자. 리터가 추측한 전기의 화학적 행동이 어떤 유형인가에 관한 근본적 불확실성을 도노번도 지적했다. "전기가 영구적인 결합물의 일부가 된다고 생각

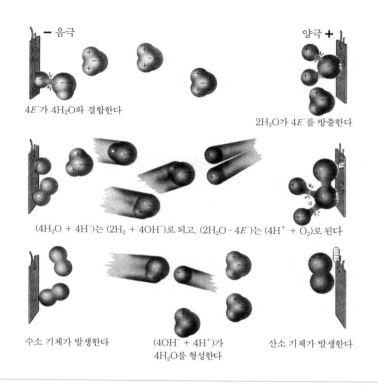

- 음극

양극 +

$4E^-$가 $4H_2O$와 결합한다

$2H_2O$가 $4E^-$를 방출한다

$(4H_2O + 4H^-)$는 $(2H_2 + 4OH^-)$로 되고, $(2H_2O - 4E^-)$는 $(4H^+ + O_2)$로 된다

수소 기체가 발생한다

$(4OH^- + 4H^+)$가 $4H_2O$를 형성한다

산소 기체가 발생한다

그림2.5 물의 전기분해에 대한 한 현대적 견해

할 근거가 과연 있었을까?" 그러나 도노번은 모든 진영의 다양한 '갈바니즘 가설들galvanic hypotheses'에 대해서 공평하게 회의적이었으며 유난히 리터에게만 가혹했던 것이 아니다. 아무튼, 전기는 다른 물질과 화학적으로 결합할 수도 있고 그렇지 않을 수도 있다는 것은 당대에 누구나 아는 바였다. 리터는 전기를 화학적 물질의 일종으로 생각한 유일한 인물이 아니었다. 그가 그 생각을 가장 극단

적으로 옹호한 것도 아니었다. 이와 관련해서 가장 교훈적인 사례는 어쩌면 루이지 발렌티노 브루냐텔리(1761~1818)일 것이다. 1장의 1.2.1.3에서 우리는 기체 상태가 아닌 산소의 도움으로 일어나는 연소를 반례로 제시하는 비판자들에 맞서 라봐지에의 연소 이론을 방어하기 위해 고안한 임시방편적 개념인 '열산소'와 관련해서 브루냐텔리를 잠깐 만난 바 있다. 볼타가 갈바니즘에 관하여 갈바니 본인의 견해와 대립하는 자신의 견해를 처음 발표한 매체가 바로 브루냐텔리의 〈물리학-의학 저널Giornale Fisico-Medico〉이었다. 브루냐텔리는 볼타 전지가 일으키는 현상들을 숙고한 끝에 전기는 산acid이라는 결론에 도달했다.[24]

> 전기 산은 열 물질, 빛 물질[라봐지에의 칼로릭과 빛 물질]과 매우 유사한 유체다. 전기 산은 팽창 가능하며 특유의 불쾌한 냄새와 (…) 시고 알알한 맛을 지녔다. 피부를 자극하고 태운다. (…) 푸른색 리트머스 시약을 붉은색으로 변화시킨다. (…) 전기 산이 흐를 경우, 전기 산은 물이 염을 용해시키는 것처럼 금속을 용해시킨다. 이때 전기 산은 용해된 금속을 데리고 아주 먼 곳으로, 특히 여러 물질들을 통과하여 이동한다. 전기 산은 물에 녹는다.

24　에티엔 가스파르 로베르손(1763~1837)은 파리에서 '전기 산galvanic acid'에 관한 유사한 견해를 독립적으로 제시했다(Ostwald 〔1896〕(1980), 209쪽/216쪽). 모틀리(1922, 350-351쪽)는 로베르손이 볼타와 개인적 친분이 있었으며 파리에서 볼타의 업적에 제대로 관심을 기울인 최초의 인물이었다고 설명한다. 흥미롭게도 로베르손은 브루냐텔리가 그의 강의에 끼어든 일을 계기로 처음으로 볼타와 교류하기 시작했다.

거의 모든 금속들은 전기 산 수용액 속에서 산화하며, 그 대가로 물이 분해되고 수소 기체가 발생한다. (…) 전기 산과 구리로 이루어진 염은 아름다운 녹색을 띠며 투명하다.(Ostwald [1896] 1980, 208쪽/215쪽에서 재인용)

브루냐텔리의 견해는 널리 수용되지 않았지만, 나는 다음과 같은 두 가지 중요한 논점을 예증하기 위해서 그 견해를 인용했다. 첫째, 오로지 리터만 전기를 화학적 결합을 이룰 수 있는 모종의 물질로 간주하려 한 것이 아니었다. 둘째, 이런 유형의 견해는 심지어 라봐지에주의 진영에도 있었다.

결론적으로 나는 리터가 구체적으로 물의 전기분해에 대한 그의 견해와 관련해서 반박된 일은 결코 없었다고 생각한다. 2.3.5에서 추가로 설명하겠지만, 내가 보기에 전기분해에 관한 리터의 견해가 사망한 것은 그가 모범적으로 실천한 과학 프로그램 전체의 실패 때문이었다. 이 대목에서 발터 베첼스가 짠하게 묘사한 리터의 모습 가운데 몇몇 핵심적인 세부사항을 언급하지 않을 수 없다(1978a, b, 1990). 주류 과학계는 리터가 풍부하게 쏟아내는 실험 결과들, 형이상학적 신념들과 사변들, 심지어 예언들을 가지고 무엇을 어찌해야 할지 몰랐다. 리터의 연구는 이런 식이었다. 그는 윌리엄 허셜의 적외선 발견과, 스펙트럼의 대칭성이 보존되어야 한다는 그 자신의 신념을 합쳐서 자외선의 존재를 예측한 다음에 독창적인 실험을 통해 예측대로 자외선을 발견했다.[25] 리터의 연구는 갈수록 더 신비주의적이고 사변적으로 되어 '수맥 탐지용 막대divining rod'를 탐구하는 지경에까지 이르렀지만, 또한 같은 시기에 그는 '식물 전기생리학'이라는 새로운 분야를 개척했다. 그는 대학교에 임용된 적이 없으며, 그가 마침내 얻은 유일한 학자로서의 지위(1805년에 얻은 왕립 바이에른 예술 과학 아카데미 회원의 지위)는 논란과 검열과 지지자들의 감소 속에 마감되었다. 그는 황도가 최대로 기울어지는 시기와 전기 과학에서의 주요 발견 사이에 상관성이 있다고 생각하면서 1820년에 또 하나의 주요 사건이 일어날 것이라고 예측했다. 이 기이한 예언은 그 해에 그의 친구 외르스테드가 전자기를 발견함으로써 입증되었지만, 리터는 이를 목격하지 못했다. 리터는 기력이 소진하여 1810년에 34세로 요절했다. 여러 해에 걸친 빈곤과 그 자신의 몸을 이용한 전기 실험이 건강을 악화시켰다. 그로부터 6년 후에 도노번(1816, 107쪽)은 "독창적이고 이례적인 리터"에게 경의를 표했다. "때 이른 죽음이 세상으로부터 한 사람을 앗아갔다. 그의 근본적으로 특이한 견해, 연구에 대한 열정, 발명의 독창성은 그를 체계적인 동시에 기괴하게 만들고, 무궁무진한 발견을 이루게 하고, 오류를 범할 때조차도 독창적이게 만들었다."

납득할 만한 일이지만, 환상적으로 들리는 리터의 아이디어와 관찰 가운데 어떤 부분들이 입증될 수 있고 더 발전될 수 있는지 알아보기 위해 리터를 본받아 상상력의 도약과 과감한 실험을 기꺼이 실천하려는 화학자와 물리학자는 많지 않았다. '낭만주의 자연철학Romantic Naturphilosophie'에 우호적인 과학자들scientists과 철학자들 사이에서 리터는 아주 큰 인기를 누렸지만, 과학자들men of science

---

25 월라스턴도 리터의 연구와 상관없이 독립적으로 자외선을 발견했다.

사이에서 자연철학에 대한 부정적 반응이 시작되면서 과학계 내에서 리터의 지위는 하락했다. 심지어 플로지스톤주의자들도 전반적으로 상당히 냉철한 사람들이어서 리터의 야생적이고 찬란한 과학 스타일을 좋아하지 않았다. 프리스틀리가 리터와 동맹을 맺지 않았다는 점은 의미심장하다. 주류 과학은 리터의 과학을 포괄적으로 배척하면서 물의 전기분해에 관한 그의 견해도 내던졌다. 그 배척의 층위들을 꼽으면, 전기 일반에 관한 리터의 견해가 배척당했고, 물을 원소로 간주하는 (플로지스톤 이론을 포함한) 모든 화학 이론들이 배척당했으며, 자연철학이 배척당했다. 여기에서 나는 리터의 일반적인 관점이 과학계 내에서 존속했어야 하는가, 하는 질문을 다루지 않을 것이다. 아무튼 이것은 명백한데, 물이 원소라는 생각은 리터의 다른 견해들과는 논리적으로 독립적이었다. 어쩌면 19세기의 벽두에 그 생각을 앞장서서 옹호한 인물이 불운한 리터였다는 점이 불운이었을 것이다.

2.2.2 라봐지에주의를 구제하기 위한 가설들은 얼마나 유효했을까

　　물이 원소라는 생각은 19세기 초반이 지나면서 진지하게 고려되기를 그쳤다는 점을, 옳으냐 그르냐를 떠나서 역사적 사실로서 받아들이기로 하자. 그러나 물이 수소-산소 화합물이라고 가정할 때, 전기분해의 결과가 함축하는 바는 정확히 무엇일까, 하는 질문은 여전히 남는다. 거리 문제의 지속적 미해결을 물이 화합물이라는 생각에 대한 결정적 반박으로 간주하는 것은 옳지 않을 것이다. 과학적 가설-검증은 그보다 더 복잡하다. 그러나 거리 문제의 존속이 어느 정도의 불편을 유발했다는 점은 이론의 여지가 없다. 라봐지에주의를 구제하기 위한 가설들이 처리하고자 한 것이 바로 그 불편이었다.

보조가정들의 긍정적 역할을 상기하자. 전기분해를 물이 화합물이라는 견해를 뒷받침하는 증거로 간주하고자 한 사람들이 수행해야 할 과제는 가설 C('물은 산소와 수소로 이루어진 화합물이다')로부터 물의 전기분해에 관한 관찰 사실들을 도출할 수 있게 해주는 신뢰할 만한 이론을 세우는 것이었다. 어떤 유형의 이론을 세워야 할까? 두 가지 배경 요인이 전기화학에서 1830년대까지 이론적 상상력을 합당하게 제약했다. 첫째, 표준적인 추론 방식이 정전기학에 기초를 두었다. 이는 몇몇 물질들(산소, 산 등)은 전지의 양극으로 이동하고 다른 물질들(수소, 금속 등)은 음극으로 이동한다는 관찰 사실에 고무되어 형성된 표준이었다. 둘째, 이 시기까지, 특히 샤를오귀스탱 쿨롱(1736~1806)의 연구가 널리 받아들여진 후로, 정전기학적 추론은 대개 입자 중심이었다. 입자 중심 추론을 화학에 적용한다는 것은 미시적 입자들에 관한 이론을 세운다는 것을 뜻했다. 그리하여 전기화학 이론은 대개 원자론적 용어들로 표현되었다. 물론 볼타 전지를 이용한 전기분해는 돌튼의 화학적 원자론이 발표된 시점보다 거의 10년 먼저 이루어졌지만 말이다. 따라서 만일 물이 화합물이라면, 물은 양전하를 띤 수소 입자와 음전하를 띤 산소 입자의 원자론적 결합물이라고 생각하는 것이 '자연스러웠다'. 이 같은 널리 퍼진 정전기학적-원자론적 견해가 거리 문제의 해결을 위한 거의 모든 시도들의 기초를 이루었다. 최소한 패러데이가 1830년대에 수행한 연구 이전까지 그러했으며, 대다수 사람들에게는 그 이후로도 한참 동안 그러했다.

첫 절(2.1)에서 나는 물은 화합물이라는 견해를 옹호한 사람들이 거리 문제를 해결하기 위해 제시한 가설 세 가지를 간략하게 언급했다. 그중에 쓸 만하다고 널리 인정받은 두 가지는 보이지 않는 운반 가설과 분자 사슬 가설이다. 이것들은 물의 전기분해에 관한 기본적인 사항들을 설명하기 위해 특별히 고안한 가설들이었으므로, 전기분해를 물이 화합물이라는 것(가설 C)을 뒷받침하는 증거로 간주할 수 있게 해주는 보조가설로 구실하기에 적합했다. 또한 이 가설들은 전기분해의 메커니즘을 적당한 수준에서 완전하게 보여주는 모형으로 기능하기에 충분할 만큼 상세했다. 더구나 이것들은 논쟁의 초점이 되었다. 가설 C('물은 산소와 수소로 이루어진 화합물이다')와 E('물은 원소다')는 정면으로 모순되므로, E의 옹호자들이 C를 뒷받침하는 모든 보조가설을 반박하는 실험을 고안하려 한 것은 더할 나위 없이 당연하다.

리터는 비가시적 운반 보조가설을 강하게 공격했다. 그는 수소나 산소를 포획할 수 있는 액체를 사이에 끼워넣어 물을 두 집단으로 분리해놓고 전기분해를 시도함으로써, 분리된 각각의 물 집단에서 전기분해가 정상적으로 이루어짐을 보여주었다(그림2.6 참조. 출처는 Ostwald [1896] 1980, 156쪽/160쪽). 이 실험 결과는 리터 자신의 가설을 증명하지는 못했지만 보이지 않는 운반 가설을 매우 곤란하게 만들었다. 그 가설에 따르면, 양쪽 극에서의 기체 발생은 수소나 산소가(혹은 양자 모두가) 물속을 통과하여 한 극에서 반대 극까지 이동할 수 있어야만 지속될 수 있으니까 말이다. 오스트발트는 이러한 리터의 반론에 대해서 아래와 같은 흥미로운 평가를 내렸다.

그림2.6 리터의 V자형 튜브 실험

수소를 [포획하기] 위해서는 그[리터]가 사용한 황산이 이 일을 해야 하지만, 이것은 약간 의심스럽다. 산소를 위해서 그는 황화칼륨 용액을 사용하는데, 이에 대해서는 의심을 제기할 수 없다. 만일 수소 원자와 산소 원자가 분리된 다음에 산소 원자가 반대편으로 이동한다면, 산소 원자는 황화칼륨 용액에 진입하는 즉시 황화칼륨과 결합해야 하고 따라서 반대편에서 나타날 수 없다. 그러나 실제로 나타난다. 솔직히 이 반론에 맞서서 할 수 있는 말은 거의 없다.(Ostwald [1896] 1980, 158쪽/163쪽)

　　또한 오스트발트의 평가에 맞서서 할 수 있는 말도 거의 없다. 이처럼 리터는 비록 자신의 가설을 수용시키는 데는 성공하지 못했지만 가장 유망한 대안들 중 하나의 앞길이 막히는 데 큰 역할을 했다.

　　그러나 과학에서 흔히 그렇듯이, 이 명백한 반박의 힘을 약화할 길들이 있었다. 싱어(1814, 343쪽, 379쪽)는 거리 문제가 모종의 비가시적 운반을 불가피하게 함축한다고 여겼다. 비록 그 자신도 그 생각에 전적으로 만족하지는 않았지만 말이다. 싱어는 보이지 않는 운반을 **사실**로 받아들이고 그것을 이해하려 애썼다(349-350쪽 이하). 그는 이렇게 보고했다. "이 분해와 운반의 수단은, 화합물의 성분들이 그것들을 강하게 끌어당기는 용매들을 통과하여 운반될 수 있을 정도로, 매우 강력하다." 싱어의 보고에 따르면, 예컨대 황산이 암모니아를 통과할 수 있었고, 산들과 알칼리들이 "미묘한 식물성 염료들을 그것들에 영향을 미치지 않고" 통과할 수 있었다. 싱어는 이렇게 추론했다. "중간에 놓인 용매들과 운반되는 성분들 사이의 화학적 작용이 없는 것은 그 과정 중에 모종의 독특한 에너지 소멸이 일어나기 때문인 듯하다. 어쩌면 그 에너지 소멸은 보이지 않는 기체 전달의 원인이기도 할 것이다." 이것은 제대로 된 이론이 확실히 아니지만 더 나은 이론이 나오기를 기다리는 사람들에게 초라한 미봉책의 구실을 했을 것이다.

　　보이지 않는 운반에 대해서는 이 정도로 마무리하자. 분자가 사슬을 이룬다는 가설은 어떠했을까? 일부 역사학자들은 그로투스의 가설이 거리 문제 해결을 위한 경쟁에서 뚜렷한 선두였다고 주장한다. 예컨대 윌리엄스(1965, 232쪽)는 이렇게 단언한다. "화학혁명은 구제되었다. 물이 화합물이라는 견해를 유지하는 것과 두 기체가 어떤 가시적인 조짐도 없이 용액을 가로질러 운반되는 것이 어떻게 가능한지를 그로투스가 멋지게 보여주었다." 고버노바 등 (1978, 232쪽)은 그로투스를 "전기화학의 돌턴"으로 칭하면서, 그의 "전기 전도의 사슬 메커니즘"은 "19세기 중반까지 일반적으로 받아들여졌다"라고 말한다. 파팅튼(1964)은, 그로투스의 이론은 비록 일반적으로 받아들여졌다고 하기에는 부족했지만 "1890년경까지 존속했다"라고 말한다. 이와 유사한 플로리안 커조리(1929, 224쪽)의 말에 따르면, "특이한 이론들이 여럿 있었지만, 반세기 넘게 존속한 이론은" 그로투스의 이론이었다. 폴 플러리 모틀리(1922, 390쪽)가 인용하는 라드너와 페이의 평가에 따르면, 그 이론은 초기에 제시된 "많은 가설들 가운데 가장 그럴싸한 것"이었다. 그러나 이 평가는 내가 직접 일차문헌을 검토하고 얻은 느낌과 여러모로 어긋난다.

　　무엇보다도 먼저 우리는 분자 사슬 가설의 다양한 버전들이 있었음을 인정해야 한다. 그로투스의 가설만 있었던 것이 아니다. 따라서 그로투스에게서 유래했다고 할 만한 매우 구체적인 아이디어 하나로 의견이 모아졌다고 하기 어렵다. 심지어 분자들이 단일한 사슬을 이룬 채로 차례로 짝꿍을 바꾸고 마지막에 뒤집힌다는 그로투스의 아이디어를 따르는 사람들 사이에서도 미묘하지만 중요한 차이들이 있었다. 그로투스 본인은 물 분자의 전기적 극성polarity이 전지의 영향으로 **유발된다**고 보았다. 볼타 전지의 "모든 부품 각각"(즉, 금속 원반 쌍 각각)이 "음극과 양극"을 지녔기 때문에, 그 전지의 작용으로 "물의 기초 분자들에서 유사한 극성이 생겨나는 것일 수도 있다"고 그로투스(1806, 353쪽)는 생각했다. 그가 고백했듯이, 이 생각이 그에게 "그 주제에 관한 섬광"을 제공했다. 수소와 산소는 "전자가 양의 상태를 얻고 후자가 음의 상태를 얻는 방식으로 자신들의 자연적 전기를 분리함으로써" 전기를 띠게 된다고 그로투스는 생각했다. 반면에, 특히 전기화학적 이원주의가 지배적이던 시기에(2.2.3.2 참조) 나머지 대다수는 수소 원자와 산소 원자가 본래 고유한 전하를 지녔으며 물 분자의 극성은 전지의 작용과 상관없이 이미 존재한다고 여겼을 것이다.

또한 그로투스의 정확한 기하학을 모두가 수용했던 것은 아니다. 그림2.7이 보여주는 이중 사슬 버전도 있었다. 그 버전에서 수소 원자들의 사슬과 산소 원자들의 사슬은 나란히 놓인 채로 서로 반대 방향으로 미끄러진다. 이 아이디어는 베르셀리우스(1811, 278쪽)에 의해 제시되었으며, 맨체스터에서 활동한 화학자 윌리엄 헨리(1775~1836)도 1813년에 같은 아이디어를 내놓았다. 그림2.9는 도노번도 유사한 기하학을 숙고했음을 보여준다. 물론 그가 상정한 메커니즘은 달랐지만 말이다(2.2.3.2 참조). 그리고 이것 외에 다른 변형들도 있다. 3장에서 보겠지만, 화학의 다른 분야들에서는 물의 원자적 조성이 HO가 아니라 H_2O라는 견해가 득세하고 있었다. 이 견해의 근거들 중 하나는, 물의 전기분해에서 생성되는 수소 기체와 산소 기체의 부피 비율은 2:1인데 똑같은 개수의 수소 원자들과 산소 원자들이 그렇게 다른 부피를 형성한다고 생각할 이유는 딱히 없다는 것이었다. 만약에 산소 원자 각각에 대해서 수소 원자 두 개가 존재한다면, 그로투스 사슬의 단순한 기하학은 심각하게 교란된다. 흥미롭게도 그로투스(1810)는 이 주제를 다룬 두 번째 논문에서 물은 HO_2라는 가정 아래 구성한 새 모형을 제시했다(그림2.8 참조). 그 갱신된 모형은 추가된 산소(혹은 수소)를 수용할 수 있었지만, 물 분자 각각의 단순한 극성이 사라졌기 때문에, 그로투스의 멋진 막대자석 비유는 파괴되었다. 이중 사슬 메커니즘들은 H_2O(혹은 HO_2)를 더 쉽게 수용할 수도 있었을 것이다. 원래 상상한 두 개의 사슬과 나란히 놓인 또 하나의 사슬을 추가로 생각하기만 하면 될 테

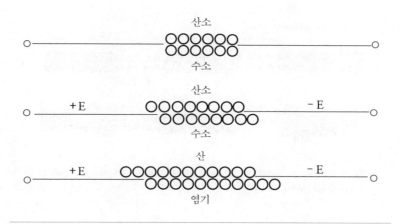

그림2.7 베르셀리우스가 제안한 이중 분자 사슬

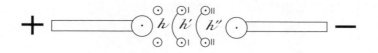

그림2.8 그로투스가 두 번째로 제안한 사슬. 물이 HO_2로 상정되어 있다(〈화학 연보〉 63호 (1807) 83쪽 맞은편의 도판에서 따옴).

니까 말이다. 그러나 그런 식의 수용은 가뜩이나 미봉책이라는 평판을 받던 사슬 가설들을 더 심한 미봉책으로 보이게 만들었을 것이다.

그렇다면 최소한 **모종의** 분자 사슬에 대해서 폭넓은 합의가 있었다는 말은 할 수 있을까? 이제부터 분자 사슬의 개념 자체

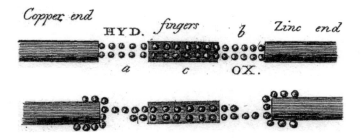

그림2.9 인체를 통해 연결된 두 컵의 물에서의 전기분해를 설명하는 도노번의 그림 (Donovan 1816, 제목 페이지 맞은편 도판의 그림4, 그림5)

에 대해서 회의적이었던 사람들을 만나보자. 이번에도 싱어(1814, 380쪽)를 좋은 예로 들 수 있다. 그는 베르셀리우스가 제안한 분자 사슬 버전과 관련해서 이렇게 불평했다.

> 내가 보기에 이 추정은 문제를 심화하는 듯하다. 왜냐하면 이 추정은 분해와 재합성의 연쇄를 함축하는데, 그런 연쇄는 증명되지 않았으니까 말이다. 게다가 중간에 놓인 유체에서 어떤 가시적인 운동이나 변화를 일으키지 않으면서 그런 현상이 일어날 수 있다는 것은 그럴싸하지 않게 느껴진다.

요컨대 설명되지 않는 화학반응의 부재와 탐지되지 않는 화학적 작용이 딜레마의 두 뿔을 이룬 상황에서 싱어는 전자를 붙드는 쪽을 선택했다. 관찰되지 않는다는 점에서는 보이지 않는 운반이 분자 사슬보다 더 나을 것이 없을 수도 있겠지만, 고립된 원자들이 탐지되지 않게 물속을 가로질러 이동한다는 생각은 거시적인 길이의 사슬(심지어 필시 사슬들의 다발)이 액체 속에서 탐지 가능한 효과 없이 작동한다는 생각보다는 덜 엉뚱하게 느껴졌을 것이다.

싱어가 단지 회의적이었다면, 분자 사슬 가설을 적극적으로 반박하는 실험적 증거를 확보했다고 주장한 사람들도 있었다. 실제로 몇몇 증거는 분자 사슬과 보이지 않는 운반을 **모두** 반박했다. 예컨대 리터와 데이비는 분리된 두 컵에 넣은 물을 액체가 아닌 도체로 연결해놓고 전기분해하는 실험을 했다. 앞서 그림2.3에서 본 것과 유사한 실험 장치를 이용하여 데이비는 석면으로 연결된 두 컵에서 수소와 산소를 발생시키는 데 성공했다. 하지만 이것은 그리 큰 문제가 아니다. 석면은 물을 빨아들여서 자기 내부에 물 통로를 만드니까 말이다. 그런 물 통로가 있으면, 보이지 않는 운반도 일어날 수 있고 분자 사슬도 형성될 수 있을 것이다. 그러나 두 컵 사이의 연결은 금속 전선을 통해 이루어질 수도 있었다. 심지어 인체를 통한 연결도 가능했다—그냥 양손을 각각의 컵에 담그면 되었다 (Donovan 1816, 340–341쪽; Ostwald[1896] (1980), 156쪽/161쪽). 수소와 산소가 눈에 띄지 않게 물속을 가로지른다거나 물속에서 보이지 않는 사슬을 이룬다는 것이 그럴싸하지 않게 느껴졌다면, 고체 금속이나 인체를 가로지른다거나 이것들 속에서 사슬을 이룬다는 것은 한마디로 해괴하게 느껴졌다.

도노번(1816, 341–348쪽)이 설명했듯이, 이 반론도 우회할 길이 있었다. 금속 전선을 통한 연결의 경우에는 **새롭게** 불거지는 문제가 없다. 왜냐하면 각각의 컵에 전선 두 개가 있게 되고, 그 전선들에서 수소와 산소가 정상적으로 생성되니까 말이다. 따라서 각각의 컵 안에서 예의 그 거리 문제가 발생할 따름이며, 금속 전선은 단지 두 컵 사이에서 전기를 전달하는 역할만 한다고 간주할 수 있다. 인체를 통한 연결의 경우는 더 까다롭지만, 그로투스의 뒤를 이어 도노번은 동물 조직이 물로 가득 차 있으며 그 물이 피부의 미세한 구멍들을 통해 외부와 접촉한다고 지적했다. 따라서 인체를 통한 연결은 본질적으로 젖은 석면을 통한 연결과 같으며(그림2.9 참조), 양쪽 경우 모두에서 사실상 단 하나의 물 집단만 존재하고 오래된 거리 문제만 존재한다. 이 주장을 뒷받침하기 위해 도노번은 특이한 경험을 회고했다. "나는 4인치 판 1000쌍을 쌓아 만든 [엄청나게 강한] 볼타 전지의 전선들에 손을 댔다가 심한 화상을 입은 적이 많은데, 그렇게 그을린 부위는 [미세한 구멍들이 닫혀서] 충격을 전달하지 못하게 된다는 것을 늘 관찰했다." 인체 내부를 미시적으로 들여다볼 능력이 없었으므로, 이 논쟁에 뛰어든 사람들은 휴전으로 만족해야 했다.

　　전체 상황을 조망하기 위하여 중요한 역사적 순간 하나를 주목하기로 하자. 비록 여느 순간과 마찬가지로 그 상황도 자의적으로 선택된 것이긴 하지만 말이다. 그로투스는 1822년에 37세로 사망했다. 불치의 병이 그를 자살로 몰아갔다.[26] 그 시점에서 본 전망은 밝지 않았을 것이다. 물론 라봐지에주의 전통 안에서 연구하는 화학자들은 물이 원소라는 견해의 부활을 위해 전기분해가 사용되

26　그로투스의 죽음을 둘러싼 상황과 그가 남긴 유산에 관해서는 Gorbunova et al.(1978), 233–234쪽 참조.

는 것을 막을 만큼의 방어 작업은 충분히 해냈다. 그러나 그들은 거리 문제를 해결하는 방법에 합의할 수 없었으며, 그 문제는 전기분해를 물이 화합물임을 뒷받침하는 긍정적 증거로 간주하는 것을 막는 장애물이었다. 종국적으로, 거리 문제는 해결되지 않고 해소되었다. 19세기 후반에 이르자, 전기분해에 관한 전혀 새로운 존재론이 등장했다. 그 존재론은 거리 문제 자체의 바탕에 깔린 중요한 전제 하나를 부정했다. "만일 전기분해에서 일어나는 일이 전기의 작용으로 물 분자 각각이 분해되는 것이라면..."이라는 전제를 말이다. 그 새로운 존재론의 핵심은 자유이온으로의 해리였다. 즉, 일부 물 분자들은 외적인 전기를 가하기 전에도 이미 전하를 띤 이온들로 분해되어 있다는 것이었다. 그 기존의 이온들이 액체 전체에 퍼져 있다가 자기가 보유한 전하에 맞게 전극들에서 선택된다. 이 새로운 존재론에서 거리 문제는 더는 존재하지 않았고, 보이지 않는 운반이나 분자 사슬의 필요성도 없었다. 물론 이 모든 이야기 역시 지나친 단순화다. 그러나 나는 이에 관한 역사적 논의에 본격적으로 뛰어들지 않을 것이다. 왜냐하면 그렇게 하다가는 우리의 본론을 너무 멀리 벗어나 20세기를 다루게 될 것이기 때문이다.

2.2.3 물을 화합물로 보는 물-화합물 전기화학의 특성

지금까지의 논의는 전기분해에서 불거진 거리 문제를 모두가 만족할 정도로 해결한 사람은 아무도 없었다는 점을 명확히 보여준다. 초기 전기화학 이론들은 물이 화합물임을 긍정적으로 보여주는 실험을 뒷받침하기에는 확실히 너무 불확실했다. 오히려 이제껏 우리가 보았듯이, 물은 다른 이유들 때문에 화합물로 간주되었다. 나는 19세기 초반에 신속하게 주류 전기화학으로 자리잡은 것을 '물-화합물 전기화학compound-water electrochemistry'[27]으로 부르고자 하는데, 그 전기화학은 전기분해에 관한 리터의 합성 견해가 틀렸다는 전제와 물은 음전극에서 수소로 표출되는 성분과 양전극에서 산소로 표출되는 성분으로 이루어졌다는 전제가 명확한 정당화 없이 채택되면서 시작되었다. 이 전제들을 기반으로 삼아서 엄청나게 많은 이론적 아이디어와 실험적 기법 및 사실이 축적되었다. 이 절에서 나는 초기 단계의 물-화합물 전기화학의 특성을 더 자세히 고찰하고, 그 토대에 혼란이 쌓여 있었던 것처럼 보임에도 불구하고 어떻게 그 전기화학이 생산적으로 성장할 수 있었는지 보여주고자 한다. 그 발전을 이끈 것은 각각의 특수한 실천 시스템의 내부에서 토대의 확실성에 대한 섣부른 추정 없이 작동한 정합성 감각이었다.

2.2.3.1 실험의 안정화

19세기 전기화학을 대충 훑어보는 관찰자들에게도 다음 사실은 명백히 눈에 띌 텐데, 그 분야의 실험 진영은 이론 진영보다 훨씬 더 안정적이었다.[28] 한 예로 패러데이가 전기화학 연구의 결과들을 처음으로 보고하기 시작할 당시에 전기화학의 상황에 대해서 품었던 견해를 보자.

27　이 명칭은 물을 다루는 전기화학만 가리키는 것이 아니라 물을 화합물로 간주하는 전기화학 시스템을 가리킨다.

28　하지만 지식이 깊어질수록, 이 판단도 덜 확실해질 것이다.

전기화학적 분해에 관한 일반적 사실들이라고 할 만한 것이 무엇
인지는 그 주제에 관한 글을 쓴 거의 모든 저자들에 의해 합의되
어 있다. 그 사실들은 분해 가능한 물질이 (…) 근접 요소들로, 혹
은 때때로 궁극 요소들로 분리된다는 것 (…) 그 요소들이 따로
떨어진 지점들에서 발생한다는 것 (…) 발생하는 성분들 혹은 요
소들이 어떤 확고한 법칙들에 따라서 특정 극들과 짝을 이룬다
는 것이다. 그러나 이 현상들을 일으키는 작용의 본성에 대해서
는 과학자들의 견해가 심하게 엇갈린다. 그 힘이 작동하는 방식
을 우리가 제대로 이해하면 틀림없이 그 힘을 더 잘 활용할 수 있
게 될 것이므로, 이 견해 차이는 앞으로의 탐구를 부추기는 강력
한 원인이다.(Faraday 1833, 683쪽, §§ 478-479쪽[29])

반세기가 지난 뒤에도 이론 진영의 통일성은 과거보다 더
나을 것이 없었다. 이 맥락에서 아레니우스의 유명한 회고는 새
삼 흥미롭게 다가온다. 그는 자신이 이온 이론을 연구하기 시작한
1880년대 초반의 상황을 이렇게 회고한다.

나는 깊이 존경한 지도교수[페르 클레브]에게 가서 말했다. "전
기 전도성이 화학반응의 원인이라는 것에 관한 새 이론을 고안했
습니다." 그는 "아주 흥미로운 일이군"이라고 말하고는 이렇게 덧

---

29 패러데이는 '실험적 전기화학 연구'에 관한 자신의 모든 논문들의 문단들
에 일관된 번호를 꼼꼼히 매겼으므로, 나는 인용문에서 그 문단 번호도 적시할
것이다.

붙였다. "안녕히 가시게." 나중에 그가 설명해주었지만, 그는 다양한 이론들이 아주 많이 고안되어 있다는 것과 그것들이 거의 모두 금세 사라졌으므로 틀린 것이 분명하다는 것을 아주 잘 알고 있었다. 그러므로 통계학적 추론을 통하여 그는 내 이론도 오래 존속하지 않으리라고 결론내렸다.[30] (Gray and Haight 1967, 90쪽에서 재인용)

그러나 전기화학의 실험 진영의 안정성도 더 자세히 들여다볼 필요가 있다. 그 안정성도 단순명료하지 않기 때문이다. 내가 이 장에서 지금까지 용케 보여준 무언가가 있다면, 그것은 패러데이가 말한 "전기화학적 분해에 관한 일반적 사실들"이 고차원적인 이론과 마찬가지로 심각한 논란거리였다는 점이다. 실제로 리터와 그의 지지자들은 전기분해를 화학적 분해의 방법으로 권장하지 않았을 것이다. 물의 전기분해든, 더 일반적인 전기분해든 상관없이 말이다. 심지어 그들은 '전기분해electrolysis'(훗날 패러데이가 도입한 용어)를 운운하는 것조차 반대했을 것이다. 왜냐하면 그 용어는 선입견을 심어주니까 말이다. 그리고 나는 리터가 틀렸음을 보여주는 결정적 논증은 존재하지 않았음을 보여주었다. 그러나 주류 실험 전기화학

30　여기에서 보듯이, 클레브는 라우단보다 무려 한 세기나 앞서서 과학사에 기초한 비관적 메타−귀납meta-induction을 실행했다! 클레브가 단명한 이론들을 주목한 것과 대조적으로, 라우단은 한때 확고했던 이론들을 예로 든다는 점에서, 라우단의 논점은 더 강력하다. 클레브는 제자보다 더 지혜로웠을지도 모르지만, 이 게임에서 더 전형적이고 더 생산적인 플레이어는 아레니우스였다.

이 전기분해를 해석할 때 단지 교리dogma에 의지했던 것도 아니다. 오히려 그 해석의 안정화는 정합성의 확립을 통해 이루어졌다. 예컨대 물은 화합물이라는 전제는 처음에는 실험적 실천의 토대를 이룬 중심 교설이었지만, 나중에는 이론과 실험을 아우른 전기화학 시스템 전체에서 추가로 일어난 정합적 발전들에 의해 보강(또한 개선)되었다.

물-화합물 전기화학의 발전에 관한 흥미롭고 고무적인 사실 하나는 그 전기화학이 자신의 출발점으로 되돌아가 그 출발점을 수정하고 개선했다는 점이다. 초기 전기화학(또한 초기 원자론)의 많은 부분은 물이 HO라는 전제에 기초하여 발전했다. 그러나 원자론 화학이 성숙하고 전기화학이 자유 해리의 개념을 받아들이자, 일반적으로 인정받는 물의 화학식은 H_2O로, 물의 이온 조성은 H^+와 OH^-로 바뀌었다. 물은 여전히 화합물이었지만, 처음에 상상된 단순한 수소-산소 화합물이 아니었다. 이것은 내가 다른 글에서 '진보적 정합주의progressive coherentism'(Chang 2004, 5장; 2007a)로 규정한 유형의 반복적 발전iterative development(인식과정의 반복)이다.

물-화합물 전기화학 시스템의 구축에서 결정적 출발점은 전기분해의 생성물들과 전기분해되는 물질의 조성에 관한 기존 생각 사이의 일치였다. 그 일치 덕분에, 볼타 전지를 이용한 화학적 분석은 다양한 전기화학 시스템들의 핵심으로 구실할 수 있는 정합적 활동이 되었다('시스템', '활동', '정합성'에 대한 나의 정의는 1장의 1.2.1.1참조). 정통 라봐지에주의를 옹호하는 사람들에게 물의 전기분해에서 산소와 수소가 생성되는 것은, 리터 등이 제기한 합리적 의심들에도 불구하고, 고수해야 할 핵심 사항이었다. 오늘날 우리가 전기분해의 세부사항에 관하여 아는 바와 라봐지에주의적 전기화학자들이—특히 양극에서 OH^- 이온이 O_2 기체로 변환될 때 일어나는 일에 대해서—품었을 법한 믿음이 전혀 다르다는 점은 이 대목에서 거의 중요하지 않다. 정합성을 위해 중요한 것은, 주류 전기화학의 설명과 라봐지에주의적 설명이 잘 어울렸다는 점이다.

　　그런 보정calibration의 사례로 다른 중요한 것들도 있었다. 크룩샹크는 금속을 산에(또한 암모니아에) 녹인 용액을 전기분해하여 금속을 매우 순수한 형태로 회수하는 데 성공했다(1800a, 189 – 190쪽; 1800b, 259 – 260쪽). 이것은 전기분해가 물질의 분해를 일으킨다는 것을 입증하는 사례로서 물의 전기분해보다 더 우월했다. 왜냐하면 금속 용액의 조성은 그 자체로 논란거리이기는커녕 화학에서 가능한 최고 수준의 확실성으로 알려져 있었기 때문이다. 연구자가 직접 금속 용액을 제조하면 되었으니까 말이다. 그러므로 크룩샹크의 전기화학적 실천은 금속 용액에 관한 매우 기초적인 화학과 강하게 정합했다. 다른 많은 사람들도 유사한 실험으로 크룩샹크의 발견을 공고히 했다. 이와 유사하게, 다양한 염을 산 성분과 염기 성분으로 전기분해하는 실험들의 성공도 전기분해가 분해라는 확신을 강화했다. 그 확신은 친화성에 기초하여 염의 조성을 설명하는 기존의 생각과, 또한 실제로 실험실에서 염을 생산하는 방법과 정확히 맞아떨어졌다. 베르셀리우스와 히싱에르(1803)가 이 연구를 선도했다(또한 Lowry 1936, 273쪽, 287쪽 참조). 거듭되는 말이지만, 오늘날 우리가 염을 실제로 온전한 산과 온전한 알칼리의 화합물로 여기지 않는다는 점은 중요하지 않다.[31] 현재의 논의에서 중요한 것은, 산과 알칼리의 반응에서 생성되는 화합물로서 염을 생산하는 오래된 실천과 전기분해를 통해 염을 산과 알칼리로 분해하는 새로운 실천 사이에 정합성이 있었다는 점이다. 그러나 이 정합성을 옹호하기 위해서 전기화학자들은 변칙 사례 하나를 제거해야 했다. 즉, 순수한 물의 전기분해에서 외견상 산과 알칼리가 생성되는 것을 설명해야 했다. 그리고 데이비(1807)의 연구를 통하여, 그 불가사의한 산과 염기의 원천은 물속에 숨어 있는 염으로 밝혀졌다.

이 성취들 덕분에 채 오륙 년도 안 되어 전기분해는 적어도 유망한 분석화학 기법으로서 충분히 인정받았다. 이를 기반으로 전기화학의 발전이 다음 단계로 접어들었는데, 그것은 기존에 알려지지 않은 분해를 전지를 이용하여 일으키는 시도들이었다. 데이비가 칼리potash와 소다soda를 전기분해하여 알칼리 금속들인 칼륨과 나트륨을 분리해낸 것은 그런 시도의 찬란한 성공 사례로 아주 잘 알려져 있다(Davy 1808a, b; Golinski 1992, 7장, 참고문헌). 그런데 칼리, 소다, 기타 기존에 "분해되지 않은undecompounded" 물질들을 분해했다는 데이비의 주장은 반론에 직면할 수 있었고 실제로 직면했다. 얀 골린스키는 데이비의 해석이 예컨대 조제프루이 게이뤼삭과 루이자크 테나르의 반론에 맞서 승리하는 데 기여한 많은 요인들을 꼼꼼히 서술한다. 게이뤼삭과 테나르의 반론에 따르면, 칼륨/나트륨은 칼리/소다와 수소로 이루어진 화합물이었으며 그 성분인 수

31　토머스 마틴 라우리(1936, 270쪽)에 따르면, 염은 온전한 산과 온전한 알칼리의 화합물이 아니라 두 개의 기radical로 이루어진 2원 화합물이라는 일반적인 견해는 존 프레더릭 대니얼에 의해 1840년에야 제시되었다.

소는 칼리/소다가 섞인 물의 전기분해에서 생성된 것이었다. 골린스키는 데이비가 효과적으로 활용한 수사학적 수법들과 논의의 공간들이 중요했다고 지적하는데, 그 지적의 설득력을 부인하지 않으면서도 나는 이 일화에서 데이비의 실천의 정합성이 실험 전기화학의 공고화에 어떻게 기여했는가를 강조하고자 한다.

앞서 논한 기존의 발전 단계들을 기초로 삼아서 데이비는, 만일 칼리와 소다가 화합물이라면 전기가 그것들을 분해할 것이라는 전제하에 실험들을 설계했다. 알칼리 토류들alkaline earths에 초점을 맞춘 것은 정합적인 전략이었다. 왜냐하면 그 물질들은 화합물일지도 모른다는 의심이 일찍이 라봐지에의 시대부터 어느 정도 있었으니까 말이다. 데이비가 칼륨과 나트륨을 생산하고 나자, 그것들의 주목할 만한 속성들(이를테면 물속에 넣으면 폭발적으로 불타는 것)이 많은 관심을 받았다. 그러나 나의 이야기에서 더 중요한 것은 비교적 평범한 몇몇 속성들이었다. 칼륨과 칼리를 나란히 놓고, 또 나트륨과 소다를 나란히 놓고 그 속성들을 비교한 결과는 금속들과 그 산화물들 사이의 관계에서 성립하는 익숙한 패턴과 잘 맞아떨어졌다. 이 사실은 칼륨/나트륨은 금속이고 칼리/소다는 그 산화물이라는 데이비의 원래 주장과 잘 정합했다. (거듭 말하지만, 현대 화학자들이 칼리와 소다를 단순한 칼륨 산화물과 나트륨 산화물로 간주하지 않는다는 점은 당대의 실천들의 정합성과 관련해서 중요하지 않다.)[32] 무엇보다

---

[32] 라우리(1936, 11쪽, 62쪽, 288쪽)는 데이비가 가성 칼리와 가성 소다를 사용했으며 그것들의 정체는 금속의 수산화물인 KOH와 NaOH라고 설명한다. 비가성 칼리와 비가성 소다는 탄산화물인 K_2CO_3와 Na_2CO_3다. 데이비 등이

도 데이비는 칼륨/나트륨을 연소시킴으로써 칼리/소다로 되돌릴 수 있음을 보여줄 수 있다고 생각했다. 이 역변환도 화합물의 조성을 보여주기 위한 오랜 관행인 분해-재합성에 부합했다. 또한 데이비가 보기에는 전체 그림에 또 다른 정합성이 있었다. 비록 모든 사람이 이 견해를 공유하지는 않았지만 말이다. 데이비(1809, 1810)는 궁극의 화학 원소들이 많이 있음을 인정하고 싶지 않았다. 그래서 그는 볼타 전기가 이제껏 원소로 간주된 물질들을 분해하는 능력을 지닌 것으로 보인다는 점을 환영했다. 그는 궁극의 원소들이 더 줄어들기를 바랐던 것이다.[33] 이처럼 단순성을 위해 분해를 추구하는 성향은 데이비로 하여금 리터의 합성 견해에 등을 돌리게 했다. 비록 그는 라봐지에에 대해서 심하게 비판적이었고 라봐지에가 리터를 배척한 동기를 공유하지 않았지만 말이다(1장, 1.2.2 참조).

　　결국 데이비가 제시한 해석은 사실로 인정받게 되었다. 사반세기 뒤에 패러데이(1833, 683쪽, §478)가 썼듯이 "전기화학적 분해에 관한 일반적 사실들이라고 할 만한 것이 무엇인지는 그 주제에 관한 글을 쓴 거의 모든 저자들에 의해 합의되어 있다. 그 사실들은

칼리와 소다는 단순한 산화물이라는 원래 견해에서 점차 멀어진 과정에 대해서는 라우리의 설명(283-284쪽)을 참조하라.

33　나이트(1967, 21쪽)가 설명하듯이, 이것은 데이비가 존 돌튼의 원자론을 전적으로 수용하지 않은 이유들 중 하나였다. 돌튼은 당시에 원소로 인정받은 원소 각각에 대해서 특유한 원자가 존재한다고 상정했다. 원소란 이제껏 분해되지 않은 물질이라는 라봐지에주의적인 작업적 정의operational definition를 수용하면서도 데이비는 새로운 분해를 일으키는 것에 노력을 집중했다. 그가 플로지스톤을 되살릴 생각을 품은 동기 하나는(1장, 1.2.2 참조) 화학 원소들의 개수를 줄일 수 있을지 모색하는 것이었다(Siegfried 1964 참조).

전기의 작용을 받은 분해 가능한 물질이 근접 요소들로, 혹은 때때로 궁극 요소들로 분리된다는 것"이었다. 이 '사실들'을 그루터기로 삼아 다양한 이론적 시스템들이 구축되었는데, 이에 대해서는 다음 절에서 더 자세히 논할 것이다. 전기분해를 분해로 간주한다는 것은, 전기분해되는 물질은 화합물이라는 부분적 작업적 정의를 채택한다는 것을 의미했다. 이 정의는 전기분해의 메커니즘에 대한 합의된 이해가 없더라도 적용 가능했다. 또한 전기분해되는 물질이라면 무엇이든지 이원적 조성을 지녔다고 간주되었다. 전기화학적 이원주의라는 개념적 틀은 양쪽 극을 가진 전지의 물리적 모양에 내장되어 있다시피 했다.

데이비의 성공은 분해 기법으로서의 전기분해에 대한 기대가 크게 부푸는 데 기여했다. 싱어(1814, 347쪽)의 보고에 따르면, 데이비의 실험들에서 정점에 이른 초기 전기화학 연구는 "분석 장치로서 볼타 전지의 중요성을 보여주었다. 그 장치의 작용을 받은 거의 모든 물질의 성분들이 그 장치의 양쪽 표면과 연결된 전선들 각각에서 분리된 채 수집되었으니까 말이다". 궁극적으로는 **어떤** 화합물이라도 전기분해를 통해 분해될 수 있으리라고 많은 사람들은 느꼈다(또한 그 느낌에 걸맞게, 모든 화학적 결합은 본성상 전기적이라고 생각했다). 그리고 비록 전기분해의 이론에 대해서는 의견의 불일치가 여전히 많았지만, 실험 기법들과 현상학적 해석들은 아주 신속하게 표준화되었다. 볼타 전지들은 크룩샹크(1800, 258-259쪽; Coutts 1959, 124쪽)가 발명한, 안정적이고 다루기 쉬운 '구유trough' 형태로 제작되었다. 구유 형태의 볼타 전지는, 구유처럼 생긴 목재 그릇 안에 금속판 쌍들을 배열하고 산이나 염의 수용액을 채워서 만들었

그림2.10 구유 형태의 볼타 전지에서 나오는 전기를 소머리에 가하고 있다.

다(예컨대 그림2.10 참조. 출처는 Wilkinson 1804, 권두삽화). 이 표준 형태
는 몇십 년 동안 기준점 구실을 했다. 물론 여러 변형들과 혁신들이
있긴 했지만 말이다. 또한 다른 유형의 전지들도 다양하게 개발되
었으며, 그중 소수는 표준적인 도구로 자리잡았다. 예컨대 런던 킹
스 칼리지의 화학교수 존 프레더릭 대니얼(1790~1845)이 1836년에
발명한 대니얼 전지가 그러하다.[34] 한편, 전기분해 장치는 늦어도
1814년에는 두 개의 컵을 젖은 석면으로 연결한 형태가 표준이었
다고 싱어(1814, 347쪽)는 전한다(그림2.3 참조). 또한 분해의 생성물
들이 전극의 금속과 결합하지 않고 독자적으로 나타날 수 있으려면

---

34 오늘날 대니얼 전지는 전기화학에 대한 이론적 설명의 패러다임으로서도
볼타 전지를 대체했다. 이에 관한 설명은 2.3.4와 Chang(2011c) 참조.

금을(또는 더 나은 결과를 얻으려면, 백금을) 사용해야 한다는 것이 폭넓게 받아들여졌다. 전기분해의 생성물이 전극의 금속과 결합하는 것은 이미 1800년에 니컬슨과 칼라일이 알아챈 현상이다.

　　볼타 전지의 작동은 여전히 수수께끼와 논란으로 휩싸여 있었지만(2.3.4 참조), 금속판 쌍들의 개수가 전기 출력(오늘날의 용어로는, 전압 혹은 기전력electromotive force)의 '강도'를 결정한다는 것, 그리고 금속판 각각의 표면적이 전기가 흘러나오는 정도('전류current')를 결정한다는 것은 일찍부터 널리 공유된 지식이었다. 세련된 이론이 없어서 아마도 추가 발전은 지체됐겠지만, 장치에 관한 실천은 내내 매우 탄탄하고 안정적이었다. 전기화학에 대한 현상학적 연구에서는 패러데이의 법칙들이 이정표로서 옳게 세워졌다(Williams 1965; James 1989 참조). 여기에서 한 가지 흥미로운 점을 언급할 만한데, 패러데이 본인의 전기화학에 대한 생각은 힘에 대한 그의 매우 특이한 견해에 뿌리를 두고 있었다. 나는 다음 절에서 이 부분을 추가로 논할 것이다. 패러데이의 이론적 형이상학적 사변을 추종하는 사람은 거의 없었지만, 패러데이의 정량적 연구 결과들은 아무 지장 없이 널리 수용되었다. 물은 화합물이라는 것을 비롯한 전제들의 도움을 비롯한 많은 요인들 덕분에 전기분해는 화학적 분해를 일으키는 표준적인(또한 표준화된) 방법으로 확고히 자리잡았다. 분석 기법으로서 전기분해의 가치는 전기분해에 관한 통일된 이론이 나오기 훨씬 전에 입증되었다.

2.2.3.2 이론의 다양화

이제 초기의 전기화학 이론이 처한 상황으로 눈을 돌리자.

패러데이는 1830년대 초반에 그의 원숙한 전기화학 연구를 시작하면서 그 분야의 역사를 개관했는데, 그 개관을 살펴보는 것이 유익하다. 데이비가 제시하여 많은 찬사를 받은 "전기화학적 분해"에 관한 "사실들"의 "더없는 가치"를 인정하면서도 패러데이는 그 현상들에 대한 데이비의 이론적 설명이 만족스럽지 않다고 느꼈다. "그 현상들을 일으키는 작용의 방식이 매우 일반적으로 진술되어 있다. 정말 너무 일반적이어서, 거기에 제시된 진술과 일치하지만 제각각 본질적으로 다른, 전기화학적 작용에 관한 정확한 이론들을 열 개쯤 세울 수도 있을 듯하다."(Faraday 1833, 684쪽, § 482) 2년 후, 데이비의 형제 존이 이 평가를 문제 삼자, 패러데이는 긴 목록을(Faraday 1844, 216쪽에 재수록되어 있음) 적절하게 제시했다. 분해의 방식에 대해서는 그로투스, 데이비, 리포와 숑프레, 비오, 들라리브, 그리고 패러데이 자신이 내놓은 서로 다른 이론들이 있었다. 전지의 작용에 대해서는 화학적 이론들과 접촉 이론들이 맞서 있었다. 데이비 본인은 전기가 "접촉에 의해 유발되고 화학적 반응에 의해 유지된다"고 생각했다. 물질 입자들이 본래 고유한 전하를 띠는지 아니면 입자들 간의 상호작용을 통해 상황의존적으로 전하를 획득하는지에 대해서도 다양한 이론들이 있었다. 그 밖에 많은 사안들에 대해서도 다양한 이론들이 있었다. 또한 패러데이 자신의 향후 연구가 전기화학 이론의 통일성을 조금이라도 향상시켰느냐 하면, 그렇다고 대답하기 어렵다. 대다수 사람들은 그의 독특한 이론적 관점을 받아들이지 않았으니까 말이다.

　　전기분해를 둘러싼 논쟁을 완전히 이해하기 위하여 우리는 그 논쟁을 이 복잡한 이론적 맥락 안에 올바로 위치시켜야 한다. 중요하게 명심해야 할 점은 이것인데, 당시의 이론적 상황은 완전한 카오스가 아니라 조율된 다양화coordinated diversification였다. 물-화합물 전기화학의 확증은 주로 실험 영역에서 이루어졌지만, 실험에 대한 몇몇 근본적인 이론적 해석에서 합의가 이루어진 것도 그 확증에 기여했다. 무엇보다도, 전기분해는 분해이며 성공적으로 전기분해되는 경향이 있는 물질들(예컨대 물과 칼리)은 화합물이라는 견해가 합의된 것이 가장 중요했다. 따라서 1.2.1.1에서 설명한 어휘들을 사용하여 나는 이렇게 말하고자 한다. 많은 전기화학 실천 시스템들이 존재했으며, 그 시스템들은 모두 몇몇 핵심적인 실험적 활동들을 공유했지만 더 이론적인 활동들에서는 서로 중요하게 달랐다. 똑같은 말을 달리 표현하자면, 19세기 전기화학은 전기분해적 시스템-유형이었다(시스템-유형에 관한 논의는 Chang 2011d 참조). 이 문장에서 '전기분해적'이라는 표현은 '볼타 전지의 작용은 분해라는 이해를 공유한'을 뜻한다. 그 이해는 리터의 합성 견해와 같은 해석들을 배제하면서 '전기-분해eletro-lysis'라는 용어를 고안할 때 의도된 말 그대로의 의미를 수긍하지만, 그 분해가 어떤 작용들에 의해 정확히 어떻게 일어나는가에 관해서는 다양한 이론들이 존재할 여지를 폭넓게 허용한다.

　　19세기 전기화학을 쿤적인Kuhnian 관점에서 보면 어떻게 보일지 고찰하는 것은 흥미로운 작업이다. 19세기 전기화학이 명확한 패러다임을 보유했다고 말하는 것은 불가능할 듯하다. 그 분야의 더 실험적인 진영에서 이루어진 합의가 패러다임을 제공했다고 말한다면, 최소한 이런 반론을 할 수 있다. 과학자들이 이론적 발전을 추구함에 따라 그 패러다임은 서로 어긋나는 수많은 형태로 표현되었다. 쿤적인 이론에서 패러다임-표현의 어긋남은 위기의 핵심 징후지만, 이 진단은 기존에 확립된 패러다임이 지금 흐트러지기 시작한다는 것을 함축하며, 이는 19세기 전기화학이 처한 상황과 다르다. 그렇다면, 이 시기의 전기화학은 고작 '전-과학pre-science', 패러다임이 확립되기 전에 나타나는 '전-과학'에 불과했을까? 의기양양했던 19세기의 처음 몇 년만 살펴본다면, 이 서술은 어느 정도 정당할 것이다. 그러나 물-화합물 전기화학이 확립된 뒤에는, 넓은 의미에서 과학적인 수준을 넘어서 쿤적인 정상과학 특유의 수수께끼-풀이 활동과 유사한 활동이 풍부하게 이루어졌다. 19세기 전기화학에서 우리가 목격하는 것은 전-과학도 아니고 정상과학 기간들 사이의 혁명적 격동도 아니다. 오히려 그것은 다수의 시스템들이 공존하는 지속적 다원성이다. 다양한 시스템의 창조자들과 옹호자들은 출판된 글과 사적인 관계를 통해 서로 잘 소통했다. 다음 절에서 보겠지만, 시스템들과 개인들 사이의 상호작용은 대체로 생산적이었다. 현대 철학과 다르지 않게, 19세기 전기화학은 견해의 불일치, 논쟁, 토론을 기반으로 번창하는 분야였다. 지속적으로 견해가 어긋나는 학자들의 공동체를 충분히 허용할 수 있는 개념적 관습적 공통 기반이 존재했다. 5장에서 더 자세히 논하겠지만, 내가 생각하기에 과학은 우리가 상상하는 정도보다 더 자주 이런 유형의 기반 위에서 작동한다. 다시 쿤으로 돌아가자. 간단히 말해서, 쿤은 정상과학과 탈정상과학extraordinary science 사이에 상당히 뚜렷한 균열이 있다고 보았지만, 거기엔 더 많은 연속성이 있을 수도 있다.[35] 우리가 아무튼 과학적이라고 인정하는 모든 상황 안에는 과학자들 사이의 견해의 불일치가 존재하지만 또한 생산적인 토론을 가능케 하기에 충분한 공통 기반이 존재한다. 중요한 것은 견해의 불일치가 얼마나 심각하냐 하는, 정도의 문제다.

　이제부터 나는 19세기 전반부에 성장한 여러 전기화학 시스템들을 간략히 개관하려 한다. 이것들 외에도 중요한 시스템들이 있었지만, 충분히 발전했으며 당대에 최소한 어느 정도 잘 알려졌으며 전기분해에 대한 이해와 직접 관련이 있는 시스템들에 초점을 맞추고자 한다. 여기에 포함시킬 수도 있었지만 배제한 것은 비오, 앙페르, 들라리브, 대니얼, 헬름홀츠의 시스템 등이다. 나는 다양한 과학사학자들이 잘 연구해놓은 내용을 다룰 것이다. 그러나 여러 핵심 시스템들에 대한 간단명료한 요약은 19세기 전기화학의 이론적 지형과 그 다원성 및 복잡성을 명확히 감지하는 데 유용할 것이다.

　우선, 볼타 전지와 그 작용에 대한 볼타 자신의 이론적 견해를 이 대목에서 어느 정도 살펴보는 것이 적절할 듯하다. 그 견해를 다룬 가장 좋은 최신 문헌은 줄리아노 판칼디(2003)의 볼타 평전이다. 볼타가 오랫동안 품었던 바람은 전기 현상을 역학적으로 이해하는 것이었다. 그는 전기에 관한 단일 유체 이론의 전통 안에서 전기 유체의 운동과 작용을 중심으로 추론하기를 좋아했다. 하지만 그의 생각은 프랭클린의 생각이나 에피누스의 생각과 약간 달랐다. 볼타의 초기 명성은 두 가지 장치를 발명하고 해석한 것에서 비롯

---

35 많은 역사학자들과 철학자들이 쿤의 이 같은 논점을 비판했다. 이른 시기의 비판의 예로 Toulmin(1970) 참조.

되었다. 그 장치들은 전기쟁반electrophorus과 **축전지**condensatore인데, 둘 다 18세기 정전기 물리학의 전통 안에서 볼타가 수행한 연구의 산물이었다. 이 초기의 발명품들을 이해할 때와 마찬가지로, 볼타가 전지를 이해하기 위하여 채택한 핵심 개념들은 전기 유체의 장력tension과 물체의 전기 유체 보유 용량capacity이었다. 그가 보기에 전지는, 서로 다른 두 물체substance가 접촉할 때 발생하는 장력을 이용하여 전기의 지속적인 흐름을 일으키는 장치였다. 볼타가 전기화학에 투입한 에너지의 많은 부분은 생물학과 화학을 전기화학으로부터 떼어놓는 일에 들어갔다. 그는 동물 전기가 따로 존재한다는 갈바니의 추정에 맞서서, 또한 전지의 작용에 관한 화학적 설명들에 맞서서 반론을 펼쳤다.

볼타 이후, 전기화학적 현상들에 대한 최초의 흥분을 넘어서 포괄적인 전기화학 이론을 세운 최초의 인물은—우리가 리터를 제쳐둔다면—어쩌면 데이비일 것이다. 데이비는 엄격하고 지배적인 이론을 싫어했지만 몇몇 타당한 이론적 아이디어들을 사고의 기반으로 삼았다. 데이비의 전기화학 연구에 관한 글은 많으므로, 나는 몇 가지 주요 사항에만 초점을 맞추려 한다(더 자세한 논의는 Russell 1959; Golinski 1992, 7장 참조). 핵심 아이디어는, 다양한 화학적 원소들은 다양한 전기적 성향을 지닌 입자들로 이루어졌으며, 화학적 결합은 전하를 띤 입자들의 전기적 상호작용을 통해 가장 잘 이해된다는 것이었다. 데이비는 물체들이 서로 접촉함으로써 전하를 띠게 된다는 볼타의 생각을 진지하게 받아들였으며 그의 실험들을 재현하고 확장했다. 데이비는 다양한 화학 원소의 미시적 입자들이 볼타가 생각한 것과 같은 방식으로 접촉함으로써 전하를 띠게 되는

것을 상상했으며 화학적 친화성을 그런 대전帶電, electrification과 관련
지었다. 처음에 데이비는 환원주의적으로 사고하는 경향이 강했다.
1808년에 왕립 연구소에서 한 어느 강연에서 그는 이렇게 말했다.
"사람들이 줄곧 이야기해온 화학적 친화성이란 단지 상반된 전기적
상태를 자연적으로 띤 입자들의 통합 혹은 합체가 아닐까?" 1812년
에 이르자, 그는 그런 단순한 사고로부터 물러나 있었다. "동일한
물체가 입자들로서 작용할 때는 화학적 현상을 산출하고 집단mass
으로서 작용할 때는 전기적 현상을 나타낸다. 그러므로 그 두 현상
의 주요 원인이 동일할 개연성은 낮다."(Russell 1959, 16, 18쪽에서 재
인용) 데이비의 이론적 생각은 끝내 명확한 형태로 굳어지지 않은
것으로 보인다. 그러나 콜린 러셀(1959, 24쪽)의 말마따나 "데이비는
잘 알려진 화학적 현상들과 볼타 전기에 관한 새로운 사실들을 연
결한 최초의 인물이었다. (…) 그 두 과학 분야의 융합을 꾀한 개척
자는 데이비였다".

베르셀리우스는 데이비의 전기-화학적 생각들을 높이 평가
했지만 그것들을 다른 방향으로 발전시켰다(Brock 1992, 4장, Russell
1963, Melhado 1980, 4장 참조). 데이비와 마찬가지로 베르셀리우스도
화학물질들을 양전기 물질과 음전기 물질로 분류하는 것—더 정
확히 말하면 산소부터 칼륨까지 펼쳐진 양전기/음전기 스펙트럼에
배치하는 것—을 이론적 시스템의 토대로 삼았다. 그러나 베르셀
리우스는 원자의 전하가 단지 다른 원자와의 접촉에 의해 발생하는
것이 아니라 본래 원자에 내재한다고 여겼다. 그가 보기에 화학적
결합은 양전하와 음전하를 띤 원자들 사이의 정전기적 인력이 빚
어내는 간단한 결과였다. 그 결합으로 형성된 분자에 총 전하가 남

아 있을 경우, 그런 분자들은 서로 결합하여 더 높은 차원의 화합물
을 형성했다. 볼타나 데이비와 대조적으로 베르셀리우스는 라봐지
에의 영향을 강하게 받았다. 그는 라봐지에의 생각들을 자신의 화
학 시스템의 핵심 기반으로 삼았다. 젊은 베르셀리우스는 "새로운
반플로지스톤주의 화학의 마법에 걸렸고 (…) 그 화학이 그의 사고
전체에 영향을 미쳤다"(Russell 1963, 117쪽). 그 영향이 구석구석 침
투한 결과로 베르셀리우스는 산소의 중요성을 변함없이 강조했다.
그는 산소에 전기화학적 특성을 추가로 부여했다. 산소가 음전하를
강하게 띤 원소라는 점은 당시에 합의된 바였지만, 베르셀리우스
는 산소가 "절대적 음전기absolute elecronegativity"를 보유했다고 보았
다(Russell 1963, 128쪽에서 재인용). 거의 모든 산이 산화물이라는 점
은 데이비와 베르셀리우스가 동의하는 바였다. 그러나 데이비는 염
산이 산소를 성분으로 가지지 않았음을 발견하고 기뻐한 반면, 베
르셀리우스는 이 사실을 정말 마지못해 인정하면서도, 산성에 관한
라봐지에의 산소 이론을 딱히 반박하지는 않는 변칙 사례로 간주했
다(Gray et al. 2007 참조). 데이비는 거의 모든 알칼리도 산소를 함유
했음을 전기분해를 통해 알아냈을 때, 이 발견이 산소가 산-생산자
라는 라봐지에의 생각을 조롱거리로 만든 것에 기쁨을 느꼈다. 반
면에 베르셀리우스가 보기에 이 발견은 산소의 중요성을 더욱 증가
시킬 따름이었다. 이제 그는 모든 산과 알칼리뿐 아니라 모든 유기
물질도 산화물이라고 생각했다. 베르셀리우스가 보기에 근본적인
이원적 조성은 '음전하를 띤 산소 더하기 양전하를 띤 기radical'였으
며, 이는 라봐지에의 산 이론을 일반화하여 얻은 공식이었다.

　　　패러데이가 보기에 베르셀리우스의 이론은 단순소박한 정

전기학을 토대로 삼았다는 점에서 근본적인 결함이 있었다. 패러데이는, 전지의 극들이 전기분해되는 분자들에 쿨롱의 정전기력처럼 원격으로 작용하는 인력과 척력을 가하여 전기분해를 일으키는 것일 수는 없음을 보여주기 위하여 다양한 실험들을 고안하고 수행했다(Arrhenius [1897] 1902, 111 – 113쪽; Partington 1964, 115 – 116쪽; Williams 1965, 241쪽 이하). 그 실험들 가운데 가장 놀라운 것 하나는, 전기분해 작용의 강도는 극들로부터의 거리와 상관없이 용액 전체에서 동일하다는 것과 "외톨이single 이온, 곧 다른 이온과 짝을 이루지 않은 이온은 어느 쪽 극으로도 이동하지 않으며 통과하는 전류에 전혀 아랑곳하지 않는다는 것"을 보여준 실험이었다(Williams 1965, 266쪽에서 재인용). 패러데이는 전기의 작용이 물질의 고유한 화학적 친화성을 조정한다고 보았다(Faraday [1859] 1993; Sinclair 2009 참조).[36] 전기화학적 회로electrochemical circuit 안에서 모든 작용들은 연결되어 힘들로 이루어진 하나의 연속적인 고리를 형성하고, 그 힘들의 균형이 얼마나 많은 전기가 어느 방향으로 흐를지를 결

---

36 같은 견해를 더 먼저 품은 중요한 두 인물이 있다. 한 명은 데이비인데, 전기적 힘과 화학적 힘의 관계에 대한 데이비의 생각은 베르셀리우스의 생각보다 더 미묘하고 복잡하고 모호했다. 러셀(1959, 12쪽)에 따르면 "패러데이는 세상으로 하여금 그의 스승의 생각들을 더 우호적으로 바라보게 만들었다. 그는 그 생각들을 자기 자신의 생각 안에 간직함으로써 그렇게 했다". 내가 강조하고 싶은 또 다른 선구자는 도노번이다. 그(Donovan 1816, 278쪽)는 다음과 같은 통찰력 있는 견해를 패러데이의 연구보다 15년 먼저 발표했다. "구리가 아연과 접촉하면 산소에 대한 친화성을 잃는 것이 발견되었다. (…) 구리와 접촉한 아연의 산소에 대한 친화성은 대폭 증가했다. 그러므로 한쪽이 잃은 것을 다른 쪽이 얻었다는 것, 바꿔 말해 구리가 자신의 산소에 대한 친화성의 일부를 아연에 넘겨주었다는 것은 전혀 무리한 추론이 아니라고 나는 생각한다."

정한다고 패러데이는 상상했다. 우리의 현대적 개념들을 덧씌워서 패러데이의 전기화학 이론을 독해하고 싶은 유혹에 저항하려면, 패러데이의 이온들은 정전기적 전하를 띠지 **않았다**는 점을 상기하는 것이 유용할 성싶다. 그것들은 적어도 통상적인 의미의 정전기적 전하는 띠지 않았다. 오히려 패러데이는 정전기적 화학 이론들에 반대했으며, 그렇기 때문에 윌리엄 휴얼 등의 도움을 받아 자신의 새로운 용어들을 발명해야 했다. 이는 '극pole'과 같은 용어들의 마뜩치 않은 이론적재성을 제거하기 위해서였다(Williams 257 – 269쪽). 따라서 패러데이는 전해질 용액 속에 '이온들'이 들어 있다고 말했는데, 이때 '이온들'은 '돌아다니는 놈들travelers'을 뜻했다. '전극electrode'은 인력을 발휘하는 극pole이 아니라 단지 이온들이 통과하는 입구였다. '음극cathode'과 '양극anode'은 단지 '아래로 향한' 운동과 '위로 향한' 운동만을 의미했다. 이 두 용어는 전기나 화학에 관한 특정한 의미를 전혀 갖지 않도록 의도적으로 고안한 것이었다. 이온들의 운동은 약간 신비로운 장-이론적 힘들에 의해 발생했으며, 심지어 패러데이 자신도 어떻게 "그 힘이 어떤 때는 입자들에 화학적 인력을 제공하는 방식으로 입자들과 관련해서 나타나고, 다른 때는 자유로운 전기로 나타나는지" 잘 모르겠다고 고백했다(Faraday 1834, 470쪽, 논문 말미의 '주석'). 패러데이의 전기동역학적elecro-dynamic 생각들은 훗날 제임스 클러크 맥스웰에 의해 다른 사람들도 이해할 수 있는 시스템으로 재구성되었다. 패러데이의 전기화학적 생각들과 관련해서 맥스웰에 견줄 만한 공헌을 한 사람은 없다.

　　단순한 정전기적 사고방식에서 벗어나는 전혀 다른 길은 루돌프 클라우지우스(1822~1888)에 의해 개척되었다(Arrhenius 1902,

114-116쪽; Cajori 1929, 225-226쪽 참조). 패러데이가 전기화학적 작용을 일으키는 힘의 개념을 세련되게 다듬었다면, 클라우지우스는 입자 역학corpuscular mechanics에 관한 더 발전된 생각들을 도입했다. 클라우지우스는 앞날이 유망한 운동학적 물질 이론kinetic theory of matter의 관점에서 전기화학의 문제들에 접근했으며, 전통적인 화학뿐 아니라 베르셀리우스의 전기화학 시스템과 패러데이의 시스템에도 전혀 없었던 기본적인 생각 두 가지를 도입했다. 첫째, 클라우지우스는 분자들이―적어도 기체와 액체에서는―한 자리에 고정되어 있지 않고 마구잡이로 돌아다닌다고 보았다. 둘째, 모든 자연적 과정들이 그렇듯이 화학적 반응의 진행은 확률의 문제라고 보았다. 클라우지우스는 왜 원자들이 서로 결합하는가에 초점을 맞추지 않았다. 운동학적 물질 이론에 따르면 분자들은 엄청난 속력으로 돌아다녀야 하는데, 그렇게 빠르게 돌아다니는 분자들은 툭하면 분해되어야 할 것이라고 그는 생각했다. 대다수 화학자들의 취향을 감안할 때 어쩌면 너무 책임감 없이, 클라우지우스는 원자들이 어떤 개수 조합으로든 결합할 수 있고 그 결합의 결과물은 또한 특정한 확률로 자발적으로 분해될 수 있다고 생각했다. 그러므로 클라우지우스가 보기에 물은 수소 원자들과 산소 원자들이 어지럽게 춤추며 뒤섞여 이룬 잡탕이었다. 그 잡탕 속에 존재할 확률이 가장 높은 입자는 HO지만, 오직 그 입자만 존재하는 것은 전혀 아니다. H와 O의 **모든** 가능한 조합들이(H, O, HO, H_2O, HO_2, H_2O_2, 임의의 H_nO_m까지) 그 잡탕 속에 존재할 것이다. 물론 복잡한 분자들은 형성되거나 존속할 확률이 매우 낮겠지만 말이다. 이처럼 클라우지우스는 자유로운 외톨이 수소 원자들과 산소 원자들이, 꼬드김을 받

으면 빠져나올 준비가 된 상태로 물속에 이미 있다고 생각했다. 오늘날 돌이켜보면, 이 모든 생각은 자유이온 해리를 선취했다는 점에서 환상적으로 훌륭하다(그렇기 때문에 아레니우스는 역사를 회고하면서 클라우지우스를 주목했다). 베르셀리우스의 정전기학적 사고의 굴레를 깨부수는 일을 위한 클라우지우스의 주요 공헌이 바로 그 선취였다. 그러나 당대에 그의 생각들은 반대의 의미로도 환상적이라고 느껴졌을 것이다. 즉, 너무 사변적이라고, 화학의 실질적인 문제들과 충분히 연결되어 있지 않다고 느껴졌을 것이다.

2.2.3.3 다원주의: 관용과 상호작용의 혜택

전반적으로 볼 때, 전기화학 분야의 이론적 상황은 19세기 내내 다원주의적으로 머물렀으며, 그러할 이유가 충분히 있었다. 계속 발생하는 이론적 불일치들은 건강한 수준의 회의주의와 가설들에 관한 겸허함을 북돋기는 했지만 광범위한 사람들이 실증주의에 입각하여 이론을 포기하는 결과를 빚어내지는 않았다. 이론가들은 계속 이론을 세웠다. 그들은 전기화학적 현상의 원자-분자적 수준에서 무슨 일이 일어나는지 더 잘 이해하기 위해 계속 노력했다. 패러데이를 돌이켜보라. 그는 전기분해에 관하여 당시까지 제시된 다양한 이론들을 훑어보고 그것들 모두에 대한 불만을 토로한 뒤에 자기 나름의 전기화학적 이론 구성에 뛰어들었으며 자신이 막다른 곳에 이르렀음을 솔직히 인정하고 나서도 이론적 노력을 계속 이어갔다. 20세기 과학자들과 많은 과학사학자들 사이에서 일반적인 경향은 그 의견 불일치의 기간을 대충 건너뛰고 아레니우스와 판트호프의 연구를 필두로 현대적인 이온 이론이 기원한 시기에 이르러

서야 다시 세부사항을 다루는 것이었다.[37] 나는 전기화학의 아레니
우스 이전 시기에 다른 빛을 비추고 다원주의적 연구 방식의 장점
들을 보여주고자 한다. 5장에서 나는 과학에서의 다원주의를 옹호
하는 일반적 논증을 제시할 것이다. 여기에서는 몇 가닥의 실마리
만 언급할 것이며, 그 실마리들로 직물을 짜는 작업은 5장에서 할
것이다.

　　다양한 전기화학 시스템들의 번창은 두 가지 주요 방식으로
이로웠다. 그 방식들은 다양한 강점들이 북돋워진 것, 그리고 생산
적인 상호작용이 일어난 것이다. 첫째, 다양한 시스템들을 관용함
으로써 과학은 그 시스템들의 다양한 강점들의 혜택을 누릴 수 있
었다. 어떤 단일한 전기화학 시스템도 모든 방면에서 강력하지 않
았으므로, 전기화학 전체가 경험적 적합성과 설명력을 충분히 획득
하고 보유하려면 여러 시스템들이 필요했다. 19세기 전기화학자들
은 이 사실을 알아챘으며 자신들의 과학을 적절한 다원주의적 방식
으로 조직했다. 물론 그 분야에도 몇몇 지배적 인물들과 강자들이
있었지만, 그들은 라봐지에와 그의 측근 일부가 분서焚書와 헐뜯기

37　거듭 말하지만, 오스트발트([1896] 1980), 모틀리(1922), 파팅튼(1964)의
철저한 연구는 매우 유용한 예외다. 매우 간결하지만 주목할 만한 또 하나의
예외는 해럴드 하틀리의 "패러데이의 후계자들과 전해질 해리에 관한 이론"
에 대한 논의다(Hartley 1971, 7장). 하틀리는 역사 서술에서 휘그주의를 피하
는 것에 신경 쓰지 않았지만, 그가 그 글을 쓴 1931년 당시에 그의 관점은, 그
자신이 마주한 현재 상황은 지나칠 정도로 명확한 아레니우스의 연구보다는
패러데이가 마주했던 19세기 전기화학의 풍부하고 불확실한 상황과 닮았다는
것이었다.

로 드러냈던 파괴적인 적개심 없이 자신들의 시스템들을 옹호했다. 라봐지에와 일부 측근들의 행동은 자신들이 반대파로부터 무언가 배울 수도 있음을 인정하는 대신에 반대파를 깡그리 제거하기 위한 것이었다. 이와 관련해서 단 하나의 중요한 예외는 리터의 합성 견해가 억압당한 것이었는데, 이것은 라봐지에주의의 유산과 관련이 있다.

　　다원성이 가져다준 혜택의 핵심 세부사항 몇 가지만 살펴보자. 무엇보다도 먼저, 일부 시스템들에는 아주 잘 수용될 수 있지만 다른 시스템들에는 그렇지 않은 몇몇 중요한 현상들이 있었다. 예컨대 볼타의 시스템은(또한 더 모호한 방식으로, 데이비의 시스템도) 접촉에 의한 대전帶電을 잘 다루기 위해 고안되었지만, 다른 시스템들은 그렇지 않았다. 또한 전기분해에 관한 일부 현상들은 확실히 정전기학적으로 설명할 수 있었지만, 패러데이는 그렇지 않은 다른 현상들을(예컨대 전지의 극들에서 멀리 떨어진 용액 한가운데에서도 작용의 세기가 감소하지 않는다는 것을) 발견했다. 모든 사실들을 설명하는 단일한 통합이론이 있었다면 더 좋았을 것이라고 생각하는 사람도 있을지 모르겠다. 5.1에서 나는 일반적인 통일성 선호에 대한 반론을 실제로 펼칠 테지만, 여기에서는 다음과 같은 더 즉각적이고 실용적인 논점을 제시하고자 한다. 전기화학 전체를 정복할 통합이론이 등장할 조짐이 없는 상황에서는 여러 이론들을 보유함으로써 모든 각각의 중요한 현상이 이론적으로 어느 정도 설명될 수 있도록 하는 편이 더 나았다. 여러 이론들을 보유한 결과로 어느 정도의 이해가 성취되었을 뿐 아니라 추가 연구가 촉진되었다. 우리가 그런 잠정적 역할을 이론에 허용하지 않는다면, 이론과학은 우리가 완벽한 이론에 도달하고 이를 스스로 알 때까지 유보되어야 할 것이다.

다양한 시스템들은 또한 다양한 설명 방식들을 제공했고, 그
것들에서 다양한 사람들이 다양한 정도의 깨달음을 얻었다. 예컨대
볼타의 시스템은 전기 유체에 기초하여 전기 현상을 설명하는 쪽
을 편애하는 사람들에게 가장 만족스러웠을 것이며, 클라우지우스
의 시스템은 19세기 중반에 새로운 열역학적 열 이론과 운동학적
물질 이론에 흥분한 사람들에게 가장 만족스러웠을 것이다. 베르셀
리우스의 시스템은 입자에 기초한 정전기학적 사고를 선호하는 사
람들에게 매력적이었을 것인 반면, 패러데이의 시스템은 장場, field
에 기초하여 연속체를 생각하는 쪽을 더 좋아하는 사람들의 입맛
에 맞았을 것이다. 우리가 직관적 설명들의 내재적 가치와 임기응변
적heuristic 가치를 완전히 무시할 의향은 없다고 전제하고서 말하면,
다양한 입맛에 맞는 설명들을 제공하는 것은 과학의 중요한 목표다.

경험적 적합성과 직관적 설명 외에 다른 인식적 목표들도 중
요했다. 이를테면 통일성 혹은 체계성은 이론 구성을 추진하는 중
요한 동기로 구실했는데, 이 동기도 다양한 전기화학 시스템들에
서 다양한 방식으로 충족되었다. 예컨대 러셀(1963, 127쪽)이 지적하
듯이, 베르셀리우스의 화학 시스템 구성에서 주요 관심사는 분류였
으며, 그의 이원주의적 시스템은 '당면한 목적'으로서의 분류를 출
발점으로 삼았다. 물론 그 시스템이 다루는 범위는 나중에 설명 쪽
으로 대폭 확장되었지만 말이다(134쪽). 전기분해에서 물질들(혹은
물질들의 산화물들)이 보이는 행동을 핵심적인 작업적 기준operational
criterion으로 삼아서 베르셀리우스는 모든 원소들을 산소, 금속들,
그리고 "유사금속들metalloids"로 분류하고 단일한 음전기성-양전기

성 스펙트럼상에 배치했다(125쪽 이하, 131-133쪽). 반면에 패러데이에게 이론 구성에서 체계성의 핵심 측면은 자연의 모든 힘들의 통일성을 보여주는 것이었다. 클라우지우스에게 통일성의 관건은 화학을 물리학으로 환원하는 것이었다. 데이비에게는 힘들의 통일도 중요했지만 물질의 궁극적 구성요소들이 소수少數만 존재하는 것도 중요했다. 이처럼 다양한 시스템들이 제각각 사뭇 다른 체계성/통일성의 버전을 추구하면서 다양한 사람들에게 인식적 만족을 제공했다.

다원성에서 나오는 둘째 유형의 혜택은 다양한 시스템들 사이에서 일어나는 생산적 상호작용이다. 심지어 견해의 불일치도 유용한 기능을 했다. 예컨대 패러데이는 데이비의 연구를 그것과 일치하지 않는 자신의 연구를 부추기는 자극으로 활용하면서 또한 자기 생각의 토대로 활용할 수 있었다(Russell 1959, 12쪽). 볼타 전지에 관한 접촉 이론과 화학적 이론 사이의 오랜 논쟁은, 각 진영이 반대 진영을 반박하려 애쓰는 가운데, 수많은 새로운 실험의 개발을 유도했다(더 자세한 내용은 2.3.4 참조). 만약에 전기분해에 관한 리터의 이론이 존속하면서 물은 합성물이라는 전제에 기초한 다양한 이론들과 온당하게 경쟁할 수 있었더라면, 이와 유사한 혜택들이 나왔으리라고 생각하지 않기가 나로서는 어렵다. 비록 리터는 배제되었지만, 존중할 만한 과학자들 사이에서 의견의 불일치가 존속한다는 사실은 사람들로 하여금 자기 이론의 장점에 대해서 겸허한 태도를 유지하고 새로운 생각의 가능성에 대해서 열린 태도를 유지하게 했다.

여러 시스템들의 공존은 또한 생산적 종합을 위한 개념적 가능성을 더 많이 창출하고 유지했다. 아레니우스가 20세기 전기화학의 물꼬를 튼 것은 베르셀리우스의 시스템, 패러데이의 시스템, 클라우지우스의 시스템 사이의 생산적 상호작용 덕분이었다. 베르셀리우스는 전하를 띤 이온을 제공했고, 패러데이는 정전기학적 추론의 굴레를 깨부쉈으며, 클라우지우스는 운동학적 요인들에서 유래하는 자발적 해리의 개념을 제공했다. 아레니우스의 연구로 이어진 시기에 이 시스템들 중 하나가 독점적인 지위를 누렸다면, 그의 획기적 돌파는 불가능했을 것이다. 적어도 그 돌파가 실제 형태와 경로 그대로 일어날 수는 없었을 것이다. 궁극적으로 바라는 바는 포괄적으로 우월한 하나의 시스템이라 하더라도, 거기에 도달하는 것은 오로지 적절한 지원을 받는 다원주의적 발전 기간을 거쳐야만 가능할지도 모른다. 섣부른 합의의 강제는 이 발전 과정을 가로막는다.

　　이제 요약하자. 19세기 전기화학의 복잡한 이론적 지형과 관련해서 우리는 물의 전기분해에 대하여 어떤 말을 할 수 있을까? 두 가지 주요 논점이 있다. 첫째, 전기분해는 물이 화합물임을 보여주는 결정적 추가 논증을 전혀 제공하지 못했다. 오히려, 19세기의 처음 몇 년이 지난 다음에 전기화학 분야에서 이루어진 연구의 대부분은 플로지스톤 이론과 리터의 전기분해 이론에서 상정된 원소로서의 물을 배제했으며, 이 배제가 그 대부분의 연구를 부분적으로 **정의**했다. 둘째, 내가 '물-화합물 전기화학'으로 칭한 전통 내부에, 많은 미해결 문제들과 심층적인 이론적 불확실성에 대한 솔직한 인정이 있었다. 그 결과로 전기화학은 리터의 합성 견해를 배제했음에도 다원주의적으로 발전했다. 하나의 웅장한 이론적 합의에

도달하지 않은 채로 전기화학은 적당히 안정적이며 계속 확장되는
실험적 연구에 대한 이론적 토론을 기반으로 삼았다. 19세기 내내
계속된, 전기분해의 메커니즘에 관한 논쟁은 물이 화합물이라는 전
제를 건드리지 않았다. 그 전제는 초기에 부여 받은 공리로서의 지
위를 유지했다.

2.3 전해질 용액 속 깊숙이

2.3.1 지저분한 과학에 대한 연구의 가치

이 장의 둘째 절(2.2)을 읽고 나서도 어쩌면 당신은 내가 현대적 이온 이론의 출현과 같은 더 찬란하고 생산적인 과학의 단계들을 외면하면서 이토록 지저분하고 불확실한 단계에 초점을 맞춰야 마땅했음을 아직 확신하지 못할 것이다. 내가 추적하던 발전들이 물의 조성에 관한 논쟁과 직접 관련되어 있다는 단순한 사실을 제쳐두더라도, 나의 독특한 초점 설정에는 여러 이유가 있다.

첫째 이유는 다름 아니라 내가 지금 주목하는 발전 단계가 외면당해왔다는 점에 있다. 반면에 더 통일되고 확신에 찬 단계들은 훨씬 더 많은 주목을 받아왔다. 19세기 전기화학사 서술에서 아주 많은 관심을 받은 주제는 다음 다섯 가지뿐이다. (1)볼타의 전지 발명, (2)전기분해를 통해 참신한 물질 분해들이 이루어진 것(니컬슨/칼라일의 물 분해, 데이비의 알칼리 분해 등), (3)베르셀리우스의 화학결합에 관한 이원주의, (4)전기 작용의 양과 화학적 효과의 양 사이의 비례에 대한 패러데이의 연구, (5)이온 해리에 관한 아레니우스의 이론. 내가 이 장에서 이미 보여주었듯이, 많은 전기화학 연구는 (3)과 (5) 사이에서 이루어졌으며, (4)는 그 많은 연구 가운데 아주 작은 부분에 불과하다. 또한 많이 다뤄진 내용들에서도 많은 측면들이 외면당해왔다. 예컨대 사람들은 (2)를 다루면서 거리 문제를 외면해왔다. 이제껏 외면당해온 과학 발전의 단계들과 측면들에 더 많은 관심을 기울이는 것은 역사 서술의 관점에서 **유익한** 일임에 틀림없다. 이것은 자명하며 비교적 얕은 수준의 논점이지만, 더 심오한 논점들도 있다.

첫째, 나는 19세기 전기화학의 비교적 지저분한 단계들이 생산적이지 못했다는 암묵적 전제를 반박하고자 한다. 이를테면 두 봉우리처럼 솟은 데이비의 업적(1807년경)들과 패러데이의 전기화학당량에 관한 연구(1830년대 초반) 사이의 긴 구간, 그리고 패러데이에서 아레니우스에 이르기까지 더욱 길게 50년이나 이어진 구간이 그런 지저분한 단계들이다. 2.2.3에서 간략하게 논했듯이, 이 단계들에서도 확실히 유용한 발전들이 이루어졌다. 심지어 거리 문제를 풀기 위한 노력처럼 외견상 부질없었던 몸부림들도 유용한 발전들을 낳았다. 그 발전들을 이해하는 일은 중요하다. 설령 우리의 모든 관심이 후대의 성취들을 참되게 이해하는 일에 쏠려 있다 하더라도 말이다.

또한 나는 특히 과학철학자들 사이에서 흔하지만 일부 과학사학자들과 과학사회학자들도 공유한 암묵적 전제 하나를 반박하고자 한다. 그 전제는 더 다원주의적이었던 과학의 단계들에 계속 집중하는 것보다 합의의 형성을 이해하는 것이 더 중요하다는 것이다. (5장에서 나는 우리가 과학에 대해서 논평할 때 종결에 집착하는 것을 비판할 것이다.) 과학의 삶의 많은 부분은 합의의 순간들이 아니라 더 지저분한 단계들로 채워져 있다. 이와 관련해서 조지프 슈왑 (1962)의 생각들을 언급할 필요가 있다. 슈왑은 쿤의 《과학혁명의 구조》 초판이 나온 해에 《탐구로서의 과학 교육The Teaching of Science as Enquiry》을 출판했다. 쿤의 정상과학/탈정상과학 구분과 슈왑의 안정적stable 탐구/유동적fluid 탐구 구분은 매우 유사하지만, 과학의 발전이 계속되면 점점 더 많은 연구가 유동적 탐구에 할애된다는

것이 슈왑의 견해였다.[38] 쿤이 말한 탈정상과학과 슈왑이 말한 유
동적 탐구는 다원주의적 경향을 강하게 띤다. 그러므로 과학의 본
성을 온전히 이해하려면, 그런 과학 단계들이 어떻게 작동하는지를
반드시 이해할 필요가 있다. 일반적으로 과학은 거의 늘 다원주의
적 면모를 띠기 마련이다. 심지어 쿤이 말한 정상과학에서도 연구
의 최전선은 슈왑이 말한 유동성을 어느 정도 띠어야 한다. 모든 과
학 분야의 모든 근본적 논쟁이 깔끔한 종결에 이르는 때가 언젠가
도래하리라는 것은(그때에 자비로운 신께서 우리 모두를 인도하시어, 우리
가 계속 살아가면서 그 아름다운 상태를 망치지 않아도 되리라는 것은) 그럴
싸하지 않은 생각이다.

　　뿐만 아니라, 다원주의적 과학 단계가 혼란스럽고 불확실하
며 따라서 더 통일된 단계보다 열등하다는 생각이 과연 옳은지도
불명확하다. 찬란한 통일과 합의의 순간은, 기초적인 수준의 통찰
을 위해서는 필수적이지만 구체적인 연구를 위해서는 그리 유용하
지 않은 깨달음의 순간epiphany moment일 개연성이 매우 높다. 그 순
간은 **과도한** 단순화와 **과도한** 확신의 순간이며, 그 다음에 과학자
들은 대개 더 현실적이고 노련한 마음가짐으로 되돌아가 다시 난점
들, 예외들, 문제들, 흠집들, 숨어 있는 개념적 불합리들, 역설들, 실
패한 예측들, 수수께끼 같은 새로운 현상들을 다룬다. 분자유전학

38　슈왑은 과학 교육에 초점을 맞췄다. 과학에서 유동적 탐구가 점점 더 많
아지면, 과학도들에게 유동적 탐구를 훈련시킬 필요성이 증가한다. 바꿔 말해.
과학도들에게 비판적 사고의 능력을 갖춰줄 필요성이 증가한다. 이에 관한 추
가 논의는 Siegel(1990), 99 – 102쪽 참조.

이 성숙할 수 있었던 것은 오로지 왓슨과 크릭의 '중심 교리central dogma'를, 곧 정보가 DNA에서 RNA를 거쳐 단백질로 흘러간다는 과도하게 단순화된 생각을 벗어난 덕분이었다. 기본입자 물리학은 전자, 중성자, 양성자만 다루면 되는 즐거운 상태에 안주할 수 없었다. 만약에 코페르니쿠스적 천문학이 코페르니쿠스 자신의 등속원 운동에 대한 황홀한 애착에 머물렀다면, 그 천문학은 아무것도 이뤄내지 못했을 것이다. 과학자들이 자연의 복잡한 진창들에 빠져 저속해지고 지저분해지면, 다양하고 난해한 문제들을 다양한 방식으로 해결하려 모색하는 과정에서 어느 정도의 다원성이 아마도 발생할 것이다. 이 흔하고 힘겹고 가치 있는 과학 발전의 단계들을 과학사학자들과 과학철학자들이 제대로 인정하지 않는다면, 어느 누가 인정하겠는가? 과학 교과서들에 나오는 과학사 서술은 성공 이전과 **이후**의 지저분한 상황을 관행적으로 무시하지만, 우리가 그 관행을 따르는 것은 옳지 않을 것이다.

2.3.2 프리스틀리는 망상에 빠졌던 것일까? 실험실에서 얻은 한 견해

첫 절(2.1)에서 나는 프리스틀리가 말년에 전기화학을 둘러싼 논쟁에 개입했던 일을 짧게 언급했다. 그 에피소드를 조금 더 주의 깊게 살펴볼 필요가 있다. 왜냐하면 그것은 유능하고 평판이 좋은 과학자가 외견상 터무니없는 결과들을 보고한 흥미로운 사례이기 때문이다. 과거 과학의 많은 일차문헌들은 오늘날의 관점에서 볼 때 전혀 틀린 듯한 관찰 보고들로 가득 차 있다. 그것들 중 일부는, 현재 우리가 지닌 편견이나 초점의 협소함 때문에 잊혔거나 그럴싸하지 않다고 간주될 따름이지, 실은 타당한 관찰들로 밝혀질 가능성이 있다. 이 사정은 과학철학 분야에서 잘 알려져 있으며 논란을 일으키는 한 주장을 연상시킨다. 그 주장에 따르면, 과학의 진보는 지식의 명백한 증가와 더불어 부분적인 **상실**을 가져온다. 쿤(1970, 9장)이 보기에 이것은 혁명적 변화의 불가피한 귀결이었다. 기존의 논문들에서 나는 그런 상실된 지식을 복원하는 것이야말로 '상보적 과학'으로 구상된 과학사 및 과학철학history and philosophy of science(HPS)의 주요 임무들 중 하나라고 주장했다(Chang 1999; 2004, 6장). 프리스틀리의 전기화학과 같은 사례들은 적절한 실험의 도움으로 그런 복원을 시도해볼 기회를 훌륭하게 제공한다(이런 역사적 실험의 기능에 대해서는 Chang 2011c, 내가 본격적으로 다룬 또 다른 사례에 관한 세부사항은 Chang 2007b 참조).

프리스틀리의 전기화학 관련 보고들에는 두드러지게 이상한 점이 두 가지 있다. 첫째, 그는 물의 전기분해가 오직 용해된 산소가 존재할 때만 일어났다고 주장했다. 둘째, (다양한 금속 전선으로 된) 양전극이 산소 생산 지점으로 구실하지 않고 물에 용해되어 다양한 화합물을 형성했다고 프리스틀리는 보고했다. 이 보고들은 조금이라도 그럴싸한 구석이 있을까?

알다시피 순수한 물은 전기분해하기가 매우 어렵기 때문에, 앞의 그림2.2에서처럼 우리는 전기분해 과정을 돕기 위해 약간의 산이나 염을 투입한다. 프리스틀리가 충분히 순수한 물을 전기분해 실험에 사용했다고 가정하면(그는 실험에 사용한 물을 어디에서 구했는지 명시하지 않는다), 그의 전지는 물을 분해하여 산소와 수소를 발생시키지는 못하고 물속에 용해되어 있던 산소를 꼬드겨 끌어내기만

할 수 있었을 가능성이 있다. 이 의심을 검증하기 위하여 나는 몇 가지 예비적인 실험을 했다.[39] 용이한 조절과 점검을 위하여 나는 0~60볼트의 직류를 공급할 수 있는 현대적인 전원을 사용했다. 물은 (전기전도도는 매우 낮고 저항은 대체로 센티미터당 1메가옴 정도인) 탈이온수de-ionized water를 썼으며, 전극에서 일어날 수 있는 화학반응을 최소화하기 위하여 흑연 전극들을 사용했다. 탈이온수를 전기분해하기는 매우 어렵다. 나의 실험에서는 전압을 약 50볼트로 높일 때까지 어느 전극에서도 기포가 관찰되지 않았다. 50볼트는 프리스틀리의 전지가 잘 작동했을 경우에 도달했을 전압과 유사하다. 이 추정의 근거는 프리스틀리(1802, 198쪽)가 자신의 전지에 대해서 쓴 글이다. 그는 "은도금한 구리판 60개와 압연 공법으로 얇게 가공한 아연판 60개로 이루어진" 자신의 전지를 "버밍엄의 청년 웨더비 핍슨 씨에게서" 공급받았다고 썼다.

2010년 9월 29일, 나는 탈이온수를 채운 관 속으로 흑연 전극들을 집어넣고 전압을 조절할 수 있는 직류 전원을 사용하여 전기분해를 시도했다. 물을 통과하는 전류의 양을 전류계(상업용 멀티미터multimeter)로 점검했는데, 25볼트의 전압을 가했을 때 전류는 고작 90마이크로암페어로 측정되었고, 이때 전극들에서는 기체의 형

39 나는 유니버시티 칼리지 런던 화학과의 대런 카루아나의 전기화학 실험실에서 이 실험들을 했다. 실험장비들을 사용할 수 있게 해주고 온갖 친절한 조언을 해준 것에 대해서 카루아나 박사와 그의 동료들에게 진심으로 감사한다. 또한 이 실험들뿐 아니라 다른 실험들에서도 더없이 친근하고 유능하게 나를 도운 로즈마리 코츠에게, 그리고 연구 프로젝트를 승인하고 요긴한 자금을 제공한 리버흄 재단에 감사한다.

성이 관찰되지 않았다. 전압을 60볼트로 높이자, 전류가 약 300마이크로암페어로 증가했고, 몇 분이 지나자, 양극(+)에서는 기포들이 생성되어 달라붙은 것이 관찰되기 시작한 반면, 음극(-)에서는 그렇지 않았다. 그림2.11은 전압을 60볼트로 맞추고 실험을 45분 동안 지속한 시점에서 찍은 사진이다. 소량의 염산을 탈이온수에 첨가하면, 전기분해의 양상은 확 달라진다. 같은 날 수행한 이 실험에서는 전압이 겨우 3볼트일 때 양쪽 전극 모두에서 기포가 형성되어 떨어져 나오기 시작했으며, 양극보다 음극에서 더 많은 기포가 발생했다(그림2.12 참조). 전압이 5볼트일 때, 전류는 7.4밀리암페어, 곧 7400마이크로암페어였다. 이는 탈이온수에 60볼트의 전압을 가했을 때 흐른 전류보다 20배 넘게 큰 값이었다.

산을 첨가한 물에서 관찰되는 현상은 평범한 물의 전기분해에서 예상되는 결과와 똑같다. 음극에서는 수소가, 양극에서는 산소가 발생하며, 수소가 산소보다 두 배 많이 발생한다. 그러나 물의 순도를 높이면, 이 익숙한 결과가 나오지 않는다. 탈이온수를 사용한 실험에서 생성된 기체는 워낙 소량이어서 나는 그 정체를 직접 검사하여 알아낼 수 없었지만, 그 기체는 수소가 아니라 산소라고 보는 것이 합당한 듯하다. 왜냐하면 그 기체는 양극에 모이니까 말이다(또한 이 실험에서 산소와 수소 이외의 기체가 발생하는 것은 상상하기 어렵다). 요컨대 순수한 물을 가지고 하는 전기분해에서는 문턱 전 반응pre-threshold reaction이 존재하고, 그 반응에서는 물에 가한 외부 전압이 물 분자들을 수소와 산소로 분해하지 못하고 물속에 용해되어 있는 산소 기체를 끌어내기만 하는 것으로 보인다.[40] (물속에 용해되어 있는 수소도 있겠지만, 그 양은 미미할 것이다. 수소는 산소보다 용해도가

그림2.11 탈이온수에 60볼트의 전기를 가한 상태로 45분이 경과한 시점의 결과. 검은 막대들은 흑연 전극들이며, 왼쪽의 녹색 집게는 전원의 양극과, 흰색 집게는 전원의 음극과 연결되어 있다. 양극에서만 기포들이 관찰된다(장하석이 2010년 9월 29일에 찍은 사진).

그림2.12 염산(HCl) 한 방울을 첨가한 물에 3볼트의 전기를 가한 결과. 양쪽 전극 모두에서 기포들이 발생하여 올라오고 있다. 음극에서 더 많은 기포가 발생한다(장하석이 2010년 9월 29일에 찍은 사진).

낮다. 또한 이것이 더 중요한데, 기본적으로 대기에 포함된 수소가 미량이기 때문에 물속에 용해되어 있는 수소도 미량일 수밖에 없다.)

이 실험 결과는 프리스틀리가 보고한 결과에 대한 확증까지는 아니지만 최소한 그가 자신의 결과를 납득하기 위하여 내놓은 설명을 변론한다. 그 결과 자체에 대해서 말하면, 나는 물과 대기의 접촉을 끊으면 기포 발생이 중단되는 것이나 용해된 기체를 충분히 제거한 물에서는 전기분해가 일어나지 않는 것을 관찰하려 애썼지만 아직 성공하지 못했다. 나는 이 실험들을 완수하고 싶다. 다른 한편, 프리스틀리의 나머지 관찰들은 이제껏 내가 본 바와 일치한다. 프리스틀리가 전기분해를 실행했을 때, 발생한 산소와 수소의 비율은 실험할 때마다 달랐고 산소의 순도도 들쭉날쭉했다. 내가 보기에 이 결과는 그가 매 실험에 사용한 물에 다양한 양의 공기가 녹아 있었고 아마도 다른 불순물도 들어 있었음을 시사한다. 그런데 전기를 가한 결과로 물속에 용해되어 있던 산소가 빠져나온 것은 어떤 이유 때문일까? 이론적 성향이 베르셀리우스와 같은 사람이라면, 산소는 음전기를 띠므로 전지의 양극으로 끌려가 그곳에서 방출되리라는 것에 쉽게 동의했을 것이다. 하지만 더 일반적으로 이런 질문을 제기할 필요가 있다. 물속에 용해된 기체들은 물속으로 흐르는 전기와 어떻게 상호작용할까? 이 질문은 밀접하게 관련된 다음 질문을 유발한다. 물이나 용액으로 적신 층들을 사이사

40　혹시 물속에 비교적 풍부하게 용해되어 있을 이산화탄소(CO_2)가 분해되어 산소가 생성되는 것일 수도 있을까?

이에 끼워서 볼타 전지를 만들었을 때, 그 물이나 용액 속에 용해되
어있는 기체들은 어떤 효과를 낼까? 이것들은 오늘날의 전기화학
교과서에서 전형적으로 다루는 질문이 아니다.

둘째 질문과 관련해서는, 데이비가 그 유명한 1806년 베
이커 강연에서 보고한 내용을 흥미롭게 언급할 만하다(Davy 1807,
46-47쪽).

> 요컨대 구리판과 아연판 20쌍으로 만든 볼타 전지에서 연결 유
> 체가 공기를 함유하지 않은 물일 경우, 그 볼타 전지는 영구적인
> 기전력을 발휘하지 못한다. (…) 훨씬 더 완벽한 도체인 고농도의
> 황산도 아연에 가하는 작용이 거의 없기 때문에 마찬가지로 비효
> 율적이며 매우 강한 전력power에 의해서만 분해된다. (…) 헐겁게
> 결합된 산소들을 함유한 물은 아연의 산화물이 더 신속하게 또한
> 더 많이 형성될 수 있게 해주기 때문에 평범한 공기를 함유한 물
> 보다 더 효율적이다. (…) 그 자체가 쉽게 분해되거나 물의 분해
> 를 돕는 저농도 산들은 다른 모든 물질보다 더 강력하다.[41]

이 관찰 보고들은 볼타 전지에 대한 프리스틀리 자신의 플로
지스톤주의적 설명과 잘 맞아떨어졌다(Priestley 1802, 202쪽). 그 설
명에 따르면, 프리스틀리의 (아연판과 은도금한 구리판으로 된) 볼타 전

---

41   데이비는 이 실험들을 여러 해 전에 수행했고 그 결과를 1800년에 니컬
슨의 저널(4권)에 발표했다고 말한다. Donovan(1816), 43쪽의 요약도 참조하
라. 프리스틀리는 이 논문들을 읽었을 것이다.

지의 작동은 아연의 녹슮(탈플로지스톤화)에 의존했다. 아연에서 이탈한 플로지스톤은 어딘가로 가야 할 터였고, 은/구리가 그 플로지스톤을 수용함으로써 플로지스톤으로 "과포화되었다supersaturated". 이 과잉 플로지스톤이 흘러나감으로써 볼타 전지에서 나오는 전류가 창출되었고, 이 과잉 플로지스톤이 물과 결합하여 '과플로지스톤 물', 다시 말해 수소가 만들어졌다.

　　이제 프리스틀리가 보고한 기이한 결과들 중 둘째 부분으로 눈을 돌리자. 즉, 물의 전기분해에서 음극에서 수소가 생성되는 것과 더불어 양극으로 사용된 금속 전선들이 용해되었다는 보고를 살펴보자. "이 같은 금속의 용해를 일으키는 가장 확실한 방법"은 숯을 음극의 재료로 삼는 것이었다. 프리스틀리는 이렇게 보고했다 (200쪽). "나는 언젠가 이 방법으로 순금을 용해했고 그 증거로 그 용액을 보관하고 있다. 그러나 그 다음에는 단 한 번도 순금의 용해에 성공하지 못했다. (…) 이 과정으로 백금을 용해하는 것도 해내지 못했다." 프리스틀리가 사용한 물에 불순물이 섞여 있었고 그것이 금속들과 결합하여 가용성 염(특히 염화물chloride)을 형성했다고 가정한다면, 이 결과들은 현대적인 관점에서 상당히 쉽게 설명할 수 있다. 나는 런던의 수돗물을 그대로 사용하여 구리 전선의 용해에 쉽게 성공했다. 구리 전선을 양극으로 사용하고 10볼트의 전압을 걸자, 전선이 용해되면서 청록색의 걸쭉한 용액이 만들어졌다. 2010년 9월 17일의 실험에서 나는 겨우 4볼트(전류는 3.3밀리암페어)에서도 구리 양극이 용해되는 것을 관찰했다. 전압을 높이자 전류도 꾸준히 증가하여 10볼트에서는 10밀리암페어, 60볼트에서는 약 90밀리암페어에 도달했으며, 구리 양극은 이 증가에 부응하여 더

그림2.13 수돗물의 전기분해에서 전압 50볼트일 때 구리 양극의 용해(장하석이 2010년 9월 17일에 찍은 사진)

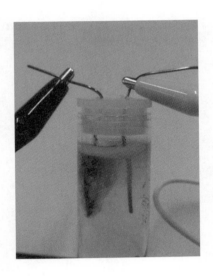

인상적으로 파괴되었다(그림2.13, 그림2.14 참조). 예상할 만한 일이지만, 나는 금을 용해하는 데는 실패했다. 그러나 프리스틀리가 사용한 물속에 염화물이 불순물로 섞여 있었다면, 금의 용해는 터무니없지 않다. 다른 맥락에서 수행한 몇 번의 실험에서 나는 NaCl(평범한 소금) 포화용액을 평범한 전지 두 개를 직렬로 연결하여(즉, 3볼트의 전압으로) 전기분해하면서 금 양극을 쉽게 용해했다(그림2.15 참조). 내가 2011년 9월에 수행한 몇 번의 추가 검증 실험에 따르면,[42] 금 양극의 용해는 (음극이 흑연일 경우) NaCl의 농도가 포화농도의 1/25만 되어도 일어날 수 있다. 그러나 그러려면 전압이 좁은 범위

42 이 실험들을 위한 장소를 제공한 케임브리지 대학교 화학과의 피터 워더스 박사, 크리스 브랙스톤 씨, 개리 헤링턴 씨에게 감사한다.

그림2.14 60볼트에서 구리 양극의 용해(장하석이 2010년 9월 17일에 찍은 사진)

그림2.15 NaCl 용액을 3볼트의 전압으로 전기분해할 때 금 양극(오른쪽 전선)의 용해: 음극(왼쪽 구리 전선)에서 형성된 수소 기포 때문에 음극 전선과 용액 윗부분의 윤곽이 흐릿하다(장하석이 2009년 9월 17일에 찍은 사진)

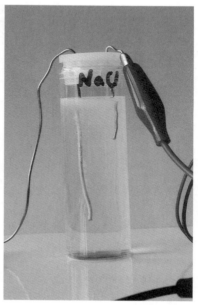

(NaCl의 농도에 따라 다르지만, 대략 2.2~3.0볼트) 안에 놓여야 한다. 전압이 3볼트를 넘으면, 금 양극은 온전히 유지되면서 염소 기체를 발생시킨다. 나는 이 현상을 더 탐구할 계획이다.

실제로 프리스틀리 외에 다른 사람들도 전지를 이용한 금의 용해를 보고했다. 일찍이 크룩샹크(1800b, 256쪽)는 석회의 염화물muriate of lime(염화칼슘) 용액을 전기분해하여 "완벽한 금 용액"을 얻었다고 보고했다. 도노번(1816, 83-84쪽)은 피사의 프란체스코 주세페 파키아니가 수행한 매우 흥미로운 실험을 이야기했다(또한 Mottelay 1922, 392쪽 참조). "금 도선들을 써서 물을 분해하면, 산소가 지속적으로 방출되고, 물은 산성으로 된다. 산염산oxymuriatic acid[염소chlorine]의 냄새가 느껴지게 되고, 금이 부식한다. 그리고 장미색에 가까운 오렌지색의 용액이 얻어진다." 1805년에 보고된 이 실험으로부터 도노번이 추론한 바는 "물로부터 산소가 추출됨으로써 염산이 생성되었다"는 것이었다. 그는 서둘러 이렇게 덧붙였다(85쪽). "물속이나 그릇 안이나 연결 매체 안에 들어 있는 물질들이 이 현상의 참된 원인이었다는 것이 후속 연구들에서 증명되었다." 물속에 불순물로 들어 있던 염화물 때문에 염화금과 염산이 생성될 수 있었다는 생각은 내가 보기에 개연성이 없지 않은 듯하다.

전반적으로 볼 때, 나의 실험과 그 밖에 문헌 증거가 지지하는 결론은, 프리스틀리의 보고들 가운데 최소한 대다수는 모종의 실재하는 현상들을 가리키고 있다는 것이다. 그 현상들은 200년의 세월과 사뭇 다른 물질적 조건을 뛰어넘어 나타나기에 충분할 만큼 '실재한다real'. 또한 그것들은 현대적 관점에서 탐구할 가치가 있는 몇몇 흥미로운 과학적 질문을 유발한다.

2.3.3 이온 이동에 관한 복잡한 사항들

이 장의 1절과 2절(2.1과 2.2)에서 나는 전기분해에서 이온 운반의 메커니즘에 관한 논쟁의 역사를 필요에 맞게 상당히 단순화하여 훑어보았다. 이제 그 서술을 내가 할 수 있는 만큼 수정하고자 한다. 나는 19세기에 광범위한 논쟁을 일으킨 질문들을 더 일목요연하게 정리할 것이며, 또한 내가 앞서 제시한 이야기와 모순되지는 않더라도 결이 어긋나는 몇몇 발전들도 애써 지적할 것이다. 이 주제에 관한 현대의 역사학적 연구들은 드물다. 올리비에 다리골은 19세기 중반의 상황을 신중하게 개관하면서 "안타깝게도 전기화학의 역사에 대한 권위 있는 연구는 없다"고 논평한다.[43] 그러나 일차문헌은 말할 것도 없고 일부 오래된 이차문헌에서도 의미 있는 추가 자료를 많이 발견할 수 있다(특히 Wilkinson 1804; Singer 1814; Donovan 1816; Ostwald [1896] 1980; Partington 1964 참조).

(a) 이온이란 무엇일까? 전기분해가 분해라는 것에 동의한 모든 사람들은 분해된 분자의 일부가 액체에 담근 전극으로 이동한다는 것에도 동의했다. 앞서 언급한 대로 패러데이의 새로운 어휘('이온', '전극electrode' 등)는, 단지 이 합의된 사실들만을 어떤 이론적 해석도 암시하지 않으면서 표현하려는 명시적인 의도로 고안되었다. 2.2.3.2에서 서술했듯이, 그 사실들 너머에는 이온의 본성에 관한 이론적 견해의 불일치가 만연했다. 가장 근본적인 불일치를 꼽

43　Darrigol(2000), 266–274쪽. 인용문은 266쪽, 각주1.

으면, 데이비와 베르셀리우스는 이온을 정전하를 띤 입자로 생각한 반면, 패러데이는 그 생각을 받아들이지 않았다. 분자가 이온들로 분해되는 **과정**에 대해서 합의된 지식이 없었으므로, 그 분해에서 나오는 **생성물**의 본성을 알기도 어려웠다.

(b) 이온들이 이동 중일 때, 그것들의 화학적 친화성이란 무엇일까? 이 질문은 특히 리터의 실험들에 의해 제기되었다. 그 실험들에서 전기분해의 생성물들은 그것들 자신과 강한 화학적 친화 관계에 있는 물질들을 관통해야 한다고 여겨졌다(2.2.2 참조). 이미 언급했듯이(Singer 1814, 349-350쪽) 리터의 실험 결과들은 갈바니즘의 작용이 그런 그럴싸하지 않은 이동을 가능케 할 정도로 '강력함'을 의미할 따름이었다. 하지만 어떻게 그런 이동이 가능해지는 것일까? 전하를 띤 원자적 입자들이 정전기적 인력에 끌려 돌아다닌다는 베르셀리우스의 견해를 기초로 삼으면, 그 입자들은 반대 전하를 띤 다른 입자들에 의해 용액의 한복판에서 포획될 것이었다. 멀리 떨어져 있는 전지의 극들이 발휘하는 인력이나 척력은 미미해서 무시해도 될 수준일 터였다. 정전기력은 거리의 제곱에 반비례하니까 말이다. 이런 유형의 우려 때문에 많은 사람들은 베르셀리우스의 시스템이 제공하는 정전기학적 토대를 버렸다. 1832년 9월에 패러데이는 자신의 공책에 이렇게 적었다. "분해 현상은 극들의 직접적 인력과 척력에 의존한다기보다 화학적 친화성이 한 방향으로는 약화하고 반대 방향으로는 강화하는 것에 의존하는 듯하다."(Hartley 1971, 161쪽에서 재인용) 패러데이는 이런 유형의 견해를 끝까지 고수했지만, 끝내 그의 견해는 다른 사람들이 채택하고 발전시키기에 충분할 만큼 명료화되지 못했다(Faraday [1859] 1993; Sinclair 2009 참조).

(c) 정확히 무엇이 이온들을 움직일까? 방금 논한 이유들 때문에, 이온들의 운동이 단순히 극들의 정전기적 인력과 척력에 의해 지배된다고 생각하기는 어려웠을 것이다. 전기분해에서 작동하는 기본적인 힘이 정전기력이라는 견해를 공유한 그로투스와 데이비는 이온들의 운동이 인접한 분자들의 부분들 사이의 인력과 척력에 좌우되는 단거리 운동들로 나뉘어 있다고 생각했다. 이 그로투스 메커니즘은 살아남아 현대 물리화학에 수용되었다. 비록 전기분해에 대한 포괄적 설명이 아니라 양성자 이동의 메커니즘으로서만 수용되었지만 말이다. 한편, '보이지 않는 운반' 견해를 받아들인 사람들은, 오로지 전기 유체가 이온들을 움켜쥐는 덕분에 그것들이 이동한다고 생각하는 편이었다. 전기 유체는 나름의 이유 때문에 전기화학적 회로를 쏜살같이 순환하고 말이다. 1837년에 뒤마는 "볼타 전지에 의해 물이 전기분해되는 것에 관한 최초의 분별 있는 견해"는 푸르크루아의 견해라고 선언했는데, 그 견해는 보이지 않는 운반 견해의 일종이었다. 또한 충분히 늦은 시기인 1825년에 오귀스트 들라리브는 이중 전류를 전제하면서 보이지 않는 운반 이론의 새로운 버전을 내놓았다(Partington 1964, 23쪽, 28쪽). 이처럼 나의 앞선 서술은 '보이지 않는 운반' 이론이 쉽게 제거되었다는 인상을 풍길지도 모르지만, 실제로 그 이론은 그렇게 쉽게 제거되지 않았다.

(d) 이온들은 얼마나 빠르게 이동할까? 이 질문은 1850년대에 빌헬름 히토르프와 프리드리히 콜라우슈에 의해 비로소 진지하게 탐구된 것으로 보인다(간결한 요약은 Partington 1964, 665–672쪽 참조). 하틀리(1971, 174쪽)에 따르면, 히토르프의 연구는 전극들 근처에서 일어나는 이온 농도의 변화를 설명하기 위한 노력에서 시작되었다.

그런데 이는 19세기 초반에 신속하게 사라진 것처럼 보였던 불균형 견해가 조용히 복귀했음을 의미한다. 더 정확히 말하면, 전기분해를 겪는 전해질 용액 내부의 농도 불균형은 거리 문제에 대한 만족스러운 해법으로서는 퇴짜를 맞았지만 그 자체로 설명될 필요가 있으며 흥미로운 문제 하나를 제기하는 실험적 사실로서 서서히 정착했다. 히토르프는 그로투스 메커니즘의 이중 사슬 버전을 채택했으며, 상이한 사슬들이 서로를 스쳐지날 때 상이한 속력으로 움직인다고 결론지었다. 히토르프의 연구를 기초로 삼은 콜라우슈는 측정들을 개선했고 농도가 낮은 용액에 특별한 관심을 기울였으며 다양한 이온들의 상호 독립적 운동성이 확립되는 데 전반적으로 기여했다.

　(e) 어떻게 이온들이 전극에서 전기적으로 중성인 물질로 변환될까? 이온은 오직 비자연적 전기 상태를 띤 덕분에 이온이라고 믿는 사람들이 보기에는, 전극에서 이온이 필요한 만큼의 전기를 얻거나 잃음으로써 전기적 중성을 회복하면서 다시 정상적인 상태로 돌아간다는 생각이 이치에 맞았다. 반면에 원자에 전하가 내재한다고 생각하는 사람들이나(예컨대 베르셀리우스) 이온은 정전기적 전하를 띠지 않았다고 생각하는 사람들이 보기에는, 더 정교한 이야기가 필요했다.

2.3.4 전지의 작동 방식에 관한 논쟁

　　이제껏 내가 실은 그 표면만 건드릴 수 있었던 방대한 주제 하나는 볼타 전지의 작동 그 자체다. 그 작동은 당연히 전기분해의 메커니즘과 관련이 있다. 일찍이 데이비가 깨달은 의미에서, 볼타 전지의 작동은 단지 전기분해의 역逆, converse이다. 하지만 이 주제에 대해서는 해야 할 이야기가 훨씬 더 많다. 얼마나 많으냐면, 내가 온전히 이 주제만을 다루는 책을 쓰기 시작했을 정도다. 수많은 흥미로운 질문들이 있다. 볼타 전지 속 두 금속 사이의 상호작용은 정확히 어떤 것일까? 또 전해질 용액과 각각의 금속 사이의 상호작용은 정확히 어떤 것일까? 전해질 용액이 물, 산 수용액, 염 수용액 등일 때, 전기 생산 메커니즘은 어떻게 다를까?

　　　볼타 전지에 대한 현대의 표준 설명은 무엇일까? 놀랍게도, 쉽게 입수할 수 있는 표준 설명은 없다. 둘러보면 거의 모든 곳에서 대니얼 전지에 대한 설명을 볼 수 있다. 이 전지에서는 상이한 두 가지 용액이 염다리salt bridge나 다공성 장벽을 통해 연결된 채로 전해질 용액의 구실을 한다(예컨대 Housecroft and Constable 2010, 638쪽; Gilbert et al. 2009, 894–895쪽; R. Chang 2010, 841쪽). 금속들은 제각각 고유한 용액에 담가지며, 전기 생산 작용은 양쪽 금속에서의 산화 환원 전위redox potential의 불균형을 통해 간편하게 설명된다. 그러나 원조 볼타 전지에서는 전해질 용액이 하나뿐이고 처음엔 그 속에 어떤 금속의 이온도 들어 있지 않기 때문에, 이 전지의 작용은 그런 방식으로 설명할 수 없다. 따라서 전기화학에 관한 기초적인 고찰은 원조 볼타 전지를 외면해왔다. 그 전지의 전기 생산 작용을 화학반응의 탓이 아니라 상이한 두 금속이 접촉한 탓으로 돌리는 볼타의 이론도 마찬가지로 외면 받았다. 볼타의 접촉 작용설은 물리학자들이 말하는(각 금속의 일함수work function와 관련 있는) 접촉 퍼텐셜contact potential의 형태로 살아남아 있다. 그러나 접촉 퍼텐셜은 오늘날 표준적인 화학 담론의 일부가 아니다. 나의 조사가 제한적이었음을 인정하지만, 나는 접촉 퍼텐셜을 언급하는 화학 교과서를

(Levine 2002, 413쪽) 딱 하나 발견했는데, 거기에서도 접촉 퍼텐셜을 전기화학적 전지에 대한 설명에 써먹지는 않는다.

　　헬게 크라흐(2000)는, (볼타를 계승하여) 전기 생산 작용이 상이한 두 금속의 접촉에서 유래한다고 믿는 사람들과 화학반응에 의해 전기가 생산된다고 믿는 사람들 사이에서 19세기 내내 벌어진 길고 복잡한 논쟁을 통찰력 있게 조망한다. 볼타 전지에 관한 접촉 이론과 화학 이론 사이의 관계는, 쿤(2000, 21-24쪽)이 몸소 지적하듯이,[44] 비정합성의 깔끔한 사례다. 또한 데이비를 비롯한 많은 사람들은 그 두 이론을 어떤 식으로든 절충하려 했다. 크라흐는 그 논쟁이 끝내 제대로 해소되지 않았다고 결론짓는다. 대신에, 그 논쟁은 20세기에 들어서면서 긴급성을 잃고 흐지부지되었다. 오늘날 화학 교과서들에 등장하는 표준적인 이야기는 화학적 산화 환원 전위를 거론하지만, 물리학자들은 상이한 금속들 사이의 접촉 퍼텐셜을 여전히 즐겁게 논의한다. 한편, 전지 기술은 외견상 근본적인 이론의 도움을 별로 받지 않은 채로 꾸준히 발전했다. 19세기의 논쟁들을 주도한 성가신 질문들과 맞선 양편의 과학자들이 들이댄 다양한 실험들 중 다수는 오늘날 거의 잊혔다. 표준적인 화학 교과서들에는 확실히 그것들이 등장하지 않는다. 심지어 전문적인 과학사학자들 사이에서도 19세기 전기화학 논쟁들의 세부사항은 더는 상식이 아니다. 이 역사에 관한 가장 철저한 연구를 보려면 여전히 꽤 오래

44　그러나 "양쪽 관점이 그 분야에서 **잠시** 함께 있었다"(23쪽, 강조는 원문에 없음)라는 쿤의 말에서 보듯이, 명백히 그는 심층적인 연구를 하지 않은 듯하다.

된 이차문헌들에 의지해야 한다. 예컨대 파팅튼(1964)과 빌헬름 오스트발트[1895](1980)의 고전적인 저서들이 그런 문헌이다. 관심의 결핍이 만연한 지금, 반가운 예외는 〈누오바 볼타아나Nuova Voltiana〉에 발표된 일련의 논문들(Bevilacqua and Fregonese 2000 - 2003), 특히 크라흐의 논문(2000)과 나홈 키프니스의 논문(2001)이다.

이제부터 맞서 논쟁한 양편이 내놓은 가장 흥미로운 실험들과 논증들 중 몇몇을 간결하게 부각하고자 한다. 19세기 중반에 이르렀을 때, 접촉 이론은 더는 생존할 수 없다고 느껴졌을 것이다. 특히 전지에서 발생하는 전기적 작용과 화학적 작용의 정량적 동일성이 패러데이에 의해 확립되면서 그런 느낌이 강화되었을 것이다. 일찍이 데이비(1807, 33쪽)는 단 하나의 금속을 사용하거나 아예 금속을 사용하지 않고 숯과 두 가지 액체를 사용하는 전지를 제작하여 볼타를 당황하게 했다. 자신의 '전지'는 토르페도torpedo(전기 물고기)의 현실적 모형이라는 생각에 매료되어 있던 볼타도 금속 대신에 뼛조각을 사용하는 전지를 제작했다(Pancaldi 2003, 205쪽). 상이한 금속들의 접촉과 무관한 전지들에서는, 양편의 화학적 전자 산출율의 차이로 인한 불균형이 전자들의 알짜 흐름net flow을 일으키는 것이 명백한 듯하다. 접촉 이론 진영에 대한 연구들을 열거하자면, 홍성욱(1994)은 이 논쟁의 역사 가운데 호기심을 일으키는 한 기간을 상세히 논한다. 그 역사에서 켈빈은 1860년대에 볼타의 접촉 이론을 부활시켰다. 더 먼저 들룩 등은 전해질 용액 대신에 건조한 층(종이 등)을 사용하는 다양한 '건조 전지dry pile'를 제작했는데, 그 전지들은 커다란 실험적 이론적 논쟁거리였다(Hackmann 2001; Ostwald [1895] 1980, 346 - 353쪽/359 - 366쪽; Partington 1964,

16–17쪽). 옥스퍼드 클라렌든 연구소에는 오래된 건조 전지가 있다. 1984년을 현재로 치면, 그 전지는 무려 144년 동안 거의 끊임없이 종을 울려왔다! 크로프트(1984)는 이 대단한 장치에 관하여 보고하면서 "그 전지들의 재료는 확실히 알려져 있지 않지만", 옥스퍼드 대학교의 물리학자 A. 엘리엇은 이 장치에서 영감을 얻어 2차 세계대전 중에 군사적 목적으로 "상당수"의 건조 전지들을 제작했다고 전한다.[45] 19세기에 많은 논쟁 끝에 한 가지 합의가 이루어졌는데, 그것은 건조 전지의 작동은 공기 속 수분의 존재에 의존한다는 합의였다. 그러나 수분의 역할이 건조한 층들을 전기 도체로 만드는 것인지 아니면 화학반응을 촉진하여 전기를 발생시키는 것인지에 대해서는 끝내 최종 합의가 이루어지지 않았다.

2.3.5 리터와 낭만주의

앞서 언급했듯이, 자연철학에 대한 일반적 거부는 전기분해에 대한 리터의 합성 견해가 거부되는 결과를 가져온 중요한 요인들 중 하나였다. 오스트발트는 이렇게 한탄했다([1895] 1980, 67쪽/68쪽). "당대의 자연철학이 리터를 파멸시켰다." 자연철학은 완전히 그릇되고 비생산적인 사고방식이라는 그 자신의 느낌을 보강하기 위하여, 오스트발트는 리비히가 낭만주의 시대에 속한 자신의 삶을 회고하면서 쓴 문장을 인용했다. "아, 애통하구나! 나는 말과

---

45 파팅튼(1964, 17쪽)도 그 옥스퍼드 건조 전지가 한 세기 넘게 작동해왔다고 말한다.

생각의 측면에서는 아주 풍요롭지만 실질적인 지식과 탄탄한 연구의 측면에서는 아주 빈곤하게 이 시기를 살아냈다. 그렇게 내 인생의 소중한 2년이 소모되었다. 내가 이 광란에서 깨어나 의식을 회복했을 때 느낀 공포와 경악을 묘사할 길이 없다." 그러나 리터와 낭만주의 자연철학 전통 사이의 관계를, 그리고 리터의 전기화학에 대한 거부와 과학계에서 낭만주의에 대한 일반적 거부 사이의 관련성을 온전하고 정확하게 감지하기 위해서는 더 신중한 논의가 필요하다. 여기에서 펼칠 논의는 몹시 개략적이고 과문寡聞할 수밖에 없을 것이다. 왜냐하면 이것은 이 책의 범위와 나의 전문분야를 훌쩍 벗어난 주제이기 때문이다. 실제로 현존 영어권 문헌에서 나는 여기에서 다룰 질문들과 직접 관련된 내용을 애써 찾았지만 놀랄 만큼 적게 발견했다.

리터와 낭만주의 사이의 친화성과 주요 낭만주의 사상가들과 리터의 친밀한 개인적 관계에 대해서는 의문의 여지가 거의 없다. 발터 베첼스(1990)도 그렇게 설명한다. 여기에서 나는 리터의 전기화학이 낭만주의의 영향을 어떻게 드러냈는가, 하는 방식들을 요약하기만 할 것이다. 전기의 기본 구조는 자연의 극성을(자연은 극성을 띠면서도 여전히 통일되어 있는데) 보여주는 완벽한 사례인 듯했다. 그러므로 낭만주의가 애호한 과학적 주제들 중 하나가 전기(또한 유사한 이유에서, 자기)였다는 것은 놀라운 일이 아니다. 또한 갈바니즘 연구는 경탄을 자아냈다. 왜냐하면 그 연구는 활동 없는 물질뿐 아니라 생물에도 똑같은 자연의 힘들이 깃들어 있음을 보여주었기 때문이다. 이 연구 방향에서 이뤄낸 실험적 성과에 고무되어 리터는 이렇게 물었다. "그렇다면 동물의 부분들, 식물의 부분들, 금속의 부분들, 돌의 부분들 사이에 과연 차이가 있을까? — 그것들은 모두 **우주동물**cosmic-animal, 곧 **자연**의 구성원들이 아닐까?"(Wetzels 1990, 203쪽에서 재인용) 리터의 실험 방식도, 참된 과학 지식은 자연과의 직접적 직관적 교감communion에 의해 획득된다는 낭만주의적 생각을 반영했다. 리터는 실험적 연구에 자신의 몸을 새로운 차원으로 추가하여 끝없이 자가 실험self-experimentation을 이어갔다. 볼타에게는 전지로 스스로에게 전기 충격을 가하는 실험이 적당한 측정 장치가 없어서 불가피하게 선택한 방편일 따름이었다면, 리터에게 그 실험은 낭만주의적 천재의 영웅적 행위였다.

현대 과학이 낭만주의를 전반적으로 배척한 이유는 자명하다고 여겨질 수도 있을 것이다(그 이유에 관한 이야기는 여기에서 펼치기에는 너무 크다). 그러나 낭만주의의 얼룩을 한 이론적 아이디어나 배척된 이유나 한 과학자가 따돌림 당한 이유로 지목하는 것은 그리 간단치 않은 문제다. 리터의 시대와 그 후의 몇몇 주요 과학자들, 예컨대 훔볼트, 데이비, 외르스테드, 패러데이는 눈에 띄게 낭만주의와 관련이 있었음에도 과학 연구로 칭송을 받았다. 심지어 낭만주의는 그들의 과학적 연구를 위한 영감으로서 직접적이며 긍정적으로 기능했다는 주장, 혹은 최소한 "새로운 자연과학의 이데올로기와 제도는 낭만주의와 자연철학에 많은 빚을 졌다"(Cunningham and Jardine 1990, 8쪽)라는 주장도 제기되었다.

한 아이디어가 배척된 이유로 낭만주의와의 관련성을 지목하는 설명의 난점은, 아이디어는 다양한 맥락들을 오가며 발전함에 따라 폭넓은 관련의 망으로부터 분리되어 나올 수도 있다는 사실에 의해 더 심화된다. 예컨대 전기의 극성은 낭만주의와 관련이 있기 때문에 리터에게 대단히 매력적이었다. 그러나 베르셀리우스의 연구에서 전기의 극성은 완전히 일상적이고 산문적인 것이 되었다. 자연의 웅장한 통일성은 낭만주의의 핵심 개념이었으며 리터와 외르스테드와 패러데이의 낭만주의적 색채를 띤 연구의 동기로 작용했다. 그들 모두는 자연의 모든 힘들의 웅장한 통일성이라는 신기루를 추구했으며 때때로 기적적으로 그 통일성을 발견했다. 그러나 자연의 통일성이라는 아이디어는 낭만주의 시대보다 먼저 있었으며 그 시대 이후에도 오래 존속하여 현재에 이르고 있다. 바로 지금, 초끈, 힉스 보손, 양자중력이론을 추구하는 사람들은 그 아이디어의 계승자들이다.

심지어 과학적 방법론의 수준에서도 관련성은 분석을 위해 유용하지 않을 정도로 유동적일 수 있다. 리터에게 경험주의는 낭만주의의 필수적인 부분이었다. 왜냐하면 자연과 직접 교감하기 위한 통로는 천재의 직관인데, 감각 경험은 그런 천재의 직관과 동등하기 때문이었다. 오스트발트는 리터의 연구 안에서 상반된 두 경향을 발견한다. 그의 연구는 냉철한 과학적 이성과 무책임한 공상의 날갯짓을 둘 다 보여준다는 것이다. 여기까지는 오스트발트에게 공감할 수 있다. 그러나 그는 그 자신에게 익숙한 관련성들을 리터의 발언들에 그저 투사했고, 그 결과는 단적인 몰이해였다. 갈바니즘을 다룬 리터의 1798년 논문에 관한 논평에서 오스트발트는 "동일한 머리"가 "풍부한 실험적 탐구"에 관한 "능수능란한 설명"을 제시하여 "대단한 생각의 힘과 과감성을" 드러내면서 또한 "미사여구를 제쳐놓으면 벌거벗은 무의미로 전락하는 일련의 최종 결론들"을 산출한다는 것은 "심리학적으로 불가능하다"는 견해를 밝혔다

(Ostwald [1895] 1980, 66/67 – 70/71쪽).

　　낭만주의 과학이 배척당한 이유를 싸잡아 설명하는 것을 경계해야 한다는 점을 명심했다면, 이제 리터의 생각들이 배척당한 이유에 관한 질문으로 돌아가자. 내가 생각하기에 리터가 화학계와 물리학계에 수용되지 못한 것은 그의 연구의 실체보다는 소통의 방식 및 전략과 더 많은 관련이 있었다. 이는 라봐지에의 성공이 그의 활발하고 효과적인 캠페인에 많은 빚을 졌던 것과 마찬가지다. 심지어 리터의 연구는 과학계에 수용되려는 욕망에 의해 강하게 제어되지도 않았던 것으로 보인다. 리터의 연구가 과학계에 수용되는 것을 막은 요인으로 내가 지목하는 것들은 다음과 같다. (1) 그의 문체는 풍부하고 산만했으며, 많은 시간과 집중력을 투자하지 않는 사람들은 쉽게 이해할 수 없었다. (2) 그는 세간의 이목을 끌도록 출판물들을 내놓는 전략가가 아니었다. (3) 그는 독자와 청중을 자신으로부터 멀어지게 만들 성싶은 생각이나 연구―예컨대 수맥 탐지용 막대에 관한 연구―를 대수롭지 않은 것으로 만들기 위한 노력을 전혀 하지 않았다. (4) 그는 단결하는 라봐지에주의 정통파에 맞섰기 때문에 독일 화학계에 수용될 가망이 낮았다. 다른 이유들도 있을 수 있을 것이다. 그러나 이것은 확실한데, 리터의 전기화학 이론에 대한 배척은 원리에 따른 불가피한 것이었다기보다 특유하고 상황의존적인 것이었다.

IS WATER H₂O?

3장

HO일까, H₂O일까?

원자의 개수를 세는 법을
터득하기까지

EVIDENCE,
REALISM,
AND
PLURALISM

물은 물질의 원자론적 조성을 둘러싼 논쟁이 벌어지는 상징적인 장소의 구실을 했다. 오늘날에는 물이 H_2O라는 것이 상식으로 통하지만, 원자화학의 첫 반세기 동안 그것은 뜨거운 논쟁을 일으킨 가설이었다. 1808년에 발표된 돌튼의 원조 원자론에서 물은 HO로 제시되었으며, (아보가드로가 처음으로 제안한) H_2O라는 분자식이 옳다는 합의는 원자가라는 개념에 기초를 둔 유기 구조 이론이 19세기 중반에 확립된 다음에야 이루어졌다. 인식론적 주요 난점은 관찰 불가능성이었다. 원자량을 알아야만 분자식을 확실히 알 수 있었으며, 거꾸로 분자식을 알아야만 원자량을 확실히 알 수 있었다. 자체적으로 일관된 분자식들과 원자량들의 체계가 여럿 존재했으며, 그 체계들은 19세기에 번창한 최소 다섯 가지의 원자화학 시스템들에서 사용되었다. 그 시스템들은 제각각 특유한 목표와 방법을 보유하고 생산적으로 상호작용했다. 그 원자화학 시스템들 각각의 핵심에는 원자 개념을 활용 가능하게 만드는(원자들의 무게를 재고, 개수를 세고, 유형을 분류하는) 다양한 방법들이 놓여 있었다. 그런 활용 가능하게 만들기(작업화, operationalization) 덕분에 원자론들은, 관찰된 현상과 정합할 수도 있고 그렇지 않을 수도 있는 한낱 가설로 머물지 않고 그 이상으로 될 수 있었다. H_2O가 옳다는 합의가 이루어진 결정적 시점을 꼼꼼히 탐구하면 알 수 있듯이, 핵심적인 한걸음은 칸니차로가 아보가드로의 생각을 되살린 것이 아니라 치환반응을 이용하여 원자의 개수를 세는 좋은 방법들이 확립된 것이었다. 이것 역시 활용 가능하게 만들기에서 비롯된 성과였다. 다른 한편으로 우리는 H_2O에 대한 합의가 모든 원자화학 시스템들의 간단명료한 통일이 아니었음을 명심할 필요가 있다. 오히려 그 합의는 해당 분야의 재구성이었으며, 그 결과로 새로운 다원적 발전 단계가 도래했다.

3.1 볼 수 없는 것을 어떻게 셀까?

'물은 H_2O다.' 오늘날 이 명제는 과학 교육을 받은 사람들에게 상식이다. 반면에 원자화학에서 처음 채택된 물의 분자식은 HO(수소와 산소의 개수가 각각 한 개)였다는 사실은 널리 알려져 있지 않다. 한 술 더 떠서, 유럽 최고의 화학자들이 물은 H_2O라는 합의에 이르기까지 50여 년이 걸렸다는 사실은 더욱더 적게 알려져 있다. 1860년대 중반에 이런 일마저 있었다. 풍자적인 편지 두 통을 써서 〈화학 뉴스Chemical News〉에 투고한 익명의 저자는 자신을 런던 외곽의 한웰 정신병원Hanwell Asylum에 사는 공인된 미치광이로 소개하면서, 화학자들이 무능해서 물처럼 단순한 물질의 분자식에 대해서도 합의에 이르지 못할뿐더러 자신들의 견해의 불일치를 표현할 공통의 표기법조차 마련하지 못한다고 조롱했다(Anonymous 1864, 1865). 당혹스러울 만큼 다양한 물의 분자식들을 숙고하다 보면 "뇌가 처음에는 혼란에 빠지고, 이어서 허우적거리고, 결국 물렁물렁해진다"고 그는 탄식했다.[1] 그 미치광이가 시대에 약간 뒤쳐졌다는 것을 알면 어느 정도 위로가 될지도 모르겠다. 그가 그 편지들을 쓰던 시점에, 선도적인 화학자들은 마침내 이 문제에 관하여 상당한 수준의 합의에 도달하는 중이었다. 그러나 21세기를 사는 우리로서는 상상하기 어려운 일이지만, H_2O가 물의 분자식으로 안착

---

1   빌 브록은 이 편지들을 발굴하여 Brock(1992, 152쪽)에서 처음으로 언급하고 Brock(2011, 286–289쪽)에서 추가로 논하면서 그 저자의 진짜 정체에 관한 추측도 제시했다.

할 수 있기 위하여 먼저 유기화학을 비롯한 여러 분야에서 온갖 열정적 토론과 복잡한 발전 과정이 필요했다.[2]

　　이 장에서 나는 그 격동하던 원자화학의 첫 반세기를 이해해 보려 한다. 한편으로, 질문은 이것이다. 왜 H_2O라는 단순한 분자식에 대한 합의가 그토록 오랜 세월이 걸려서야 이루어졌을까? 다른 한편으로, 이런 질문도 제기된다. 이런 사안에 대하여 판단한다는 것 자체가 실제로 어떻게 가능했을까? 당시에는(물 분자 속 원자들의 경우에는, 심지어 지금도) 개별 원자들을 직접 관찰할 길이 없었다. 분자 속 원자들을 개별적으로 관찰할 수 없다면, 어떻게 그 원자들의 개수를 셀 수 있을까? 원자화학의 역사가 시작되고 40년이 넘게 지난 1851년에도, 위대한 독일 화학자 유스투스 리비히(1803~1873)는 이렇게 단언했다. "우리는 원자들의 **개수**를 확인할 수단을 보유하고 있지 않다. 심지어 가장 단순한 화합물 속 원자들의 개수도 확실히 알 길이 없다. 그러려면 우리가 그 원자들을 볼 수 있고 셀 수 있어야 할 테니까 말이다."(Liebig 1851, 103쪽. 강조는 원문) 우리가 원자들을 **볼** 수 없고 매우 직접적인 기타 방식으로 관찰할 수 없다 하더라도, 우리는 원자들의 개수를 셀 **수 있다**고 나는 생각한다. 이 장이 마무리될 즈음에는 당신도 나의 생각에 동의하게 되기를 바란다.

　　1장과 2장에서 우리는 대다수 사람들이—이 결론에 합의하

2　이에 관한 예언을 언급하자면, 내가 발견한 최고의 예언은 베르셀리우스(1813, 449쪽)의 것이다. "화학적 비율에 관한 법칙들과 전기화학 이론에 관한 우리의 지식은 언젠가 유기물질들의 조성에 대한 연구에서 인간 정신이 도달할 수 있는 최고의 완벽함에 도달할 것이다."

는 것을 가로막는 몇몇 심각한 난점들에도 불구하고—마침내 물을 화합물로 인정하기까지의 과정을 살펴보았다. (2장에서 논한) 물의 전기분해 직후, 원자론이 등장했다. 통상적인 견해에 따르면, 화학적 원자론은 잉글랜드 북부의 과묵한 교사 존 돌튼(1766~1844)의 작품이다. 프리스틀리, 데이비와 마찬가지로 돌튼의 출신 배경은 보잘 것 없었다. 잉글랜드 북서부 캄브리아 지방의 작은 마을에서 노동계급 퀘이커교도의 자식으로 태어난 돌튼은 영국 아마추어 과학의 존경스러운 전통에 확실히 속한 인물이었다.[3] 정작 본인의 학력은 초등교육을 몇 년 받은 것이 전부인데도, 돌튼은 가르치는 일로 생계를 꾸렸다. 그는 개인교사로, 또 다양한 비주류(비국교파) 학교들에서 가르쳤는데, 그 학교들 중 하나는 원래 워링턴 아카데미 Warrington Academy로 창립되었던 맨체스터 뉴 칼리지Manchester New College였다. 그 학교는 프리스틀리가 1760년대에 선생으로 일한 곳이었다(Brock 1992, 134쪽).

　　돌튼의 주요 업적은 익숙하고 오래된(심지어 고대에도 있었던) 원자 개념을 18세기 합성주의 화학[4]과 융합하여 19세기 원자화학으로 이어지는 필수 연결고리를 창조한 것이었다. 그는 다양한 화학물질들이 서로 결합할 때 따르는 비율의 놀라운 규칙성을, 화학결합이란 명확히 정해진 무게를 지닌 원자들의 결집이라고 전

3　돌튼의 삶과 업적에 관한 정보를 풍부하게 담은 논문들을 모은 책으로 Cardwell(1968) 참조.

4　18세기의 '합성주의'에 대해서는 1장 참조.

제함으로써 깔끔하게 설명할 수 있음을 깨달았다. 예컨대 그 자신이 아는 산소-질소 화합물 다섯 가지를 탐구함으로써 돌튼은 그림 3.1(정확히 말하면, 도해41~45)에서 보듯이 현대적 기호를 쓰면 NO, N_2O, NO_2, NO_3, N_2O_3로 표기될 화합물들을 식별해냈다.[5] 돌튼은 자신의 원자론을 《새로운 화학철학 시스템A New System of Chemical Philosophy》이라는 제목의 저서에 담아 발표했다. 이 책의 1부는 1808년에 출간되었다. 이 무명의 시골 학교선생의 생각이 과학계로부터 적절한 주목을 받았다는 것은 흐뭇한 일이다. 비록 많은 화학자들은 돌튼의 원자를 곧이곧대로 믿기를 꺼렸지만, 기본 물질들(원소들)을 이루는 모종의 원자적 단위들의 결집과 재결집을 통해 화학반응을 개념화하는 것은 머지않아 통상적인 실천으로 자리 잡았다. 돌튼은 지방에 머물며 소박한 삶을 이어갔지만, 그의 화학 및 물리학 연구는 많은 사람들의 칭송을 받았다. 그는 런던 왕립학회의 회원이 되었고(비록 왕립학회 모임에 참석한 일은 거의 한 번도 없지만) 왕을 알현했으며 맨체스터 문학 철학 협회Manchester Literary and Philosophical Society의 회장을 지냈다. 그의 장례는 사회장社會葬으로 치러졌다. 중등학교도 가본 적 없는 한 과학자를 위해서!

---

5 Dalton(1808, 215쪽), Dalton(1810, 316-368쪽) 참조. 그림3.1은 Dalton (1810) 560쪽 맞은편의 도판을 복사한 것이다. 돌튼이 질소를 라봐지에주의자들이 사용한 프랑스어 이름 'azote'로 칭한다는 점을 주목하라. 이 화합물들의 현대적 분자식은 하나만 빼고 돌튼의 분자식과 일치한다. 그 하나의 예외는 돌튼의 NO_3인데, 이 화합물은 우리의 N_2O_5, 곧 무수질산nitric anhydride에 해당한다(Lowry 1936, 209쪽 참조).

3.1.1 관찰 불가능성과 순환성

그러니 원한다면 돌튼을 '화학적 원자론의 아버지'로 존경할
수 있지만, 지금 우리가 아는 원자와 유사한 무언가를 돌튼이 생각
했다고 상상한다면, 그것은 심각한 오류다. 돌튼은 원자가 작고 단
단한 핵과 그것을 둘러싼 칼로릭(열 유체fluid of heat) '대기atmosphere'로
이루어진 구형 물체라고 확신했다. 핵은 원자의 무게를 결정했고,
칼로릭 대기는 원자의 크기를 결정했다. 19세기 원자화학자들의 대
다수는 원자의 크기에 대한 돌튼의 관심을 신속하게 버리고 대신
에 무게에 초점을 맞췄다.[6] 그러나 표3.1에서 보듯이 원자들의 무
게에 관한 돌튼의 견해 역시 정답을 훌쩍 벗어났다. 그는 1808년까
지 원소 20개의 원자량을 측정했는데, 그중 5개(석회, 소다 등)는 훗
날 원소가 아닌 것으로 판별되었으며, 나머지 15개의 원자량 가운
데 10퍼센트 이내의 오차로 현대의 값과 일치하는 것은(정의에 따라
단위 값 1을 부여받은 수소를 빼면) 하나(은)뿐이다.

몇몇 불일치는 돌튼의 실험 기술이 부정확해서 발생한 것
일 수도 있다. 예컨대 아연이나 구리의 원자량이 그러하다. 그러나
다른 사례들에서 돌튼의 원자량 값은 현대적인 값의 대략 절반이
거나(예컨대 돌튼이 질소와 탄소에 부여한 원자량 값은 5, 산소에 부여한 값
은 7이다) 심지어 (인과 황에서는) 3분의 1이다. 이처럼 현대로부터 영

---

6 흥미로운 예외 하나는 일찍부터 돌튼을 지지한 토머스 톰슨이었다. 그는
1831년에도 원자의 부피를 거론했다. 그해에 나온 톰슨의 저서 《화학 시스템》
제7판을 보면, 탄소 원자의 부피는 1, 칼륨 원자의 부피는 28, 나머지 원자들
의 부피는 이 양 극단 사이에 놓여 있다(Thomson 1831, 1권 14쪽).

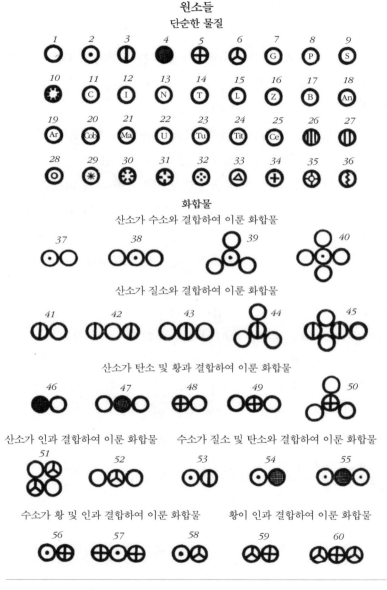

그림3.1 돌튼의 원자들과 분자들("화합물 원자들")

표3.1 돌튼이 1808년에 제시한 원자량들과 더 나중에 개선한 값들을 현대의 원자량들과 비교함

	돌튼(1808)	돌튼(1810)	돌튼(1827)	현대의 원자량
수소	1	1	1	1.008
질소	5	5	5±, or 10?	14.007
탄소	5	5.4	5.4	12.011
산소	7	7	7	15.999
인	9	9	9	30.974
황	13	13	13, or 14	32.064
마그네시아(산화마그네슘)	20	17	17(화합물?)	
석회	23	24	24(화합물?)	
소다	28	28	28(화합물)	
칼리	42	42	목록에서 제외	
스트론타이츠(산화스트론튬)	46	46	46(화합물)	
버라이츠(황산바륨)	68	68	68(화합물)	
철	38	50	25	55.847
아연	56	56	29	65.37
구리	56	56	56, or 28?	63.54
납	95	95	90	207.19
은	100	100	90	107.87
백금	100	100?	73	195.09
금	140	140?	60±	196.97
수은	167	167	167 or 84	200.59

출처: Dalton(1808, 219쪽), (1810, 546-547쪽), (1827, 352-353쪽). 더 큰 규모의 표는 Gjertsen(1984), 277쪽, 표11.2 참조

동떨어진 원자량 값들은 돌튼이 물질들에 부여한, 잘못된 분자식들과 곧장 연결되어 있다. 대표적인 예로 그는 물에 HO라는 분자식을 부여했다(그림3.1의 도해37). 질소, 구리, 수은의 경우에는 돌튼이 1827년에 이르자 관련 분자식들에 대한 확신을 잃었음을 볼 수

있다. 이 물질들 각각의 원자량은 5 또는 10, 56 또는 28, 167 또는 84로 등재되어 있다. 그림3.2는 돌튼이 생각한 원자의 비현대성을 아주 멋지게 보여준다. 이 그림에서 기체 원자들과 분자들은 질서 정연한 배열을 이루고 멈춰 있는 입자들로 표현되어 있다. 개별 원자/분자는 **털이 난** 것처럼 보이는데, 그것은 원자를 둘러싸고 있으며 원자의 크기를 결정하는 '칼로릭 대기'를 나타내는 돌튼의 표현 방식이다. 그리고 수소 분자는 오늘날처럼 H_2가 아니라 단일한 원자다(Dalton 1810 도판7, 설명은 548쪽). 이렇게 원자량을 옳게 알아낼 능력이 거의 없었고 물의 분자식조차 몰랐으며, 원자의 모양, 크기, 구조에 관하여 온갖 기이한 생각들을 품었던 돌튼이 어떻게 '화학적 원자론의 아버지'로 불릴 자격이 있다는 말인가.

하지만 우리의 호의를 잃지 않는 것이 중요하다. 자신이 말하는 원자들을 직접 관찰하기는 불가능함을 인정한 돌튼은 물 분자가 단순하다고 추측했기 때문에 HO에 도달했다. 그가 아는 한에서, 수소와 산소로 이루어진 화합물은 물 하나뿐이었다. 그렇다면 물의 조성이 최고로 단순한 조성, 곧 수소 원자 하나와 산소 원자 하나의 조합이 아니라고 그가 추측할 이유가 과연 있겠는가? 물론 물 분자가 수소 원자 24개와 산소 원자 37개로 이루어졌다고 추측할 수도 있겠지만, 대체 왜 그렇게 추측해야 할까?(왜 신이 세계를 그렇게 장난하듯이 창조했다는 말인가?) 앨런 로크(1984, 36쪽)가 지적하듯이, 실제로 돌튼은 원자들의 단순한 조합을 좋아할 물리학적 이유가 있었다. 그는 동일한 원소의 원자들이 서로를 밀쳐낼 것이라고 생각했다. 왜냐하면 그것들은 (상이한 원소들의 원자들과 달리) 화학적 친화성에 의해 서로에게 끌리지 않기 때문이었다. 화학적 친화

수소 기체
1

질소 기체
2

탄산 기체
3

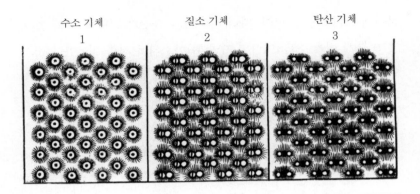

그림3.2 돌튼이 상상한 기체들의 모습

성이 있다면, 원자들 각각이 보유한 칼로릭의 척력과 화학적 친화
성이 균형을 이뤄 원자들이 서로를 밀쳐내지 않을 테지만 말이다.
만일 한 분자를 이룬 유사한 원자들의 개수가 더 많다면, 그 분자는
덜 안정적일 것이었다. 따라서 물은 HO여야 했다.

그런데 **우리는** 올바른 분자식이 H_2O라는 것을 어떻게 알
까? 이 질문을 오늘날의 똑똑한 중학생에게 던지면 이런 식의 대
답이 돌아올 것이다. 수소와 산소의 원자량은 (수소의 원자량을 단위
로 삼으면) 1과 16인데, 실험실에서 물을 분해해보면, 산소 8그램이
나올 때 수소 1그램이 나온다. 따라서 수소 원자 두 개가 산소 원자
한 개와 결합하여 물 분자를 이뤄야 한다. 그런데 이 수치들을 교과
서에서 읽고 외웠을 따름인 똑똑한 학생이 대개 대답하지 못하는
질문은 이것이다. 우리는 수소의 원자량이 1이고 산소의 원자량이
16이라는 것을 어떻게 알까? 영리한 대답은 이러하다. 우리는 물의

분자식이 H_2O임을 안다. 따라서 수소와 산소가 결합할 때의 총(거
시적) 무게 비율이 1:8이라면, 수소와 산소의 원자량 비율은 1:16이
어야 한다. 이 대답을 들으면, 우리는 물의 분자식이 H_2O라는 것
은 또 어떻게 아냐고 물어야 하고, 이로써 애초의 출발점으로 돌
아오게 된다! 바로 이것이 돌튼과 그의 동시대인들 모두를 괴롭힌
순환성이다. 우리가 직접 관찰할 수 있는 것은 총 결합 무게들gross
combining weights뿐이다. 우리가 분자식을 안다면, 결합 무게들로부
터 원자량들을 추론할 수 있다. 우리가 원자량들을 안다면, 분자식
을 추론할 수 있다. 그러나 관찰만 가지고서는 원자량도 알아낼 수
없고 분자식도 알아낼 수 없다. 우리는 원자량들과 분자식들로 이
루어진 일관된 시스템을 임의로 구성할 수 있고, 관찰은 우리의 시
스템을 반박할 수 없다. 이 순환성을 깨뜨리지 못하는 한, 원자화
학은 제대로 이륙할 수 없었다. 오늘날 이 순환성은 철학적 성향이
가장 강한 과학 교과서에서나 간신히 언급된다(예컨대 Langford and
Beebe 1969, 18 – 20쪽; Rogers 1960, 592 – 593쪽; Holton and Brush 2001,
280 – 281쪽).

　　돌튼이 '최대 단순성의 규칙들rules of greatest simplicity'을 필요
로 했던 것은 이런 이유 때문이다. 그 규칙들은 순환성을 깨뜨릴 방
법을 제공했다. 단순성을 고려하여 분자식을 확정할 수 있다면, 그
분자식을 기초로 삼아 원자량을 결정할 수 있을 것이었다(Dalton
1808, 213 – 214쪽). 두 가지 원소로 이루어진 화합물이 단 하나만 알
려져 있다면, 그 화합물은 원자들의 일대일 결합이라고, 즉 두 원소
의 원자 하나씩을 성분으로 지녔다고 돌튼은 추정했다. 따라서 물
은 HO이며, 원자량들은 (현대적 수치를 대략 적용하면) H=1, O=8이

다.[7] 두 원소로 이루어진 화합물이 여러 가지라면, 다른 결합들도 형성될 텐데, 형성되기 쉬운 것부터 그 결합들을 나열하면, 1 대 2 결합, 2 대 1 결합, 1 대 3 결합, 3 대 1 결합 등이다. 돌튼 자신은 이런 식으로 순환성을 깨뜨리는 것에 만족했으며 이를 토대로 자신의 '새로운 시스템'을 건축해나갔다. 실제로 초기에 돌튼의 최대 지지자였던 토머스 톰슨은 돌튼의 원자론을 처음 소개하는 자리에서, 원자의 개념 자체는 오래되었으며 널리 수용되고 있지만 단순성 규칙들은 돌튼의 새로운 이론이라고 명확히 말했다(Thomson 1807, 425쪽).[8] 21세기 초의 관점에서 돌이켜보면, 케임브리지 대학교의 화학자 겸 역사학자 이다 프로인트(1904, 284쪽)도 유사한 견해를 제시했다. "애초부터 돌튼은 원자를 일반적으로 알려져 있는 개념으로 취급했다." 당대의 상황에 대한 돌튼 본인의 아래와 같은 평가를 보면, 톰슨과 프로인트의 견해가 옳음을 알게 된다.

화합물을 구성하는 단순한 물질들의 상대적 무게를 알아내는 것은 모든 화학 연구에서 중요한 목표로 옳게 간주되어왔다. 그러나 안타깝게도 그러한 무게 탐구는 여기에서 중단되었다. (…) 이

---

7 Dalton(1808, 215쪽), Dalton(1810, 275쪽). 그러나 그는 물이 H_2O일 수도 있음을 살짝 인정한다(Dalton 1810, 276쪽). 이 절(3.1)에서 나는 역사적 정확성을 포기하고 (돌튼 본인의 원자량 값들 대신에) 현대화된 원자량 값을 사용할 것이다. 이는 현대 독자들의 혼란을 피하기 위해서다.

8 톰슨은 물리적 원자의 개념을 다들 아는 상식으로 간주했다. 실제로 그의 책에서 '원자'라는 용어는 돌튼의 원자론을 소개하는 대목 이전에도 자유롭게 사용된다. 이는 돌튼 본인의 책에서도 마찬가지다(예컨대 Dalton 1808, 125쪽).

제 이 연구의 큰 목표 하나는, 단순한 물질과 화합물 모두를 이루는 궁극적 입자들의 상대적 무게를 알아내는 일, 화합물 입자 하나를 이루는 단순한 원소 입자들의 개수를 알아내는 일, 그리고 더 복합적인 입자의 형성에 관여하는 덜 복합적인 입자들의 개수를 알아내는 일의 중요성과 효용을 보여주는 것이다.(Dalton 1808, 212 - 213쪽)

곧이어 그는 그렇게 원자들의 상대적 무게와 개수를 알아내기 위한 수단으로서 단순성 규칙들을 제시했다.

대다수 사람들은 돌튼의 단순성 규칙에 동의하지 않았다. 돌튼이 모두를 만족시킬 수 없었던 이유를 쉽게 알 수 있다. 그의 단순성 규칙은 궁극적으로 정당화되어 있지 않았다. 더 나아가 그 규칙은 원자량과 분자식을 확정하려는 목적으로 제시된 것이었지만, 물에서처럼 두 가지 원소가 단 하나의 화합물을 이루는 경우들보다 더 복잡한 모든 상황에서는, 그 목적을 이루기에도 불충분했다. 문제가 생기는 가장 단순한 경우의 예로 탄소의 산화물 두 가지를, 오래전부터 알려져 있던 '고정 공기'(혹은 '탄산')와 프리스틀리가 비교적 근래에 발견했던 '무거운 가연성 공기'를 생각해보자.

2장에서 전기분해의 초기 개척자들 중 하나로 등장했던 윌리엄 크룩샹크(?~1810/1811)는 후자의 기체가 탄소와 산소의 화합물임을 대다수가 확신하게 만든 것으로 보이며,[9] 돌튼은 이 기체를 '산화탄소carbonic oxide'로 명명했다. 이 기체들을 부르는 현대적 명칭(이산화탄소와 일산화탄소)은 그것들의 원자적 조성에 관한 우리의 생각을 이미 담고 있으므로, 우리는 당분간 과거의 명칭들을 고수

하기로 하자. 분석적 연구에서 드러난 결합 무게들의 비율은 아래
와 같았다(Thomson 1831, 166 – 169쪽).

　　　탄산 = 탄소 0.75 + 산소 2
　　　산화탄소 = 탄소 0.75 + 산소 1

　　　아하, 당장 여기에서 분자식 CO_2와 CO가 튀어나오고 탄소
와 산소의 원자량 비율 3:4도 튀어나오는구먼, 안 그래? **성급하게
속단하지 말라.** 결합 무게 비율들을 3:8과 3:4로 표현하면 그런 결
론이 나오겠지만, 탄산의 결합 무게 비율을 3:8, 산화탄소의 결합
무게 비율을 6:8로 표현하는 것도 전혀 흠잡을 데가 없다. 이 비율
들에 적합한 분자식들은 CO와 C_2O, 원자량 비율은 3:8이다(표3.2에
등재된, 뒤마가 사용한 원자량들 참조). 두 선택지 모두가 돌튼의 단순성
규칙들을 동등하게 잘 따른다. 둘 다 2원 화합물(CO) 하나와 3원 화
합물(CO_2 또는 C_2O) 하나를 제시하니까 말이다. 역시 초기에 돌튼을
강력하게 지지한 윌리엄 하이드 윌라스턴(1814, 7쪽)은 다음과 같이
매우 솔직하게 말했다. "동일한 성분들의 결합 비율이 두 개만 알려
져 있는 여러 사례들에서는 어떤 화합물을 원자 간 일대일 결합으
로 이루어진 쌍으로 간주해야 할지 알아내기가 불가능하다." "이 질
문들에 대한 판단은 순전히 이론적이다."

9　프리스틀리는 그 확신에 결코 동의하지 않았다. 그는 그 기체가 플로지
스톤을 풍부하게 함유한 가연성 공기라고 주장했다(예컨대 Priestley 〔1796〕
1969, 37 – 38쪽).

　　질소 산화물이 처한 상황은 이와 유사하면서 더 복잡했다. 왜냐하면 산소와 질소의 화합물은 무려 다섯 개가 알려져 있었기 때문이다. 그 분자식들이 NO, NO_2, NO_3, NO_4, NO_5인지 아니면 동등하게 일관성을 갖춘 분자식들인 N_2O, $N_2O_2(=NO)$, N_2O_3, $N_2O_4(=NO_2)$, N_2O_5인지를 놓고 화학자들은 몇십 년 동안 논쟁했다. 후자의 분자식들은 질소의 원자량 추정 값을 반으로 줄이거나 산소의 원자량 추정 값을 두 배로 늘리면 얻어진다.[10] 전자의 분자식들은 원자량들을 $N=14$, $O=8$로 잡으면 나오고, 후자의 분자식들은 $N=7$, $O=8$(혹은 $N=14$, $O=16$)으로 설정하면 나온다. 그리 멀지 않은 1818년에 루이자크 테나르가 과산화수소hydrogen peroxide를 발견함에 따라 심지어 물도 이런 불확실성의 영역으로 추락했다. 과산화수소는 물이 함유한 산소보다 더 많은 산소를 함유했다는 것이 밝혀졌기 때문에 명칭에 '과過, per'라는 접두어가 붙었다. 오늘날 우리는 과산화수소는 H_2O_2, 물은 H_2O라고 말하지만, 물은 HO이며 산소의 원자량은 8이라는 견해를 고수하면서 새로운 화합물인 과산화수소를 HO_2로 이해했더라도 전적으로 일관적이었을 것이다. 원래 돌튼은 더없이 행복하게도 과산화수소를 몰랐지만, 훗날 톰슨은 이 문제를 신중히 숙고한 끝에 새로운 화합물은 HO_2라고 결론짓고 그것을 '이산화수소hydrogen deutoxide'로 명명하면서 물은 HO라는 견해를 유지했다(Thomson 1831, 11쪽).

　　H_2O에 동의한다는 것은 원자량들과 분자식들의 체계 하나

10　후자의 분자식들은 돌튼의 분자식들과 유사하다.

표3.2 19세기에 서로 경쟁한 원자량-분자식 체계들(원자량은 소숫점 아래 반올림)

	원자량				분자식		
	H (수소)	O (산소)	C (탄소)	Ag (은)	물	산화은	염산
그멜린(또한 리비히, 톰슨, 월라스턴)	1	8	6	108	HO	AgO	HCl
뒤마(1828)	1	16^a	6	216	H_2O	AgO	HCl
베르셀리우스(1826년 당시)	1	16	12	216	H_2O	AgO	H_2Cl_2
게르하르트(4-부피 분자식^b)	1	16	12	108	H_4O_2	Ag_2O	H_2Cl_2
로랑(2-부피 분자식)	1	16	12	108	H_2O	Ag_2O	HCl

출처: 브록(1992, 214쪽); 뒤마(1828), 들어가는 말; L. 아이드(1984, 153쪽); 오들링([1855] 1963, 4쪽); 톰슨(1831, 12쪽); 월라스턴(1814)

a 프로인트(1904, 600쪽)는 프라우트의 가설을 둘러싼 토론의 맥락 안에서 뒤마는 리비히처럼 산소의 원자량을 8로 보는 견해로 (늦어도 1859년에) 전향했다고 보고한다.

b 아이드(1984, 206쪽)의 설명에 따르면, 4-부피 분자식은 "4부피의 수소와 똑같은 공간을 차지하는 증기의 부피를 나타냈다. 즉, 예를 들어 $C_4H_{12}O_2=H_4$" 현대적 관점에서 보면 이 설명도 역시 수수께끼 같으므로 내가 시대에 맞지 않게 다음과 같은 설명을 덧붙이는 것을 양해하기 바란다. 수소 원자 네 개는 2부피의 수소 기체($2H_2$)를 이룰 것이다. 이와 똑같은 부피의 수증기($2H_2O$)를 만들려면, 수소 원자 네 개와 산소 원자 두 개가 필요한데, 물의 4-부피 분자식 H_4O_2는 이 사실을 표현한다. 2-부피 분자식도 이와 유사하다. H_4O_2와 H_2O가 똑같은 것처럼 느껴질 수도 있겠지만, 실은 전혀 그렇지 않다. 이 분자식들 중 어느 것을 채택하느냐에 따라 물의 구조에 관한 추론이 전혀 다르게 전개될 것이다.

를 통째로 받아들인다는 것을 뜻했다. O=16이라는 원자량 부여는 산소가 관여하는 다른 모든 반응들에서도 유지되어야 했다. 다른 모든 각각의 결정도 다른 반응들과 화합물들에 관한 고유한 함의들을 지니고 있었으며, 그 모든 함의들을 서로 일관되게 만들어야 했다. 하지만 모종의 일관성에 도달하는 것은 어떤 방법으로 일관성에 도달하는 것이 최선인지 결정하는 것보다 실은 훨씬 더 쉬운 과제였다. 그리하여 곧 경쟁하는 원자량들의 체계들이 등장했으며, 알려진 관찰들과 일관된 이론적 시스템들을 원칙적으로 무한정 많이 구성할 수 있었다.[11] 3.2에서 훨씬 더 자세히 서술하겠지만, 화학자들은 1850년대에 이르러서야 원자량들과 분자식들에 관한 일반적 합의에 도달했다. 바꿔 말해, 원자화학의 처음 반세기는 그 합의없이 진행되었다.

3.1.2 아보가드로-칸니차로 신화

일군의 역사학자들은 원자화학의 첫 반세기에 관한 복잡한 심층적 이야기를 당연히 해왔으며, 나는 이 장의 나머지 부분에서 그들의 연구를 인용할 것이다.[12] 그러나 이 권위 있는 설명들 중 다수는 가장 열성적인 대학원생과 전문가 외에는 이해하기 어렵다. 반면에 다른 많은 논평자들은 그 이야기가 그리 복잡하지 **않다고**

---

11 다음과 같은 간단한 연습용 과제를 통해 이 진술이 참임을 확인할 수 있다. 당신이 원하는 원자량들과 분자식들의 시스템을 선택하라. 그 시스템에 속한 원소를 아무렇게나 하나 골라서 그것의 원자량을 반으로 줄이고, 모든 분자식에서 그 원자의 개수를 두 배로 늘려라. 그러면 완전히 새로우면서 일관성을 갖춘 또 하나의 시스템이 만들어진다. 예컨대 산소의 원자량을 16이 아니라 8로 정한다면, 물은 H_2O_2, 이산화탄소는 CO_4 등이라는 결론에 이르게 될 것이다. 이 작업을 우리가 원하는 대로 고른 아무 원소에나 몇 번이라도 반복해서 할 수 있다.

12 그들을 대략 연대순으로 나열하면, 이다 프로인트, T.M. 라우리, 조슈아 그레고리, J.R. 파팅튼, 콜린 러셀, 데이비드 나이트, 에런 아이드, 윌리엄 브록, 존 헤들리 브룩, 에반 멜라도, 아널드 대크레이, 메리 조 나이, 트레버 리비어, 앨런 로크, 크리스토프 마이넬, 우르술라 클라인, 조지프 프루튼, 피터 램버그, 앨런 차머스 등이다.

느낀 듯하다. 그들은 당시의 지저분한 상황을 주류 화학자들의 비합리성이나 무지의 탓으로 돌리는 설명들을 제시했다. 이런 유형의 이야기 가운데 어쩌면 가장 흔한 것은 다음과 같을 것이다. '한 괴짜 이탈리아인이 진리를 알아챘지만 무시당했는데, 결국 50년 뒤에 더 체계적이고 집념이 강한 다른 이탈리아인이 그의 연구를 발굴하여 그것이 옳음을 모두에게 확신시켰다.' 이것이 아보가드로와 칸니차로에 관한 이야기다. 옥스퍼드 대학교의 위대한 화학자 해럴드 하틀리가 1966년에 한 논문에 쓴 다음과 같은 문장은 이 이야기의 정수를 아주 멋지게 예시한다. "칸니차로는 화학 이론의 이 같은 혼란 상태가 화학자들이 이런저런 선입견 때문에 게이뤼삭과 아보가드로의 연구에서 나오는 논리적 귀결들을 전폭적으로 수용하기를 거부한 것에서 비롯되었음을 [1858년에] 명확히 깨달았다."(Hartley 1971, 186쪽) 조슈아 그레고리(1931, 109쪽)가 지적했듯이, 아보가드로의 생각은 "당대에 싸늘하게 취급당했고, 간간히 다양하게 재등장했으며, 결국 칸니차로에 의해 확립되었다".

　　하틀리의 문장이 넌지시 알려주듯이, 두 명의 이탈리아인에 관한 이 이야기는 실은 조제프루이 게이뤼삭(1778~1850)이라는 프랑스인에서 시작된다. 이 프랑스인은 돌튼의 원자론이 발표된 직후에 한 편의 결정적인 논문을 발표했다. 게이뤼삭과 돌튼은 둘 다 기체가 열에 반응하여 보이는 행동을 연구하여 처음으로 과학자로서의 명성을 얻었다. 그 후 관심을 화학결합으로 돌린 게이뤼삭은([1809], 1923) 계속해서 기체에 초점을 맞췄고 무게가 아니라 **부피**에 특별한 관심을 기울인 끝에, 기체들이 서로 화학적으로 반응할 때는 (압력과 온도가 동일할 경우) 아주 단순한 부피 비율로 반응한다는 놀라운 일반적 규칙성을 발견했다. 예컨대 부피 2의 이산화탄소는 부피 1의 산소와 결합하여 부피 2의 탄산이 되었다. 부피 1의 질소는 부피 3의 수소와 결합하여 부피 2의 암모니아가 되었다. 물도 다시 등장한다. 일찍이 캐븐디시(1784)는 수소와 산소가 결합하여 물을 형성할 때의 부피 비율이 2:1임을 지적한 바 있었다. 그렇다면 그림3.3이 도식적으로 보여주듯이, 물은 H_2O라는 것이 빤히 드러난 것이 아닐까? 그렇다. 하지만 그 그림의 암묵적 전제를 받아들일 때만, 즉 동일한 부피의 모든 기체는 동일한 개수의 입자들을 보유하고 있다는 전제를 받아들일 때만 그러하다. 나는 앨런 로크(1984, 24쪽 이하)가 이 전제에 붙인 "이븐EVEN"(동일 부피-동일 개수 equal volumes-equal numbers)이라는 외우기 쉬운 명칭을 그대로 사용할 것이다. 게이뤼삭은 이븐과 그 함의들을 받아들이기 직전까지 갔다. "내가 이 논문에 기록한 수많은 결과들은 또한 [돌튼의] 이론을 강하게 두둔한다." 그러나 화학결합에서 비율들이 고정적이라는 법칙의 보편적 진리성에 관한, 그의 스승 클로드루이 베르톨레의 의심을 언급하면서 게이뤼삭은 여기에서 확실한 이론적 전향을 꺼렸다 (Gay-Lussac [1809] 1923, 23 - 24쪽).

　　어쩌면 당신은 돌튼이 게이뤼삭의 연구 결과들을 분자식 판정을 위한 매력적인 방도로서 환영하고 원자량과 분자식의 순환성을 깨뜨리는 데 사용했을 것이라고 상상할지도 모르겠다. 그러나 돌튼은 '이븐'에 저항할 물리학적 이유가 있었다. 실제로 돌튼(1810, 556쪽)은 자신이 게이뤼삭의 연구보다 더 먼저 '이븐'의 한 버전을 숙고하고 배척했다고 밝혔다.[13] 배척의 이유들 가운데 중요한 것 하나는 이러하다. 만일 '이븐'이 참이라면, 기체들이 결합할 때 반드시

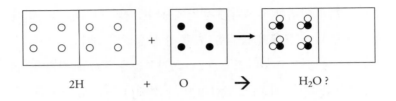

2H   +   O   →   H₂O ?

그림3.3 물에 관한 '이븐EVEN'의 함의

총 부피의 감소가 일어나야 할 것이다. 왜냐하면 원자들이 서로 결합하면서 입자들의 전체 개수가 줄어들 테니까 말이다. 그러나 총 부피의 감소가 항상 일어나는 것은 아니다. 물의 경우에는 문제가 발생하는데, 다시 한번 그림3.3에서 그 문제를 확인할 수 있다. '이븐'과 수소와 산소의 결합 비율 2:1을 받아들이면, 부피 1의 수증기만 형성되리라고 예상하게 된다. 그러나 실험은 부피 2의 수증기가 형성된다는 것을 보여준다. 더 심각한 사례들도 있다. 예컨대 질소와 산소가 1:1의 비율로 결합하면 부피 2의 아산화질소가 형성된다(Dalton 1808, 70-71쪽). 2년 후, 돌튼은 저서 《새로운 시스템》의 2부를 출판하면서 자신의 반론을 되풀이했다. "실제로 부피 단

---

13   돌튼은 기체의 원자들과 분자들이 불필요한 간격 없이 차곡차곡 쌓여 있다고 상상했다. 그런 돌튼의 관점에서 볼 때 '이븐'은 그가 이미 고려한 후 배척했던 다음과 같은 생각과 똑같았다. "그때 나는 혼합 기체에 관한 이론을 구성했는데, 내가 짐작하기에 당시에 많은 사람들이 그랬듯이, 나는 탄성 유체들elastic fluids의 입자들이 모두 똑같은 크기라는 잘못된 생각을 가지고 있었다."(Dalton 1808, 188쪽)

위에 관한 게이뤼삭의 생각은 원자에 관한 나의 생각과 유사하다. 만일 모든 탄성 유체가 동일한 부피 안에 동일한 개수의 원자들을 가졌음을 증명할 수 있다면 (…) 그 두 가설은 동일해질 것이다." 그러나 돌튼은 '이븐'에 대한 반감이 아주 강해서, 게이뤼삭이 관찰한 부피들 사이의 관계는 근사적인 것에 불과하며 화학결합에 관한 근본적인 진리를 전혀 반영하지 않는다는 논증을 시도하기까지 했다 (Dalton 1810, 556 – 559쪽).

　　'이븐'을 받아들이고 그것이 원자론에 대해서 함축하는 바를 밝혀낸 인물은 돌튼이 아니라 아메데오 아보가드로(1776~1856) 였다. 과감하게도 그는 관찰 불가능한 영역으로 깊숙이 뛰어들었다. 원래 법률가 교육과 수련을 받은 아보가드로는 이 시절에 이탈리아 피에몬테 주 베르첼리 소재 왕립 칼리지Royal College의 자연철학교수였다.[14] 1811년에 파리에서 출간되는 〈물리학 저널Journal de Physique〉에 발표한 논문에서 아보가드로는 돌튼과 게이뤼삭을 완벽하게 조화시키는 방법을 보여주었다. 그림3.4는 아보가드로의 기본 발상을 표현한다. 우선 그는 '이븐'을 천명했다(Avogadro [1811] 1923, 29쪽). 그런 다음에, 화합물의 분자식은 결합 부피들에 기초하여 결정되어야 한다고 주장하면서, 돌튼을 "화합물 속 분자들의 가장 그럴싸한 개수 비율에 관한 자의적 전제들"(33쪽)을 사용했다는 이유로 비난했다. '이븐'은 H_2O라는 분자식을 제공했지만 또한 물의 부피가 2일 것을 요구했다. 따라서 아보가드로는 '이븐'을 유지

14　아보가드로의 삶과 연구에 관한 방대한 세부사항들은 Morselli(1984) 참조.

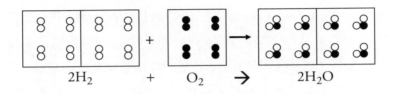

그림3.4 아보가드로의 가설을 물에 적용함

하기 위하여 물 분자가 양분되어야 한다고 제안했다. 그러나 그 제
안이 옳다면 산소 원자도 양분되어야 할 텐데, 이는 불가능했다(그
림3.3에서 H_2O 상자들을 어떻게 처리해야 할지 고민해보라). 따라서 아보가
드로는 산소 입자가 애초부터 2원자 분자여야 한다고 추정했다. 수
소도 마찬가지여야 한다. 그래야 산소 원자의 개수와 수소 원자
의 개수 사이의 비율이 옳게 유지된다(31-32쪽). 이 모든 내용을 현
대의 표기법으로 적으면 다음과 같다. $2H_2+O_2=2H_2O$.

이처럼 아보가드로는 현대의 설명을 온전히 알고 있었던 것
처럼 보이며, 많은 사람들은 왜 그의 통찰이 외견상 50년 동안 외
면당했는가에 대한 의문을 품었다.[15] 존 헤들리 브룩은 이렇게 재치

15　일부 저자들은 아보가드로의 생각을 알았건 몰랐건 간에 실제로 그를 무
시한 것으로 보인다. 조지프 프루튼(Fruton 2002, 56쪽)에 따르면, 베르셀리우
스는 그의 〈연간 리뷰Annual Review〉에서 아보가드로를 거론하지 않는 쪽을 선
택했고, 헤르만 콥의 화학사(1843~1847 출간)는 아보가드로의 이름조차 언급
하지 않는다.

있게 말했다(Brooke 1981, 235쪽). "외면당하지 않은 것이 하나 있다면, 그것은 아보가드로의 가설에 대한 외면이다." 빈약한 정보에 기초한 일부 저자들은 아보가드로의 연구가 유럽 과학계의 변방에서 나왔기 때문에 아예 알려지지 않았다고 설명한다. 그러나 이 설명이 옳을 개연성은 낮다. 이 주제를 다룬 아보가드로의 핵심 논문은 주요 프랑스 저널에 발표되었으니까 말이다. 게다가 앙드레마리 앙페르(1775~1836)도 매우 유사한 생각을 제시했다. 앙페르는 확실히 파리 과학계의 지배층에 속했다. 그는 1809년까지 에콜 폴리테크니크의 수학교수를 지냈으며 나폴레옹 치하에서 새로운 프랑스 대학 시스템을 담당하는 총감독Inspector General으로 일했다. 그리고 마크앙투안 고댕(1804~1880)은 앙페르의 연구를 열심히 계승하고 발전시켰다.[16] 아보가드로의 설명이 워낙 불명확해서 그의 생각을 거의 아무도 이해하지 못했다는 설명도 넌지시 제기되었다. 이것 역시 옳을 개연성이 낮다. 물론 아보가드로가 누구보다도 명확하게 글을 쓰는 저자였던 것은 아니지만, 그의 어법이 몹시 독특하고 모호해서 모든 독자를 혼란에 빠뜨릴 정도였던 것도 아니다. 예컨대 오늘날 진기하게 들리는 그의 문구 '성분 분자integrant molecule'는 결정학結晶學에서 흔히 쓰는 용어였다. 결정학은 항상 원자화학과 연결되어 있었으며, 특히 르네쥐스트 아위의 영향 아래 놓인 프랑스에서 그러했다.[17] 몰이해의 정도를 비교하면, 훨씬 더 심한 쪽은 아보가드

---

16   앙페르와 고댕에 관해서는 Mauskopf(1969) 참조.

로의 동시대인들이 아니라 현대의 화학자들과 역사학자들이다.

　　내가 보는 진짜 이야기, 브룩(1981)과 니컬러스 피셔(1982)가 지나칠 정도로 상세하게 풀어놓은 이야기는, 대다수의 과학자들이 아보가드로의 미시물리학적 가설들을 알았고, 토론했고, 충분히 정당한 이유로 배척했다는 것이다. 그 가설들은 너무 가설적이었으며 노골적으로 임시방편적이었다. 그것들을 지탱하는 독립적인 경험적 증거를 제공하는 실험은 전혀 없었다. 뿐만 아니라 돌튼은 그 가설들을 반박하는 구체적인 물리학적 논증들을 가지고 있었으며, 베르셀리우스를 비롯한 전기화학적 이원주의의 전도사들도 마찬가지였다. 후자의 논증은 간단했다. 같은 유형의 원자 2개는 같은 전하를 지니므로 서로를 밀어낸다는 것이 핵심이었다. 돌튼의 논증에 대해서 말하면, 내가 앞서 언급한 대로 그는 자신의 단순성 규칙들과 연관된 다음과 같은 견해를 가지고 있었다. 즉, 모든 원자들은 자기를 밀쳐내는 칼로릭으로 가득 차 있으며, 화학결합은 화학적 친화성이라는 인력으로 서로를 끌어당겨 칼로릭의 자기 밀침을 극복할 수 있는 서로 다른 유형의 원자들 사이에서만 일어날 수 있다는 것이다. 아보가드로는 왜 동일한 유형의 원자 2개가 서로 달라붙는지, 또 달라붙는다면 왜 그런 뭉치기가 원자 2개에서 종결되는지를 설득력 있게 설명하지 못한 것으로 보인다. 장바티스트 뒤마(1800~1884)는 아보가드로의 생각을 발전시키는 것을 진지하게 시도했지만, 증기의 밀도를 연구하다가 외견상의 모순 혹은 적어

17　아위의 업적과 원자론과의 관련성에 대해서는 Mauskopf(1970) 참조.

도 자의성을 발견하고서 그 시도를 포기했다. 그 연구는 예컨대 수은, 인, 황의 기본 분자를 수소, 산소, 질소처럼 이원자 분자로 간주하면 안 되고 Hg, P_4, S_6으로 간주해야 함을 보여주었다(Nye 1976, 248쪽 참조).

　　　외면당한 이탈리아인 아보가드로에 관한 대중적인 이야기를 보완하는 필수 짝꿍은 열정적이지만 냉철한 이탈리아인 칸니차로가 결국 모두를 일깨워 참된 빛을 보게 만들었다는 이야기다. 시칠리아에서 태어난 스타니슬라오 칸니차로(1826~1910)는 혁명적 정치가이면서 또한 화학자였다. 화학에서 그는 연구자로서보다 뛰어난 교육자로서 더 유명했다. 과학자들의 삶을 전하는 한 표준적인 참고문헌은 칸니차로가 "아보가드로의 가설을 부활시킴으로써 현대 원자론의 토대를 마련했다"고 선언한다.[18] 칸니차로 이야기는 이러하다. 칸니차로는 1850년대에 모든 최신 화학 연구를 완벽하게 종합하면서 아보가드로의 생각을 모든 것의 토대로 삼았다. 그는 이 시스템을 자신의 학생들에게 가르쳤지만 유럽의 선도적인 화학자들에게 알릴 기회를 얻지 못했다. 화학적 표기법과 원자량의 통일을 목적으로 1860년에 열린 유명한 카를스루에 회의 Karlsruhe Congress를 칸니차로는 자신의 시스템을 자세히 설명할 기회로 삼았다. 그는 최선을 다했지만 그 회의 자체에서는 결정적인 힘을 발휘하지 못했다. 그러나 그는 거기에서 소책자를 배포했고,

----

18　익명의 저자(2000), 1권 210쪽. 이 견해의 아주 명확한 상술은 Bradley (1992) 참조. 브래들리의 책은 역사 연구서로 의도된 것은 아니다.

결국 그 소책자 덕분에 모든 사람이 설득되었다.[19] 독일 화학자인 (또한 원소주기율 시스템의 개척자인데도 많이 외면당한) 율리우스 로타 마이어(1830~1895)가 쓴 유명한 보고서가 있다. 그는 카를스루에에서 돌아오는 열차 안에서 칸니차로의 소책자를 읽다가 "눈에서 비늘이 떨어져 나가고"(많은 역사학자들이 인용한 문구다. 예컨대 Hartley 1971, 185쪽 참조) 불현듯 모든 것이 이해되었다고 이야기했다.

로크(1984, 295-296쪽, 1992)의 논의를 받아 내가 지적하고자 하는 바는 이것이다. 결정적인 싸움들은 카를스루에 회의 전에 이미 벌어졌고 대부분 개혁 옹호자들의 승리로 돌아갔다. 카를스루에 회의에서 이루어진 추가 합의는 많지 않았으며, 로크가 '조용한 혁명Quiet Revolution'이라고 부르는 것은 카를스루에 회의와 상관없이 자체적으로 계속 퍼져나갔다. 그렇다고 일부 사람들이 칸니차로의 연설이나 소책자에 설득되었을 가능성을 부정하는 것은 아니다. 하지만 그런 사람들이 있었다 하더라도, 칸니차로의 주요 기여는 새로운 견해를 특히 명민하게 발표한 것과 이미 널리 유통되던 다양한 생각들을 한데 모은 것뿐이었다. 그는 이렇다 할 새로운 생각을 제시하지 못했으며 전체 이야기에서 중요한 구실을 한 유기화학적 측면을 거론하지 않았다. 그의 연구가 독립적이고 설득력을 갖췄다는 점을 부정할 수는 없지만, 일부 논평자들이 말하는 대로 그 연구가 혁명의 결정적 한방이었던 것은 딱히 아니었다.

---

19 하틀리(1971, 188-192쪽)는 카를스루에 회의에서 칸니차로의 활동을 생생하게 서술한다.

3.1.3 원자화학에서 작업주의와 실용주의

아보가드로-칸니차로 이야기가 신화이거나 최소한 과장이나 편향이 섞인 설명이라면, 더 나은 이야기는 무엇일까? 철저하고 정교한 역사적 서술들(예컨대 Rocke 1984, 1992, 1993; Russell 1971; Partington 1964)이 이미 있으며, 나는 그것들을 능가하기를 이 책에서(혹은 영영) 바랄 수 없다. 나의 목표는 이 복잡한 발전에 관한 명민한 설명을 제시하는 것이다. 그 설명은 용인할 만한 수준의 역사적 정확성과 유용한 철학적 통찰을 겸비할 것이다. 또한 나는 사건들에 대한 내 나름의 해석이 전문적인 역사학자들이 보기에도 어느 정도 신선하기를 바라고, 이 연구 분야에 대한 최근의 외면 때문에 이 장의 나머지 부분에서 제시할 내용이 전문적인 과학사학자들 중 다수에게 아마도 새로운 소식이기를 바란다.

나의 설명은 2절(3.2)에서 온전히 제시될 것이다. 일단 이 대목에서는 원자화학에서 부피의 역할을 간략하게 고찰함으로써 내가 제시하려는 새로운 해석이 어떤 유형인지를 보여주는 작업만 할 것이다. 부피 측정에 기초한 추론은 원자화학의 발전에서 결정적으로 중요했지만 아보가드로나 칸니차로를 통해 그런 중요성을 획득한 것은 딱히 아니었다. 실제로 1809년 이후의 화학 교과서 가운데 게이뤼삭의 부피 관계들을 논하지 않는 책, 부피가 화학반응에 관여하는 원자들의 개수를 알려줄 가능성이 있다는 생각을 최소한 품어보지 않는 책은 찾아보기 어렵다.[20] '이븐'은 원자론의 맥락 안에서 부피에 대해서 생각하는 사람이라면 누구에게나 자연스러운 아이디어였으므로, 아보가드로를 콕 집어서 '이븐'의 창시자로 간주하기는 어렵다. 또한 '이븐'은 아보가드로가 사람들의 관심에서 멀

어진 지 오랜 뒤에도 여전히 거론되었다. 이 사안에 대한 베르셀리
우스의 견해를 미리 간략하게 보면 유익한 교훈을 얻을 수 있다.

원자 이론과 부피 이론 사이에는, 전자가 고체 형태의 물질들을
표현하고 후자가 기체 형태의 물질들을 표현한다는 것 외에 다른
차이는 없다. 이것은 명확한데, 전자에서 **원자**로 불리는 것이 후
자에서는 **부피**로 불린다. 우리 지식의 현 상태에서 기체 이론은
잘 확립된 사실에 토대를 두었다는 장점이 있다. 반면에 원자 이
론의 토대는 고작 추정이다.(Berzelius 1813, 450쪽. 강조는 원문)

베르셀리우스가 충분한 증거 없이 섣불리 '이븐'을 당연시하
는 것처럼 보일 수도 있겠지만, 그런 해석은 인용문의 마지막 부분
을 보면 부적절함이 드러난다. 칸니차로가([1858] 1910, 3쪽) 아주 명
확하게 알았듯이, 베르셀리우스는 '이븐'을 화합물 기체에 적용하
는 것을 거부했고 원소 기체들의 분자가 다원자 분자라는 생각을
거부했다는 점에서 확실히 아보가드로와 견해가 달랐다(또한 Russell
1968, 268 - 269쪽). 심지어 그는 위 인용문과 동일한 페이지에서 자
신은 원자를 여전히 가설로 간주한다고 명확히 밝히기까지 했다.
  내가 생각하기에 베르셀리우스는 아보가드로의 취지에 맞
는 '이븐'을 의심 없이 믿었던 것이 아니라 부피를, 원자 개수의 한

---

20 리비히(1851, Letters 6, 7)는 흥미로운 예외다. 하지만 이 문헌은 제대로
된 교과서가 아니다.

척도인 결합 무게와는 독립적인 또 하나의 **척도**로 여기면서, 그 두
척도의 관계는 열린 질문으로 남겨두었던 것이다.[21] 여기에서 잠시
논의를 멈추고, 화학적 원자가 실천에서 무엇을 의미했는지 살펴
보자. 로크(1984, 12쪽)의 말마따나 화학적 원자는 "화학적으로 분할
불가능한 단위이며, 그 단위가 작은 정수의 배수들에 해당하는 개
수 비율로 다른 원소들의 유사한 단위들과 결합한다"는 것이 당시
에 실천적으로 받아들여진 원자의 정의였다. 이 정의를 제시하면서
로크가 특히 중시한 것은 원자량을 당량equivalent weight과 구별하는
일이었지만, 무게는 화학적 원자를 분석할 때 수단으로 삼을 수 있
는 유일한 속성이 아니다. 화학적 단위는 그것의 무게뿐 아니라 그
것이 차지하는 부피를 통해 개념화될 수도 있다. 잠깐 동안, 점과
유사한 입자의 이미지를 당신의 머리에서 떨쳐내고, 기체를 담은
작은 상자들을 상상하라. 수소와 산소가 결합하여 물을 이룰 때, 그
두 기체의 부피 비율은 2:1이다. 이 비율은 두 기체의 절대량이 아
무리 적어도 유지된다. 우르술라 클라인(2001, 15쪽)이 지적한 대로,
우리는 지금 "원소들과 화합물들의 규모에 상관없는 비율"을 다루
고 있다. 같은 논리를 가능한 최소 단위에까지 확장 적용하면, **부피
측정에 기초한 화학적 원자**의 개념에 도달하게 된다. 이때의 사고
과정은 무게 측정에 기초한 화학적 원자의 개념에 도달할 때의 사
고 과정과 똑같다. 그 개념은 다름 아니라 화학반응에 참여하는 물

---

21 같은 논문의 둘째 연재분(Berzelius 1814, 4절)에서 베르셀리우스는 "원소
부피들의 무게를 산소의 경우와 비교하는 것"에 관한 생각들을 제시했다.

질의 최소 무게다. 화학 연구를 실천할 때 화학반응에 관여하는 다
양한 단위들의 상대적 개수를 식별할 수만 있다면, 무게나 부피로
따진 단위량들의 절대값은 몰라도 된다. 베르셀리우스는 부피 측정
에 기초한 원자와 무게 측정에 기초한 원자의 관계에 관한 미해결
질문들이 있음을 확실히 알았지만, 원자들의 결합에 관한 몇몇 기
초적 사실들을 알아내는 작업의 초기 진보를 그 문제들이 가로막게
놔둘 생각이 없었다(앞의 표3.2를 보면, 놀랍게도 베르셀리우스는 현대적인
원자량들을 아주 이른 시기에, 그것도 아보가드로처럼 정당화할 수 없는 형이
상학적 전제들을 채택하지 않으면서 알아냈다. 1850년대에 일어난 '조용한 혁
명'의 결과들 중 하나는 베르셀리우스의 원자량들로 돌아가는 것이었다. 다만,
이 회귀는 더 확고한 기반 위에서 이루어졌다).

　　　부피 측정에 기초한 사고의 진짜 위력은 '원자가valency' 개
념을 통해 드러났다.[22] 1865년에 출판된 아우구스트 빌헬름 호프
만의《현대 화학 입문Introduction to Modern Chemistry》은 원자가 개념
의 형성 과정을 매우 합리적이며 아름답게 재구성한다. 리비히가
기센에서 가르친 유명한 제자들 중 하나인 호프만(1818~1892)은 신
설 왕립 화학 칼리지Royal College of Chemistry의 초대 학장으로서 런
던에 왔으며, 방금 언급한 교과서는 그가 그 칼리지에서 강의한 내
용으로 이루어졌다. 호프만은 수소 기체와 염소 기체는 1:1의 부피
비율로 결합하여 염산을 이루고, 수소 기체와 산소 기체는 2:1의 부

22　현대 미국의 어법에서 표준적인 용어는 'valence'지만, 여기에서 논의되
는 사건들이 벌어진 시대의 어법에 더 충실한 용어는 'valency'다.

피 비율로 결합하여 물을 이루며, 수소 기체와 질소 기체는 3:1의 부피 비율로 결합하여 암모니아를 이룬다고 지적하는 것으로 운을 뗐다. 이 부피 비율들로부터 염산의 분자식 HCl, 물의 분자식 H_2O, 암모니아의 분자식 H_3N이 나왔다. 이것이 시사하는 바는 (아보가드로의 공식들에서처럼) 원자들의 가설적 개수가 아니라 **부피 측정에 기초**하여 **확증**된 원자들의 상대적 개수였다. 부피 측정에 기초한 원자론에 대해서 한마디 보태자면, 호프만은 염소, 산소, 질소가 서로 다른 '원자결합력atom-binding power'을 지닌 것이 명백하다고 느꼈다. 즉, 이 물질들은 각각 수소 원자(부피 측정에 기초하여 따진 개수로) 1, 2, 3개와 결합하는 능력을 지녔음이 명백하다고 보았다. 이 분자식들, 그리고 그것들이 함축하는 H, Cl, O, N의 '원자가' 1, 1, 2, 3은 분자식들과 원자량들의 시스템 전체를 구성하기 위한 핵을 이루었다(혼란이 가라앉은 뒤에는 더 형이상학적인 아보가드로의 생각도 옳음이 입증될 수 있었다. 하지만 그때도 그 생각의 내용이 물리학적으로 어떻게 가능한지는 여전히 이해할 길이 없었다).

이 중대한 발전은 (3.2.1과 3.3.1에서 추가로 다룰) **작업주의** operationalism의 승리였다. 호프만의 설명이 대표하는 유형의 사고는 쉽고 명확하게 재현되는 실험적 작업에 직접 뿌리를 두고 있음을 주목하라. 이것은 19세기 중반 원자화학자들의 다수가 공유한 전형적인 태도다. 그들은 실험적 작업과 직접 연결될 수 있는 이론적 생각을 가장 진지하게 취급했으며, 그런 연결을 점점 더 많이 발견하고 발명하고 확보하려 애썼다.[23] 여기에서 그들은 아주 미묘한 균형을 성취했는데, 오늘날 과학자들을 특징짓는 철학자들은 이것을 무시하는 경우가 많다. 이 화학자들은 이론적 작업을 마다하지 않았

지만, 또한 자신들의 이론의 어떤 측면들이 작업적 토대를 지녔는
지 알았으며 그 작업적 토대를 확장하려 애썼다. 그들은 관찰 불가
능한 원자와 분자를 거론하는 것을 아예 삼가는 실증주의자도 아
니었고 원자와 분자에 대한 자신들의 그림을 굳게 믿는 순박한 실
재론자도 아니었다. 과학적 실재론에 대한 그들의 입장은 표준적인
철학적 분류의 틀에 집어넣기가 매우 어렵다.

　　　이 철학적 미묘함은 겸허함에서 유래한 실용주의에 뿌리를
두고 있었다. 관찰 불가능한 것의 불확실성 앞에서 체념하는 겸허
함이 아니라, 자신의 한계를 인정하면서 적극적으로 지식을 추구하
는 겸허함에서 말이다. 이 대목에서도 부피 측정에 기초한 추론의
활용을 좋은 예로 지목할 수 있다. 그 추론이 '일리 있다'는 것을 모
든 관련자들이 인정했다. 그 일리가 정확히 무엇인지 아는 사람은
오랫동안 아무도 없었지만, 이 사정은 배우려는 노력을 가로막지
못했다. 가능한 최고의 생산적 방식으로 탐구를 이어가면서도 무엇
이 가능한가에 관한 한계들을 흔쾌히 인정하는 실용주의적 정신이
존재했다(실용주의에 대해서는 3.3.3 참조). 19세기 원자화학에서 가장
값진 진보는 불확실성을 참아내며 현실에 충실하게 수행한 이론적
경험적 탐구에 의해 이루어졌지, 교리적 명확성이나 공리적 제일원
리의 고수에 의해 이루어지지 않았다.

23　5장에서 추가로 논하겠지만, 이 태도는 명확히 다원주의를 향한다.

3.1.4 미결정성에서 다원주의로

확실성 없는 일을 진행하고자 하면, 갈 수 있는 길들이 많기 마련이다. 기본적인 물질들의 원자-분자적 조성에 관한 다양한 경쟁 이론들은 모두 일반적으로 받아들여진 증거들과 양립 가능했다. 이는 이론이 증거에 의해 불충분하게 결정된다는, 과학철학에서 많이 논의된 **미결정성**underdetermination 문제의 한 사례였다. 그리고 이 사례에서 문제의 뿌리는 원자량들과 분자식들 사이의 순환성에 있었다. 그 철학적 문제는 또한 다음과 같은 매우 명확하고 값진 역사학적 질문을 유발한다. 이 특수한 사례에서 과학자들은 미결정성 문제를 어떻게 처리했을까? 전통적인 철학적 틀은 이 에피소드를 (그리고 다른 많은 사례들을) 역사적으로 온전히 이해하기에 부적합하다. 2절(3.2)에서 논증하겠지만, 초기 원자화학은 일련의 경쟁 이론들만 아우른 것이 아니라 원자 개념의 다양한 작업화operationalization에 기초를 두고 서로 경쟁하는 실천 시스템들을 아울렀다('실천 시스템'에 대한 더 완전한 정의는 1장의 1.2.1.1 참조).

지금 논의되는 미결정의 의미심장한 표출 하나는 19세기 중반까지도 다수의 원자량 집합들이 공존했다는 점이다. 로크(2001, 2쪽)에 따르면, 이미 1816년까지 등장한 원자화학 시스템들이 최소 9개에 달했다. 이론들의 풍부함은 19세기 중반까지 줄어들 조짐을 보이지 않았다. 앞의 표3.2는 그 다양성을 간략하게 보여준다. 원자량에 관한 의견의 불일치는 곧바로 분자식에 관한 의견의 불일치와 얽혀 있었지만 또한 이 분야의 더 깊은 분열 및 다원성과도 연계되어 있었다. 완전한 설명은 3.2.2에서 제시할 텐데, 나는 19세기 원자화학에서 서로 경쟁하고 상호작용하며 발전한 주요 실천 시스템들

을 5개 꼽을 수 있다. 우선 (1)물질들의 거시적 결합 무게로부터 원
자량을 (분자식들에 관한 모종의 전제들에 기초를 두고) 추론하여 결정하
고 사용하는 일에 집중하는 **무게 유일 시스템**weight-only system이 있
었다. 이 시스템을 실천한 사람들은 현상에 대한 이론적 설명보다
화학적 분석에 집중했다. (2)대조적으로 **전기화학적 이원주의 시스
템**에서는 설명이 매우 강조되었다. 이 시스템에서 핵심적인 작업은
볼타 전지를 사용하여 다양한 물질들을 전기분해하는 것이었고, 화
학반응은 원자들의 정전기적 인력과 척력의 귀결로 이해되었다.[24]
(3)아보가드로가 처음 구성한 **물리적 부피-무게 시스템**에서 화학
자들은 무게뿐 아니라 부피도 물리적 원자들의 측정 가능한 속성
으로 간주했다. 중점은 실재론에 놓였다. 즉, 다양한 물질의 원자와
분자의 진짜 속성들을 알아내는 것이 중요했다. '이븐'은 이 시스템
의 주춧돌이었다. 많은 화학자들은 상당히 태평하게 '이븐'을 당연
시했지만, 아보가드로의 프로그램은 '이븐'을 방어하기 위한 것이
었다. 그 귀결이 무엇이건 상관없이 말이다. (4)물리적 부피-무게
시스템에 대한 환상이 깨지면서 **치환-유형 시스템**substitution-type
system이 등장했다. 큰 영향력을 발휘한 일군의 유기화학자들은 원
자와 분자의 진짜 속성들에 관하여 사변하는 대신에 **분류**classification
를 주요 목표이자 활동으로 삼았다. 뒤마는 '유형'의 개념, 곧 물과
암모니아 같은 몇몇 단순한 물질들에 의해 주어지는 구조적 견본의

---

24 2장에서 언급했듯이, 볼타 전지를 가지고 전기화학을 연구한 모든 사람들
이 이 견해를 공유했던 것은 아니다. 그러나 원자화학 분야의 이원주의자들은
모두 정전기학적 사고를 했던 것으로 보인다.

개념을 제시하여 이 방향을 선도했다. (5)많은 초기 유형이론가들은 유형 공식의 취지가 분자의 실제 기하학적 구조를 표현하는 것이라고 여기지 않았다. 정말로 그 구조를 알아내는 일에 관심을 둔 사람들은 내가 **기하학적-구조적 시스템**이라고 부르는 것을 실천했다. 흔히 결정학 전통에서 영감을 얻은 이 화학자들은 분자 구조의 기하학에 곧장 도달하려 애썼다.

적어도 이 사례에서는 미결정성을 옹호하는 철학자들이 옳다. 알려진 관찰들과 일관된 이론적 시스템들이 무한정 많이 가능**했다**. 반면, 우리가 한낱 관찰과의 일관성 외에 추가로 다른 바람들을 고려한다면, 완벽한 시스템은 단 하나도 없었다. 예컨대 무게 유일 시스템은 분자식의 결정이 자의적이라는 문제에 시달렸다. 물리학적 부피-무게 시스템은 아보가드로의 가설이 지닌 물리학적 난점들을 감수해야 했다. 전기화학적 이원주의 시스템은 전혀 다른 원자들이(예컨대 강한 음전기를 띤 염소와 강한 양전기를 띤 수소가) 서로를 대체할 수 있음이 발견되었을 때 심각한 불만에 직면했다. 다른 시스템들도 마찬가지였다.

이렇게 절망적인 상황에서 19세기 화학자들이 어떻게 진보를 이뤄냈는지 살펴보는 것은 매우 흥미로운 작업이다. 선택지들이 다수라는 점, 그리고 어떤 선택지도 완벽하지 않다는 점은 그들을 이중으로 낙담시켰다(나는 이런 상황이 삶의 나머지 영역에서와 마찬가지로 과학에서도 실제로 상당히 전형적이라고 느낀다). 아무튼 오늘날 우리가 받아들이는 시스템과 기본적으로 동일한 원자량들과 분자식들 시스템에 대한 합의가 늦어도 1860년대에 이루어졌음을 우리는 안다. 많은 역사학자들이 지적했듯이, 그 이전의 미결정 상황은 유기

화학의 발전 덕분에 해소되었다. 탄소의 원자가를 4로 확정한 것과 같은 구조 이론의 성과들이 비교적 단순한 화합물들의 분자식을 유일무이하게 결정할 수 있게 해주었고, 그 결과로 원자량들이 확정되었다. 하지만 이 성취는 정확히 어떻게 이루어졌을까?

　　최초의 진보는 다수의 시스템들을 보유한 것에 의해 이루어졌다. 그 시스템들은 제각각 자신이 특히 잘 다룰 수 있는 것에 '바투 다가갔다zoom in'. 예컨대 무게 유일 시스템은 무게 측정에 기초한 분석화학에 집중하면서 19세기 중반까지 번창했다. 전기화학적 이원주의 시스템은 깔끔하게 전기분해되는 물질들에 초점을 맞췄다. 다른 시스템들도 나름의 초점이 있었다. 시스템들이 내놓는 새로운 사실들과 통찰들의 집합은 제각각 달랐으며, 각 시스템은 다른 시스템들이 쉽게 해낼 수 없는 방식으로 화학 지식의 진보에 기여했다.

　　많은 발전이 이루어진 다음에는 '멀찌감치 물러나zoom out' 경쟁 이론들 중 일부를 종합하는 것이 가능했다. 가장 중요한 종합을 언급하자면, 원자가라는 개념은 방금 언급한 마지막 세 시스템의 종합을 가능케 했다(각 시스템을 적절히 수정하면서). 치환-유형 시스템이 작업적 성취를 향상시키자, 이에 고무된 화학자들은 분류를 목적으로 발명해놓은 분자 구조 모형에 실재성을 부여할 용기를 점차 얻었다. 그리하여 그들은 물 분자 안에서 실제로 산소 원자 하나가 수소 원자 두 개와 결합한다고, 탄소 원자 하나가 수소 원자 네 개를 붙잡아 '늪 기체marsh gas'(메탄)를 이룬다고 생각하기 시작했다. 그들에게는 행복하게도, 그런 식으로 알아낸 분자식들은 물리적 부피-무게 시스템에서 사용되는 분자식들과 충분히 잘 맞아떨어졌다. 그리고 그 종합에 대한 실재론적 신뢰의 증가는 기하학적-구조적 시스템과의 추가 종합도 가능케 했다. 이 종합을 위한 열쇠는 탄소 원자를 3차원 공간에 놓인 4면체 구조로 간주하는 것이었다. 이 세 시스템이 종합됨에 따라 늦어도 1860년대에 이르면 거의 모두가 물은 H_2O라는 것에 동의하게 되었다.

　　그러나 이 종합은 몇몇 목표들을 포기함을 통해서만 가능했다. 유기 구조화학은 화학결합들이 어떻게 또 왜 맺어지고 깨지는지 설명할 필요성을 완전히 무시했다. 많은 전기화학자들은 원자들 사이에서 정전기적 인력과 척력이 작용한다는 생각을 유지했으며, 전자가 발견되고 양자역학이 등장할 때까지 그 생각은 화학결합에 대한 가장 좋은 설명이었다. 한편, 물리화학이라는 신생 분야는 화학반응을 열역학적 원리들과 분자적-운동학적 원리들에 기초하여 이해하려 애쓰면서 유기화학과 사뭇 다른 방향으로 발전하기 시작했다.[25] 또 하나 추가로 언급해야 할 점인데, 비록 처음에는 원소의 원자가가 고정되어 있다는 전제가 구조화학의 확립에 크게 기여했지만, 사람들은 원자가가 실은 고정되어 있지 않음을 금세 깨달았다(이 역사적 사실은 내가 '인식과정의 반복epistemic iteration'이라고 부르는, 과학 발전에서 흔히 나타나는 패턴을 반영한다).[26] 여기에서도 우리는 한 실천 시스템이 잘 알려진 변칙 사례들을 제쳐놓고 자기가 가장 잘할 수 있는 것을 '바투 다가가' 다루는 것을 본다. 따라서 유기 구조 이

25　물리화학을 낳은 동기들에 대한 설명은 Servos(1990) 1장 참조.

26　Chang(2004, 5장, 2007a) 참조.

론의 장대한 종합 이후 화학의 전반적인 모습은 완벽하게 통일된 후 영원히 행복하게 사는 모습이 아니라 또 다른 다원적 배치, 서로 경쟁하고 상호작용하는 다수의 완벽하지 않은 시스템들의 배치다.

　　마지막으로 미결정 문제, 곧 이론이 증거에 의해 불충분하게 결정된다는 문제를 간략하게 되돌아보고자 한다. 철학자들은 이 문제에 대하여 서로 정반대되는 두 가지 반응을 보여왔다. 일부 철학자들은 많은 사회학자 및 역사학자들과 한편이 되어 다수의 이론들이 존재할 가능성과 어떤 이론도 확실성을 보유하지 못한다는 점을 환영한다. 한편, 다른 철학자들은 미결정에 강한 불만을 느끼면서, 모든 증거가 확보되면 각각의 영역에서 단 하나의 이론이 참된 이론 혹은 가장 좋은 이론으로서 등장할 것이라고 논증하려 한다. 이 상반된 견해들은 아주 많은 철학적 논쟁을 유발해왔다. 19세기 화학적 원자론의 역사에 관한 나의 연구는 이 논쟁을 벌이는 양편이 어떻게 핵심을 놓치는지 보여준다. 과학자들은 다양한 이론들을 포함한 다양한 실천 시스템들을 발전시키며, 그 시스템들은 다양한 인식적 목표들의 성취에 적합하다. 위대한 과학적 성취들은 이런 식으로 미결정성을 **육성하는**cultivate 것에서 나오지, 미결정성을 제거하는 것에서 나오지 않는다.

3.2 원자화학에서 다양성과 수렴

이 절의 목표는 19세기 전반에 화학적 원자에 관하여 이루어진 지식의 발전을 **체계적이며 철학적으로 설명하는** 것이다. 나의 설명은 물의 분자식은 H_2O라는 것과 같은 기초적인 사안들에 대하여 상당히 확고한 합의가 이루어지는 지점까지를 다룰 것이다. 하지만 서둘러 덧붙이는데, 그 지점에서 이야기를 끝맺기로 한 나의 선택은 그 지점에서 단순하고 영속적인 통일이 이루어졌음을 함축하지 않는다. 내가 내놓는 주된 해석적 혁신은 화학적 원자론의 발전을 이 분야의 다양한 실천 시스템들과 관련지어 분석하는 것, 그리고 그 시스템들 사이의 상호작용을 분석하는 것이다. 이 방대한 연구 분야에 관해서는 이미 많은 역사학적 문헌들이 출판되었다. 나는 대체로 기존 역사학 문헌들에 의지할 것이며 필요에 따라 가끔만 나 스스로 일차 과학 문헌을 연구할 것이다.[27]

처음부터 명확히 해두어야 할 것이 하나 있다. 나의 초점은 **화학적** 원자에 관한 지식의 발전에 놓여 있다. 모양, 크기, 입체 부피solid volume, 내부 구조, 운동을 비롯한 모든 속성들을 갖춘 물리적 원자는 나의 초점을 벗어나 있다. 물리적 원자에 관한 신뢰할 만한 지식의 확립은 19세기 후반에야 시작되었으며 이 책이 다루는 주제와 시대의 범위를 벗어난다.[28] 화학적 원자론에 대한 로크의 정

---

27 그렇게 하지 않는다면, 이차문헌을 생산할 이유가 없지 않겠는가? 내가 비록 장황하게 인용하지는 않더라도 가장 유익하다고 느낀 저자들의 목록은 각주12 참조.

의를 상기하라. 로크에 따르면, 다음과 같은 그 정의는 "19세기 내
내 보편적으로(설령 암묵적으로였고 흔히 부지불식간에였을지라도) 받아
들여졌다". "각각의 원소에 대하여 유일무이한 '원자**량**atomic weight'
이 존재한다. 그 원자량은 화학적으로 분할 불가능한 **단위**이며, 작
은 정수의 배수들의 비율로 다른 원소들의 유사한 단위들과 결합한
다."(Rocke 1984, 10 - 12쪽. 강조는 원문에 없음) 나는 로크의 정의에서
딱 하나만 수정하고 싶다. 아니, 강조점을 옮기고 싶다고 말하는 편
이 더 옳을 것이다. 화학적 원자는 단순히 무게-단위가 아니다. 화
학적 원자는 화학반응에 참여하는 최소 단위로서 제안되었으며, 그
런 단위는 다양한 방식으로 식별될 수 있다. 화학적 원자에 대해서
는 "단일한 화학적 작업적 정의가 존재하지 않는다"라고 로크는 말
하는데, 나는 이 같은 나의 설명이 그 말의 실제 취지에 가깝다고
생각한다. 나의 이야기는 어떻게 화학자들이 화학적 원자의 다양한
속성들을 알아내는 법을 터득했는가에서 시작된다.

3.2.1 화학적 원자의 개념을 작업화하기

원자량들과 분자식들을 알아낸 것은 19세기 화학의 공들인
성취였다. 그 성취는 원자-분자 수준의 실재를 직접 관찰할 수단의
도움을 전혀 받지 않고 이루어졌다. 우리는 이 성취가 어떻게 가능
했는지를 이해하려 애쓸 텐데, 이와 관련하여 나는 다음을 거듭 강

---

28 물리적 원자론을 다루는 유익한 연구들이 많이 있다. 그 연구들은 특
히 원자의 실재성에 관한 논쟁에 초점을 맞춘다. Knight(1967), Nye(1972),
Gardner(1979)의 뒷부분은 공부의 출발점으로 삼기에 좋다.

조하고자 한다. 19세기 화학자들의 대다수는 경험적 토대를 거의 갖추지 못한 궁극적 원자-분자적 실재에 관하여 이론을 구성하는 사변적 형이상학자도 아니었고, 관찰 가능한 영역을 벗어난 모든 이론과 가설을 단언적으로 회피하는 완강한 실증주의자도 아니었다. 오히려 그들은 원자-분자적 개념들을 구체적 경험적 실천들과 직접 융합하는 법을 터득했으며, 그렇게 융합할 수 없는 개념들을 경계했다. 그렇기 때문에 대다수의 화학자들은 예컨대 아보가드로의 생각을 더 경험적인 방식으로 다룰 수 있게 된 다음에야 비로소 그 생각을 받아들였다. 전반적으로 볼 때 이 역사에 대한 나의 견해는 '어떻게 과학은 원자에 관한 지식의 획득에 성공했고 철학은 실패했는가'에 대한 앨런 차머스의 견해와 요점이 같다. 그의 말마따나 "19세기 화학은 경험적으로 토대를 갖춘 검증 가능한 원자론의 한 사례라기보다는 그런 원자론을 향한 길을 닦았다".(Chalmers 2009, 188쪽)

　　19세기에 원자화학이 나아갈 방향을 안내한 아이디어는 이것이다. '원자들에 관하여 실재적인 무언가를 배우려면, 원자들을 가지고 무언가를 **하라.**' 이 아이디어는 우리가 19세기 원자화학의 정신을 이해하는 데 도움이 된다. 더 넓게 보면, 최근 몇십 년 동안 과학철학에서 이런 유형의 관점을 강화하는 데 누구보다도 많이 기여한 인물은 아마도 이언 해킹(1983)일 것이다. 나 자신의 영감의 원천은 미국 물리학자-철학자 퍼시 윌리엄스 브리지먼(1882~1961)의 작업주의적 과학철학이다. 브리지먼에 대한 나의 해석은, 개념의 의미를 그것의 측정 방법(혹은 방법들)으로 완전히 환원하는 편협한 의미론적 교설로 작업주의를 간주하는 것을 회피한다. 오히려 나는 작업주의를 지식의 원천으로서 행위를 강조하는 철학적 관점으로 간주한다(더 자세한 논의는 3.3.1, Chang 2009a 참조). 이 같은 나의 입장은 어느 정도 미국 실용주의(3.3.3 참조)에 동조하며 마이클 폴라니와 후기 루트비히 비트겐슈타인의 사상에도 동조한다. 이런 광의의 작업주의적 정신에 입각하여 이렇게 질문하자. 화학자들은 화학적 원자에 어떤 유형의 구체적 작업들을 가할 수 있었으며, 그 작업들의 결과로부터 어떤 유형의 것들을 배울 수 있었을까?

이 대목에서 유의할 점은 원자가 관찰 가능한지 여부에 관한 흑백논리적 논쟁의 수렁에 빠지지 말아야 한다는 것이다. 당연히 원자는 지금도 고양이와 개보다 훨씬 덜 관찰 가능함을 인정하면서도, 다양한 탐구 방식들이 개발된 덕분에 이제는 경험적 탐구를 통해 원자에 더 많이 접근할 수 있게 되었다는 점을 고려할 필요가 있다. 비록 원자는 인간의 감각들로 직접 접근할 수 없다는 의미에서 예나 지금이나 관찰 불가능하지만, 19세기 화학에서 원자가 순전히 이론적 항목이었던 것은 전혀 아니다. 정반대로, 곧 설명하겠지만, 화학적 원자를 경험적으로 다루는 방법들이 매우 다양하고 풍부하게 있었다. '관찰 가능성'이 정확히 무엇을 의미하는지에 초점을 맞추는 대신에,[29] 나는 **작업화**operationalization라는 주제를 고찰하고자 한다. 작업화를 통하여 우리는 개념의 의미를, 잘 정의되었으며 명확히 수행 가능한 활동을 지목함으로써, 부분적으로 명시할 수 있다. **물리적** 원자 개념의 작업화는 대개 고도의 기술이나 강력한 통계학적 추론과 연관되어 있었는데, 이것들은 19세기 후반에야 비로

29　이 사안에 대한 나의 견해는 Chang(2005) 참조.

소 가용해졌다. 반면에 **화학적** 원자 개념의 작업화는 훨씬 더 먼저, 훨씬 더 쉽게 이루어졌다. 원자 개념을 작업화함으로써 화학자들은 일종의 실용적 형이상학을 하는 법을 터득했다. 이것은 느린 방법론적 학습 과정이었으며, 계속해서 전체 기획을 추진한 더 경험적인 사실-학습 과정과 나란히 진행되었다. 일상적인 화학적 작업들에 대한 철학적 이해에 도달하는 것이 중요하다. 왜냐하면 그 작업들이 원자화학의 참된 토대였기 때문이다.

    어떻게 원자 개념이 작업화되었는가에 관한 세부사항을 파고들기에 앞서 작업화의 본성에 관하여 몇 가지 일반적인 언급을 해야 한다(더 자세한 논의는 3.3.1 참조). 작업주의를 실증주의에 동화시키고자 하는 사람들은 작업이 이론으로부터 자유로운theory-free 개념 정의를 제공한다고 보는 경향이 있었다. 심지어 브리지먼도 최소한 때로는 그 충동을 공유했을 가능성이 있다. 그러나 그렇다 하더라도 그것은 오류다. 가장 단순한 작업적 정의조차도 누군가에게 어떤 식으로든 유의미하려면 특정 전제들을 포함할 수밖에 없다. 예컨대 자를 사용하여 길이를 측정하는 행위는 자 자체의 길이가 변화하지 않는다는 전제와 '길이'에 대한 직관적이며 불명확한 이해에 기초를 둔다. 만일 내 자가 내 눈앞에서 눈에 띄게 축소되고 확대되는 것 같다면, 나는 내 자가 자로서 적합한지 의심하기 시작할 것이다. 또한 그와 동시에 나는 길이란 무엇인가에 대해서 내가 어떤 선先작업적pre-operational 개념을 가지고 있으며, 그 개념에 비추어 작업적 정의를 구성하고 다듬는다는 것을 깨닫게 될 것이다 (이것 역시 인식과정의 반복이다). 이처럼 작업화는 이론으로부터 자유롭지 않으며 반박될 수 있다.

그러나 작업화 방법은 실제로 개념의 의미 자체의 일부이기도 하다. 만일 어떤 작업화가 작업적 정의로서 구실한다면, 그 작업화 이전에는 해당 개념의 의미가 그 개념을 포함한 모든 진술의 진릿값에 대한 명확한 판단을 허용할 만큼 충분히 확정적이지 않았던 것이다.[30] 바꿔 말해 개념의 작업화에 포함된 핵심 전제들은, 개념의 의미를 엄밀히 규제할 수 있는 선행先行적 개념 정의가 없다면, 확정적 진릿값을 가지지 않는다. 그러므로 작업화 방법에 대한 즉각적이며 단순명료한 정당화를 확보하는 것은 불가능하다. 이것은 내가 다른 글에서 '법칙 의존 측정의 문제the problem of nomic measurement'로(Chang 2004, 2장) 명명한 것의 일반화라고 할 수 있다. 이런 숙고는, 돌튼의 단순성 규칙이나 '이븐'(기체에 관한 동일 부피-동일 개수 가설)과 같은 전제들 앞에서 우리가 취해야 마땅한 인식론적 태도와 직접적인 관련이 있다. 원자 개념의 작업화 방법들에 포함된 핵심 전제들에서 보듯이, 그런 전제들은 흥미롭게도 검증 가능성의 경계지역에 놓여 있다. 적어도 과학의 과거 단계들을 논할 때 우리는 그 전제들을 경험적 검증이 가능한 평범한 가설들로 취급하지 말아야 한다. 오히려 화학적 원자의 작업적 정의에 사용된 전제들은 그 정의를 사용하는 시스템의 **내부에서** 동어반복적으로 참일 것이다. 혹은 더 정확히 말하면, 그 전제들은 특정 유형의 인식활동을 가능케 하는 형이상학적 원리들이라고 나는 생각한다.[31]

---

30 정의와 의미의 차이에 관한 추가 논의는 3.3.1 참조.
31 '형이상학적 원리' 혹은 '존재론적 원리'의 의미는 Chang(2008, 2009c) 참조.

3.2.1.1 동등성에 의거하여 무게를 측정하기

이 장의 첫 절(3.1)에서 지적했듯이, 돌튼의 위대한 혁신은 원자들에 무게를 부여한 것이었다. 그러나 여기에서 우리는 그가 그 혁신을 어떻게 이룰 수 있었는가, 하는 질문을 작업주의적 관점에서 제기할 필요가 있다. 한번 생각해보라. 돌튼과 그의 추종자들은 하여튼 단지 평범한 양팔저울만 사용하여 원자들의 무게를 '측정했다'! 더구나 원자 무게(곧, 원자량)의 작업화를 위한 첫 기초작업은 돌튼의 연구보다 먼저, 원자에 대한 숙고가 많지 않은 상황에서 이루어졌다. 그 작업은 1790년대에 예레미아스 리히터(1762~1807)가 서로를 중화하는 산의 양과 염기의 양 사이에 흥미로운 고정적 관계가 존재함을 깨달았을 때 가장 명확하게 시작되었다. 예컨대 석회 (무게로 따질 때) 793 단위는 탄산 577 단위, 염산 712 단위, 황산 1000 단위에 의해 중화되었다. 이렇게 다양한 양의 세 가지 산들이 모두 똑같은 화학적 기능을 수행했으므로, 리히터는 이 맥락에서 그것들은 서로 '동등하다equivalent'고 간주했다. 실제로 일찍이 1766년에 캐븐디시는 그런 물질들을 서로 '동등하다'고 표현한 바 있었다. 베르셀리우스는 리히터의 연구에서 영감을 얻어 1807년에 당시 알려진 모든 산들과 염기들의 '당량(동등량)equivalent'을 측정했다. 이것은 그의 방대한 실험적 분석화학 프로젝트의 출발점이었다.[32]

이 모든 일은 돌튼의 원자론이 발표되기 전에 일어났으며,

---

[32]　이 간결한 서술에 대해서는 Lowry(1936), 310–311쪽 참조.

당량으로부터 화학적 원자로의 이행은 작은 한걸음에 불과했다. 얼마나 작은 한걸음이었냐면, 유스투스 리비히(1851, 96쪽)를 비롯한 몇몇 저자들은 돌턴이 아니라 리히터를 원자화학의 창시자로 간주할 정도였다. 이것은 어쩌면 독일 민족주의가 가미된 평가일 수도 있겠지만 말이다. 리히터의 동등 관계가 성립하는 **이유**를 묻는 질문에 대한 매우 그럴싸한 대답 하나는, 화학적 원자 곧 물질의 분절적 단위가 존재하며, 원자들의 무게 비율은 관찰된 거시적 당량들의 비율과 같다는 것이었다. 그러나 이렇게 리히터의 당량을 원자론적으로 해석하기 위해서는 숨어 있는 매우 중요한 단계 하나를 거쳐야 하는데, 그것은 해당 화학결합이 거기에 연루된 두 물질의 원자들 사이의 일대일 결합이라고 전제하는 것이다.[33] 이 맥락에서 원자의 작업적 의미는 이 일대일 전제에서 나오는데, 내가 보기에 리히터의 생각 속에는 이 전제가 빠져 있었다.

　　화학적 당량을 알아내는 또 다른 방법은 치환반응에서 얻어졌다. 몇몇 화학반응에서는 화합물 속의 한 물질이 다른 물질로 대체되었다. 그런 반응의 도식적 표현은 이러하다. AB + C → AC + B. 예컨대 금속을 산에 녹인 용액에서 일어나는 이런 유형의 치환반응들은 피에르 뒤엠의 지적([1902] 2002, 57쪽)대로 여러 세기 전

---

33 산-염기 중화반응에서는 원소 원자elementary atom가 아니라 '화합물 원자compound atom'가 다뤄지지만, 개념적 구조는 똑같다. 실제로 돌턴의 시대부터 19세기 중반까지 화학자들은 기radical의 '원자'와 기타 화합물의 '원자'를 아무 거리낌없이 일상적으로 거론했다. 예컨대 Klein(2001)에서 논의되는 유기화학 연구를 보라. '분자'라는 현대적인 용어는 더 나중까지도 보편적으로 정착하지 못했다.

부터 잘 알려져 있었는데, 그 반응들이 화학자들에게 화학적 원자에 접근할 길을 제공했다. 그런 반응들에서 물질 B와 C는 **화학적으로 동등**하다고 간주될 수 있었으며, 그 물질들의 상대적 무게로부터 원자량들을 도출할 수 있었다. 여기에서도 바탕에 깔린 결정적 전제는 B와 C가 원자 수준에서 일대일로 서로를 대체한다는 것이었다. 이 전제는 훗날 의심받게 된다. 3.2.2.4에서 추가로 설명하겠지만, 1830년대부터 또 다른 유형의 치환반응이 화학자들의 흥분을 자아내며 주목받았다. 그것은 한 물질이 자신과 전혀 다른 물질로 대체되는 치환반응이었으며, 맨 먼저 관심을 끈 것은 수소-염소 치환이었다. 이런 치환은 화학적 수수께끼였다. 염소와 수소의 공통점이 무엇이기에 한 분자 안에서 이것들이 서로를 대체할 수 있을까? 이렇게 설명을 요구하는 질문을 제쳐두더라도, 작업화의 관점에서 중요한 것은 이런 치환들이 기존에 알려지지 않은 당량들을 알려준다는 점이었다. 화학자들은 원자량들의 시스템 전체를 떠받치는 관계들의 연결망에 그 당량들을 추가해야 했다.

3.2.1.2 결합에 의거하여 무게를 측정하기

모든 원자량 측정이 동등성에 의거하여 이루어진 것은 아닌데, 그 이유는 크게 두 가지다. 첫째, 화학적 역할들의 직접적 동등성을 보여주는 반응들은 그리 많지 않다. 더 결정적으로 둘째, 다양한 유형의 애매한 반응들이 있었으며, 그 애매함들은 동등성을 보여주는 반응을 다룰 때는 만족스럽게 유지할 수 있었던 원자적 일대일 결합의 전제를 무너뜨렸다. 도식적으로 표현하면 이러하다. 반응 'AB + C → AC + B'가 있다면, C의 원자 하나가 B의 원자 하

나로 대체되었다고 쉽게 추정할 수 있을 것이다. 왜냐하면 C와 B가
화학적으로 유사하니까(예컨대 A는 산이고, B와 C는 서로 다른 금속들 혹
은 염기들이니까) 말이다. 반면에 반응 'A + B → AB'만 있다면, 써먹
을 수 있는 동등성 관계가 존재하지 않는다(예컨대 A는 질소, B는 산소
라면, 이 물질들의 화학적 동등성은 이것들이 서로 결합한다는 사실 외에는 없
다). 더 심각한 문제는 A와 B로 이루어진 화합물들이 (이를테면 돌튼
이 꼽은 질소 산화물 다섯 가지처럼) 여러 가지일 때 발생한다. 이때는
그 다양한 화합물들에 A의 원자와 B의 원자가 얼마나 많이 포함되
어 있는지가 불명확하다. 이런 사례들에서 무게 측정에 기초한 화
학적 분석을 통해 원자량을 알아낼 수 있으려면 더 개념적인 구조
를 마련할 필요가 있었다.[34] 그럴 때는 작업화의 핵심 전제를 명시
해야 한다. 관련 분자식을 확정해주는 전제라면 무엇이든지 유효했
다. 그런 전제는 원소들이 참여하는 임의의 화학반응에서 결합 무
게로부터 원자량을 추론하는 것을 가능케 했다.

바로 이것이 돌튼의 단순성 규칙이 고안된 취지였다. 비교적
논란의 여지가 적은 첫째 규칙은 다음과 같다. '두 원소의 결합이 딱
하나만 존재한다면, 생산되는 화합물을 원자들이 일대일로 결합한
결과로 간주하라.' 이 규칙은 동등성에 기초한 사고를 별다른 생각
없이 확장한 것이라고 할 수 있다. 돌튼은 이 전제를 별로 의심하지
않았던 것으로 보이며, 초기에 돌튼의 이론을 선도적으로 옹호한 두

---

34 이것은 다름 아니라 노우드 러셀 핸슨이 거론한 생산적인 유형의, 관찰의
이론적재성이다(2장, 2.2.1 참조).

인물인 톰슨과 월라스턴을 비롯한 많은 사람들도 이 전제를 받아들였다. 이 탐구 단계에서 이 같은 일대일 결합 전제는 경험적 가설이 아니라 작업화 방안의 일부였다. 즉, 이 화학자들에게 그 전제는 '화학적 원자'란 무엇을 의미하는가, 하는 질문에 대한 대답의 중요한 한 부분이었다. 그들에게 이렇게 항의하지 말라. "하지만 물 분자는 산소 원자 하나와 수소 원자 하나가 뭉친 것**이든지 아니면 그렇지 않든지** 둘 중 하나잖아!" 물론 돌튼 본인도 원자를 미세한 공으로 상상했지만, 이 상상은 작업화되지 않은 이론의 영역에 속해 있었다. 초기에 화학적 원자의 작업화는 어떤 특정한 물리적 원자의 상像과도 직접 연결되어 있지 않았다. 돌튼, 톰슨, 월라스턴은 모두 물이 HO라는 것과 산소의 원자량이 대략 16이 아니라 8이라는 것에 동의했다. 이는 작업적 수준에서 이루어진 동의였다. 그러나 두 원소가 단 하나의 화합물을 형성하는 것은 일반적인 규칙이라기보다 예외였다 (또한 물은 그 규칙의 사례로 오인되었다). 따라서 다른 대다수의 원자들에 무게를 부여하려면 작업적 규칙들이 추가로 필요했다.

　　내가 이 장의 첫 절(3.1)에서 미결정의 문제를 예시하기 위해 사용한 탄소 산화물들의 경우를 살펴보자. 이 사례에 대한 돌튼 (1808, 215쪽)의 결론은 이러하다. "산화탄소carbonic oxide는 숯의 원자 하나와 산소의 원자 하나로 이루어진 2원 화합물이며, 그 원자들의 총 무게는 약 12다." "탄산은 3원(때로는 2원) 화합물이며, 숯의 원자 하나와 산소의 원자 두 개로 이루어졌다. 그 원자들의 총 무게는 19다."[35] 그런데 그는 산화탄소가 2원자 화합물이고 탄산이 3원자 화합물이라는 결론에 어떻게 도달한 것일까? 탄산은 3원 화합물이지만 "때로는 2원" 화합물이라는 돌튼의 의아한 진술에 한 가닥의 단서가 들어 있다. 내가 생각하기에 그는 작업적인 관점에서 그렇게 진술한 것이다. 즉, 탄소와 산소로부터 직접(즉, 탄소를 연소시킴으로써) 탄산을 생산할 수도 있지만 산화탄소와 산소를 결합함으로써(일산화탄소를 연소시킴으로써) 생산할 수도 있다는 것이 그의 취지다.[36] 이제 생각해보자. 산화탄소 원자 하나에 산소 원자 하나를 덧붙여 탄산을 생산할 수 있다면, 두 가지 탄소-산소 화합물 가운데 어느 것을 CO로 간주하고 어느 것을 CO_2로 간주해야 하는지는 매우 명확하다. 이처럼 돌튼은 실제로 실험실에서 실천되는 합성 방법을 분자적 조성을 추론하기 위한 지침으로 삼았던 것(이는 합성을 분자식을 작업화하는 한 방법으로 취급하는 것과 같다)으로 보인다. 내가 생각하기에 질소 산화물들에 관한 돌튼의 다음과 같은 말은 나의 해석이 옳음을 입증한다. "질산은 **어떻게 생산되느냐**에 따라 2원 화합물이거나 3원 화합물이며, 질소 원자 하나와 산소 원자 두 개로 이루어졌고, 이 원자들의 총 무게는 19다."(같은 곳. 강조는 원문에 없음)[37]

　　내가 "결합에 의거하여 무게를 측정하기"라고 부르고자 하는 것의 또 다른 사례를 윌리엄 하이드 월라스턴(1766~1828)의 연구에서 볼 수 있다. 런던에서 활동하며 의사에서 화학자로 전향한

35　두 가지 총 무게가 12와 19라고 돌튼은 말하지만. 오늘날 측정하면 28과 44로 나올 것이다.

36　돌튼의 어법이 철저히 일관적이었던 것은 아닌 듯하다. 다른 맥락에서 그는 원소 원자 두 개로 이루어진 화합물만을 '2원' 화합물로 부르곤 했다.

37　일단 결합이 이루어진 산화탄소와 산소의 합성물 원자는 분해되지 않는다는 것을 돌튼의 추론은 당연시한다는 점을 유의해야 한다. 흥미롭게도 아보가드로는 그런 유형의 결합 후 분해를 반드시 상정해야 한다고 느꼈다.

월라스턴은 1814년에 발표한 논문으로 화학적 원자론에 영속적으로 기여했다. 로크(1984, 12쪽)에 따르면, 월라스턴의 원자량 측정은 "해당 원소의 최저 산화물lowest oxide에 관하여 상정된 한 공식에 의해 좌우되었다". 월라스턴의 기획의 출발점을 충분히 검토할 필요가 있다. 탄산석회carbonate of lime(오늘날의 용어로 탄산칼슘, $CaCO_3$)가 분석화학에서 매우 유용함을 강조하면서 그는 이렇게 말했다.

> 그러므로 첫 번째로 해결해야 할 질문은, 산소의 무게를 10으로 고정할 경우 [탄산석회의 핵심 성분인] 탄산의 상대적 무게를 얼마로 표현해야 하는가다. 주어진 양의 산소가 탄소와 결합함으로써 똑같은 양의 탄산을 산출한다는 것은 매우 확실한 듯하다. 그리고 이 기체들의 비중은 10~13.77, 혹은 20~27.54이므로, 탄소의 무게는 7.54로 표현하는 것이 옳을 가능성이 있다. 이 경우에 탄소는 산소 두 개와 결합하여 이산화물을 이룬다. 그리고 산화탄소가 일산화물이라는 점은 17.54로 적절히 표현될 것이다.(1814, 8쪽)

약간 수수께끼 같지만 말이 되는 내용이다. 돌튼과 마찬가지로 월라스턴은 산화탄소보다 탄산이 더 많은 산소를 포함하고 있다는 지식을 출발점으로 삼았으며 그 지식에 기초하여 산화탄소는 탄소와 산소의 일대일 결합이라고 추론했다. 월라스턴의 일반 원리 혹은 최소한 어림 규칙은, 한 원소의 알려진 '최저' 산화물은 그 원소 원자와 산소 원자의 일대일 결합이라는 것이었음이 틀림없다. 이 원리에 기초한 간단한 계산을 통하여 월라스턴은 탄소 원자와 산소 원자의 무게 비율 7.54:10을 얻었으며, 이 비율은 시스템의 나머지 부분을 구성하는 데 결정적으로 기여했다.

　　월라스턴의 연구를 화학적 원자론의 역사에 포함시키려 할 때는 약간 조심할 필요가 있다. 1814년 논문에서 그는 자신의 '총괄적 규모의 화학적 당량들'을 겉보기에 이론으로부터 철저히 자유로운 것처럼 제시했다. 그래서 그의 추가 전제들을 알아채기는 어려우며, 많은 논평자들은 월라스턴이 원자를 신봉하지 않았으며 오로지 관찰된 결합 무게들의 규칙성에만 매달렸다고 말해왔다. 정반대로 나는 월라스턴의 당량은 "화학적 원자량과 작업적으로 동일"했다는 로크(1984, 12쪽)의 주장이 옳다고 생각한다. 또한 월라스턴이 '당량'이라는 용어를 사용하는 방식에는 오해를 유발하는 구석이 있다. 앞서 3.2.1.1에서 논한 대로 나는 물질들 사이에 (이를테면 중화나 치환을 통해 드러나는) 작업적 **동등성**이 있는 상황들에 국한해서 그 용어를 사용하는 쪽을 선호한다. 월라스턴의 어법은 더 일반적이었다. 그는 상황이 어떤 유형이건 상관없이 물질들이 결합할 때의 상대적 무게를 일괄적으로 '당량'으로 불렀다. 이처럼 월라스턴이 다양한 의미들을 뭉뚱그렸다는 점은 그의 '당량'이 엄밀하게 작업적인 개념이 아니라 상당히 이론적인 개념이었다는 로크의 주장에 추가로 힘을 실어준다.

3.2.1.3 부피에 의거하여 개수를 세기

　　원자란 화학반응에 참여하는 최소 단위량이라는 생각이 채택되었을 때, 원자 개념의 작업화의 근본적인 양상 하나는 주어진 표본 안에 그 단위들이 얼마나 많이 들어 있는지 말하는 것이었다. 19세기 초반에 원자들을 하나씩 직접 세는 것은 불가능했지만 화학반응에 참여하는 원자들의 **상대적 개수**를 알아내는 것은 가능했다. 원자량들이 이미 알려져 있다면 결합 무게들에 의거하여 원자-세기atom-counting를 할 수 있었지만, 여전히 가시지 않은 원자량들의 불확실성이 이 방법을 가로막았다. 따라서 초기에는 결합 **부피**들을 이용하는 것이 가장 설득력 있는 원자-세기(또한 분자-세기)의 방법이었다. 이미 살짝 언급했듯이, 화학자들은 무게를 제쳐놓고 직접 부피를 측정하여 원자들의 상대적 개수의 척도로 삼을 수 있음을 깨달으면서 비로소 이 방면에서 참된 진보를 이뤄내기 시작했다. 19세기의 많은 화학자들은 부피 측정에 기초한 원자를 화학적 원자의 상보적 작업화로서 무게 측정에 기초한 원자와 동등하게 사용했다고 나는 생각한다. 그렇게 생각하면, 부피에 대한 베르셀리우스의 태도는(313쪽 인용문 참조) 의아하거나 경솔하게 느껴지지 않게 된다. 베르셀리우스는 부피 측정에 기초한 추론은 "잘 확립된 사실에 토대를" 둔 반면에 (무게 측정에 기초한) 원자 이론의 "토대는 고작 추정이다"라고 말했는데, 그때 그는 원자-세기를 염두에 두고 그렇게 말한 것이 틀림없다. 부피에 의거한 원자의 작업화는 '이븐'을 옳은 가설로 간주하느냐와 무관했다. 이 단계에서 '이븐'을 직접 검증할 수 있는 사람은 아무도 없었다. 또한 '이븐'을 이론적으로 확고하게 정당화할 수 있는 사람도 없었다. 부피 측정에 기초한 원자-세기를 실행한 화학적 원자론자들은 '이븐'을 형이상학적 원리로서(대개 아보가드로라는 이름조차 언급하지 않으면서) **상정**했다. '이븐' 덕분에 그들은 부피 측정에 기초한 원자화학을 할 수 있었다. 그들은 그 원자화학을 마치 하나의 **삶**처럼 살고자 했으며, 그 삶의 성공을 통해 간접적으로만 '이븐'을 검증하고자 했다. 돌튼 등이 제기한

'이븐'에 대한 물리학적 반론들은 이 같은 부피 측정에 기초한 원자 개수의 작업화에 즉각적인 영향을 미치지 않았다.

　　첫 절(3.1)에서 논한 대로, 부피 측정에 기초한 원자-세기는 19세기 중반에 호프만 등의 연구에서 원자가가 확립되는 데 직접 기여했다. 그러나 부피 측정에 기초한 추론은 그보다 훨씬 더 전부터 사용되었으며, 흥미로운 사례 하나를 토머스 톰슨의 교과서(1831, 166-169쪽)에서 발견할 수 있다. 톰슨은 주로 무게에 초점을 맞췄지만 부피를 비롯한 다양한 유형의 작업적 단서들을 시험 삼아 사용하는 것에 대해서 월라스턴과 돌튼보다 더 개방적이었던 것으로 보인다. 그는 탄소 산화물들의 원자적 조성에 관한 불확실성을 다음과 같이 해소했다. 우선 그는 산화탄소 1부피가 산소 1/2부피와 결합하여 탄산 1부피를 이룬다는 점을 지목했다. 이어서 그는 "탄산 기체는 자신과 똑같은 부피의 산소 기체를 함유하고 있다"고 지적했다. 바꿔 말해 탄산 1부피는 산소 1부피가 고체 상태의 탄소와 결합할 때 생성되었다. 해당 부피-등식들을 아래와 같이 적을 수 있을 것이다.

　　(i) 산화탄소 1 + 산소 0.5 = 탄산 1
　　(ii) 탄소(부피 불명) + 산소 1 = 탄산 1

　　두 등식의 좌변들은 서로 같아야 한다. 따라서 (i)과 (ii)의 좌변에 산소 1부피가 있어야 하고, 이는 산화탄소 1부피 안에 산소 0.5부피가 들어 있음을 의미했다(반면에 탄산 1부피 안에는 산소 1부피가 들어 있다). 따라서 톰슨은 탄산이 함유한 산소의 양은 산화탄소가 함유한 산소 양의 두 배라는 결론을 내릴 수 있었고 이로부터 분자식 CO_2와 CO를 도출했다.

　　부피 측정에 기초한 추론은 원자-세기를 위한 그럴싸한 출발점을 제공했다. 비록 당시에는 화학자들이 휘발시킬(기체의 형태로 변환할) 수 없는 원소들과 화합물들이 많았다는 점에서 그런 방식의 원자-세기는 뚜렷한 실천적 한계를 지니고 있었지만 말이다. 액체나 고체 상태에서 원자들이 차지하는 부피는 훨씬 더 나중에야 작업화되었다. 그러므로 19세기 화학이 다룬 가장 중요한 원소들과 화합물들이 표준적인 지상의 조건에서 자연적으로 기체 상태로 존재한다는 점은 뜻밖의 행운이다. 또한 그 원소들 중 대다수가 예컨대 인, 비소, 황과 달리 간단명료한 부피-관계들을 나타낸다는 점도 뜻하지 않은 행운이다(3.2.2.3 참조).

3.2.1.4 비열에 의거하여 개수를 세기

　　대다수의 화학자들은 원자가 칼로릭 대기로 둘러싸여 있다는 돌턴의 생각을 곧이곧대로 받아들이지 않았지만, 열 측정은 원자화학에서 꽤 중요한 역할을 했다. 이는 피에르 뒬롱(1785~1838)과 알렉시스테레즈 프티(1791~1820)가 1820년경에 제시한 '원자열atomic heat'에 관한 법칙을 통해서였는데, 이 법칙에 따르면, 모든 원소의 원자량 곱하기 비열은 상수였다.[38] 한 물질의 비열이란 단위 무게만큼의 그 물질을 가열하여 온도를 단위량만큼 올리는 데 필요한 열의 양이므로, 뒬롱과 프티의 법칙이 말하는 바는 어떤 물

---

[38]　자세한 설명은 Freund(1904) 14장, Fox(1968) 참조.

질의 원자이건 간에 원자의 열용량('원자 열')은 동일하다는 것이었
다. 어쩌면 수식들로 표현하는 편이 이해하기에 더 쉬울 수도 있을
것이다.

(무게 기준의) 비열 $= \Delta H/W$

원자량 $= W/N$

비열 $\times$ 원자량 $= \Delta H/W \times W/N = \Delta H/N$

위 수식들에서 ΔH는 물체의 온도를 1도 올리는 데 필요한
열 투입량, W는 물체의 무게, N은 물체에 들어 있는 원자들의 개수
다. 물질의 정체와 상관없이 $\Delta H/N$가 상수라면, 이는 원소의 종류
와 상관없이 각각의 원소 원자는 온도가 동일한 양만큼 상승하는
동안에 동일한 양의 열을 흡수한다는 것을 의미할 터이다.

사람들은 뒬롱과 프티의 법칙이 근사적으로만 성립함을 기
꺼이 인정했으며, 그 법칙에 대한 우수한 이론적 설명도 전혀 없었
다. 그러나 그 법칙에 **무언가 일리가 있음**을 부정하기 어려웠으며,
그 법칙의 신중한 사용은, 틀린 분자식을 기초로 삼은 탓에 원자량
이 실제 값의 배수나 분수로 추정되었는지 여부를 판단하는 데 도
움이 되었다. 바꿔 말해, 뒬롱과 프티의 법칙은 화학자들에게 또 다
른 개수 세기 방법을 제공했으며 따라서 그들이 분자식들과 원자량
들을 알아내는 데 도움이 되었다. 원자 열 자체에 정확한 값을 부여
하는 것은 불가능했지만, 그것은 19세기 원자화학자들이 추구한 바
가 아니었다. 오히려 원자 열의 근사적 불변성은 주어진 반응에 참
여하는 원자들이 얼마나 많은지 판정하기 위한 토대로서 부족함이

없었다. 반응에 참여하는 각 유형의 원자의 개수는 정수일 수밖에 없다는 원자론의 근본 전제가 있었으므로, 작업적 원자-세기 방법 하나가 정확하지 않다는 점은 문제가 되지 않았다. 2인지 아니면 3인지 판별하는 것이 관건인 상황에서 예컨대 2.13이라는 값은 3이 아니라 2로 간주되었으며, 그것으로 충분했다.

만약에 돌튼이 이 방법을 사용했더라면, 그는 질소의 원자량이 5인지 아니면 10인지, 또 구리의 원자량이 28인지 아니면 56인지에 관한(표3.1에 실린, 1827년의 값들이 보여주는) 그의 불확실성을 해소할 수 있었을 것이다. 뒬롱-프티 법칙은 특히 다양한 금속의 원자량을 알아내는 데 유용했다. 금속 원자를 무게에 기초하여 작업화할 때 가장 통상적이며 신뢰할 만한 반응은 산화였다. 그러나 금속 산화물이 얼마나 많은 산소 원자들을 함유했는지에 대해서는 늘 커다란 불확실성이 존재했다. 또한 한 금속이 여러 산화물을 형성하는 경우가 흔했다. 프티와 뒬롱은 직전인 1818년에 베르셀리우스가 발표한 원자량들 중 일부를 수정하기 위하여 자신들의 법칙을 사용했다(자세한 내용은 Freund 1904, 363 – 365쪽 참조). 톰슨은 여기에서도 좋은 예로 들 만하다. 그는 수은의 원자량과 수은 산화물들의 분자식을 알아내기 위하여 뒬롱-프티 법칙을 사용했다. 또한 그 법칙은 그가 구리 산화물들의 분자식을 화학적 유추chemical analogy를 통해 알아내는 데에도 도움이 되었다. 물과 과산화수소의 경우에는 화학적 유추의 결과와 부피에 기초한 추론의 결과가 상반됨을 톰슨은 발견했다. 그리하여 그는 비열에 의지했으며, 실제로 그 연구로부터 물은 HO임을 옹호하는 결과를 얻었다. 톰슨(1831, 9-12쪽)은 이렇게 말한다. "들라로슈와 베라르드의 실험들에 따르면, 수소 기

체의 비열은 물의 비열을 기준으로 할 때 3.2936이다. 그런데 지금
은 0.376/3.2936 = 0.114다[0.376은 톰슨이 알아낸 산소의 비열].
이 값은 0.0625보다 0.125에 훨씬 더 가깝다. 따라서 비열은 수소 원
자량의 참값은 0.125라고 판정하는 쪽으로 우리를 자연스럽게 이끈
다." 톰슨은 산소의 원자량을 1로 간주하고 있었으므로, 수소의 원자
량이 0.125라는 것은 수소의 원자량을 1로 간주할 경우 산소의 원자
량이 8이라는 것에 해당하고, 수소의 원자량이 0.0625라는 것은 산
소의 원자량이 16이라는 것에 해당한다. 얄궂게도 산소의 비열/수소
의 비열의 현대적인 값은 0.0645로, 0.0625와 매우 유사하다!

3.2.1.5 전하에 의거하여 분류하기

　　원자 개념을 작업화하는 또 다른 명확한 방법은 전기분해였
다. 매우 놀랍게도 전기화학적-원자적 추론과 기법들은 돌턴의 원
자론이 출판되기 전에도 이미 존재했다. 2장에서 논했듯이, 전기분
해를 통해 전지의 양쪽 극에서 서로 다른 유형의 생성물이(양극에서
는 산소와 산들이, 음극에서는 수소와 금속들과 알칼리들이) 일관되게 생산
되는 것을 목격했을 때, 다양한 물질들이 다양한 전기적 속성들을
지녔음을 부정하기는 불가능하다시피 했다. 원자들이 어떤 식으로
든 본래적으로 전기를 띠었거나 적어도 특정한 방식으로 전기를 띠
기 쉽다는 점은 명백했다. 여기까지는 거의 모두가 당연시했다. 심
지어 리터도 그러했다. 전기의 본성 자체와 전기분해의 정확한 메
커니즘은 여전히 깊은 신비에 휩싸여 있었지만, 작업적 수준에서
는 양전기성electropositivity의 개념과 음전기성electronegativity의 개념
에 명확하고 안정적인 의미가 부여되었다. 심지어 패러데이도 본인

의 독특한 존재론에도 불구하고 그 작업적 의미들에 동의했다. 모든 원소들을 하나의 스펙트럼 위에 배치할 수 있었다. 음전기성이 가장 높은 쪽 극단에 산소가 위치했고, 양전기성이 가장 높은 쪽 극단에 칼륨이 위치했다. 이것은 이미 화학적 원소에 대한 작업화의 중요한 한 부분이었으며 쉽게 확장되어 원자에 적용되었다. 원자의 전기화학적 작업화는 여러 버전으로 이루어졌지만(2장, 2.3.3.2 참조), 그 모든 버전들을 과거의 친화성 개념과 관련지을 수 있었다. 전기화학적 계열에서 두 원소가 멀리 떨어져 있을수록, 두 원소 사이의 인력이 더 강했다. 전기화학적 계열은 또한 (화학적 친화성의 고전적 표현인) 금속들의 변위 계열displacement series과 깔끔하게 맞아떨어졌다. 이때 이후 줄곧 전기화학적 계열은 이런저런 형태로 화학 안에 굳건히 자리잡았다.

　　하지만 쉽게 합의가 이루어진 것은 여기까지만이었다. 화합물의 원자적 **조성**을 작업화하는 일에 전기분해를 사용하기 위해서는, 볼타 전기가 화학적 물질들에 어떤 작용을 하는가에 관한 추가 전제들이 필요했다. 전기분해를 분해로 간주하는 사람이라면 누구나 원자 수준에서의 이원론적 존재론을 받아들이지 않을 수 없었다. 당신이 분해로서의 전기분해 활동에 종사한다면, 화학적 물질들에 관한 이원론적 존재론은 전지의 양극 구조 안에 이미 씌어 있는 셈이다. 즉, 이원론은 전기를 이용한 분석 활동에 내재하는 존재론적 원리다. 런던 킹스 칼리지의 교수 존 프레더릭 대니얼(1790~1845)은 1840년에 한걸음 더 나아가, 염salt을 산과 염기의 화합물로 보는 전통적 견해에서 벗어나 '금속' 기와 '비금속' 기의 화합물로 간주하자고 제안했다. 라우리(1936, 270쪽)에 따르면, 대니얼의 주장은 한 전기분해적 작업화에서 그 동기를 얻었으며, 그 작업화의 기초는 전기의 작용으로 먼저 금속/비금속 분해가 일어나고 그 다음에 2차 생성물들인 산과 염기가 발생한다는 믿음이었다. 나는 여기에서 대니얼의 연구에 대한 반응을 다루지 않겠지만 다음을 지적하고자 한다. 대니얼의 주장은, 전기의 작용으로 분자 내부의 **자연적** 경계선에서 분열이 일어나 분자가 쪼개진다는 전제가 화학적 조성에 관한 전기분해적 작업화의 바탕에 깔려 있었음을 상기시킨다. 이 전제는 원자와 분자에 관한 표준적인 전기분해적 작업화를 위해 필수적이었으며, 그 작업화에 의지하는 임의의 실천 시스템 안에서는 경험적으로 검증될 수 없었다. 대니얼은 단지 그 원리를 자신의 실천 시스템의 논리적 결론으로 간주하고 있었을 따름이다. 물론 염이 산과 염기로 분해된다는 전통적인 견해가 한마디로 틀렸다고 말하려는 것은 아니다. 오히려 그 견해는 또 다른 작업화의 산물이었으며 더 전통적인 합성과 분해의 방법들에 기초를 두고 있었다.

3.2.2 경쟁하는 원자화학 시스템들

앞 절의 논의에서 명확해졌겠지만, 경험적으로 원자에 도달하는 방식들은 다양했다. 그런 작업화들이 핵들을 이뤘고, 그 핵들을 중심으로 경험적 실천 시스템들이 성장했다.[39] 원자화학의 실제

---

[39] 이 핵 이미지는 진보적 정합주의를 위한 새로운 비유다. 이 비유는 내가 Chang(2004, 4장, 2007a)에서 사용한 둥근 지구 위 건물의 비유를 보충한다.

역사를 살펴보면, 경쟁하는 시스템들이 놀랄 만큼 풍부하게 있었음을 발견하게 된다. 중요한 화학자 각각이 하나씩 경쟁 이론을 가지고 있다시피 했다. 분석의 틀을 명확히 짜려는 의도로 나는 과도한 단순화를 감행하여 이상화된 이론 다섯 가지를 식별할 것이다. 나는 그 이론들을 이미 첫 절(3.1)에서 명명했으며 여기에서 그것들의 특징을 더 자세히 설명하려 한다. 실제 역사에서 많은 개별 화학자들은 이 이상화된 이론들 중 두 가지 이상에 기댄 시스템들을 보유했다. 그 이상화된 시스템들에 대한 서술을 이어가면서 나는 그런 혼성 시스템들의 모양에 대해서도 어느 정도 언급하려 노력할 것이다. 나는 이상화된 시스템 각각의 주요 목표들과 활동들을 논할 것이며, 그 활동들과 엮인 가설들, 믿음들, 전제들도 논할 것이다. 내가 자그마치 다섯 가지의 평행 시스템들을 식별함에도 나의 논의가 너무 단순화되어 있다고 독자가 느낀다면, 원자화학의 첫 반세기에 관한 나의 주요 논점들 중 하나가 바로 그 느낌을 두둔한다고 말씀드리겠다. 즉, 원자화학의 첫 반세기는 복잡한 분야였으며, 그럴 만한 이유가 충분히 있었다.

　　역사적 상황이 복잡했다는 단순한 논점을 받아들이고 철학자들은 이상화된 틀을 필요로 할 수도 있음을 받아들이더라도, 여전히 누군가는 이렇게 물을지도 모르겠다. "당신의 이상화된 시스템들은 역사적 실재성이 조금이라도 있는가?" 만약에 없다면, 이런 질문이 이어질 수도 있겠다. "역사에 존재하지 않았던 항목들에 대한 논의가 무슨 의미가 있는가?" 나는 나의 이상화된 시스템들이 완전히 허구적이지는 않음을 논증하고자 한다. 무엇보다도 먼저, 곧 지적하겠지만, 내가 서술하는 이상화된 버전들과 매우 유사한 시스템들을 실제로 운영한 몇몇 화학자들이 존재했다. 또한 밀접하게 관련된 시스템들 모두가 나의 이상화된 시스템의 핵심 활동들과 전제들을 공유했던 사례들도 있었다. 그리고 실제로 실현된 정도와 상관없이, 그 이상화된 시스템들은 당대의 과학자들에게 원자화학의 실천 방법에 관한 견본들로서, 혹은 정합적 견해들로서 구실했다고 나는 생각한다. 따라서 그 이상화된 이론들은 **회고적** 허구가 아니라 **동시대적** 허구다. 실제로 그런 이상화들은 이데올로기로서 결정적인 역할을 한다. 그런 이상화는 끝내 완전히 세밀하게 실현되지 않더라도 여전히 사람들의 생각과 행동을 이끌 수 있다. 비유로 이야기하겠다. 순수한 맑스주의 경제는 결코 존재한 적 없으며 완전한 자유시장 자본주의 경제도 마찬가지라고 말하는 것이 합당할 것이다. 그럼에도 그런 이상화들은 경제 정책 및 실천을 위한 막강한 이상과 틀로서 구실해왔다. 흔히 사람들은 그 불완전한 버전들을 실재로 오인하거나, 불완전성을 깨닫고 불평하거나, 자신들이 보유한 바를 이상화된 유형들의 혼성물로 개념화한다. 내가 지금 역사 서술에 관한 가설로서 내놓는 주장은 이것이다. '내가 식별한 다섯 가지 원자화학 시스템들은 그런 동시대적 허구들로서 구실하며 19세기 화학자들의 연구에 지대한 영향을 미쳤다.' 이 장의 나머지 부분에서 제시할 나의 설명이 이 가설을 충분히 그럴싸하게 만들어 나보다 더 유능한 사람들을 이 가설의 진지한 검증으로 이끌기를 바란다.

3.2.2.1 무게 유일 시스템

내가 서술할 다섯 가지 시스템들 가운데 가장 먼저 확립된 것을 나는 **무게 유일 시스템**weight-only system이라고 부른다. 이 시스템에서 화학적 원자는 내가 논한 작업화들 가운데 처음 두 개만 사용하여 개념화되었다. 무게 유일 시스템은 돌튼 이론의 완전히 성숙한 버전에 실망한 화학자들로부터 나왔다고 해야 합당할 것이다. 이 시스템은 말하자면 돌튼주의[40]의 얌전하고 소독된 버전, 무게보다 더 불확실하거나 덜 본질적이라고 여겨진 다른 원자적 변수들이나 속성들에 한눈팔지 않고 오직 무게만 다루려는 노력이었다. 이 시스템을 채택하는 것은 원자의 무게뿐 아니라 모양과 크기까지 거론하며 화학적 물리학적 현상들을 설명하려 한 돌튼의 노력을 포기하는 것을 의미했다. 원자량들은 동등성과 결합을 통해 밝혀졌다 (3.2.1.1과 3.2.1.2 참조). 앞서 논한 대로, 이 작업화들은 둘 다 분자식들에 관한 특정 전제들을 포함했다. 무게 유일 시스템은 흔히 실증주의의 표현으로 오해되어왔다. 그러나 로크(1984, 10쪽 등 여러 곳)가 보여주었듯이, 이 시스템은 여전히 물리적 원자는 아니더라도 화학적 원자의 개념에 의존했으며, 실증주의의 구현이 아니라 오직 무게만 보유한 원자를 상정하는 긴축 존재론pared-down ontology의 구현이었다.

　초기에 무게 유일 시스템을 주창한 최고의 인물은 어쩌면 월라스턴이었을 것이다. 아니, 더 정확히 말하면, 대단한 인기를 누린 '총괄적 규모의 화학적 당량들'을 제시한 1814년의 월라스턴이었

40　적록색맹의 일종인 '돌트니즘Daltnism'과는 무관하다. 돌튼은 '돌트니즘'을 앓았고 이에 관한 논문도 한 편 발표했다.

을 것이다. 로크에 따르면, 영국에서는 "1860년대까지 거의 독점적
으로" 월라스턴의 원자량들이 사용되었다.[41] 윌리엄 오들링(1858a,
41쪽, 1858b, 108쪽)도 HO를 포함한 이 시스템이 "이 나라[영국]에
서 일반적으로 사용되었다"고 언급했다. 톰슨의 실천도 무게 유일
시스템에 가까이 접근했지만, 그는 편의에 따라 무게 측정에 기초
한 작업화와 열에 기초한 작업화를 사용하는 것을 꺼리지 않았다.
따라서 그의 시스템은 어느 정도 혼성이었다. 독일은 훗날 또 다른
덜 제약적인 원자화학 시스템들의 중심이 되었지만, 그곳에도 무
게 유일 시스템의 탄탄한 전통이 있었다. 하이델베르크 대학에서
오랫동안(1817~1851) 의학 및 화학 교수로 일한 레오폴트 그멜린
(1788~1853)은 큰 영향력을 발휘한 저서《화학 안내서Handbuch der
Chemie》(1843 등)의 잇따른 판본들에서 그 시스템을 사용했다. 로크
(2010, 12쪽)의 보고에 따르면, 1838년에 그멜린은 리비히와 뵐러,
다른 선도적인 독일 과학자 두 명을 설득하여 근거 없는 이론화를
포기하고 월라스턴의 시스템으로 회귀하게 했다. 10여 년 후, 리비
히는 저서《화학에 관한 친숙한 편지들》3판에서(Liebig 1851, 편지
VI, 특히 89쪽) 여전히 거의 순수한 버전의 무게 유일 시스템을 설명
하면서 수소, 탄소, 산소에 당량 1, 6, 8을 부여하고 있었다. 이 시스
템의 거의 모든 변형들에서 물의 분자식은 HO였다. 무게 유일 시

---

41   로크(1984, 64-66쪽)가 지적하듯이, 월라스턴은 자신의 원자화학에 대하
여 더 실재론적인 입장도 유지했다. 그는 1812년 베이커 강연에서 3차원 모형
들을 시험적으로 제시했다(Wollaston 1813). 또한 대기의 유한한 범위를 다루
는 Wollaston(1822) 참조.

스템에서 물의 분자식이 논리적으로 반드시 HO여야 하는 것은 아니다. 그러나 H_2O를 옹호할 동기를 가장 설득력 있게 제공하는 것은 부피 측정에 기초한 작업화인데, 그 작업화가 없는 상황에서 화학자들은 단순성을 확보하기 위하여 일반적으로 HO를 옹호했다.

　　　이 무게 유일 원자화학 시스템 안에서 화학자들은 무엇을 **했을까**? 이 시스템의 핵심 목표들과 주요 활동들은 무엇이었을까? 이 질문들에 비추어 월라스턴의 논문을 다시 검토하는 것은 흥미로운 작업이다. 그는 자신의 시스템 안에서 원자량들의 불명확성을 해소할 때 "실천적 편의성을 유일한 지침으로 삼으려 노력했다"(1814, 7쪽)고 천명했다. 무엇을 위한 실천적 편의성을 말하는 것일까? 논문의 나머지 부분에서 충분히 명확하게 알 수 있듯이, 관건은 화학적 분석의 실천이었다. 월라스턴의 화학 연구 전반을 더 폭넓게 훑어보면, 그가 말하는 화학적 분석은 다양한 화합물들의 성분 조성을 알아내는 작업과 새롭거나 비교적 덜 익숙한 원소들의 특징을 알아내는 작업을 모두 포함했음을 알 수 있다. 당대의 정량 분석화학의 가장 전형적인 활동은 연구할 물질을 다른 물질과 반응하게 만듦으로써 그 물질에 관한 정보를 알아내는 것이었다. 이때 그 다른 물질은 연구되는 표적 물질의 한 성분을 빼앗아가고 나머지 성분은 그대로 놔둔다고 여겨졌다. 연구되는 물질의 특징을 충분히 확실하고 정확하게 알아내려면, 흔히 다양한 반응들을 일으키고 다양한 반응 생성물들의 무게를 모두 측정해야 했다. 월라스턴(1814, 1-2쪽)은 논문의 초입에서 "평범한 담반blue vitriol"(황산구리)처럼 단순한 물질을 완전히 분석하기 위해서도 최소 20회의 서로 다른 무게 측정이 필요했다는 점을 독자에게 상기시켰다. "인내심이 필요

한 이 탐구 분야"에서 고정된 결합 비율들을 **알고** 있으면 필요한 새
로운 측정의 회수와 불확실성 및 오차 범위를 줄이는 데 큰 도움이
되었다. 다른 한편, 원자량의 사용은 또한 분석의 목표를 각 화합물
을 이루는 다양한 원자들의 개수를 알아내는 것으로 바꿔놓았다.
단지 결합에 참여하는 원소들의 무게 비율을 알아내는 것 외에 또
다른 목표가 추가된 것이다.

　　　무수한 화학물질들의 분석에서 이뤄내야 할 값진 작업은 확
실히 많았고 흔히 커다란 실용적 경제적 효용을 동반했다. 분석화
학은 광물학과 약학을 비롯한 인간 문명의 많은 측면들과 맞닿은
중요한 사업이었다. 많은 수요가 있었던 온천수 분석도 분석화학의
일거리였다. 무게 유일 원자화학은 이 분석 사업에 완벽하게 적합
했다. 톰슨의 연구는 월라스턴의 연구와 맥락이 유사했으며 더 광
범위했다. 다음 세대에서 리비히는 유기물질에 대한 연소 분석 방
법을 숙달하여 주요 연구 프로그램 하나를 낳았다.[42] 이 분석은 공
이 많이 드는 작업이었다. 이는 분석해야 할 새로운 물질들의 개수
가 점점 더 늘어나기 때문이기도 했고, 유기 분자들은 겨우 몇 가지
원소의 원자들이 다수 결합하여 이루어진 탓에 고도로 정확한 분
석이 필요하기 때문이기도 했다. 리비히의 프로그램은 많은 흥분
과 활동을 유발했지만, 그 후 무게 유일 시스템은 활력이 다한 듯했
다. 19세기 후반기에 그 시스템은 야심 있는 화학자들의 주목을 받

42　리비히의 유기 분석 학파에 대해서는 Morrell(1972), Brock(1997),
Jackson(2009) 참조.

기에 충분할 만큼 폭넓은 연구 활동을 뒷받침하지 못했다. 그럼에
도 그 시스템은 교육과 응용을 지원하는 데 유용한 시스템으로 남
았다. 이 사실은 좋은 실천 시스템이 항상 생산적인 **연구** 프로그램
인 것은 아님을 일깨운다.

3.2.2.2 전기화학적 이원주의 시스템

　　베르셀리우스(또한 데이비)라는 이름이 가장 강하게 연상시키
는 **전기화학적 이원주의** 원자화학 시스템은 원자의 전기분해적 작
업화를 중심으로 성장했다(3.2.1.5 참조). 그 밖에 무게에 기초한 작
업화 두 가지도 이 시스템의 중심을 이뤘다(사실 이 두 가지 작업화는
원리적으로 원자화학의 필수조건이 아닌데도 모든 시스템들에서 사용되었다).
베르셀리우스는 원자들의 전기적 본성을 전적으로 신봉했다. 2장
에서 보았듯이 그가 최초로 수행한 중요한 화학 연구가 전기분해에
관한 것이었음을 감안하면, 이는 어쩌면 놀라운 일이 아닐 것이다.
이원주의 시스템에서 물을 취급하는 가장 합리적인 방식은 수소와
산소의 2원 화합물로 간주하는 것이었다. 2장에서 언급했듯이, 이
것은 리터와 그의 떠돌이 동료들을 제외한 대다수의 전기화학자들
이 채택한 견해였으며, 이 경향은 이원주의 시스템에서도 지속되었
다(의아하게도 정작 베르셀리우스는 이 대세로부터 확연히 일탈했다. 그는 무
게 측정에 기초한 추론의 도움으로 H_2O를 선택했고, 다른 많은 사람들도 그의
뒤를 따랐다).

　　베르셀리우스와 그의 추종자들이 채택한 전기화학적 이원
주의는 또한 라봐지에의 유산과 융합되어 있었다. 라봐지에 화학의
핵심인 산소가, 알려진 모든 원소들 가운데 음전기성이 가장 높은

것으로 밝혀진다면, 그것은 얼마나 멋진 일인가! 산소의 핵심 역할
을 강조한 라봐지에를 계승하고 산소에 전기화학적 중요성을 추가
로 부여한 베르셀리우스는 이제 이 생각들을 원자화학에 집어넣었
다. 그리하여 그가 창조한 것은 전기화학적 원자론의 시대에 어울
리는 라봐지에 화학의 주류였다. 전기화학적 이원주의 시스템은 한
동안 상당한 정도로 지배적 지위를 점했다. 비록 그 지배는 비교적
짧은 기간 동안만 지속되었으며 전성기도 결코 완벽하지 않았지만
말이다.

　　이 원자화학 시스템의 주요 목표들과 활동들은 무엇이었을
까? 화학자들에게 전기분해는 물질들의 조성을 탐구하기 위하여
사용할 수 있는 훌륭한 작업적 개념적 도구였다. 따라서 가장 즉각
적으로 중요한 이원주의적 활동은 분석이었는데, 이 분석은 무게
유일 시스템에서의 분석과 비교할 때 강조점과 작업의 양상이 달랐
다. 볼타 전기는 화학자들이 손에 넣은 새로운 힘이었으므로, 볼타
전기를 가장 인상적으로 사용하는 활동은 이미 알려진 조성들을 증
명하는 것이 아니라 기존에 알려지지 않은 반응들을 일으키는 것이
었다. 여기에서도 리터는 예외였지만, 대다수 화학자들은 그 반응
들을 다른 방법으로는 분해되지 않고 버티는 탄탄한 분자들이 분해
되는 것으로 이해했다. 데이비는 전기분해로 새로운 원소들을 여럿
분리해냈다. 1807년에 칼륨과 나트륨을 분리해낸 것이 처음이었고,
이어서 스트론튬, 바륨, 칼슘, 마그네슘을 분리해냈다(Lowry 1936,
281쪽). 이 모든 것은 명확히 분해로 간주된 전기분해 활동의 산물
이었다.

　　이원주의 프로그램의 또 다른 기둥은 분류 활동이었다. 나

는 원소들을 양전기성-음전기성 스펙트럼상에 배치하는 활동을 이미 언급한 바 있다. 화합물의 분류와 관련해서는 '기radiacl'(때로는 'radicle'로 표기되었으며, 어원은 뿌리를 뜻하는 라틴어 'radix'임)가 가장 중요한 개념이었다. 라봐지에의 이론에서 산은 산소와 기의 화합물이었다. 산소는 산을 산성으로 만들었으며, 기의 유형은 산의 유형을 결정했다. 베르셀리우스는 이 생각을 계승하고 전기를 첨가했다. 즉, 기는 양전기를 띠었기 때문에 음전기를 띤 산소 쪽으로 끌려간다고 보았다. 더 나아가 그는 이 생각을 확장하여 유기화학에 적용했다. 머지않아 기의 개념은 더 일반화되었고, 그 결과로 기는 산소뿐 아니라 다양한 원자들 및 다른 기들과 결합할 수 있게 되었다. 그때부터 '기'는 안정적인 화학적 단위로서 행동하는 임의의 원자들의 집단을 뜻하게 되었다. 이 새로운 관점에서 최초로 발견된 기는 시아노겐 기cyanogen radical(CN)였다. 이 발견은 게이뤼삭이 청산prussic acid을 연구하던 중에 이루어졌고 1815년에 출판한 논문을 통해 발표되었다(Ihde 1984, 185쪽 참조). 기는 유기물질들을 많고 다양한 개수의 산소, 탄소, 수소, 질소 원자들로 된 화합물들의 방대하고 무질서한 집합으로 놔두는 대신에 **족들**families로 분류하는 데 사용할 수 있기 때문에 매우 편리한 분류 도구였다. 익숙한 비유기적 범주인 '산화물', '수소화물hydride' 등을 유기물질의 영역에 적용하는 것은 그리 유용하지 않았을 것이다.

원자적-분자적 화학의 항목으로서 기의 실재성에 대한 확신이 강해지면서 화학자들은 기를 조성 연구의 적극적 도구로도 사용하기 시작했다. 클라인(2001, 2003)의 주장에 따르면, 베르셀리우스의 원자 기호들은 일반적으로 화학자들의 조성에 관한 숙고를 돕는

'문서용 도구paper tool'의 구실을 했다. 다시 말해, 그 기호들은 문서 작업에서 추상적인 화학적 구성 블록으로서 구실하는 식들fomulas 이었다. 기는 이 실천을 가장 잘 구현한 사례였으며 실험적 실천과 연결될 잠재력도 뚜렷이 가지고 있었다. 다양한 화합물들의 분자식을 비교함으로써 문서상에서 멋진 유기적 기를 식별한 다음에 실험실에서 그 기를 발견해내는 것은 야심 있는 화학자들이 소중히 여기는 활동이 되었다. 세간의 이목을 끈 몇몇 성과들이 이 활동을 흥미진진한 첨단 연구로 만들었으며 에테린 기, 에틸 기, 벤조일 기에 관하여 많은 혁신적 연구가 이루어졌다(Ihde 1984, 184 – 189쪽 참조). 헤르만 콜베(1818~1884)는 유기산들의 전기분해에 성공한 것을 시작으로 이 활동을 한결같이 실천한 최고의 화학자였다(Rocke 1993 참조).

　　이원주의의 또 다른 커다란 장점은 화학결합을 명확히 이해할 수 있게 해준다는 점이었다.[43] 화학결합의 다양한 사례들을 원자들에 내재하는 전하를 통해 설명하는 것은 전기화학적 이원주의 시스템에서 핵심 활동이었다. 이 맥락에서 베르셀리우스는 극성 원자들에 관하여 상당히 난해한 견해를 발전시켰지만, 그를 막연하게 따르는 사람들에게 핵심적인 이론적 실천은 화합물을 두 부분으로, 즉 양전하를 띤 부분과 음전하를 띤 부분으로 분석하는 것이었다. 그때 각 부분은 원소이거나 아니면 그 자체로 다시 이원주의적으로 분석되어 양전기성 부분과 음전기성 부분으로 나뉘었으며, 이런 분

43　베르셀리우스의 이원주의에 대해서는 많은 역사학적 문헌이 있지만, 간결하고 이해하기 쉬운 입문적 서술은 Brock(1992), 147 – 159쪽, Ihde(1984), 5장 참조. 매우 포괄적이고 상세한 서술은 Melhado(1980) 참조.

석은 원소들에 도달할 때까지 계속되었다. 각 단계에서 결합은 상반된 전하를 띤 입자들 사이의 정전기적 인력을 통해 간단명료하게 설명되었다. 또한 베르셀리우스는 화학결합에서 생산되는 열과 빛을 상반된 전기들이 중화될 때 발생하는 귀결로 설명했다. 원자들의 양전기성과 음전기성은 전기분해에 뿌리를 둔 작업적 토대를 확고히 보유하고 있었기 때문에(2.2.3.1 참조), 이 설명들은 많은 사람들이 보기에 충분히 설득력이 있었다.

3.2.2.3 물리적 부피-무게 시스템

내가 말하는 **물리적 부피-무게 시스템**의 핵심은 원자의 무게 측정에 기초한 작업화와 부피 측정에 기초한 작업화를 **둘 다** 채택하고 **어떤 대가를 치르더라도** 그 양자를 서로 일관되게 만드는 것이었다.[44] 이를 이뤄내는 명확한 길 하나는 첫 절(3.1)에서 설명한 아보가드로의 방법이었다. 그 방법은 결정적으로 '이븐'에 의존했다. 얼핏 생각하면, '이븐'이 무게에 기초한 원자의 작업화와 관련이 있다는 점을 납득하기 어려울 수도 있을 것이다. 여기에서 관건은, 동등성이나 결합에 의거하여 원자량들을 부여하기 위해서는 분자식들에 관한 전제들이 필요했다는 점을 상기하는 것이다. '이븐'은 원자-세기의 한 방법으로서 그 분자식들을 제공했다. 그리하여 무

---

44 내가 보기에 이것은 처음에는 성급한 통합이었다. 결국엔 통합이 잘 이루어졌지만, 그렇다고 해서 우리가 이 통합의 시도를 반드시 칭찬해야 하는 것은 아니다. 하지만 그 시도가 유망하고 생산적인 연구의 대로大路를 실제로 열었다는 점을 부정하려는 것은 결코 아니다.

게 측정과 부피 측정에 공동으로 기초한 원자의 작업화가 가능해졌
다. 아보가드로의 프로그램은 '이븐'을 당연시하고 그것의 모든 귀
결들을 끌어안는 것이었다. 이는 화학적**이며** 물리학적인 원자론 시
스템이었고, 그 안에서 화학반응에 참여하는 최소 단위들은 무게와
부피를(또한 추정 가능한 다른 물리적 속성들도) 지닌 입자들이었다. 앞
서 언급한 대로, 앙페르도 유사한 접근법을 채택했고, 고댕도 나름
의 시스템을 개발하기 위해 진지하게 노력했다(Mauskopf 1969). 칸
니차로의 성공은 물리적 부피-무게 시스템의 핵심 교리에 **단호히**
매달리는 것에 기초를 두었다. 물리적 부피-무게 시스템의 모든 사
례들에서 물은 한결같이 H_2O였다.

    '이븐'의 매우 중요한 귀결이 두 가지 있었는데, 그것들은 물
리적 부피-무게 시스템의 주요 목적들 및 활동들과 밀접한 관련이
있었다. 첫째, 첫 절(3.1)에서 설명한 대로, '이븐'은 몇몇 원소 물질
의 단위를 2원자 분자로 간주하는 것을 함축했다. 이 전제는 분자
식 H_2O를 채택할 때 발생하는 주요 난점들을 제거하는 데 도움이
되었다. 이런 물리적 귀결들의 수용은 물리적 부피-무게 시스템이
실재론적 환원주의적 목표들을 추구했음을 시사한다. 즉, 말 그대
로 미시적 영역의 물리적 실상에 도달하는 것을, 그리고 그 실상에
기초하여 화학적 현상들을 설명하는 것을 추구했음을 시사한다. 이
런 실재론적 계획은 물리적 부피-무게 시스템이 채택한 핵심 전제
들의 입증을 요구하는 압력을 가중시켰지만, 안타깝게도 원소 분자
들이 2원자 분자라는 전제의 물리학적 정당화는 아주 오랜 세월이
지난 다음에야(양자역학에 의해 공유결합covalent bonding이 설명됨으로써 비
로소) 이루어졌다. 돌튼과 베르셀리우스는 둘 다 그 전제에 진지하

게 반발했으며, 그들의 반발은 물리적 부피-무게 시스템의 신뢰성에 해를 끼쳤다. 베르셀리우스는 '이븐'을 받아들이고 사용하면서도 오직 원소 물질들에만 그것을 적용했다(Freund 1904, 333쪽 참조). 그러므로 그는 원소 기체들의 분자가 2원자 분자라는 아보가드로의 가설을 받아들일 필요가 없었다.

둘째, '이븐'은 증기 밀도가 분자량의 간단명료한 척도라는 것을 함축했다. 따라서 증기 밀도의 측정은 이 시스템에서 결정적으로 중요한 활동으로 되었으며, 기존에 고체 및 액체 상태로만 알려져 있던 물질들을 기화하는 작업도 매우 중요해졌다. 그러나 증기 밀도 연구는 난점들도 들춰냈다. 1826년에 장바티스트 뒤마(1800~1884)는 이 연구 프로그램에 열정적으로 착수하면서 아보가드로와 앙페르를 명시적으로 언급했으며, '이븐'은 "모든 물리학자들이 받아들이는 가설"이라고 선언했다.[45] 1830년대 중반에 이르자 그는 자신이 얻은 결과들에 당혹한 나머지 '이븐'을 완전히 버렸다. "동일한 부피의 모든 기체들 속에 모종의 원자적 혹은 분자적 결합체들이 동일한 개수만큼 들어 있다는 것을 당신은 원한다면 받아들일 수 있다. 아무도 당신에게 반발하지 않을 것이다. 그러나 그것은 이제껏 어느 누구에게도 아무런 소용이 없었다."[46] 이 경험은 뒤마를 무릇 물리적 원자론으로부터 멀어지게 만들었다. 하지

---

45   Partington(1964), 218쪽 이하 참조.

46   Fisher(1982), 88쪽에서 재인용. 원래 출처는 Dumas, *Leçons de philosophie chimique*(1837).

만 그는 대다수 화학자들과 마찬가지로 화학적 원자론에 대한 암묵적 충성을 그대로 유지했다(Ihde 1984, 150 – 153쪽 참조). 훗날 칸니차로([1858] 1910)와 호프만(1865) 등은 더 깔끔한 결과들을 얻게 된다. 또한 그들은 뒤마가 회피했던 생각을 채택하게 된다. 즉, 이유가 무엇이건 간에 예컨대 인의 분자는 P_4이고 황의 분자는 S_6임을 받아들이게 된다.

　　　물리적 부피-무게 시스템은 연구 프로그램으로서 얼마나 효과적이었을까? 증기 밀도 연구가 막다른 곳에 도달한 뒤에는 해볼 수 있는 것이 그리 많지 않았다. 물론 새로운 기회를 가능케 하는 기술적 발전은 모종의 새로운 활동을 부추겼겠지만 말이다. 물리적 부피-무게 시스템의 연구 프로그램으로서의 존속 가능성을 위태롭게 만든 또 하나의 난점은 그 시스템이 유기화학에서 한동안 별로 소용이 없었다는 점이다. 화학 연구에 활기를 불어넣는 주요 분야가 유기화학이었던 19세기 중반의 몇십 년 동안, 그런 사정은 그 시스템의 운명에 도움이 되지 않았다. 심지어 그 시스템을 훌륭하게 종합하고 해설한 칸니차로도 유기화학에는 비교적 작은 역할만 부여했다. 게다가 유기화학 분야에서 그는 아보가드로의 생각을 기초로 삼아 독창적인 연구의 틀을 짜는 대신에 다른 사람들의 연구를 요약하여 아보가드로의 생각을 '입증'하는 사례로 제시하기만 했다(Cannizzaro [1858] 1910, 5쪽 참조). 물리적 부피-무게 시스템은 오로지 유기화학자들이 그 시스템을 자신들의 연구에 융합시켰기 때문에 제대로 뿌리를 내렸다. 그리고 그 융합은 상당히 우회적인 방식으로 이루어졌다(이에 대해서는 3.2.3에서 추가로 논할 것이다). 그러나 그 시스템은 통합적 성격과 복잡하지 않은 실재론적 성격을 지녔기 때문에 교육에 매우 효과적일 것이라고 짐작할 수 있다. 그 시스템을 옹호한 가장 유명한 인물인 칸니차로가 헌신적인 교사였다는 점은 놀라운 일이 아니다. 1910년에 출판된 칸니차로의 회고록 영어 번역판에서 편집자('J. W.')는 이렇게 말했다. "교사로서 칸니차로의 탁월함이 모든 페이지에서 명백히 드러난다. (…) 사실들은 잘 정리되어 있고 그것들의 의미는 정말 뛰어난 교육적 방법으로 설명되어 있다. 1858년에 칸니차로가 가르친 학생들은 훨씬 더 나중에 그의 과학자 동료 대다수보다 더 명확하게 화학 이론을 이해했을 것이 틀림없다는 결론을 내리지 않을 수 없다."(Cannizzaro [1858] 1910, 서문)

3.2.2.4 치환-유형 시스템

막다른 곳에 처한 물리적 부피-무게 시스템으로부터 멀어진 많은 선도적 유기화학자들은 1830년대부터 1850년대까지 **치환-유형 시스템**을 발전시켰다. 이 시스템은 일반적으로 '유형 이론 type theory'으로 불려온 것과 대략 일치하지만, 이번에도 나는 내 나름의 용어를 통해 우리가 다루는 것은 단지 이론이 아니라 실천 시스템 전체라는 점을 강조하고자 한다. 유형의 개념은 1840년에 발표된 뒤마의 고전적인 논문 〈치환 법칙과 유형 이론에 관하여〉에서 기원한 것으로 보인다. 유형이란 서로 유관한 물질들의 집합을 정의하는 구조적 견본이었다. 결정적인 발전은 샤를 게르하르트(1816~1856)에 의해 이루어졌다. 그는 리비히와 뒤마 둘 다와 함께 공부했지만 훗날 프랑스 화학계에서 따돌림당하는 신세가 되었다. 1853년에 발표한 논문에서 게르하르트는 물, 수소, 염산을 견본으로 삼아 유형들을 식별했다. 이 연구에서 게르하르트는 뒤마의 연구를 기초로 삼았을 뿐 아니라 그의 가까운 동료였으며 똑같이 따돌림당하는 신세였던 오귀스트 로랑(1807~1853)의 연구도 기초로 삼았다. 로랑은 이미 1846년에 물 유형의 개념을 암시한 바 있었다. 한편, 유니버시티 칼리지 런던의 대단한—한쪽 눈과 팔에 장애가 있는—실용화학 교수 알렉산더 윌리엄슨(1824~1904)은[47] 에테르와 (에틸) 알코올을 함께 '물 유형'으로 분류해야 한다고 주장했다. 왜냐하면 그는 (H_2O로 간주된) 물과 마찬가지로, 이 두 물질은 두 부분이 산소에 의해 연결되어 있는 구조라고 보았기 때문이다(그림3.5 참조).

유형에 대한 숙고는 분류에 초점을 두고 시작되었으며 불필요한 이론적 사변에 빠져들지 않았다. 유기화학의 역사 초기에 분류는 어려웠지만 또한 절실히 필요했다. 로랑은 사후에 출판된 논문(Laurent 1855)에서 이렇게 말하여 많은 화학자들을 대변했다. "이 다양한 물질들을 분류하고 명명하기 위한 시스템과 명명법이 전무하다는 점을 되돌아보면, 몇 년 안에 우리가 유기화학의 미로 속에서 길을 찾을 수 있을까 하고, 다소 불안을 품고 따져 묻게 된다."(Brock 1992, 211쪽에서 재인용) 그러므로 분류는 유기화학자들에게 흥미진진한 주제로서, 자연사에서 분류법이 그러했던 것과 상당히 유사하게 연구 계획의 맨 앞에 놓여 있었다. 유형에 따른 분류는 19세기 유기화학에서 제안된 많은 분류법들 가운데 가장 성공적인 것일 따름이었다. 예컨대 게르하르트에게서 유래한 또 다른 혁신도

---

47 윌리엄슨의 배경에 관해서는 Brock(1992), 233-234쪽 참조. 더 상세한 서술은 Rocke(2010), 1장 참조.

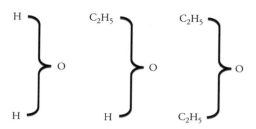

그림3.5 물 유형에 속한 물질들인 물, 에틸 알코올, 에테르

지속적인(그러나 제한적인) 위력을 발휘했는데, 그것은 CH₂를 거듭 첨가함으로써 만들 수 있는 동종 탄화수소들의 계열을 제시하는 것이었다(Brock 1992, 231쪽). 분류에 초점을 맞추는 것은 화학자들이 취할 태도로는 너무 야심 없게 느껴질지도 모른다. 그러나 부피-무게 시스템의 이론적 난점과 경험적 비생산성을 감안하고 전기화학적 이원주의 시스템이 유기화학 분야에서 직면한 난관들을 감안할 때, 유형에 기초한 분류는 정말로 당대에 가장 신중하면서 또한 생산적인 사업이었다고 나는 본다. 우르술라 클라인(2003)의 말마따나 유형은 탁월한 '문서용 도구'였다.

　　그러나 유형들로의 분류는 치환에 관한 실험적 연구와 조합된 연후에 비로소 완전하고 강력한 화학적 실천 시스템을 이루었다. 3.2.1.1에서 언급했듯이, 염 용액에서 한 금속이 다른 금속을 대체할 수 있다는 사실은 몇백 년 전부터 알려져 있었다. 이와 유사한 치환집단들substitutiongroups이 19세기에 발견되었다. 예컨대 새로 발견된 '할로겐' 원소들, 곧 염소, 브롬, 플루오린, 요오드가 그런 치환집단을 이뤘다. 치환반응들의 반응물과 생성물을 면밀히 분석함으로써 화학자들은 그 치환들이 **원자 수준의 대체**라는 생각에 이르렀다. 이 생각은 오직 모종의 원자-세기 방법을 통해서만 작업적으로 유의미해졌다. 그리하여 기본적인 방법 두 가지가 사용되었다. 가장 통상적인 방법은 기존에 알려진 원자량들과 (무게 분석으로 알아낸) 반응물과 생성물 속 원소들의 무게 비율들로부터 원자의 개수를 도출하는 것이었다. 점점 더 일반화된 또 다른 방법에서는 가능할 경우 부피 측정을 이용하여, 반응에서 특정 물질의 원자 몇 개가 다른 물질 속으로 들어갔거나 거기에서 나왔는지 판정했다. 요컨대 치환반응에 관한 실험적 연구에서는 원자의 무게 측정에 기초한 작업화와 부피 측정에 기초한 작업화가 둘 다 사용되었다. 그러나 각각의 작업화가 편의에 따라 사용되었으며, 부피-무게 시스템에서처럼 양자가 반드시 한꺼번에 사용되었던 것은 아니다.

　　이론적 유형-분류와 실험적 치환 연구의 조합은 내가 말하는 '치환-유형 시스템'의 핵심을 이뤘다. 분류는 이 시스템에서 여전히 주요 활동이었으며 이론적 차원과 실험적 차원을 겸비한 복합적 방식으로 이루어졌다. 분류 과정은 분류를 위한 틀을 제안하는 것으로 시작될 수 있었다. 즉, 알려진 물질들의 집합 하나를 어떤 분류적 틀에 끼워 맞추는 시도가 출발점일 수 있었다. 그 시도가 충분히 잘 성취되면, 그 틀이 예측하는 반응들을 실현하기 위한 노력이 이루어졌다. 이 시스템의 전성기에 화학자들이 몰두한 주요 활동 하나는, 동일한 유형으로 분류된 물질들이 간단명료한 치환반응을 통해 상호변환될 수 있음을 보여줌으로써 그 유형의 작업적 실재성을 증명하는 것이었다. 예컨대 1850년에 호프만은, 메틸아민

$(NH_2.CH_3)$과 에틸아민$(NH_2.C_2H_5)$이 암모니아와 매우 유사하며 실제로 암모니아에 들어있는 수소 원자들 중 하나를 메틸 기(CH_3)나 에틸 기(C_2H_5)로 치환함으로써 메틸아민과 에틸아민을 생산할 수 있다는 아돌프 부르츠(1817~1884)의 관찰을 기초로 삼아 '암모니아 유형'을 식별했다. 호프만은 암모니아 속의 수소 원자들을 다른 다양한 기들로 대체하여 다른 다양한 화합물들을 생산할 수도 있음을 보여주었다. 그 모든 유기화합물들이 '암모니아 유형'(이 명칭은 그 물질들의 견본인 암모니아에서 유래한 것임)에 속했다.[48] 로랑도 나름의 이론을 가지고 있었는데, 그 이론은 호프만의 이론과 유사하지만 약간 더 실재론적인 색채를 띠었으며 프리즘 모양의 '핵'을 기초로 삼았다. 탄소 원자 8개와 수소 원자 12개로 이루어진 그 핵으로부터 치환과 접착을 통해(적어도 문서상에서는) 다양한 분자들을 구성할 수 있었다(간략한 설명은 Ihde 1984, 194 – 196쪽 참조).

　　초기의 유형들과 로랑의 핵은 분자들의 **모양**을 곧이곧대로 반영한다고 간주되지 않았다. 오히려 확실히 '실재하는' 것은 치환에 관한 사실들이었으며, 그 사실들이 물질의 원자적 구조에 관하여, 곧 화합물을 이룬 단위들(화학적 원자들, 그리고 화학적 원자들의 집단들)의 정체와 개수에 관하여 무언가를 알려주었다. 그러나 다양한 조성들을 암시하는 다양한 반응들이 존재했다. 게르하르트는 1856년에 삶의 종착점에 이르러 다음과 같은 통렬한 견해를 밝혔다. "동일한 물질을 두 개 이상의 합리적 화학식으로 표현할 수 있

48　암모니아 유형에 관해서는 Lowry(1936), 422 – 423쪽 참조.

다. 마치 동결시키듯이 화합물을 단일한 화학식으로 표현하면, 또
다른 화학식이 즉각 명백하게 드러내는 화학적 관계들은 흔히 은폐
된다."(Rocke 2010, 13쪽에서 재인용) 화학식에 대해서 이런 도구주의
적이며 다원주의적인 견해를 품었다는 점에서 게르하르트는 소수
파였을 수도 있다. 심지어 그의 공범 격인 로랑도 이 견해에 동의하
지 않았다. 그러나 어찌 보면 게르하르트의 견해는 반론의 여지없
이 옳다. 유일무이성을 띠건 말건, 작업적으로 입증된 구조식은 분
류적 틀에 실재성을 부여하고 추가적인 실험적 연구를 부추기기에
충분했다. 구조식들은 수많은 새로운 합성들과 치환들을 시도할 것
을 제안함으로써 실천적 탐구를 위한 많은 생산적 방향을 열어주었
고, 그런 탐구는 원자적 결합을 위한 특정한 물리적 메커니즘을 너
무 강하게 신봉하는 태도에 구애받지 않았다(실재론에 관한 추가 논의
는 3.3.2 참조).

3.2.2.5 기하학적-구조적 시스템

물리적 부피-무게 시스템에 속한 화학자들이 여전히 올바른
원자량들과 분자식들을 알아내려 애쓰고, 치환-유형 시스템에 속
한 많은 화학자들이 자신들이 제안한 구조들의 허구성을 흔쾌히 인
정하는 동안, 다른 한편에서 또 다른 화학자들의 집단은 분자들의
진짜 기하학적 구조를 밝혀내는 일에 몰두했다. 이 과도한 실재론
자들hyper-realists은 내가 **기하학적-구조적 시스템**이라고 부르는 것
을 채택했다. 나는 이 시스템을 간략하게 서술할 텐데, 왜냐하면 이
시스템은 내가 이 장에서 펼치는 이야기가 끝난 다음에야 비로소
매우 활발하게 실천되었기 때문이다. 그러나 이 시스템도 서술에

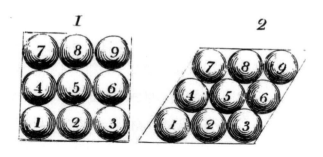

그림3.6 얼음(1)이 액체 물(2)보다 부피가 더 큰 이유를 설명하기 위한 돌튼의 시도

포함시켜야 한다. 왜냐하면 이 시스템의 초기 단계들은 내 이야기
의 시간적 범위 안에 들 뿐 아니라 충분히 중요하기 때문이다.

　　19세기에 기하학적-구조적 시스템 안에서 연구한 화학자들
은 더 야심찬 자기네 목표들을 뒷받침할 확실한 추가적 작업화를
많이 가지고 있지 않았다. 그러나 엑스선 회절과 훑기꿰뚫기현미경
scanning tunneling microscope이 등장하기 전까지는 아무것도 이루어지
지 않았다고 생각한다면, 그것은 착각이다. 초기에 결정학이 제공
한 낙관적 전망은 오랫동안 뚜렷한 화학적 성취가 없음에도 대단한
활력을 유지했다. 돌튼은 공 모양의 원자들을 쌓아놓는 것을 생각
했다. 예컨대 그림3.6(Dalton 1808, 도판3)은 물이 얼면 부피가 더 커
지는 이유를 그가 어떻게 설명하려 했는지 보여준다. 물리적-원자
론자의 면모를 보일 때의 월라스턴(1813)은, 거시적 결정의 형태와
미시적 분자의 모양을 연결하는 아위의 전통을 이어갔다. 그러나
기하학적-구조적 원자화학 시스템은 실은 때 이른 기획이었기에

초기에는 성과를 내지 못했다. 월라스턴이 이 방향의 연구를 사실
상 포기한 것은 충분히 합리적인 이유에서였으며, 돌튼은 끝내 대
단히 생산적인 수준에 이르지 못했다.

　　이 시스템에서 주요 목표는 분자들의 참된 구조를 알아내는
것이었다. 원자량들의 참값을 알아내는 것은 부차적인 관심사였다.
이 시스템에서 활동의 많은 부분은 이미 알려진 분자식들에 기초하
여 기하학적 모형을 제작하는 것이었다. 따라서 이 시스템은 다른
시스템들에서 얻은 결과들에 많이 의존했다. 그러나 때로는 분자
구조가 관찰 가능한 귀결을 함축했다. 예컨대, 어떻게 동일한 원자
들이 다르게 배열되어 다른 분자 구조를 형성하는가에 관한 기하학
적 가설에 의지하지 않으면 이성질체isomer(화학식은 같은데 속성이 다
른 물질)의 존재를 설명할 길이 없는 듯했다. 또한 분자 구조에 대해
서 무언가 알면 분자식을 알아내는 데 도움이 될 수 있었다.

　　매우 실재론적인 이 실천 시스템에서도 진보는 흔히 실재
론을 약간 완화하는 것에 의해 촉진되었다. 돌튼 등의 초기 시도들
이 실패로 돌아간 후, 이론적 분자 모형 제작자들은 너무 제약적인
공-쌓기와 벽돌-쌓기 방법을 버리고 점 같은 원자들을 연결한 선
들로 이루어진 모양들을 허용했다. 이것이 공-막대 분자 모형의 시
초였으며, 그 모형은 막대기들이 화학결합의 물리적 메커니즘에 관
하여 정확히 무엇을 나타내는가에 대해서 어떤 확정적 아이디어도
없는 채로 번창했다(Meinel 2004 참조). 그 과정에서 화학적 상상력
이 생산적으로 해방되었다. 입체화학stereochemistry이 발전하면서 분
자의 3차원 모형들이 실재성을 얻게 된 과정은 매혹적인 이야깃거리
지만, 여기에서는 이 부분을 상세히 다루지 않겠다. 왜냐하면 그 발전

은 내가 여기에서 펼치는 이야기가 끝난 다음에 주로 이루어졌기 때문이다(포괄적이며 최신 연구 성과를 반영한 서술은 Ramberg 2003 참조).

3.2.3 H₂O 합의

이처럼 19세기 중반 원자화학의 모습은 매우 복잡했다. 나는 당시에 그 분야에서 작동한 주요 실천 시스템 다섯 개를 식별했다. 그런데 나는 그 다양한 시스템들을 깔끔하게 구별하려 했지만, 그 시스템들을 구체적으로 서술하다보니 그것들 사이의 경계가 흐릿하고 그것들의 상호관계가 복잡하고 역동적이라는 점도 드러났다. 다양한 개별 화학자들이 나름의 독특한 시스템들을 다양하게 구성했으며, 그 시스템들은 내가 열거한 이상화된 시스템들의 다양한 요소들을 조합하여 채택했다. 또한 연구가 진척됨에 따라 그 화학자들은 채택한 요소들을 수정했으며 옹호하는 이상적 시스템을 바꾸기도 했다. 그리하여 이 모든 활동은 어디로 나아가고 있었을까? 현대의 관점에서 보면, 칸니차로와 카를스루에 회의 이전의 원자화학은 단지 혼란스러운 분야였다고 말하고 싶어진다. 그러나 그렇게 말하는 것은 방금 서술한 다섯 가지 원자화학 시스템들의 중요한 성취들을 부당하게 폄하하는 것이다. 그 시스템들은 새로운 물질들을 다수 발견했고, 새롭거나 이미 알려진 무수한 물질들을 정확히 분석했으며, 원자에 관한 작업적 지식을 획득했고, 유기 물질들을 분류했으며, 다양한 화학반응들을 예측하고 설명했다. 이 모든 것은 그 자체로 중대한 성취일뿐더러 후대 화학자들의 성취를 위한 디딤돌이었다.

그러나 1860년경에 매우 중대한 일이 일어났다는 것도 참이다. 로크(1992, 1993)는 1850년대에 일어난 유기화학의 개혁을 '조용한 혁명Quiet Revolution'으로 명명했다. 그 개혁의 산물로 H_2O를 비롯한, 오늘날 우리에게 익숙한 분자식들과 원자량들이 등장했다. 로크가 지적하듯이, **당대에** 그 개혁은 조용한 사건이 전혀 아니었다. 1860년대의 많은 화학 교과서들은 최근에 화학에서 '혁명'이 일어났다는 것에 대한 명확한 의식과 생생한 흥분을 기록하고 있다. 예컨대 호프만(1865, v쪽)의 교과서에 나오는 한 대목을 보라. "지난 사반세기 동안 화학이 근본적인 탈바꿈을 겪었다는 점을 새삼 상기할 필요가 있는 화학자는 아무도 없을 것이다. 그 탈바꿈의 과정에서 '혁명'이라는 정치 용어로 부르기에 적합할 정도로 격렬한 싸움이 벌어졌다." 우리는 이 사건을 이해할 필요가 있다. 역시나 이와 관련해서도 이미 광범위하고 상세하며 통찰력이 돋보이는 역사학적 서술들이 이루어졌으며, 나는 그 서술들과 어깨를 나란히 하기를 바랄 수 없다. 그러나 관련 사건들에 의미심장한 철학적 색채를 가미하면서도[49] 기존 서술들과 크게 어긋나지 않으려는 나의 시도가 전적으로 헛되지는 않기를 바란다.

처음부터 못 박아 두는데, 두 가지는 확실하다. 첫째, 숱하게 '혁명'이 거론되지만, 실제로 일어난 일은 한 지배적 시스템이 타도되고 다른 지배적 시스템이 들어선 것이 아니었다. 실제 사건은 '혁명'이라는 단어가 일반적인 어법과 패러다임 전환에 관한 쿤의 생각에서 암시하는 바의 정반대였다. 내가 생각하기에 여기에서 우리

---

[49] 더 먼저 이루어진 유사한 시도는 Chalmers(2009), 10장 참조.

가 보는 것은 훨씬 더 다원주의적인 발전 패턴이다. 이 장의 나머지
부분에서 나는 그 패턴의 특징을 서술해볼 것이며 나중에 5장에서
더 체계적인 특징짓기를 시도할 것이다. 둘째, 1860년대 이래로 우
리가 현대적이라고 인정하는 원자량들과 분자식들에 대한 매우 강
한 합의(나는 이 합의를 간단히 'H2O 합의'로 부르고자 한다)가 존재했다
는 점은 부정할 수 없는 사실이다. 이 절에서 나의 탐구를 추진하는
주요 질문은 어떻게 그리고 왜 이 합의가 형성되었는가, 하는 것이
다. 이어서 3.2.4.1에서 나는 이 합의가 단순하고 행복한 종결이 아
니었으며, 심지어 어떤 유형의 명확한 종결도 아니었음을 보여주는
몇 가지 단서들을 덧붙일 것이다.

3.2.3.1 염소-치환

　　H2O에 이르는 길의 마지막 구간은 파리에서 연기를 뿜어내
며 타오른 촛불들에서 시작되었다. 어쩌면 지나치게 극劇적인 이 표
현은, 실상을 가장 잘 아는 역사학자들 사이에서 합의된 것으로 보
이는 바를 서술할 따름이다. 즉, 1860년대의 합의로 귀결된 발전
들의 계열은 염소-수소 치환반응들에서 시작되었다(Brooke 1973;
Ihde 1984, 191쪽 이하; Rocke 1984, 191쪽; Brock 1992, 215쪽; Klein 2003,
195쪽 이하). 출발점은 프랑스 왕이 튀일리궁에서 연 무도회였다. 샤
를 10세의 초대로 그 행사에 참석한 귀빈들은 샹들리에에서 나오
는 정체불명의 유독성 연기에 시달렸다. (장인丈人 알렉상드르 브롱냐르
의) 호출을 받고 달려와 사고를 조사한 뒤마는 그 연기가 염산 기체
라는 결론을 내렸다. 무도회에 사용된 초들은 염소계 표백제로 표
백된 것들이었는데, 그 표백 과정에서 초의 재료인 동물성 기름 속

수소의 일부가 표백제 속 염소로 대체된 것이었다. 이 사고가 한 연구 프로그램 전체를 유발했고(Lowry 1936, 406–407쪽 참조), 그 프로그램을 수행하면서 뒤마는 1834년에 수소-염소 치환에 관한 경험적 법칙들을 발표했으며 또한 과거의 다른 실험들이 수소-산소 치환의 사례들이었음을 돌이켜보며 깨달았다. 그런 실험들 중 가장 오래된 것은 염소가 시안화수소hydrogen cyanide에 가하는 작용에 관한 게이뤼삭의 1815년 연구였다. 그 작용을 통해 시안화수소는 "1부피의 수소를 잃고 정확히 1부피의 염소를 얻어" 염화시안 cyanogen chloride으로 바뀐다.[50] 패러데이는 1821년에, 뵐러와 리비히는 1832년에 또 다른 사례들을 보고한 바 있었다.

수소-염소 치환은 심각한 문제들을 일으켰으며 또한 화학이 나아갈 길 몇 개를 새롭게 열어주었다. 수소와 염소는 속성들이 전혀 다르므로, 어떻게 하나가 다른 하나를 대체할 수 있는지 명확히 이해할 수 없었다. 설상가상으로 (역시 음전기성이 강한) 브롬bromine 과 요오드도 수소를 대체할 수 있음이 발견되었다. 따라서 그 이해할 수 없는 현상을 염소가 지닌 모종의 기이한 독특성 탓으로 돌릴 수 없었다. 이 수수께끼의 놀라움과 불편함은 두 차원에 걸쳐 있었다. 첫째, 일부 반응들에서 수소-염소 치환은 물질의 속성들을 크게 바꾸지 않는 듯했다. 예컨대 아세트산(식초 진액, 현대적 화학식은 $C_2H_4O_2$)과 트리클로로아세트산($C_2HCl_3O_2$)은 화학적 속성들이 매우 유사했다. 이 때문에 많은 화학자들은, 분자 구조를 이루는 원자들

---

50 이 반응의 현대 표기법은 이러하다. $HCN + Cl_2 \rightarrow ClCN + HCl$.

의 정체가 화학적 속성들을 결정하는 것에 못지않게(심지어 그보다 더 우선적으로) 분자 **구조**가 화학적 속성들을 결정한다는 생각을 진 지하게 품게 되었다. 둘째, 수소는 양전기성이 강하고 염소는 음전 기성이 강하기 때문에, 화학결합에 관한 정전기학적 설명을 채택할 경우, 양자가 결합하는 것은 전적으로 납득할 만했지만 서로를 대 체하는 것은 심각한 문제였다.

　　염소-수소 치환은 다양한 원자화학 시스템들에 다양한 충 격을 주었다. 무게 유일 시스템은 충격을 받지 않았다. 새로 발견 된 반응들을 그 시스템의 경험적 토대에 추가하고 예전과 다름없 이 실천을 이어갈 수 있었으니까 말이다. 물리적 부피-무게 시스템 의 옹호자들은, 화학결합들이 정전기학적 친화성에 의해 엄격하게 지배되지 않는다는 소식을 듣고 해방감을 느꼈을 것이다. 그 소식 은 2원자 분자들을 배척하는 제약들을 상쇄하니까 말이다. 그러나 염소-수소 치환은 당시에 지배적이던 전기화학적 이원주의 시스템 을 위기로 몰아갔다. 뒤마조차도 흔들렸다(Brock 1992, 215–216쪽 참 조). 과거에 그의 제자 로랑이 그의 연구를 무기로 삼아 이원주의를 공격하고 베르셀리우스의 분노를 일으켰을 때, 뒤마는 화를 내면 서, 자신은 염소가 들어가고 수소가 나온다는 점만 지적했으며 수 소 원자가 염소 원자로 직접 대체된다고 주장한 적은 없다고 대응 했었다. 그러나 1838년에 아세트산에 관한 연구를 스스로 한 후 뒤 마는 로랑의 원자적 해석을 받아들였다.[51] 그는 자신이 그 연구에서

---

[51]　그러나 로랑은 여전히 자신의 견해와 뒤마의 견해를 애써 구별했다.

아세트산에 들어 있는 모든 수소 원자들을 염소원자들로 하나씩 대체하는 데 성공했다고 생각했다. 1839년에 이르자 "그는 베르셀리우스의 전기화학적 이론들을 최종적이며 확실하게 버렸다". 그 이론들은 "명백한 사실들에 기초를 두지" 않았을뿐더러 "사실들을 설명하고 예측하는" 용도로도 가치가 없다고 뒤마는 주장했다. 같은 해에 리비히도 다름 아닌 베르셀리우스의 논문들에 덧붙인 주석들에서 전기화학적 이원주의에 반기를 들었다. 베르셀리우스의 견해는 "수많은 가설적 전제들에 기초를 두었으며, 그것들이 옳다는 증명은 전혀 없다"고 선언하면서, 리비히는 염소-수소 치환이 실재한다는 자신의 믿음을 밝혔다(Lowry 1936, 411쪽). 각각 프랑스와 독일에서 어쩌면 가장 영향력이 큰 화학자였던 뒤마와 리비히의 변절은 전기화학적 이원주의 시스템의 지배력이 약화되는 데 크게 기여했을 것이 틀림없다.

전기화학적 이원주의 시스템을 조금이라도 진지하게 추종한 사람들 사이에서 이것은 결정적 순간이었다. 염소-수소 치환을 "화학의 진보의 흐름이 두 갈래로 나뉜" 지점으로 보는 것은 화학사학자들의 표준적인 견해다(예컨대 Brock 1992, 216쪽 참조). 두 갈래 흐름의 이미지는, 탄소의 원자가가 4라는 것과 벤젠이 고리 구조라는 것에 관한 연구로 유명한 아우구스트 케쿨레(1829~1896)에게서 유래했다. 벤젠 구조에 관한 케쿨레의 논문이 출판된 지 25년이 된 것을 기리는 '벤젠 축제Benzolfest'가 1890년에 열렸는데, 그때 쓴 회고록에서 케쿨레가 그 이미지를 제시했다(Kekulé [1890] 1958, 21쪽. 더 자세한 논의는 Rocke 2010, 10장 참조). 두 가지 선택지는, 모종의 불만스러운 조정을 통해 전기화학적 이원주의를 고수하는 것, 아니면 화학결합에 대한 설명을 포기하고 단지 분자들의 구조를 밝혀내는 일에 집중하는 것이었다. 이원주의를 고수한 사람들이 보기에도, 염소-수소 치환에 관한 사실들은 정전기적 인력이 화학결합의 보편적이며 진정한 메커니즘이라는 견해를 의심하게 만들었다. 베르셀리우스도 '접합부copula' 혹은 '협응coordination'의 개념을 제안했는데, 그 제안은 분자의 일부는 정전기력에 지배되지 않음을 인정하는 것과 다름없었다. 예컨대 장황한 논증 끝에 베르셀리우스는, 아세트산($C_4H_8O_4$)은 옥살산($C_2O_3 + H_2O$)에 메틸 '접합부'(C_2H_6)가 붙어있는 구조라고 결론지었다(Brock 1992, 217쪽).[52]

$$C_2H_6 \_ C_2O_3 + H_2O$$

이 구조에서 옥살산 부분은 익숙한 이원주의적 구조를 지녔지만(그 부분을 이루는 두 성분은 각각 양전하와 음전하를 띠었다), 어떻게 메틸 접합부가 거기에 붙어 있는지는 설명되지 않은 채 방치되었다. 이 기이한 표기법의 즉각적인 장점은 성가신 염소-수소 치환을 접합부로 유배시킴으로써 옥살산의 전기화학을 무사히 보존한다는 것이었다. 요컨대 트리클로로아세트산의 형성은 옥살산 속 수소 원자들이 아니라 접합부 속 수소 원자들이 염소 원자들로 대체됨으로

---

52 아세트산의 현대적 화학식은 $C_2H_4O_2$(혹은 구조를 더 강조하면, CH_3COOH)로, 모든 원자들의 개수가 반으로 줄어 있다. 옥살산의 화학식은 현대에도 베르셀리우스의 연구 결과와 마찬가지로 $C_2H_2O_4$지만, 우리는 이것을 $(COOH)_2$로 분석한다.

써 일어나는 것이었다.

$$C_2Cl_6 \_ C_2O_3 + H_2O$$

베르셸리우스의 독창성은 존경스럽지만, 결과는 전기화학적 이원주의의 패배를 이중으로 인정한 것일 따름이었다. 첫째, 염소-수소 치환이 결국 인정되었다. 둘째, 이제 많은 유기분자들 속의 잘 식별된 한 부분이 정전기력의 지배를 명확히 벗어났다!

이 대목에서 베르셸리우스를 완전한 실패자로 판정하고 내팽개치고 싶은 유혹에 저항하는 것이 중요하다. 베르셸리우스의 표기법은, 위 두 화학식을 자세히 보면 단박에 드러나듯이, 아세트산과 트리클로로아세트산을 완벽하게 대응하는 두 물질로 표현한다는 점에서 만족스러웠다. 브록(1992, 217쪽)도 이 대응이 오늘날 우리의 현대적 구조식들에서의 대응과 "놀랄 만큼 유사하다"고 지적한다. 그 구조식들에서 아세트산은 $CH_3 \cdot COOH$, 트리클로로아세트산은 $CCl_3 \cdot COOH$다. 이 구조식들에서도 염소는 COOH 속 수소 원자가 아니라 CH_3 속 수소 원자를 대체한다. 그러나 우리의 회고적인 만족감을 제쳐놓으면, 당대의 많은 화학자들은 베르셸리우스의 수법이 너무 복잡하고 유용성이 너무 빈약하다고 보았다는 점을 인정하지 않을 수 없다. 케쿨레의([1890] 1958, 21쪽) 말마따나, 이 흐름은 "대개 돌밭을 통과했으며 나중에야 다시 비옥한 지역에 이르렀다". 그렇다면 베르셸리우스의 전기화학 규칙들을 아예 내버리고 어떤 형태의 분자적 구조가 단순하고 체계적인 분류를 가능케 할지 따져봐도 되지 않을까? 이 대안적인 '흐름'을 탄 연구자들이 치환-유형 시스템을 창조했다. 그 시스템은 1830년대 후반에 기원하여 1840년대와 1850년대 내내 번창했다(케쿨레는 이 흐름이 "주로 프랑스의 토양을 적시며 호화로운 꽃밭들을 통과했으며, 로랑과 뒤마를 필두로 이 흐름에 올라탄 사람들은 항행 내내 거의 노력하지 않으면서도 풍부한 수확을 거둘 수 있었다"고 말한다).

　　전기화학적 이원주의의 지배력이 약해지면서, 화학자들은 기존에 상상하지 못한 방법들로 자유롭게 화합물의 구조를 탐구하게 되었다. 치환-유형 시스템은 오직 전기화학적 이원주의 시스템을 배척함으로써만 발생할 수 있었다. 혹은 더 정확히 말하면, 전기화학적 이원주의의 불필요하게 제약적인 측면들이 부식된 덕분에 치환-유형 시스템이 발생할 수 있었다. 이원주의의 작업화된 부분에 시비를 거는 사람은 아무도 없었다(현대의 화학 교육에서도 여전히 이온결합이 등장한다). 그러나 치환반응 덕분에 화학자들은, 전기분해에 의해 이원주의적 구조의 작업적 실재성이 실제로 드러났을 경우에만 전기화학적 이원주의에 따른 추론이 구속력을 가짐을 깨달았다.[53] 이 맥락에서 이것을 언급해야 하는데, 이런 구속의 완화는 전기화학적 이원주의 시스템 내부의 다른 곳에서도 이미 일어나고 있었다. 즉, '기'의 개념이 확대되어, 염소와 산소처럼 음전기성이 강한 원자들도 기의 성분이 될 수 있게 되었다. 이런 의미에서 나는 '기 이론'과 '유형 이론'을 상극으로 보는 것은 옳지 않으며, 기 이론의 옹호자들이 모두 전기화학적 이원주의 시스템을 실천했다고 보는 것도 옳지 않다고 생각한다. 뒤마와 리비히가 '이단적인 기들 heterodox radicals'을 숙고하던 단계에서 베르셀리우스의 전기화학적 이원주의를 통째로 버리는 단계로 이행한 것은 작은 한걸음에 불과했다. 염소-수소 치환은 마지막 쐐기 펀치였지, 예상치 못한 혁명의 신호탄이 아니었다. 그리고 '흐름의 갈라짐'은 케쿨레의 서술에서 느껴지는 것만큼 명확하지 않았다.

　　염소-수소 치환과 기타 유사한 치환들이 이론화학 전반에 미친 단기적 효과는 단지 화학결합에 대한 설명과 분자 구조의 실재성에 관한 불확실성의 증가였을 수도 있다. 1840년대와 1850년대 내내 유기화학에서 구조에 관한 토론들은 '무엇이든지 좋다 anything goes'라는 분위기를 살짝 띠었다. 케쿨레(1861, 58쪽)는 아세트산에 대하여 제시된 서로 다른 구조식 18개를 열거하기도 했다 (그림3.7 참조). 더없이 익숙하고 단순한 그 물질에 대해서조차 그렇게 심한 엇갈림이 있었다면, 유기화학에서 다른 어떤 사안에 대해서 통일의 가망이 있었겠는가? 그러나 잘 판정된 불확실성은 생산적일 수 있다. 그런 불확실성은 변장한 축복일 수 있다. 예컨대 브록(1992, 217쪽)은 심지어 베르셀리우스의 방어적 조치들도 "거의 모든 유기화합물은 접합부를 지녔으며, 모든 치환은 비非전기화학적 접합부에서 일어난다는, 놀랄 만큼 창조적이고 생산적인 견해"를 낳았다고 말한다. 불확실성을 끌어안은 치환-유형 시스템은 명백히 생산적이었다. 이는 원자화학의 더 이른 단계에 무게 유일 시스템이 등장했을 때 일어난 일과 마찬가지다. 그때 화학자들에게는 물리적 원자의 본성에 관한 돌튼의 과도하게 구체적인 확신으로부

53　전기화학적 이원주의를 옹호하기 위한 헤르만 콜베의 몸부림이 매우 소중했다는 점이 여기에서 드러난다. 왜냐하면 그는 전기분해를 통해 유기 기들을 분리함으로써 이원주의의 작업적 토대를 확장하려 애썼기 때문이다.

$C_4H_4O_4$ · · · · · · · · · · · 경험적 화학식

$C_4H_3O_3$ **+** HO · · · · · · 이원주의적 화학식

$C_4H_3O_4$ · H · · · · · · · 수소산 이론ᴡᵃˢˢᵉʳˢᵗᵒᶠᶠˢäᵘʳᵉ⁻ᵀʰᵉᵒʳⁱᵉ

C_4H_4 **+** O_4 · · · · · 핵 이론

$C_4H_3O_2$ **+** HO_2 · · · · · 롱샹의 견해

C_4H **+** H_3O_4 · · · · · 그레이엄의 견해

$C_4H_3O_2 . O$ **+** HO · · · · · 기 이론

$C_4H_3 . O_3$ **+** HO · · · · · 기 이론

$\left.\begin{array}{l} C_4H_3O_2 \\ H \end{array}\right\} O_2$ · · · · · · · 게르하르트 풍의 유형 이론

$\left.\begin{array}{l} C_4H_3 \\ H \end{array}\right\} O_4$ · · · · · · · 유형 이론(시슈코프) 등

C_2O_3 **+** C_2H_3 **+** HO · · · 베르셀리우스의 짝꿍 이론

$HO.(C_2H_3)C_2, O_3$ · · · · 콜베의 견해

$HO.(C_2H_3) C_2, O.O_3$ · · · · (상동)

$\left.\begin{array}{l} C_2 (C_2H_3)O_2 \\ H \end{array}\right\} O_2$ · · · · · 부르츠

$\left.\begin{array}{l} C_2H_3(C_2O_2) \\ H \end{array}\right\} O_2$ · · · · · 멘디우스

$\left.\begin{array}{l} C_2H_2 .HO \\ HO \end{array}\right\} C_2O_2$ · · · · · · 고이터

$C_2 \left\{\begin{array}{l} C_2H_3 \\ O \\ O \end{array}\right\} O$ **+** HO · · · · 로흘레더

$\left(C_2 \dfrac{H_3}{CO} + CO_2 \right)$ **+** HO · 페르소

$\begin{array}{l} C_2 \left\{ \begin{array}{l} C_2 \left\{ \begin{array}{l} O_2 \\ H \end{array} \right. \\ H \end{array} \right. \\ \dfrac{H}{H} \end{array} \right\} O_2$ · · · · · 버프

그림3.7 아세트산의 경쟁하는 화학식들을 열거한 케쿨레의 목록

터 한걸음 물러나는 것이 생산적이었다. 분자 구조에 관한 돌튼의 제약과 베르셀리우스의 제약이 둘 다 약화되자, 화학자들은 아보가드로가 상정한 유형의 구조를 비롯한 다양한 가능성들을 자유롭게 탐구할 수 있었다. 이 같은 상황 변화는 아보가드로의 생각을 반드시 받아들여야 한다는 것을 의미하지 않았다. 여전히 화학자들은 같은 유형의 원자 두 개가 서로 결합하는 이유를 도무지 이해할 수 없었다. 그 상황 변화는 단지 그런 결합의 가능성을 배제할 교리적 근거가 점점 더 줄어드는 것을 의미했다. 다시 물로 돌아가자. 우리는 염소가 H_2O를 향한 문을 열었다고 말해도 좋을 것이다.

3.2.3.2 원자고정력

문을 여는 것은 중요하지만 충분하지 않다. H_2O와 아보가드로의 생각 전반을 옹호하는 더 적극적인 논증은 원자가valency 개념의 확립(수소의 원자가가 1, 산소의 원자가가 2로 정해짐)을 통해 이루어졌다. 이것 역시 전문적인 역사학자들에게 잘 알려져 있는 이야기지만, 충분히 주목받지 못하는 한 측면이 있고, 나는 여기에서 그 측면을 강조한 후 다음 절에서 원자가를 더 일반적으로 설명하고자 한다. 적어도 현대적 관점에서 보면, 원자가 개념의 발생에는 무언가 특이한 점이 있다. 후대의 많은 유형이론가들에 따르면, 유형 공식 속의 중괄호curly bracket는 무의미한 기호가 아니었다. 그것은 실제 결합 작용, 중괄호의 가운데 뾰족한 곳에 위치한 원소가 하는 능동적 역할을 나타내는 **결쇠**였다. 예컨대 물의 유형 공식(그림3.5의 왼쪽)에서, 마치 어머니가 두 아이를 양손으로 붙잡듯이 수소 원자 두 개를 붙들고 있는 것은 중심의 산소 원자다. 여기에서 산소 원자가

'손'을 두 개 가졌다면, 암모니아 분자에서 질소 원자는 세 개, 늪 기체(메탄)에서 탄소 원자는 네 개를 가졌다. 독일에서 교육 받은 영국 화학자 에드워드 프랭클랜드(1825~1899)는 이런 중심 원자의 특별한 역할을 표현하고 싶은 마음이 간절한 나머지, 이론적('합리적 rational') 공식을 적는 특별한 표기법을 고안했는데, 그 표기법에서 중심 원자의 기호는 볼드체로 표시되었다. 이를테면 물은 **O**H₂, 질산은 **N**OHo(Ho는 오늘날 우리가 OH로 적는 하이드록실 기), 아산화질소는 **O**N₂, 산화질소는 **N**O **N**O였다. 마지막 공식에서 두 개의 **N**은 중괄호로 연결되었다(Frankland 1866, 17쪽, 61쪽 등).

내가 지금 비유적으로 '손의 개수'라고 칭하는 것을 당대에는 '원자수atomicity'라고 불렀다. 즉, 원자수란 해당 원자가 결합하여 붙들고 있을 수 있는 원자적 단위들(원소 원자나 기)의 개수를 뜻했다. 원래 표현을 더 충실히 반영하면, 프랭클랜드(1866, 18-19쪽)는 다양한 원소 원자들이 다양한 개수의 '본드bond'를 가졌다고 말했는데, 이때 '본드'는 우리가 상상할 법한 연결선link을 뜻한 것이 아니라 '접착점point of attachment'을 뜻했고, "원소 원자는 그 접착점에 의해 다른 원소와 통합될 수 있었다". 본드의 개수는 화학결합을 지배했다. 왜냐하면 "어떤 원소도, 홀로이건 결합되어 있건 간에, 자신의 본드들이 하나라도 연결되지 않은 상태로는 존재할 수 없기 때문이다". 프랭클랜드는 "원소 원자의 결합가combining value는 대개 **원자수** 혹은 **원자고정력**atom-fixing power으로 불린다"고 기록했다.

분자 속의 한 원자가 다른 모든 원자들보다 어떤 의미에서든 더 능동적이라는 견해는 현대 화학에서 허용될 만하지 않다. 아니,

합성주의를 온전히 채택한 화학 시스템이라면 어디에서도 그 견해를 허용하지 않을 것이다(합성주의에 관해서는 1.2.3.2 참조). 심지어 모든 현대적인 지식을 제쳐두더라도, 이런 질문이 떠오를 만하다. 능동적 원자고정력이라는 개념은 OH_2, NH_3, CH_4 같은 공식들을 출발점으로 삼은 과도한 상상의 산물이 아니었을까? 사실 이 공식들은 해당 분자들에서 어떤 원자들이 능동적 역할을 하고 어떤 원자들이 그렇지 않은지에 대해서는 말할 것도 없고, 그 분자들의 구조가 어떠한지에 대해서도 알려주는 바가 전혀 없지 않은가. H_2O가 H-O-H의 구조로 연결되어야 한다고 말할 근거가 있었을까? 가장 무거운 원자가 선봉에 서고 다른 원자들이 뒤를 따르는 구조인 O-H-H는 왜 안 될까? 이 구조에서는 산소 원자가 두 개의 수소 원자 모두와 직접 연결되지조차 않을 것이다. 혹은 닫힌 삼각형 구조는 왜 안 될까? 이 경우에는 수소 원자 각각도 두 개의 연결선을 가질 것이다. 요컨대 H_2O 공식 그 자체는(설령 실제 사정과 달리 모든 관련자들이 이 공식에 동의할 수 있었다고 가정하더라도) 이 경쟁하는 구조적 가능성들 가운데 어느 것이 옳은지 결정하지 못했다. 유형이론에 가장 중요하게 기여한 두 사람으로 꼽을 만한 뒤마와 게르하르트는 유형 공식들을 분자들의 실제 물리적 구조의 표현으로 간주하지 않았다. 그 신중함에서 벗어나는 것을 과연 무엇이 정당화했을까? 특히 그 신중함에서 벗어나, 분자의 다양한 부분들이 다양한 존재론적 지위를 가진다는, 경솔하고 이상야릇하게 느껴지는 생각을 채택하는 것을 과연 무엇이 정당화했을까?

　　이번에도 열쇠는 작업화였다. 중심 원자의 개념과 그것의 원자결합력atom-binding power의 개념을 작업화하는 실험들이 있었다. 곧 보겠지만, 화학자들은 한편으로 실험적 작업과 실제로 연결되어 있는 개념들과 다른 한편으로 단지 그런 개념들과 뒤섞여 있을 뿐인 개념들을 차츰 분별했다. 1850년에 발표된 알렉산더 윌리엄슨의 '에테르화etherification'에 관한 연구를 좋은 출발점으로 삼을 수 있다. 앨런 로크는 이 연구를, 대다수 화학자들로 하여금 새로운 원자량들과 분자식들을 확신하며 채택하게 만든 가장 결정적인 실험적 증거의 출처로 지목한다(더 자세한 서술은 Rocke 1992; 2010, 1장; 1984, 8장 참조). 윌리엄슨은 일련의 실험들을 통해 에테르($C_4H_{10}O$)가 "단지 단일한 기 C_4H_{10}의 산화물이 아니라 에틸 기 C_2H_5 두 개를 포함한 화합물"임을 입증했다(Williamson 1852. Lowry 1936, 424쪽에서 재인용). 그 실험들은 에테르 속 산소 원자가 실제로 서로 다른 원자적 부분 두 개를 붙들고 있음을 보여주었다. 그 산소 원자는 단 하나의 원자적 부분만 붙들고 있지 않았다. 에테르화 과정에서 알코올(C_2H_6O) 분자 두 개는 황산의 도움으로 에테르 분자 한 개로 되고 부산물로 물 분자 하나가 생성된다. 그 알짜 반응net reaction은 단순하다.

$$2C_2H_6O \rightarrow C_4H_{10}O + H_2O$$

그러나 이 반응식을 보면, 알코올 분자 두 개가 뭉친 다음에 다시 에테르와 물로 갈라지는 것이 약간 기이하게 느껴진다. 또한 이 과정에서 황산이 촉매로서 어떤 역할을 할 수 있는지도 불분명하다. 추가 증거가 없었다면, 위 반응식에 담긴 견해는 에테르화가 잘 알려진 황산의 탈수 작용에 의해 알코올 분자 각각에서 물이 제

거되는 것일 따름이라는 리비히와 뒤마의 과거 견해보다 더 큰 설
득력을 발휘하지 못했을 것이다(Rocke 2010, 19쪽 참조).

$$C_4H_{12}O_2 = C_4H_{10}O \cdot H_2O$$

$$C_4H_{10}O \cdot H_2O \rightarrow C_4H_{10}O + H_2O$$

그런데 유기화합물의 공식을 어떻게 적을 것인가에 관한 자
의적 결정처럼 보였을 수도 있었을 유형 공식이 이 대목에서 실질
적인 중요성을 갖게 되었다. 이 유기화합물 공식들이 '문서용 도구'
로서 지닌 일반적 중요성은 클라인(2003)에 의해 강조되었는데, 에
테르화를 둘러싼 이 역사는 그녀의 주장을 탁월하게 예증하는 사례
다. 윌리엄슨은 알코올의 화학식을 C_2H_6O로 적은 반면, 리비히/뒤
마는 $C_4H_{12}O_2$(혹은 $C_4H_{10}O \cdot H_2O$)로 적었다. 리비히/뒤마의 화학식
은 단지 윌리엄슨의 화학식에서 모든 원자들의 개수를 두 배로 늘
린 결과였다. 어떤 화학식이 옳았을까? 경험적 분석을 통해 두 견
해의 옳고 그름을 판가름할 수는 없었다. 경험적 분석의 결과는 탄
소 원자, 수소 원자, 산소 원자의 개수 비율이 (원자들의 원자량에 관
한 양 진영의 입장이 동일할 경우) 2:6:1이라는 것뿐이었다. 윌리엄슨은
에테르화를 그림3.8(Brock 1992, 236쪽에 기초하여 그린 삽화)이 표현하
는 바와 같이 두 단계로 일어나는 과정으로 간주함으로써 그 반응
에 대한 이해를 크게 향상시켰다. 첫 단계에서 황산은 알코올에서
에틸 기(C_2H_5)를 제거하고 그 자리에 수소 원자를 끼워넣는다. 그리
하여 알코올은 물로 변한다(이를 예수의 기적의 역반응으로 부를 수도 있
을 것이다). 둘째 단계에서 에틸 기를 장착한 황산(에틸 황산sulphovinic

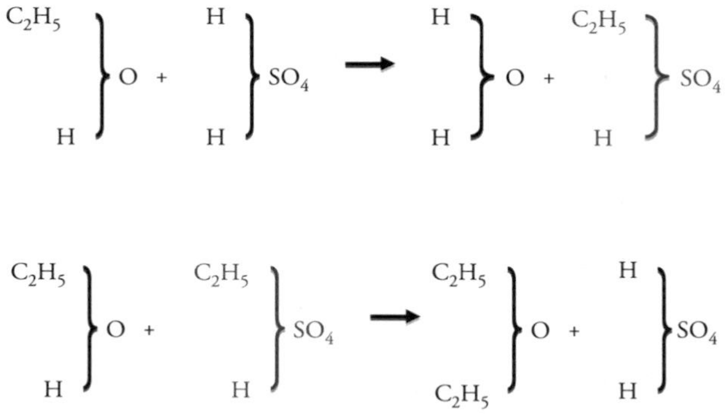

그림3.8 윌리엄슨의 '연속적 에테르화' 모형. 수소-에틸 기 치환이 두 번 일어남으로써 에테르화가 이루어진다.

acid이라고도 함)은 그 에틸 기를 다른 알코올 분자가 지닌 수소 원자와 맞바꾼다. 그리하여 황산은 원래 모습으로 복귀하고, 알코올은 에테르로 변한다. 윌리엄슨의 설명이 지닌 아름다움은 그의 화학식들(알코올은 C_2H_6O, 에테르는 $C_4H_{10}O$, 물은 H_2O, 황산은 H_2SO_4)에 신뢰성을 부여했고 물 유형에 작업적 실재성을 제공했다. 물 유형에서 중심의 산소 원자는 두 개의 원자적 단위를 (다양한 조합으로) 연결하는 능력이 있음이 드러났다. 하지만 윌리엄슨은 단지 그럴싸한 이야기를 제시한 것에 불과하지 않았을까? '물 유형'에 속한 이 모든 분자들이 정말로 두 개의 가지를 지녔고 그것들이 산소에 의해 연결된다는 직접적인 경험적 증거가 과연 있었을까? 그런 증거를 제시하기 위하여 윌리엄슨은 비대칭적 에테르들을 만들었다(Rocke 2010, 20 – 21쪽). 물 유형의 중심 원자에 에틸 기, 메틸 기, 아밀 기를 다양

한 조합으로 붙이는 데 성공함으로써 윌리엄슨은 에틸-에틸 에테
르, 메틸-아밀 에테르, 아밀-에틸 에테르를 자유자재로 생산했다.
뒤마와 리비히의 이론에 따르면 그런 물질들은 존재할 수 없었으며
실험에서는 기껏해야 대칭적 에테르들(에틸-에틸 에테르, 메틸-메틸 에
테르, 아밀-아밀 에테르)의 혼합물만 생산되어야 마땅했다.

중심 원자의 결합력에 관한 더 확실한 증거는 화학자들이
가지가 아니라 중심 원자를 치환하는 데 성공함으로써 확보되었
다. 물 유형 분자에서 산소를 황으로 대체하면, 그 분자는 온전한
형태를 유지하면서 단지 유사한 황화합물로 변환되었다. 반면에
산소를 염소로 대체하면, 염소화된chlorinated 분자 **두 개**가 형성되
었다. 따라서 산소나 황은 두 개의 원자나 기를 결합시킬 수 있는
반면에 염소는 그렇게 할 수 없다고(비유하자면, 손을 하나만 지녔다고)
추론되었다. 당연한 말이지만, 염소화된 분자 **두 개**가 형성되었다
는 판단은 합의된 원자-세기(혹은 분자-세기) '방법에 기초해서만 가
능했으며, 당시에 가장 설득력 있는 방법은 부피에 의거하여 원자
의 개수를 세는 것이었다. 다음 절에서 추가로 설명하겠지만, 능동
적 중심 결합 원자의 개념은 후대의 화학에서 차츰 사라졌다. 그
러나 그 개념은 19세기 중반에 결정적으로 중요했다. 그것은 화학
자들이 원자가의 개념에 올라선 뒤에 차버린 사다리였다. 그 사다
리는 폐기되고, 작업적으로 확실한 사항들만 남았다. 즉, 각 원소
의 원자수atomicity number가 남았고, 주어진 분자의 내부에서 어떤
원자들/기들이 어떤 원자들/기들과 연결되어 있는지에 관한 사실
들만 남았다. 그 모든 사실들은 실험을 통해 파악되고 검증되었다.
분자 내부의 원자들 사이의 존재론적 위계나 비대칭성을 전제할

필요는 없었다.

3.2.3.3 원자가, 실재론, 합성주의

원자가(valency, 현대 미국 영어에서는 valence)의 역사에 관해서는 많은 일차문헌과 이차문헌이 있으며, 누가 최초로 원자가 개념을 고안했는지를 둘러싸고 많은 논쟁이 벌어졌다(자세한 내용은 Partington 1964; Russell 1971; Rocke 1984 등 참조). 여기에서 나는 원자가 개념이 분자식들과 원자량들이 확고해지는 데 어떤 역할을 했는지에 초점을 맞출 것이다. 이미 앞 절에서 암시했지만, 내 견해의 핵심은 원자가가 원자고정력의 합성주의적 표현이라는 것이다. 원자가의 역사는 엄청나게 복잡하다. 나는 단지 두 측면에만 초점을 맞추고자 한다. 첫째, 중심 결합 원자의 개념이 부스러지기 시작한 것은 바로 유형 이론 자체의 발전 때문이었다. 1856년에 유형 이론을 정식화할 때 게르하르트는 호프만의 암모니아 유형과 윌리엄슨의 물 유형을 받아들였을 뿐 아니라 다른 두 가지 유형을 추가했다. 그것들은 HCl을 견본으로 삼은 염산 유형과 HH를 견본으로 삼은 수소 유형이었다(매우 간략한 요약은 Lowry 193, 425–426쪽 참조). 그런데 이 두 가지 유형은 중심 결합 원자를 가지지 않았다. 이것들의 공식은 단지 두 원소를 중괄호로 연결할 뿐이었고, 그 괄호 중심의 뾰족한 끝에는 어떤 원자도 없었다. 이 같은 일대일 결합에서는, 한 단위가 능동적으로 결합력을 발휘하고 다른 단위가 수동적으로 결합된다는 견해가 명확한 작업적 의미를 가질 수 없었다. 요컨대 이 상황들에서는 결합의 대칭성이 존재했고, 이 대칭성 때문에 치환-유형 시스템의 실천자들은 분자 내부의 중심 결합 원자와 기타 부

분들 사이에 존재한다고 상정된 비대칭성이 심지어 다른 유형들에
서도 작업적 유의미성을 전혀 가지지 못함을 깨달았음이 틀림없다
고 나는 생각한다. 자연스러운 다음 한걸음은 '민주적' 원자가 개념
이었다. 이 개념은 화학결합에 참여하는 양편 모두에 의해 충족되
어야 했다. 그렇다면 중괄호를 버리고 그냥 양끝이 있는 막대기를
사용하는 것이 적절했다. 능동적 결합 원자를 나타내는 볼드체 기
호를 버리고, 모든 원자들을 동등하게 표기하는 것이 적절했다. 이
로써 합성주의(1.3.4 참조)는, 다양한 화학물질이 화학결합에서 능동
적 역할을 한다고 보는 요소주의 등의 생각들과 뒤섞여 있던 오랜
세월을 뒤로하고 마침내 집으로 돌아왔다.

둘째, 유형 공식들이 상정한 비대칭성의 제거는, 물 유형과
암모니아 유형에서 중심 결합 원자로 여겨진 놈에 관한 여러 견해
들 가운데 참된 작업적 중요성이 있는 견해는 무엇인가에 대한 화
학자들의 견해가 명확해지는 데 기여했을 것이다. 중요한 것은 정
확히 원자 개념의 기원까지 거슬러 올라가는 (화학적) 분할 가능성
과 분할 불가능성이었다. 물 유형 분자들과 암모니아 유형 분자들
에서 산소 원자와 질소 원자의 중심성은 어떤 능동적 힘에 있는 것
이 아니라 단지 **한** 원자가 여러 원자들/기들과 동시에 결합되어 있
다는 점에 있었다. 분자 내부의 원자들 및 기타 원자적 단위들(예
컨대 기들)의 개수는 이번에도 치환반응을 통해 작업적으로 드러났
다. 런던 킹스 칼리지와 울리치 왕립 군사 아카데미의 실용화학 교
수 찰스 블록삼은 이를 아주 정확하게 서술했다. "암모니아 속 수
소는 **3등분되어** 다른 물질들로 대체될 수 있다. 이는 암모니아 속
에 수소 원자 세 개가 들어 있는 것이 틀림없음을 보여준다. 반면에

질소 [무게로 따질 때] 14 단위는 더 작은 부분들로 대체될 수 없다. 따라서 질소 14 단위는 단 하나의 원자에 해당하는 것이 틀림없다."(Bloxam 1971, 120쪽. 강조는 원문) 원자의 작업적 정의는 이 같은 더 작은 부분들로 대체될 수 없음이었고, 암모니아 유형의 본질은 단일한 질소 원자가 (분리될 수 있으므로) 각각 별개인 세 개의 원자적 단위들과 결합할 수 있음으로 압축되었다. 마찬가지로 물 유형의 본질은 단일한 산소 원자가 각각 별개인 원자적 단위 두 개와 결합할 수 있음으로 압축되었다. 원자 혹은 원자적 단위의 개수는 무게에 의거한 원자-세기 방법이나 결합 무게들의 비교에 의거한 원자-세기 방법을 써서 작업적으로 특정할 수 있었다.

　　　원자가와 유형 공식의 작업적 토대가 확보된 결과로 그것들의 실재성에 대한 확신은 더 강해졌다. 1850년대에 이르면, 치환-유형 시스템을 실천하는 사람들은 유형에 관한 도구주의자가 더는 아니었다. 예컨대 케쿨레는 1850년에 이렇게 선언했다. "물 원자 하나가 수소 원자 두 개와 산소 원자 하나를 보유했다는 것, 그리고 분할 불가능한 산소 원자 하나와 동등한 양의 염소는 양분될 수 있는 반면, 황은 산소처럼 2염기성dibasic이어서 황 원자 하나가 염소 원자 두 개와 동등하다는 것은 단지 표현의 차이가 아니라 실제 사실의 차이다."(Russell 1971, 56쪽에서 재인용) 이런 실재론적 확신을 품으면, 원자화학의 틀 전체를 1860년대에 호프만이 제시한 형태로(3.1 참조) 구성하는 것이 가능했다. 그 틀은 이러하다. 출발점은 기체들의 결합 부피다. 이어서 부피 측정에 기초한 원자-세기를 통해 반응 생성물들의 분자식을 도출한다. 그 다음에는 그 분자식과 관찰된 결합 무게로부터 반응에 참여하는 원소들의 원자량을 도출하고, 그 원자량과 기타 결합 무게들로부터 다른 분자식들을 추론한다.

　　방금 암시한 대로, 치환-유형 시스템이 더 실재론적이며 완전히 합성주의적인 토대 위에 확립된다는 것은 원자화학 분야에서 상당한 정도의 통일, 혹은 최소한 종합이 성취될 수 있음을 의미하기도 했다. 유형이 분자적 구조의 실재적 표현으로 간주되고 원자결합력이 합성주의적인 방식으로 받아들여지고 나자, 치환-유형 시스템은 물리적 부피-무게 시스템과 아주 잘 포개졌다. 이 통일의 작업적 핵심은, 더 큰 화합물 속으로 들어가기도 하고 거기에서 빠져나오기도 하는 잘 특정된 원자적 단위들의 부피와 무게를 동시에 추적하는 것을 허용하는 몇몇 치환반응들이었다. 이 통일을 이뤄내기 위해서는, 먼저 치환-유형 시스템이 전기화학적 이원주의 제약들에 본질적으로 묶여 있는 상태에서 벗어나는 것이 중요했다. 전기화학적 이원주의는 물리적 부피-무게 시스템이 요구하는 유형의 결합들을 금지했으니까 말이다. 실재론적인 방식으로 받아들여진 치환-유형 시스템은 기하학적-구조적 시스템과도 완전히 양립 가능하게 되었다. 물론 두 시스템이 같아진 것은 아니었지만 말이다. 실제로 치환-유형 시스템은 기하학적 구성에 써먹기에 매우 유용한 몇몇 아이디어(예컨대 탄소 원자의 4면체 구조)를 제공함으로써 기하학적-구조적 시스템에 새로운 생명을 불어넣었다. 이 모든 것의 결과로 '새로운 화학철학 시스템new system of chemical philosophy'이 정말로 등장했다. 그 시스템은 돌튼의 정신 안에서 구성되었지만, 원자들이 결합하는 방식에 관해서는 깔끔하게 정돈된 현상학적 관점을 취했으며, 원자의 물리적 속성들 일체

나 화학결합의 참된 심층적 원인을 당당히 제시한다는 자부심은
아직 없었다.

　　1890년 '벤젠 축제'에서 케쿨레는 흔쾌히 과거를 돌아보며
이 위대한 통일을 찬양했다. 통일의 열쇠가 된 개념은 원자가였다.
그 개념은 베르셀리우스의 기 이론(나의 용어로 말하면, 전기화학적 이
원주의 시스템)과 유형 이론(치환-유형 시스템) 양쪽 모두에서 유래했
다. 두 갈래의 흐름이 있었다는 케쿨레의 이야기를 다시 들어보자.
"갑자기 수많은 유형 이론 옹호자들로부터 커다란 승리의 함성이
터져나왔다. 프랭클랜드를 필두로 한 다른 사람들도 목표에 도달
해 있었다. 양쪽 진영은 자신들이 동일한 목표를 다른 경로로 추구
해 왔음을 깨달았다. 그들은 경험을 교환했다. 각 진영의 성취가 다
른 진영에 이득이 되었다. 그리고 통합된 힘으로 그들은 다시 하나
가 된 흐름을 따라 나아갔다. 한두 명은 떨떠름한 표정으로 따로 떨
어져 있었지만 (⋯) 그들도 그 흐름을 따랐다."(Kekulé [1890] 1958,
21쪽)[54] 그러나 행복한 재통일이 이루어졌다는 케쿨레의 이야기는
과장된 것이며, 정확히 말해서 지적인 과장이라기보다 사회학적
인 과장이다.[55] 프랭클린이 베르셀리우스의 기 이론을 앞장서 옹호
한 것은 틀림없는 사실이다. 또한 확실히 그는 유기적 기들을 분리
해내겠다는 고상한 이원주의적 꿈에서 동기를 얻었다. 그러나 그는

54　크럼브라운도 1874년에 매우 유사한 견해를 밝혔다. Levere(1971),
195쪽 참조.

55　콜린 러셀(1971, 42-43쪽)은 프랭클랜드에 관하여, 트레버 리비어는 콜베
에 관하여 더 미묘한 견해를 제시했다.

이원주의적 사고를 버리기 시작했을 때 비로소 훗날 원자가에 이르게 되는 생각을 품었다. 기가 (여러 방식으로 대체되는 부분으로서) 유형 이론의 필수 부분이 된 것은 틀림없는 사실이다. 그러나 이 '기'는 이원주의 이론과의 실질적 관련성을 이미 깡그리 잃은 상태였다. 더 차분하고 소박한 역사 서술은 이원주의 시스템이, 내가 다음 절에서 추가로 설명할 유형, 부피, 무게, 구조에 관한 새로운 원자가 중심의 합의와 양립할 수 없었음을 인정할 것이다.

3.2.4 합의를 넘어서

1860년대에 이르면, 원자의 개념을 어떤 식으로든 진지하게 받아들이는 사람들 사이에서 H_2O 합의가 이루어지는 것은 상당한 정도로 막을 수 없는 일이었다.[56] 그러나 나는 그 합의가 원자화학자들이 경험한 모든 문제의 해결을 의미하지는 않았다고 느낀다. 이 절에서 나는 그 꺼림칙한 느낌을 명확히 설명하려 애쓸 것이다. 그 설명에서 주요 논점은 다원성의 가치가 될 것이다(다원성의 가치는 3.1의 막바지와 3.2.2에서 살짝 언급된 바 있다). 다원성의 혜택은 임기응변heuristics의 차원에 국한되지 않았으며, 다원성의 활용은 결국 통일된 최종 목적지에 ─케쿨레가 말한 흐름들이 다시 합쳐지듯이─ 도달하기까지의 일시적 기간에 국한되지 않았음을 나는 논증할 것이다.

56　여전히 원자의 개념 전반에 회의를 품었던 일부 사람들에 관한 논의는 Nye(1976), 253–254쪽, 262쪽, Nye(1972), 1장 참조.

우선 전기화학적 이원주의 시스템의 종말을 되짚어보자. 그 시스템의 핵심은 화학결합에 관한 정전기학적 설명이었다. 전기화학적 이원주의 시스템의 핵을 이룬 설명의 강력한 목표와 단순한 도식은 당시에 융합하던 나머지 세 시스템들과 조화될 수 없었다. 유형에 대한 숙고는 이원주의의 핵심 전제를 부정함으로써 시작되었다는 점, 아보가드로의 2원자 원소들은 이원주의와 영 어울리지 않았다는 점을 상기하라. 남아 있는 진짜 이원주의자라면 누구라도 당시에 형성되던 '조용한 혁명'의 합의를 매우 불경스러운 연합으로 느꼈을 것이 틀림없다. 화학결합에 관한 설명은 이원주의의 핵심이었을 뿐 아니라 주요 장점들 중 하나였다. 다른 시스템들은 그 장점을 능가하지 못했다. 심지어 그 시스템들이 융합하여 하나의 지배적 종합 시스템을 이루는 과정에서도 그러했다. 여기에서 우리가 보는 것은 낡은 과학적 아이디어의 배척이 아니라 포기와 쿤 상실과 너무 성급한 일원성에 관한 이야기다.

우리는 훗날의 의기양양한 통일 선언들에 휘둘리지 말아야 한다. 내가 4장과 5장에서 상술할 '보호주의적 다원주의 conservationist pluralism'라는 신중한 유형의 다원주의에 입각하여 다음을 명심할 필요가 있다. 합당한 이유들 때문에 일단 잘 정착한 실천 시스템은 훗날 완전히 가치 없게 되기 어려우며 폐기되더라도 반드시 매우 신중하게 폐기되어야 한다(이것이 내가 1장에서 플로지스톤주의 시스템을 다루면서 논증한 바다).[57] 로랑이 1837년에 내놓은 예언적 평가를 상기하는 것이 좋을 성싶다.

이론의 타당성은 이론이 과학에서 일으키는 진보에 의해 판정된다. 명명법과 화학 교육에서 그[이원주의] 이론이 지닌 어마어마한 장점들을 감안하고 그 이론이 유기화학에 적용되고 있음을 감안할 때, 설령 그 이론이 틀린 것으로 입증되더라도 우리는 여전히 그 이론을 사용할 수밖에 없을 것이다.[58]

전기화학적 이원주의는 결코 죽지 않았다. 단지 원자화학의 주류에서 벗어나 물리화학이라는 새로운 하위 분야를 더 자연스러운 거처로 삼았을 뿐이다. 전기화학적 이원주의는 아레니우스가 이뤄낸 성취의 핵심 부분이었으며 계속 생존하여 20세기의 이온결합 개념 안에 깃들었다.

화학결합에 관한 설명을 제쳐두더라도, 새로운 합의가 제공하지 못한 것들이 많았다. 염소-수소 치환에 관한 구조주의자들의 약속을 상기하라. 물질의 속성들을 설명해주는 것은 성분 원자들의 정체가 아니라 구조인 듯했다. 그리하여 구조를 통해 속성들을 설명하겠다는 약속이 등장했지만, 그 약속은 대체로 이행되지 않았다. 성취된 소수의 진보들, 예컨대 벤젠 고리 구조가 방향성에 필수적이라는 발견은 기하학적-구조적 시스템이 이행하지 못한 약속을 상기시키는 역할을 했을 따름이다. 새로운 원자가 중심의 합의에 전혀 문제가 없었던 것도 아니다. 한 예로, 원자가가 불변적이지 않

---

57 보호주의적 다원주의는 모험적이거나 우상파괴적인 성향의 다원주의와 구별될 수 있다. 모든 다원주의에 관한 종합적 논의는 5장에서 이루어질 것이다.

58 Brock(1992), 226쪽에서 재인용.

다는 점이 곧 밝혀졌다(Russell 1971, 171쪽 이하 참조).

새로운 합의의 이런 결함들을 감안하면, 현대인의 눈에 의아하게 보일 수도 있을 다음과 같은 사정을 이해할 수 있다. 원자가를 발명한 뛰어난 인물들은, 심지어 케쿨레까지도, 아주 오랫동안 자기네 이론의 형이상학적 진리성에 관하여 매우 조심스러운 태도를 취했다. 어찌하여 그랬을까? 그들이 스스로 제기하는 구체적이고 흥미로운 화학결합 모형들이 최종적 진리라고 주장하기를 경계한 것은 올바른 행동이었다고 나는 믿는다. 실제로 **또** 반세기 동안 격동적인 발전을 거치고 나자, 이야기는 전혀 달라졌다. 이제 원자는 분할 가능하고, 막대기로 표현된 결합은 허구이며, 원자가는 양자화학에 정확히 들어맞기 어려운 개념이다.

내가 보기에 원자화학 이야기는 과학에서 다원주의의 작동을 정말 멋지게 보여주는 사례다. 심지어 화학자들 자신이 명시적으로 다원주의를 언급한 경우도 몇 번 있다. 예컨대 베르셀리우스는 1844년에 로랑에게 보낸 편지에서 자신과 로랑의 접근법이 정반대라고 지적했다. 로랑은 유기적 단서들에 기초하여 무기화학을 개혁하려 하는 반면, 베르셀리우스 본인의 접근법은 정반대라고 말이다. 그러나 그는 자신과 로랑 중에 어느 한쪽만 옳아야 한다고 주장하지 않았다. "나는 당신이 선택한 방법으로부터 귀결될 수도 있는 이론적 지식의 확장을 모르는 사람이 전혀 아닙니다. 그러므로 우리가 우호적으로 각자 자신의 길을 가면서 과학이 양쪽 모두에서 이익을 얻기를 바라는 것이 최선일 것입니다."(Levere 1971, 174쪽에서 재인용) 또한 한 실천 시스템 안에서 연구하는 화학자들이 다른 시스템들과 평화롭게 공존하는 것을 넘어 대결하는 것으로부터 혜택을 얻었다는 것도 명백한 사실이다. 어쩌면 이 사실을 보여주는 주요 사례로 베르셀리우스 본인을 꼽을 수 있을 것이다. 일반적으로 그는 전기화학적 이원주의 시스템의 원조로 지목되고 그것은 확실히 옳은 지목이지만, 또한 베르셀리우스는 그 시스템 안에 갇히지 않고 훨씬 더 넓은 마음가짐으로 화학을 실천했다. 그는 그물을 넓게 펼쳐 훨씬 더 많은 고기를 잡았다. 물론 그중엔 오늘날 우리가 보기에 맛이 간 생선도 일부 있었지만 말이다(예컨대 그는 질소와 염소를 원소로 인정하기를 꺼렸다). 실제로 베르셀리우스는 무게 유일 시스템 안에서 엄청나게 많은 연구를 하면서 매우 정확하고 철저한 분석들을 해냈다. 또한 원자량과 분자식을 결정할 때 그는 많은 화학 지식과 유추에 의지했다. 더 나아가 그는 부피에 의거한 원자-세기를 제한적으로 활용했다(전기분해에서 기체들이 생성될 때는 그 원자-세기 방법을 배제하기가 어쩌면 어려웠을 것이다). 물론 그는 부피의 활용을 더 심화하지 않았으며, 원소 물질들이 화합물들이라는 아보가드로의 생각을 받아들이지 않았지만 말이다. 심지어 베르셀리우스는 전기화학적 이원주의 자체를 심층적으로 수정하는 것도 마다하지 않았다. 앞서 우리는 그가 접합부 개념을 도입한 것에서 그런 수정의 사례를 본 바 있다.

　　하지만 그런 유형의 행보는 단지 과도기의 징후가 아닐까? 원자가가 확립된 뒤에는 일원주의가 더 적절한 태도가 아니었을까? 전혀 그렇지 않다. 원자가에 기초한 구조 이론과 같은 성공적인 이야기에서도 과학적 성취들은 한계가 역력했기 때문에, 다수의 시스템들이 계속 작동할 여지가 충분히 보장되었다. 그리하여 그 시스템들 각각으로부터, 또한 그것들의 상호작용으로부터 혜택들이 발생했다. 전기화학적 이원주의 이야기는 좋은 사례다. 구조 이론이 지닌 일원성의 위험은 오로지 물리화학이 **별도로** 등장한 것에 의해 경감되었다. 트레버 리비어는 이 사실을 특히 명확하게 파악했는데, 이는 어쩌면 그가 같은 이야기를 서술한 대다수의 역사학자들과 달리 친화성에 개념에 초점을 맞췄기 때문일 것이다. 리비어는 기의 개념과 유형 이론이 복권됨으로써 성취된 통일을 강조하면서도 같은 시기에 분열도 일어나고 있었음을 지적한다. 전기화학적 이원주의는 화학적 친화성에 관한 확정적이며 통일된 설명을 일찌감치 제공했다. 반면에 "1850년대에 이루어진 발전들은 화학적 친화성에 관한 정확한 생각들이 차츰 허물어지게 만들었고" 결국 "화학적 친화성 개념은 화학적 에너지론energetics과 화학적 구조론으로, 곧 화학적 힘power에 관한 생각과 물질matter에 관한 생각으로 분열했다".(Levere 1971, 193쪽, 195쪽) 그 여파로 1860년대와 1870년대에 화학자들은 "열화학thermochemistry, 화학적 열역학chemical thermodynamics, 구조화학, 원자가 이론을 많이 연구했다. 이 모든 분야들은 화학적 친화성이라는 선대의 포괄적 개념의 측면들이었다".(Levere 1971, 159쪽) 존 서보스도 《물리화학의 초기 역사》 (1990, 1장)에서 빌헬름 오스트발트를 물리화학의 주요 개척자로 꼽으면서 똑같은 논점을 더 생생하고 자세하게 제시한다. 그의 설명 (3쪽)을 들어보자.

[오스트발트는] 화학자들의 관심을 화학반응에 참여하는 물질들로부터 화학반응 자체로 옮기려고 애썼다. 오랫동안 화학자들은 화학적 과정에 연루된 물질들의 조성, 구조, 속성들에 너무 편협

하게 집중함으로써 화학의 분류학적 면모를 과장해왔다고 오스트발트는 생각했다. 유기화학의 신속한 성장과 성취들이 여실히 보여주듯이 이 접근법이 상당한 위력을 지녔음을 그는 인정했다. 그러나 모든 성취들에도 불구하고 화학에 대한 분류학적 접근법은 반응의 속도와 방향에 관한 질문들에 답하지 못했으며 화학반응들을 설명하지 못한 채로 방치했다.

그럼에도 이런 질문이 떠오를 만하다. 우리가 일반적으로 다원주의를 고수한다 하더라도, 최소한 우리는, 이제 더는 의문의 여지가 없는 화학식 H_2O와 같은 영원한 성취들이 **일부** 있었음을 인정할 수 있지 않을까? 이 대목에서 우리는 두 가지 사안을 고찰해야 한다. 첫째는 정합성이다. 우리가 특정 시스템들 안에서 연구하고 있다면, H_2O에 대한 불신은 당연히 우리의 실천 시스템 안에서 모종의 비정합성incoherence을 야기할 것이다. 1860년대 이후에 HO를 고수하면서 유기 구조 화학을 실천할 수는 없었을 것이다. 역사의 먼지가 가라앉은 지금, 우리가 제기할 수 있는 질문은 이것이다. 물은 H_2O가 아니라고 보는 화학 시스템을 상상할 수 있으려면, 화학의 진화 계보에서 얼마나 멀리까지 거슬러 올라가야 할까? 과학에서 절대적으로 영원하며 변경 불가능한 성취란 없다. 그러나 우리는 그 안에서는 특정한 성취가 앞으로도 확고할 경계를 긋고 그 확고함이 존속하는 한에서 그것을 누릴 수 있다.

고찰해야 할 또 다른 사안은 성공이다. 무게 유일 시스템이나 구식 이원주의 시스템 및 실천까지 거슬러 올라가면, 우리는 물을 HO로 보는 화학에 도달할 **수 있다**. 또한 물을 HO로 보는 다른 원자화학 시스템들도 있을 수 있으며, 심지어 원자를 상정하지 않는 화학 시스템들도 실제로 있었다. 우리가 H_2O를 배타적이며 영구적으로 선호하려면, 그 대안적인 시스템들 가운데 어느 것도 성공적이지 않았으며 앞으로 성공적일 가망도 없다고 확신할 필요가 있다. 그 확신이 옳을 수도 있을 것이다. 하지만 개인적으로 나는 그 확신을 품기에 충분할 만큼의 지식이나 경험을 보유하지 못했다. 일부 시스템들은 작동하지(즉, 지속된 노력에도 불구하고 스스로 설정한 목표들을 성취하지) 못하며, 그럴 때 자연의 나지막한 목소리와 가로막는 손은 우리가 경계를 넘는 것을 막으려 한다.[59] 자연의 안내는, 우리가 그 안내를 아주 쉽게 간과하거나 오해할 수 있다는 의미에서 나지막하다. 때때로 우리는 자연선택의 처분에 맡겨지겠지만, 꽤 많은 경우에 우리는 터무니없는 것들을―그것들을 치명적인 방식으로 실천하지 않는 한에서―계속 믿을 수 있다. 그리고 우리는 덜 부드러운 힘들에 의해 제거되지 않는 한에서 늘 희망을 품고 살 수 있다. 언젠가 행운이나 천재가 찬란하게 개입하여 우리가 선호하는 실천 시스템의 운명을 바꿔놓으리라는 희망을 품고서 말이다. 삶에서도 그렇지만, 과학에서도 마찬가지다. 우리는 단지 우리의 성공을 증가시키리라고 스스로 진지하게 믿는 바를 실천하면서 최선의 결과를 바랄 수 있을 따름이다. 이 전망이 암울하게 느껴질 수도 있을 것이다. 성공을 보장하기 위해서 우리가 할 수 있는 일이

---

59 이 이미지는, 우리가 자연의 비밀들을 교활하게 혹은 강압적으로 뽑아낸다는 이미지보다 더 우수하다.

없다는 얘기니까 말이다. 그러나 보장의 포기는 우리가 보장 없이 성취해온 바에 대한 부정을 의미하지 않는다.

3.3 복잡한 화학에서 미묘한 철학으로

3.3.1 작업주의

이 장의 앞선 절들에서 슬쩍 언급했듯이, 내가 19세기 화학자들이 원자를 다룬 방식을 연구하도록 영감을 준 핵심 요인 하나는 퍼시 브리지먼의 작업주의 철학이었다. 더 구체적으로 나는 19세기 원자화학의 성공은 작업주의의 승리였다고, 원자에서 작업화될 수 있는 측면들을(그리고 오직 그런 측면들만을) 진지하게 취급하겠다는 결심에서 비롯된 것이었다고 주장했다. 나의 견해를 더 정교하게 다듬고 변론할 필요가 있다. 왜냐하면 브리지먼은 흔히 오해되어왔고, 나 역시 그의 생각을 상당히 특수한 방식으로 이해하기 때문이다(더 자세한 세부사항과 작업주의의 다른 측면들에 관한 나의 견해는 Chang 2009a와 Chang 2004, 3장 참조). 우선 나는 우리의 논의와 유관한 범위 안에서 작업주의에 대한 배경 설명을 제시하고, 이어서 특히 원자화학과 관련 있는 구체적 사안을 몇 가지 다루고자 한다.

　　이것을 중요하게 상기해야 하는데, 브리지먼은 실험물리학자였다. 고압high pressusre 물리학에 관한 선구적 연구의 공로로 그는 1946년에 노벨상을 받았다.[60] 그의 주요 과학적 성취를 가능케 한 것은 기술적 솜씨였다. 자신의 실험실에서 브리지먼은 당시까지 다른 과학자들이 도달한 압력보다 거의 100배 더 높은 압력을 만들

---

[60] 브리지먼의 삶과 연구에 관한 일반적인 서술은 Walte(1990), Holton (1995), Moyer(1991) 참조.

어내고 그런 고압에서 다양한 물질들이 어떤 참신한 행동을 하는지 탐구했다. 그러나 그는 그 자신의 성취 때문에 곤경에 처했다. 그런 극단적 고압에서는 기존에 알려진 모든 측정기가 망가졌다. 그렇다면 자신이 실제로 도달한 압력이 어느 수준인지조차 알기 어려웠을 텐데, 그는 그것을 어떻게 알아냈을까?(Kemble et al. 1970 참조) 자신이 도달한 압력의 최고기록을 계속 갱신하면서 브리지먼은 점점 더 높은 압력에 적합한 새로운 측정법들을 잇따라 개발해야 했다. 그러므로 그가, 가용한 측정법이 존재하지 않는 개념들의 근거 없음 groundlessness을 진지하게 숙고한 것은 놀라운 일이 아니다. 그를 철학적 사유로 이끈 또 하나의 중요한 자극은 20세기 초반의 새로운 혁명적 물리학과의 만남이었다. 과학적 개념들의 정의와 의미에 관한 브리지먼의 고민은, 당대의 물리학자들이 일상 및 고전물리학의 기대를 완전히 벗어난 현상들과 이론적 아이디어들의 장벽 앞에서 겪은 충격이 일반적인 분위기인 상황에서 벼려졌다. 예컨대 아인슈타인의 상대성이론, 양자역학과 그것의 '코펜하겐' 해석이 그런 충격의 원천이었다.

　　브리지먼은 잘 정의되어 있으며 명확히 수행 가능한 작업들을 과학의 토대로 삼음으로써 과학에 안정성과 확실성을 부여하고 싶었다. 아주 평범한 상황 속에도 엄연히 있는 무지의 난관을 강조하기 위하여 그는 모든 과학적 개념들을 통틀어 가장 일상적인 개념인 '길이'를 작업적 분석에 관한 논의의 출발점으로 선택했다 (Bridgman 1927, 5쪽 이하). 길이가 자에 의해 측정되는 것은 오직 우리가 우리 몸과 비교할 만한 규모의 대상들을 다룰 때뿐이다. 길이의 개념을 익숙한 영역 너머로 확장하려 하면, 우리는 본질적인 물리적 한계에 부딪쳐 측정법을 바꿀 수밖에 없다. 예컨대 달까지의 거리를 측정하려면, 이를테면 빛이 그 거리를 왕복하는 데 걸리는 시간으로부터 그 거리를 추론해야 한다. 그보다 더 먼 거리를 측정할 때 우리는 '광년'이라는 단위를 사용한다. 그러나 실제로 우리가 밤하늘의 머나먼 빛점을 향해 광선을 쏘아보내고 오랜 세월 뒤에 다행히 반사 신호가 우리에게(또는 우리의 후손들에게) 돌아오기를 기다리는 작업을 통해 그런 거리를 측정할 수는 없다. 태양계의 범위를 능가하는 거리를 측정할 때는 훨씬 더 복잡한 추론과 작업들이 필요하다. "특정한 별까지의 거리가 105광년이라는 말은, 특정 골대까지의 거리가 100미터라는 말과 개념적으로나 실제적으로나 **유형**이 전혀 다르다."(17-18쪽, 강조는 원문) 이처럼 작업적 분석은 길이라는 개념이 우리가 그것을 사용하는 모든 범위에 적용되는 하나의 동질적인 개념이 아님을 드러낸다. "**원칙적으로** 거리를 측정하는 작업들의 집합은 **유일무이하게** 특정되어있어야 한다. 한 작업들의 집합 외에 다른 작업들이 추가로 사용된다면, 작업들의 집합 각각에 대응하는 별개의 명칭이 있어야 마땅하다."(10쪽, 강조는 원문)

　　이것으로 간략한 배경 설명을 마무리하고, 19세기 원자화학과 작업주의의 관련성에 대한 논의로 돌아가자. 무엇보다도 먼저 이 질문에 답할 필요가 있다. 작업주의가 19세기 원자화학을 대체로 성공적이게 만들었다는 나의 말은, 그저 원자에 대한 실재론적 접근법이 아니라 경험주의적 접근법이 결실을 맺었다는 말과 어떻게 다를까? 실재론에 대해서는 다음 절에서 더 많은 이야기를 할 터이므로, 여기에서 나는 작업주의와 표준적인 경험주의를 구별하고자 한다. 이 구별은 이미 3.2.1에서 암시된 바 있다. 일반적으로 경험주의는 관찰 가능한observable 것을 지식의 토대로 삼는 데 집중한다. 반면에 작업주의의 초점은 **실행 가능한**doable 것을 지식의 토대로 삼는 것이다. 이 차이에 대한 무지 때문에, 브리지먼의 철학에 대하여 많은 오해가 발생했다. 일반적으로 관찰 가능성은 인간의 감각 기관들이 감각을 향상시키는 장치의 도움을 받거나 받지 않으면서 지각할 수 있는 것이 무엇이냐에 관한 개념으로 간주된다. 그런데 19세기에는 원자와 분자를 이런 의미에서 관찰 가능하게 만들 길이 없었다. 그럼에도 원자와 분자는 과학적으로 연구될 수 있었다. 화학자들은 원자와 관련된 다양한 속성들을 측정하는 방법을 알아냄으로써 원자를 작업화하는 법을 터득했다. 측정은 수동적 관찰이 아니다. 왜냐하면 측정은 잘 정의된 특정 작업들의 계획적 수행에 의존하니까 말이다.[61] 물론 실행 가능한 실험적 작업들은 감각에 의해 입증되어야 하지만, 그렇다고 작업들이 관찰 가능하게 되는 것은 아니다. 또한 상정된 측정 대상들도 관찰 가능하게 되지 않는다. 염소–수소 치환반응을 실행하고 흡수된 염소 기체와 방출된 수소 기체의 미세한 부피들을 측정함으로써 연구자는 그 반응에 참여하는 염소 원자와 수소 원자의 상대적 개수들을 **측정**한다. 이 원자-세기는 아주 잘 확립된 실천이지만, 이 실천으로 염소 원자와 수소 원자가 관찰 가능하게 되는 것은 아니다. 중요한 점은 비록 원자 자체는 관찰 불가능한 상태로 머물러 있더라도, 원자화학은 이

[61] 심지어 전적으로 수동적인 관찰 따위도 존재하지 않는다는 주장도 제기할 만하다. 충분히 일리 있는 주장이다. 그러나 그 주장은 단지 표준적 경험주의를 곤란하게 만들 뿐, 작업주의를 곤란하게 만들지는 않는다.

런 식으로 번창할 수 있다는 것이다. 바로 이것이 관찰 불가능한 것을 세는 방법이다.

　　마지막 사례는 작업주의에 관한 주요 질문 하나를 상기시키기에 적합하다. 거시적 부피들을 통해 원자들의 개수를 셀 때, 우리가 하는 일은 정확히 무엇일까? 흔한 대답은, 한 가설('이븐'이나 그와 유사한 가설)을 기초로 삼아서 관찰 가능한 양(거시적 부피)으로부터 관찰 불가능한 양(원자들의 개수)을 추론한다는 것일 터이다. 실재론자들과 경험주의자들은 그 가설이 정당화될 수 있는지를 놓고 논쟁을 벌일 것이다. 얼핏 보면 작업주의적 입장은 그 논쟁을 아예 외면하는 듯하다. 그 입장에 따르면, 한 양(원자들의 상대적 개수)이 어떤 작업을 통해 정의되는데, 우리가 하는 일은 그 작업을 통해 그 양을 직접 측정하는 것이다. 검증 가능한 가설에의 의존이나 관찰 불가능한 무언가의 개입은 여기에 없다. 도널드 길리(1972, 6-7쪽)가 강조하듯이, 가장 극단적인 유형의 작업주의를 채택하면, 측정 방법이 타당한가 하는 질문은 무의미해진다. 측정 방법이 개념을 정의하고 그것이 개념의 의미의 전부라면, 측정 방법은 협약된 사안으로서 혹은 심지어 동어반복으로서 자동으로 타당하다. 실제로 브리지먼의 초기 저작들은 이런 방향의 생각을 담고 있다. "개념을 말할 때 우리가 의미하는 바는 작업들의 집합일 따름이다. 개념은 그에 대응하는 작업들의 집합과 동의어다."(Bridgman 1927, 5쪽)

　　그러나 이런 극단적 작업주의는 명백한 난점을 가지고 있다. 개념의 의미를 정말 전적으로 측정 방법으로 환원할 수 있을까? 의미를 다루는 철학 이론의 더 심오한 질문들을 일단 회피한다 하더라도, 일반적으로 동일한 개념에 대해서 여러 측정 방법이 있다

는 사실을 어떻게 처리해야 할까? 3.2.1에서 논했듯이, 원자-세기
는 부피뿐 아니라 열에 의거해서도 이루어졌고, 또한(이것이 가장 흔
한 경우였는데) 관련 원자량들이 알려져 있을 때는 결합 무게들에 의
거해서 이루어졌다. 그렇다면 '원자들의 상대적 개수'라는 개념은
각각 다른 세 가지 의미를 동시에 지녔을까? 브리지먼의 비판자들
은 그가 애초부터 이 문제를 아주 명확히 알고 있었음을 대체로 간
과하지 않았다. 문제를 알고 있는 정도가 아니었다. 주어진 개념을
그것의 범위 전체에서 정의하는 단일한 측정 방법의 부재는 애당초
브리지먼을 작업주의로 이끈 과학적 경험의 핵심이었다. 나는 이를
앞에서 압력과 길이를 사례로 들어 논한 바 있다. 브리지먼은 이 문
제를 미해결 문제로 솔직히 남겨두었다. 이 문제를 풀 수 없었기 때
문에 그는 다른 측정법들은 다른 개념들과 대응한다고 보는 것이
신중한 태도라고 생각했다.

　　　잠시 길이의 사례로 돌아가자. 과학자들은 여러 가지의 길이
개념들을 인정하지 않는다. 브리지먼은, 만일 다양한 측정 작업들
이 겹치는 영역에서 그것들로부터 일관된 수적數的 결과들이 나온다
면, 일련의 개념들을 똑같은 이름으로 부르는 것을 허용할 수 있음
을 기꺼이 인정했다. 그러나 그는 서로 다른 두 작업 결과들의 그러
한 수적인 들어맞음convergence을 단지 (두 작업이 측정한 바를 가리키기
위해) "동일한 이름을 유지하는 것에 대한 실용적practical 정당화"로
간주했다(16쪽). 심지어 그런 들어맞음 상황에서도 우리는 다양한
작업들이 우연의 일치로 유사한 수치들을 결과로 산출하는 것이 아
니라, 본질적으로 동일한 무언가를 측정한다고 보증 없이 추정하는
것을 경계해야 마땅하다. 내가 보기에, 초기의 원자화학자들은 대

체로 이런 작업주의적 조심성을 품고 있었으며 그 조심성은 그들이 성급한 합의를 향해 내달리는 것을 막았다는 점에서 유용했다. 그 조심성은 다양한 원자화학 시스템들이 어느 하나도 경솔하게 종료되지 않으면서 발전하고 성숙하는 데 기여했다. 훗날 화학자들은, 브리지먼이 넌지시 일러주는 방식대로, 곧 명확히 겹치는 영역들을 만들어냄으로써 종합을 이뤄냈다. 기체들이 관여하는 치환반응들은 매우 중요했다. 왜냐하면 그 반응들은 주어진 반응에 참여하는 원자들의 개수를 부피와 무게 둘 다에 의거해서 알아낼 수 있는 상황을 제공했기 때문이다. 그런 상황을 **합동작업**co-operation**의 영역**으로 명명해도 좋을 성싶다. 부피-무게 합동작업의 성공은 치환-유형 시스템 내부에서 이루어졌으며, 물리적 부피-무게 시스템과 기하학적-구조적 시스템의 옹호자들로부터 열렬한 지지를 받았다.

　　여기까지가 브리지먼이 우리에게 가르쳐주는 바다. 하지만 큰 난점 하나가 남아 있고, 그것을 처리하려면 우리는 브리지먼의 생각을 큰 폭으로는 아니더라도 약간 수정하고 발전시켜야 한다. 19세기 중반의 원자화학자들이 시스템들의 종합을 이뤄내고(3.2.3 참조) H₂O 합의에 도달했을 때, 브리지먼의 견해와 달리 그들은 단순히 실용적 편의성을 위해 그 종합을 이뤄낸 것이 아니었다. 물론 부피에 의거한 원자-세기의 결과와 무게에 의거한 원자-세기의 결과가 일치한 것은 처음에는 유쾌하고 편리한 우연의 일치였다. 그러나 그 우연의 일치가 몇몇 핵심 사례들에서 관찰되고 나자, 그 일치는 다른 사례들이 따라야 마땅한 요구이자 필요조건으로 격상되었다. 통일된 원자-세기는 오로지 개별 원자-세기 방법들을 그때그때 필요에 따라 **수정함**을 통해서만 확립된 실천이었다. 그 확립

과정에서 가장 중요한 것은 무게에 의거한 원자-세기의 결과들이 '옳게' 나오게 만들기 위하여 원자량들을 수정한 것이었다. 무게에 의거한 원자-세기 절차에서도 보조적인 전제들이 수정되었다. 예컨대 원소 기체들의 분자 속에 얼마나 많은 원자들이 들어 있어야 하는가에 관한 전제가 수정되었다(H_2, O_2, N_2 등과 달리 황과 인과 수은의 분자는 S_6, P_4, Hg임을 상기하라). 비열에 의거한 원자-세기를 옹호한 진영에서는, 뒬롱-프티 법칙Dulong–Petit law은 기껏해야 근사법칙이며 명백한 예외들도 있음을 그 진영의 구성원들이 인정함으로써 정돈이 이루어졌다.

이런 측정법 수정은 길리가 강조하는 극단적인 유형의 작업주의 아래에서는 불가능했을 것이다. 여기에서 문제의 핵심은 의미를 측정으로 환원하는 과도하게 제약적인 의미의 개념이다. 물론 브리지먼은 의미에 관한 일반적 철학 이론을 내놓지 않았지만, 실제로 그는 그런 이론을 내놓으려는 충동을 몇몇 언급에서 드러냈다. 브리지먼이 처한 곤경으로부터 우리가 얻을 수 있는 교훈 하나는, 의미는 반항적이고unruly 문란하다promiscuous는 것이다. 브리지먼은 과학적 개념들의 의미를 절대적으로 명시하기를 바랐지만, 그것은 불가능하다. 성취 가능한 최고 수준의 의미 명시는 과학자 공동체가 어떤 명시적 **정의**에 합의하고 그것을 존중하는 것이다(그리고 이것이 성취되는 경우는 드물다). 그러나 확고한 정의도 개념의 사용을 **제약**할 수 있을 따름이다. 파리에 있는 미터원기에(혹은 특정 원자가 방출하는 복사의 파장에) 의거하여 길이를 정의하기로 온 세계가 합의할 수 있더라도, 그 정의는 우리가 길이라는 개념으로 의미하는 바 전체를 온전히 담아내기에는 **턱없이** 부족하다. 브리지먼 본인은 나중에, 의미란 작업들과 동의어라는 자신의 주장은 "맥락 바깥으로 끄집어내면 명백히 과도하다"는 점을 명시적으로 인정했다 (1938, 117쪽). 특히 루트비히 비트겐슈타인의 후기 연구에서 기원했다고 흔히 이야기되는 '사용으로서의 의미'의 개념과 비교하면, 브리지먼의 원래 생각이 편협했음을 쉽게 알아챌 수 있다. 실제로 브리지먼이 나중에 자신의 생각에 덧칠한 색채는 상당히 후기 비트겐슈타인적이다. "내가 사용하는 용어의 의미를 알려면 내가 어떤 조건에서 그 용어를 사용하는지 알아야 한다. 내가 생각하기에 이것은 명백하다."(1938, 116쪽) 측정 작업은 개념이 사용되는 특정한 방식 하나일 따름이므로, 그 작업이 다른 모든 사용 방식들(다른 측정 작업들과 기타 온갖 사용 방식들)을 포괄할 수는 없다. 측정법을 의문시하거나 심지어 수정하는 것은 오직 개념이 명시된 측정법보다 더 넓은 의미를 보유할 때만 합법적이게 된다. 그럴 때 우리는 한 측정법이 개념의 의미의 다른 측면들과 정합할 경우 그 측정법이 타당하다고 말할 수 있다. 또한 이런 식으로 우리는 한 작업적 정의(혹은 기타 유형의 정의)가 좋은 정의인지 여부를, 그 정의가 개념의 의미의 다른 성분들과 얼마나 잘 정합하고 그것들을 얼마나 유익하게 통제하는가를 기준으로 판단할 수도 있을 것이다.

3.3.2 실재론

현대의 과학자들과 철학자들은 많은 19세기 원자화학자들이 원자에 대해서 취했던 철학적 태도를 당혹스럽게 느끼기 십상이다. 당시의 많은 일류 화학자들은 실재론-비실재론 스펙트럼상의 한 위치에 놓기가 어렵다고 느껴질 때가 많다. 예컨대 원자화학에 아주 크게 기여한 뒤마는 1836년에 이렇게 선언했다. "만약에 내가 상황을 지배할 수 있다면 원자라는 단어를 과학에서 지워버리겠다. 원자는 경험을 벗어나며, 화학에서 우리는 절대로 경험을 벗어나지 말아야 한다는 입장에 설득되었기 때문이다."(Nye 1972, 6쪽에서 재인용) 실제로 뒤마는 한동안 프랑스에서 "상황을 지배할 수 있는" 지위에 아주 가까이 접근**했다**. 그는 1835년에 에콜 폴리테크니크의 화학교수가 되었으며 그 후 과학과 정치에서 꾸준히 권력을 키워갔다. 로크(2010, 12쪽)에 따르면, 뒤마가 이론화학에서 손을 뗀 것과 "거의 동시에" 프랑스 정부는 국립 고등학교들lycées과 대학교들을 위한 공식 교수학습계획서syllabus에서 실제로 '원자'라는 단어를 삭제했다! 뒤마의 감정적 태도가, 처음에 물리적 부피-무게 시스템을 채택했으나 스스로 느끼기에 해결 불가능한 모순들과 맞닥뜨린 그의 실망에서 비롯된 것이라면, 어쩌면 그 태도를 납득할 수 있을 것이다(3.2.2.3; Nye 1976, 248쪽 참조).

　　　더 이해하기 어려운 것은 케쿨레의 경우다. 그는 탄소의 원자가가 4라는 것과 벤젠 분자의 고리 구조에 관한 연구를 성공적으로 해낸 **후인** 1867년에 이렇게 선언했다. "원자가 존재하는가, 하는 질문은 화학의 관점에서 볼 때 거의 무의미하다. 그 질문에 관한 토론은 오히려 형이상학에 어울린다."(Nye 1972, 4쪽에서 재인용) 복잡한 분자의 구조를 밝혀냄으로써 과학적 명성을 얻은 사람이 어떻게 나중에 표변하여 원자가 존재하건 말건 상관없다고 말할 수 있을까? 또한 과거에 케쿨레가 "물 원자 하나가 수소 원자 두 개와 산소 원자 하나를 보유했다는 것"은 "실제 사실"(인용문 전체는 3.2.3.3 참조)이라고 선언했다는 점을 어떻게 이해해야 할까?

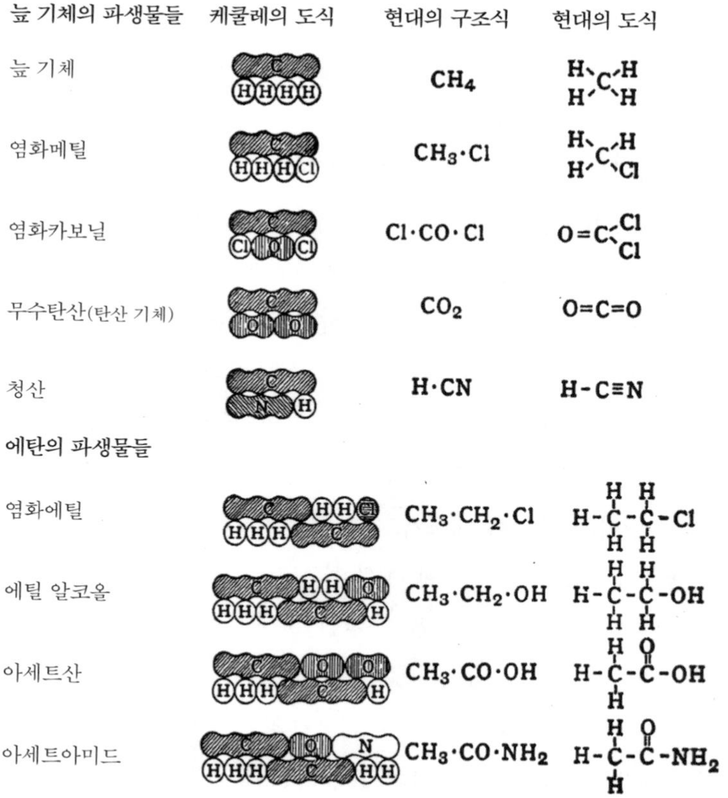

늪 기체의 파생물들	케쿨레의 도식	현대의 구조식	현대의 도식
늪 기체		CH_4	H C H / H C H
염화메틸		$CH_3 \cdot Cl$	H C H / H C Cl
염화카보닐		$Cl \cdot CO \cdot Cl$	$O = C <^{Cl}_{Cl}$
무수탄산(탄산 기체)		CO_2	$O = C = O$
청산		$H \cdot CN$	$H - C \equiv N$
에탄의 파생물들			
염화에틸		$CH_3 \cdot CH_2 \cdot Cl$	$H-\overset{H}{\underset{H}{C}}-\overset{H}{\underset{H}{C}}-Cl$
에틸 알코올		$CH_3 \cdot CH_2 \cdot OH$	$H-\overset{H}{\underset{H}{C}}-\overset{H}{\underset{H}{C}}-OH$
아세트산		$CH_3 \cdot CO \cdot OH$	$H-\overset{H}{\underset{H}{C}}-\overset{O}{C}-OH$
아세트아미드		$CH_3 \cdot CO \cdot NH_2$	$H-\overset{H}{\underset{H}{C}}-\overset{O}{C}-NH_2$

그림3.9 케쿨레의 '소시지' 도식의 예들. 현대의 구조식들을 나란히 배치함

케쿨레의 연구에 대해서 조금 더 알아볼 필요가 있다(더 많은 세부사항은 Rocke 2010 참조). 벤젠의 육각형 구조를 생각해내기 전에 그는 분자 구조들의 도식적 표현을 시도하고 있었다. 예컨대 그림 3.9(Lowry 1936, 440쪽에서 따옴)에서 보는 '소시지' 도식이 시도되었

다. 이 소시지들이 진짜 원자의 길이와 모양을 정말로 표현한다고
케쿨레가 생각했다고 믿기는 어렵다. 그렇다면 왜 우리는 그가 벤
젠 고리에 곧이곧대로의 의미를 부여했다는 생각을 이토록 쉽게 하
는 것일까? 무엇보다도 먼저 케쿨레의 모형들은 모두 2차원이었는
데, 진짜 분자 구조들이 모두 납작하다고 생각할 타당한 근거가 그
에게는 전혀 없었을 것이다. 오늘날 우리는 벤젠 분자가 실제로 평
면적이라고 믿을 증거를 보유했지만, 케쿨레에게는 그 증거가 없었
다. 탄소의 원자가가 4라는 점에는 **무언가** 실재적인 구석이 있지만,
이것은 유기분자들의 실재적인 3차원 기하학적 구조를 명확하게
확정하게 해주는 증거로는 턱없이 부족하다고 케쿨레는 생각했을
것이다. 그는 "원자가 말 그대로 분할 불가능한 물질 입자를 뜻한다
면" 자신은 "원자가 실제로 존재한다고 믿지" 않는다고 밝혔다. 오
히려 그는 이렇게 예상했다. "언젠가 우리는 오늘날 우리가 원자라
고 부르는 것에 대한 수학적-역학적 설명을 발견하여 원자량과 원
자수[원자가]를 비롯한 이른바 원자의 여러 속성들을 해명하게 될
것이다."(Nye 1976, 256쪽에서 재인용)

　　심지어 분자들의 3차원 구조를 밝혀낸 성과들도 충분한 실
재론적 확신을 일으키지 못했다. 초기 입체화학(3차원 화학)에 대한
선구적 기여로 유명하며 탄소 원자가 4면체 구조라는 생각을 (르 벨
과 더불어) 우리에게 제공한 인물인 판트호프는 아레니우스에게 보
낸 편지에서 이렇게 말했다. "그 표현들 자체, 원자들, 분자들, 그것
들의 차원, 어쩌면 그것들의 모양도 궁극적으로는 의심스럽다. 심
지어 4면체도 마찬가지다."[62] 크리스토프 마이넬(2004)은 19세기
화학자들이 사용한, 실물과 도식으로 된 다양한 원자-분자 모형들

을 매우 유익하게 개관하면서, 그 모형들 중 어느 하나라도 원자-분자의 기하학적 구조를 참되게 표현한다는 신뢰는 매우 점진적으로만 형성되었음을 보여준다. 일반적으로 이 점을 명심해야 하는데, 모든 구조화된 표현이, 표현하려는 바의 구조를 기하학적으로 곧이곧대로 표현하는 것은 아니다. 간단히 말해서, 케쿨레를 비롯한 화학자들이 원자의 실재성에 대해서 외견상 자기모순적인 태도를 보여 우리를 당황하게 한다면, 그것은 우리가 원자와 분자에 관한 현대적 화학의 실재론을 그들의 연구에 너무 많이 집어넣으면서 그 연구를 해석하고 있기 때문이다. 그렇게 해서 얻을 수 있는 혜택은 없다. 우리는 케쿨레 등을 분자 구조에 대한 현대적 이해에 크게 기여한 인물들로서 (휘그주의적으로) 찬양하면서도 그들 본인의 생각에 과도한 실재론을 귀속시키거나 그런 수준의 실재론 덕분에 그들이 성공한 것이 틀림없다고 주장하지는 않는 해석을 전혀 문제없이 할 수 있다.

　　화학적 증거가 아무리 많았다 하더라도 분자들의 참된 기하학적 구조나 원자들의 실재성에 관한 의심을 완전히 해소할 수는 없었으리라는 점은 매우 명확한 듯하다. 마이클 가드너(1979)를 비롯한 역사학자들과 철학자들이 지적했듯이, 적어도 다수의 견해는 그 의심이 완전히 해소되려면 물리적 증거가 필요하다는 것이었을 터이다. 그러나 가드너의 논문보다 덜 신중한 일부 문헌들에서

62　노벨상 수상 연설에서 자신의 다른 주요 과학적 업적을 언급하면서 판트 호프는 분자들의 충돌은 "압력〔삼투압〕의 원인에 관하여 아무튼 가설적인 견해"를 제공했을 뿐이라고 밝혔다(Nye 1976, 259쪽에서 재인용).

3.3 복잡한 화학에서 미묘한 철학으로

이 이야기가 서술되는 방식은 심각한 오해를 유발한다. 그런 문헌들에서 흔히 등장하는 상상에 따르면, 이 이야기의 화학적 측면이 1860년대에 (카를스루에 회의 등에서) 확고해진 것과, 기체 운동론이 등장하고 열역학이 미시적 수준으로 환원되어 통계역학으로 됨으로써 원자의 실재성에 대한 확신의 토대가 반석처럼 굳건해진 것은 동시에 일어난 일이다. 이 상상과 반대로 "19세기에 반원자주의anti-atomism가 생존력이 있었으며" 원자화학의 진보와 양립가능했다는 차머스(2009, 194쪽)의 주장이 옳다고 나는 생각한다. 비슷한 맥락에서 메리 조 나이(1976, 252쪽)는 일부 실재론자들을 혼란에 빠뜨릴 수도 있을 법한 또 하나의 충격적인 지적을 한다. 즉, 원자의 실재성에 관한 신선한 회의주의는 1860년대에 원자량들과 화학식들에 관한 화학적 합의가 이루어진 **뒤에** 발생했음을 지적한다. "대략 1860년부터 1895년까지 축적된 실험적 증거는 종합적으로 볼 때 원자 가설의 어떤 명제와도 확연히 양립 불가능했다." 이 문제들은 비열과 분광학적 데이터를 포함했다. 역설적이게도 이 의심들은 더 야심적인 물리적 원자론 프로그램과 그것이 초기에 비교적 성과를 내지 못했다는 점 때문에 더 명시적으로 부추겨졌다. 이것이 20세기 초에 막스 플랑크와 에른스트 마흐라는 두 거장의 충돌로 떠들썩하게 정점에 이른 원자 논쟁의 배경이다.[63]

19세기 초반의 원자화학 분야로 돌아가면, 실재론과 관련해서 그 분야는 산산이 쪼개져있었다고 말하는 것으로 아마도 충분할

---

[63] 원조 논문들의 재인쇄본을 Blackmore(1992) 5장에서 편리하게 볼 수 있다.

것이다. 내가 열거한 원자화학 시스템 다섯 개를 기준으로 삼으면, 몇몇 구분선을 상당히 명확하게 그을 수 있다. 무게 유일 시스템에 서는 어떤 불명확한 무게의 보유자로서 원자가 실재한다는 믿음과 인정은 있었지만 그 외의 의미에서 원자가 실재한다는 믿음은 딱히 없었다. 심지어 물리적 부피-무게 시스템도 원자의 물리적 속성들 로서 무게와 부피를 인정할 따름이었다.[64] 전기화학적 이원주의 시 스템에서는 실재론적 믿음이 조금 더 깊었다. 이 시스템은 전하를 띠었으며 경계가 명확한 입자로서의 원자들과 그것들이 서로에게 발휘하는 힘들을 상상했다. 치환-유형 시스템은 원래 무게 유일 시 스템과 거의 같은 수준으로 원자의 실재성에 대하여 회의적이었다. 다만, 이 시스템은 기radicals에 화학적 단위로서의 실재성을 부여했 다. 기하학적-구조적 시스템은 원자들 사이의 위상수학적 공간적 관계의 실재성을 믿고 인정했지만, 앞서 언급한 대로 이 관계는 분 자들의 실재적인 3차원 모양을 완전히 결정하지 않았다. 피터 램버 그(2000)는 초기 입체화학자들은 그들의 원자-분자 모형의 물리적 실재성에 관한 흔한 통념이 상정하는 수준의 실재론자가 아니었다 고 주장한다.

　　각각의 실천 시스템은 자기가 행하는 실천적 개념적 활동들 때문에 모종의 형이상학적 전제들을 필요로 했다. 게다가 화학자들

---

64 정확히 말하려면, '부피'라고 하지 말고 '특정 부피를 차지하는 경향'이라 고 해야 한다. 왜냐하면, 물체가 차지한 부피 전체가 원자들 자체의 부피인지, 아니면 그 부피에 기여하는 원자들 사이에 공간이 있는지가 불명확했기 때문 이다.

은 각자 자신의 원자화학 시스템을 실천하기 때문에 반드시 믿어야 하는 만큼을 넘어선 수준의 믿음을 물리적 원자에 대해서 품고 있었는데, 그 추가적인 믿음의 정도가 화학자마다 달랐다는 사실 때문에, 원자화학 분야는 더욱더 복잡해진다. 돌튼과 아보가드로는 원자가 모든 물리적 속성들을 구체적으로 보유한 입자라는 믿음을 거의 무모할 정도로 강하게 품은 초기의 두 선구자로 두드러진다. 대조적으로 초기에 치환-유형 시스템과 심지어 기하학적-구조적 시스템에 속했던 화학자들 중 다수는 자신들의 실천이 요구하는 만큼의 믿음에서 조금도 더 나아가지 않았다.

3.3.3 실용주의

나는 작업주의와 더불어 실용주의를 19세기 원자화학자들이 취한 생산적 태도의 중요한 한 측면으로 지목해왔다. 이에 대하여 어느 정도 상세히 설명할 필요가 있다. 나의 취지는 그들이 실질적이고 합리적이었다는 의미에서 실용적이었다는 것에 그치지 않는다. 내가 말하려는 것은 그들이 실용주의 철학을 따랐다는 의미에서 실용적이었다는 것이다. 이 기회에 실용주의에 대한 나 자신의 견해를 명확히 밝히는 것이 중요하다고 느낀다. 왜냐하면 지금까지 다룬 역사적 에피소드 세 개 모두에 관한 나의 논의에서 실용주의적 통찰들이 솟아올랐으며, 그 통찰들은 다음 두 장에서의 논의에도 결정적인 영향을 미칠 것이기 때문이다. 그러므로 내가 생각하는 실용주의란 무엇이며 그것이 왜 중요한지를 명확히 진술하는 것이 합당하다.

'실용주의'의 일반적인 의미를 콕 집어 제시하기는 쉽지 않으므로, 정확한 철학적 개념들에 접근하기에 앞서 먼저 세간에 떠도는 두루뭉술한 정의들의 다양성을 상기하는 것이 유용하다. 내가 가진 《콜린스 영어 사전Collins English Dictionary》은 '실용주의'에 두 가지 의미가 있다고 알려준다. "a. 개념의 내용은 오로지 개념의 실천적 적용 가능성에 있다는 교설"(이것은 작업주의의 극단적 버전과 유사하게 느껴진다). "b. 참이란 사실과 대응함에 있는 것이 아니라 경험과 성공적으로 정합함에 있다는 교설"(이것은 일반적으로 윌리엄 제임스에게서 유래했다고 여겨지는 진리이론이다). 니컬러스 레셔는 실용주의를 이렇게 정의한다. "철학적 실용주의의 특징적인 생각은 실천적 적용에서의 효율이 (…) 명제에서는 참의, 행위에서는 옳음의, 평가에서는 가치의 결정을 위한 기준을 모종의 방식으로 제공한다는 것이다."(Honderich 1995, 710쪽에서 재인용) 레셔가 말하는 실용주의 세 갈래 가운데 첫째에 초점을 맞춰 로버트 알메더(2008, 91쪽)는 이렇게 말한다. "과학적 믿음의 합리적 정당성은 궁극적으로, 그 믿음을 산출한 방법이 우리의 인지적 목표들인 설명과 정확한 예측의 성취를 위해 가용한 최선의 방법인가에 달려 있다."

내가 가장 설득력 있다고 느끼는 실용주의에 대한 설명은 힐러리 퍼트넘의 짧은 저서(1995)에 들어 있다. 그 책에서 퍼트넘은 제임스에 초점을 맞추면서 실용주의 철학을 몇 가지 갈래로 나눈다. "행위, 가치, 이론이 (…) 서로 침투하고 의존한다"고 보는 '총체주의holism'(7쪽), "지각은 (일반적으로) 사적인 '감각 데이터sense data'에 대한 지각이 아니라 '저 바깥의out there' 사건들과 대상들에 대한 지각이라는 교설, 곧 직접적 실재론"(7쪽), 앎을 행위로 보는 견해(제임스의 표현을 인용하면, "아는 놈은 행위하는 놈이다")(17쪽), 오류

가능주의와 반反회의주의(20-21쪽). 퍼트넘은 이 갈래들의 묶음이
"어쩌면 미국 실용주의의 기본 통찰일 것"이라고 본다. 이와 유사하
며 대등하게 설득력 있는 방식으로 리처드 번스타인은 '실용주의적
태도pragmatic ethos'를 서로 관련된 다섯 가지 개념을 통해 규정한다.
그것들은 반反토대주의, 오류가능주의, 비판적 공동체의 육성, 근본
적 상황의존성의 자각, 그리고 다수성이다(Bernstein 1989, 7 - 10쪽).

　　　　나는 실용주의 철학의 의미와 장점을 포괄적으로 조망하는
것을 시도할 생각이 없다. 그보다는 내가 가장 중요하다고 보는 실
용주의의 핵심 특징들을 제시하고자 한다. 그 특징들은 실용주의에
대한 나 자신의 정의를 구성할 것이며, 19세기 원자화학자들의 연
구에서 그 특징들이 나타난다는 점이 꽤 명백하게 드러날 것이다.

　1.　내가 보기에 실용주의는 앎의 뿌리가 실천에, 활동에 있음
을 강조한다. 이 특징은, 과학은 실천 시스템들이라는 나의 분석과
어울리며, 아는 놈은 행위하는 놈이라는 제임스의 견해를 상기시킨
다. 이런 의미에서 나의 생각은 마이클 폴라니, 마저리 그린, 퍼시
브리지먼, 존 랭쇼 오스틴, 후기 루트비히 비트겐슈타인을[65] 비롯한
다른 많은 사상가들로부터도 영감을 얻었다. 많은 분석철학자들은
(예컨대 Almeder 2008) 실용주의에 대하여 철저히 탈활동화된 견해
를 제시한다. 그들은 실천을 전혀 언급하지 않는데, 이 견해는 실용
주의가 마땅히 의미해야 하는 바의 창백한 반영에 불과하다. 이것

65　실용주의자로서의 비트겐슈타인에 관해서는 Putnam(1995) 2장 참조.

은 놀라운 말이 아닐 텐데, 실천하는 과학자들의 대다수는 내가 말하는 의미의 실용주의자였으며 특히 화학 같은 분야에서 그러했다.

2. 위 특징과 밀접하게 관련된 둘째 특징은 우리의 생각에 사용된 개념들은 작업가능해야operable 한다는 주장, 우리가 그것들을 가지고 무언가 **할** 수 있어야 한다는 주장, 그것들이 모종의 명확하고 정합적인 활동들에 사용되어야 한다는 주장이다.[66] 여기에서 실용주의와 작업주의 사이의 연관성이 명확히 드러난다. 특히 3.2.1과 3.3.1에서 설명했듯이, 나는 원자 개념의 작업화를 원자화학자들이 이뤄낸 성공의 열쇠로 지목해왔다. 19세기 화학자들의 다수는 원자의 존재에 관한 비생산적 논쟁에 휘말리는 것을 원치 않았다. 대신에 그들은 구체적인 실험적 이론적 연구에서 원자 개념을 활용 가능하게 만드는 다양한 길들을 추구했다.

3. 대다수의 논평자들이 알아챘듯이, 실용주의의 모든 버전에는 어느 정도의 오류가능주의가 내재한다. 이 오류가능주의는 인간의 인식 능력에 관한 기본적인 겸허함에 그 뿌리를 둔다. 나는 4장과 5장에서 이를 상세히 논할 것이다. 일반적으로 찰스 샌더스 퍼스에게서 유래했다고 여겨지는 신념, 곧 탐구의 길들이 결국엔 진리로 수렴할 것이라는 신념을 나는 배척한다. 오히려 나는 (퍼스도 인정하듯이) '결국'은 끝내 도래하지 않고 탐구는 영영 종결되지 않음을 강조하고자 한다. 진정으로 실용주의적인 인식론은 궁극적 수

---

66 이 같은 작업 가능성 요구는 철학적 개념을 포함한 모든 개념들에 적용된다. 4장의 4.3.1에서 나는 진리truth 개념을 실용주의-작업주의적으로 분석할 것이다.

렴을 증명하려 안간힘을 쓰거나 진리의 의미를 성공으로 환원하려
는 노력에 집중하는 대신에 우리가 지금 여기에서 어떻게 알고 사
는가를(예컨대 우리가 우리 자신의 실수들을 어떻게 알아채고 처리하는가를)
고려한다. 화학자들은 오류가능주의 등에 관하여 명확한 철학적 언
급을 하지 않는 경향이 있었지만, 한 집단으로서의 19세기 화학자
들은 원자에 관한 자신들의 견해를 흔쾌히 수정할 의향을 강하게
내보였다. 물론 매우 완고한 견해를 가진 몇몇 개인들과(예컨대 로랑
과 게르하르트가 억압당한 것과 콜베와 다른 화학자들 사이의 논쟁처럼) 몇몇
옹졸한 논쟁들이 있었음을 부정하는 것은 아니다. 그러나 19세기
전반기 원자화학자들의 공동체 전체에는 오류가능주의 정신이 명
백히 깃들어 있었다. 심지어 몇몇 완고한 개인들조차도 자신의 견
해를 바꾸는 것을 두려워하거나 꺼리지 않았다. 예컨대 돌튼은 자
신의 원자량 값들을 계속 업데이트했다. 리비히와 뒤마는 각각 이
원주의 이론과 아보가드로의 관점을 열렬히 채택했으며 더 나중에
는 무게 유일 시스템으로 되돌아갔다. 또한 오류가능주의는 내가
3.2.2에서 서술한 원자화학 시스템 다섯 개의 번창과 동시에 나타
난 굳센robust 다원주의를 뒷받침했다.

    4. 마지막으로, 과학에 관한 실용주의는 과학이 삶의 일부라
는 점과 과학의 목표들은 삶의 관심사들과 연속선상에 놓여 있다
는 점을 인정하는 것에 그 뿌리를 두어야 한다. 이것은 화학 일반에
깊이 배어 있는 태도이며, 19세기 원자화학도 예외가 아니었다. 이
인정을 뒤집어서 표현하면, 삶은 고유한 인식적 차원을 보유했다
는 것이다. 인간으로서(혹은 충분히 발달한 임의의 생물로서) 산다는 것
은 과정 속에서 무언가를 안다는 것이기도 하다. 이 사정은 다원주

의의 또 다른 차원(5장 참조), 곧 과학에서 삶의 다양한 요구들과 연결된 다수의 목표들을 인정하고 육성하는 것과 어울린다. 퍼트넘(1995, 9-10쪽)은 제임스가 사실명제들factual statments에서 본 다양한 유형의 '편의성'을 상기시킨다. '예측을 위한 유용성', '과거 교설의 보존', '단순성', '정합성'을 말이다. 이론의 '실용적 장점들pragmatic virtues'과 주요 목표 곧 경험적 적합성을 구별하는 바스 반 프라센과 달리, 실용주의자들은 과학의 모든 목표들을 실용적 목표로 볼 것이며, 경험적 적합성은 다양한 차원들을 지녔는데 그것들은 결국 모두 '실용적'임을 인정할 것이다.

IS WATER H₂O?

4장

능동적 실재주의와 H₂O의 실재성

EVIDENCE, REALISM, AND PLURALISM

물은 정말로 H_2O일까? 이것은 1860년대에 이르러, 이 책의 처음 세 장에서 논한 발전들의 귀결로 과학 지식의 확실한 한 부분이 되었을까? 나는 물이 **정말** H_2O이지만 또 다른 것이기도 하다고 결론짓는다. 물의 역사에서 영감을 받아서 나는 과학적 실재론에 관한 논쟁에 새로운 접근법으로 다가간다. 그 접근법은, 실재론이란 우리가 유망한 탐구의 길이라면 무엇이든지 탐사하고 보존하면서 실재로부터 배우는 바를 극대화해야 한다는 결심으로 간주되어야 한다고 주장한다. 나는 나의 입장을 **과학에 대한 능동적 실재주의**로 명명한다. 이것은 표준적인 과학적 실재론과 다르지만, 실재론 논쟁의 모든 진영으로부터 유용한 통찰들을 수용하며, 반증주의부터 실용주의까지 아우른 폭넓은 전통들에서 나온 인식론적 핵심 통찰들을 포함한다. 나는 실재란 탐구하는 사람의 의지에 종속되지 않는 모든 것이며, 앎이란 실재의 저항으로 인해 좌절하지 않고 행위하는 능력이라고 본다. 이 관점은 반실재론자들의 '비관적 귀납'을 낙관적으로 해석하는 것을 가능케 한다. 그 해석은 우리가 과학에서 심지어 진리를 알지 못하더라도 성공적일 수 있다는 사실을 경축한다. 성공으로부터 진리를 끌어내는 통상적인 실재론 논증은 불명확하며 결함이 있다는 것이 드러난다. 또한 나는 과학이 '성숙했다mature'는 말의 의미를 재고하고, 오만함이 아니라 겸허함을 성숙의 올바른 토대로 지목한다. 능동적 실재주의의 이상은 진리나 확실성이 아니라 지속적이며 다원주의적인 앎의 추구이다.

4.1 물은 실재적으로 H_2O일까?

과연 물은 H_2O일까? 이것을 간단명료한 진리로 간주하기에 충분할 만큼의 근거들을 우리는 가지고 있을까? 우리가 이것을 조건 없이 믿을 충분한 근거가 있을까? 앞선 세 장을 읽었다면 바라건대 당신은 이 질문들을 제기하는 것이 합당하다는 나의 생각에 동의할 것이다. '물은 H_2O일까?' 같은 간단한 질문도 알고 보면 어마어마하게 복잡할 수 있다! 1장에서 나는 화학혁명을 논하면서, 물을 원소로 간주하는 플로지스톤주의 시스템을 설득력 있게 반박하는 논증은 당시에 존재하지 않았다고 결론내렸다. 2장에서는 전기분해도 물이 화합물임을 입증하는 결정적 논증을 제공하는 데 실패했음이 드러났다. 3장은 원자화학이 등장하고 반세기 뒤에 찾아온 합의 시점에조차도 물의 분자식 H_2O가 옳다는 절대적 증명은 존재하지 않았음을 보여주었다. 전반적으로 볼 때, 라봐지에의 연구에서 시작된 한 세기 동안의 화학은 물의 조성에 관한 논쟁을 종결할 충분한 이유를 제공하는 데 실패했다.[1]

그럼에도 논쟁은 실제로 종결되었고, '물은 H_2O다'는 외견상 확고부동한 과학적 사실이 되었다. 물론 다양한 조건들을 덧붙여야 한다. 물 분자들을 이룬 원자들 중 일부는 수소와 산소의 드문 동위원소들의 원자다. 또한 물 분자들 중 일부는 이온들로 해리되

---

1 더 나중에 **물리학**이 그런 증명을 제공했는지 여부는 전혀 다른 사안이다. 철저한 연구 없이 이 질문에 답하기는 어렵다.

고, 그 이온들은 흔히 H_2O 분자들과 결합하여 복잡한 이온들을 형성한다. 또 온전한 H_2O 분자들도 수소결합에 의해 서로 연결된다. 이 밖에 다른 조건들도 덧붙여야 하지만, 그것들은 잘 이해되어 있으며 전적으로 합의된 '작은 활자로 인쇄된 각주'로, 곧 주요 메시지를 변화시키지 않는 세부사항으로 받아들일 수 있을 것이다. 그렇다면 '물은 H_2O다'는 진리를 근사적으로 표현하는 문장으로서 무난하다. 당신이 이 책의 앞선 장들을 어느 정도 공감하면서 읽었다 하더라도, 짐작하건대 당신은 여전히 어떤 명확한 직관을 지녔을 테고, 그 직관은 물이 H_2O가 아닐 수도 있다는 생각을 품는 것을 거의 불가능하게 만들 것이다. 물은 H_2O라는 명제에는 도저히 **부정할 수 없게 옳은** 구석이 있는 듯하다. 그러나 그 직관의 토대는 과연 무엇일까? 우리가 이 책의 처음 세 장에서 보았듯이, 저 명제가 참임을 물 셀 틈 없게 증명하는 논증이 심지어 과학자들이 그 명제에 합의한 시점에도 존재하지 않았다면, 그 직관의 토대는 대체 무엇일까? 성가신 질문일 수도 있겠지만, 이 질문을 단박에 묵살하지는 말아야 한다.

　　이런 유형의 질문들은 불가피하게 과학철학자들을 과학적 실재론에 관한 논쟁으로 이끈다. 일반적으로 '과학적 실재론scientific realism'이란, 과학자들은 우주가 실재적으로 어떠한지에 관하여 무언가를 발견하려 노력해야 하며 이제껏 그 노력에서 꽤 성공적이었다는 생각을 의미한다.[2] 이 장에서 나는 물에 관한 이야기를 실재론

2　바스 반 프라센은 이 설명의 처음 절반만으로 실재론을 규정하고 그런 실

논쟁의 맥락 안에 집어넣고 그 이야기가 우리에게 어떤 교훈을 줄 수 있는지 살펴보고자 한다.[3] 물론 어떤 하나의 사례가 과학적 실재론처럼 광범위한 주제에 관하여 일반적이고 확실한 교훈을 줄 수는 없다. 그러나 H_2O는 중요한 판례test-case로 구실하게 될 것이다. 과학이 우리에게 자연에 관한 진리를 제공한다고 주장하고 싶은 사람이라면 누구나, 적어도 H_2O처럼 단순하고 기초적인 것들에 대해서는 과학이 확실한 지식을 제공할 수 있음을 우리에게 확신시킬 수 있어야 마땅하다. DNA, 쿼크, 블랙홀, 평행우주 등에 대한 고민은 나중으로 미루더라도 말이다. 바꿔 말해, 고찰할 가치가 있는 과학적 실재론 교설이라면 어느 것이든지 반드시 H_2O의 사례를 다룰 수 있어야 한다. 실재론은 말하자면 물의 시험을 통과해야 한다. 더 나은 비유는 이것인데, 물의 사례는 과학적 실재론에 관한 다양한 교설들에게 시금석의 구실을 한다. 시금석이 실제로 어떻게 기능했는지 상기하면 흥미로울 것이다. 금합금gold alloy의 순도를 검사하는 사람은 합금 조각을 검은 규산질 돌판에 문지른 다음, 돌판에 남은 흔적을 질산으로 처리하여 불순물을 제거한다. 그 다음에 남은 흔적의 색깔은 합금의 금 함유량을 놀랄 만큼 정확하게 알려준다. 가치 있는 실재론 교설이라면 어느 것이든지 H_2O의 사례에 적용했을 때 적절한 금색을 드러내야 한다.

재론에 반대한다. 그러나 정작 실재론자들의 대다수는 이 설명의 나머지 절반도 실재론의 규정에 포함시킨다.

3 이런 유형의 시도와 연관된 역사–철학 관계를 더 일반적으로 고찰하는 문헌은 Chang(2004), 5장, Chang(2010, 2011e) 참조.

　　물은 H₂O라는 주장의 지위를 조망한 다음에 나는 **과학에 대한 능동적 실재주의**active scientific realism'라는 교설을 제시할 것이다. 이 교설이 주장하는 바는, 과학은 우리의 실재와의 접촉과 실재에 관한 배움을 극대화하려 애써야 한다는 것이다. 능동적 실재주의는 두 가지 의미에서 **규범적** 교설이고자 한다. 즉, 한편으로는 실제로 과학을 지배해온 규범들의 좋은 면모를 포착하고, 미래의 실천을 위해 그 면모를 명확히 밝히고 방어하고 발전시킴으로써 그 좋음을 북돋운다. 또한 능동적 실재주의를 통하여 나는 과학적 실재론에 관한 철학적 논쟁에서 대결하는 다양한 입장들이 지닌 합리적인 공통 핵심을 찾아내기를 희망한다. 내가 앞선 세 장에서 서술한 역사를 돌이켜보면, 능동적 실재주의는 외견상 무계획적이고 지저분한, 물에 관한 과학의 발전을 철학적으로 더 잘 이해하는 데 도움이 될 것이다. 앞선 장들에서와 마찬가지로 첫째 절(4.1)은 주요 논점들을 간결하고 이해하기 쉽게 제시한다. 둘째 절(4.2)은 능동적 실재주의를 더 완전하고 일반적이며 수준 높은 방식으로 규정하고 방어할 것이다. 이때 출발점은 몇몇 통상적인 철학적 견해와 논증에 대한 비판이 될 것이다. 셋째 절(4.3)에서는 다양한 쟁점들을 심층적으로 논할 텐데, 일부 독자들은 그 논의를 절대적으로 중요하다고 느끼겠지만 다른 독자들은 상당히 무의미하다고 볼 것이다.

4.1.1 실천 시스템 안에서의 가설 검증

　　먼저 '물은 H₂O다' 같은 주장들이 실재적으로 참인지 여부를 우리가 어떻게 판단할 것인지 개관하는 작업을 출발점으로 삼자. 두 층의 확신이 맞붙어 이룬 베니어판이 현대 과학의 많은 이론에 대한 우리의 믿음을 보호한다. 한 층은 증언과 교설 주입에 의해 생겨난다. 우리 대다수의 머리 속에 'H₂O'가 확고히 자리잡고 있다. 왜냐하면 살아오는 내내 들어온 바가 'H₂O'이기 때문이다. 어떤 의미에서 나는 'H₂O'를 의심할 수 없다고 느낀다. 예컨대 파푸아 뉴기니나 칼라하리 사막이 실제로 존재한다는 것을 의심할 수 없다고 느끼는 것과 마찬가지로 말이다. 나는 그 장소들과 실제로 접촉한 적이 전혀 없는데도 그 장소들이 실제로 존재한다는 것을 의심할 수 없다고 느낀다. 이와 유사하게 나는 또한 내가 1967년 3월 26일에 태어났음을 확신한다고 선언한다. 이 출생 사건에 대한 **기억이 전혀 없지만** 말이다. 또 다른 층의 확신은 우리가 받아들인 과학 시스템 안에서의 이론적 논증에 의해 생겨난다. 그런 논증은 심리적으로 흡족하고 교육적으로 유용하더라도 실은 일관성 검사에 불과하다. 예컨대 알려진 분자식들에서 원자량들을 도출하거나 거꾸로 원자량들에서 분자식들을 도출하는 순환논증이 그런 일관성 검사다. 때때로 이런 이론적 점검은 실험적 검증인 것처럼 위장된다. 예컨대 학교 실험 수업에서 학생들이 '정답'을 입증하지 않는 실험 결과들을 합리적으로 배제할 길을 찾아내는 것을 배울 때, 실험적 검증은 위장된 이론적 점검이다. 이 같은 두 층의 확신은 기존 지식 시스템의 보존과 보호를 위해 중요하지만 새로운 시스템을 산출하지도 못하고 기존 시스템의 최초 확립을 정당화하지도 못한다. 따라서 그 확신들은 현재의 논의에서 나의 관심사가 아니다. 이 책에서 내가 한결같이 추구해온 주요 질문은 이것이다. '과학자들은 어떻게 물은 H₂O라고 믿게 되었으며 그렇게 믿게 된 정당한 이유가 충분히 있었을까?' 과학자들이 그 믿음을 어떻게 유지하고 전파했을까, 하는 것은 나에게 그리 중요한 질문이 아니다.

　　이런 피상적 확신들을 걷어내고, 무엇이 물은 H_2O라는 확신의 최초 원천으로 구실할 수 있었을지를 앞선 장들에서 펼친 논의에 의지하여 숙고해보자. 오늘날의 과학적 철학적 상식에 따르면, 자연에 관한 우리의 믿음을 뒷받침하는 증거의 가장 좋은 원천은 가설에 대한 진정한 경험적 검증이다. 그러나 그 상식의 바로 아래에 웅크리고 있으면서 그 상식을 뒤엎을 조짐을 보이는 논제가 있으니, 그것은 고립된 가설의 검증 불가능성에 관한 악명 높은 '뒤엠 논제Duhem thesis'다. 이 논제는 프랑스 물리학자 겸 철학자 피에르 뒤엠(1861~1916)에게서 유래했다고 여겨진다. 뒤엠에 따르면([1906] 1962, 182-183쪽), 가설에 대한 검증은 항상 이론적 집단group 전체에 대한 검증이다. "한 실험의 결과를 공표하는 것은 일반적으로 그 실험을 보증하는 이론들의 집단 전체를 신뢰하는 것에 기초한 행위다." 그러므로 실험은 "고립된 가설을 결코 반박할 수 없고 이론적 집단 전체만 반박할 수 있다". 그리고 이론에 대한 흡족한 입증처럼 보일 만한 것도, 그 검증에서 전제된 보조가설들이 배척되면, 언제든지 교란될 수 있다.

　　당신이 (라봐지에처럼) 물은 화합물이라는 과감하고 새로운 가설을 증명하기 위하여 경험적 검증들을 하고자 한다고 상상해보자. 당신은 물을 뜨거운 총열을 이용하여 분해하고, 전기로 분해하고, 산소와 기체의 혼합물 속으로 전기 스파크를 통과시켜 합성한다. 그러나 당신이 어떤 검증을 시도하더라도, 실험 결과를 물은 원소라는 가설과 일관되게 만들어주는 대안적인 보조가설들이 존재한다. 그런 보조가설들 덕분에 캐븐디시, 프리스틀리, 리터 등은 물이 원소라는 가설을 유지할 수 있었다. 또한 당신은 사건들에 대한 당신 자신의 해석도 다른 진영의 해석과 마찬가지로 보조가설들의 도움을 필요로 한다는 점을 깨닫는다. 물의 구체적인 분자적 조성에 관한 가설들의 검증에서도 사정은 똑같다. '이븐'(동일 부피-동일 개수 가설)과 같은 근거 없는 보조 전제들을 동원하지 않는다면 당신은 '물은 H_2O다'를 검증할 수 없다. 당신이 '이븐' 자체의 검증을 시도해야 한다면, 그 검증을 위해 또 다른 보조 전제들이 필요할 것이다. 과학이 우리에게 말해주는 바를 그냥 믿고 그것에 기초하여 살아갈 면허를 과학이나 철학으로부터 받고 싶은 사람들에게 뒤엠 문제는 절망과 좌절과 짜증의 가장 중요한 원천들 중 하나다.[4] 어떻게 하면 이 난관에서 벗어날 수 있을까?

내가 생각하기에 우리가 뒤엠 문제를 넘어서는 유일한 길은 뒤엠의 통찰을 받아들이고 심화하는 것이다. 그 통찰을 회피하려하지 말아야 한다. 그 통찰에 덧붙여, 믿음은—삶에서와 마찬가지로 과학에서도—행위와 뗄 수 없게 얽혀 있음을 인정해야 한다. 가설의 검증에만 보조 전제들이 동원되는 것이 아니다. 우리가 채택하는 임의의 검증 방법은 오로지 그 방법과 정합하는 다른 인정된 **실천들** 혹은 인식활동들의 맥락 안에서만 타당하다.[5] 정량적 검증

---

4 이 난점은 심지어 실재론적 과학과 회의주의적 철학 사이에 비생산적인 괴리가 형성되는 데에도 기여했다. 나는 이 간극을 메우고 싶다. **충분히** 메워서, 과학과 철학이 제각각 나름의 합법적 목표들을 추구하면서도 생산적으로 상호작용할 수 있게 만들고 싶다.

5 이와 유사한 통찰들을 오래된 '까마귀 역설ravens paradox'에 적용하여 신선한 견해를 제시하는 문헌으로 Chang and Fisher(2011) 참조.

은 잘 확립된 측정 작업들에 의해 뒷받침되어야 하며, 체계적 검증을 위한 통계 분석 기법들에 의해서도 뒷받침되어야 한다. 또한 각각의 상황에서 필요한 더 구체적인 유형의 실천들도 있다. 예컨대 19세기 중반에 '이븐'은 그 가설을 적용할 때 나오는 결과들에 의해 간접적으로만 검증될 수 있었는데, 그 적용을 위해 결정적으로 중요한 활동들은 증기로 만들기vaporization, 밀도 측정, 치환반응을 일으키기였다. 더 나아가 검증 결과들이 외견상 긍정적이라 하더라도, 옳지 않은 전제들이나 정합적이지 않은 실천들로 인해 검증 활동 자체가 잘못되었을 가능성이 남아 있다. 더 일반적으로 말하면 다음과 같다. 가설을 검증하는 활동은 오직 실천 시스템 안에서만 이루어질 수 있고,[6] 이론의 입증은 오직 실천 시스템의 성공의 일부로서만 이루어진다. 사용 가능한 가설이나 이론은 어느 것이든지 실천 시스템 안에 내장된embedded 채로 등장한다. 이론은 실천 시스템 안에서 작동하는데, 실천 시스템의 성공과 별개로 이론의 옳음을 평가하는 것은 불가능하며 궁극적으로 무의미하다.

따라서 어떻게 이론들이 선택되는가만 물을 것이 아니라 어떻게 실천 시스템들이 선택되는가를 물을 필요가 있다. 나는 앞선 장들에서 구체적 에피소드들을 논하면서 이 일반적 견해를 이미 암시한 바 있다. 예컨대 1장에서 설명했듯이, 물은 화합물이라는 견해는 원래 산소주의 실천 시스템이 플로지스톤주의 시스템을 누른 일반적 승리의 한 부분으로서만 채택되었다. 이 같은 시스템 수준의

---

6 '실천 시스템'의 정의는 1.2.1.1 참조.

승리는 또한 합성주의 시스템들이 요소주의 시스템들을 누르고 점점 더 주도권을 쥐는 더 큰 이야기의 맥락 안에서 더 잘 이해된다. 2장에서 보았듯이, 전기분해를 합성으로 보는 견해의 배척은 시스템 차원의 두 가지 확신에 의해 보증되었다. 하나는 라봐지에의 혁명으로부터 물려받은 산소주의 시스템에 대한 확신, 또 하나는 데이비와 베르셀리우스의 신흥 전기화학적 이원주의 시스템에 대한 확신이었다. 3장에서 우리는 물의 분자식 H₂O가 아보가드로와 그의 동조자들이 주창한 물리적 부피-무게 원자화학 시스템의 한 부분으로서 등장하여 그 시스템과 치환-유형 시스템의 성공적 종합의 결과로서 확고히 받아들여졌음을 보았다. 이 사례들 각각에서 가설 검증과 이론 선택에 관한 설명은, 관련 실천 시스템들이 맥락을 제공하고 논증의 많은 내용을 제공하지 않았다면, 결정적으로 불완전했을 것이다. 각 사례에서 이론-선택 자체는, 혹은 최소한 이론을 선택할 때의 단호함은 이해하기 어려워 보였다. 그러나 어떤 실천 시스템들이 지배적이었거나 득세하는 중이었거나 쇠퇴하는 중이었는지 우리가 이해했을 때, 그 단호한 선택들은 훨씬 더 납득할 만하게 되었다.

하지만 이런 대응은 인식론적 질문을 한걸음 너머로 미뤄놓을 뿐이다. 실천 시스템들은 어떻게 선택되어야 할까? 한 실천 시스템에 귀의하여 시간이 흐르고 우리가 성장하는 와중에도 그 시스템 안에 머물겠다는 우리의 결정은 온갖 요인들의 영향을 받는다. 규범적 인식 평가를 할 때 제기되는 물음은 과학자들의 결정이 어떻게 내려졌는가에 국한되지 않는다. 그 결정이 지식의 향상에 기여했는가도 묻게 된다. 실천 시스템 선택의 궁극적 기준은 성공일 수밖에 없다. 우리의 시스템 선택이 우리의 성공을 극대화한다면, 우리는 좋은 선택을 하고 있는 것이다. 그러나 성공은 상당히 공허한 개념이다. 성공이란 우리가 욕망하는 온갖 것들의 성취를 가리키는 기호일 따름이다. 따라서 실천 시스템이 인식적으로 성공적이라 함은 우리가 지닌 다양한 인식 가치들의 실현에서 그 시스템이 전반적으로 효과적임을 뜻할 수밖에 없다. 그런데 과학자들은 다수의 (그 범위가 경험적 정확성에서부터 이론적 우아함까지 이르는) 인식 가치들을 지녔다. 또한 어떤 가치들을 중시하는가와 그것들을 어떻게 실천으로 번역하는가에서 과학자들은 서로 다르다. 이 모든 것을 우리는 이 책의 처음 세 장에서 충분히 보았다. 이처럼 가설의 입증은 실천 시스템의 성공에 기초를 두고, 성공은 그토록 상대적인 사안이라면, 가설의 최종적인 입증은 결코 이루어질 수 없는 것처럼 보일 만하다.

하지만 지금 내가 상당히 설득력 있는 실재론적 논증 하나를 간과하고 있는 것은 아닐까? 모든 존중할 만한 과학 시스템들이 동의하는 결과가 있다면, 우리는 그 결과를 참으로 간주해야 하지 않을까? 예컨대 3장에서 우리는 서로 다른 원자화학 시스템 세 개가 무척 인상적으로 수렴되는 것을 보았다. 그 시스템들은 H_2O를 포함한 현대적 원자량들과 분자식들의 시스템에 모두 동의했다. 역사의 앞선 단계들에서는 물이 화합물인가에 대해서 이런 유형의 수렴이 존재하지 않았다. 그러나 물이 H_2O임을 안다면, 물이 원소가 아니라는 것도 당연히 아는 것이므로, 과거의 논쟁에 관한 모든 염려는 무의미해진다.[7]

다수의 독립적 시스템들이 공유한 결과는 더 높은 신뢰를 받아야 마땅하다고 느껴질 만하다. 이것은 익숙한 논증이며, 윌리엄 휴얼부터 이언 해킹까지 포함한 여러 중요한 과학자들과 철학자들이 이 논증의 다양한 버전들은 내놓았다. 그러나 이 논증은 심리적 보증을 제공하는 것 외에 다른 역할을 과연 할까? 어떻게 수렴 convergence이 한낱 우연의 일치가 아님을 보여줄 것인가?[8] 직관적으로 접근하면, 우선 극단적인 시나리오 하나를 통해서 상황을 가장 선명하게 볼 수 있다. **가능한 모든 시스템들**이 특정한 결과에 도달한다면, 그 결과는 당연히 필연적으로 참이다. 문제는 과학에서 이런 식으로 **불가피한** 결과가 존재하는가, 하는 것이다.[9] 만일 수렴을 그런 불가피성이 성립한다는 징후로 본다면, 수렴은 중대한 증거로 간주될 수 있다. 물론 우리는 가능한 모든 시스템들을 알 수 없다. 그러나 적어도 모종의 실행 가능한 시스템을 발견하려 애씀으로써, 그 결과를 피할 수 있는지 알아보는 노력을 진지하게 할 수 있다.[10] 실재론자의 입장에서는, 그런 시스템을 쉽게 상상할 수 없으면 가장 좋을 것이다.

7　역사의 나중 단계에서 수렴에 기초한 논증이 한번 더 등장했다. 다양한 방식으로 알아낸 아보가드로수의 값들이 일치하는 것에 기초한 논증이었다.

8　확률의 상승을 입증하기 위한 임의의 계산은 배경 전제들에 의존할 것이며, 그것들은 사소하지 않은 의심에 노출될 것이다.

9　이런 식의 문제 제기는 Hacking(2000), Soler(2008) 참조.

10　그 안에서 해당 명제가 단호히 부정되거나 개연성이 낮다고 간주되는 시스템들뿐 아니라 그 안에서 그 명제가 아예 등장하지 않는 시스템들, 혹은 그 명제에 진리값을 부여하지 않는 시스템들도 그런 실행 가능한 시스템일 수 있을 것이다.

4.1.2 상상하라!

생각해보면, '물은 H_2O다'는 그런 불가피한 명제의 좋은 후보로 보일 만하다. 거듭되는 말이지만, 당신이 이제껏 내가 펼친 독특한 논의를 모두 이해했다 하더라도, 아마도 당신은 물을 원소로 간주하거나 기본 조성이 H_2O가 아닌 다른 화합물로 간주하는 좋은 과학 시스템은 있을 수 없다고 느낄 것이다. 이제부터 나는 H_2O가 불가피하다는 그 직관을 뒤흔들기 위하여 간단한 개념적 곡예를 펼치려 한다. 이 훈련의 취지가 무엇이냐고 당신이 묻는다면, 당신의 상상력을 유연하게 풀어주는 것이라고 대답하겠다. 단지 나는, 완벽하게 합리적이며 분별 있을뿐더러 현대 과학을 다 알고 있는 개념적 우주들에서 물이 원소이거나 H_2O가 아닌 다른 조성의 화합물일 수 있음을 당신에게 보여주고자 할 따름이다. 그리고 그 '개념적 우주들conceptual universes'은 단지 우리가 사는 실제 우주에 대해서 생각하고 그 우주를 다루는 다양한 방식들일 뿐이다.

원소란 무엇일까? 이미 1장에서 나는 '원소' 개념과 '화합물' 개념에 얽힌 미묘함들을 더 잘 알아챌 것을 요청함으로써 이 상상 훈련을 시도했다. 오늘날의 과학에서 물은 화합물이고 수소와 산소는 원소라고 말할 때는 원소-화합물 구별의 절대성에 관한 허세虛勢나 착각이 존재하지 않는다. 우리 모두가 알다시피 수소 원자와 산소 원자는 분해될 수 있다. 따라서 그것들은 심지어 라봐지에의 작업적 의미에서도 '원소'가 아니다. 원자가 물리학적 실험에서는 깨지고 변화할 수 있지만 적어도 **화학**반응에서는 온전히 유지된다는 말도 할 수 없다. 물리적인 것과 화학적인 것 사이의 경계선이 궁극적으로 불명확하다는 점도 지적할 수 있겠지만, 더 적절한 논점은 이것이다. 즉, 아주 평범한 화학적 상황들에서 수소 원자는 **예사롭게** 전자 하나를 잃는 반면, 산소 원자는 전자 한두 개를 추가로 얻기 십상이라는 점이다.[11] 또한 양성자(수소 이온, H^+)는 수소 원자의 일부이지만, 또한 다른 모든 원자의 일부이기도 하다. 그럼에도 수소와 산소를 제한적인 의미에서 '원소'로 간주하는 것은 일리가 있다. 비록 수소 원자와 산소 원자가 궁극적으로 불변하는 것은 아니더라도 말이다. 이와 유사한 마음가짐으로 19세기의 많은 화학자들은 유기화학의 맥락 안에서 기radical나 군group을 기능적 관점에서 '원자'로 간주하는 것에 익숙해졌으며, '물의 원자' 등을 거론하는 것도 그들에게는 아주 흔한 일이었다.[12] 아주 많은 상황들에서 물은 이런 의미의 '원소'로 간주될 자격이 있지 않을까? 물을 절대적인 의미의 원소나 화합물로 부르는 것이 과연 중요할까?

　　'중성임neutral'은 '자연적임natural'이 아니다. 다시 이온화라는 문제로 돌아가자. 많은 화학적 상황에서 우리는 수소 원자와 1족 알칼리 금속 원자들의 자연적 상태를 이온화된 상태, 곧 알짜 양전기를 1만큼 띤 상태라고 말해야 하지 않을까? 또 염소 원자(와 기타 할로겐족 원자들)의 자연적 상태는 이온화되어 음전기를 1만큼 띤 상태라고 말해야 하지 않을까? 이 원자들의 전기적 중성 상태를 자연

11　영어로만 통하는 이런 말장난도 있다. 수소 원자 둘이 길을 걸으며 대화한다. 원자 A: "내가 전자 하나를 잃은 것 같아." 원자 B: "확실해?" 원자 A: 응, I'm positive. 이 대답은 내가 확실히 긍정한다는 뜻도 되고 양전기를 띠었다는 뜻도 된다. 우리가 똑같은 입자들 각각에 A와 B로 고유한 이름을 붙이는 것을 양자역학이 허용하지 않는다는 점은 애석한 일이다.

12　이 점은 3장 각주33에서 언급된 바 있다.

적 상태로 간주하는 근거가 무엇일까? 그 원자들이 가장 하기 쉬운 행동을 감안하면, 수소는 자연적으로 양전기를 띠고 염소나 산소는 자연적으로 음전기를 띤다는 과거의 생각은 확실히 일리가 있다.[13] 그렇다면 베르셀리우스는 영 틀렸던 것이 아니리라. 또 중성 수소 원자와 염소 원자가 적절히 접촉하면 서로 전기를 띠게 만든다는 데이비의 생각도 영 틀렸던 것은 아니었다. 전기화학적 맥락에서 중성임은 자연적임이 아니다. 그리하여 만일 양성자가 수소 원자의 자연적 상태라면, 중성 수소 기체를 '수소'(양성자들)와 (전자들의 형태를 띤)[14] 음전기의 **화합물**로 간주하는 것은 일리가 있지 않을까?

　　무엇이 무엇의 성분일까? 2장에서 보았듯이 무엇이 무엇으로 이루어졌는가는 미리 결정되어 있는 사안이 아니다. 2.2.1에 삽입된, 라이너스 폴링과 피터 폴링의 물의 전기분해에 대한 설명을 돌이켜보라. 음전극에서 일어나는 반응은 아래와 같다.

$$4H_2O + 4e^- \rightarrow 2H_2 + 4OH^-$$

　　즉, 수소 기체의 생산은 물이 전자들과 결합한 결과로 간주할 수 있다. 이때 OH^- 이온들은 부산물일 터이다. 그런데 이 설명은, 수소 기체는 물과 음전기로 이루어진 화합물이라는 말과 딱히

13　또한 수소와 염소 혹은 산소가 결합할 때 전기의 중화로 인해 방출되는 에너지가 열이나 빛의 형태로 나타날 수 있다는 생각도 말이 된다.

14　평범한 삶에서 우리가 만나는 음전기는 전자들의 형태를 띤 것밖에 없지 않은가?

얼마나 다를까? 바로 이 말이 터무니없다고 취급된 리터의 견해였다! 더구나 내가 1장에서 논한, 플로지스톤과 음전기(혹은 전자들)의 동일시를 허용한다면, 수소 기체는 과플로지스톤 물이라는 캐븐디시의 견해도 복권시킬 수 있다. 이 이야기에서 'OH^-를 부산물로 취급하는 것'은 심각한 부정행위일까? 나는 그렇지 않다고 생각한다. 예를 들어 소다(탄산나트륨) 생산을 위한 르블랑 공정Leblanc process의 첫째 주요 단계는 황산과 소금을 결합하여 황산나트륨('소금 케이크salt cake')을 만드는 것이며 이때 부산물로 염산이 나온다고 말하면, 아무도 눈살을 찌푸리지 않는다(르블랑 공정 전체에 관해서는 Brock 1992, 288쪽 참조). 또 물 자체가 화학반응에 결정적인 방식으로 관여하지만 별로 언급되지 않는 경우들도 많다. 한 화학반응에서 무엇을 중요한 성분들과 생성물들로 간주할 것인지는 궁극적인 참이나 거짓의 문제가 아니라 비교적 유연한 관습의 문제다.

　　또한 '수소'와 '산소'가 정상적인 속성들을 모두 갖춘 수소 기체와 산소 기체를 뜻한다면, H_2O는 수소와 산소로 이루어졌다는 말도 절대적이며 유일무이하게 참은 아니다. H_2O를 이루려면, 적어도 산소 분자가 산소 원자들로 분해되어야 하는데, 산소 원자만 보고는 산소의 속성들을 알 수 없으니까 말이다. 만일 '수소'와 '산소'가 중성 원자들을 뜻한다면, 그것들은 간단히 결합하여 물을 이루지 못할 것이다. 그 원자들은 먼저 이온의 성격을 띤(그러나 산소의 경우에는, 단순한 이온은 아닌) 무언가로 변환되어야만 서로 결합할 수 있다. 바꿔 말해, 물속에 '수소'와 '산소'가 어떻게 존재하는가를 어떤 식으로든 간단명료하게 설명하는 것은 실은 어려운 일이다. 그리고 실은 모든 화학결합에 대해서 똑같은 말을 할 수 있다. 아무리 이러쿵저러쿵해도, 화학적 성분은 단순한 레고 조각이 아니다. 비록 분자를 나타내는 공-막대 모형과 만화 같은 그림들은 학생과 대중과학 소비자를 그런 식의 생각으로 오도할 수도 있겠지만 말이다.

분자식 HO도 일리가 있다. 지금까지 나는 관점의 변경을 제안하는 것에 주력했다. 나의 논의에 따르면, 분자식 H_2O는 무엇이 기본적인가elementary 하는 질문과 관련해서 다양하게 해석될 수 있다. 이제 분자식 H_2O 자체도 불가피하지 않음을 보여줄 수 있을까? 당연한 말이지만, 케쿨레 세대에 의해 단단히 굳어진 원자화학 **안에서는** 그럴 수 없다. 오히려 관건은 이것이다. 물의 조성이 H_2O가 아니라고 하는 좋은 원자화학 시스템들을 상상할 수 있을까?[15] 역사를 돌이켜보고 지금은 배척당하는 시스템들이 무엇을 잘했는지 상기하면 도움이 될 것이다. 유기화학이 실제 역사와 다른 방식으로 발전했다고 상상해보라(시도한다면, 쉽게 상상할 수 있다). 예컨대 원자와 분자의 개수를 부피 측정에 의거하여 세는 방법과 열 측정에 의거하여 세는 방법이 실제 역사에서보다 더 나중에 개발되었다고 해보자. 그렇다 하더라도 원자화학이 고사枯死하지는 않았을 것이다. 내가 생각하기에 원자화학은 톰슨과 윌라스턴, 후기 리비히의 무게 유일 시스템 안에서 계속 번창했을 것이다. 만일 그 시스템이 더 발전했더라면, 결국 어떤 유형의 흥미로운 유기물질 분류법

---

15 이 절의 초고를 쓸 때(2010년 6월 5일) 나는 이 대목에서 난관에 봉착하여 이렇게 썼다. "이 문제가 까다롭기는 하지만, 내가 여기에서 상상력을 조금 더 발휘할 수 있는지 한번 보자." 약 15분 뒤, 나는 이렇게 썼다. "오케이, 그것은 그렇게 어려운 문제가 전혀 아니었다!"

이 등장하고 심지어 구조 이론이 등장했을지 누가 알겠는가? 또한 그 시스템이 계획적으로나 우연적으로 어떤 유형의 새로운 종합을 촉발했을지 누가 알겠는가?

월라스턴의 결합 무게들은 어떤 식으로든 실재성을 띠고 있었을까? 그가 발견한 H:C:O:N의 비율 (대략) 1:6:8:14와 물의 분자식 HO를 비롯한 분자식들은 실재적이고 객관적인 무언가를 반영했을까? 월라스턴의 수치들은 분석화학의 영역 안에서 확실히 기능적 실재성을 띠고 있었다. 현대적 관점에서 보더라도, 그 수치들은 원자량atomic weight과 원자가valency의 조합에 관하여 실재적인 무언가를 우리에게 알려준다. 월라스턴이 제시한 수소 대 산소의 비율 1:8은 수소 원자 두 개가 산소 원자 한 개와 결합하기를 좋아한다는 것을 우리에게 알려준다. 그렇다면 원자 두 개를 수소의 중요한 결합 단위로 간주하여 물을 '수소'와 산소의 1 대 1 결합으로 보는 것은 과연 큰 오류일까? 그런 유형의 시스템은, 원소가 무엇과 결합하느냐에 따라 원소의 '원자량'이 가변적이라는 결론에 이르렀을 법도 한데, 개념적으로 볼 때 이 결론은 원자가가 가변적이라는 결론보다 훨씬 더 잘못된 것일까?[16]

'원자적' 수준이란 어떤 것일까? 만약에 과거에 화학보다 물

---

16 사람들이 원자가의 가변성을 가장 중요한 문제로 여길 수도 있었다는 점을 쉽게 상상할 수 있다. 질소와 인은 제쳐두더라도, 초기 화학자들이 CO와 CO_2 같은 사례들에 매달렸다면 어떻게 되었을까? 그런 사례들이 원자가 개념 전체에 대한 반박으로 간주되는 것을 충분히 상상할 수 있다. 그리고 원자가가 없었다면, 우리가 아는 구조화학은 불가능했을 것이다.

리학이 더 앞서 나가고 있었다면, 그리하여 3장에서 논한 복잡한 화학적 연구보다 먼저 모종의 직접적 미시적 무게 측정을 통해 기체 입자들의 무게를 알아낼 수 있었다면, 어떻게 되었을까? (화학에 반감을 지닌 문명이나 각종 물질에 쉽게 중독되는 종족을 상상하는 것은 불가능하지 않다. 그런 문명과 종족은 유기화학을 많이 발전시키기보다 더 먼저 질량분석계를 발명할 것이다.) 그랬다면 수소 분자와 산소 분자가 '원자'로 간주되었을 것이다. 그러면서 사람들은 그 원자가 특정한 화학적 상황들에서 양분된다는 설명을 덧붙였을 것이다. 수소 기체와 산소 기체의 혼합물에 전기 스파크를 가하는 작업은 원자를 절반씩으로 쪼개는 작업으로 간주되었을 것이다. '이븐'을 전제하면, 그 반응은 2H + O = 2(HØ)로 해석되었을 것이다(Ø는 내가 만든 기호이며 산소 원자의 절반을 가리킨다). 이 관점을 채택했다면, 물의 전기분해에서 수소의 '온 원자whole-atom'는 훨씬 더 쉽게 기체 형태로 방출되는 반면, 산소의 '반半 원자'는 반응성이 훨씬 더 높기 때문에 온전한 산소 '원자들'보다(평범한 온도에서 금속들을 산소 기체에 노출시켰을 때보다) 훨씬 더 쉽고 빠르게 금속 전극과 결합하여 산화물을 형성하는 경향이 있다는 사실을 설명할 수 있었을 것이다. 이 같은 온 원자들과 반 원자들의 다양한 화학적 행동을 다루는 모종의 흥미롭고 유용한 이론이 개발될 수 있었을 것이다. 그리고 이것은, 실제로 사람들이 화학적 표백제들의 작용부터 전기분해에서 부산물의 생성에 이르기까지의 온갖 현상들을 설명하기 위해 사용하려 했던, '발생기nascent' 수소와 산소는 반응성이 높다는 생각보다 더 넉넉한 개념 틀이었을 것이다.

    가상적 과학사에 많이 기대지 않더라도 유사한 시스템에 실

제로 도달할 수 있다. 기본입자들이 합쳐질 때 도달할 수 있는 안
정점들points of stability은 다양하다는 것을 (핵물리학자들이 인정하듯이)
인정하기만 하면 된다. 우리가 '수소'라고 부르는 놈을 포함한 물질
들의 집단은 무엇보다도 먼저 H^+(양성자)를 포함하고, 이어서 H_2(양
성자 두 개와 전자 두 개)와 무수한 갖가지 수소화합물들을 포함한다.
단일한 H 원자(양성자 한 개와 전자 한 개)는 왠지 화학적으로 안정적
이지 않으며 지구상에 흔히 존재하지 않는다. H 원자는 양자역학에
서 아이콘이자 토대의 지위를 지녔는데도 말이다. 더 안정적인 물
질들 중에서 H^+를 수소 '원자'로 부를지 아니면 H_2를 그렇게 부를
지에 대한 결정은 관례의 문제다. H_2는 우리가 일반적으로 '수소'라
고 부르는 놈을 정의하는 공통 속성들을 띤 수준의 조직체라는 점
을 근거로 삼아서 우리는 매우 합당하게 H_2를 수소 '원자'로 부를
수도 있을 것이다. 이 견해는 현대적인 지식에 비춰볼 때 한마디로
터무니없다는 생각이 당신에게 든다면, 나는 이렇게 반문하겠다.
우리는 그 안에서 모든 바리온들이 강한 상호작용에 의해 서로 결
합된 그런 특정한 요소 입자 집합체만을 '원자'라고 부르는데, 그런
집합체가 뭐 그리 신성하다고 우리는 그런 엄격한 어법을 고수하는
것일까? 만일 H_2를 수소 원자로 간주한다면, H^+는 아원자 수소sub-
atomic hydrogen(혹은 수소 아원자hydrogen sub-atom)일 테고, 수소 원자는
오로지 전자들을 빼앗겨야만 두 개의 안정적인 아원자들로 분해될
수 있다는 흥미로운 속성을 지닐 터이다. 이와 유사하게 Cl_2를 염소
원자로 간주한다면, 그 원자는 전자들을 추가로 얻음으로써 두 개의
안정적인 아원자들로 분해될 수 있을 터이다. 그렇다면 HCl 같은 물
질은 수소 아원자 하나와 염소 아원자 하나의 조합일 터이다. 동일

한 시스템 안에서 산소 원자는 우리가 O_2라고 부르는 놈일 테고, 따라서 물은 수소 원자 하나와 산소 아원자 하나의 화합물일 터이다.

화학적 존재론에 관한 우리의 상상력이 일반적으로 몹시 한정되어 있을뿐더러 특정한 방식으로 한정되어 있는 이유는 과연 무엇일까? 화학교육자 키스 테이버(2003)는 오늘날의 표준적인 교육과정이 제공하는 '개념적 화석들'이 많은 학생들을 오도하여 제약적일뿐더러 실은 최신의 현대적 이해와 양립할 수 없는 방식으로 원자를 생각하게 만든다고 상당히 설득력 있게 주장한다. 내가 보기에 테이버의 상황 평가는 나 자신의 생각과 꽤 상통한다.

> 이 개념적 화석들은 학생들로 하여금 '원자적 존재론'을 갖도록 (물질에 관한 분자 모형에서 원자들에 '존재론적 우선권'을 부여하도록) 부추긴다. 화학반응을 고찰할 때 '본래의 원자들을 전제하도록' 부추기며, 온전한 전자 껍질이 바람직하다는 것에 기초하여 화학반응을 합리화하는 설명 틀을 개발하도록 부추긴다. 이 생각들은 물질의 구조에 관한 현대적인 화학적 관점의 발전을 가로막고 분자 수준의 화학적 변화의 본성을 제대로 아는 것을 가로막는 장애물 역할을 한다.(Taber 2003, 43쪽)

테이버의 관심사는 현대의 학생들이 적절한 현대적 이해를 가져야 한다는 것이다. 나의 관심사는 좋은 이해를 제공하는 모든 시스템들의 진가를 알아보는 법을 우리 모두가 배워야 한다는 것이다. 그러나 테이버와 나는 사람들이 현대의 정설조차 아닌 특정한 사고방식에 매여 있지 않아야 한다는 점에 동의할 것이다.

4.1.3 H₂O: 다원주의적 진리

　　모든 관찰자가 보기에 적당히 안정적인 현상들의 영역이 존재한다 하더라도, 그 영역을 개념적으로 또 물리적으로materially 세분하고 정리하는 방법들은 많음을 인정하는 것이 중요하다. 자연그 자체는 깔끔하게 세분되어 분류 상자들에 담긴 채로 등장하지 않는다는 점을 상기해야 한다. 우리는 그 상자들을 스스로 발명해야 하고, 거기에는 우리가 고안하는 어떤 상자 시스템에도 깔끔하게 들어맞지 않는 것들이 있을 개연성이 높다.[17] 분류를 위한 최선의 일반 원리는 중요한 차이들에 초점을 맞추는 것이지만, 몇몇 맥락들에서 매우 중요한 차이들이 다른 맥락들에서는 그리 중요하지 않을 수도 있다. 예컨대 대다수의 화학적 상황에서 우리는 주어진 원소의 모든 동위원소들을 아무 거리낌없이 똑같은 원소로 취급한다. 우리가 알다시피, 다른 상황들에서는 동위원소의 다양성이 온갖 차이를 만들어내는데도 말이다(특정한 동위원소들이 없다면 방사성 탄소연대측정법부터 원자폭탄까지 온갖 것이 작동하지 않을 것이며, 물고기는 중수重水 속에서 죽는다). 특히 화학적 물질의 세계는 미리 분류되어 깔끔한 분류학적 **위계**에 맞춰진 채로 등장하지 않는다. 현대 과학에서 익숙한 '원자' 수준이, 제각각 사뭇 다른 개수의 입자들로 이루어진 단위들을 아우른다는 사실을 마뜩치 않게 여기는 사람은 아무도 없는 듯하다. 가장 적은 개수의 입자들로 이루어진 단위는 수소

17　쿤(1970, 24쪽)을 상기하라. 정상과학은 "패러다임이 제공하는, 미리 형성되었으며 비교적 경직된 상자 안에 자연을 강제로 집어넣는 노력"이다.

이온이다. 확실히 화학을 통틀어 가장 중요한 원자 수준의 단위들 중 하나인 수소 이온은 전자를 지니지 않았으며 다른 모든 원자들 및 이온들과 달리 실은 단일한 기본입자일 뿐이다.

'물은 H_2O다'에 동의하지 않는 생산적 과학 시스템들이 어떻게 과거에 존재할 수도 있었고 지금도 여전히 존재할 수 있을지에 관하여 안락의자에 앉아서 펼치는 사변은 이쯤에서 그만하려 한다. 그러나 이 주장만큼은 제기하고자 한다. 그런 대안적인 시스템들은, 원자와 분자를 공과 막대로 표현하는 확실히 허구적인 모형들이 유용한 무언가를 포착한 것과 마찬가지로, 유용한 무언가를 포착할 수 있을 것이다. 대안적인 개념적 가능성들이 어떤 중요한 전망을 열어서 모종의 다른 이론적 실험적 발전들을 촉발하고, 심지어 우리가 이제껏 충분히 주목하지 않은 현상들의 발견을 촉진하는 일은 절대로 없으리라고 누가 장담할 수 있겠는가? 이 대목에서 내가 주장할 수 있는 바는 제한되어 있다. 왜냐하면 실은 나도 다름 아니라 현대 화학이 받아들이는 현상들을 토대로 삼아서 생각을 펼치고 있기 때문이다. 원자-분자 화학 분야에서 나는 현대 화학이 간과했거나 아직 발견하지 못한 현상들이 존재하는지 알아보기 위한 실험적 연구를 수행할 기회를 이제껏 얻지 못했다. 그러나 다른 분야들을 충분히 보아온 덕분에 나는 일반적으로 최소한 열린마음을 가지고 있다.[18] 잠깐 동안 과학의 진화 계통수를 약간 되짚어 내려가서, 멋진 열매가 달린 다른 가지들이 혹시 없는지, 심지어 우리에게 없는 가지들이 뻗어나갔을 만한 다른 방향들이 혹시 없는지 살펴보는 것은 정녕 쓸데없는 짓일까?

다들 알다시피 물은 H_2O다. 또한 물은 양전기를 띤 수소와 음전기를 띤 산소의 정전기적 결합의 산물이며 전지를 사용하여 분해할 수 있다. 또한 물은 (무게 유일 시스템에서) 수소 '원자'와 산소 '원자'의 일대일 결합의 산물이다. 또한 물은 원소이며, 플로지스톤을 그 원소에 집어넣거나 그 원소에서 빼냄으로써 그 원소로부터 수소 기체와 산소 기체를 생산할 수 있다. 이 밖에도 많은 명제들을 제시할 수 있다. 우리는 논리적 상호모순이 발생하는 방향으로 이 명제들을 해석함으로써 단 하나의 명제만 선택하는 것을 강제할 수도 있을 것이다. 혹은 이 명제들이 각각 **독립적으로** 존재하는 것을 허용하고, 그것들 각각이 속한 실천 시스템들의 장점들을 환영하고 발전시킬 수도 있을 것이다. 어느 쪽을 선택할지는 우리에게 달려 있다. 자연 자체는 우리가 일반적으로 우리 자신에게 허용하는 것들보다 조금 더 많은 개념적 가능성들을 허용할 것이다.

나는 지금 비판을 자청하고 있다. 과학사를 보면서, 19세기의 마지막 사분기가 도래하기 직전까지도 '물은 H_2O다'는 다른 모든 가능성들을 배제하게 만드는 진리로 알려져 있지 않았다는 점을 나는 관찰하고 있다. 철학적, 과학적 관점에서는, 지금도 우리는 '물은 H_2O다'를 과학 지식의 불가피한 부분으로 간주하지 말아야 한다고 나는 주장하고 있다. 물론 물이 **무엇인지**를 우리 멋대로 정할 수 있는 것은 아니다. 현대 화학의 표준적인 방식대로 'H'와 'O'를

---

18 Chang(2002, 2007b, 2011c), 또한 이 책의 2.3.2 참조.

정의하고 나면, 관찰되는 현상들은, 물은 수소 원자 두 개와 산소 원자 하나로 구성된 분자들로 이루어진 화합물임을 긍정하는 것 외에 다른 선택지를 우리에게 거의 제공하지 않는다('이루어진'이라는 말의 의미가 꽤 복잡할 수 있긴 하지만). 그렇게 긍정할 때 우리는 우리가 자의적으로 바꾸거나 부정할 수 없는 자연에 관한 진리를 표현하는 것이다. 그러나 이 진리는 그 안에서 그것이 진리인 다양한 시스템들 안에 내재한다.[19] 바꿔 말해, 우리의 진리 긍정은 우리가 그 시스템들을 계속 채택하는 것에 의존하며, 그 채택은 다시금 그 시스템들의 계속적인 성공에 의존한다. 이 대목에서 진리와 성공 사이의 관계를 명확하게 알 필요가 있다. 나는 성공으로부터 진리를 추론할 수 있다는 표준적 실재론의 생각("이 이론은 아주 성공적이야, 그러니 진리일 수밖에 없어")을 옹호하는 것도 아니고, 진리는 단지 성공을 의미할 뿐이라는 캐리커처 수준의 실용주의("성공적이라면 무엇이든지 진리야")를 옹호하는 것도 아니다. 오히려 내가 생각하는 진리는 특정한 실천 시스템 안에서 판정된 옳음을 뜻한다. 그리고 우리가 한 실천 시스템을 채택할지 여부는 그 시스템이 얼마나 성공적이냐에 의해 결정된다.

　　나는 4.3.1에서 진리의 의미(들)에 대한 논의를 추가로 펼칠 텐데, 내가 채택하는 진리의 개념은 거기에서 '진리5'로 목록에 등재될 것이다. 일단 지금 가장 중요하게 언급해둘 것은 나의 진리 개

---

19 내가 이 문단에서 하는 말은 어떤 의미에서 정말로 새로운 것은 아니다. 나의 이야기를 과거 퍼트넘의 '내재적 실재론internal realism'이나 카르납의 '틀 상대주의framework relativism'와 쉽게 연결할 수 있을 것이다.

넘에 내재하는 다원주의다. 나의 진리 개념은 본래적으로 성공과 연결되어 있기 때문에, 그 개념에는 다원주의가 내재한다.[20] 현실의 삶에서 무릇 성공은 제한적, 상대적, 잠정적 성공이다. 설령 한 실천 시스템 안에서 한 명제의 진리성이 전적으로 정확하고 확실하더라도, 그 진리성에 대한 우리의 긍정은 그 시스템 자체에 대한 우리의 수용이 확정적인 만큼만 확정적이어야 하며, 그 수용은 다시금 그 시스템이 계속 성공적일 때만 보장된다. 성공은 역동적인 기준이며, 상대적 성공의 판정은 배제하기 게임이 아니라 용인容認하기 게임이다. 잠정적 성공은 '머무르기에 충분할 만큼 좋음'에 달려 있다. 래리 라우단(1977, 4장)이 강조했듯이, 중요한 것은 추구pursuit이지, 수용acceptance이 아니다. 그리고 내가 특정 시스템을 선택한다면, 그것은 다른 모든 시스템들이 단절되어야 한다는 것이나 아무도 다른 시스템을 선택하면 안 된다는 것을 함축하지 않는다. 현실의 삶에서 벌어지는 거의 모든 경쟁에서 우리는 2등을 죽여 없애지 않는다. 우리는 2등에게 은메달을 준다. 물은 현대 과학에 익숙한 모든 실천 시스템들에서 H$_2$O다. 그러나 어떤 다른 시스템들에서 물은 다른 무언가였으며 미래에도 그러할 것이다.

4.1.4 지식, 진보, 능동적 실재주의

이쯤 되면 진리, 합리성, 객관성, 진보의 옹호자들이 심각한 반론들을 제기하리라고 나는 예상한다. 쿤이 과학혁명에서의 비정

20　성공에 관한 추가 논의는 4.2.1과 4.2.4 참조.

합성을 주장한 것과 관련해서 맞닥뜨린 반론과 같은 유형의 반론들을 말이다. 다원주의적 진리가 무슨 쓸모가 있을까? 진리가 오직 특정 실천 시스템 안에서만 타당하다면, 그런 '진리'가 무슨 소용이 있을까? 경쟁하는 시스템들 중 하나를 선택하기 위한 명확하고 불가침한 규칙들이 없다면, 과학자들은 어떻게 합리적일 수 있을까? 이론들, 패러다임들, 실천 시스템들이 등장하고 퇴장한다면, 한 시스템에서 알려진 진리들을 다른 시스템으로 이전할 수 없다면, 과학이 성취와 진보를 누적적인 방식으로 보유할 수 있는 것은 어떤 의미에서일까?

과학적 실천을 이해하고 촉진하기 위하여 나는 앎에 대한 우리의 생각을 근본적으로 재정향re-orientation할 것을 제안하고 싶다. 앎을 **믿음**이라기보다 **능력**으로 생각할 것을 말이다.[21] 앎이란 '정당화된 참인 믿음'이라는 인식론자들의 오래된 상식을 둘러싼 논쟁들에서 기원한 생각의 방향들을 추구하는 것은 과학철학에서는 그리 생산적이지 않다고 나는 생각한다. 물론 내가 진리와 믿음에 초점을 맞추는 유서 깊은 인식론의 전통들을 감히 묵살하려는 것은

---

[21] 나의 견해(또한 Chang 2008 참조)는 베르나데트 방소드뱅상과 조너선 사이먼(2008, 201쪽)의 견해와 잘 어울린다. "'·우리는 무엇을 알 수 있을까?'라는 질문을 중심으로 예비적인 인식론적 논쟁의 틀을 짜는 대신에 '우리는 무엇을 할 수 있을까?'라는 질문을 제기하고 그것의 존재론적 귀결들을 탐구하는 편이 더 나을지도 모른다." 이 재정향을 통하여 그 저자들은 또한 역사적 인물들을 손쉬운 이분법으로 대충 분류하는 것을 피하면서 섬세하게 역사를 논할 수 있다. 예컨대 그들은 원자에 대한 케쿨레의 이해하기 힘든 반실재론에 관하여 배울 것이 많은 논의를 펼치는가 하면(188 - 191쪽, 이 책의 3.3.2 참조), 콩트는 반실재론자가 아니었음을 상기시킨다(181쪽).

아니다. 다만 나는 이 책에서 내가 고려하고 있는 질문들을 다루는 데는 그 전통들이 나에게 도움이 안 된다는 불만감을 겸허히 표현할 따름이다. 적어도 실천 시스템 안에 내장된 채로 존재하는 앎을 다룰 때는, 앎을 믿음이 아니라 능력으로—실재의 저항에 좌절하지 않고 이런저런 일을 의도한 대로 신뢰할 만하게 해내는 능력으로—생각함으로써 새롭고 더 나은 통찰들을 얻을 수 있다. '이러저러함을 알기knowing that'와 '어떻게 할지 알기knowing how'가 뚜렷이 구별된다고 상정하는 것은 도움이 되지 않는다. 특히 우리가 오로지 '이러저러함을 알기'에 관심을 기울여야 한다는 취지로 그 구별을 상정할 때 그러하다. 라봐지에주의 화학의 실천자들이 물은 수소와 산소의 화합물임을 알았다면, 이는 그들이 예컨대 어떻게 수소 기체와 산소 기체로부터, 혹은 수소 기체와 금속 산화물로부터 물을 만들지 알았음을 의미한다. 또한 그들은 물과 금속을 어떻게 수소 기체와 금속 산화물로 변환할지 알았다. 플로지스톤주의 화학의 실천자들이 수소는 과플로지스톤 물phlogisticated water임을 알았다면, 이는 그들이 예컨대 어떻게 플로지스톤을 풍부하게 함유한 물질(예컨대 금속)과 물(이를테면 산 수용액에 들어 있는 물, 또는 뜨거운 금속을 스쳐 지나는 수증기 형태의 물)로부터 수소 기체를 만들지 알았음을 의미한다.

논의를 더 진행하기에 앞서 내가 말하는 자연의 **저항**이 무엇을 뜻하는지를 명확히 해둘 필요가 있다. 우리의 인식활동은 오직 자연 혹은 실재가 우리가 이뤄내려는 바를 막지 않을 때만 성공할 수 있다. 만일 우리가 수소 1그램과 산소 16그램을 결합하여 물 17그램을 만들고자 한다면, 우리는 실패할 것이다. 만일 우리가 가장 좋은 조건에서, 가능한 모든 재주를 동원하여 그 결합을 시도하는데도 여전히 실패한다면, 자연이 우리의 계획에 협조하지 않았기 때문에 우리가 실패했다고 결론짓는 것이 신중한 행동이다. 자연이 '저항한다'거나 '협조한다'는 것은 은유적 표현이지만, 어쩌면 비자의적인 외적 실재가 존재한다는 의미를 담기 위해 우리가 시도할 수 있는 최선의 표현일 것이며, 아마도 구성주의constructivism에 대한 상식적 반발의 가장 중요한 본능적 토대일 것이다. 더 긍정적인 관점에서 말하면, 앎이란 실재의 중대한 저항에 좌절하지 않고 일들을 해낼 수 있는 상태라고 할 수 있다. 그런데 비트겐슈타인(1969, 66e, §505)의 말마따나 "사람이 무언가를 아는 것은 늘 자연의 호의[원문은 'Gnaden'(은혜)] 덕분"이고, 자연은 갑자기 우리에게 비우호적으로 돌변할 수도 있을까?―이와 관련해서 우리는 기본적인 오류가능주의적 통찰을 가지고 있다. 우리의 관찰과 행위를 통해 드러나는 현상들에 일관성이 있다면, 그것은 자연의 선물이다. 우리가 자연의 운행 방식들을 유의미하게 숙달했다고 느낄 정도로 우리의 활동들이 성공적일 경우, 우리는 앎을 가진 것이며, 이 관점에서 앎은 성공과 어느 정도 동의어다. 그러나 또한 우리는 자연이 우리의 예상을 깨고 일관성이라는 선물을 치워버릴 수도 있음을 받아들이는 법을 배워야 한다. 평범한 귀납의 문제는 자연의 형언할 수 없는 일관성으로부터 어떤 장대한 결론도 도출할 수 없음을 우리에게 상기시킨다. 이것은 비관적 귀납의 문제보다 더 중요하고 영원한 문제다. 우리는 계속 배움을 이어가고 겸허하게 귀납하지만, 또한 언제든지 무언가 잘못될 수 있고 결국엔 잘못되리라고 예상한다. 실제로 잘못되면, 거기에서 또 다른 탐구 에피소드가 시작될 것이다.[22]

이 재정향으로부터 여러 중요한 귀결들이 따라나온다. 무엇
보다도 먼저, 진리/허위의 배정은 믿음에는 적용되지만 능력에는
적용되지 않는다(바꿔 말해 능력은 진리값을 보유한 무언가가 아니다). 따
라서 이상하게 들릴 수도 있겠지만, 앎에서 관건은 진리가 아니다.
이와 관련된 또 하나의 논점은 능력의 차이는 흔히 흑백의 '할 수
있음/없음'으로 나타나는 것이 아니라 연속적인 정도의 차이로 나
타난다는 것이다. 얼마나 완벽하고 신뢰할 만하게 성공할 수 있느
냐에 따라서 사람은 다양한 정도로 무언가를 성취할 수 있다. '얼마
나 완벽하냐'에 대한 판단은 해당 과제가 요구하는 다양한 판단 기
준들에 달려 있을 것이며, '얼마나 신뢰할 만하냐'에 대한 판단은
단순히 성공 빈도에만 달려 있는 것이 아니라 얼마나 다양한 상황
에서 얼마나 큰 방해를 이겨내고 성공할 수 있느냐에도 달려 있을
것이다. 이렇게 엄밀하지 않으며 정도의 차이가 있는 다양한 판단
들이야말로, 진리에 관하여 이야기하기를 즐기는 사람들이 '근사적
진리'나 '부분적 진리'를 언급할 때, 혹은 오류가능주의를 지지하면
서 우리의 가장 좋은 믿음도 늘 오류일 수 있음을 인정할 때, 포착
하고자 하는 바라고 나는 믿는다. 그러나 그런 언급과 인정의 시도
는 상당히 자기반박적self-defeating이라고 나는 생각한다. 진리의 개
념을 보전하려 애쓰면서 그 개념을 너무 많이 희석하면, 결국 남는
것은 실은 보존할 가치가 없는 무언가일 수도 있다. 더 간단명료한

22　이 대목에서 나는 탐구의 본성에 관한 존 듀이(Dewey 1938, 104쪽 이하)
의 견해에서 영감을 얻었다.

방안은 오래된 진리의 개념에서 벗어나 다른 개념들을 생각의 중심에 놓는 것이다. 앎과 참된 믿음의 분리de-coupling는 또한 인식론으로 하여금 확실성이라는 짐을 내려놓게 한다(이에 관한 추가 논의는 4.3.2 참조).[23] 무언가를 알고자 할 때, 우리는 진리에 관한 표준적인 철학적 견해나 일상적 견해가 요구하는 경향이 있는 그런 유형의 확실성을 가지고 그것을 알지 않아도 된다.

　　앎에 관한 이 같은 입장은 과학적 실재론에 관한 새로운 입장을 낳는데, 나는 그 입장을 '능동적 과학적 실재주의'(혹은 줄여서 '능동적 실재주의')로 칭하려 한다. 나는 이 입장을 둘째 절(4.2)에서 충분히 명확하게 제시하고 방어할 것이지만, 여기에서도 능동적 과학적 실재론의 직관적 윤곽을 제시하고자 한다. 이미 언급했듯이, 나는 실재론을 둘러싼 논의 전체를 진리에 관한 논쟁으로부터 멀리 벗어나 다시 **실재**의 개념을 향하도록 이끌고 싶다. 이때 내가 말하는 실재란 '저 바깥에out there' 존재하며 우리의 의지로 통제할 수 없는 모든 것을 뜻한다. 우리 자신을 최대한 실재에 노출시키고 그 경험으로부터 최대한 배우는 것보다 더 중요한 일이 **실재**론자에게 있을 수 있겠는가? 그리고 제대로 된 '-이즘ism'은 (넓은 의미의) 이데올로기, 곧 우리의 행위를 지배하는 교설이어야 마땅하다. 나는 영어 'realism'을 탁상공론으로 오해받기 십상인 '실재론'이라는 말 대신에 '실재주의'로 칭하고자 한다. 따라서 과학에 대한 '실재주의'는, 우리가 객관적 진리를 어떻게 얻을 수 있는지 혹은 얻어왔는지

23　오류가능주의도 똑같은 역할을 한다.

에 관한 어떤 형이상학적 오만이 아니라, 우리 자신을 실재에 노출시키기로 결심하는 과학적 태도여야 마땅하다. 이런 의미의 실재주의는 흡사 경험주의처럼 느껴질 수도 있을 텐데, 그러해야 마땅하다. 과학적 실재론을 둘러싼 논쟁에서 경험주의와 실재주의가 대결해온 것은 그리 합당하지 않다. 대다수의 평범한 사람들뿐 아니라 전형적인 과학자들은 경험주의자인 동시에 실재주의자이며, 이는 그들이 철학적으로 세련되지 않았기 때문(만)이 아니다. 경험주의와 능동적 실재주의 사이에는 강조점의 차이가 딱 하나 있을 수 있다. 경험주의는 때때로 상당히 수동적이거나 방어적인 교설로 간주된다. 즉, 우리가 보유할 수 있는 유일한 앎의 원천은 경험이며 우리는 다른 것들을 앎의 합법적 원천으로 간주하기를 꺼려야 한다는 점을 강조하는 교설로 말이다. 이 교설 자체는 우리가 어떤 유형의 경험을 얼마나 많이 보유해야 하는가에 대해서 별로 권고하는 바가 없다. 그러나 나는 경험주의의 참된 정신은 내가 말하는 실재주의의 정신과 마찬가지로 능동적이라고 생각한다. 양쪽 교설 모두 우리가 실재와 가능한 한 많이 접촉하고, 또한 우리의 배움을 극대화하는 방식으로 접촉하는 것을 추구해야 한다고 권고한다.

　　나는 (대다수의 경험주의자 및 실용주의자를 포함한) **현실적인** 사람들realistic people이 '실재론'이라는 표찰을 '실재주의'로서 되찾아야 한다고 생각한다. 현실적이라 함은, 궁극적 진리나 확실성에 관하여 몽상하는 대신에, 현실적인 탐구의 조건들과 우리가 그럴싸하게 할 수 있는 것과 알 수 있는 것에 관심을 기울인다는 뜻이다. 이런 맥락에서 다음과 같은 찰스 샌더스 퍼스의 문장을 능동적 실재주의의 위대한 표어로 삼을 수 있다. "탐구의 길을 막지 마라." 나는 에이미 매클로플린(2009, 2011)의 퍼스 해석에 동의한다. 그 해석은 능동적 실재주의에 거의 불가피한 다원주의를 반영한다.[24] 능동적 실재주의의 관점에서 보면, 우리는 다수의 과학적 실천 시스템들을 보유하기를 원해야 마땅하다. 왜냐하면 그래야 더 많은 각도에서 실재와 만날 수 있기 때문이다. 어쩌면 이것은 이론의 여지가 없는 쉬운 얘기로 들릴지도 모른다. 그러나 그런 최대의 배움을 성취하려면 '과학적 실재론'이라는 명칭에 통상적으로 따라붙는 함의들을 배척해야 한다. 특히 어떤 주어진 영역에서 성공적인 과학적 시스템은 독점적 진리를 보유하며 그 진리는 그 시스템에 동의하지 않는 다른 성공적인 시스템들의 진리를 부정한다는 직관을 떨쳐낼 필요가 있다. 5장에서 자세히 논하겠지만, 능동적 실재주의를 위하여 정말로 필요한 것은 서로 최대한으로 비정합적인 실천 시스템들을 동시에 육성하는 것이다! 각각의 시스템은 실재의 특정 측면들을 드러낸다. 그리고 다수의 비정합적인 시스템들을 육성함으로써 우리는 최대의 앎을 획득할 것이다. 내가 이 책에서 제시한 물의 사례는 능동적 실재주의적 다원주의의 혜택을 광범위하게 예증한다.

그리고 그런 다원주의야말로 과학에서 대규모이며 장기적인 진보를 가능케 한다! 과학 지식이 각 시스템 안에서 간단명료하게 가능한 것을 넘어서 **누적적**cumulative으로 성장하는 것은 대개 언

---

24 퍼스는 과학적 탐구가 결국 우주에 관한 단일한 참된 이론을 낳을 것이라고 주장했다는 해석이 흔히 제기되지만, 매클로플린의 해석에 따르면 퍼스의 생각들을 떠받치는 기반은 '실재는 형태가 다양하다Reality is polymorphic'라는 전제다.

급되지 않는 **보호주의적 다원주의**conservationist pluralism의 귀결이다. 그 다원주의는 다양한 지식 시스템을 살려둔다. 그리하여 일어나는 일은 시스템 **의존적** 지식의 누적인데, 이는 오직 **시스템들의 누적**을 통해서만 일어날 수 있다. 우리는 쿤이 한 말의 많은 부분에 동의하면서도, 정상과학에서 패러다임은 한 과학 분야 전체를 독점해야 한다는 쿤의 생각을 배척할 수 있다. 유용한 새 패러다임이 등장하면, 우리는 그것이 번창하여 우리에게 새로운 지식을 제공하게 할수 있다. 쿤의 추정과 정반대로, 우리는 옛 패러다임과 유일무이하게 그 패러다임 안에 붙박인 지식을 버리지 않고 놔둘 수 있고, 실제로 놔둬왔으며, 놔둬야 마땅하다. 2장과 3장에서 논했듯이, 전기화학과 원자화학은 19세기의 긴 기간 내내 각 분야에서 다양한 시스템들이 누적됨을 통하여 진보했다. 또한 내가 1장에서 주장했듯이, 화학혁명을 통해 산소주의 화학 시스템이 등장한 결과로 많은 값진 발전이 일어났다 하더라도, 추가 진보는 더 나중에 에너지와 전자들에 기초를 둔 다른 시스템들을 추가로 채택하여 산소주의자들이 이뤄낸 발전들을 제거하지 않으면서도 플로지스톤주의자들의 옛 관심사들을 다시 다뤘을 때 이루어졌다. 이 대목은 혁명이라는 쿤의 정치적 비유가 무너지는 자리들 중 하나다. 과학에서는 한 분야에 두 개 이상의 패러다임이 나란히 있는 것이 파멸적인 상황이 아니다. 동일한 국가를 다수의 중앙 정부들이 동시에 다스리려 하는 것은 파멸적인 상황일 테지만 말이다. 이것은 내가 5장에서 제기할 주장인데, 과학적 실천은 많은 철학자들이 상상하고 많은 과학자들이 말해주는 것보다 실은 훨씬 더 다원주의적이다. 그리고 과학적 실천은 더욱더 다원주의적으로 됨으로써 혜택을 얻을 수 있을 것이다.

4.2 능동적 과학적 실재주의

4.2.1 우리가 실재로부터 배우는 바를 극대화하기

앞에서 나는 내가 '능동적 과학적 실재주의' 혹은 줄여서 '능동적 실재주의'라고 부르는 교설의 직관적 윤곽을 보여주었다. 이제 그 교설을 더 신중하고 체계적인 방식으로 제시하고자 한다(나는 이 절이 상당한 정도로 자족적이기를 바란다. 따라서 이 책의 앞선 장들에 관한 언급은 간략하게 이루어질 것이며 여기에서 펼칠 논증들을 이해하는 데 필수적이지 않을 것이다). '능동적 실재주의'라는 용어는 내가 고안했지만, 그 교설의 핵심 아이디어는 나의 발명품이 결코 아니다. 3장에서 언급했듯이, 가장 큰 영향력의 원천 하나는 퍼시 브리지먼의 작업주의다. 나의 브리지먼 해석(Chang 2009a)에서, 모든 각각의 물리적 개념에 대하여 잘 정의된 측정 방법을 제시해야 한다는 그의 강력한 주장은 모든 각각의 이론적 명제를 실재와 접촉하는 장소로 만들겠다는 결심을 보여준다. 과학자는 더 높은 반증 가능성과 더 가혹한 검증을 추구해야 한다는 칼 포퍼의 명령도 실재와 더 많이 접촉하라는 요구로 볼 수 있다.[25] 과학 연구 프로그램에 진보성progressiveness이 있어야 한다는 임레 러커토시의 요구도 능동적 실재주의의 맥락 안에서 쉽게 해석할 수 있다. 러커토시에게 '이론적 진보'란 참신한 예측들을 내놓기를 뜻하는데, 이는 실재와의 접촉점

---

25 우리가 참/거짓을 가리는 가설 검증에서 멀리 벗어나 이론의 검증으로 구실할 수 있는 다양한 인식활동들을 더 폭넓게 조망하는 쪽으로 초점을 옮길 수 있다면, 포퍼가 권장하는 바와 내가 옹호하는 바는 실은 그리 다르지 않다.

들을 창출하기와 다르지 않다. '경험적 진보'란 그 예측들 중 일부가 성공적이어서 앎이 확립되는 것을 말한다. 최근의 과학적 실재론 논쟁을 주시해온 사람들의 눈에 더 쉽게 띌 만한 것은 이언 해킹의 '실험적 실재론experimental realism'과의 연관성이다. 실재와의 능동적 접촉을 독려하는 그의 유명한 구호들을 떠올려보라. "그냥 엿보기만 하지 마라. 끼어들어라." "현미경을 통해서 보는 법은 그냥 봄으로써가 아니라 함으로써 배우게 된다."(Hacking 1983, 189쪽) 해킹이 보기에 실재에 대한 앎은 우리가 그 앎의 일부를 도구로 사용하여 다른 목적들을 이뤄낼 때 가장 잘 성취된다. "당신이 그것[양전자]들을 분사噴射할 수 있다면, 그것들은 실재한다."(Hacking 1983, 23쪽) 베르나데트 방소드뱅상과 조너선 사이먼(2008, 206쪽)도 유사한 견해를 밝힌다. 그들은 '작업적 실재론operational realism'을 현장의 화학자들이 공유한 공통의 태도로 제시하면서, 어쩌면 철학자들이 그 태도로부터 교훈을 얻을 수 있을 것이라고 말한다.[26] 이 모든 잘 알려진 통찰들, 그리고 그 밖의 것들이 종합된 결과로 나의 교설인 능동적 과학적 실재주의가 만들어졌다.

　　내가 지금 펼치는 논의는 또한 과학적 실재론을 둘러싼 논쟁 전체의 프레임을 바꾸는 시도이기도 하다. 구체적으로 말하면, 나

26　방소드뱅상과 사이먼에 따르면, 화학자들은 "그들의 화학 연구에 사용되는 도구들의 실재성을" 인정한다. 이 같은 태도는 흥미롭게도 도구주의와 대비된다. 도구주의는 연구자가 사용하는 개념적 도구들의 실재성을 배척하는 태도라고 할 수 있을 것이다. 방소드뱅상과 사이먼은 해킹보다 한걸음 더 나아가, 구체적 대상뿐 아니라 추상적 개념에도 작업적 실재성을 부여한다. 정신적 작업과 '종이와 연필 작업'을 거론할 때의 브리지먼도 마찬가지다.

는 그 논쟁이 진리에 초점을 맞추고 과학에 의한 진리의 달성에 초점을 맞추는 관행에서 멀리 벗어나기를 바란다. 예컨대 바스 반 프라센(1980, 8쪽)의 과학적 실재론에 대한 유명한 정의를 보라. "과학의 목표는 세계가 어떠한지에 관하여 곧이곧대로 진리인 이야기를 과학 이론들에서 우리에게 들려주는 것이다. 그리고 과학 이론을 수용한다는 것은 그 이론을 진리로 믿는다는 것을 포함한다. 이것이 과학적 실재론에 관한 옳은 명제다." 이 정의는 과학의 목표를 통해 실재론의 틀을 잡는데, 나는 그것에 동의한다. 그러나 실재론이 곧이곧대로의 진리를 과학의 목표로 삼아야 한다고 생각하지는 않는다. 실재론을 옹호하는 많은 **철학자들**이 궁극의 진리(첫 철자를 대문자로 쓴 'Truth')를 과학의 목표로 간주한다는 점을 나는 인정한다. 그러나 그런 진리는 실제 과학적 실천의 길잡이로 구실하지 못할 때가 많다. 왜냐하면 그것은 작업가능한 목표가 아니기 때문이다. 실재론을 옹호하는 철학자들의 표준적인 생각에서 진리는 결국 우리의 명제가 말하는 바와 세계의 어떠함 사이의 대응 correspondence으로 요약된다. 그러나 각각의 상황에서 우리는 어떤 방법으로 이 대응이 성립하는지 여부를 판정할 수 있을까? 오토 노이라트([1931] 1983, 66쪽)에게서 유래한 오래된 논리실증주의적 지혜를 상기하라. **"명제는 명제와 비교된다.** '경험'과 비교되지도 않고, '세계'와 비교되지도 않으며, 다른 무엇과도 비교되지 않는다." 논증의 짐은, 명제-세계 대응을 판정할 방법들이 있다고 주장하거나 추정하는 사람들이 져야 한다. 자명한 방법들이 없으니까 말이다. 간단히 생각해보라. 과학자에게 "진리인 이론을 구성하려 애쓰시게"라고 말해준다면, 그것은 얼마나 쓸모없는 방법론적 조언이겠는가. 표준적 실재론의 전략은 당연히 간접적으로 진리에 도달하는 것이다. 다른 이론적 덕목들이 진리로 이어진다면, 우리는 그 덕목들을 통하여 진리를 추구할 수 있다. 그러나 여기에서 우리는 헤어날 수 없는 악순환에 빠진다고 나는 생각한다. 각 상황에서 우리가 진리를 보유했는지 여부를 판정할 수 없다면, 어떤 방법들이 우리를 진리로 이끄는 경향이 있는지를 어떻게 판단할 수 있겠는가? 이 순환성이 정말로 탈출 불가능한 것인지 여부는 과학적 실재론을 둘러싼 논쟁에서 가장 중요한 쟁점이다. 그리고 어떻게 저 질문과 합리적으로 대결할 수 있을지가 불명확하다는 점은 내가 보기에 우리가 과학적 실재론 논쟁에서 빠져 있는 듯한 교착상태의 근본 원인이다.[27]

우리가 그 진리-방법 순환성에서 탈출할 수 있는지 여부에 관한 토론에 빠져드는 대신에, 나는 그 토론에 빠져들 필요를 아예 없애줄 실재론의 개념을 발견하고자 한다. 잠시 동안, '실재론'을 글자 그대로의 의미로, 곧 진짜로 있는 것을, 곧 **외적 실재**(줄여서, **실재**)를 다루겠다는 결심으로 간주해보자. (과학적 탐구나 기타) 탐구의 맥락 안에서, 그 결심은 우리가 실재로부터 **배우는 바**를 극대화하겠다는 결심을 뜻해야 마땅하다(우리는 이 배움이 우리에게 진리나 확실성이나 객관성을 가져다줄 수 있는가를 놓고 논쟁할 수 있지만, 이것은 별개의 사안이다). 하지만 실재란 무엇일까? '외적 실재'는 무엇을 뜻하며,

---

27 내가 이제껏 진리에 관하여 말한 바가 너무 당혹스러워서 이 책을 계속 생산적으로 읽어가기가 어려울 정도라면, 여기에서 4.3.1로 건너뛰어 거기를 먼저 읽은 다음에 다시 돌아와 나머지 부분을 읽으라고 제안하고 싶다.

외적 실재에 관하여 배우려면 어떤 일들을 해야 할까? 심각한 형이
상학에 빠져드는 대신에 나는 실재에 대한 **작업적** 정의를 제시하고
자 한다. 즉, 우리 자신의 의지에 종속되지 않는 모든 것을 외적 실
재로 간주하자고 나는 제안한다.[28] 실용주의 철학자들이 지적했듯
이, 우리의 잘못된 계획에 맞선 자연의 **저항**은 우리가 보유한 실재
개념 자체의 가장 중요한 원천들 중 하나다. 윌리엄 제임스는 성공
을 통해 진리를 정의하는 그 유명한(악명 높은) 진리의 정의를 제시
한 직후에 이렇게 말했다. "알다시피 경험은 우리의 현재 공식들 **바
깥으로 끓어 넘칠** 방도를, 우리로 하여금 그 공식들을 수정하게 만
들 방도를 가지고 있다." 그는 다음과 같이 덧붙였다. "실재성의 유
일한 객관적 기준은 결국 생각에 대한 강제력이다."[29] 또한 마이클
폴라니의 실재관도 이 정의와 어울린다. "한 자연법칙을 진리로 간
주한다는 것은, 아직 알려지지 않았으며 어쩌면 생각할 수 없는 무
한정한 범위의 귀결들에서 그 법칙의 존재가 표출되리라고 믿는다
는 것이다. 그것은 그 법칙을, 우리의 통제 너머에 그 자체로 존재
하는 자연의 실재적인 특징으로 간주한다는 것이다."(Polanyi 1964,

---

28 이 정의는 의식에 대한 실재의 독립성을 강조하는 전통과 맥이 통한다.
그 전통은 예컨대 안잔 차크라바티(2011)의 실재론적 결심에 관한 서술에서
두드러지게 나타난다.

29 퍼트넘(1995) 8쪽, 11쪽에서 재인용. 첫째 인용문의 출처는 James,
Pragmatism and The Meaning of Truth(Cambridge, Mass.: Harvard
University Press, 1978), 106쪽(강조는 원문). 둘째 인용문의 출처는
"Spencer's Definition of Mind as Correspondence", in James, *Essays in
Philosophy*(Cambridge, Mass.: Harvard University Press, 1978), 21쪽.

10쪽) "무언가가 미래에 대체로 확정되지 않은 범위에서 표출될 수 있다고 믿는다면, 그것이 실재한다고 믿는 것이다. (…) 그것은 미래에 무궁무진하게 표출될 수도 있다."(Polanyi 1967, 191 – 192쪽)[30]

그리고 오직 우리의 예상이 빗나갈 때만 우리가 실재와 접촉하는 것은 아니다. 우리가 통제할 수 없는 무언가는 우리가 예상한 대로 나타날 수도 있으며, 바로 이것이 우리가 성공적인 예측을 할 때 일어나는 일이다. 앎이란 우리 존재의 한 상태이며, 그 상태에서 우리는 성공적인 인식활동을 할 수 있다. 그리고 성공적인 인식활동은 오직 실재가 우리의 계획과 예상에 불충분하게 저항할 때만 일어날 수 있다.[31] 어쩌면 우리는 때때로 성공할 자격이 없는데도 성공하겠지만, 만일 우리가 유효한 활동을 한다면, 우리는―그럴 자격이 있건 없건 간에―실재의 한 자락을 붙든 것이다. 우리가 오류 불가능한 성공의 길을 발견하거나 왜 우리가 성공했는지에 대한 어떤 피안彼岸의 설명을 발견하고자 한다면, 그것은 또 다른 사안이다. 그러나 실재가 무엇을 할지, 혹은 실재가 우리에게 무엇을 하도록 허용할지는, 일어나는 일을 우리가 어떻게 설명하거나 예측하느냐에 좌우되지 않는다.

이 실재관이 주목하는 것은 자아와 세계의 근본적 구별이다. 만약에 모든 것이 그저 나의 뜻대로 행동한다면, 나는 외적 실재를

---

30 또한 Polanyi(1966), 32쪽 참조.
31 이 진술들의 의도는 '앎', '실재', '존재' 등의 용어들에 대한 암묵적 정의를 제시하는 것이다.

전혀 감지하지 못할 것이다. 그런데 나의 몸은 내가 원하는 대로 움직일 수 있으니까, 이 실재관은 나의 몸이 실재의 일부가 아님을 함축할까? 전혀 그렇지 않다. 조지 에드워드 무어가 자신의 손을 들어 올리고는 그것이 외적 대상이라고 선언했다는 유명한 일화가 있는데, 그때 그는 그 손의 운동만 빼고 색깔, 모양, 온도, 기타 모든 속성들이 그의 통제를 벗어나 그 자체로 존재한다는 점을 지적하려 했을 것이다. 손을 내가 바라는 대로 움직이는 나의 (평범한) 능력은 그 손을 '나의' 손으로 만든다. 하지만 그 손의 다른(상당히 제한된 운동 범위를 포함한) 속성들은 그것을 외적 대상으로, 실재의 일부로 만든다. 이런 유형의 자아와 세계의 혼합blend은 내가 세계 안에 있으면서 세계와 상호작용할 수 있게 해주는 신비롭고 경이로운 일이다. 또한 나 자신의 의지는 다른 모든 사람들에게 외적 실재의 일부다. 물론 그 의지가 나 자신에게 외적 실재의 일부라고 말할 수는 없지만 말이다.[32] 내가 형이상학의 영역에 발을 들이고 낼 수 있는 잡음은 여기까지가 전부다. 서둘러 과학철학으로 돌아가자. 과학철학에서 중요한 질문은, 실재와의 접촉이란 무엇을 의미하는가, 그리고 그 접촉 경험으로부터 배운다는 것은 무엇을 의미하는가 하는 것이다.

---

32 몇몇 특정한 맥락에서는 나 자신의 정신mind의 부분들이 외적 실재의 영역에 속할 것이다. 감정과 욕망은 흔히 나 자신의 통제에 종속되지 않으며, 만약에 내가 나 자신의 정신적 상태를 외적 실재의 일부로 간주하지 않는다면, 자기성찰적 심리학introspective psychology은 무의미한 활동일 것이다. 하지만 과학에서 더 익숙한 다른 맥락들에서 나의 욕망과 인지적 상태는 나의 의지하는willing 자아의 일부로 등장할 것이다.

실재로부터 배우기 위한 가장 기본적인 필요조건은 우리가 통제할 수 없는 일들이 일어날 상황 안에 우리 자신을 놓는 것이다. 이 필요조건을 채우기는 어렵지 않으며, 실은 채우지 않기가 상당히 어렵다. **배움**이 발생하려면, 우리는 일어나는 사건들에 우리의 감각들을 노출시키는 방식으로 그런 상황을 마련할 필요가 있다. 이때 감각들이란 이른바 오감뿐 아니라 우리가 보유한 모든 정보 등록 양태들을 포괄한다. 예컨대 우리가 실재와 신체적으로 상호작용할 때 반드시 발생하는 근육의 긴장도 감각이다. 또한 우리는 적절하게 작업화된 개념들을 가지고 있어야 한다. 그래야 경험이 무언가를 **의미**할 수 있다. 그리고 배움을 **극대화**하려면, 우리의 예측이 반박될 개연성이 가장 높은 상황을 마련할 필요가 있다. 이것은 포퍼가 가혹한 검증을 요구할 때, 러커토시가 참신한 예측을 진보의 기준으로 제시할 때, 또한 "탐구를 수행하는 최적의 길은 저항이 가장 큰 경로를 따라가는 것"[33]이라고 퍼스가 조언할 때, 이들의 생각의 바탕에 깔린 기본적인 직관이다. 쿤이 문제 풀이 능력을 강조하는 것도 이 맥락에 잘 들어맞는다. 반증 사례가 나왔다면, 우리 앞에 문제가 놓여 있는 것이다. 그 문제를 푸는 것이 배움의 과정이며, 그 과정에서 우리는 다른 새로운 예측들을, 그것들이 실재와의 추가 만남을 통해 반박되지 않기를 바라면서, 생산하는 법을 배운다.

우리가 실재로부터 배우는 바를 극대화하는 방법을 논하면서 나는 '실재론'을 뜻하는 영어 'realism'의 'ism' 부분을 건드리

---

33 McLaughlin(2011), 353쪽. 퍼스의 말을 글자 그대로 인용한 문구는 아님.

기 시작했다. 내가 이해하기에 실재론적 입장은 외적 실재가 존재
한다는 것에 대한 인정일 뿐 아니라 외적 실재를 다루겠다는 결심
이기도 하다. **과학적** 실재론적 결심은 의도적이며 체계적인 방식으
로 실재에 관하여 최대한 많이 배우겠다는 것이다. 영어 접미사 '이
즘$_{ism}$'의 의미는 다양하지만, 나는 우리가 강한 의미를 채택해야 한
다고 생각한다. 즉, '이즘'은 넓은 의미의 이데올로기다. 그런데 이
것은 철학자들이 과학적 실재론을 논할 때 일반적으로 채택하는 의
미가 아니다.[34] 내가 '표준적 (과학적) 실재론'이라고 부르는 것은, 받
아들여진 과학적 이론들은 진리를—적어도 근사적이거나 부분적
인 진리를—보유했다는 믿음이다.[35] 또한 표준적 실재론이 진리
에 초점을 맞춘다는 점을 강조하고자 할 때 나는 '진리 실재론$_{truth}$
$_{realism}$'이라는 용어를 사용할 것이다. 또한 이 용어는 표준적 실재론
이 더는 표준적이지 않을 미래에 대비한 것이기도 하다. 표준적 실

---

34 서양에서 유래한 몇몇 '이즘'들이 나의 모어인 한국어로 어떻게 번역되었
는지 살펴보는 것은 흥미로운 일이다. 'communism'과 'capitalism'은 '공산
주의'와 '자본주의'로 번역된 반면, 'realism'은 '실재론'으로 번역된다. 한편,
'idealism'은 '이상주의'(실용적이거나 이기적이지 않고 이상을 추구하는 태도)나
'관념론'(유물론과 반대되는, 오직 관념만 실재한다는 믿음)으로 번역하여 의미
의 애매함을 해소했다. 내가 옹호하는 입장을 한국어로 부르려면 '실재주의'가
적당할 것이다.

35 얼핏 보면 표준적 실재론은 반 프라센(1980, 8쪽)이 정의한 실재론보다
더 강하다. 후자는 과학이 진리를 **목표로 추구한다**는 것만 말하니까 말이다.
그러나 실질적으로 양자는 그리 다르지 않다. 왜냐하면 반 프라센의 정의는
'이론을 받아들이는 것은 이론이 진리임을 믿는 것을 함축한다'라는 명제로까
지 나아가기 때문이다. 요컨대 실재론자들이 받아들이는 이론이 **있다면**, 그들
은 그 이론이 진리라고 믿는 것이다.

재론의 기본 메시지는 현대 과학이 잘하고 있다는 것인 듯하다. 하지만 나는 과학에게 공허하지 않은 조언을 해줄 수도 있는 철학적 '이즘'을, 규범적 면모를 약간 지닌 무언가를 제안하고 싶다. 여기에서 내가 만들어내고자 하는 실재주의는 과학 이론들이 어떠한가에 관한 한낱 서술이 아니라 과학자들이 자신들의 실천을 조형造形할 때 사용할 수 있는 지침이다. 즉, 내가 말하는 과학적 실재주의는 우리가 실재와의 접촉을 추구하되 우리의 배움을 극대화하는 방식으로 그렇게 해야 한다고 권고하는 **능동적** 교설이지, 우리가 우주에 관한 객관적 진리를 어떻게 얻을 수 있거나 얻어왔는지에 관한 탁상공론식 서술이 아니다.

    능동적 실재주의의 가장 뚜렷한 적은 탐구의 길들을 봉쇄하는 교조주의domgatism다. 이런 맥락에서 나는 포퍼와 러커토시가 '사이비과학'에 퍼부은 독설毒舌을 진심으로 지지한다. 사이비과학은 어떤 대가를 치르더라도 자신이 소중히 여기는 믿음을 방어하려 몸부림친다. 그 믿음에 반하는 관찰 결과를 버리고, 그 믿음을 반박할 가능성이 있는 실험을 기피하면서 말이다. 또한 나는 새로운 과학 이론들을 방해하는 이른바 철학적 원리들에 대한 필립 프랭크 (1949)의 비난을 지지한다. 프랭크가 보기에 그 원리들은 단지 '석화石化된' 지난 시대의 과학 이론들, 부당하게 형이상학적 원리의 지위로 격상한 경험적 명제들일 따름이다. 능동적 실재주의적 배움의 과정을 방해하는 또 다른 유형의 장애물은 외적 실재와의 접촉 없이 자기 머릿속에서, 과학을 규제하는 철학적 원리인 듯한 것들을 생산하는 합리주의자들에게서 유래한다.

    표준적 실재론과 반실재론의 맞섬에 의해 정의되는 논의의 장에서 능동적 실재주의는 어디에 위치할까? 나는 먼저 더 간략하게 반실재론을 다룰 것이다. 그 다음에 이어질 나의 주요 논쟁은 표준적 실재론자들을 상대할 것이다. 반 프라센이나 뒤엠, 마흐 같은 반실재론자들이 자연에 관한 다양한 관찰 결과들 혹은 사실들을 점점 더 많이 수집하는 것을 옹호하는 한에서, 그들은 능동적 실재주의의 기초적인 필요조건을 충족시킨다. 이른바 반실재론자인 그들이 관찰 불가능한 항목들에 관한 진리를 추구하는 것에 관심이 없다는 점은 능동적 실재주의자에게 중요한 문제가 아니다. 표준적 실재론의 표어가 진리라면, 능동적 실재주의의 표어는 **진보**progress다. 몇몇 극단적인 반실재론들과 달리 능동적 실재주의의 관점에서는, 관찰 불가능한 것들에 관한 이론이 우리를 실재에 관한 더 많은 발견들로 이끄는 발견적heuristic 힘을 지녔다는 점을 무시하지 않는 것이 중요하다. 이런 면에서, 도구주의나 구성적 경험주의가 능동적 실재주의를 가로막아야 할 이유는 없다. 관찰 불가능한 것들에 관한 명제는 독립적인 의미가 없으므로 사용하지 말아야 한다는 것이 실증주의의 취지라면, 실증주의는 능동적 실재주의에 해를 끼칠 수도 있다. 반면에 실증주의나 기타 반실재론이 실재가 어떠하고 어떤 유형의 이론들이 허용 가능한지에 관한 불필요하고 제약적인 표준-실재론적 전제들을 불안정하게 만드는 데 사용된다면, 실증주의를 비롯한 반실재론은 능동적 실재주의에 도움이 될 수 있다. 프랭크는 비엔나 서클Vienna Circle의 일원이었음을 상기하라. 존재에 대해서는, 아서 파인(1984)이 옹호한 여유로운 '자연적 존재론적 태도natural ontological attitude'를 취하는 것이 가장 쉬울 것이다. 그러나 특정 이론적 항목들의 존재에 관한 긍정적이거나 부정적인 주

장들은 그런 주장들을 검증하기 위한 특정한 경험적 관찰들을 제안
함으로써 실제로 능동적 실재주의에 기여할 수 있다.

　　이제까지의 설명을 보면, 과학과 앎에 관한 경험주의적 태도
라면 어떤 것도 능동적 실재주의와 반대될 수 없으리라고 느껴질
지도 모르겠다. 그러나 실제로 표준적 실재론은 능동적 실재주의를
심하게 방해할 수 있다. 왜냐하면 진리란 대응이라는 생각에 내재
하는 일원주의 때문이다. 이 생각은 실재의 임의의 부분에 관한 진
리는 단 하나라고 전제한다. 이 일원주의는 내가 능동적 실재주의
의 주적主敵으로 지목한 교조주의로 넘어가기 십상이다. 포퍼-쿤 논
쟁은 내가 지금 말하고자 하는 바를 교훈적으로 보여준다.[36] 각각
의 새 이론은 앞선 이론보다 더 많은 경험적 내용을 가져야 한다고
요구할 때 포퍼는 능동적 실재주의자였다. 그러나 그는 일원주의적
색채를 상당히 띤, 연속성에 대한 부당한 요구를 덧붙였다. "새 이
론은 아무리 혁명적이더라도 항상 앞선 이론의 성공을 완전히 설명
할 수 있어야 한다."[37] 포퍼의 요구는 물리학의 역사에서 이를테면
뉴튼 역학이 특수상대성이론으로 이행할 때와 같은 소수의 인상 깊
은 순간들에 충족되었을 수도 있다. 그 이행에서는 의미론적 비정
합성에도 불구하고 수數적인 의미에서 과거의 현상들이 새 패러다

36　포퍼-쿤 논쟁에 대한 나의 이해는 스티브 풀러(2003)의 이해와 어느 정도
맥이 통한다. 후자는 당연히 나의 이해보다 시간적으로 앞선다.

37　Popper(1981), 94쪽. 한 이론이 다른 이론보다 '사실들에 더 잘 들어맞는
다'는 말의 의미에 관한 더 상세한 서술에서 그는 이렇게 강한 연속성 요구를
삼가는 듯하다(Popper 1972, 232쪽).

임 안에 완전히 수용되었다. 그러나 과학의 발전에서 그런 사례가 과연 얼마나 많을까? 고전역학에서 양자역학으로의 이행은 좋은 반례다. 왜냐하면 실제로 거시적 강체rigid body는 양자역학의 용어들로 적절하게 서술될 수 없기 때문이다. 쿤은 포퍼 풍의 연속성 요구가 지닌 한계를 꽤 명확하게 알아챘기에, 서로 다른 패러다임들 사이의 비정합성과 한 패러다임에서 다음 패러다임으로의 이행이 일어날 때 발생할 수 있고 실제로 발생하는 지식의 상실을 지적했다. 그러나 쿤의 과학관조차도 일원주의의 손아귀 안에 있었다. 그리하여 그는 한 분야에서 지배적 패러다임이 독점권을 누리는 것을 정상과학의 전제조건으로 간주했다. 이런 패러다임-일원주의에서, 또 패러다임 이행기의 '쿤 상실'에 대한 그의 무관심에서 쿤은 능동적 실재주의의 요구에 부응하는 데 실패한다. 첫 절(4.1)의 막바지에 지적했듯이 여기에서 해독제는 '보호주의적 다원주의'다. 즉, 과거에 성공적이었던 이론들과 패러다임들을 그것들이 과거에 우수했던(또한 지금도 여전히 우수한) 방면을 위해 보존하면서 우리가 실재와 새롭고 신선하게 접촉하는 것을 도울 새 이론들과 패러다임들을 **추가**하는 것이다.

능동적 실재주의에 대한 나의 옹호를 더욱 굳건히 다지기 위하여 다음 절들에서 나는 표준적 진리-실재론을 둘러싼 논의에서 가장 중요하게 등장하는 논제들 가운데 셋을 검토할 것이다. 그것들은 성공에서 진리로 나아가는 추론, 그 추론이 '성숙한' 과학들에서는 확고하게 옳다는 견해, 그리고 과학사에 기초한 '비관적 메타-귀납'이다. 처음 두 논제는 표준적 과학적 실재론을 떠받치는 주요 기둥들로 여겨진다. 나는 그 기둥들을 폭파하고, 과학에서 성공의 개념과 성숙의 개념을 신중히 재검토하면 오히려 능동적 실재주의를 옹호하게 됨을 보여줄 것이다. 비관적 메타-귀납에 대해서는, 나는 그것을 다르게 해석하여 능동적 실재주의와 충분히 어울리게 만드는 방법을 제안할 것이다. 물론 그 해석에서도 그것은 여전히 표준적 실재론의, 성공에서 진리로 나아가는 추론에 대한 반박으로서의 역할을 유지할 테지만 말이다. 전반적으로 나는 표준적 과학적 실재론의 비판적 완화를 추구한다. 그 완화는 능동적 실재주의에 힘을 실어줄 것이며, 그 완화의 긴급성은 전통적인 실재론 논쟁에서 나올 것이다.

4.2.2 비관적 귀납의 낙관적 해석

　　표준적 실재론적 직관들을 재설계하는re-engineer 작업에서 결정적으로 중요한 것은 과학의 성공에 기초하여 과학적 실재론을 옹호하는 논증(줄여서 '성공에 기초한 논증')을 꼼꼼히 검토하는 것이다. 왜냐하면 그 논증은 실재론을 가장 설득력 있게 옹호하는 논증으로 널리 간주되기 때문이다. 심지어 반 프라센(1980, 39쪽)은 그 논증을 "궁극의 논증Ultimate Argument"으로까지 칭한다. 우선 그 논증 자체를 상기할 필요가 있다. 힐러리 퍼트넘에게서 유래했으며 흔히 '기적 아님 논증no miracle argument'으로 불리는 가장 유명한 버전은 아래와 같다.

　　실재론을 옹호하는 **적극적 논증**은, 실재론이 과학의 성공을 기적으로 만들지 않는 유일한 철학이라는 것이다. **성숙한** 과학 이론들 속의 용어들은 전형적으로 무언가를 지칭한다는refer 것(이 문

구는 리처드 보이드에게서 유래한 것임), **성숙한** 과학에서 받아
들여진 이론들은 전형적으로 근사적으로 진리라는 것, 동일한 용
어는 서로 다른 이론들에서 등장하더라도 동일한 것을 지칭할 수
있다는 것—과학적 실재론자는 이 진술들을 필연적 진리로 간
주하지 않지만 과학의 성공에 대한 유일한 **과학적 설명**의 일부로
간주하며 따라서 과학에 대한, 또한 과학과 과학의 대상들 사이
의 관계에 대한 임의의 적합한 과학적 서술의 일부로 간주한다.[38]

(내가 생각하기에 여기에서 우리는 성공적인 지칭reference의 핵심을 존
재 명제의 진리성으로 간주함으로써 **설명항**을 더 간단히 '전형적 과학 이론들
의 진리성'으로 이해할 수 있다.) 퍼트넘의 버전보다 더 오래되었지만
흔히 인용되는 또 다른 버전은 스마트(1963, 39쪽)에게서 유래했다.

순전히 도구적인[39] 이론을 진리로 만들기 위해서 세계의 현상들
이 이러이러해야 한다는 것은 기이하지 않은가? 반면에 우리가
이론을 실재론적인 방식으로 해석하면, 그런 우주적인 우연의 일
치는 필요하지 않다. 검류계와 구름상자가 그러그러하게 행동하

---

38 Putnam(1975a, 73쪽). 강조는 원문에 없지만 나중에 언급할 때의 편의를
위해 추가함.

39 사실 나는 여기에서 스마트의 논증이 도구주의instrumentalism를 전혀 건
드리지 않는다고 생각한다. 이 논증은 우리의 성공적인 이론이 실은 거짓이라
는 견해에 대한 반박으로서만 유효하다. 도구주의자는 이론에 진리값을 부여
하지 않으며, 거짓인 이론이 옳은 관찰 가능한 귀결들을 가지게 해주는 우주적
인 우연의 일치에 호소할 필요가 없다.

는 것은 놀라운 일이 아니다. 왜냐하면 전자 등이 실재한다면, 우리는 바로 그러그러한 행동을 예상해야 마땅하니까 말이다.

인용한 두 논증 사이에는 중요한 차이가 있다.[40] 명백하게 퍼트넘의 논증은 전반적인 인식 사업enterprise으로서 과학 전체의 성공을 거론한다. 반면에 스마트의 논증은 구체적인 과학 이론에 가장 자연스럽게 적용될 것이다. 물론 우리는 과학 전체를 하나의 거대한 이론으로 취급하는 것을 상상할 수 있기는 하지만 말이다. 스마트가 '우주적인' 우연의 일치를 언급하는 것에 휩쓸려 오해를 품지 말아야 한다. 그 언급이 반영하는 것은, 충분히 일반적인 임의의 특수한 물리 이론은 우주의 다양한 부분들에 관한 상호조율된 함의들을 가질 것이라는 사실뿐이다. 내가 지적하고 있는 차이를 성공에 기초한 논증의 전반적 버전과 국소적 버전의 차이로 간주할 수도 있을 것이다. 흔히 융합되기는 하지만 이 버전들이 하는 말은 서로 사뭇 다르다. 이 점은 이어질 나의 논의에서 명확해질 것이다.[41]

성공에 기초한 논증에 대한 반론들 가운데 흔히 가장 치명적이라고 여겨지는 것은 과학사에 기초한 비관적 (메타-)귀납, 혹은 줄여서 '비관적 귀납'이다. 나는 능동적 실재주의자에게는 비관적 귀납이 전혀 걱정거리가 아니라고 주장하고 싶다(4.2.4에서 나는 비관

---

40   두 논증 사이에 몇 가지 다른 차이들도 있는데, 그것들은 Stathis Psillos (1999, 72-73쪽)에서 정확하게 논의된다.

41   실제로 퍼트넘(1978, 19쪽)은 명확히 국소적인 버전의 논증도 제시한다.

적 귀납 자체를 받아들이지 않는 사람들에게 몇 마디 하게 될 것이다). 비관적 귀납은, 성공적인 이론이 틀린 것으로(즉, 그 자신도 훗날의 과학에 의해 반박될 개연성이 매우 높은 현재의 과학에 따르면, 틀린 것으로) 판명된 수많은 사례들을 제시함으로써 성공에서 진리로 나아가는 추론을 가로막으려 한다. 이 아이디어의 원조는 래리 라우단으로 지목되는 경우가 매우 많지만, 내가 생각하기에 비관적 귀납의 토대는 이미 쿤의 연구에서 충분히 마련되었고, 메리 헤세는 벌써 1970년대 중반에 비관적 귀납을 잘 알려진 난점으로 언급했다.[42] 현재를 살아가는 우리의 기억 속에서 누가 원조인지는 중요하지 않다. 2.2.3에서 언급했지만, 비관적 귀납의 핵심에 놓인 정서와 유사한 것은 이미 19세기 후반에 아레니우스의 스승 페르 클레브에 의해, 또한 의심할 바 없이 다른 많은 사람들에 의해 표출되었다. 스타티스 프실로스(1999, 101쪽)는 비관적 귀납 논증을 간결하고 예리하게 요약한다.

> 과학사는, 다양한 시기에 오랫동안 경험적으로 성공적이었지만 세계의 심층구조에 관한 주장들에서 틀린 것으로 드러난 이론들로 가득 차 있다. 마찬가지로 과학사는 성공적인 이론들에서 등장하지만 아무것도 지칭하지 않는 이론적 용어들로 가득 차 있다. 그러므로 과학 이론들에 관한 단순한 (메타-)귀납에 의해, 현재 성공적인 우리의 이론들은 틀렸을 개연성이 높다는 결론이 나

42　헤세는 이렇게 말한다. "과학이 자연스럽게 발전하는 가운데 우리의 **모든** 이론적 용어들이 플로지스톤과 마찬가지로 사망할 가능성이 있다. 혁명가들은 이 가능성을 강조한다."(Hesse 1977, 271쪽)

온다. (⋯) 그리고 그 이론들에 등장하는 용어들 중 다수나 대다수는 아무것도 지칭하지 않는 것으로 판명될 것이다. 따라서 이론의 경험적 성공은 이론이 근사적으로 진리라는 주장을 보증하지 못한다.

나는 비관적 귀납을 낙관적으로 해석하고자 한다. 성공이 우리가 진리를 소유하고 있다는 생각을 보증하지 못한다는 사실 앞에서 우울감에 빠지는 대신에, 우리는 이렇게 생각해야 마땅하다. '진리를 알지도 못하는데 우리가 이토록 성공적일 수 있다니, 이것은 얼마나 경이로운가!' 1장을 돌이켜보라. 플로지스톤은 참되게 존재하지 않았지만, 플로지스톤주의 화학 시스템은 얼마나 성공적이었는가! 또 라봐지에의 산소 기체는 산성의 요소였고 다량의 칼로릭과 결합되어 있었는데, 그런 산소를 기반으로 삼아서 라봐지에가 얼마나 좋은 화학을 했는가! 2장을 돌이켜보라. 전기화학자들은 19세기 내내 원자가 전자를 잃거나 얻음으로써 이온으로 된다는 것조차 모르면서도 많은 성공을 이뤄냈다. 3장을 돌이켜보라. 원자화학의 첫 반세기 동안 이루어진 모든 성공은 원자의 물리적 본성이나 구조에 관한 매우 빈약한 지식에 기초를 두었거나 공 같은 원자들이 막대들로 연결되듯이 결합하여 2차원 분자를 이룬다는 것과 같은 틀렸거나 허구적인 생각에 기초를 두었다. 요컨대 비관적 귀납은 우리를 행복하게 만들 수 있다. 우리가 비관적 귀납을 물구나무 세우는 법을 터득한다면 말이다. 비관적 귀납의 결론을 한탄하기 전에, 비관적 귀납의(위의 프실로스 인용문에 나오는) **전제**를 음미하라. "과학사는, 다양한 시기에 오랫동안 경험적으로 성공적이었지만 세계의 심층구조에 관한 주장들에서 틀린 것으로 드러난 이론들로 가득 차 있다." 여기에서 멈춰 환호하라! 비관적 귀납 논증의 나머지 부분을 생각하며 근심에 빠지는 대신에, 과학적 성공에 관한 (흔히 과장되지만 그럼에도 진짜인) 이 사실을 어떻게 제대로 인정하고 고마워할지에 더 집중해야 한다고 나는 제안한다.

비관적 귀납의 타당성이 인정될 경우 실존적 위기에 빠질 사람들이 있다면, 나는 그들에게 치료를 권하겠다.[43] 아무 치료나 권하는 것이 아니라, **의미치료**logotherapy를 권한다. 이 말은 반만 농담이다. 의미치료는 빈의 (프로이트와 아들러에 이은) 세 번째 심리치료 학파의 시조로 평가 받는 빅토어 프랑클에 의해 창시되었다. 그는 나치 강제 수용소의 생존자였다. 프랑클의 '비극적 영웅주의tragic heroism'는 삶의 의미를 우리가 이미 이뤄낸 바를 인정하고 감사하는 것에서 발견할 수 있다고 가르친다. 어느 누구 혹은 무엇도, 히틀러도 죽음도, 우리가 이미 이뤄낸 것을 절대로 앗아갈 수 없다. 왜냐하면 우리가 "그것을 우리의 과거 속으로 구해냈기" 때문이다. 모든 것이 이토록 덧없는 것은, 모든 것이 미래의 불확실함으로부터 과거의 확고함을 향해 달아나는 중이기 때문이다. 프랑클은 "과거에 관한 낙관주의"와 "미래에 관한 능동주의activism"를 겸비할 것을 권한다(Frankl 1978, 102 – 113쪽). 삶뿐 아니라 과학에서도 마찬가지다. 성공적인 실천 시스템은 확고한 성취이며 삶에서 어느 것

---

43 나는 이 생각의 단서를 파인(1984, 102쪽)에게서 얻은 것이 틀림없다. 그는 에른스트 마흐의 《감각의 분석》을 읽는 것을 "효과적인 실재론-치료법"으로 권했다. 또한 당연히 후기 비트겐슈타인도 이 생각에 영향을 미쳤다.

에 못지않게 영속할 것이다. 바꿔 말해, 자연법칙들 자체가 변화하지 않고 평범한('내일도 해가 뜰 것이다' 유형의) 귀납이 타당하기만 하다면, 성공적인 실천 시스템은 안정적일 것이다. 비관적 귀납 시나리오에서 정말로 그릇된 부분은, 또 다른 성공적인 새 이론이 등장하여 옛 이론은 틀렸다고 선언하는 듯하면 **성공적인** 옛 이론은 **배척**되어야 한다는 생각이다. 바로 이 생각을 보호주의적 다원주의는 반박한다.

　　내가 보기에 비관적 귀납을 대하는 최선의 방식은 그것을 반어적ironic 논증으로 받아들이는 것이다(혹은 더 엄밀한 논리적 용어로 말하면, 비관적 귀납을 귀류법 논증으로 삼을 수 있을 것이다). 때때로 사람들은 이 논점을 제대로 이해하지 못한다. 과거에 성공적이었던 이론의 대다수가 틀렸음을 현대 과학이 보여준다고 우리가 말할 때, 우리는 현대의 이론들이 진리라고 전제하는 것이다. 그런데 현대의 이론들이 진리라는 것을 우리는 어떻게 알까? 왜냐하면, 그 이론들이 아주 성공적이기 때문이다! 요컨대 전체 논증이 출발점으로 삼은 전제는 성공-진리 연관성, 더 정확히 말하면, 성공적인 이론은 진리라는 것이다. 그러나 **과거의** 많은 **성공적인 이론들이 틀렸음**을 현대의 이론들이 보여준다는 결론을 우리가 내리는 순간, 그 전제는 반박된다. 서로 비정합적인 이론들이 제각각 충분히 성공적이었던 역사를 감안하면, 성공-진리 연관성은 깨진다.

　　비관적 귀납의 아이러니는 큰 충격을 일으켰다. 비관적 귀납이 정말로 보여주는 것은 진리와 성공을 너무 긴밀하게 연결하려는 시도가 미심쩍다는 것이다. 진리와 성공은 사뭇 다르다. 두 이론이 서로 모순된다면, 그 이론들은 둘 다 진리일 수 없다. 그러나 그 이론들은 둘 다 성공적일 수 있다. 비관적 귀납은 성공-진리 연관성 전제를 깨부수는 데 기여한다. 그 연관성을 끊으면, 성공 개념은 진리란 대응이라는 생각에 내재하는 독점성으로부터 해방될 것이며, 우리는 다수의 시스템들이 동시에 성공적일 수 있음을 쉽게 받아들일 수 있게 될 것이다. 우리의 관심을 진리에서 다른 곳으로 돌림으로써 우리는 과학의 성공을 더 적절하고 정확하게 이해하고 그 진가를 인정할 수 있다. 또한 그러면서도 우리는 성공이 함축하는 바에 관한 비현실적 견해들을 거부할 수 있다.

4.2.3 성공에 기초한 논증은 어떻게 실패하는가

　　비관적 귀납의 아이러니를 뒤로 하고 이제 나는 과학의 성공에 기초한 표준적 실재론 논증을 더 직접적으로 비판하고자 한다. 앞 절에서 나는 '성공'이 무엇을 의미하는가에 대해서 상당히 무심했지만 이제는 성공의 개념 자체에 관하여, 또한 성공을 '설명한다'는 발상에 관하여 몇 가지 진지한 질문을 제기하고 싶다. 그 질문들에 대해서 내가 제시하려 하는 대답들이 추구하는 바는 (일부) 과학이 (다양한 정도로) 성공적이라는 사실로부터 우리가 철학적으로 배울 수 있다는 말이 무슨 뜻인지에 대한 이해를 향상시키는 것이다. 이 고찰을 거치고 나면, 능동적 실재주의가 훨씬 더 합리적이고 유익하게 느껴지리라고 나는 생각한다.

　　1. 과학은 정확히 얼마나 성공적일까? 우리는 이를 어떻게 판정할까? 우리가 충분히 알지 못하는 다양하고 끔찍한 병으로 사람들이 죽어 나가는 마당에, 지구의 기후가 어떻게 작동하는지(혹은

충분히 많은 CO_2를 대기에서 제거하려면 어떻게 해야 하는지) 확실히 알 수 없는 마당에, 거대한 가속기들과 끈이론과 아인슈타인의 천재성에도 불구하고 우주의 근본적 존재론이 여전히 안개 속인 마당에, 어떻게 우리는 과학의 성공에 대해서 이토록 우쭐할 수 있을까?[44] 우리의 과학은 확실히 〈스타 트렉〉에 나오는 벌컨Vulcan 족의 과학만큼 성공적이지 못하다. 우리의 과학은 고대의 피라미드 건설 기술이나 휴대전화, 구글, GPS 같은 현대적 기술들, 심지어 거미를 비롯한 특정 동물들의 그물 짜기 솜씨보다 과연 더 성공적일까? 현대 과학은 오로지 과거의 과학과 비교할 때만, 또한 점술, 마법, 투자은행 운영, 정치와 같은 여러 미심쩍은 인간적 사업과 비교할 때만 확실히 성공적이다.

요점은 이것이다. 인류사를 통틀어 우리는 완벽하고 절대적인 성공이라고 할 만한 것을 목격한 적이 없다. 과학에서도 그렇고, 그 밖에 어떤 사업에서도 그렇다. 우리가 누려왔거나 누리기를 바랄 수 있는 모든 성공은 단지 유형이 다양하고 정도가 상대적인 성공일 뿐이다. 만약에 우리가 설명하고자 하는 것이 과학의 완벽하고 절대적인 성공이라면, 성공에서 진리로 나아가는 추론은 충분히 잘 작동할 것이며, 따라서 최소한 직관적인 수준에서 우리는 "과

---

44 2010년 초여름, 무려 다섯 가지 힉스 보손이 존재할 수도 있다는 이야기가 사람들을 흥분시켰다. 비록 그때까지 발견된 힉스 보손은 하나도 없었지만 말이다. 2011년 9월에는 빛보다 빠르게 이동하는 듯한 중성미자들에 관한 이야기가 과학 뉴스를 도배했다. 이 최신 이야기들이 계속 존속할지 여부를 어느 누가 장담할 수 있겠는가.

학은 **그렇게** 성공적이므로 진리일 수밖에 없다"라고 말해야 할 것이다. 그러나 실제 세계에서 그런 논증은 무의미하다. 왜냐하면 설명되어야 할 그런 완벽한 성공이 존재하지 않기 때문이다. 실제로 존재하고 설명되어야 할 것은 과학이 인간의 다른 많은 활동들보다 더 성공적이라는 점, 그리고 일부 과학은 다른 과학들보다 더 성공적이라는 점이다. 양쪽 모두에서 우리가 다루는 것은 다양한 실천 시스템 안에서 이루어지는 상대적인 정도의 성공이다.[45] 그런데 만일 우리가 이렇게 말한다고 해보자. 'A 이론은 실제로 진리이기 때문에 성공적이다.' 그렇다면 A보다 더 성공적인 B 이론을 만날 경우, 우리는 무슨 말을 하게 될까? 'B는 A보다 더 진리이기 때문에 더 성공적이다'라고 말할 수밖에 없을 터인데, 나는 이런 유형의 '당신보다 더 진리인 나'의 우월성을 떠받치기 위해 단순한 진리 측정법을 도입하는 것에 대해서 낙관적이지 않다. 게다가 그런 연속적인 진리 측정값을 기초로 삼으면 실재론의 취지 전체가 흐릿해질 것이다. 진리의 정도가 단순히 성공의 정도에 대응한다면, 성공의 정도만 언급하고 거기에서 그치지 말아야 할 이유가 없지 않은가. 성공의 정도에 '진리의 정도'라는 딱지를 추가로 붙임으로써 우리가 얻는 것은 과연 무엇일까?

2. 과학의 성공은 영속할까? 이 질문은 성공에 기초한 실재론 논증과 관련해서 중요하다. 왜냐하면 덧없는 성공은 실재론적 설명

---

45 나는 1.2.1.1에서 정의한 '실천 시스템'이라는 용어를 써서 논의를 펼치고 있지만, 현재의 논의에서는 '실천 시스템'을 '이론'으로 교체하더라도 큰 지장이 없을 것이다.

에 적합하지 않기 때문이다. 한 과학 이론의(혹은 과학 전체의) 성공은 그 이론이 진리에 도달하는 중임을 보여준다고 우리가 주장했는데, 알고 보니 그 성공이 지속되지 않는다면, 이는 난처한 일일 것이다. 따라서 우리가 진리로 나아가는 추론의 토대로 삼고 싶은 성공은 영속적일 필요가 있다.

그렇기 때문에, 성공에 기초한 실재론 논증의 전반적 버전은 한 특수한 문제에 봉착한다. 우리가 과학이라고 부르는 사업은 지난 두 세기 정도에 걸쳐 전반적으로 점점 더 성공해온 듯하지만, 이 경향이 지속되리라는 보장이 있을까? 그런 지속을 믿을 근거가 과연 있을까? 고대 로마인들이 자기네 제국의 성공이 영원히 지속되리라고 확신하는 것을 우리는 연민과 비웃음이 뒤섞인 감정으로 상상할 수 있지 않은가! 혹은 중세 가톨릭 교회가 자신의 권능과 권한의 약화를 상상하지 못하는 것을, 공룡들이 자기네 삶의 방식이 언젠가 성공적이기를 그치게 된다는 것은 상상할 수 없는 일이라고 서로에게 (만약에 공룡들이 단언할 수 있다면) 단언하는 것을 우리는 상상할 수 있지 않은가! 한때를 지배했지만 다른 시스템들에게 자리를 내준 이 시스템들과 과학은 왜 달라야 할까?

과학의 전반적 성공이 영속하려면, 계속해서 성공적인 결과물을 산출할 역량이 과학이라는 사업에 내재해야 한다. 그러나 과학자들과 철학자들은 보편적인 과학적 방법을 찾아내는 데 실패했고, 그 여파 속에 있는 나는 과학의 계속적 성공을 보증하는 경이로운 요소가 무엇일지 전혀 모르겠다. 우리는 우리 자신에게 성공을 요구할 것이며 성공을 이뤄내기 위해 어떤 가용한 수단이라도 동원하여 최선을 다할 것이므로, 아마도 우리는 계속 성공하리라고 생각하는 것이 합당할 듯하다. 그러나 이것은 인간의 열정적 추구에 관한 일반적인 사실이지, 오로지 과학만 지닌 특징이 아니다. 실제로 이것은 과학자들이 계속 성공적일 수 있는 것은 다름 아니라 연구의 대상과 환경에 맞게 연구 방법을 적응시키기 때문이라는 점도 함축한다. 예컨대 20세기 초에 큰 감탄을 자아낸 아인슈타인의 공리화, 사고실험, 단순성 추구 같은 과학적 방법들이 계속 유지되었다면, 분자유전학이나 고온 초전도성 연구에서 성공들이 이루어질 수 있었을까? 그 가능성은 거의 상상할 수 없다. 우리가 이제껏 해온 것이라면 무엇이든지 (그것이 어떤 식으로든 진리에 도달하기 때문에) 미래의 성공을 보장하리라고 추정하는 것은 한마디로 공룡처럼 거대한 오만이다.

국소적 성공은 존속할 가망이 더 높다. 여기에서 우리는 과학에서 무엇이 존속하는 경향이 있는지를 편견 없이 살펴보는 것을 출발점으로 삼아야 한다. 모든 증거를 감안할 때, 과학에서 영속적인 성공은 서로 관련된 두 영역에서 가장 신뢰할 만하게 성취되어왔다. 그 영역들은 첫째, 실질적material 기술들과 테크놀로지들, 둘째, 헤르베르트 파이글(1970)과 낸시 카트라잇(1983) 등이 격찬한 현상학적 법칙들의 경험적 적합성이다(추가 논의와 참고문헌은 Chang 2004, 52쪽 참조). 내가 보기에 이미 성취된 작업적 성공들은 (귀납의 문제를 논외로 하면) 유지될 전망이 밝다. 이미 이루어진 성취들의 안전성은 단편적이다. 과학의 다양한 부분들에 속한 성공적 실천들의 잡다한 집합체인 그 안전성으로부터 과학의 일반적 성격에 관하여 무언가를 추론하기는 매우 어려울 것이다.

이런 유형의 과학적 성공은 대다수의 표준적 과학적 실재론자들을 흥분시키지 못할 것이다. 왜 그럴까? 역시나, 성공과 진리의 연관성을 향한 거의 무의식적인 욕망 때문이다. 자, 양팔저울, 돋보기 등의 기본 디자인은 아주 아주 오랫동안 성공적으로 적용되어왔으며 사라질 기미가 없다(이것은 당연시할 일이 아니라 경탄할 일이다). 그러나 도구는 명제가 아니어서 진리값을 부여받을 수 없고, 따라서 진리에 매달리는 철학자들은 도구에 거의 관심이 없다. 심지어 파이글과 카트라잇도 현상학적 법칙들의 안정성을 중심으로 자신들의 논증을 펴는 쪽을 선택했다. 그 법칙들은 진리값을 가진 명제들이다. 표준적 실재론자들은 현상학적 법칙들의 안정성을 불만스러워해왔다. 왜냐하면 주어진 현상학적 규칙성은 다양한(서로 모순될 수도 있는) '상위higher-level' 이론들과 양립 가능할뿐더러 그것들로부터 근사적으로 도출 가능한 경향이 있기 때문이다. 이럴 경우에 표준적 실재론의 관심은 그 대안적인 이론들 가운데 어느 것이 정말로 진리인지 결정하는 작업에 집중된다. 그리고 우리가 현상학적 법칙들의 도움으로 이뤄낼 수 있는 모든 성공은, 또한 그 법칙들이 심지어 영속적인 진리라는 점은 극소화되고 제대로 인정받지 못한다.

3. '성공'이란 정확히 무엇을 **의미**할까? 평범한 사람들이 보기에 과학은 (원자폭탄과 같은) 실용적 성과들을 내기 때문에 특별히 인상적이다. 그러나 그런 관점에서 보면, 정말로 성공적인 것은 과학이 아니라 기술 혹은 공학이며, 이 분야의 큰 부분은 기반에 놓인 과학적 원리들에 대한 참된 이해를 요구하지 않는다. 예컨대 비행기술이 초기의 성과들을 낼 당시에 유체역학 이론의 수준이 어떠했는지 생각해보라. 우리가 실용적 성취로부터 어느 정도 거리를 두

고 과학의 성공을 경험적 적합성의 달성으로 해석하기로 하면, 실재론자는 경험적 적합성에서 진리로 나아가는 추론을 봉쇄하는 반프라센의 온갖 논증들에 대항해야 한다(그러면 최소한 아주 긴 논쟁이 벌어질 것이다). 가장 중요한 난점은 오래된 미결정 문제다. 경험적 적합성의 달성에서 다소 동등하게 성공적인데 양립 불가능한 다수의 이론들이 제각각 진리로 자부할 수 있다는 문제 말이다. 제럴드 도펠트(2005)가 꽤 명확하게 설명했듯이, 이 난점 앞에서 드는 유혹은 **설명적**explanatory 성공이 필요하다고 요구하는 것이다. 그러면 우리는 최선의 설명을 향한 추론을 할 수 있고, 최선의 이론을 제외한 나머지 모든 이론의 진리성을 향한 추론을 봉쇄할 수 있다. 그러나 이 경우에 무엇이 좋은 설명인가에 대하여(아래 4. 참조) 명확히 합의된 견해가 없다면, 성공에 기초한 실재론적 논증 전체가 공허해질 위험에 처한다. 왜냐하면 '성공'이, 진리를 향한 추론을 떠받치는 성공의 외견상의 능력을 통해 **정의**된 꼴이기 때문이다.

　　이 모든 논의로부터 살짝 물러나서 이야기하자. 나는 '성공'을 일차원적으로 정의하려는 시도 자체가 부질없다고 생각한다. 우리는 일반적인 삶에서 그런 시도를 하지 않는다. 그리고 나는 우리가 과학에서 그런 시도를 해야 하는지 잘 모르겠다. '과학의 성공'이 실제로 의미하는 바는, 우리가 과학에서 가치 있게 여기는 것들 가운데 무엇이라도 성취하기일 수밖에 없다. 쿤(1977, 322쪽), 반 프라센(1980, 87쪽), 라이캔(1998, 341쪽) 등은 다양한 인식적 필요사항들을 수록한 긴 목록을 제시한다. 정확성, 일관성, 단순성/우아함elegance, 범위scope/완전성, 통합력unifying power, 설명력, 생산성, 검증가능성, 심지어 보수성까지 목록에 등장한다. 이 가치들 중 어떤 것도 다른 모든 것보다 더 중요하지 않다. 경험적 적합성이 다른 모든 가치들에 우선한다는 반 프라센의 주장에는 어떤 명시적 논증도 딸려 있지 않다. 게다가 경험적 적합성 자체가 최소한 정확성, 일관성, 범위를 포함한 복합적인 덕목이다.

성공의 다차원성은 앞선 장들에서 논한 역사적 에피소드들에서 충분히 명백했다. 예컨대 라봐지에의 시스템은 우아함, 통합력, 설명력의 획득에서 매우 성공적이었던 반면에 많은 변칙 사례들을 가지고 있었으므로 경험적 적합성이 부족했다(1장). 원자화학의 전기화학적 이원주의 시스템은 화학결합(의 많은 사례들)에 대한 설명을 제시하는 것에서 성공적이었던 반면, 치환-유형 시스템은 유기화합물들의 분류에서 더 성공적이었다(3장). 성공의 다차원성은 성공에 기초한 실재론 논증에게 심각한 난점이다. 그 논증은 일반적으로 성공에 대한 설명이 단일하다고 전제하니까 말이다. 그러나 **피설명항**('성공')이 여러 의미를 지녔다면, 단일한 의미를 가진 **설명항**('진리')이 어떻게 제구실을 잘 할 수 있을지 불분명하다.

4. 우리는 어떤 유형의 설명을 원할까? 이 질문이 처한 상황은 정말 기괴하다. 과학철학자들은 평소에 설명에 관한 이론들을 놓고 논쟁할 때는 대단한 엄밀성을 요구하다가도, 과학의 성공에 대한 설명을 다룰 때는 갑자기 정신 줄을 놓아버리거나 적어도 자신들의 높은 기준을 제쳐놓고, 무언가를 설명한다는 것이 무엇을 의미하는가에 대한 막연한 직관적 견해들에 의지하는 듯하다. 앞선 인용문에서 퍼트넘의 입장은 명확하다. 그는 과학의 성공에 대한 **과학적** 설명을 원한다. 그렇다면 우리는 과학적 설명에 관하여 우리가 보유한 가장 좋은 철학적 이론들을 이 사례에도 적용해야 한

다.[46] 나는 여기에 심각한 문제가 있다고 본다. 철학자들이 과학적 설명에 대하여 눈부시게 성공적인 이론을 여태 하나도 제시하지 못했다는 슬픈 사실과 별도로, 그들이 제시한 이론들 중에서도 성공에 기초한 실재론 논증을 위해 효과적으로 사용할 수 있는 이론이 하나라도 있는지 나는 모르겠다.

예컨대 연역-법칙적(dedeuctive-nomological, D-N) 설명을 요구하는 것은 그럴싸하지 않다. 첫째, 진리를 이유로 대면서 성공을 연역-법칙적으로 설명하려면 진리에서 성공을 연역할 수 있게 해주는 법칙이 필요할 텐데, 과학의 어느 분야에 그런 법칙이 있을지 나는 모르겠다. 다른 설명 유형들도 마찬가지로 마뜩치 않다. 인과적 설명을 원한다면, 우리는 이론의 진리성이 인과적 힘causal power을 지닌 무언가라는 점과 그 인과적 힘이 성공 같은 것을 일으키기에 적합한 유형이라는 점을 보여주어야 할 것이다. 나는 그런 설명을 만들어낼 만큼 훌륭한 형이상학자가 아니다. 게다가 진리가 늘 성공을 일으키는 것은 아니라는 점은 명백하다(다음 질문6. 참조). 진리에 기초하여 과학의 성공을 설명하는 구조적 설명에 대해서는, 그런 설명에 관한 생각의 첫걸음을 어떻게 떼야 할지조차 나는 모르겠다. 다른 가능성들도 있을까? 내가 보기에 이 대목에서 논증의

---

46 보이드에게서 더욱더 강하게 나타나는(Psillos 1999, 78쪽 참조) 이런 유형의 자연주의는 우리에게 자기성찰성reflexivity이라는 짐을 지운다. 예컨대 도펠트(2005, 1080쪽)는 참신한 예측을 진리인 과학 이론의 증표로 간주하는 실재론적 철학자들이 정작 자신들의 연구에서는 참신한 예측을 내놓지 못한다고 지적한다. 비자연주의적 철학의 관점에서 보면, 이런 아이러니는 진정한 비판이라고 할 수 없을 것이다.

짐을 져야 할 쪽은 바로 진리를 통해 성공을 설명하는 것에 관한 논의가 유의미하다고 주장하는 이들이다.

이런 난점들을 살펴보고 나니, 진리가 아닌 무언가에 기초하여 과학의 성공을 설명하는 방안이 상대적으로 훨씬 더 매력적으로 보이기 시작한다. 반 프라센(1980, 40쪽)의 선택주의적 설명selectionist explanation은 나름대로 나무랄 데 없으며, 그 설명의 메커니즘은 간단명료하다. 즉, 과학자들이 경험적으로 부적합한 이론들을 배척하기 때문에, 과학은 경험적으로 적합한 이론들로 가득 차 있다는 것이 그 설명의 핵심이다.[47] 그러나 반 프라센의 선택주의적 관점을 더 확장할 필요가 있다. 과학자들이 이론들(그리고 실천 시스템들)을 선택할 때, 그들은 경험적 적합성뿐 아니라 자신들이 추구하는 모든 가치들을 고려한다. 그 가치들 중 일부는 실재로부터 배우기와 직결되지만, 나머지는 그렇지 않다. 예컨대 단순성이나 우아함은 쉽게 교조주의를 유발할 수도 있다. 우리는 능동적 실재주의적 가치들과 다른 유형의 가치들을 구별하는 것을 출발점으로 삼을 수 있을 것이다. 그러고 나면, 능동적 실재주의적 가치들을 추구하는 과학자들이 과연 더 높은 수준의 성공을 이뤄내는 경향이 있는지 여부를 확인할 수 있을 것이다. 그런 식으로 우리는 가치들을 통해 성공을 설명하는 과정 속의 어느 흥미로운 지점에 도달할 수도 있을 것이다. 물론 진리를 통한 설명을 얻게 되지는 않을 테지만 말

---

47 이 주제에 관한 추가 논의는 브래드 레이의 최근 연구(2007, 2010)와 예측적 유사성predictive similarity을 통한 설명을 다루는 카일 스탠퍼드의 논문(2000) 참조.

이다. 표준적 실재론자들이 바랄 수 있는 최선은 과학자들의 (다른 가치들에 맞선) 진리 추구에 기대어 성공을 설명하는 것이다. 그러나 과연 과학자들이 진리를 추구하는가는 경험적 질문이며, 내가 보기에 그 대답은 단박에 명확하지 않다.

5. 왜 성공을 설명할 필요가 있을까? 그런 설명이 무슨 쓸모가 있을까? 나는 그런 설명이 쓸모없다고 느끼는데, 이 느낌은 티머시 라이언스(2003, 896쪽)가 옹호하는 '초현실주의적surrealist' 설명 앞에서 절정에 도달한다. 초현실주의적 설명은 이러하다. "[이론] T가 성공적인 것은, 세계가 '마치as if' T가 진리이기라도 한 것처럼 되어 있기 때문이다." 하지만 따지고 보면, 표준적 실재론적 설명도 이 설명에 못지않게 부질없으며, 어쩌면 그 부질없음을 보여주는 것이 초현실주의적 설명의 배후에 놓인 진짜 취지일지도 모른다. 우리가 과학의 성공을 어떤 식으로든 설명해냈다고 해보자. 그러면 누가 어떤 혜택을 얻을까? 왜 우리는 성공을 그냥 누리면서 가만히 놔두지 못할까? 이 질문들이 무례하다고 느낄 수도 있을 것이다. 이 질문들이 철학적 탐구의 내재적 가치를 부당하게 무시하는 것처럼 느껴질 수도 있을 것이다. 그러나 철학적 논의는 무언가 쓸모가 있어야 한다는 요구는 충분히 합당하다고 나는 생각한다. 어떤 철학적 질문과 대답이 다른 것들보다 더 유용한지, 또 정확히 어떤 목적을 위해서 그러한지 판별하려는 시도도 마찬가지다. 따라서 이 대목에서 나는 설명을 가지고 우리가 실제로 무엇을 할 수 있느냐고 묻는 것은 합법적이라고 본다.

　　능동적 실재주의자가 과학의 성공에 대한 설명을 원한다면, 그것은 성공에 대한 좋은 설명이 더 많고 더 좋은 성공을 이룰 수 있게 해주는 통찰들을 제공하기를 바라서일 것이다. 그 바람이 실현될 가망은 어떤 유형의 설명이 주어지느냐에 달려 있을 것이다. 예컨대 반 프라센 풍의 진화론적 설명은(우리가 미래에도 경험적으로 적합하게 남을 이론들을 고안하려 애쓸 때) 알려진 관찰들과 들어맞는 이론들이(그것들이 궁극의 진리인가에 대한 고민 없이) 아주 많아지는 것이 좋다고 우리에게 말해줄 수 있다. 표준적 실재론 진영에서도 무언가 유용한 조언을 해줄 수 있을까? 진리에 기초하여 성공을 설명하는 입장으로부터는 유용한 조언이 나올성 싶지 않다. 왜냐하면 궁극의 진리는 작업적 범주operative category가 아니기 때문이다. 이런 조언은 가능할 것이다. "정말로 지칭하는 바가 있으며 근사적으로 진리인 이론들을 만들려고 애써라." 그러나 이 조언은 "옳은 일을 하라"라는 윤리적 명령이 유용한 만큼만 유용하다. 옳거나 진리이거나 정말로 지칭하는 바가 있는 것을 판별하는 방법을 우리가 안다면, 그것을 발견하는 방법에 관한 조언은 우리에게 전혀 필요하지 않을 것이다.

    6. 마지막으로, 우리는 성공으로부터 진리를 추론할 수 있을까? 위의 고찰들을 모두 거쳤으므로, 나는 성공에 기초한 실재론 논증의 주요 줄기에 유익하게 접근할 수 있다. 적어도 어떤 특정한 이론의 진리성은 그 이론의 성공을 함축한다(따라서 설명해준다)는 점만큼은 명백해 보일 수도 있을 것이다. 그렇다면 그 명백함에 기초하여 우리는 '최선의 설명을 향한 추론inference-to-the-best-explanation' 유형의 논증을 펼쳐, 성공에서 진리로 나아가는 추론의 정당화를 시도할 수 있다. 그러나 내가 보기에 티머시 라이언스(2003, 3절)는 이 기획의 첫 단계마저도 설득력 있게 반박하는 논증을 제시했다.

그의 기본적인 논점이 무엇이냐면, 이론의 진리성이 이론의 성공을 보장하려면 우리가 그 이론을 적용할 때 사용하는 모든 보조 전제들도 진리여야 하는데 그럴 개연성은 낮다는 것이다. 성공에 기초한 논증의 전반적 버전은 방어하기가 더욱 어렵다. 퍼트넘의 논증은 '전형적' 진리 혹은 지칭을 거론한다. 하지만 어떻게 그런 진리혹은 지칭이 성공을 충분히 잘 보장한다는 것일까?

성공-진리 연결은 근본적으로 미심쩍다. 엄밀히 말하면, '성공' 여부는 이론에 적용되지 않는다. 왜냐하면 이론 그 자체는 아무것도 **하지** 않으니까 말이다. 성공적이거나 그렇지 않을 수 있는 것은 **우리가** 이론을 가지고 **하는** 일이다. 바꿔 말해, 성공적임은 이론의 특정한 **적용**에 귀속하는 속성이다. 이론의 적용은 구체적인 인식 활동들을 통해 일어나며, 그런 활동들이 실천 시스템을 이룬다. 그리고 활동들과 시스템들을 중심에 놓는 사고는 우리를 진리 중심의 사고로부터—적어도 실재와 대응함을 뜻하는 진리를 중심에 놓는 사고로부터—자연스럽게 멀어지게 만든다. 활동, 혹은 활동들의 시스템은 논리적 대응 관계를 세계와 맺을 수 없으므로, 우리는 우리의 활동과 객관적 세계 사이의 관계를 표현하기 위하여 모종의 다른 관계 유형을 생각해내야 한다. 이와 관련해서 덧붙이자면, 노이라트의 말마따나 어떻게 명제 혹은 이론이 세계 속의 무언가와 '대응할' 수 있는지도 불분명하다. 왜냐하면 세계는 명제들로 이루어지지 않았으니까 말이다. 당연한 말이지만, 바로 이런 이유 때문에 초기 비트겐슈타인은 《논리철학논고》의 첫머리에서 세계는 사실들facts로 이루어졌다고 선언했다. "세계란 사례事例, case인 모든 것이다."(Wittgenstein 1922, 31쪽, §1) 진리에 관한 대응 이론(진리대응론)의 부적합성에 대한 이 같은 인정은 나의 실재론 문제 재설정의 중심에 놓여 있다.[48] 능동적 실재주의자의 대처는 성공을 그냥 놔두고서 더 많고 좋은 성공을 이루기 위해 우리가 할 수 있는 바를 하는 것이다. 우리의 지적 에너지를 성공에 대한 '심오한' 설명을 발견하기 위한 논증들에 쓰는 것보다 성공의 촉진에 쓰는 편이 더 낫다. 이 선택이 그리 '철학적이지' 않다고 느낀다면, 그렇게 느끼는 것을 말리지 않겠다.

4.2.4 성숙을 운운하는 미성숙함

성공에 기초한 논증을 옹호하는 표준적 실재론자들은 비관적 귀납에 대항하고 또한 내가 앞 절에서 제기한 비판적 논점들 중 일부에도 대항하는 강력한 방어 논리를 가지고 있다. 기본 전략은 그들에게 불편한 모든 각각의 역사적 사례는 '성숙한 과학'에서 나온 것이 아니라고 선언하는 것이다. 이 논증에 따르면, 우리가 성숙한 과학들만 고려할 경우, 성공적인 이론들은 대부분 보존되었음을 발견하게 될 것이다. 따라서 표준적 실재론은 다시 안전해지고, 성공-진리 연결은 구제된다. 이 입장에 맞서서 나는 '성숙'의 개념을 진지하게 탐구해보면 표준적 실재론과는 사뭇 상반되고 능동적 실재주의와는 상당히 맥이 통하는 발전 패턴들이 드러난다고 주장하

---

48 퍼트넘(1978, 18쪽)의 말마따나 "실재론자들이 어떤 다른 말을 하건 간에, 전형적으로 그들은 '진리에 관한 대응 이론'을 믿는다고 말한다".

고자 한다.

　　실제로 일부 실재론자들은 라우단이 비관적 귀납을 공론화하기 전에 벌써 '성숙한 과학'을 거론하기 시작했다. '성숙한 과학'에 대한 언급은 퍼트넘의 성공에 기초한 논증을 퍼트넘 자신이 정식화한 표현에도 내장되어 있다. 4.2.2의 첫머리에 인용한 대목에서 그는 "성숙한 과학 이론들 속의 용어들은 전형적으로 무언가를 지칭"하며 "성숙한 과학에서 받아들여진 이론들은 전형적으로 근사적으로 진리"라고 말한다.[49] 취지는 이러하다. 당연히 초기의 시행착오 단계들에서 한 과학 분야는, 옳지 않은 생각들에 기초를 두었지만 상당히 우연적으로 처음엔 성공을 누리는 이론들을 생산할 수도 있다. 그러나 과학이 성숙하면, 그런 특이한 이론들은 사라질 것이며 오직 진리성에 기인한 성공만 존속할 것이다. 그러므로 우리는 코페르니쿠스 이전의 천문학, 라봐지에 이전의 화학, 뉴튼 이전의 물리학, 19세기 에테르 이론들, 병원균 이론 및 현대 생물학 이전의 의학 등과 같은 과학의 단계들에서 발생하는, 성공-진리 연결의 성가신 반례들을 모두 도려낼 수 있다. 이 논의의 의도는 라우단의 귀납적 기반을 대폭 축소하는 것이다(Laudan 1981, 33쪽의 목록 참조).

　　하지만 진리이며 정말로 지칭하는 바가 있는 이론들을 성숙한 과학이 보유할 개연성이 왜 높은지에 관한 논증을 실제로 제시한 사람이 한 명이라도 있을까? 흥미롭게도 이미 라우단(1981, 20쪽)

49　퍼트넘은 Putnam(1978, 20쪽)에서도 똑같은 정식화를 제시하면서 보이드의 미출판 논문을 그것의 원조로 지목한다.

은 자신이 공격하는 표적('수렴적 실재론convergent realism')을 성숙한 과학에 관한 교설로 규정했다. 따라서 그가 제시한 모든 사례들은 그가 보기에 명백히 성숙한 과학들에서 나온 것들이었다. 또한 당연한 말이지만, 사람들이 무엇을 '성숙'으로 간주하는지는 매우 다양할 수 있다. 순환논법을 피하려면, 진리나 지칭에 의존하지 않고 성숙을 정의하는 것이 필수적이다. 그런데 성숙은 명시적으로 정의될 때보다 그저 언급될 때가 훨씬 더 많다. 여기에서도 나는 프실로스(1999, 107-108쪽)의 글을 아주 유용한 해설로 인용하겠다.

> 실재론자들은 라우단의 목록에 성숙한 이론들만 포함되어야 한다고 요구한다. 즉, 어떤 특정한 분야의 "이륙점take-off point"(보이드의 용어)을 통과한 이론들만 목록에 포함되어야 한다는 것이다.[50] 이때 '이륙점'은 해당 연구 영역에 관한 확고한 배경 믿음들의 집합이 존재한다는 것을 통해 특징지어질 수 있다. 그 집합은 사실상 그 영역의 경계를 정하고, 이론적 연구에 형태를 부여하고, 이론과 가설의 제안을 제약한다. 일반적으로 이 같은 믿음들의 집합은, 탐구되는 현상들에 관한 경쟁 이론들의 공통 기반으로 구실함으로써 해당 분야에 광범위한 정체성을 제공한다.

위 인용문 바로 다음에 나오는 사례는 프실로스가 무엇을 염

---

[50] 보이드는 다른 다양한 설명들도 제시하지만, 여기에서는 이것으로 충분하다.

두에 두었는지를 더 구체적으로 감지할 수 있게 해준다. 그에 따르면, 열물리학은 "영구운동은 불가능하다는 원리, 열은 따뜻한 물체에서 차가운 물체로만 흐른다는 원리, 뉴튼 역학의 법칙들"과 같은 배경 믿음들이 확립되면서 비로소 성숙했다.

　　일반적 진술과 위 사례 모두에서 명확히 알 수 있듯이, 프실로스의 성숙 개념의 바탕에 깔려 있는 것은 이론적 통일성과 안정성에 대한 요구다. 프실로스가 열역학의 배경 믿음으로 지목하는 것들은 실제로 칼로릭 이론의 배경 믿음들이 아니다. 그는 칼로릭 이론을 성숙한 이론으로(어쩌면 열물리학 분야의 최초 이론으로) 인정하는데도 말이다. 칼로릭 이론의 결정적 배경 믿음은 영구운동이 불가능하다는 것이 아니라 열이 보존된다는 것이었으며, 뉴튼 역학의 법칙들은 훨씬 더 나중까지도 열 현상과 거의 관련이 없었다. 프실로스는 왜 이런 역사적 헛발질을 한 것일까?[51] 첫째, 후대에 돌이켜보면서 그는 열물리학과 역학, 그리고 에너지와 엔트로피에 대한 고려가 적용될 수 있는 기타 과학들의 장대한 통일에 기여한 근본적인 물리학의 원리들을 지목하고 있다. 둘째, 그는 오랫동안 안정적으로 남은 원리들에 초점을 맞추고 있다. 나는 유독 프실로스만

51　나는 다른 글(Chang 2003)에서 칼로릭 이론에 관한 프실로스의 논의를 비판한 바 있으므로 여기에서 그 비판을 되풀이하지 않을 것이다. 나의 현재 목적에 더 적합한 지적은 프실로스가 "이론적 연구에 형태를 부여하고, 이론과 가설의 제안을 제약"하는 매우 일반적인 이론적 원리들을 주목하고 있다는 점이다. 그는 이를테면 일반적인 작업적 절차들을 주목하지 않는다. 그런 절차들이나 그 밖의 것들도 해당 분야에 정체성을 제공하고 그 분야의 경계를 정할 수 있는데 말이다.

이런 성향을 지녔다고 생각하지 않는다. 과학은 성숙함에 따라 점점 더 통일되고 더 안정화된다는 견해는 표준적 실재론자들의 통념인 듯하다. 통일성과 안정성은 근사적으로 진리이며 정말로 지칭하는 바가 있는 이론들의 집합에서 우리가 바랄 만한 속성들이다.

흥미롭게도 현재의 첨단 과학은 과학이 성숙할 때 무슨 일이 벌어지는가에 대해서 전혀 다른 견해를 갖게 만든다. 일찍이 쿤(1970, 172쪽)이 지적했듯이, 전문화된 하위 분야들의 급증은 현재 과학의 지배적 특징이다. 기본입자 물리학의 대단한 매력이 약간 시들해지고 생물학의 다양한 분야들이 부상하고 실험과학들에서 다양한 조작 및 시뮬레이션 기술들이 이른바 첨단 연구의 중심을 차지함에 따라, 그 특징은 점점 더 뚜렷해지는 듯하다. 한때 막을 수 없는 통일의 행진으로 느껴졌던 것이 이제는 19세기 후반과 20세기 초반 과학, 특히 물리학의 독특한 특징이었던 것으로 보인다. 존 뒤프레(1993, 131쪽)의 말마따나 "환원주의는 과학 연구의 국소적 조건이지, 과학 전체를 휩쓸어 점점 더 질서정연한 패턴으로 만드는 저항 불가능한 물결이 아니다". 심지어 물리학에서도 오늘날의 경향은 전문화와 파편화를 향한 듯하며, 그런 경향은 늘 어느 정도 있었다. 심지어 통일의 전성기에도 그러했다. 실제로 예컨대 우주에 있는 자이로스코프gyroscope의 운동에 관한 일반상대성이론의 계산과 란탄족lanthanide 고온 초전도체의 임계온도에 관한 이론적 계산을 비교해보면, 작업용 배경 전제들working background assumptions의 측면에서 두 계산 사이에 공통점이 과연 얼마나 있겠는가?[52]

에너지보존의 원리, 원소주기율표, 몇몇 기초적인 수학적 기법과 계산 기법처럼 널리 공유된 요소들이 **있다**는 것은 사실이지만,[53] 그것들은 분야의 경계를 가로지르며, 그것들 자체만으로는 과학 연구를 안정적으로 떠받치기에 불충분하다. 따라서 그 요소들은 구체적인 성숙한 과학 분야들의 경계를 정하는 구실을 하지 못한다. 오히려 그 요소들은 다양한 과학 분야들이 함께 사용하는 자원이며, 그렇다고 해서 그 분야들이 물리학이나 화학으로 환원되는 것은 아니다. 만약에 그런 요소들을 포함하는 것이 과학 분야의 성숙을 위한 충분조건이라면, 매우 새롭거나 불확실하거나 불안정한 오늘날의 많은 과학 연구 분야들도 성숙한 과학으로 평가 받아야 할 것이다. 또한 그 공유된 요소들은 과학의 지형을 가로세로로 누비는 예상 밖의 연결들을 제공한다. 그 연결들은 과학적 발견을 대단히 예측하기 어렵고 즐거운 일로 만든다(Holton et al. 1996 참조). 그러나 그 연결들 역시 분야의 경계를 가로지른다. 그 연결들은 성숙한 과학의 잘 구획된 개별 분야들을 정의하는 데는 별로 도움이 되지 않는다.

다른 한편, 보이드-프실로스의 성숙에 대한 설명에 따르면, 우리는 물리학 전체가 공유된 기반을 넉넉히 갖췄으므로 성숙한 과학으로 평가 받기에 충분하다는 것조차 실은 확신할 수 없다. 만일 물리학의 모든 하위 분야들(기본입자 물리학, 응집물질물리학, 천체물리

52 고온 초전도성 연구가 얼마나 다양화한 상태인지를 그 분야 내부에서 논하는 흥미로운 문헌으로 Di Bucchianico(2009) 참조.

53 나를 독려하여 이런 유형의 사례들을 고려하게 만든 제임스 래디먼에게 감사한다.

학, 화학 물리학, 열역학, 고전 및 양자 통계역학, 중력 물리학 등)을 개별적인 성숙한 과학들로 간주해야 한다고 대답한다면, 지금은 배척된 과거 과학의 다양한 부분들도 그렇게 간주해야 할 것이다. 왜냐하면 그 부분들도 나름대로 잘 확립된 배경 믿음들을 보유하고 있었으니까 말이다. 그렇다면 어떤 소규모의 교조적 사유 체계라도 '성숙한 과학'을 실천한다고 자부할 수 있다. 내가 보기에 보이드와 프실로스가 성숙한 과학의 개념을 명료화한 취지는 다름 아니라 그런 부당한 자부를 배제하는 것인데도 말이다!

또한 우리가 직관적으로 성숙했다고 간주할 법한 과학들이 특별히 안정적인지도 불명확하다. 정반대로 다름 아니라 가장 성숙해 보이는 이론들이 가장 혁명적인 격변을 겪어왔다. 쿤의 관점에서 보면 이것은 완벽하게 합당한 일이다. 패러다임은 성숙하여 자신의 잠재력의 한계에 도달하기 전까지는 대개 위기에 봉착하지 않으니까 말이다. 다음에 열거하는 예들을 모종의 합당한 의미에서 '성숙한' 과학들로 간주해야 한다는 점을 과연 누가 부정할 수 있겠는가? 프톨레마이오스 천문학, 라봐지에 화학, 베르셀리우스 전기화학, 뉴튼 역학, 뉴튼 광학, 기하광학, 맥스웰 전기역학. 반론의 여지없이 성숙했던 이 이론들 각각은 근본적인 이론적 핵심에서 붕괴하고 말았다. 반면에 이 이론들 각각과 관련된 덜 찬란한 많은 경험적 법칙들은 살아남았다. 또한 우리는 초끈, 암흑물질, 암흑에너지, 원자 내 궤도상태orbital, 분자유전학의 중심 교리와 같은 더 새로운 항목들을 불안정한 근본적 진리와 대상의 목록에 추가할 수 있다. 결론적으로, 성숙한 과학에서 잇따른 이론들은 잇따른 근사들approximations이라는 보이드(1980, 657쪽)의 말은 실제로 과학이 하는

일에 대한 관찰에서 도출된 것이 아니라 모종의 선험적 신념에 기
초를 둔 것이 틀림없다.

전반적으로 볼 때, 보이드-프실로스의 '성숙한 과학'의 개념
은 단지 성공에서 진리로 나아가는 실재론적 추론이 성숙한 과학들
에서는 타당한 것처럼 보이게 만들기 위해 급조되었다는 느낌을 나
는 거둘 수 없다. 그리고 아무도 진리에 직접 접근할 수 없으므로,
무엇이 성숙한 과학이냐에 대한 우리의 생각은 우리가 가장 잘 아
는 과학의 단계에서 무엇이 진리로 간주되고 있는가에 의해 불가피
하게 영향받기 마련이다. 이를 염두에 두면, 전형적인 철학적 논의
에서 '성숙한 과학'의 이미지가 최신 과학 연구의 실제 모습과 상당
히 어긋나는 이유도 설명할 수 있을 것이다. 대다수 철학자들의 직
관은 약간 낡은 과학을, 바꿔 말해 연구 현장의 과학이 아니라 교실
의 과학을 접함으로써 형성되어왔다. 20세기 중반의 물리학이 '정
말로 진리'라는 암묵적 전제를 우리 생각의 기초로 삼는다면, 우리
는 더 먼 과거의 과학들에는 말할 것도 없고 더 현재적인 다른 과학
들에도 부당한 짓을 하는 것이다. 마지막으로 예를 하나 들어 나의
논점을 생생히 부각하고자 한다. 만일 성숙이 성공에 기초한 논증
에 끼워 맞추려고 제작한 개념이 아니라면, 성숙이라는 기준은 "정
전기에 관한 전기소 이론effluvial theory of static electricity"을 라우단의
목록에서 배제한다고 프실로스(1999, 108쪽)가 말하는 이유를 납득
하기 어렵다. 18세기에 전기 연구는 경계가 명확한 과학 분야였으
며 바로 프실로스가 요구하는 유형의 공유된 근본적 원리들(전기 유
체의 물질적 실재성, 파괴 불가능성, 무게 없음, 반대 전하들은 서로 끌어당기
고 같은 전하들은 서로 밀어낸다는 생각, 전기 유체들이 평범한 물질과 어떻게

상호작용하는가에 관한 전제들)에 의해 틀이 잡혀 있었다. 그 기반 위에
서 '전기학자들electricians'은 경쟁 이론들을 놓고 논쟁했으며(단일 유
체 이론과 쌍 유체 이론, 기타 훨씬 더 많은 이론들 사이의 논쟁을 필두로), (에
피누스와 쿨롱의 연구에서 보듯이) 이론적 실험적 엄밀성과 정확성을
확보하려 애썼다.[54] 대체 어떤 이유로 이 과학 분야를 미성숙했다고
선언해야 할까? 유일한 이유가 있다면, 그것은 우리가 그 분야의 심
층 이론이 근본적으로 틀렸다고 생각한다는 점, 그리고 그 분야에
성숙한 이론의 지위를 부여하면 과학의 성공에 기초한 실재론 논증
은 엉망이 된다는 점 아닐까?

　　과학에서 성숙이란 무엇인지 다시 생각해보자. 성숙은 일상
의 개념이며 상당히 비유적으로 과학과 과학 이론에 적용되어왔으
므로, 후자의 맥락에서 우리가 어떤 의미를 식별해내더라도 그 의
미는 부정확하고 잠정적일 것이다. 그럼에도 나는 성숙의 개념이
실제로 유용한 개념이며 매우 흥미로운 통찰들을 제공할 수 있다
고 생각한다. 그 개념의 일상적인 기원을 돌이켜보면, 성숙의 상호
연관된 두 측면을 구별해야 한다고 나는 느낀다. (1)발전 과정에서
충분히 진행된 후기 단계에 이른 과학은 어떤 모습을 띨까? (2)성
숙한 과학자나 성숙한 과학자 공동체는 과학에 대하여 어떤 태도를
취할까?

　　첫째 질문과 관련해서는, 성숙한 과학이란 충분한 발전 기간
을 거쳤고 충분한 경험을 지녔기에 자신에게 적절한 영역을 안다

54　상세한 논의는 고전적인 연구들인 Heilbron(1979), Cohen(1956) 참조.

고 말하는 것이 합당할 것이다. 그 과학은 자신의 성공들과 실패들을 반성할 기회를 가졌을 터이므로 자신의 주요 장점들과 약점들을 알 것이다. 그 과학은 다음번 위대한 성과가 어디에서든지 튀어나올 수 있으리라는 흥분에 들떠 있지 않고, 어디에서 자신의 추가 발전을 도모해야 할지를 명확하고 차분하게 감지할 것이다(그 감지한 바가 옳건 그르건 간에). 또한 아마도 그 과학은 자기 내부에 잘 발전한 전문 영역들을 보유했을 것이며, 특수한 영역은 특수한 방법들을 필요로 하고 효과적 작업을 위한 특수한 전제들을 필요로 한다는 점을 충분한 경험을 통해 발견했을 것이다. 이 모든 이야기를 하는 것은 성숙을 정확하거나 완전하게 정의하기 위해서가 아니다. 단지 나는 과학이 성숙했다는 것이 무슨 의미인지를 어느 정도 합당하게 감지해보려 할 뿐이다.

　　이 성숙의 이미지에서 나는 진리나 지칭을 보증할 수 있을 만한 무언가를 전혀 발견할 수 없다. 또한 운이 좋거나 훌륭한 젊은 과학이 첫판에 정곡을 찌를 가능성도 전혀 배제되지 않는다. 아마도 많은 실재론적 물리학자들이나 철학자들은 예컨대 특수상대성이론과 일반상대성이론이 모두 그런 젊은 과학의 경우라고 믿을 것이다. 정통 양자역학의 기본적 존재론에 대해서도 똑같은 얘기를 할 수 있다. 그 존재론은 1925년부터 하이젠베르크, 슈뢰딩거, 보른, 보어 등의 연구가 최초로 터져나오고 몇 년 지나지 않아 확정되었다. 어쩌면 뉴튼 역학도 마찬가지일 것이다. 물론 뉴튼 본인은 자신의 이론을 머릿속에서 아주 오랫동안 싹틔웠지만, 일단《프린키피아》가 출판된 다음에는 뉴튼 물리학이 훗날 보유하게 될 모든 근사적 진리성과 진짜 지칭이 곧바로 거의 다 성취되었다고 할 수 있을 것이다. DNA의 구조에 관한 왓슨-크릭 연구의 기본적 진리성, 다윈의 자연선택 이론, 기타 무수한 사례들도 마찬가지다. 물론 한 실천 시스템이 자신의 기본적 존재론과 이론적 원리들을 천천히 신중하게 진화시키는 **경우들**도 있으며, 그럴 때 진리는 언젠가 도달되더라도 오직 그 분야가 성숙함에 따라 점진적으로만 도달된다. 내가 2장과 3장에서 논한 전기화학과 원자화학의 경우는 그런 점진적 발전의 아주 좋은 예들이다. 그런데 얄궂게도 그것들은 실재론적 철학자들이 전형적으로 반기는 유형의 예들이 아니다. 이 모든 것의 교훈은 어쩌면 허망할 정도로 단순하게 다음과 같을 것이다. '과학의 발전 패턴들은 여럿이며 다양하다. 성숙이 무엇을 의미하는가에 관하여 그릇되게 통일된 견해를 고집하는 것은 소용이 없을 것이다.'

과학을 대하는 성숙한 **태도**가 무엇일지 고찰하면 더욱더 깊은 함의들을 도출할 수 있다. 이제껏 나는 성숙한 과학을 의인화하여 거론했다. 그러나 이제부터는 실제로 사람인 과학자에서 성숙이란 어떤 것일지 숙고해보자. 내가 숙고하려는 것은 성숙한 과학 분야에서 연구하는 과학자, 그리고 개인적으로 자신의 과학에 대하여 성숙한 태도를 취하는 과학자 양쪽 모두다. 과학적 발전의 부침浮沈을 경험했고, 이 불확실성에도 불구하고 성취할 수 있는 것을 알아보는 법을 터득했으므로, 성숙한 과학자와 성숙한 과학자 공동체는 끈질기게 묻는 태도를 겸비한 관용, 겸허함, 신중함을 높게 평가할 것이다. 그들은 인간의 연약함과 오류 가능성, 자연의 다양한 복잡성에 대한 자각을 드러낼 것이며, 그 자각을 담아낼 수 있는 제도적 구조들을 창출하려 애쓸 것이다. 예컨대 윌리엄 니컬슨은 자신의 저널을 발행하면서 독자들에게 다양한 관점들을 소개하고 매우 다양한 논문들을 출판했는데, 이는 아주 이른 시기에 이루어진, 제도적 성숙성을 갖춘 독립적 행위였다. 당시에 그의 저널에 실린 많은 과학들은 여러 의미에서 상당히 미성숙했다(2.1 참조). 이 책의 앞선 장들에서 다룬 과학사의 주요 에피소드들을 돌아보면서 나는 19세기 원자화학은 성숙한 과학자 공동체를 보유했다고 말하겠다. 물론 그 공동체 안에 몇몇 쩨쩨한 인물들도 있긴 했지만 말이다. 반면에 라봐지에주의 공동체는 미성숙했다. 플로지스톤주의 공동체가 훨씬 더 성숙했다. 비록 그 공동체는 뿔뿔이 흩어져 있었으며 응집력이 강하지 않았지만 말이다. 개인적인 수준에서 보면, 조지프 프리스틀리는 흔히 교조주의자로 오해되지만 실은 정반대로 성숙한 과학자였다. 젊은 험프리 데이비는 상당히 미성숙했다. 그러나 내가 보기에 그는 나이를 먹으면서 성숙해졌다. 앙투안 라봐지에는 중년까지도 풋풋한 젊은이의 관점을 유지했으며 성숙에 이를 기회를 얻기도 전에 죽임을 당했다.

　　실재론적 철학자들은 많은 이론물리학자들과 그들을 모방한 다른 과학자들이 드러내는, '다 안다know-it-all'와 '할 수 있다can do'로 대표되는 태도를 존경하는 경향이 있다. 인정하건대 그런 식으로 우주에 관한 궁극의 통일된 진리인 이론을 추구하는 것에는 고귀하고 존경스러운 구석이 있다. 그러나 그런 태도는 성숙의 증표라기보다는 젊음의 과감한 열정과 순박한 순수성에 더 가깝다. 성숙한 과학자들은 광범위하고 포괄적인 관찰적 실험적 기반을 추구할 뿐 아니라 폭넓은 이론적 아이디어들을 환영할 것이며 크고 다재다능한 방법론적 도구상자를 마련할 것이다. 그들은 깜짝 놀랄 준비가 되어 있을 것이다. 그들은 과거에 자연의 행동 때문만이 아니라 인간의 개념적 기술적 발전 때문에도 깜짝 놀라봤으니 말이다. 그들은 궁극적이며 모든 것을 아우르는 앎이라는 목표를 자기 탐닉적으로 추구하기보다는, 사람들의 이해 욕구를 포함한 인간적 욕구들을 충족시키기에 충분한 앎을 확보하는 것에 더 많은 관심을 기울일 것이다. 성숙은 경험에서 우러나는 지혜를 기반으로 삼을 필요가 있다. 따라서 성숙한 태도는 과학자들 자신의 개인적 경험들을 필요로 할 뿐 아니라, 과학이 어떻게 성숙했는가에 관한 역사적 감수성도 필요로 할 것이다. 그렇게 성숙의 두 측면도 중요한 방식으로 융합할 것이다.

전반적으로 나는 성숙한 과학자들이 실천하는 성숙한 과학은 능동적 실재주의에 담긴 과학의 비전vision과 아주 잘 들어맞으리라고 생각한다. 우리가 그 비전을 따른다면, 우리는 과학의 전반적 영구적 성공과 진리성에 대한 청춘의 자부심을 잃게 될 것이다. 대신에 우리는 과학 내부의 다양한 유형의 특수한 성공들을—다른 전통들에서 성취된 성공들도—인정하고 고마워하는 법을 배우게 될 것이다. 최대한 많고 천차만별인 방식들로 실재로부터 배우려는 노력이 자연스럽고 명예롭게 느껴지게 될 것이다. '성숙'이라는 지어낸 개념을 목발로 삼아 짚고 우두커니 서서 성공으로부터 진리를 추출하려는 헛된 노력을 이어갈 필요가 없다. 내가 제안해온 실재 개념의 본질적인 요소 하나는 '아는 자knower'의 겸허함이다. 능동적 실재주의에서 알기는 배우기와 완벽하게 융합하며, 겸허함이 없으면 배우기는 거의 불가능하다. 참된 실재론(즉, 실재주의)은 우리에게 복종하지 않는 것들이 존재함을 겸허하게 받아들이기여야 마땅하다. 객관적 실재의 존재를 인정하면서 그 실재를 완벽하게 예측하고 통제할 수 있다고 여기는 것은 오만이다. 내가 제안하는 이상적인 인식 행위자는 모든 것을 알고 통제하는 시스템 제작자가 아니다. 오히려 내가 실재를 생각하는 방식에 적합한 성숙한 인식적 태도는, 심리치료사 에르네스토 스피넬리(1997, 6쪽)가 말하는 "아니 알기un-knowing", 곧 "우리의 관계 경험에 등장하는 모든 것에 대하여 최대한 열려 있으려는" 노력, "익숙한 듯한 것, 혹은 우리가 의식하거나 잘 아는 것을 참신하고 고정되지 않은 의미를 지닌 것으로, 기존에 검토되지 않은 가능성을 열어주는 것으로 다루려는" 노력이다.[55] 이것이야말로 겸허한 실재 추구자가 채택하는 가장 근본적인 전제다. 과학의 도움으로 우리가 항상 자연을 통제할 수 있어야 한다는, 적어도 통제할 수 없는 것을 예측할 수 있어야 한다는 인식적 자만에서 나는 벗어나고 싶다. 이 자만을 품는 것은 인간의 정신으로 신의 노릇을 하거나 적어도 신의 관점God's eye view에 동참하기를 바라는 것이다. 그러나 신의 관점은 우리가 성숙함에 따라 작아져 못 입게 되어버린 옷과 같아야 마땅하다.

---

55 나에게 스피넬리의 연구를 알려준 그레첸 시글라에게 감사한다.

4.3 표준적 실재론의 파리 병에서 빠져나가기

실재론 논쟁에 관한 나의 일반적 견해를 밝혔으므로, 이제부터는 표준적 실재론의 직관들을 더 세밀한 관점에서 비판적으로 검토하고자 한다. 나는 전형적인 과학적 실재론자들이 한사코 매달리는 여러 핵심 아이디어들에 초점을 맞추고 그것들을 통상적인 방식대로 다루면 안 된다는 점을 보여주려 애쓸 것이다. 나는 비트겐슈타인이 "파리에게 병에서 빠져나가는 길을 보여주기"라고 비유적으로 표현한 철학적 기능을 수행하기를 간절히 바란다. 물론 이 이미지의 불경함에 대해서는 양해를 구한다. 많은 실재론 철학자-파리가 '이걸 통과할 길이 **반드시** 있어. 내 눈엔 그 길이 **보인다**니까!'라고 생각하며 계속 들이받는 유리벽들이 있다. 나의 야심은 그 유리를 우회하는 길을 보여주고 우리를 병 밖으로 이끌어 더 생산적인 방향들로 날아갈 수 있게 만드는 것이다. 나는 전통적 인식론의 거대한 쌍둥이 신기루인 진리truth와 확실성certainty을 논의의 출발점으로 삼으려 한다. 그다음에 나는 더 최근에 등장한 실재론적 집착, 곧 과학적 격변들에도 불구하고 구조들이 보존된다는 견해를 다룰 것이다. 마지막으로는 지칭reference이라는 주제에 관하여 몇 가지 생각을 간결하게 제시할 것이다. 이는 퍼트넘의 '쌍둥이 지구Twin Earth' 이야기 덕분에 대다수의 분석철학자들이 '물은 H_2O다'라는 명제를 지칭의 맥락 안에서 고찰하고 있기 때문이다.

4.3.1 진리와 진리의 여러 의미들

실재론 논쟁이 진리에 관한(과학이 진리에 접근하는지 혹은 적어도 접근하는 것을 목표로 삼아야 하는지에 관한) 것이라면, 실재론자들은 '진리'가 무엇을 의미하는가에 대해서도 고민해야 마땅하다. 브리지먼의 정신을 계승하여 나는 진리의 개념을 작업적으로 분석하고자 한다. 브리지먼은 이런 철학적 개념들에 대해서 많은 이야기를 하지 않았지만, 실제로 여기에서 나는 오늘날 무시당하는 오스틴의 발자취를 오랫동안 따를 수 있다. 브리지먼의 정신과 유사한 오스틴의 정신은 일반적인 수준에서는 Austin(1962)에 가장 잘 표현되어 있다. 더 구체적인 수준에서는, 제목이 간단히 〈진리Truth〉인 1950년 논문에서 오스틴은 진리에 관한 감당할 수 없는 형이상학적 논의를 멀리하라고 철학자들에게 경고하는 것으로 말문을 연다. 그런 논의에서는, 진리는 실체substance일까, 아니면 질quality일까, 아니면 관계relation일까 하는 질문이 제기될 것이다. "그러나 철학자들은 자신의 체급에 더 적합한 주제에 열중해야 한다. 논의할 필요가 있는 것은 오히려 '진리임true'이라는 단어의 사용 혹은 몇몇 사용들이다. 술 속에는in vino '진리veritas'가 있을지 몰라도, 냉철한 학술토론회에는 '진리임verum'이 있다." 특유의 '일상언어ordinary-language' 철학에 걸맞게 오스틴의 선택은 다음과 같은 질문을 던지는 것이다. "우리는 무엇을 진리라고 또는 거짓이라고 말할까? 바꿔물으면, '진리다is true'라는 문구는 영어 문장들에서 어떻게 등장할까?"(Austin [1950] 1979, 117쪽) 이 전통은 휴 프라이스(2011)가 옹호하는 유형의 언어 사용에 관한 철학적 '인류학anthropology'으로 이어졌다. 그런데 어쩌면 평소의 그답지 않게 오스틴(118쪽)은, '진리임'이라는 단어의 "주요 표현 형태들"이 몇 개 있으며 그것들 모두는 "좀 따분하지만 만족스러운, 단어들과 세계 사이의 관계"(133쪽)

로 귀착한다고 주장한다. 물론 그는 그 단어의 용법들이 "처음엔 다채롭게 보인다"(117쪽)는 점을 인정하지만 말이다. 나는 일단 오스틴이 받은 첫인상을 주목하고 싶다. 이는 그 외견상의 다채로움에 겉모습 이상의 무언가가 있지 않은지 살펴보기 위해서다. 어쩌면 나의 성향을 더 잘 대변하는 문구는 "진리에 대한 사랑love of truth" 따위는 없다는 리처드 로티(1998, 28-29쪽)의 선언일 것이다. 로티에 따르면 "진리에 대한 사랑이라는 이름으로 불려온 것은 상호주관적 합의에 도달하기에 대한 사랑, 반항하는 데이터 집합을 장악할 힘을 얻기에 대한 사랑, 논쟁에서 이기기에 대한 사랑, 작은 이론들을 종합하여 큰 이론들을 구성하기에 대한 사랑의 혼합물이다".

　　오스틴은 자신이 '영어 문장들'에 대해서 숙고하고 있음을 명확히 알았는데, 짐작하건대 그렇다고 영어에서만 좋은 철학이 나온다고 여기지는 않았을 것이다. 나는 지금 영어 철학을 저술하는 중이지만 잠깐 나의 모어인 한국어를 돌아보고자 한다. 이는 우리의 직관들을 흥미롭게 교란하기 위해서다.

　　영어 'truth'를 한국어로 번역하는 것은 사소한 일이 아니다. 내가 신뢰하며 참조해온 《민중 영한사전》(저자 불명, 2003)은 'truth'의 번역어로 다음과 같이 여러 단어를 제시한다. (a)진리, (b1)진실, (b2)사실, (c1)성실, (c2)정직. 같은 사전의 한영 편은 (a)진리를 'truth'로 재번역하는데, 이때 'truth'는 자연법칙을 염두에 두고 거론할 만한 'eternal truth(영원한 진리)'다. (b1)진실의 의미는 더 까다롭다. 이 단어도 'truth'로 재번역되지만, 이 단어는 우리가 실제로 접근할 수 있는 것들에 더 많이 적용된다. 범죄 수사나 부패 조사의 결과로 과거 사건에 관한 'truth'가 드러난다고 말할 때, 이런 유형의 'truth'를 의미하는 단어가 바로 (b1)진실이다. 혹은 법정에서 증인에게 말하라고 요청하는 바가 (b1)진실이다. 증인에게 (a)진리를 요구하는 것은 말이 안 된다. (b2)사실은 영어 'fact'와 꽤 정확히 대응하며, 실제로 그 사전의 한영 편에서 '사실'의 첫째 번역어로 'fact'가 제시된다. 한편, (c2)정직은 'honesty'를 뜻한다. (c1)성실은 더 까다로워서, 그 사전의 한영 편을 보면 'sincerity, fidelity, faithfulness, honesty'가 번역어들로 등장한다. 누가 나에게 '성실'을 설명하라고 한다면, 개인의 성격의 한 부분인 양심적 신뢰성이라고 설명하겠다.

　　이처럼 우리 한국어 사전 저자들은 어쩌면 의도하지 않았겠지만 더없이 성실하게도sincerely 영어 'truth'의 의미를 최소한 세 갈래로, 곧 영원한 진리eternal Truth, 사실matter of fact, 정직한 보고honest report로 풀어헤쳐놓았다. 이제 이 갈래들을 오스틴 풍의 일상 영어 철학에 적용해보자. 또한 명사 'truth'뿐 아니라 형용사 'true' 도 함께 고찰하자. 왜냐하면 내가 보기에 이 두 단어의 용법들은 오스틴의 주장과 달리 따지고 보면 그리 다르지 않기 때문이다.[56] 순전히 사람의 성격을 가리키는 용법들은 제쳐두더라도, 명백히 구별되는 truth(또는 true)의 용법들과 의미들이 있다고 나는 생각한다. 지금 내가 하려는 바는 더 완전한 활동의 맥락 안에서 그 언어적 용

56　하지만 묘하게도 한국어에서 'truth'에 해당하는 단어와 'true'에 해당하는 단어 사이의 관계는 그리 간단명료하지 않다(그럼에도 옮긴이는 저자의 논지를 명확히 전달하기 위하여 간단히 'truth'를 '진리'로, 'true'를 '진리임'으로 번역한다ー옮긴이).

법들을 고찰하는 것이다. 나는 오스틴, 로티, 프라이스가 모두 이 고찰을 승인하기를 바란다.

(Truth1) 본인이 생각하거나 느끼는 바와 정확히 대응하게 진술한다는 의미의 truth(진리) 개념이 존재한다. (배가 고프다고, 또는 언덕 위의 눈표범을 본 것 같다고 내가 말하면서) "I am telling you the truth(난 너에게 truth를 얘기하는 거야)"라고 덧붙이는 경우를 생각해 보라. 이 의미는 내가 생각하는 바가 어떤 궁극적 의미에서 진리인지("런던에 눈표범? 말도 안 돼") 여부와 상관없이 유효하다. 이 의미의 truth는 대응에 관한 것이지만 단지 내가 말하는 바와 내가 생각하는 바 사이의 대응에 관한 것일 뿐이다. 그리고 내가 생각하기에 이런 의미의 대응은 진리와 관련해서 우리가 지닌 유일하게 작업가능한 대응 개념이다(이 대응 개념을, 내가 생각하는 바와 외부 세계가 어떠한가 사이의 대응이라는 작업 불가능한 개념과 뚜렷이 구별할 필요가 있다). 이 유형의 truth는 개인적 성격이나 기질에 관한 것일 수도 있겠지만, 임의의 경험주의 시스템에서 앎의 토대의 중요한 한 부분이기도 하다.

(Truth2) 정의에 따라 truth인 것들이 있다. "미터원기의 길이가 1미터라는 것은 당연히 진리true다." "'모든 총각은 결혼하지 않았다'는 항진명제tautology이므로 이 명제의 진리성truth을 의심할 수는 없다." 이것들은 우리가 정의를 내리고 사용하고 들이댐으로써 구성하고 판정하고 주장하는 truth(진리)다.[57]

(Truth3) 일부 truth는, 우리가 그것을 주어진 바로 **받아들이고** 그것을 전제조건으로 삼아서 활동할 때, 전제-채택presumption에 의해 진리true로 된다. 그 전제-채택이 의식적이고 명시적으로 이루어질 때, 우리는 그 truth를 '공리axiom' 또는 '공준postulate'이라고 부른다. 예컨대 빛의 속력은 관찰자나 광원의 운동과 상관없이 동일하다고 아인슈타인이 선언했을 때, 그 동일성은 아인슈타인의 연구 이전에 통용되던 '빛'이나 '속력'이나 '관찰자'의 정의로부터 도출되는 귀결이 전혀 아니었다.

(Truth4) 논리학의 맥락 안에서 명제들은, 당사자의 작업이 속한 논리 시스템의 공리들에 따라서, 다른 진리true인 명제들로부터 도출될 수 있으면 진리true다. "명제 P가 진리면, P의 대우contrapositive도 진리다." 이런 의미의 truth는 배타성을 가장 뚜렷하게 띤다. 만일 P가 진리고 Q가 −P(=Not P)를 함축하면, Q는 진리가 아니다.

(Truth5) 한 실천 시스템 안에서 한 명제가 그 시스템 안에서 작동하는 옳음correctness 검사를 **상황의존적으로**contingently 통과하면, 우리는 그 명제를 진리true로 인정한다. '염소의 원자량은 대략 35.5다'라는 명제는 진리일까? 우리의 작업이 속한 특정 원자화학 시스템 안에서 우리는 원자량 측정을 위한 구체적 절차들을 가

---

57 C. I. Lewis의([1929] 1956, 8장) '선험적a priori' 개념과 비교하라.

지고 있으며 저 명제가 진리인지 여부를 판정할 수 있다. 이 판정 절차들은 확정적인 진리/허위 판결을 제공할 수 있지만, 우리는 그 판결이 절대적이거나 보편적이라고 주제넘게 주장하지 말아야 한다. 그 판결은 주어진 시스템 안에서만 확정적이며, 이런 의미의 진리truth는 일차적으로 또한 가장 중요하게 그 시스템의 나머지 부분과의 정합성에 의존한다. 그러나 그뿐만 아니라, 좋은 경험적 판정 절차들은 실재의 저항이 드러날 수 있는 방식들도 확립할 것이다.

　　이 같은 진리의 다양한 의미들은 실재론 논쟁과 어떤 관련이 있을까?(위 의미 분석은 영어 'truth'에 관한 것이고, 'truth'와 한국어 '진리' 사이에는 당연히 어느 정도 어긋남이 있지만, 현재 논의의 전개에 충실하기 위하여 위의 다섯 가지 의미를 '진리'의 의미로 간주하면서 번역을 이어가겠다–옮긴이) 나의 교설인 능동적 실재주의를 떠받치는 핵심적인 진리 개념은 진리5(Truth5)다. 능동적 실재주의는 이 진리5를 끊임없이, 또한 겸허하게 탐색하는 활동이다. 그러나 나머지 진리1부터 진리4까지 각각도 탐구에 필수적인 다양한 인식활동들과 연결되어 있다. 즉, 경험의 보고, 개념의 정의, 탐구를 가능케 하는 전제의 채택, 논리적 도출과 연결되어 있다. 요컨대 위에 열거한 진리의 다섯 가지 의미는 제각각 다르지만, 그 모든 의미들은 효과적인 탐구에서 서로 조화롭게 연결된 활동들에서 유래한다. 각각의 시스템 안에서 진리5를 탐색하는 활동은 바라건대 실재에 관한 앎을 산출할 것이다. 서로 다른 시스템들 안에서 입증된 진리5들 사이의 관계는 다양할 수 있다. 그런 진리5들은 서로 일관적일 수도 있고 비정합적일 수도 있다. 혹은 서로 관련이 없다시피 할 수도 있다. 능동적

실재주의는 각 시스템에서의 진리5 탐색을 옹호하며, 또한 진리5의
탐색을 효과적으로 실천할 수 있는 다양한 시스템들의 육성을 옹호
한다.

　　　그럼 표준적 과학적 실재론에 대해서는 어떤 이야기를 할 수
있을까? 표준적 실재론은 실재와의 대응에 의한 보편적 무시간적
'진리'를 요구하는데, 그런 유형의 진리는 빤히 보다시피 위 목록에
들어 있지 않다. 그 진리 개념은 어떤 인식활동들에서 유래할까? 우
리가 그런 진리들을 발견하고 판정한다는 얘기는 무슨 뜻일까? 그
판정과 발견은 상상과 비유와 권위의 합작품일 수밖에 없다고 나는
단언한다. 상상을 통해 우리는 우리가 관찰할 수 없는 모종의 실재
적 속성들을 지닌 외부 세계의 관념을 지어낸다. 비유를 통해 우리
는, 생각과 진술 사이의 대응(진리1)과 유사한, 그 세계와 우리의 명
제들 사이의 대응을 생각한다. 그리고 실제로 무엇이 진리인지 알
아내기 위하여 우리는 성경을 읽거나 아인슈타인의 말을 경청한
다. 나는 이 사안에 관한 힐러리 퍼트넘(Putnam 1995, 10쪽)의 견해
에서 위안을 얻는다. "진리는 '실재와 대응함'이라는 말은 틀린 것
은 아니지만, '대응'이 무엇인지에 관한 설명이 없는 한에서, **공허하
다**. 만일 그 '대응'이 우리가 우리의 진술들을 입증하는 방식들로부
터 전적으로 독립적이라면 (…) 그 '대응'은 불가사의한occult 것이
며, 우리가 그 '대응'을 파악한다는 것도 불가사의하다."(타르스키에
관한 언급은 이러하다. "그의 연구는 진리의 개념을 설명하는 데 **아무런** 도움이
되지 않는다.") 이어서 퍼트넘은 윌리엄 제임스의 글을 변형한 문구로
논의를 마무리하는데, 그 문구는 진리에 대한 나의 작업주의적 견
해에 담긴 뜻을 정확히 표현한다. "무엇이 진리인지를 어떻게 파악

할 수 있는지 우리가 말할 수 있어야 한다. (…) 진리란 그런 것이어
야 한다." 그렇지 않다면 진리 개념은 실천에서 규제적 이상regulative
ideal의 구실조차도 할 수 없다.

4.3.2 확실성 함정

일부 사람들은 진리라는 이상을 버리기가 어려운 것에 못지
않게 확실성이라는 이상을 버리기도 어렵다고 느낀다. 진리에서와
마찬가지로, 우리가 확실성의 개념을 적절하게만 적용하고 부적절
한 곳에서 확실성을 강요하는 것을 자제한다면, 확실성의 개념을
버릴 이유는 없다. 실재론자와 반실재론자를 막론하고 많은 철학자
들은 실재론 논쟁의 중심에 놓인 실재에 관한 우리의 주장들에 확
실성을 부여해왔는데, 나는 이것이 중대한 실수라고 믿는다. 확실
성에 초점을 맞추면, 실재론 문제는 회의주의 문제와 융합된다. 우
리가 절대적 확실성을 요구한다면, 우리는 급진적 회의주의의 패배
를 요구하는 것이다. 만일 실재론이 급진적 회의주의를 패배시켜야
한다면, 실재론이라는 기획은 실패로 돌아갈 수밖에 없다. 우리가
절대적 확실성을 추구한다면, 과학에 대한 임의의 다른 입장과 마
찬가지로 실재론도 절대적 확실성을 제공할 수 없다. 건강한 겸허
함은 우리가 모든 유형의 확실성 주장이나 확실성을 추구해야 한다
는 요구를 삼가도록 만들어야 마땅하다.

우리가 확실히 알 수 있는 것들이 있긴 하지만, 그것들은 우
리가 진리로 **만들거나 받아들이는** 것, 곧 4.3.1에서 설명한 진리2와
진리3이다. 또한 우리는 진리5의 후보들을 진리2나 진리3으로 변
환할 수 있지만, 이는 능동적 실재주의가 권하는 바가 아니다. 경험

적인 사안들(진리5의 후보로 머물러 있는 명제들)을 다룰 때의 관건은 어떻게 우리가 확실성에 도달할 것인가가 아니라 어떻게 우리가 불확실성을 인정하면서도 잘해나갈 것인가다. 오늘날 철학자들과 과학자들은 확실성보다 확률을 더 많이 거론하곤 하는데, 이는 건강한 경향일 수 있다. 그러나 특히 몇몇 베이즈주의Bayesianism 전통들에서는, 확률을 진리와 확실성 모두의 대리물로 취급하면서 우리의 탐구가 계속되면 확률이 상승하여 1에 접근함을 보여주는 것에 집중하려는 충동이 있다. 이 기획에서 확률의 개념은 제 **쓰임새**를 잃고 '근사적 진리approximate truth'의 개념과 마찬가지로 공허한 역할만 하게 된다. 이것은 온당치 않다. 확률의 진짜 쓰임새는, 바로 확률값이 1이나 0에서 멀리 떨어져 있을 때 확률이 우리의 행위를 이끌 수 있다는 점에 있다. 극단적이지 않은 확률값(이를테면 주사위를 던졌을 때 2가 나올 확률인 1/6)이야말로 우리의 계획 수립에 유용한 도구다. 우리가 확실성에 도달하지 못했을 때, 우리가 베이즈 분석Bayesian analysis을 통해 성취하려 애써야 할 것은 계획 수립을 위하여 **안정적인** 확률값들에 도달하는 것이지, 확률값들이 0이나 1에 접근하리라는 헛된 희망을 떠받치는 것이 아니다.

　　내가 대단히 존경하는 많은 철학자들은 안타깝게도 확실성 함정에 빠졌다. 브리지먼이 좋은 예다. 과도한 확실성 주장들이 난무할 때 꼼꼼한 회의주의적 검토는 유용하지만, 그것은 긍정적 실행 프로그램program of work일 수 없다. 작업들이 제공하는 확실성은 결국 수동적 관찰이 제공하는 확실성보다 더 크지 않다. 작업과 수동적 관찰은 둘 다 직접 경험의 측면들이며 궁극적으로는 서로 그리 깔끔하게 분리될 수 없다. 마찬가지로 해킹(1983)은 실험에 대한 앎이나 대상entity에 대한 앎은 이론에 대한 앎보다 더 확실하다고 주장함으로써 확실성 함정에 빠졌다. 데이비드 레스닉(1994)의 비판이 보여주듯이, 더 높은 확실성에 관한 해킹의 주장들은 유지될 수 없다(또한 Churchland and Hooker(1985), 297 – 300쪽에 실린 반 프라센의 견해 참조). '우리는 X가 실재함을 확실히 안다'는 식의 결론들을 향해 논증을 펼칠 때, 해킹은 초점을 잘못 맞춘 것이다. 오히려 해킹의 실험적 실재론의(또한 브리지먼의 작업주의의) 주요 메시지는 **실재와 관계 맺을 길을 더 많이 찾아내라**는 권고라고 보아야 한다. 젊은 시절의 포퍼는 반증의 확실성과 입증의 불확실성이 비대칭을 이룬다는 틀린 생각에 현혹되었던 듯하다. 자신이 귀납의 문제를 해결했다고 포퍼가 계속 주장한 한에서, 그는 비생산적인 확실성 탐색에 스스로를 옭아매었다(반증 가능성을 구분 기준으로 사용한 포퍼는 이 문제에 봉착하지 않았다). 포퍼는 완벽하게 합법적인 귀납의 방법들을 확실성이 없다는 이유로 비난했지만 결국엔 반증도 확실성이 없음을 인정하고서 마지못해 '보강corroboration'을 귀납적 입증의 대리물로 도입했다.

우리가 확실성에 도달할 수 있다면, 확실성이란 실은 탐구의 종결일 것이며, 탐구의 종결은 능동적 실재주의의 정반대다. 만약에 언젠가 모든 변칙 사례들을 제거할 수 있는 패러다임이 등장한다면, 그 패러다임은 연구를 지원하지 못하게 될 것이라는 쿤의 견해를 상기하라(Kuhn 1970, 79쪽).

앞서 우리가 정상과학을 구성하는 수수께끼들이라고 부른 것은, 오로지 과학적 연구에 기반을 제공하는 패러다임이 자신의 모든 문제들을 완전히 해결하는 일은 영영 없기 때문에 존재한다. 역사를 통틀어 자신의 모든 문제들을 완전히 해결한 것처럼 보였던 극소수의(예컨대 기하광학의) 패러다임은 곧 연구 문제들의 산출을 아예 그치고 대신에 공학의 도구가 되었다. 전적으로 도구적인 문제들을 제외하면, 정상과학이 수수께끼로 여기는 모든 각각의 문제는, 또 다른 관점에서 보면 반례로, 따라서 위기의 원천으로 간주될 수 있다. 경험적 과학에서 적당한 정도로나마 확실성에 도달하기 위한 유일하게 그럴싸한 길은 탐구의 범위에 과도하고 해로운 제한을 두는 것뿐인 듯하다. 내가 이 책에서 논의해 온 유형의 과학들은 범위가 넓을뿐더러 새로운 발견들을 향해 뻗은 길들로 가득 차 있는데, 그런 과학들에서 확실성은 생산적인 규제적 이상조차 못 되는 몽상처럼 보일 것이다.

4.3.3 구조

내가 이 장에서 제시하고 있는 유형의, 앎에 대한 소심한 관점을 채택하면, 과학에서 성공적인 실천 시스템들은 실제로 자연에 관한 **모종의** 옳은 앎을 구현하고 있다는 느낌을 우리는 결코 표현할 수 없을 것처럼 보일지도 모르겠다. 그 느낌을 포착하려면, 성공에 기초한 실재론 논증을 어떤 버전으로든 보존하려 애써야 하지 않을까? 성공적인 과학에는 '무언가 옳은 것'이 있다는 떨쳐내기 어려운 느낌을 피에르 뒤엠과 앙리 푸앵카레를 비롯한 많은 사람들이 표현했다. 뒤엠([1906] 1962, 28쪽)의 생각에 따르면, 참신한 예측들을 성공적으로 내놓는 이론은 "자연스러운 분류법natural classification"을 채택했다고 간주되어야 한다. 그런 분류법에서 "우리의 이성이 추상적 개념들 사이에 설정한 관계들은 사물들 사이의 관계들과 정말로 대응한다". 거의 같은 시기에 푸앵카레가 밝힌 훨씬 더 잘 알려진 견해에 따르면 "사물들이 무엇인지 우리에게 가르쳐준다고 자부하는 (…) 이론들"이 일상다반사로 폐기되어 이룬 "폐허 위에 쌓인 폐허"에도 불구하고, 성공적인 과학 이론들이 상정하는 관계들은 탄탄하며robust 실재적이다real(Psillos 149 – 151쪽 참조).

존 워럴(1989) 등은 현재 자신들의 교설인 구조적 실재론 structural realism의 주요 창시자로 푸앵카레를 지목했다. 그들은 구조적 실재론을 방어 가능한 실재론의 가장 탄탄한 형태로 여긴다.[58] 구조적 실재론은 최근에 아주 많은 관심을 받았으므로, 그 교설에 대한 논평 없이 나의 논의를 마무리하는 것은 터무니없는 짓일 것이다. 제임스 래디먼(2009)은 워럴(1989)이 최초로 구조적 실재론을 도입했다면서 그 교설을 "우리는 오로지 우리 이론의 수학적 혹은 구조적 내용에만 (…) 인식적으로 전념해야 한다"라는 입장으로 정의한다. 내가 이해하기에, 구조적 실재론의 배후에 놓인 충동은 내 (Chang 2003)가 "보존적 실재론preservative realism"이라고 부르는 것과 맥이 통한다. 푸앵카레 이래로 구조주의자들은 과학에서 구조들의 연속성에, 즉 심지어 과학적 변화가 극단적으로 일어나는 사례들에서도 일부 형식적 구조들은 살아남는 듯하다는 사실에 깊은 인상을 받아왔다. 따라서 구조에 대한 앎은 과학자들이 발견하고 영원히 유지할 수 있는 확실한 과학적 앎의 측면으로 느껴질 만하다. 여기

---

58 유익한 해설은 Psillos(1999) 7장 참조.

에서 다양한 구조적 실재론 교설들을 상세히 평가하는 것은 부적절하며, 그것은 내가 하기에 적당한 일도 아니다. 대신에 나는 구조적 실재론을 둘러싼 논쟁 전체에 대해서 내가 느끼는 기본적인 불만을 토로하고 싶을 따름이다. 이는 내가 이 책에서(또한 내가 이제껏 쓴 어떤 글에서도) 구조적 실재론을 진지하게 논하지 않은 이유를 설명하기 위해서다.

　　나는 나의 불만을 딜레마로 규정하고자 한다. "구조적 실재론자의 딜레마the structral realist's dilemma"라는 명칭을 붙여볼 수 있을 것이다. 즉, 식별된 구조는 관찰 가능하거나(이 경우에 구조에 대한 신뢰는 경험주의와 다를 바 없다), 아니면 구조의 보존은 의도적이다willful(이 경우에 구조를 외적 실재의 한 요소로 간주하는 것이 옳다는 보증이 없다). 딜레마의 첫째 뿔을 생생하게 이해하기 위하여 워럴이 특히 좋아하는 사례인 프레넬의 광학 공식들을 살펴보자. 그것들은 뒤를 이은 맥스웰 이론에서 보존되었다. 워럴(1989, 117쪽)은 이렇게 말한다. "이것은 성공적인 경험적 내용을 새 이론으로 넘겨주는 간단한 문제를 훨씬 능가하는 일이었다." 그러나 나는 그렇다는 확신이 들지 않는다. 워럴이 논하는 프레넬의 공식들은 현상학적 법칙들이다. 그것들은 관찰 가능한 변수들, 곧 입사광 빔beam, 반사광 빔, 굴절광 빔의 세기, 그리고 이 빔들과 반사면이 이루는 각도 사이의 수학적 관계를 서술하니까 말이다. 이런 것은 한 이론에서 다음 이론으로, 혹은 (쿤이 허용한 대로) 비정합성이 부분적일 경우에는 심지어 한 패러다임에서 다음 패러다임으로 옮겨지면서 보존될 만하다. 여기에서 우리가 거론하고 있는 것은 결국 데이터 집합들의 구조에 불과하며, 반실재론적 경험주의자들은 이 구조를 반색하며 받아들일 것이다. 래디먼(2009, 2절)의 말마따나 "최소 형태의 구조주의는 경험적 구조에 집중하며 따라서 혁명에 관한 쿤적인 우려 앞에서 과학의 누적적 본성을 방어하기 위한 방안으로 간주하는 것이 가장 합당하다". 래디먼은 그런 구조주의의 옹호자들 중 하나로 반 프라센을 옳게 지목하며, 오타비오 부에노(1999, 또한 2011)는 동일한 맥락에서 '구조적 경험주의'를 명확하게 거론했다. 이 모든 이야기의 취지는 구조주의가 표준적 실재론-반실재론 분열에서 반드시 실재론 진영에 속하지는 않음을 보여주는 것이다.

    딜레마의 또 다른 뿔은 코페르니쿠스와 프톨레마이오스의 사례를 통해 간편하게 예증된다(역사적 세부사항은 Kuhn 1957 참조). 프톨레마이오스의 이론과 코페르니쿠스의 이론은 서로 매우 달랐지만, 등속원운동은 두 이론 모두의 본질적 구조적 부분이었다(심지어 두 이론은 등속원운동을 벗어난 듯한 관찰들을 수용하기 위하여 주전원 epicycle 등의 유사한 장치들을 사용했다). 이 구조적 연속성은 매우 인상적일까? 그렇다. 그러나 등속원운동에 대한 집착이 어떻게 프톨레마이오스부터 코페르니쿠스까지 줄곧 유지될 수 있었을까, 하는 질문과 관련해서만 매우 인상적이다. 과학자들의 사고방식의 경직성, 완고함, 혹은 획일성 그 자체는 외적 실재의 본성에 관하여 아무것도 알려주지 않는다. 오히려 구조의 불변성은 우리가 수학적이거나 미적인 선호 때문에 무엇을 고정적인 것으로 **간주하는지** 보여줄 따름일 수도 있다. 이 생각은 클로드 레비스트로스가 명확히 제시한 유형의 구조주의를 연상시킨다. 그 구조주의가 다루는 것은, 실재에 대한 우리의 지각과 개념의 구조, 곧 인간 정신이 실재에 부과한 구조이지, 실재 자체에 내재하는 구조가 아니다. 구조의 연속성은 기껏해야 칸트적인 선험적 종합의 표현일 수 있을 뿐이며, 과학적 실재론을 뒷받침하는 역할은 전혀 하지 못한다.

구조적 실재론에 대한 나의 의구심을, 과학의 발전 과정에서 우리가 실제로 자주 목격하는 구조적 연속성에 대한 부정이나 그런 연속성의 가치에 대한 부정적 평가로 오해하지 말아야 한다. 다만, 나는 구조주의가 과학의 성공에 기초한 실재론 논증을 구제할 것이라는 상상을 우리가 품어야 한다고 생각하지 않는다. 성공적인 과학 시스템의 구조적 측면을 그 성공의 주요한 원인, 심지어 유일한 원인으로 간주하는 것이 옳다는 일반적인 보증은 없다. 성공에서 구조로 나아가는 추론은 성공에서 진리로 나아가는 문제적인 추론과 마찬가지로 안전하지 못할 것이다. 우선, 성공적인 시스템에서 성공을 산출하는 요소들을 식별해내려는 시도는 언제나 매우 불확실한 사업이기 마련이다. 이 시도는 우리를 다시 뒤엠 문제로 데려갈 따름이다. 또한 구조적 연속성에 대한 관심이 표준적 실재론의 전형적인 진리 추구와 맞물리면, 우리는 현대물리학이 세계에 존재하는 옳은 구조들을 발견했으며 그 밖에는 어떤 것도 실재할 수 없다고 선언하는 교조주의적 입장에 쉽게 도달할 수 있다. 그런 구조적 실재론은 표준적 실재론의 다른 모든 버전과 마찬가지로 능동적 실재주의에 적대적일 것이다.

4.3.4 지칭(쌍둥이 지구여, 안녕)

마지막으로, 어쩔 도리가 없다. 나는 힐러리 퍼트넘의 철학적인 '쌍둥이 지구' 이야기에 대해서 몇 마디 언급해야 한다. 왜냐하면 나와 대화한 수많은 철학자들은 이 책의 제목을 듣자마자 그 이야기가 내 책의 주제일 것이라고 생각했기 때문이다. 쌍둥이 지구는 실제 지구와 거의 똑같은데, 다만 그곳의 바다, 강 등은 모든 관찰 가능한 양태에서 H_2O처럼 행동하는 복잡한 화합물 'XYZ'로 채워져 있다. 그 쌍둥이 지구에서 '물'이라는 단어는 H_2O를 지칭할까, 아니면 XYZ를 지칭할까?[59]

　　퍼트넘의 사고실험은 의미들이 "단지 머릿속에 있는 것은 아니다"(1975b, 227쪽)라는 직관을 뒷받침하려는 의도로 제시되었다. 그 사고실험이 옹호한 것은 의미론적 외재주의semantic externalism였다. 이 대목에서 당신이 원한다면, 당신은 지칭에 관한 인과 이론causal theory of reference을 채택하여, 사람들이 '물'로 명명한 최초 표본들과 특정한 '똑같음 관계sameness relation'에 있는 모든 대상들의 집합이 '물'의 외연이라고 말할 수 있다. 자연종 용어들natural kind terms의 경우를 보면, 카일 스탠퍼드와 필립 키처(2000, 108쪽, 114쪽)는 이 '똑같음' 관계를, 해당 물질의 특징적인 관찰 속성들을 산출하는 데 인과적으로 유의미한 '내적 조성inner constitution'을 똑같이 지녔다는 뜻으로 해석한다. 퍼트넘은 '물'의 경우에 분자식 H_2O가 이 내적 조성이라고 지목한다. 물론 최초로 '물'이라는 용어를 사용하기 시작한 사람들이 물의 내적 조성에 관한 생각을 조금이라도 품었어야 한다는 뜻은 아니다. 스탠퍼드와 키처(2000, 114쪽)는 지칭에 관한 인과 이론의 정교한 버전을 내놓는다. 그 버전은 "기반 구

59　퍼트넘 본인의 설명은 Putnam(1973, 1975b) 참조. Hendry(2008, 522-524쪽)의 설명은 쌍둥이 지구 논쟁을 처음 접하는 독자를 위한 안내문으로서 간편하게 참조할 만하다.

조를 모르는 사람들이 그 총체적 원인을 분할할" 가능성을 허용한다. 이 생각에 따르면, "용어 도입자들은 어둠 속에서 여기저기 찔러"보면서, 해당 물질이 전형적으로 나타내는 "속성들 각각의 총체적 원인들의 공통 성분인 기반 속성(혹은 '내적 구조')이 존재한다고 **추측한다**". 퍼트넘(1975b, 225쪽)도 똑같음 관계의 정확한 본성은 과학적 탐구를 통해 결정할 사안이라고 명확히 밝혔다.

나는 폴 니덤(2000, 2002), 야프 판 브라켈(2000, 4장), 에릭 큐리얼(미출판)의 뒤를 이어, 이론적 용어들의 경우에 고정 지시rigid designation가 과연 작동할 수 있을지 의심한다. 내가 보기에 가장 큰 문제는 안정성이다. 만일 문제의 똑같음 관계가 과학적 탐구의 판결에 종속되어 있다면, 그 관계가 충분한 확실성과 영구성을 갖추고 지칭을 고정할 만큼의 안정성을 지녔다고 보증할 수 없다. 고정 지시에 관한 논증들의 복잡한 철학적 세부사항은 제쳐두기로 하자. 이 간결한 논의에서 그 세부사항을 충실히 다루는 것은 불가능하다. 대신에 나는 고정 지시라는 기획 전체에 관한 광범위한 비판적 논점 두 개를 제시함으로써 내가 관련 논쟁에 빨려들지 않는 것을 정당화하고자 한다.

첫째, 나는 철학자들이 지칭 고정reference-fixation에 매달리는 것에 반대한다. 지칭은 흔히 표준적 실재론을 구제하려는 노력에서 진리의 대리물 구실을 하는 듯하다. 우리가 명제들과 사실들 사이의 대응을 확보할 수 없다면, 적어도 단어들과 사물들 사이의 대응을 확보하는 것을 희망할 수도 있을 것이다. 우리는 '지칭에 관한 대응 이론'을 거론해볼 수 있을 것이다. 이 이론은 지칭을 한 단어와 대상들로 이루어진 한 집합 사이의 (내포적 의미론에 의한 필수적이거나 본질적인 매개 없이 성립하는) 순수한 외연적 대응으로 만드는 것을 열망한다. 그러나 우리의 목표가 과학적이거나 일상적인 언어적 실천을 이해하는 것이라면, 지칭에 관한 대응 이론은 부질없다. 왜냐하면 관찰 불가능한 실재의 조각들을 지칭함이라는 개념은 '첫 철자를 대문자 T로 쓴 진리Truth'와 마찬가지로 작업 불가능하기 때문이다. 지칭에 관한 인과 이론은 대응을 작업화하지 못한다. 어쩌면 예외적으로 고유명사들의 대응은 작업화할 수 있겠지만 말이다. 물질을 명명하는 용어들이 무엇을 지칭하는지는 결국 이론적 지식에 의지한다. 그리하여 지칭에 관한 이론이 표준적 진리-실재론에 닻을 내리는 결과가 초래되는데, 내가 보기에 이것은 경솔한 선택이다. 진짜 문제는, 이 같은 지칭에 관한 대응 이론으로 표준적 실재론을 보완하려 할 때 불거진다. 그러면 진리에 관한 대응 이론과 지칭에 관한 대응 이론이 단단히 맞물려 순환적으로 서로를 정당화하는 상황이 벌어지니까 말이다. 그 논증의 짐은 이 순환이 어떤 식으로든 실재에 들러붙는다고 주장하고 싶은 사람들이 져야 한다.

　　둘째, 만일 자연주의naturalism가 생각 없는 과학 존중을 뜻한다면, 나는 '자연주의적' 철학에 깊은 불만이 있다. 아무리 양보해서 말하더라도, 우리가 노예적인 자연주의자가 될 작정이라면, 우리는 과학자들 본인이 가장 새롭고 좋은 과학으로 판정한 것을 추종해야지, '물은 H_2O다' 같은 고리타분한 근사적 지식을 추종하면 안 된다. 물을 연구하는 과학자들은 벌써 오래전에 이 근사적 지식을 넘어섰다. 따라서 '물'의 외연은 "H_2O 분자들로 이루어진 모든 전체들"이라는, 40년 전에 나왔으며 당시에도 이미 시대에 뒤처졌던 퍼트넘(1975b, 224쪽)의 생각을 추종하는 것은 부적절할 것이다. 오히려 적어도 우리는 현재 화학에서 통용되는 물의 개념을 살펴보는 것을 출발점으로 삼아야 한다. 헨드리(2008, 523쪽)는 그 개념을 다음과 같이 간결하게 요약한다. "거시적인 물 집단body은 다양한 분자들로 이루어진 복잡하고 역동적인 뭉치congeries이며, 그 안에서는 개별 분자들의 해리, 이온들의 재결합, 소중합체들oligomers의 형성, 성장, 해리가 끊임없이 일어난다."[60] H_2O 분자들 사이에서 그런 복잡하고 역동적인 상호작용들이 일어나지 않는다면, 물은 우리로 하여금 물을 물로 인정하게 만드는 속성들을 가지지 않을 것이다. 큐리얼(미출판, 4쪽)의 도발적인 말마따나 "얼마나 순수하거나 작은지와 상관없이, 어떤 상태나 환경에 있는지와 상관없이, 어떤 분량의 물도 물 분자들로 이루어져 있지 않다". 우리는 H_2O 분자들이 모여 이룬 임의의 더미를 물이라고 부를 수 없다. 그러면 최신 과학을 위반하게 된다.

---

60 또한 Weisberg(2006), VandeWall(2007) 참조.

IS WATER H₂O?

5장

과학에서의 다원주의

행동을 촉구함

EVIDENCE,
REALISM,
AND
PLURALISM

이 장에서 나는 앞선 장들에서 제시한 다양한 단서들에 기초하여 과학에서의 다원주의를 일관되며 체계적인 방식으로 옹호한다. 나는 나의 입장을 '능동적 규범적 인식적 다원주의active normative epistemic pluralism'로 정의한다. 각각의 연구 분야에서 다수의 실천 시스템들을 보유하는 것의 혜택을 인정하는 것에 기초하여 내가 의도하는 다원주의는 다원성을 육성하기로 결심하는 능동적 태도다. 다원성의 혜택은 두 가지다. 관용의 혜택은 단순히 다수의 시스템들을 동시에 허용하는 것에서 유래한다. 그렇게 하면 예측 불가능성에 맞선 대응책을 얻고, 각 시스템이 지닌 한계를 완화하고, 주어진 목표를 여러 방식으로 달성할 수 있다. 상호작용의 혜택은 구체적인 목적을 위하여 다양한 시스템들을 융합하기, 시스템들의 경계를 넘나들며 이로운 요소들을 들여와 쓰기, 시스템들 사이의 생산적 경쟁에서 유래한다. 다원주의를 판단의 포기와 혼동하지 말아야 한다. 각각의 다원주의자는 과학적 연구의 질과 가치를 평가할 자유와 책임이 있다. 다원주의는 무기력을 초래하는 상대주의나 무분별한 자원 낭비 없이 고유의 혜택들을 제공할 수 있다. 실천의 차원에서 보면, 내가 옹호하는 다원주의는 가치 있는 앎의 시스템들을 늘리라는 명령으로 요약된다. 이 명령은 과학적 실천에 관한 구체적 함의들을 지녔으며 또한 과학사와 과학철학에 새로운 목적과 접근법을 제공한다. 그 목적과 접근법은 과학사와 과학철학에 대한 나의 비전vision인 '상보적 과학'과 맥이 통한다.

5.1 과학이 다원주의적일 수 있을까?

5.1.1 다원성: 수용에서 경축으로

나는 플로지스톤 이론이 아예 틀렸다는 확신을 솔직히 품을 수 없었기 때문에 과학에 관한 다원주의자가 되었다. 심지어 그 이론이 라봐지에의 산소에 기반한 화학 이론보다 정말로 열등하다는 것조차도 나는 확신할 수 없었다. 물론 사연이 그렇게 단순하지는 않지만, 일련의 역사적 에피소드들에서 버려진 옛 이론들이 명백히 터무니없지는 않았음이 더 꼼꼼한 고찰을 통해 드러났는데, 그런 에피소드들이 나를 과학에 관한 다원주의적 사고방식으로 이끈 것은 틀림없는 사실이다. 더 긍정적으로 말하면, 이 책을 쓰기 위한 연구를 진행하면서 나는 프리스틀리의 플로지스톤과 리터의 원소로서의 물과 돌튼의 물의 분자식 HO 등에 보존할 가치가 있는 무언가가 있음을 확신하게 되었다. 그렇다고 그것들을 대체한 더 새로운 아이디어들의 장점을 부정하는 것은 아니지만 말이다. 나의 앞선 연구도 이미 이 방향을 예비했다. 예컨대 열에 관한 칼로릭 이론이 많은 장점을 지녔으며 몇 가지 장점은 19세기 중반까지도 그 이론을 초기의 운동학적 열 이론보다 더 우월하게 만들었음을 깨달았을 때 나는 이 방향으로 나아갈 준비를 갖췄다. 물론 소수의 특수한 연구들에 기초한 일반화는 어리석은 짓이겠지만, 그 연구들은 너무나 의미심장해서 무시할 수 없었다. 마치 긁고 싶은 가려운 부위처럼, 그 연구들은 나 자신의 생각에 깊이 뿌리 내린 과학의 본성에 관한 몇몇 근본 전제들을 재검토하라고 끈질기게 요구했다. 과학적 질문에는 단 하나의 정답만 있을 수 있으며 일단 과학이 질문에 명확하게 답하고 나면 그 판결은 최종적이라는 통상적인 직관을 심각하게 의문시하게 만들었다.

　　앞선 장들에서 나는 과학에 관한 다원주의를 강하게 암시하는 단서들을 제시했다. 그것들은 과학이 동일한 연구 분야에서 다수의 접근법들을 보유하는 것이 이로울 성싶음을 다양한 방식으로 보여주었다.[1] 이제 그 단서들을 통합하여 하나의 철학적 입장을 정합적이고 체계적인 방식으로 진술할 때다. 이 장에서 나는 일반적이며 추상적인 논증들에 기초하여 다원주의를 옹호하면서, 그 옹호를 나의 능력이 닿는 한에서 최대한 많은 사례들을 들어 뒷받침하고 4장에서 펼친 과학적 실재론에 관한 논증들을 통해 보강할 것이다. 1장, 2장, 3장에서 언급한 예들을 거론하겠지만, 다른 간략한 예들도 다양하게 소개할 것이다. 부분적으로 이는 앞선 장들을 꼼꼼히 읽지 않은 독자들에게 이 장이 상당한 정도로 자족적이고 이해할 만하기를 바라기 때문이다. 내가 드는 예들의 대다수는 여전히 물리과학들physical sciences에 국한될 텐데, 이것은 단지 나 자신의 한계 탓이다. 나의 논증들이 다른 과학 분야에도 적합한지 여부는 더 박식한 학자들의 판단에 맡기겠다. 앞선 장들과 마찬가지로 이 장도 세 부분으로 나뉠 것이다. 첫째 절(5.1)은 비전문가들도 이해할 수 있는 방식으로 일반적인 논제들을 끌어내고 제시한다. 둘째 절(5.2)은 체계적이며 철저한 논증으로 나의 입장을 옹호한다. 셋째 절은 앞선 절들에서 생각의 흐름을 방해했을 법한 몇 가지 중요한

1　특히 1장의 1.2.4.2, 2장의 2.2.3.3, 3장의 3.1, 3.2.2, 3.2.4, 4장의 4.1 참조.

전문적 혹은 심층적 질문들을 다룬다.

앞서 언급한 대로 처음에 나는 과학에서의 다원성이 매혹적이면서도 마뜩지 않았다. 하지만 그 껄끄러운 다원성을 연구한 세월이 길어질수록, 나는 그 다원성에 점점 더 많이 긍정적으로 흥분하게 되었다. 내가 앞선 장들에서 제시한 모든 역사적 에피소드들은 존중할 만하고 흥미진진한 과학 분야에서 다수의 시스템들이 동시에 작동할 때의 혜택을 보여준다. 1장에서 나는 결국 화학혁명에 대한 비정통적 견해를 제시했는데, 그것에 따르면 18세기 후반의 화학이 지녔던 잠재력의 온전한 실현이 지체된 것은 플로지스톤주의 시스템이 부당하게 종말을 맞았기 때문이다. 물론 나는 라봐지에의 시대와 그 후의 화학에 겉보기보다 더 많은 다원성이 있었다는 점도 보여주었지만, 플로지스톤주의 시스템을 실제보다 더 오래 또 더 탄탄하게 살려두는 것이 이로웠으리라고 주장했다. 2장과 3장에서는 전기화학 분야와 원자화학 분야에서 정말로 오래 지속한 진짜 다원성의 시대들을 서술했다. 19세기의 대부분 동안 이어진 그 다원주의적 시대들은 실제로 매우 생산적이었다. 4장의 첫째 절(4.1)에서 주장했듯이, 2장과 3장이 유발하는 다양한 숙고들은 물은 H_2O라는 특수한 정식화에 신성하거나 불가피한 구석이 전혀 없음을 시사한다. 이 생각들은 터무니없지 않으며, 나는 그것들이 과학 연구가 어떻게 수행되고, 수행될 수 있고, 수행되어야 하는가에 관한 신선하고 도발적인 견해를 제공함을 발견했다.

이 사례들을 숙고하는 과정에서 나는 과학에서 다원성이 필요하고 이로운 일반적 이유들을 깨닫기 시작했다. 이 장의 둘째 절(5.2)에서 그 이유들을 체계적으로 제시하겠만, 여기에서 몇몇 직관적 핵심을 의미심장한 비유들과 함께 이야기하고자 한다. 다원주의를 옹호하는 가장 근본적인 동기는 **겸허함**이다. 우리는, 엄청나게 복잡하고 보아하니 고갈되지 않으며 궁극적으로 예측 불가능한 세상을 이해하고 그것과 관계 맺으려 하는 유한한 존재들이다.[2] 우리가 **단 하나의** 완벽한 과학 시스템을 발견할 성싶지 않다면, 다수의 과학 시스템들을 육성하는 것이 합당하다. 그 시스템들 각각은 나름의 고유한 장점들이 있을 것이다. 우리가 속담 속에서 코끼리를 만지는 맹인들과 유사하다면, 우리는 우리 자신의 특수한 경험을 너무 많이 일반화하지 않는 법을 배워야 할 뿐 아니라, 더 많은 협력자들을 모아서 코끼리의 모든 다양한 부분들에 도달하려 노력해야 한다.[3]

처음에 과학은 오만의 힘으로 첫걸음을 내디딜 필요가 있었을 수 있다. 우리가 자연에 관한 **단 하나의** 진리를 움켜쥘 **수 있다**는 오만은 과학이라는 사업 그 자체를 실행 가능하고 실행할 가치가 있다고 느껴지게 했을 터이다. 어쩌면 초기의 과학자들은 자연이 근본적으로 충분히 단순해서 자신들이 자연을 이해할 수 있다고 믿을 필요가 있었을 것이다. 뉴턴은 신이 자신의 편이라고 믿었다. 그는 신의 창조에 관한 단 하나의 진리가 존재하며 신의 은총으로 자신이 그 진리를 발견할 수 있다는 신앙을 품고 전진했다. 단 하나

---

2 이 대목에서 나는 윌리엄 윔샛(2007)의 발자취를 따르고 있는 듯하다. 내가 아직 그의 연구를 받아서 더 발전시키지 못한 것이 후회스럽다.

3 우리는 과연 무슨 근거로 맹인을 깔보며 **시각**視覺은 코끼리의 모든 다양한 측면들에 도달한다고 확신할까?

의 단순한 공식으로 우주 전체를 다룰 수 있다는 확신을 달리 어떻게 품을 수 있었겠는가? 그러나 몇 세기 동안의 성공을 거쳐 현대 과학은 성숙에 이르렀고 신앙과 오만이라는 목발을 더는 필요로 하지 않는다. 이제 우리는 더 많은 겸허함을 감당할 수 있으며, 그러면서도 우리가 실재에 관하여 계속 배울 수 있으리라고 확신할 수 있다.

　　조지프 프리스틀리는 인식적 겸허함에 대해서 특히 교훈적인 개념을 가지고 있었다. 그 개념은 역동적이었다. "모든 각각의 발견은 우리가 상상하지도 못했던 많은 것들을 우리의 시야 안에 가져다놓는다." 그는 대단히 멋진 이미지를 떠올렸다. "빛의 원이 커질수록, 그 원을 둘러싼 어둠의 경계도 더 커진다."(그림5.1은 이 이미지를 내가 그려본 것이다.) 지식이 늘어나면, 무지도 늘어난다. 아니 더 정확히 말하면, 우리가 자각하는 무지의 범위도 늘어난다. 프리스틀리는 이렇게 말을 잇는다. "그럼에도 불구하고 우리가 더 많은 빛을 얻을수록, 우리는 더 많이 감사해야 한다. 이런 식으로 우리는 만족스러운 관조contemplation의 범위를 확장하니까 말이다. 시간이 지나면 빛의 경계는 더욱더 확장될 것이며, 신의 본성과 창조물들의 무한함을 근거로 삼아서 우리는 그것들에 대한 우리의 탐구가 끝없이 진보하리라고 우리 자신에게 약속해도 된다. 이것은 참으로 숭고하고 영광스러운 전망이다."(Priestley 1790, 1: xviii –xix)

　　마이클 패러데이도 전기분해를 다루는 한 논문에서 유사한 생각을 표현했다. "화학에서의 발전은 크건 작건 간에 연구의 주제들을 고갈시키기는커녕, 기꺼이 노력을 다하여 탐구할 사람들에게 더 발전되고 더 풍부하며 아름다움과 유용성이 넘치는 지식을 향한

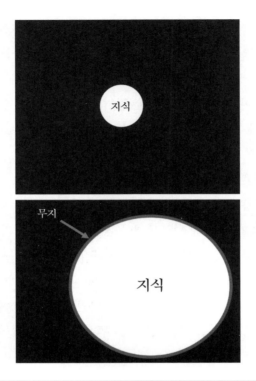

그림5.1 지식과 무지의 증가에 관한 프리스틀리의 비유를 표현한 그림

문을 열어준다. 이것이야말로 우리의 과학인 화학의 위대한 아름다움이다."(1834, 122쪽, §871. Hartley 1971, 184쪽에서 재인용)

　　프리스틀리와 패러데이는 종교적 신앙을 길잡이로 삼았지만, 신앙이 없는 사람들은 이 같은 자연 탐구의 끝없는 풍부함을 그저 과학에서 불가피한 사실로 간주할 수 있을 것이다. 허세를 부리는 형이상학적 교설들을 들먹일 필요도 없다. 단지 자연이 아직 드

러나지 않은 사실들을 천차만별인 유형과 무한정한 개수로 보유하고 있는 것으로 보일 따름이다. 그리고 그렇기 때문에 제각각 다른 실천 시스템이 그 고갈시킬 수 없는 광맥의 다양한 부분에 접근하고 계속해서 더 많이 접근할 수 있을 개연성이 높아진다. 과학이 이 풍부한 잠재성을 보지 못하게 되면 결국 과학 자신을 불필요하게 제약하게 된다고 나는 생각한다. 많은 성공적인 과학적 실천은 낸시 카트라잇(1999), 마이크 포춘과 허버트 번스틴(1998), 앤드류 피커링(1984) 같은 저자들이 설득력 있게 서술한, 복잡해도 충분히 잘 작동하는 유형의 실천인 것으로 보인다.

　　과학에서의 다원성을 받아들이기 위하여 우리는 또한 자연의 풍부함이 아니라 복잡함을 중심으로 생각을 펼칠 수도 있다. 우리가 연구하기로 선택한 임의의 자연 구역은 무한정한 복잡성을 드러내는 반면, 계산 능력의 향상으로부터 아무리 많은 도움을 받더라도 인간의 정신은 상대적으로 단순한 도식들schemes만 다룰 수 있는 것으로 보인다. 따라서 탐구되는 현상의 구체적인 측면들에 도달하기 위하여 우리에게 필요한 것은 다양한 단순한 도식들이다. 이렇게 복잡성을 중시하는 관점에 맞서서 많은 과학자들과 철학자들은 환원의 개념을 채택해왔다. 즉, 모든 복잡한 구조들을 더 단순한 구조들로 분해할 수 있으며, 자연에 있는 모든 것들은 궁극적으로 소수의 단순한 물리적 단위들로 이루어졌으므로, 그 단순한 단위들에 관한 진리를 알면 자연에 관하여 알아야 할 모든 것을 알 수 있다고 생각해왔다. 이 생각은 우리에게 필요한 유일한 과학은 기본입자 물리학이어야 한다는 생각의 기반이다. 어니스트 러더퍼드는 "모든 과학은 물리학이든지 아니면 우표 수집이다"(Birks 1962,

108쪽에서 재인용-)라고 말했다고 한다. 그가 1908년에 노벨화학상을
받은 것은 어쩌면 적절한 응징이었을 것이다. 우리가 복잡한 수준
의 현상을 직접 다루고자 할 때 다수의 근사近似 이론들을 사용하는
것은 편리한 방편일 수 있다는 점은 환원주의자들도 인정할 것이
다. 그러나 그들은, 원리적으로 우리에게 필요한 것은 단순한 수준
을 다루는 단 하나의 좋은 이론이라는 주장을 굽히지 않을 것이다.
여기에서 환원주의 문제를 본격적으로 논할 수는 없지만, 환원주의
전략이 일반적으로 통하리라고 기대하는 것은 비현실적임을 시사
하는 세 가지 논점을 제시하고자 한다. 첫째, 점점 더 기본적인 단
위들로 내려가는 과정은 끝이 없는 듯하다. 양성자, 중성자, 전자 트
리오에서 멈출 수 있다면 아주 좋았겠지만, 현실은 그렇지 않았다.
초끈들에서는 과연 멈출 수 있을까? 둘째, 더 기본적인 수준들로 점
점 더 내려가더라도 물리학은 조금도 더 단순해지지 않는 듯하다.
마지막으로, 우리의 개념적 관심사가 무엇이냐에 따라서 전체가 부
분들보다 더 단순할 수 있다. 예컨대 깔끔한 삼각형 플라스틱 조각
의 기하학적 단순성과 그 플라스틱 조각의 엄청나게 복잡한 분자적
구조를 생각해보라.

　　혹은 전반적인 삶에 관한 현실적 비관주의에 기초한 신중
함을 중심으로 생각을 펼칠 수도 있다. 모든 계획이 성사되지는 않
을 것이며 우리의 시도들 중 일부는 실패로 끝날 것이다. 실재는 그
런 식으로 우리를 놀라게 한다(내가 말하는 '실재'의 의미는 4.2.1에 설명
되어 있다). 상황의존성이 존재할 것이므로, 우리는 뜻밖의 사건들을
처리할 역량을 갖춘 과학을 보유할 필요가 있다. 그래야 하나가 실
패하더라도 그 귀결로 다른 모든 것이 실패하는 일이 벌어지지 않

는다. 이 사정은 농업에서 단일경작monoculture에 대한 반론을 연상
시킨다. 피터 갤리슨의 주장에 따르면, 현대 물리학이 보유한 튼튼
함의 많은 부분은 이론과 실험과 장비의 변화가 서로 박자를 맞추
지 않고 벽돌담의 벽돌들처럼 엇갈리며 연결되어온 것에서 유래했
다. 갤리슨은 부분적으로 찰스 샌더스 퍼스(1839~1914)에게서 영감
을 얻었는데, 퍼스의 논점은 더 일반적이었다. 즉, 과학뿐 아니라 철
학에서도 우리는 "어느 한 논증을 확증적이라고 신뢰하기보다 논증
들의 다수성과 다양성을" 신뢰해야 한다면서 퍼스는 이렇게 덧붙
였다. "[우리의] 추론은 사슬을 이루면 안 된다. 사슬은 자신의 가장
약한 고리보다 더 강하지 않다. 추론은 밧줄을 이뤄야 한다. 밧줄의
섬유들이 충분히 많고 밀접하게 연결되어 있다면, 그 섬유들이 아
무리 가늘어도 무방하다."[4]

　　이 같은 신중함의 필요성을 과학적 진보의 역동에 비춰보면
유익한 교훈을 얻을 수 있다. 과학은 본래적으로 **진보주의적인** 사
업이다. 설령 어쩔 수 없이 실패하더라도 과학은 늘 향상을 추구한
다.[5] 기본적인 겸허함에 따라서 우리는 임의의 성공적인 실천 시스
템은 조만간 한계에 봉착하리라고 예상해야 한다. 쿤(1970)의 과학
관에서는 이 예상이 불가피성의 색채를 띤다. 정확도를 높이고 범
위를 넓히려는 과학자들의 욕망은 신선한 변칙사례들을 들춰냄으

4　Bernstein(1989), 9쪽에 인용되어 있음. 원래 출처는 Charles S. Peirce,
Collected Papers, 5권 265쪽.

5　바꿔 말해, 과학이 진보를 이뤄내지 못할 때도, 과학은 여전히 진보주의적
이다.

로써 거의 모든 패러다임을 실패로 몰아갈 것이다. 성공은 야심을 북돋고, 우리의 야심이 커지면 결함이 드러날 여지도 커진다. 지배적 패러다임의 결함들이 증가하면 결국 위기가 발생하고, 위기는 새 패러다임의 등장을 촉발한다. 쿤의 과학관은, 자신의 과학 시스템이 계속 성공하리라고 믿는 오만에 맞선 아주 요긴한 해독제 구실을 한다. 그러나 위기가 시작된 후에 무슨 일이 일어나야 하는가, 하는 질문 앞에서 쿤의 과학관은 두 가지 한계를 뚜렷이 드러낸다. 첫째, 포퍼(1970)와 왓킨스(1970)가 주장한 대로, 과학의 정상 상태에서 최소한 바탕에 깔린 다원성이 없다면, 어떻게 새 패러다임이 필요할 때 갑자기 생겨날 수 있는지 이해하기 어렵다. 둘째, 우리가 무언가를 하기 위한 시스템을 성공적으로 창조해냈다면, 과도하게 밀어붙인 끄트머리에서 그 시스템이 실패한다는 이유만으로 그것을 완전히 버려야 한다고 요구하는 것은 불합리하다. 작동 가능한 시스템들은 얻기 어려우며 가능한 한 보존되어야 한다(4.1.4 참조). 이 두 가지 결함 모두와 관련해서, 과학적 역동에 관한 쿤의 견해에 다원주의를 주입하면, 그 견해가 향상될 것이다.

5.1.2 일원주의와 다원주의

정치에서 어느 정도의 다원주의는 자유민주주의의 토대를 이룸을 부정할 사람은 거의 없을 것이다. 힐러리 퍼트넘(1995, 1쪽)이 강조하듯이, 이것은 비교적 새로운 현대적 통찰이다.

오늘날 우리는 관용과 다원주의를 당연시하곤 한다. 예컨대 고대 아테네나 후기 로마제국에서 다양한 의견들의 충돌과 견해들의 다양성이 있었음을 알게 되면, 우리는 그 충돌과 다양성을 그 사회들의 활력의 징후로 간주할 개연성이 높다. 이것이 그 사회들 자체의 상황 파악 방식이 아님을 알아채는 사람은 거의 없다. 고전적인 사상가들은 의견의 다양성을 쇠퇴와 이단의 징후로 보았다. 계몽시대에 이르러서야 비로소 우리는 그것을 긍정적인 좋음으로 볼 수 있게 되었다.

혹시 과학과 관련해서도 유사한 발전 패턴이 있을 수 있지 않을까? 이제 우리는 과거에는 불가능했던 방식으로 다원주의의 진가를 알아볼 수 있지 않을까? 과학을 모범으로 삼아 사회를 조형하려 한 근대주의적 프로젝트인 과학주의scientism는 제대로 된 성과를 내지 못했다. 그렇다면 거꾸로 우리가 좋은 사회적 정치적 시스템으로 여기는 것을 모범으로 삼아 과학을 조형하는 시도를 해볼 수도 있지 않을까?[6] 이 제안을 진지하게 고려할 이유가 일단 몇 가지 있다. 가장 명백한 이유를 대자면, 과학계는 결국 하나의 사회이므로 좋은 협치governance의 모든 일반 원리들이 과학계에 적용되어야 마땅하다. 과학과 철학을 비롯한 학문의 토대는 **대화**이며, 대화는 사회적 소통의 근본 원리다(Bernstein 1989 참조). 또한 정치적 다원주의는 인식적 차원도 지녔다. 다양한 종교들과 문화들의 공존이 허용된다면, 그것들이 품은 다양한 믿음들의 공존도 허용될 것이다.

---

6 내가 여기에서 제시할 수 있는 것보다 훨씬 더 신중한 견해들은 예컨대 Kitcher(2011), 그리고 Wylie(2006)에 수록된 논문들 참조.

그러나 당신은 여전히 이렇게 반발할지도 모른다. "과학 연구의 산물들에는 다원주의를 결코 적용할 수 없잖아?" 과학에 대해서만큼은 **일원주의**를 채택해야 한다는 통념이 널리 퍼져 있지만, 나는 지금 그 통념을 명확하게 제압하고자 한다. 이는 다원주의의 생존을 위한 철학적 공간을 창출하기 위해서다. 과학 지식에 관한 일원주의는 과학이란 자연에 관한 진리의 탐구라는 생각에서 유래한다. 그 생각에 따르면, 단 하나의 세계만 존재하므로, 세계에 관한 진리도 단 하나뿐이며, 단 하나의 과학이 그 진리를 추구해야 한다. 이를테면 우주는 빅뱅으로 시작되었거나 그렇지 않거나 **둘 중 하나**다. 형식을 잘 갖춘 모든 각각의 질문에는 하나의 정답이 있으며, 과학은 해당 과학계의 주류가 알고 채택한 최선의 과학적 방법 하나를 적용하여 그 정답을 발견하려 애쓴다. 일원주의는 과학자들, 특히 물리학자들 사이에 널리 퍼져 있다. 한 예로 기본입자 물리학의 거장인 스티븐 와인버그(1992, 3쪽)의 말을 들어보라. "현재 우리의 이론들은 제한적 타당성만 지녔으며 여전히 잠정적이고 불완전하다. 그러나 가끔씩 그 이론들의 배후에서 우리는 언뜻언뜻 하나의 최종적인 이론을 본다. 무제한적으로 타당하며 완전성과 일관성을 전적으로 만족스럽게 갖춘 최종적인 이론을 말이다."

저명한 응집물질물리학자 필립 앤더슨은, 정말로 중요한 과학은 다른 모든 법칙들이 그리로 환원되는 근본 법칙들에 대한 연구뿐이라는 견해에 반발하는 인물로 잘 알려져 있지만, 그런 앤더슨조차도 자신의 기본적인 일원주의적 신념을 명확히 밝힌다. "우리의 일상을 유지하기 위하여 우리는 세계가 객관적으로 실재하며 모든 각자에게 동일하다는 것을 받아들여야 한다."(Anderson 2001,

492쪽) 이 진술은 앤더슨이 낸시 카트라잇의 다원주의적 과학관을 맹렬히 반박하는 과정에서 등장한다. 자신의 입장을 명명백백히 밝히기 위하여 앤더슨은 자신의 고전적 논문의 첫 대목도 인용한다. 카트라잇은 그 대목을 반환원주의적 맥락에서 인용한 바 있다. "철학자들 사이에서는 환원주의 가설이 여전히 논란거리일 수도 있겠지만, 대다수의 과학자들 사이에서 그 가설은 당연시된다. 우리의 정신과 몸의 작동, 그리고 모든 물질의 작동은 동일한 근본 법칙들에 의해 통제된다고 여겨지며 (…) 우리는 그 법칙들을 꽤 잘 안다."(Anderson 1972; Anderson 2001, 489쪽에도 인용되어 있음) 물론 앤더슨은 근본 법칙들이 구체적 상황에 관하여 무엇을 말해주는지 알아내는 일은 매우 복잡할 때가 많음을 여전히 인정한다. 그러나 그는 모든 과학이 연결되어 하나의 "이음매 없는 그물seamless web"을 이룬다고 주장한다. 나는(카트라잇도 마찬가지일 텐데) 과학 지식의 구조가 그물 모양이라는 것에 전적으로 동의한다. 그러나 그 그물이 앤더슨의 믿음대로 이음매가 없다고 생각하지는 않는다. 그물 비유를 조금 더 확장해서 말하면, 과학이라는 그물은 곳곳에서 다층적이어야 한다.

더 정확한 논의를 위하여 나는 스티븐 켈러트, 헬렌 론지노, 켄 워터스(2006, x쪽)가 최근에 편집한 과학적 다원주의에 관한 논문집에서 제시한, 일원주의에 대한 구체적 정의를 채택하고자 한다. 그들의 일원주의 정의는 다섯 부분으로 이루어졌는데, 특히 두 부분이 나의 논의와 밀접한 관련이 있다. 첫째, "(1)과학의 궁극적 목표는 단 하나의 근본원리들의 집합을 기초로 삼아서 자연에 관한(또는 한 과학 분야가 탐구하는 자연의 부분에 관한) 단 하나의 완전하고 포괄적인 이론을 확립하는 것이다." 둘째, "(4)탐구의 방법을 채택할 때는 그 방법이 그런 설명을 산출할 수 있는지에 기초하여 채택해야 한다."[7] 여기에 더해서 나는 대개 일원론자는 최소한 각각의 영역에서는 가장 좋은 탐구 방법 하나가 있다고 여긴다는 점을 추가하고자 한다(비록 이것은 켈러트, 론지노, 워터스의 정의가 엄밀하게 요구하는 바가 아니지만).

　　나는 이 같은 일원주의적 입장에 두 단계로 반발하고자 한다. 무엇보다도 먼저, 우리가 과학으로부터 바라는 바는 우리의 궁극적 목표들이 무엇이건 간에 그것들의 성취에 도움이 되는, 자연에 관한 이론을 제공하는 것이다. 그 이론의 일원주의적 성격이 그 자체로 우리의 궁극적 목표여서는 안 된다. 이렇게 말해놓고 나면 명백히 옳은 이야기인데, 많은 일원론자는 이 논점에 대해서 생각하지 않는 듯하다. 둘째 단계는, 다수의 상호작용하는 설명들을 육성함으로써 일반적으로 과학의 목표들에 더 잘 기여할 수 있음을 보여주는 것이다. 이 단계는 면밀한 논증을 필요로 하는데, 이 장의 나머지 부분에서 나는 그런 논증을 제시하려 노력할 것이다.

　　나는 일원주의가 아니라 다원주의를 과학의 이상으로 제안

7　켈러트, 론지노, 워터스의 과학적 일원주의 정의의 나머지 부분들은 이러하다. "(2)자연의 본성은, 적어도 원리적으로는, 그런 설명에 의해 완전히 서술되거나 설명될 수 있게 되어 있다. (3)올바로 따르면 그런 설명에 도달하게 되는 탐구 방법들이 적어도 원리적으로는 존재한다." "(5)과학에서 개별 이론들과 모형들을 평가할 때는 그것들이 근본원리들에 기초하여 포괄적이고 완전한 설명을 내놓을(또는 내놓는 수준에 근접할) 수 있는가를 주요 기준으로 삼아야 한다."

한다. 나는 과학에서의 다원주의를 임의의 주어진 과학 분야에서 다수의 실천 시스템들을 육성하는 것을 옹호하는 교설로 정의하고자 한다. 내가 말하는 '실천 시스템'이란 특정 목표들을 달성하기 위해 수행하는 정합적이며 상호작용하는 인식활동들의 집합이다(더 자세한 설명은 1.2.1.1 참조). 과학적 실천 시스템 각각은 그것이 탐구 영역으로 삼은 실재의 측면에 관한 설명을 담고 있으며, 또한 그런 설명들을 만들어내고 사용하는 방법들도 담고 있다. 1장, 2장, 3장에서 나는 주어진 과학 분야 각각에서 다양한 실천 시스템들이 생산적으로 상호작용하며 발전하는 모습을 보여주었다. 그리고 이것이 중요한데, 내가 말하는 다원주의(혹은 일원주의)는 과학이 어떠한가에 관한 한낱 서술적 진술이 아니며[8] 과학이 어떠해야 하는가에 관하여 안락의자에 편히 앉아서 하는 규범적 진술도 아니다. 4장에서 실재론과 관련해서 이미 말했듯이, 제대로 된 '이즘ism'은 행동하려는 의지를 함축하고 있는 이데올로기여야 마땅하다. 따라서 과학에 관한 다원주의는 다수의 과학적 지식 시스템들의 현존을 촉진하겠다는 결심이다. 이것은 "백 송이 꽃이 피게 하라"라는 한가한 선언이 아니라 다른 꽃 99송이를 능동적으로 육성하려는 노력이다(지금 나는 상당히 많은 문헌에 기초를 두고 과학에서의 다원주의를 옹호하고 있다. 셋째 절(5.3)에서 나는 저명한 선배들이 이미 한 이야기에 내가 보태고자 하는 바가 무엇인지에 대해서, 그리고 나의 견해가 그들의 견해와 어떻

8　내가 말하는 다원주의 자체를 하나의 과학적 이론으로 간주하는 것은 특히 금물이다. 그렇기 때문에 나는 '과학적 다원주의'라는 문구를 피하고 '과학에서의 다원주의'나 '과학에 관한 다원주의'라는 표현을 더 선호한다.

게 다른지에 대해서 몇 마디 설명할 것이다).

5.1.3 왜 다원주의는 상대주의가 아닌가

다원주의에 관한 첫 진술을 마쳤으므로, 이제 제기될 것이 뻔한 몇 가지 우려와 반발을 서둘러 예상하고 완화하려 한다. 나의 다원주의적인 생각들을 특히 철학자들 앞에서 밝히면, 흔히 요란한 반발이 터져나온다. "그건 결국 상대주의잖아?" 정확히 어떤 이유로 상대주의가 그렇게 금기시되어야 하는가는 전혀 별개의 문제이며, 나는 여기에서 이 문제를 본격적으로 다룰 수 없다.[9] 더 긴급한 사안은 이것인데, 나는 다원주의와 상대주의를 구별하고 싶다. 가장 근본적인 차이는, 상대주의는 판단과 결심의 포기를 적어도 어느 정도 동반하는 반면, 다원주의는 더없이 분명하게 그런 포기를 동반하지 않는다는 점이다. 성숙한 다원주의적 태도를 지닌 사람은 자신이 동의하지 않는 것과 생산적으로 관계 맺는다. 이런 태도를 갖춘 인물은 사람들이 두려워하는 상대주의자의 캐리커처, 곧 '아무것이나'라고 말하는 사람과 전혀 딴판이다. 상대주의가 다원주의보다 더 강력하고 급진적인 교설로 느껴질 수도 있겠지만, 기묘하게도 상대주의가 꼭 다원주의를 함축하는 것은 아니다. 만일 상대주의가 단지 존재**하는** 모든 대안들 각각을 동등하게 취급할 것만을 주장한다면, 다수의 대안들이 존재해야 한다는 요구는 없는 것이다. 만일 모두가 실제로 무언가에 동의하고 아무도 대안을 모색하

---

9 이 문제에 관한 최근의 신중한 견해는 Bloor(2007) 참조.

지 않는다면, 상대주의는 그 상황에 강하게 반발할 길이 없다. 다음 문장은 멍청한 얘기로 느껴질지 몰라도 명확히 진술해둘 필요가 있다. '**다원주의**의 가장 결정적인 특징은 **다원성**의 요구다.' 다원주의에서 관건은 실제로 다수의 시스템들이 공존할 때 얻어지는 혜택이다. 따라서 나의 다원주의 구호는 '어떤 것이든지 좋다Anyting goes'가 아니라 '많은 것들이 좋다Many things go'다. 다원주의는 절대주의에 명확하게 대항한다. 반면에 상대주의는 실은 쉽사리 그렇게 할 수 없다. 다른 시스템들의 권리를 부정하는 실천 시스템의 존재는 다원주의적 과학 체제에서 금지되어야 할 것이다. 이는 진정으로 자유로운 사회에서는 사람들이 남의 자유를 제약하지 못하도록 규제할 필요가 있는 것과 마찬가지다.

상대주의에 대한 두려움과 상대주의와 다원주의의 동일시는 쉽게 사라지지 않을 것이다. 반발은 다른 모습으로 다시 터져나온다. "네가 다원주의를 받아들인다면, 무엇을 믿을지를 어떻게 선택할래?" 그래서, 당신은 무엇을 믿을지 어떻게 선택**하는가**? 당신이 다원주의자이고 싶다면, 일원주의적인 승자를 당신이 원하는 대로 선택하되, 결국 **두 명의** 승자를 뽑기만 하면 된다. 혹은 2등 상을 제정하면 된다. 이것만 해도 훌륭한 첫걸음일 것이다. 3등 상도 감당할 수 있다면, 세 명의 승자를 선발하라. 물론 당신은 이 제안대로 대충 경박하게 선택하고 싶지 않을 테지만, 지금 내가 하는 이야기의 취지는 일원주의도 다원주의도 우리를 판단의 책임으로부터 구제해주지 못한다는 것이다. 오히려 일원주의자가 다원주의자보다 더 무거운 선택의 짐을 져야 한다. 왜냐하면 일원주의자는 한 선택지를 제외한 모든 것이 제거될 때까지 선택의 과정을 멈출 수 없으니까 말이다. 일원주의자는 자동으로 판결을 내려주는 유일무이한 과학적 방법에 의지할 수 있으므로 실질적으로 선택할 필요가 없다고 생각하는 독자도 있을지 모르겠다. 만일 당신이 논문 제출자나 심사자로서 동료 심사peer review를 겪어보았다면, 당신은 과학적 선택이 알고리즘을 따르는 자동장치에 의해 이루어지지 않음을 잘 알 것이다. 게다가 유일무이한 과학적 방법이 있다면, 그것은 누가 어떻게 선택했을까? 당신이 신이나 독재자에게 이리 와서 우리가 무엇을 해야 할지 간단히 말해달라고 요청하지 않는다면, 당신은 끝끝내 선택하고 또 선택해야 한다.

　"하지만, 하지만… 미친놈들은 어떻게 막을 거죠?" 과학의 권위가 침식되는 것을 우려하는 사람들은 계속해서 반발한다. 우리가 다원주의를 받아들인다면 학교에서 진화와 더불어 성경에 나오는 창조론(또는 지적 설계론)을 가르치고, 기후변화 회의론자들이 과학자들의 다수와 동등한 목소리로 환경 정책을 결정하고, 대안 의술이 기성 의료계에 발을 들이는 등의 결과를 초래하리라고 그들은 우려한다. 존 노턴은 나에게 이런 취지의 질문을 던진 바 있다. '백송이 꽃을 키운다는 건 좋은 얘기로 들릴 수도 있겠는데, 잡초가 끼어드는 건 어떻게 막을 셈이죠?' 끊임없이 비유들이 등장한다. 이것은 샌디 미첼과 피터 매커머의 질문이다. '누가 식탁에 앉을지를 어떻게 결정할 거예요?'¹⁰ 이것은 확실히 불가피한 질문이며, 우리는

10　이 논평들은 2009년 11월 13일 피츠버그 대학교 과학철학 센터에서 내가 이 생각의 초기 버전을 발표한 뒤에 벌어진 토론에서 나왔다.

과학적 방법론에 과한 모든 토론에서 이 질문을 진지하게 다뤄야 한다. 그리고 다원주의는 이 질문에 답할 수 없기 때문에, 나를 비판하는 사람들은 불만을 느낀다. 그러나 이 불만의 기반에는 범주 오류가 있다. 다원주의는 우리가 식탁에 얼마나 많은 자리를 마련해야 할 것인가에 관한 교설이다. 그런 교설이 전혀 다른 질문, 곧 참석자의 명단에 관한 질문에 답하리라고 기대할 수는 없다. 또한 일원주의도 후자의 질문에 답하지 못하기는 마찬가지다! 식탁에 자리를 하나만 마련하기로 하는 결정은 누가 그 자리를 차지할 것인지에 대한 결정이 아니다. 이 차이를 주목하지 않는 일원주의자들의 암묵적 전제는 이것이다. "그 자리는 당연히 내 차지지." 더구나 결국 방이 일인용 식탁들로 가득 차서 큰 식탁 하나에 통제 없이 아무나 둘러앉았을 때보다 더 생산적일 것이 없게 되는 일이 벌어지는 것을 어떻게 막을 것인가? 우리가 과학에서 실제로 무엇을 믿는지, 혹은 무엇을 믿을지를 어떻게 선택하는지 해명할 수 없기는 다원주의나 일원주의나 마찬가지라는 점이 이 정도면 명백해졌으리라 믿는다. 우리가 어떻게 그런 선택을 하는지에 관한 아이디어들을 우리는 가질 필요가 있다. 만일 상대주의가 그 선택들을 아무렇게나 하거나 아예 하지 말아야 한다는 교설이라면, 다원주의와 일원주의는 상대주의로부터 똑같이 멀리 떨어져 있다.

　　동일한 반론의 또 다른 버전은 더 섬세하다. **만일** 우리가 답을 얻는 유일무이하게 옳은 길을 알아낸다면, 일원주의 체제에서라면 우리는 간단히 유일무이한 정답을 얻고 다른 모든 것을 제거할 수 있다. 반면에 다원주의 체제에서라면 우리는 다른 열등한 답들이 계속 존재하면서 혼란을 일으키는 것을 허용해야 할 것이다.

그런데 내가 보기에 저 '만일'은 아주 희박한 가능성에 관한 것이며 역시나 오만의 표현이다. 그러나 실제로 많은 사람들은 **몇몇** 과학적 질문들에 관해서는 그 '만일'이 현실적인 전망이라고 여긴다. 예컨대 그들은 다윈의 진화론이 기본적으로 옳음을 부정하는 것은 불가능하다고 느낀다. 또한 창조론이나 지적 설계론처럼 판연히 터무니없는 교설에게 발언의 기회를 허용하는 것은 범죄와 다름없다고 느낀다. 내친김에 창조론에 대해서 진지하게, 하지만 간결하게 이야기해보자. 왜냐하면 이 주제는 무시할 수 없으며 대단한 격정을 불러일으키기 때문이다. 간단히 말하면, 신다원주의 진화론의 독점적 진리성을 완강히 주장하는 근본주의적 태도는 종교적 근본주의에 못지않게 미성숙하다고 나는 생각한다.[11]

진화론적 근본주의자들이 가장 먼저 상기해야 할 점은 이것인데, 창조론 **자체**를 믿는 것은 그렇게 비합리적이고 터무니없지 않다는 것이다. 무수히 많은 위대한 과학자들과 존중할 만한 사상가들이―다윈의 이론이 뿌리 내리기 이전의 유럽에서는 사실상 모든 사람이―창조론을 믿었다. 이는 신뢰할 만한 대안이 없었기 때

---

11   여기에서 내가 제시하는 논점들이 정말로 새롭다고 주장할 생각은 전혀 없다. 그러나 관련 논쟁들을 깊고 상세하게 공부하지 않았기 때문에 나는 누가 어떤 논점을 처음으로 제시했는지에 대한 언급도 삼가려 한다. 다원주의자로서 나는 많은 것을 공부하려 애쓰지만, 창조론 논쟁을 작심하고 공부할 기회는 얻지 못했다. 이 주제에 시간과 에너지를 투입할 수 있는 사람들은 지적 설계론에 대한 스티브 풀러(2008b)의 옹호와 그 뒤를 이은 온갖 소동을 출발점으로 삼을 수도 있을 법하다. 예컨대 〈New Humanist〉에 실린 앤서니 클리퍼드 그레일링과 스티브 풀러의 논쟁 참조(http://newhumanist.org.uk/1856/origin-of-the-specious).

문이다. 몇 사람을 거명하자면 보일, 뉴튼, 돌튼, 패러데이, 칸트, 제 퍼슨 등이 그러했다. 물론 한 믿음의 합리성은 다른 대안들을 생각 할 수 있느냐에 크게 좌우되는 함수이며, 진화론이라는 대안이 있 는 상황에서 오로지 지적 설계론만이 생명의 기원과 작동을 설명할 수 있다고 고집하는 것은 상당히 비합리적이다.[12] 그러나 생명체들 과 생태계들 내부의 경이로운 조화와 협응이 실제로 어떻게 저절로 발생했는가에 관해서는 여전히 수수께끼가 남아 있다는 점도 인정 해야 하지 않을까? 다윈주의 진화생물학은 큰 걸음으로 진보하고 있으며 아마도 그 수수께끼를 푸는 최선의 가용한 길이라는 주장은 하면서, 다른 방법은 통할 리가 없고 심지어 떠올리지도 말아야 한 다는 주장은 하지 않으면 좋지 않을까? 생물학 수업에서 신다윈주 의 정통 이론부터 신라마르크주의를 거쳐 성경의 창조론까지의 모 든 대안들을 거론하고 우리가 그것들 각각이 얼마나 신뢰할 만하다 고 평가하는지 솔직히 말하는 것이 왜 그토록 끔찍한 일일까?[13] 과 학 교육의 초점을 제한함으로써 우리가 실질적으로 얻는 것이 무 엇일까? 그런 제한을 통해 우리는 과학 교육을 훌륭하게 받고 과학 에 환호하는 시민을 양성하는 데 과연 성공하고 있는가? 종교적 근 본주의가 강력한 힘을 발휘해온 지역에서 계속 확산하는 것을 크게 저지하고 있는가? 창조론에서 가장 마뜩지 않은 부분은 교조주의,

---

12 이 노선은 폴 타가드(1978)가 점성술에 대하는 태도와 유사하다.

13 이런 시도의 훌륭한 사례 하나는 델 라치(1996)에 의해 이루어졌다. 또한 마이클 루즈(2005)가 제시한 역사적 관점을 참조하라.

곧 신앙에 의지하면서 대안들을 절대 고려하지 않겠다는 태도다. 과학 내부에서의 논쟁을 봉쇄함으로써 우리가 이뤄내는 바는 과학을 창조론과 똑같이 마뜩지 않은 교조주의로 타락시키는 것뿐이다.

생산적인 방식으로 창조론자들을 상대하는 것이 불가능할 리는 없다. 솔직히 나는 나 자신의 삶에서 이 주제를 연구해본 적이 없다. 왜냐하면 내가 더 중요하다고 느끼는 다른 많은 주제들과 비교할 때 이 주제를 충분히 숙고할 기회는 없었기 때문이다. 하지만 만일 당신에게 이 주제가 충분히 중요하다면, 창조론에 대한 반론을 제시함으로써 적어도 창조론을 하나의 입장으로서 존중한 다른 사람들의 대열에 합류하는 것이 어떻겠는가? 거듭되는 얘기지만, 창조론은 논쟁할 가치조차 없다고 말하는 것은 오만이다. 무수한 사람들이 창조론이 설득력 있다고 느끼는 것에는 틀림없이 **어떤** 이유가 있다. 그렇게 느끼지 말아야 한다고 당신이 생각한다면, 그들을 설득하여 그 느낌으로부터 끌어내는 것을 시도하라. 그 느낌은 광기에서 비롯된 집단 망상이라고 당신이 생각한다면, 정신의학에 입문하라! 더 그럴싸하고 창조적인 제안은 이것이다. 창조론자들의 생각은 검증 불가능하다는 주장만 되풀이하지 말고, 창조론자들을 격려하여 그들의 생각을 검증할 구체적인 방법들을 고안하게 하면 어떻겠는가? 그러면 우리 모두가 무언가를 배울 수도 있지 않을까? '신이 그렇게 설계했다'는 말은 유용한 정보를 담고 있지 않다고 지적하면서 창조론자들에게 더 구체적인 설명들을 고안하라고 부추기면 어떻겠는가? 〈창세기〉의 내용을 곧이곧대로 받아들이는 기독교도들과 성경의 내용을 은유적 설명으로 간주하는 기독교도들 사이의 뚜렷한 대비를 강조함으로써 창조론자들 사이에서 다원주의적 논쟁이 일어나도록 부추기면 어떻겠는가? 또 당신이 스스로 느끼기에 유난히 호전적이라면, 교회를 상대로 다원주의적 싸움을 걸면서 교회의 가르침에 신의 창조뿐 아니라 진화도 포함되어야 한다고 요구하면 어떻겠는가? 계몽된 교회들도 많고, 심지어 그 요구를 수용할 만하거나 실제로 수용하는 창조론자들도 충분히 많다. 또한 다른 창조론자들에게는 심지어 가톨릭교회도 예컨대 태양 중심 우주관과 갈릴레오의 파문과 같은 중요한 과학적 사안들에 대한 입장을 바꾼 적이 있음을 상기시킬 수 있다.

이런 고찰을 통해 우리는 또다시 앎이 불가피하게 포함한 정치적 차원에 도달한다. 앎과 정치 사이의 끊을 수 없는 연결, 과학과 정책 사이의 연결에 말이다. 거듭되는 말이지만, 과학의 장점을 찬양하는 과학자들과 그 밖의 사람들은 지저분한 정치의 세계로부터 겸허하게 배워야 할지도 모른다. 그 세계에서 사람들은 실패한 정치 시스템들로 인해 무수한 개인들이 겪은, 이루 말할 수 없는 고통을 통해 여러 세기에 걸쳐 소중한 교훈들을 얻었다. 현재의 다원주의적 자유민주주의 형태들이 완벽에 가깝다는 허세는 부리지 말아야 하지만, 우리는 또한 그 형태들이 우리를 훨씬 더 나쁜 과도함으로부터 보호하고 있음을 인정해야 할 것이다. 다원주의의 가르침은 단순하고 투박하다. 즉, 일당독재를 피하고 적어도 양당 시스템을 두라는 것이다. 다원주의는 전체주의보다 여러모로 덜 효율적인 것이 사실이지만, 효율성이 사악한 목적에 종사하면 악몽을 빚어낸다는 점을 기억해야 한다. 과학도 협치에 관한 기초적인 배움을 몇 가지 얻었다. 그중 하나는 동료 심사의 원리다. 그러나 과학은 동료 심사 시스템이 과두제寡頭制나 중우정치mob-rule로 변질되는 것을 막는 방법을 아직 고안해내지 못했으며, 단지 동료 심사 시스템을 확립한 개별 과학자들의 좋은 뜻과 좋은 판단에 의존할 따름이다. 우리에게는 다원주의적 과학 정책들이 필요하다. 나는 이에 관한 답들을 가지고 있다고 허세를 부리지 않겠다. 그러나 이 책에서 제시한 것과 같은 구체적 연구의 수행은 값진 예비 단계라고 생각한다.

5.1.4 다원주의는 우리를 무력하게 만들까?

다원주의가 과학을 괴짜들과 미친놈들이 판치는 혼란에 빠뜨리지는 않으리라고 우리가 확신할 수 있다 하더라도, 일원주의자들이 염려하는 또 다른 유형의 혼란이 있다. 어떤 의미에서 이 논점은 인간의 심리에 관한 것이다. 과학자들은 지나치게 산만한 상태가 아닐 때만 난해한 질문들에 관심을 집중할 수 있으며, 이런 집중을 위해서는 일원주의가 최선의 마음가짐이라고 일원주의자들은 주장한다. 이것은 타당한 주장이다. 적어도 **일부** 사람들의 심리에 관한 주장으로서는 타당하다. 그러나 정신의 초점을 그렇게 줍힐 필요성은 적어도 최소한의 다원주의와는 충분히 양립가능하다. 나름의 지식 시스템을 추구하는 개인들이나 집단들이 내심 일원주의자들이라 하더라도, 아무도 타인이 그 나름의 계획을 추구하는 것을 막지만 않는다면, 다원주의자는 아무런 불만도 없다(추가 논의는 5.3.3 참조). 그런 식으로 우리는 쿤적인 정상과학의 모든 혜택을 각각의 패러다임 안에서 누리면서 또한 다수의 패러다임을 보유할 수 있다. 이번에도 정치에 빗대는 것이 유익할 성싶다. 민주사회는 다양한 개인과 집단이 온갖 괴상한 견해와 활동을 추구하는 것을 허용할 수 있다. 그 개인과 집단이 타인들이 나름의 견해와 활동을 추구하는 것을 막지만 않는다면 말이다. 이런 상황에서 우리에게 필요한 것은 관용을 강제하는, 사회 전반에 미치는 권위다. 그리고 바로 그런 권위를 위해서 우리는 정부를 필요로 한다.

　내가 이제껏 서술한 것은 최소한의 해법이며, 우리는 그것을 넘어설 수 있다. 우리의 정신을 훈련하여 다양한 문제들을 풀기 위한 다양한 지식 시스템들을 더 잘 넘나들 수 있게 만드는 것은 확실히 가능하지 않은가. 우리 모두는 오리-토끼 그림에서 오리를 보다가 토끼를 보고, 그러다가 다시 오리를 보는 법을 배웠다. 네커 큐브Necker cube를 앞뒤로 뒤집는 법을 배우기는 더 어렵지만, 우리 대다수는 그렇게 할 수 있다. 심지어 우리는 동시에 여러 시스템들을 기준으로 삼아서 생각하는 법을 배울 수도 있다. 나는 물리적 상황들을 온갖 다양한 관점에서 생각하기를 즐긴다고 서슴없이 말할 수 있다. 이 책의 1장, 2장, 3장으로 귀결된 연구는 그런 다원주의적 사고를 배우는 여정이었다. 그래서 이제 나는 기본적인 화학반응들을 플로지스톤주의적으로 생각하는 것과 산소주의적으로 생각하는 것 모두에 꽤 능숙하다. 나는 전기화학적 반응들을 이온들의 움직임을 통해 생각하는 것과 전기가 다른 물질들과 결합하여 화합물을 이룬다는 원리를 통해 생각하는 것 사이를 쉽게 오갈 수 있다. 혹은 전자를 음전기 유체와 동일시하면, 양자 모두를 통해 생각할 수 있다. 또한 나는 3장에서 서술한 다섯 가지 원자화학 시스템들 모두 안에서 생각할 수 있으며, 서로 다른 시스템들을 순차적으로 또는 조합하여 채택한 19세기의 다양한 화학자들을 이해할 수 있다.

　더 일상적인 상황을 생각해보자. 나는 차가운 바닥에 앉아서 냉기가 내 몸속으로 스며드는 것을 느낀다. 하지만 또한 나는 지금 일어나는 일은 내 몸에서 칼로릭이 흘러나가는 것임을 안다. 또한 나는 내 엉덩이 밑의 바닥을 이룬 분자들을 훨씬 더 심하게 진동하도록 만드는 에너지 이동의 속도를 계산할 수 있다. 여기에 무슨 문제가 있을까? 공존에 대한 두려움은 어디에서 나오는 것일까? 미국으로 들어온 많은 이민자들이 자식들에게 모어를 가르치지 않았던 시절이 있다. 모어를 가르치면 자식들이 혼란에 빠져 영어 학습에서 뒤처질 것이라는 두려움 때문이었다. 이 공포는 대체로 사라졌고, 지금은 이중언어 양육이 좋고 유익하다는 생각이 널리 퍼져 있다. 두 언어를 동시에 배우고 사용하기가 그토록 어렵다면, 영어와 프랑스어가 병용되는 몬트리올 같은 곳에서는 삶이 불가능할 것이다. 언어와 과학적 사고가 같은 것은 아니지만, 이중언어 생활에 대한 고찰은 아주 많은 것을 생각하게 해준다. 실제로 우리 대다수는 개념적인 틀 바꾸기frame-switching와 틀 섞기frame-blending를 수월하게 할 줄 안다. 일상의 소통에서도 그렇고 과학적 사고에서도 그렇다. 우리는 우주 공간에 떠 있는 둥근 지구의 사진을 보면서 현대 과학과 기술이 보여주는 진리에 대한 존경심으로 가득 찬다. 또한 그러는 내내, 우리가 부동不動의 평평한 땅이라고 생각하고 느끼는 것을 두 발로 딛고 철석같이 안심하며 서 있다.

　　그럼에도 일원주의자들은 반발할 것이다. '생각의 영역에서는 다원주의가 괜찮을 수도 있겠지만, 행위의 순간에는 다원주의를 억제해야 한다. 왜냐하면 우리가 다양한 시스템들에서 동시에 오는 신호들을 받아들여 뒤죽박죽으로 되면 효율적으로 행위할 수 없기 때문이다.' 그러나 이 반론은 오해에 기초를 두었다. 효율적인 행위는 내적으로 정합적일 필요가 있다는 것은 틀림없이 옳다. 그러나 이것은 우리가 품는 모든 믿음들이 한결같아야 한다거나, 우리가 하는 모든 일을 동일한 방법에 따라서 할 필요가 있음을 의미하지 않는다. 오히려 우리에게 필요한 일은 적당히 자족적인 활동 뭉치들chunks을 식별하는 것이다. 우리는 그 뭉치들 각각을 우리의 능력이 닿는 한에서 최대한 정합적으로 만들고 그 각각 안에서 효율적으로 행위할 수 있다. 때때로 우리는 그런 정합적인 영역 하나에서 다른 하나로 옮겨가야 할 것이며, 삐걱거림이 있을 것이다. 그러나 그것은 단지 삶의 일부다. 그것은 우리가 이사할 때, 이직할 때, 결혼하거나 이혼할 때, 누군가와 사별할 때, 성장하여 집을 떠날 때 등의 주요 인생 사건들을 겪을 때 일어나는 일이다. 과학 연구에서도 서로 구별되는 행위의 영역들이 있다. 내가 과학적 '실천 시스템들'이라고 부르는 것이 바로 그런 영역들이다. 행위와 앎은 딱히 분리되어 있지 않다.

　　동일한 삶의 영역에 다양한 조언을 제공하는 다양한 과학 시스템들이 있다면, 과학 지식을 사용할 필요가 있는 사람들은 선택할 수 있고 선택할 것이다. 과학을 적용하는 사람들이 기꺼이 스스로 판단하기만 한다면, 과학에서의 다원성은 장애를 일으키기는커녕 기회들을 제공한다. 예컨대 아시아 곳곳의 평범한 사람들은 전통 의술을 사용할 것인지 아니면 서양 의술 사용할 것인지를 심각한 문제로 여기지 않는다. 그들은 선택할 수 있고, 각각의 특수한 질환에 직면했을 때 결정은 그들의 몫이다. 발목이 삐었을 때 병원에 갈 수도 있고, 침을 맞으러 한의원에 갈 수도 있을 것이다. 말기 환자들이 전통 치유법에 의지하는 것은 드물지 않은 일이다. 이 결정들에는 어떤 비정합성도 없다. 때때로 우리가 원하거나 필요로

하는 것은, 미첼이 권고하는 대로(5.2.3.1 참조) 각각의 사례에 맞게 다양한 시스템들을 융합하는 것이다. 그런 융합의 훌륭한 사례로 첨단기술인 전 지구 위치 확인 시스템(GPS)이 있다. 뉴튼 물리학에 의해 제자리를 지키는 위성들과 양자역학을 따르며 특수상대성이론 및 일반상대성이론에 의해 보정되는 원자시계들의 도움으로 이 시스템은 둥근 지구의 표면을 지구 중심 격자geocentric(더 정확히 말하면, 지구 고정geostatic 격자)로 표현하고 지상의 사람들에게 평평한 지구 관점에서 위치에 관한 조언을 제공한다. 이 모든 선택들과 융합들은 판단해야 할 사항이며, 다원주의적 과학 덕분에 가능하다. 다원주의가 과학을 무력화하거나 삶의 문제들에 대한 과학의 적용을 무력화할 것을 두려워할 이유는 없다.

5.1.5 우리가 다 감당할 수 있을까?

과학자들이 얼마나 큰 다원성을 효율적으로 다룰 수 있을까 하는 문제와 별도로, 다원주의에 대한 다음과 같은 더 현실적인 유형의 반론이 있다. '과학 연구는 많은 시간, 돈, 재능을 필요로 한다. 사회가 모든 탐구 방향들을 지원하는 것은 불가능하다. 따라서 각 분야에서 하나의 탐구 방향에 자원을 쏟아부을 필요가 있다.' 나는 네 가지 차원에서 이 반론에 대꾸하고자 한다.

1. 무엇보다도 먼저, 우리가 **모든** 탐구 방향들을 감당할 수는 없음을 인정하는 것에서 우리가 각 분야에서 **하나의** 탐구 방향만 감당할 수 있다고 주장하는 것으로의 도약은 간단한 논리적 오류다. 솔직히 나는 이 사안을 진지하게 숙고하는 사람이라면 누구도

이런 식으로 주장하지 않으리라고 생각한다. 현대에 과학은 자원이 그다지 부족하지 않다. 물론 많은 과학자들은 자원 부족에 항의하지만 말이다. 엄격한 독점을 벗어나기에 충분한 자원은 확실히 있다. 그러므로 적절한 질문은 단지 이것이다. 우리는 어느 정도의 다원성을 감당할 수 있을까?

2. 어떤 탐구 방향을 집중적으로 추구하면 많은 자원이 소모되겠지만, 그것을 그저 살려두는 데 드는 자원은 대개 아주 많지 않다. 탐험적 연구는 흔히 비용이 매우 저렴하며, 필요한 것은 비정통적인 생각을 가진 몇몇 사람에게 급여와 학문적 자유를 주는 것이 전부일 수도 있다. 혹은 자신의 자원을 투입하여 자신의 연구를 이어가려는 아마추어들과 열렬한 과학 애호가들에게 우호적인 격려를 약간 해주는 것이 전부일 수도 있다.[14] 과학과 기술, 의술에서의 많은 위대한 발견과 발명은 적어도 19세기 후반까지는 이런 유형의 절제된 지원 아래에서 이루어졌다. 이번에도 몇몇 이름을 열거해보자. 프리스틀리, 돌튼, 제너, 테슬라, 젊은 에디슨, 스위스 특허청 소속의 젊은 아인슈타인 등이 그렇게 위대한 발견과 발명을 이뤄냈다. 지금 이 시대에도, 특히 이론적 연구에서, 그런 유형의 연구가 완전히 중단되어야 할 이유는 없다. 가이아 가설의 창시자인 제임스 러블록이 국가의 과학 예산 전체에서 단 1퍼센트를 온갖 비정통적 계획들에 투입할 것을 간청하는 글을 어딘가에서 읽은 적 있

---

14 이 논점, 그리고 어떻게 연구를 지원하고 자금을 댈 것인가에 관한 그 밖의 논점들은 Gillies(2008) 참조.

다. 러블록 본인의 특수한 과학적 생각들에 대한 평가와 별개로, 이 것은 엉뚱한 제안이 아니다. 실제로 공식적인 자금 지원의 주체들도 유사한 생각들을 해왔다. 미국 국립보건원(NIH) 원장 개척자 상(NDPA) 프로그램을 생각해보라. 이 프로그램의 취지는 매우 혁신적이며 패러다임을 바꾸는 연구 제안을 지원하는 것이다. 이 프로그램은 NIH 예산의 작은 부분만 소모하지만 진정한 의미에서 전망을 바꿀 가능성이 있다.[15] 또 다른 예로 영국 정부의 공학 물리과학 연구 위원회(EPSRC)를 들 수 있다. 이 기관의 '전환적 연구 Transformative Research' 지원 프로그램은 연구에서의 '창조성과 모험을' 북돋울 목적으로 설계되었다.[16]

3. 특수한 탐구 방향 하나에 자원을 집중하면 성과가 감소하는 시점이 도래할 개연성이 높다. 내가 보기에 현대 과학자들은 실제로 독점적 연구 방향들에 너무 많이 투자하는 경향이 있다. 예컨대 최근 몇십 년 동안 이론물리학에서 그토록 많은 최고의 인재들을 끈이론에 밀어 넣음으로써 우리는 투자의 수익을 잘 거뒀을까? 합성 약학 연구에 집중하는 현재의 연구 경향은 건강과 안녕well-being

15 프로그램에 관한 설명(http://commonfund.nih.gov/pioneer/), 그리고 초기 성과에 대한 NIH의 자체 평가인 Outcome Evaluation of the National Institutes of Health(NIH) Director's Pioneer Award(NDPA), FY 2004 - 2005(https://commonfund.nih.gov/pdf/Pioneer_Award_Outcome%20 Evaluation_FY2004-2005.pdf) 참조. 두 문서에 접속한 최종 시점은 2011년 10월 4일임.

16 프로그램 설명(http://www.epsrc.ac.uk/funding/grants/network/ideas/ Pages/default.aspx) 참조. 최종 접속 시점은 2011년 10월 4일.

을 위한 투자로서 가장 생산적일까? 그럴 수도 있지만, 그렇지 않을 수도 있다. 아무튼 인기 있는 하나의 접근법을 너무 많은 사람들이 시도하는 것은 실제로 자원 낭비일 수 있다는 점만큼은 명백한 듯하다. 일찍이 포퍼(1981, 96쪽)는 "너무 많은 돈이 너무 적은 아이디어들을 추구하고 있는 것인지도 모르겠다"며 탄식했다. 그러므로 우리는 자원이 다양한 연구 방향들에 최대한 효율적으로 분배되고 있는지 늘 점검할 필요가 있다. 우리는 다원주의를 감당할 수 있는가 하고 우리는 물을 수 있고 또 물어야 한다. 그러나 또한 우리는 일원주의를 감당할 수 있는가, 하는 질문도 제기해야 한다.

　4. 사회가 과학에 투입하는 자원의 양은 변함이 없을 테고 우리가 결정할 수 있는 것은 그 정해진 자원을 어떻게 분배할 것인가 뿐이라는 견해는 비관주의적 오류다. 과학은 제로섬 게임이 아니다. 우리가 사람들에게 영감을 불어넣으면, 과학에 입문하는 사람들도 늘어나고 공적 기관과 사적 기관이 기꺼이 과학에 투입하는 자금도 늘어날 것이다. 지금은 어느 나라의 과학자들도 젊은이들에게 영감을 불어넣어 과학에 입문하게 하거나 대중이 과학의 진가를 알아보게 만드는 일을 아주 잘 해내지는 못하는 듯하다. 일부의 고된 노력에도 불구하고 말이다. 이것은 일원주의가 과학을 속 좁고 멍청한 꼴로 만들었기 때문이라고 한다면, 터무니없는 생각일까? 우리가 과학을 배우고 실천하는 방식들의 다원성을 열린 마음으로 제공하면 더 폭넓은 사람들이 과학에 관심을 가지리라는 것은 불가능한 예상일까? 물론 더 다원주의적인 과학은 더 많은 논쟁들에 휘말릴 테고, 몇몇 논쟁은 결국 성과가 없을 것이며, 우리는 이를 자원 낭비로 여길 수 있을 것이다. 그러나 일부 생동하는 논쟁들은 더 많은

사람들이 과학을 신명나는 활동으로 느끼게 하지 않을까? 당신은 그런 식의 언쟁을 할 시간이 없다고 말하겠는가? 사실 우리는 시간이 있다. 전반적으로 보면, 선진국의 시민들은 시간이 충분히 많다. 물론 우리 중 일부는 아주 바쁘고, 다른 일부는 생계를 꾸리고 서로를 돌보는 것 말고 다른 활동을 할 시간을 낼 여력이 없지만, 사람들이 컴퓨터 게임을 하고 남 얘기로 수다떨고 텔레비전 리얼리티쇼를 보면서 보내는 그 많은 시간을 생각해보라. 자원을 기준으로 말하면, 우리가 전쟁을 비롯한 파괴 활동들에 쏟아붓는 자원의 양이 실로 충격적인 수준임을 상기하라. 다원주의적 과학 시스템을 확립하고 유지하려면 많은 시간과 노력과 돈이 필요하다는 점은 부인할 수 없다. 그러나 인류 문화의 미래를 위한 장기적 투자로서 그보다 더 가치 있고 필요한 것을 나는 생각해내기 어렵다.

5.2 다원성의 혜택과 그 혜택을 얻는 방법

5.2.1 다원주의란 무엇인가?

다원주의자들의 수만큼 많은 다원주의들이 있다는 말이 있다. 다원주의자들은 다양성을 경축하므로, 언뜻 꽤 적절한 말로 들릴 수도 있겠지만, 그 말은 확실히 혼란을 일으킨다. 나는 첫째 절(5.1)에서 다원주의를 간략하게 정의했지만, 이 절에서 펼칠 체계적 논의를 위하여 우선 내가 옹호하는 다원주의의 유형을 더 정확히 진술해야 한다. 내가 말하는 다원주의는, 다원성의 혜택들을 수확하기 위하여 다원성을 촉진하는 것을 목표로 삼는, 과학에 관한 이데올로기다. 더 많은 정보가 담긴 명칭을 제시하기 위하여 나는 나의 입장을 **능동적 규범적 인식적 다원주의**로 칭하겠다.

나의 입장은 '형이상학적'이지 않고 '인식적'이다. 즉, 나의 입장의 목표는 우리가 이리저리 돌아다니며 앎을 획득하는 방식들을 개선하는 것이지, 자연의 근본적 존재론을 밝혀내는 것이 아니다. 인식론과 형이상학 사이의 불가피한 연계를 부정하지 않으면서도, 나는 세계가 실제로 어떠한가와 거의 상관없이 인식적 다원주의를 옹호하는 강력한 논증들이 있음을 보여주고자 한다. 그리하여 예컨대 생물학적 영역, 생태학적 영역, 사회적 영역의 복잡성은 다원주의적 방법론을 요구한다는 샌드라 미첼(2003, 2009)의 견해를 나는 받아들이지만, 다원주의를 옹호하는 일반적 논증들을 그 영역들의 특수한 복잡성에 너무 강하게 매어두고 싶지 않다. 그렇게 하면 그 논증들을 물리과학의 많은 부분에 적용할 수 없을 터이다. 마찬가지로 나는 우주의 존재론적 '알록달록함dappledness'에 대

한 낸시 카트라잇(1999)의 적극적 확신을 공유하지 않지만 그녀가
옹호하는 유형의 다원주의적 인식론은 충분히 정당하다고 생각한
다(5.3.2 참조).

　　내가 옹호하는 다원주의는 당당하게 **규범적**이다. 예나 지금
이나 실제 과학적 실천은 흔히 상상되는 것보다 더 다원주의적이
라고 주장하는 서술적descriptive 다원주의를 나는 강력하게 지지한
다. 그러나 서술적 주장은 나의 주요 초점이 아니다. 게다가 규범적
주장은 서술적 주장에 대체로 의존하지 않는다. 만일 우리가 철저
히 일원주의적인 과학 분야를 발견한다면, 그 분야는 건강하지 않
을 개연성이 아주 높으며, 우리는 그 분야의 개혁을 고려해야 한다
는 것이 나의 입장이다. 규범적 논증은 관련 목표들과 가치들을 명
확히 하는 것에서 출발해야 한다. 이 출발점을 명확히 강조하는 것
이 다원주의의 발전을 위하여 내가 기여하고자 하는 바 가운데 첫
번째다. 그리고 나는 나의 가치론적axiological 그물을 넓게 펼쳐, 과
학의 목표들과 과학 안에서 작동하는 근본적 가치들에 관한 어떤
합당한 입장을 전제하더라도 다원주의가 일원주의보다 더 많은 혜
택을 과학에게 준다고 주장하고자 한다. 이 논증 방법에 관한 영감
을 나는 파이어아벤트의 다음과 같은 선언에서 얻었다. "당신이 공
들여 선택한 어떤 [진보의] 의미에서라도, 무정부주의anarchism는
진보의 성취에 도움이 된다."(1975, 27쪽) 그러나 파이어아벤트와 달
리 나는 이 논증을 체계적으로 펼치고 싶다. 이를 위해, 과학이 성
취하기를 바라야 한다고 생각될 만한 다양한 것들을 모두 살펴보고
자 한다(여기에서 나는 '목표'와 '가치'를 거의 동의어로 사용하고 있다. 이것
은 이상적인 어법이 아니지만, 가치 있는 무언가의 성취를 목표로 간주한다면,

딱히 문제가 있는 어법도 아니다).

　　또한 구경꾼의 가치 판단을 넘어서, 나는 **능동적** 태도로서의 다원주의를 옹호한다. 규범적 다원주의의 수동적 버전은 그저 어떤 주어진 과학 영역 안에 다수의 실천 시스템이 있을 때의 혜택들을 지목하기만 할 것이다. 반면에 능동적 다원주의는 다수의 시스템들을 실제로 육성하는 일에 뛰어든다. 능동적 다원주의 추구는 과학사와 과학철학을 어떻게 실천해야 하는가에 관한 명확한 함의들을 지녔다. 이에 대해서는 5.2.4에서 추가로 논할 것이다.

　　다원성의 잠재적 혜택들은 두 가지 일반적 범주로 분류된다. 하나는 **관용의 혜택들**, 또 하나는 **상호작용의 혜택들**이다. 따라서 어떤 유형의 혜택을 성취하느냐를 기준으로 다원주의도 두 가지 범주로 분류된다. 5.2.2와 5.2.3에서는 이 혜택들을 더 자세히 논하면서 다원주의를 옹호하는 논증들을 제시할 것이다. 관용의 혜택들은, 제각각 특유한 기여를 하는 다수의 실천 시스템들을 허용하는 것에서 유래한다. 이런 다원성은 자발적 상호관용에 의해서, 또는 더 중앙집권적인 구조가 다양성을 허가하는 것에 의하여 성취될 수 있다. 현실적으로는 아마도 양쪽 요인 모두가 어느 정도 필요할 것이다. **관용적 다원주의**의 주요 특징은 아주 간단하다. 즉, 다양한 시스템들의 공존을 허용하고, 그 시스템들이 서로를 존중하고 관용하는 것이다. 그 다양한 시스템들이 어떻게든 상호작용해야 한다는 요구는 없으며, 심지어 각 시스템의 실천자들은 완강한 일원주의자여도 된다(이 논점에 관한 추가 논의는 5.3.4 참조). 관건은 각각의 시스템이 존재하면서 자신의 잠재적 성공을 추구하는 것이 허용된다는 점이다. 관용에서 한걸음 더 나아간 **상호작용적 다원주의**도 다양한 시스템들의 존재에서 유래하는 혜택들을 추구하는데, 이 경우에는 시스템들이 따로따로 분리된 채로 각자의 기여를 제공하지 않고 서로 상호작용한다. 상호작용의 혜택들이 실현되려면, 추가 조건들이 필요하다. 즉, 관련 진영들 가운데 적어도 일부는 다원주의적 관점을 가지고 있어서 기꺼이 다른 진영들과 관계 맺거나 최소한 다른 진영들의 성과를 생산적으로 사용해야 한다. 또한 공통 언어가 어느 정도 있어서 충분히 통찰력 있는 소통이 가능해야 한다. 관용적 다원주의의 구호가 "백 송이 꽃이 피게 하라"라면, 상호작용적 다원주는 이렇게 말한다. "옳다, 백 송이 꽃이 모두 피게 하고, 더 나아가 타가수정하게cross-fertilize 하라."

5.2.2 관용의 혜택

관용의 혜택들은 다양한 유형이며 다양한 목적들에 적합하다. 이제부터 네 가지 유형의 혜택을 서술하겠다.

5.2.2.1 위험 대비

흔한 통념에 따르면, 과학은 단 하나의 궁극적 목표를 지녔고, 그것은 '유일무이한 진리'(영어에서는 첫 철자를 대문자로 쓴 'Truth', 객관적이며 일의적인 진리)다. 4장에서 나는 그런 과학관에 맞선 반론을 펼쳤다('진리'의 의미들에 관한 상세한 논의는 4.3.1 참조). 그 반론을 잠시 제쳐놓고, 여기에서 나는 심지어 유일무이한 진리를 과학의 목표로 여기는 사람들에게도 다원주의가 일원주의보다 더 생산적인 전략임을 보여주고자 한다. 기본적인 논점은 간단하다. 즉, 과학적 발전의 경로는 예측 불가능하므로, 다수의 탐구 방향들을 열어두고 그

중 한 방향이 우리를 정답으로 이끌기를 바라는 것이 이롭다.

유일무이한 진리를 탐색할 때 봉착하는 가장 명백한 난관은 우리가 그런 진리를 획득했는지 여부, 심지어 그런 진리에 접근하고 있는지 여부를 결코 확실히 알 수 없다는 점이다. 과학적 진보의 역사는 오늘 가장 선호되는 경로가 내일은 가장 유망한 경로가 아닐 수도 있음을 보여준다. 4.2.2에서 보았듯이, 라우단(1981)의 과학사에 기초한 비관적 메타 귀납은 과학에서 우리의 이론적 입장들의 기본적 불안전성을 부각한다. 카일 스탠퍼드(2006)의 '상상하지 못한 대안들의 문제problem of unconceived alternatives'도 과학자들의 이론 선택에 관한 모든 안전성 주장을 위태롭게 만든다. 최신 과학에서는 상상하지 못한 대안의 아주 생생한 예로 프리온prion이 '광우병'과 기타 뇌 질환들의 원인일 가능성을 들 수 있다. 프리온 이전의 모든 감염원은 유전물질을 보유한 유기체였다.[17] 과학적 발전의 방향을 예측할 수 없다는 점은 이미 쿤(1970, 206-207쪽)에 의해 강조되었다.

수수께끼 풀이의 도구들로서 뉴튼의 역학이 아리스토텔레스의 역학보다 낫고 아인슈타인의 역학이 뉴튼의 역학보다 나음을 나는 의심하지 않는다. 그러나 나는 이 역학들의 잇따름에서 존재론적 발전의 정합적 방향을 전혀 발견할 수 없다. 정반대로 모든 측면들에서는 아니지만 일부 중요한 측면들에서 아인슈타인의

---

17 김기홍(2006)의 배울 것이 많은 역사적, 사회학적, 철학적 분석 참조.

일반상대성이론과 아리스토텔레스의 역학 사이의 거리는, 전자
나 후자와 뉴튼 역학 사이의 거리보다 더 가깝다.

　4장에서 나는 과학 이론의 가장 중요한 요소들은 이론의 발
전적 격변에도 불구하고 안전하게 보존되어왔음을 보여주려 애쓰
는 표준적 과학적 실재론의 논증들을 반박했다. 그러나 설령 그런
안전성이 존재하더라도, 미래 발전의 예측 불가능성을 막는 데는
아무 소용이 없을 것이다. 미래 발전에서는 실재의 전혀 새로운 측
면들이 드러날 수도 있을 것이다. 예컨대 뉴튼 역학의 공식들은 속
도가 낮은 상황에서 성립하는 특수상대성이론의 한계 사례로서 살
아남았지만, 이 생존은 그 새 이론에서 절대공간 및 절대시간 개념
의 설득력이 보존되는 데는 아무 도움이 되지 않았다. 뉴튼 역학의
전반적 성공은 그 뒤를 이어 유일무이한 진리에 접근하는 최선의
방법이 전혀 다른 탐구 방향에 놓여 있을 가능성을 배제하는 보증
서가 아니었다.

　극복할 수 없는 예측 불가능성 앞에서 합리적인 행위자들
이 해야 할 일은 명확하다. 위험에 대비해야 한다. 어떤 탐구 노선
이 결국 우리의 목표점에 도달할지 모른다는 점을 감안하여 우리는
다수의 노선들을 열어두어야 한다. 한 노선을 충실하게 추구하다
가 막다른 곳에 이르고서야 다른 노선을 시도하지 말아야 한다. 베
이즈주의의 용어로 말하면, 무시할 수 없는 사전 확률을 가진 모든
이론들을 추적 관찰하면서 추가 정보가 들어옴에 따라 생명의 징
후(즉, 사후 확률의 증가)가 나타나는지 살펴야 한다. 나는 베이즈주의
자들이 대개 이런 식으로 생각하지 않는 이유를 잘 모르겠다. **이 순**

간에 가장 확률 높은 이론 하나만 보존하고 나머지 모든 이론을 죽여 없애야 한다는 주장만큼 비합리적인 것은 없다. 한번 제거되거나 망각된 탐구의 길들을 재발명하려면 매우 어렵고 비용이 많이 들 것이다(1.2.4에서 논했듯이, 플로지스톤이 보존되었더라면 훨씬 더 쉽게 촉진되었을 몇몇 생산적 탐구 노선들로 화학자들이 복귀하기까지 얼마나 긴 세월이 걸렸는지 생각해보라). 소박한 비유를 들자면 이러하다. 우리가 실종된 누군가를 황야에서 찾는 중인데 그가 어느 방향으로 갔는지 모른다면, 우리는 가용한 인원 모두로 수색팀 하나를 꾸려서 가장 그럴싸하다고 짐작되는 한 방향으로 보낼까? 아니면 수색 인원들을 약간 분산할까? (다수의 탐구 노선들을 유지하는 것은 자원이 한정된 이 세계에서 이치에 맞지 않는다는 반론이 있을 수 있겠지만, 나는 이미 5.1에서 이 반론을 다룬 바 있다.) 무엇보다도 중요한 것은, 우리의 과학적 정신을 완고하게 닫아서 특정 아이디어들은 영영 신뢰를 잃었으며 그 어떤 방식으로도 복귀할 수 없다고 생각하지 않는 것이다. 이 추론은 유일무이한 궁극의 진리에뿐 아니라 미래의 성취들과 관련된 모든 가능한 목표들에도 적용된다. 예컨대 경험적 적합성이 우리의 목표라면, 우리는 다양한 탐구 노선들을 추구해야 한다. 왜냐하면 결국 어느 노선이 경험적 적합성이 가장 높은 이론을 제공할지 우리는 모르기 때문이다(경험적 적합성에 대한 반 프라센의 정의는 미래의 관찰을 포함한 모든 가능한 관찰들에 관한 옳음을 포함한다는 점을 상기하라).

5.2.2.2 영역 분담

위험 대비는 궁극의 결과를 겨냥한 전략이다. 그러나 과학에서 그런 명확한 종결점을, 곧 확정적이며 영구적인 판결이 내려지는 종결점을 거론하는 것이 유의미하다는 생각에 모두가 동의하는 것은 아니다. 우리가 과학의 '종결'에 대해서 어떤 생각을 하건 간에, 과학은 지금-여기를 다룰 필요가 있다는 점에 누구나 동의하리라고 나는 생각한다. 과학적 '최후 심판의 날Judgment Day'이 올 때까지 당분간만 그렇다면서 동의하건, 아니면 우리에게 주어질 것은 영영 지금-여기가 전부라면서 동의하건 간에 말이다. 과학의 지금-여기에서 궁극적 진리는 작업가능한 목표가 전혀 아니다. 유일무이한 진리 대신에, 우리는 연구를 진행하면서 그 성취의 정도를 실제로 가늠할 수 있는 목표들을 추구하고, 우리가 거기에 접근하고 있는지 여부를 알면서 추구할 수 있는 이상들을 추구한다. 설령 우리가 실제로 그 이상들에 도달할 수는 없더라도 말이다. 과학적 목표들의 계속적인 성취를 고려하면, 미래 발전의 예측 불가능성에 기초하여 다원주의를 옹호하는 논증 외에 추가 논증들을 제시할 수 있다.

　　명백한 논증 하나는, 주어진 목표를 다양한 시스템들이 제각각 부분적으로 성취할 가능성이 있다는 것이다. 이 경우에 그 시스템들 전체는 그것들 각각이 할 수 있는 것보다 더 완전하게 그 목표에 종사할 것이다. 이를 생각하는 또 다른 방식은 다양한 영역들에서 공존하며 동일한 목표에 종사하는 시스템들 사이의 유익한 분업을 중심에 놓는 것이다.[18] 예컨대 경험적 적합성과 관련해서 이를

18　인식적 분업에 관한 정교한 논의는 Kitcher(1993) 8장 참조. 나의 논점들은 훨씬 더 단순소박하다.

아주 쉽게 이해할 수 있다. 큰 규모에서는 다양한 과학들 사이의 분업이 존재한다. 어떤 하나의 과학 안에서도 다양한 (심지어 서로 비정합적인) 시스템들이 다양한 현상들이나 동일한 현상의 다양한 측면들을 연구하기 위해 사용된다. 우리가 가진 최선의 이론이 관찰 가능한 현상들 중 **일부**만 다룬다면, 우리는 나머지 현상들을 다루는 다른 이론들을 보유할 필요가 있다. 과학의 발전은 사람들이 흔히 알아채는 것보다 더 자주 이런 다원주의적 패턴으로 진행된다.

나는 2장과 3장에서 전기화학과 원자화학에서 일어난 그런 다원주의적 발전의 두 사례를 폭넓게 논했다. 여기에서는 또 다른 예를 훨씬 더 간결하게 제시하겠다. 고전역학은 양자역학으로 환원되었으므로 이제 더는 필요하지 않다는 신화가 있다. 그러나 늘 고전역학의 영역이었던 것을 다루려면 여전히 고전역학이 필요하다. 이는 엄청나게 복잡한 방정식들을 풀기 위한 적절한 수학적 기법이나 계산 성능이 없어서 발생하는 실천적 편의의 문제에 국한되지 않는다. 실제로 우리는 거시적 강체에 적합한 슈뢰딩거 방정식을 (일반상대성이론과 적절히 결합하는 방법을 모른다는 것은 말할 필요도 없고) 어떤 합리적인 형태로도 세울 수 없다. 설령 우리가 작은 물체를 공간도 차지하지 않고 구조도 없는 질점point-mass인 양 취급하더라도, 양자역학은 그 물체의 위치와 운동량을 동시에 정확하게 특정하지 못할 것이다. 고전역학의 임의의 방정식을 세우고 풀기 위해서는 위치와 운동량의 정확한 동시 특정이 필요한데도 말이다(이 대목은 의미론적 비정합성이 정말로 등장하는 한 지점이다).[19] 현대의 물리학자들은 (온갖 다양한 갈래의) 고전역학, 특수상대성이론, 일반상대성이론, 평범한 양자역학, 양자장이론, 그 밖에 다른 이론들을 보유하고 있다는 것은 타당한 말이다.

더 일반적으로 얘기하면, 우리의 최선의 과학 이론도 모든 현상들을 다루지는 못한다는 말은 늘 옳았다. 우리가 현실적이라면, 우리는 가능한 최선의 경험적 적합성을 제공하는 다수의 이론들이 늘 필요할 가능성을 열어놓고 대비해야 할 것이다. 우리가 지금-여기를 다룬다면, 다원성의 필요성은 명백히 현존한다. 모든 것을 완전하게 다루는 단일한 이론이 등장하기를 기다리면서 모든 이론들을 배척하는 것은 부적절할 것이다, 반 프라센의 용어를 사용하자면, 그것은 (한낱 실용적 장점인) 단순성에 경험적 적합성을 능가하는 특권을 부여하는 것일 터이다. 그러나 심지어 논리적 일관성이 경험적 적합성보다 우위에 놓여야 하는 것에 대해서도 절대적 근거는 존재하지 않는다. 퍼트넘(1995, 14쪽)의 말마따나, 예측 능력을 위해서는 "설령 이론들을 결합하면 비일관성이 발생하더라도" 이론의 다원성이 최선일 것이다. 퍼트넘은 지적하지 않지만, 그 이론들을 어떻게든 유의미하게 결합할 길이 있다는 우리의 생각은 이론들의 적용 가능성이 무한정하다고 전제하는 오만에서 유래한 것에 불과할 때가 많다.

이제까지의 모든 논의는 원리적인 차원에 관한 것이었다. 하

---

19 에렌페스트의 정리는, 동역학적 변수들의 값이 양자역학에 따라 변화할 때 그 값의 평균은 고전역학의 법칙들을 따른다고 말해준다. 그러나 그 정리는, 전반적인 불확정성을 위치와 운동량에 어떻게 할당할 것인가라는 고전적 문제를 다루는 방법에 대해서는 어떤 구체적인 말도 해주지 못한다. 이와 관련한 몇몇 사례들은 Chang(1995, 1997) 참조.

지만 실용의 차원으로 눈을 돌리더라도, 역시나 우리는, 설령 한 시스템이 원리적으로 한 영역 전체를 다룰 수 있다 해도 경험적 적합성을 그 영역 전체에서 편리하고 효율적으로 얻기 위하여 다양한 시스템들이 사용되는 것을 보게 된다. 고전역학에서 우리는 뉴튼의 원조 방정식으로 다루면 아주 지루할 문제를 더 간단히 풀기 위하여 라그랑지안 방정식이나 해밀토니안 방정식에 의지할 때가 많다. 양자역학에서 일부 문제들은 슈뢰딩거 파동 방정식을 사용하면 가장 쉽게 풀리고, 다른 문제들은 하이젠베르크의 행렬 방정식을 사용하면 가장 쉽게 풀린다. 나 자신의 연구(1997)에서 나는 기이하게도 파인만 경로 적분path-integral 방정식을 사용하지 않으면 사실상 풀 수 없는 아주 간단한 문제(선형 정전기 퍼텐셜 비탈slope을 올라가는 전자)를 발견한 바 있다. 이런 맥락에서 보면, 과학에서의 다원주의는 우리의 도구상자 안에 다양한 도구들이 있기를 바라는 것이나 우리의 신발장 안에 다양한 용도에 맞는 다양한 신발들이 있기를 바라는 것과 마찬가지로 자연스럽다.

영역 분담에 기초하여 다원주의를 옹호하는 이 같은 유형의 논증들의 적용 가능성은 경험적 적합성이 목표일 때로 한정되지 않는다. 영역에 기초한 분업은 다양한 장소에서 단편적으로 혹은 최소한 다양한 정도로 성취될 수 있는 임의의 목표를 추구하는 데 유익할 수 있다. 예컨대 어떤 단일한 모형도 모든 곳에서 좋은 직관적 이해를 제공할 수 없을 경우, 다양한 이상화된 모형들이 다양한 영역들에서 그런 이해를 제공할 수 있다. 다양한 이론들은 현상의 다양한 측면들을 통일해줄 가능성이 있다. 다양한 측정법들은 한 양quantity의 범위 내의 다양한 지점에서 정확도 높은 측정 값들을 제공해줄 가능성이 있다. 그렇기 때문에 예컨대 공식적인 국제 온도 눈금International Scale of Temperature은 마치 조각보처럼 다양한 온도 범위에 적용되는 다양한 표준들로 이루어져 있다(Preston-Thomas 1990 참조). 또한 다양한 근사법들이 다양한 영역들에서 더 높은 단순성을 제공할 가능성이 있다. 이 모든 경우들에서 우리의 목표는, 제각각 한정된 영역 안에서 잘 작동하고 그 바깥에서는 그리 잘 작동하지 않는 다수의 시스템들을 유지함으로써 전반적으로 가장 잘 성취될 수 있다.

5.2.2.3 다양한 목표들의 성취

지금까지 5.2.2.1과 5.2.2.2에서 나는 스스로 과학의 '단축單軸, uni-axial' 체제라고 부르는 것을 고찰했다. 단축 체제에서는 한 가치가 다른 모든 가치들을 능가한다. 동시에 공존하는 다수의 실천 시스템들이 주어진 과학의 목표 하나에 가장 잘 종사할 가능성이 있다고 나는 주장했다. 이제 나는 생각을 더 개방하여 '다축多軸 체제'를 고찰하고자 한다. 다축 체제에서는 다수의 합법적 가치들/목표들이 과학 연구의 추진력으로 작용한다. 과학이 단 하나의 가장 중요한 가치 혹은 목표를 지녔다고 생각할 설득력 있는 이유는 없다. 저술의 몇몇 대목에서(예컨대 Kuhn 1970, 205쪽) 쿤은 문제 풀이 능력을 핵심 가치로 보고 특별히 중시했지만 다른 대목들에서는(예컨대 Kuhn 1977, 322쪽) 정확성, 단순성, 일관성, 생산성, 범위를 아우른, 흔히 인용되는 가치 목록을 제시했다. 반 프라센(1980, 87쪽)은 우아함, 단순성, 완전성, 통합력, 설명력을 비롯한 온갖 실용적 장점들을 지목했으며, 내가 보기에 그는 이것들이 경험적 적합성에 비해

부차적으로 중요하다고 간주할 설득력 있는 이유를 제시하지 못했다.[20] 모든 각각의 과학자는 일련의 인식적 가치들을 동시에 추진력으로 삼는다. 모든 과학자들이 단 하나의 인식적 가치의 추구에 헌신하거나 헌신해야 한다고 가장假裝하는 것은 어리석은 짓일 터이다. 또한 과학자 공동체를 살펴보면, 그 공동체에 영향을 미치는 외부 행위자들이 중시하는 가치들은 말할 것도 없고, 그 공동체의 집단적 행위들과 결정들을 빚어내고 유도하는 수많은 가치들이 있을 것이 분명하다.

　　이제껏 제시된 모든 다원주의 옹호 논증들은 다축 체제에서도 각각의 가치와 관련해서 여전히 타당하다. 거기에 더하여, 가치들의 다수성에 기초해서 다원주의를 옹호하는 논증들도 있다. 과학이 충족시킬 것을 요청받는 인간적 욕구들이 다수임을 인정하면, 모든 욕구들을 충족시키는 **단 하나의** 완벽한 과학적 시스템을 우리가 만들어내지 못할 개연성이 압도적으로 높음을 쉽게 인정하게 된다. 이 견해를 비관주의라고 불러도 좋지만, 나는 이것이 근거 없는 비관주의라고 생각하지 않는다. 첫 절(5.1)에서 논했듯이, 나는 이것을 오히려 인간의 재주에 관한 합당한 겸허함으로, 혹은 삶과 자연의 복잡성에 대한 인정으로 간주한다. 요컨대 앞서 특정한 가치 하나와 관련해서 현상들의 영역 전체를 다루기 위하여 다원주의가 필요하다는 분업 논증이 있었던 것에 더하여, 가치들의 스펙트럼을 감당하기 위하여 다원주의가 필요하다는 일종의 분업 논증이 존재한다.

20　더 자세한 논의는 4.2.3 참조.

　　1장, 2장, 3장에서 탐구한 에피소드 각각에서 엇갈리는 가치들과 목표들은 과학자 집단들 사이에서 의견의 불일치가 발생하는 데 기여했다. 일반적으로 철학자들은 그런 합의의 부재를 걱정하지만, 나는 우리가 그런 상황을 더 행복한 빛깔로 볼 것을 제안하고 있다. 다양한 시스템들이 존재하는 **덕분에** 다양한 가치들과 목표들이 모두 충족될 수 있고, 다양한 사람들이 개인적 우선순위에 따라 다양한 실천 시스템들을 선택할 수 있는 상황으로 볼 것을 말이다. 3장에서 우리는 다양한 원자화학자 집단들이 말 그대로의 진리, 설명력, 경험적 적합성, 분류의 편리함 같은 다양한 목표들을 중시한 것을 보았다. 1장에서는 이론적 우아함을 추구한 라봐지에와 경험적 포괄성에 몰두한 프리스틀리의 대비를 보았다.

　　심지어 사람들이 공통의 가치나 목표를 공유했다고 공언할 때에도, 그들은 똑같은 명칭으로 실은 전혀 다른 것들을 말하고 따라서 사실상 다양한 가치들이 작용하고 있을 가능성이 있다. 이것은 쿤(1977, 331쪽)이 강조한 또 하나의 논점이다. 이 논점은 어쩌면 이해understanding라는 목표와 관련지어 고찰하면 가장 쉬울 것이다. 분석철학자들 사이에서는 인기가 없지만, 이해는 여전히 과학자들 자신이 과학의 궁극적 목표로 흔히 언급하므로, 여기에서 이해를 살펴보는 것은 엉뚱하지 않다.[21] 다양한 사람들은 다양한 지식 시스템들로부터 이해를 끌어낼 것이다. 뒤엠의 악명 높은 말마따나, 영국 물리학자의 "넓고 약한" 정신은 무언가의 역학적 모형이 제작될 수 있을 때만 그것을 이해할 수 있었던 반면, 프랑스 물리학자의 "강하고 좁은" 정신은 유치한 모형을 필요로 하지 않고 형식적인 수학적 시스템으로부터 모든 필요한 이해를 끌어냈다(Duhem [1906]

1962, 64쪽 이하). 그러나 과학의 전반적 목표가 가장 많은(영국인을 포함한) 사람들에 의한 가장 큰 이해라면 다원주의가 필요하다. 왜냐하면 어떤 단일한 시스템도 그런 유형의 직관적 이해를 모든 각자에게 제공할 수 없을 테니까 말이다. 다른 목표들에 대해서도 다양한 사람들이 다양한 해석을 내놓을 것이다. 더 일반적으로 말하면, 목표에 주관적 요소가 있을 때면 언제나 우리는 그 목표를 추구하면서 여러 방향으로 나아갈 것이다. 예컨대 에른스트 마흐는 단순성을 생각의 절약으로 해석한 반면, 알베르트 아인슈타인과 폴 디랙 같은 사람들은 형식적 우아함으로 해석했다.

거듭되는 말이지만, 앞선 장들에서 우리는 주어진 하나의 목표를 서로 엇갈리는 방식들로 성취한 사례를 다양하게 보았다. 예컨대 화학결합에 대한 정전기학적 설명은 화학적 현상의 배후에 놓인 물리적 메커니즘에 관심을 기울인 대다수에게 무척 인기 있었지만, 패러데이에게는 전혀 매력이 없었다. 다양한 진영들이 전기화학의 이론적 통일을 다양한 방식으로 바랐다. 클라우지우스는 물리학으로의 환원을 바랐고, 데이비는 원소들의 개수가 더 적어지기를 바랐으며, 베르셀리우스는 모든 물질들을 양전기성과 음전기성의 스펙트럼상에 배치하는 것을 목표로 삼았다(2.2.3.2 참조). 화학혁명에서 산소주의자들과 플로지스톤주의자들은 둘 다 자신들의 시스템이 더 우월한 유형의 통일성, 체계성, 경험주의를 갖췄다고 주장

---

21 내가 말하는 '이해'는 한낱 포섭subsumption을 넘어서는 임의의 설명 유형을 포괄한다. 과학적 이해의 다양한 차원들에 관한 최신 연구를 훌륭하게 모아놓은 문헌으로 De Regt et al.(2009) 참조.

했다(1.2.1.4 참조).

양자역학이라는 사례도 과학적 목표들의 엇갈림과 그것들을 성취하는 방식들의 엇갈림을 보여주는 매우 유익한 에피소드다.[22] 무엇보다도 먼저, 양자역학의 해석을 걱정하는 물리학자들과 그렇지 않은 물리학자들의 대비를 생각해보라. 전자의 집단은 경험적 적합성과 이해 모두에 깊은 관심을 기울이지만, 후자의 집단은 경험적 적합성에는 깊은 관심을 기울이는 반면에 이해에는 그리 관심이 없다(혹은 아무리 줄여 말하더라도, 구조적 또는 수학적 유형의 이해로 만족한다). 해석에 관심을 기울이는 사람들 사이에서는 천차만별의 이해 개념들이 작동하면서 사람들을, 데이비드 봄이 양자역학 이론의 재정식화를 통해 제시한 완전히 결정론적인 해석에서부터 휴 에버렛의 전혀 비인과적인 상대적 상태relative-state 해석(혹은 존 휠러에게서 유래한 그 해석의 다세계many-worlds 버전)까지 아우르는 폭넓은 해석들의 스펙트럼 곳곳으로 흩뿌린다. 해석에 관한 논쟁과 의견의 불일치는 하이젠베르크와 슈뢰딩거가 원조 양자이론에 대한 각자의 대안적 정식화를 가지고 다툴 때부터 뚜렷이 존재했으며, 그 논쟁이 그칠 기미는 거의 없다.

5.2.2.4 다중 성취

이제껏 내가 펼친 다원성 옹호 논증들은 모두 인간 탐구자

---

22 이 주제들 중 다수는 최근에 에반스와 손다이크의 편집으로 출판된 편리하고 읽기 쉬운 논문 모음집 Evans and Thorndike(2007)에서 논의된다.

들이 지닌 모종의 한계에 기초를 두었다.[23] 5.2.2.1에서 다원성은 과학적 발전의 미래 진로를 예측할 능력이 우리에게 없음을 감안하는 신중함prudence을 위하여 권고되었다. 5.2.2.2에서 다원성은 우리가 보유한 지식 시스템들의 한정된 적용 가능성을 개선하는 대책으로서 처방되었다. 5.2.2.3에서 다원성은 모든 욕구들을 충족시키는 단일한 해법을 우리가 만들어낼 수 없다는 사실 앞에서 다양한 욕구들을 충족시키는 방법으로서 제시되었다.

이제 나는 더 활기차고 덜 방어적인 논증으로 다원성을 옹호하고자 한다. 그 논증의 주요 논점은 다원성이 앎을 풍부하게 한다는 것이다.[24] 심지어 한 시스템이 우리의 목표들에 꽤 적합하게 종사할 수 있을 때도, 다른 시스템들 역시 똑같은 목표들에 새로운 방식들로 종사할 수 있을 가능성이 있다. 이런 인식적 풍요는 우리를 기쁘게 해야 마땅하다. 설령 우리의 목표가 진리이고 우리가 진리를 획득했다 하더라도, 우리는 여전히 더 다원적인 풍요를 요구할 수 있다. 우리가 우주에 관한 진리인 이론을 보유하더라도, 과학이 종결되어야 하는 것은 아니다. 우리는 또 다른 이론을 만들어내는 것을 시도할 수 있다! 동일한 주제에 관한 두 개의 진리는 서로 정확히 등가여야equivalent 한다고 누가 장담할 수 있겠는가?[25] 논리학

---

23 이 맥락에서 나는 윌리엄 윔샛(2007)의 "유한한 존재들을 위한 철학의 재설계"라는 비전을 내가 아직 발전시키지 못한 것을 후회한다.

24 내가 앎의 의미를 어떻게 생각하는지에 관한 상세한 설명은 4.1.4와 4.2.5 참조.

25 다음과 같은 농담은 이 논점을 완벽하게 예증한다. 이 농담을 알려준 엘

이 요구하는 바는 진리인 이론 두 개가 정면으로 모순되지는 않아
야 한다는 것뿐이다.

일반적으로 말하면, 설령 우리가 특정 목표를 꽤 잘 성취하
는 한 실천 시스템을 보유했다 하더라도, 우리는 똑같은 목표를 다
른 방식으로 성취하는 또 다른 시스템을 추가함으로써 항상 혜택을
얻을 수 있다. 예컨대 우리는 이해에서 다원적 풍요를 누릴 수 있다.
이것은 다양한 사람들은 "세계-제작 취향taste in world-making"(토머스
베도스의 표현. Knight 1967, 28쪽에서 재인용)이 다양하다는 얘기에 불
과하지 않다. 성숙한 과학에서는 동일한 개인이 동일한 현상에 관
하여 다양한 실천 시스템들에서 끌어낸 다양한 이해를 인정하고 향
유할 수 있다. 예컨대 나는 동일한 문제를 역학의 뉴튼적 정식화, 라
그랑지안 정식화, 해밀토니안 정식화에서 어떻게 표현하고 푸는지
알아보기를 좋아한다(또한 시간이 나면 헤르츠의 정식화도 추가로 공부하
고 싶다).[26] 나는 동일한 현상에 대한 목적론적 설명과 기계론적 설
명을 둘 다 원한다. 그 현상이 빛의 전파건, 배아의 발생이건 상관없
이 말이다. 라봐지에가 자신의 이론을 통해 설명한 모든 화학 현상

바 시글라에게 감사한다. "선생: 클라이드, 네가 '나의 개'를 주제로 쓴 글은
네 형의 글과 똑같구나. 형의 글을 베낀 거냐?" "클라이드: 아닙니다, 선생님.
개가 똑같아서 그렇습니다." 우리는 이 농담을 듣고 웃지만, 과학을 논할 때
는, 똑같은 대상에 관하여 서로 다르고 동등하게 타당하며 좋은 이야기가 두
개 있을 수도 있다는 제안을 매우 엄숙하게 배척하곤 한다.

26 하인리히 헤르츠(1899) 본인의 유명한 언급에 따르면, 이 정식화들은 등
가이지만 역학의 '이미지들'을 다양하게 제공하며 제각각 특유한 용도를 지녔
다. 또한 이 논점에 대한 이언 해킹(1983, 143쪽)의 논의 참조.

들을 플로지스톤 이론이 고스란히 설명할 수 있었음을 배울 때, 케플러의 행성 운동 법칙들을 데카르트의 소용돌이vortex 이론의 한 버전에서 도출할 수 있었음을 배울 때 나는 기쁘다.[27] 이런 기쁨은 라봐지에의 이론과 뉴튼의 이론을 버리는 것에서 나오지 않고, 세상을 이해하는 방식들을 추가로 배우는 것에서 나온다. 나에게 양자역학의 하이젠베르크 버전, 슈뢰딩거 버전, 파인만 버전 **그리고** 봄 버전을 달라. 물리 세계를 음미하는 서로 다른 방식들이 그렇게 많으면, 자연을 향한 창들이 더 많아지고, 자연에 대한 이해가 더 풍부해진다. 어찌하여 이것이 십자가에 매달린 예수 그리스도를 그토록 많은 훌륭한 화가들이 그토록 다양한 방식으로 묘사한 그림들로 가득 찬 미술관들을 보유하는 것보다 더 나쁘다는(혹은 좋다는) 것인가?

　　이런 다원주의적 태도를, 전자기유도에 관하여 두 개의 대등한 설명이 있는 것에 대한 알베르트 아인슈타인의 유명한 불만과 대조해보라. 그는 특수상대성이론을 다루는 1905년 논문의 맨 첫머리에서 그 불만을 토로한다. "여기에서 관찰 가능한 현상들은 오직 도체와 자석의 상대적 운동에만 의존하는 반면, 통상적인 이론은 이 물체들 중 하나가 움직이는 경우와 다른 하나가 움직이는 경우를 엄밀하게 구별한다."(Miller 1998, 370쪽에 실린 아인슈타인의 말). 이런 유형의 숙고가 일종의 어림짐작으로서 아인슈타인을 재촉하

27　둘째 사례에 관해서는 Shea(1987), 166쪽 이하 참조. 거기에서 셰이는 뉴튼이 죽은 직후인 1730년에 요한 베르누이와 조제프 프리밧 드 몰리에르가 이 맥락에서 수행한 연구를 논한다.

여 상대성원리로 이끌고 특수상대성이론의 나머지 부분으로 이끄는 데 긍정적 역할을 했음이 틀림없다는 점을 부인하기는 어렵다. 그러나 나는 두 개의 동등한 설명이 있는 것이 왜 아인슈타인이 느낀 정도로 견딜 수 없는 상황인지 모르겠다. 오히려 동일한 현상에 대하여 각각 내적으로 설득력 있으며 서로 다른 이해 방식 두 개를 가지는 것은 신나는 호강이다. 특수상대성이론 자체로부터 싸구려 철학적 교훈을 굳이 끌어낸다면, 그것은 결국 다원주의적 교훈일 것이다. 즉, 임의의 관성 기준틀에서 제시된 서술들과 설명들은 완벽하게 유의미하다는 것, 어떤 기준틀이 옳으냐에 대해서는 어떤 진리도 없다는 것, 따라서 코일이 움직인다고 말해도 되고 자석이 움직인다고 말해도 된다는 것, 어느 쪽이든 괜찮고 정합적이라는 것이다. 실제로 내가 상대성이론의 역사에서 끌어내고 싶은 철학적 교훈은 약간 다르지만 역시나 다원주의적이다. 즉, 특수상대성이론의 등장은 절대공간과 절대시간 안의 전자기 현상들에 대한 설명의 제거로 이어지지 않았다. 고전 전자기학은 물리학과 공학에서 여전히 매우 유용한 서술적 설명적 역할을 하며, 그 서술 및 설명은 상대론적 서술 및 설명과 나란히 공존한다. 전자와 후자가 제각각 유용한 이해를 제공한다. 아인슈타인은 실제로 충분히 조심스러웠기에, 에테르를 상정하는 것이 "과잉superfluous"(Miller 1998, 371쪽에서 재인용)일 것이라고 말했지, 자신이 에테르의 비존재를 증명했다고 말하지 않았다. 일원주의자가 과잉이라고 폄하하는 것을, 다원주의자는 풍요로서 경축할 가능성이 있다.

　　직관적 이해는 뚜렷이 주관적이지만 그렇지 않은 목표들을 고려하더라도, 다수의 시스템들이 동일한 영역에서 성과를 낼 때 얻어지는 혜택들이 있다. 증거에 의한 이론의 미결정은 낙관적 측면을 지녔다. 즉, 동일한 관찰들의 집합이 다수의 이론들에 의해 설명될 가능성이 있다. 우리가 좋은 이론들을 그렇게 많이 가질 수 있다는 것은 얼마나 멋진 일인가! 만일 동일한 자연 영역에 관하여 각각 특유한 관찰 집합들을 창출하는 관찰적 비정합성이 존재한다면, 심지어 사실 학습factual learning 자체도 여러 방식으로 이루어질 수 있다. 이 경우에 우리는 다양한 관찰 집합들을 감당하는 다양한 이론들을 가짐으로써 그 모든 방식에서 경험적 적합성을 확보할 수 있기를 바랄 것이다. 그런 관찰들의 비정합성이 존재한다는 것을 부정하는 사람들도 있을 수 있겠지만, 나는 그런 비정합성이 존재한다는 취지로 쿤이 펼친 모든 논증들을 되풀이하고 싶지 않다. 하지만 쿤의 논증들 가운데 반론의 여지가 없어 보이는 부분을 강조하는 작업은 필요하다. 첫째, 지배적인 전제들에 들어맞지 않는 관찰은 호도되거나 무시되거나 설명을 통해 제거되는 경향이 있다는 것은 (원리적으로는 피할 수 있더라도) 실천적으로 옳다(예컨대 코페르니쿠스 이전 유럽 천문학자들은 천구들의 불변성을 전제했기 때문에 신성이나 초신성을 기록하지 않은 반면, 중국 천문학자들은 그것들을 거리낌없이 기록했다). 둘째, 한 맥락 안에서 수집된 사실들을 다른 맥락 안에서 사용하기 위하여 간단명료하게 번역할 수 없을 것이다(예컨대 현재 연구자가 원하는 특정한 통제들 없이 수행된 기존 연구에서 나온 통계 데이터가 그러하다). 심지어 관찰 가능한 것 하나를 제대로 관찰할 수 있게 만들면, 다른 관찰 가능한 것 하나가 관찰 불가능하게 될 수도 있다. 셋째, 관찰들의 중요도는 그것들이 끼워넣어진 이론적 틀에 따라 달라진다. 예컨대 정확한 원자량 측정들을 생각해보라. 방사화학자radiochemist 프레더릭 소디(1877~1956)는 그 측정들을 "동시대인들이 정확한 과학적 측정의 절정이요 완성이라고 옳게 숭배한, 기라성 같은 19세기 화학자들의 필생의 업적"이라고 묘사했다. 그러나 동위원소가 발견된 이후, 사람들은 그토록 공들여 측정한 원자량 값이 지구상에 존재하는 한 원소의 다양한 동위원소들의 상당히 무작위한 비율을 반영하는 평균값에 불과함을 인정하게 되었다. 1932년에 글을 쓰면서 소디는 이를 비극이라며 한탄했다. "그들이 애써 얻은 결과들"이 지금은 "일부는 가득 차 있고 일부는 다소 비어 있는 병들의 평균 무게 측정값과 다름없이 중요성과 흥미로움이 거의 없어" 보인다면서 말이다.[28]

관찰적 비정합성의 이 같은 측면들의 전반적 귀결은, 패러다임들 각각이 나름의 특유한 관찰들의 집합을 끌어내고 강조하면서 자연에 관하여 제각각 다른 사실들을 드러내고 보유하는 경향이 있으리라는 것이다. 사실 학습에 관한 이런 다중 충족 다원주의 multiple-satisfaction pluralism는 앞서 5.2.2.2에서 논한 영역 분담 다원주의와 구별되어야 한다. 후자에서는 공통으로 받아들여진 관찰들의 집합이 존재하며, 가용한 이론들 중 어떤 것도 그 집합을 완전히 감당하지 못한다. 지금 펼치는 논의의 요점은, 주어진 현상 영역에 관하여 적절한 관찰들의 집합이 있고 한 이론이 그 집합을 적절히 감당한다 하더라도, 우리는 더 나아가 관찰적 지식의 **풍요**를 산

---

28 이 인용문들은 Lakatos(1970, 140쪽)에서 따온 것이다. 거기에서 러커토시는 프라우트의 연구 프로그램에 관한 논의를 마무리짓는다. 원조 출처는 소디의 저서 *The Interpretation of the Atom*(1932)이다.

출하고자 해야 한다는 것이다. 관찰들을 계속 더 많이 생산하는 것은 내가 4장에서 설명한 '능동적 실재주의'의 중요한 목표라는 점을 상기하라. 그것은 구성적 경험주의가 암묵적으로 권하는 목표이기도 하다. 물론 반 프라센의 초점은 경험적으로 적합한 이론들의 구성에 있었지만, 만약에 구성적 경험주의가 후보 이론들의 검증 기준으로 구실할 관찰들을 늘리려는 노력을 동반하지 않는다면, 구성적 경험주의는 실천에서 심각한 결함을 갖게 될 것이다. 비정합성이 있다면 다원주의적 태도가 필요하다. 특히 각각의 시스템이 특정 관찰들을 만류하거나 심지어 애당초 배제하면서 다른 관찰들을 촉진한다면, 다원주의의 권고는 **그런 시스템들 모두를 채택하라**는 것이다. 내가 보기에 이것은 예컨대 19세기 원자화학자들이 '원자' 개념을 여러 방식으로 작업화했을 때 선택한 방향이다(3.2.1 참조). 그들은 당량, 결합 무게, 결합 부피, 비열, 전기분해에 의거한 작업화들을 채택했다. 그런 식으로 우리는 모든 가능한 방식으로 실재에 관하여 배우는 전반적 사업에 온전히 종사할 수 있다.

5.2.3 상호작용의 혜택

지금까지 나는 단지 다원성을 관용하는 것, 다시 말해 다양한 실천 시스템들 각각이 나름의 방식으로 나름의 다양한 목표들을 추구하는 것을 허용할 때 나오는 혜택들을 살펴보았다. 이 혜택들은 매우 중요하다. 그러나 다원주의가 지닌 힘의 진가를 온전히 알아보려면, 다양한 시스템들이 상호작용할 때 나오는 혜택들도 반드시 살펴보아야 한다(이 절의 내용은 예비적이다. 왜냐하면 내가 아직 훨씬 더 많이 연구해야 할 주제를 다루기 때문이다).[29] 5.1.1에서 인용했던 퍼스

의 은유적 문장을 상기하라. 그 문장은 **"밧줄의 섬유들이 충분히 많
고 밀접하게 연결되어 있다면**, 그 섬유들이 아무리 가늘어도 무방하
다"면서 그런 밧줄의 힘을 격찬한다. 퍼스가 지적했듯이, 사슬은 사
슬의 가장 약한 고리만큼만 강하다. 관용적 다원주의는 끈들의 다
발과 유사하다. 그 다발은 가장 강한 끈만큼 강하다. 반면에 상호작
용적 다원주의를 완벽하게 표현하는 이미지인 진짜 밧줄은 실제로
그것의 가장 강한 가닥보다 더 강하다. 이는 가닥들 사이의 생산적
상호작용 덕분이다. 은유는 이 정도로 마무리하자. 다양한 유형의
상호작용에서 나오는 다양한 유형의 혜택들이 존재하며, 나는 이제
부터 그중 세 가지 유형을 간략히 서술하고자 한다.

5.2.3.1 융합

　　적어도 상호작용적 다원주의의 핵심 측면 하나는 문헌에서
어느 정도 상세히 다뤄졌다. 가용한 시스템들 가운데 어떤 것도 특
정한 목표를 성취할 수 없고 심지어 그 모든 시스템들을 단순히 합
쳐도 그 목표를 성취할 수 없는 상황들이 존재한다. 그럴 때 우리
는 다양한 시스템들을 임시방편적으로 융합함으로써 더 나은 결과
의 성취를 시도해볼 수 있다. 이 융합은 정의상 임시방편이다. 왜냐
하면 만약에 임시방편이 아니라면, 우리는 다양한 시스템들의 다
원주의적 융합이 아니라 통일된 하나의 시스템을 지닌 셈이기 때

29　런던 'PPP'(다원주의, 실용주의, 현상학Pluralism, Pragmatism and
Phenomenology) 독서회의 사비나 리어넬리를 비롯한 동료들에게, 상호작용의
혜택에 관하여 더 많이 생각해보라고 나를 독려해준 것에 대하여 감사한다.

문이다. 샌드라 미첼(2003, 특히 6장)의 "융합적 다원주의integrative pluralism"는 이런 유형의 혜택을 상세하고 설득력 있게 표현하는 용어다. 그녀는 특히 사회성 곤충들의 공동체를 비롯한 생물학적 시스템들을 고찰하는데, 그것들의 엄청난 복잡성은 일원주의적 설명의 가능성을 배제한다. 이것은 오토 노이라트의 과학의 통일성을 위한 온건한 방안과 유사하다. 그 방안은 과학 안에 현존하는 비통일성을 인정하면서도 '행위 지점point of action에서의 통일성'을 강조한다. 그런 행위 지점에서의 임시방편적 융합의 완벽한 현대적 사례로 전 지구 위치 확인 시스템(GPS)이 있다. 나는 5.1.4에서 이 시스템을 간략하게 논한 바 있다.

　　3장에서 논한 원자화학의 역사에도 그런 융합의 좋은 예가 있다. 거기에서 내가 서술한 원자화학 시스템 다섯 개는 이상화된 것들이었고, 현실의 화학자 대다수는 그 다양한 시스템들을 적당히 혼합하고 짜맞춰 사용했던 것으로 보인다. 그런 융합적 면모는 원자량 표에서 가장 두드러지게 나타난다. 원자화학이라는 충분히 광범위한 실천에 종사한 사람들, 특히 원자화학에 관한 체계적 교과서나 논문을 쓰는 모든 사람은 원자량들(또는 연구자가 이 용어를 채택했을 경우에는 '당량들')을 빠짐없이 나열한 표를 작성하고 제시해야 했다. 각각의 개인은 상당한 불확실성에 아랑곳없이 모든 원자량들을 확정하는 최선의 방법에 관한 판단을 스스로 내렸으며, 각각의 이상화된 시스템에서 가장 그럴싸해 보이는 요소들이라면 가리지 않고 사용하면서 그 시스템들 모두를 자신의 실천 안으로 융합하는 경우가 많았다. 이런 맥락에서 베르셀리우스는 어쩌면 융합의 거장이었다. 그의 분석적 연구는 처음에 무게 유일 시스템에 기초를 두었지만, 그는 몇몇 결정적 대목에서(이를테면 물의 분자식 H_2O와 산소의 원자량 16을 확정할 때) 부피 측정에 기초한 원자-세기를 사용했다. 게다가 전기화학적 추론은 당연히 그의 실천에서 중요한 성분이었다. 우리는 또한 베르셸리우스가 '접합부'라는 새로운 개념을 도입하여 치환-유형 시스템에서 나온 발견들을 수용함으로써 자신의 시스템을 개선한 것을 보았다. 그는 동소체allotrophe와 이성질체 isomer에 대한 연구의 초기 개척자였으므로 심지어 기하학적-구조적 사고도 일부 사용했다.[30] 요컨대 베르셸리우스는 당대의 원자화학 시스템 다섯 개 모두를 융합했던 것으로 보인다! 베르셸리우스의 실천의 모양새는 드미트리 멘델레예프가 원소주기율표를 구성할 때 광범위하고 절충적인 단서 탐색을 했던 것과 유사하다.[31]

물리학의 이론, 실험, 장비가 엇박자로 변화하는 것에 관한—첫 절(5.1)에서 간략하게 언급한— 갤리슨(1988, 1997, 9장, 특히 799쪽)의 이야기도 융합에 관하여 유사한 메시지를 전달하며 다원성을 더욱더 긍정적으로 취급한다. 미첼과 노이라트는, 완전하고 일반적인 방식으로 통일된 설명이 가능하다면, 그런 설명을 선호할 것으로 느껴진다. 반면에 갤리슨은 지식 시스템으로서 물리학의 강력함은 각각 고유한 내적 역동에 따라 발전하는 독립적인 가닥들(이론, 실험, 장비)로 구성되어 있다는 점에 있다고 주장한다. 각각

---

30 마지막 논점에 관해서는 Freund(1904) 18장 참조. 베르셸리우스의 화학 시스템에 관한 더 일반적으로 광범위한 논의는 Melhado(1980) 참조.

31 멘델레예프에 관해서는 Scerri(2007), Gordin(2004) 참조.

의 가닥이 독립적으로 발전하는 가운데, 가닥들의 융합은 매 순간 다시 새롭게 이루어져야 한다. 한 가닥에 불연속성이 있더라도, 물리학 전체는 흔들리지 않는다. 왜냐하면 다른 가닥들이 연속적으로 이어지면서 그 불연속적인 가닥과 상호작용하여 그 가닥이 물리학을 분열시키거나 나머지 물리학으로부터 분리되는 것을 막기 때문이다. 이런 유형의 구조가 지닌 강력함에 대한 갤리슨의 견해는 각각 구별되지만 상호작용하는 실천 시스템들로 이루어진 임의의 다른 연구 분야에도 적용될 수 있다. 미첼은 동일한 유형에 속한 다양한 사례들(주로, 이론적 모형들)의 융합에 관심을 기울이는 반면, 갤리슨은 물리학 내부의 다양한 유형의 활동들의 융합에 관하여 이야기한다. 노이라트에 따르면, 행위는 과학의 모든 분야들을 그러모은다. 하지만 융합의 혜택에 관한 동일한 일반적 교훈을 모든 사례들에서 얻을 수 있다.

5.2.3.2 들여와 쓰기

다양한 실천 시스템들이 구체적인 목표 하나를 성취하기 위해 모여들지 않는 경우에도, 한 시스템이 다른 시스템에서 가져온 아이디어와 성과를 사용함으로써 자신의 발전에 도움을 얻을 수 있다. 자신의 고유한 목표들의 성취를 돕기 위하여 한 시스템은 다른 지식 시스템으로부터 다양한 유형의 요소들, 예컨대 경험적 결과, 이론적 아이디어, 수학적 기법, 장비, 재료 등을 들여와 쓸 수 있을 것이다. 이로운 들여와 쓰기co-optation는 하향식 지시 없이, 심지어 유의미한 쌍방향 소통 없이 일어날 수 있다. 진정한 비정합성조차도 이로운 들여와 쓰기를 반드시 방해하는 것은 아니다. 들여와 쓰기는 과학에서 엄연한 사실이며 만연해 있으면서 또한 예측 불가능하다(Holton et al. 1996 참조). 앞선 장들에서 내가 다룬 가장 두드러진 들여와 쓰기의 사례는 라봐지에와 동료들이 플로지스톤주의자들의 성과들을 사용한 것이다. 이 사례는 1장에서 논의되었다. 프리스틀리의 산소 발견과 캐븐디시의 물 합성과 같은 플로지스톤주의자들의 실험적 성과들과 플로지스톤주의자들이 개발한 다양한 공기 화학 실험 기법들을 들여와 쓰지 않았다면 라봐지에는 자신의 새로운 화학에 도달하지 못했을 것이다. 리비히(1851, 26쪽)는 라봐지에가 새로 발견한 것은 **아무것도 없다**고까지 주장했다.

> 그는 기존에 알려지지 않았던 어떤 새로운 물질도―새로운 속성도―자연현상도 발견하지 않았다. (…) 그가 확립한 모든 사실은 선배들의 연구의 필연적 귀결이었다. 그의 업적, 그의 불멸의 영광은 과학의 몸에 새로운 영을 불어넣은 것에 있다. 그러나 그 몸의 모든 부분들은 이미 존재했으며 옳게 연결되어 있었다.

리비히의 주장에도 불구하고, 당시의 들여와 쓰기는 전적으로 일방적이지 않았다. 게임의 후반부에 다양한 플로지스톤주의자들은 연소가 일어날 때 산소가 가연성 물질과 결합한다는 라봐지에주의적 아이디어를 받아들였다. 물론 그 결합과 동시에 가연성 물질에서 플로지스톤이 방출된다는 견해도 유지했지만 말이다. 그리하여 그들은 연소 과정에서의 무게 증가를 너끈히 설명할 수 있는 더 정교한 플로지스톤 이론의 버전들을 만들 수 있었다. 양 진영 중 어느 한쪽을 깎아내리거나, 수용이 없었다면 양 진영이 이뤄낸 일은 **절대로** 이뤄질 수 없었다고 주장하려는 것은 아니다. 오히려 나는 양 진영이 주고받은 도움을 우리가 군말없이 인정해야 한다고 생각한다. 또한 그런 도움이 없었다면, 발전을 성취하기가 더 어려웠을 것이다.

그럼에도, 유용한 지식 요소들은 각자의 시스템 내부에서 창조될 **수 있고 그러해야 마땅하다**는 반론이 나올 수도 있을 것이다. 왜 그런 요소들을 다른 시스템으로부터 들여와 쓸 필요가 있단 말인가? 일반적인 대답은 이러하다. 각각의 시스템은 특정한 제약 아래에서 발전하는데, 그 제약은 그 시스템 **자신의 진보를** 실제로 도울 만한 요소들의 생산을 막을 가능성이 있다. 1장에서 논한 라봐지에와 프리스틀리 사이의 역동적 관계를 돌이켜보면, 영리하고 성실한 라봐지에가 왜 금속회를 가열하여 무언가를 방출시키는 실험을 생각하지 못했을까, 하는 질문이 떠오를 만도 하다. 나는 이 질문에 명확히 답변할 수 없다.[32] 더 명확한 것은 프리스틀리가 그 실험을 생각한 이유다. 그의 공기 화학 프로그램에서 플로지스톤을 넣고 빼는 것은 기존에 알려진 물질들을 변환하여 새로운 기체들을 생산하는 표준적인 방법들 중 하나였다. 그래서 그는 그 맥락에서 온갖 실험을 했고, 그가 실험에 사용한 수많은 물질 중 하나가 공교롭게도 수은의 붉은 금속회였다. 프리스틀리의 프로그램은 기존에 알려지지 않은 물질을 생산하는 데 적합했던 반면, 라봐지에의 프

---

32 당초 금속회는 금속을 가열함으로써 형성되었으므로, 추가 가열에서는 어떤 흥미로운 결과도 나오지 않으리라고 생각했을 가능성이 있다.

로그램은 그렇지 않았다고 말할 수 있을 것이다. 그러나 라봐지에 주의자들이 산소를 비롯한 중요한 새 물질들을 들여와 쓰자마자, 그들은 그것들을 이론적 발전을 위해 사용하는 방법을 프리스틀리 보다 더 잘 알았다. 왜냐하면 그들은 이론적 사고를 추진하는 더 강력한 틀을 가지고 있었기 때문이다. 2장에서 살짝 언급했듯이, 유사한 사례를 초기 전기화학에서도 발견할 수 있다. 볼타의 이론을 전혀 받아들이지 않은 사람들이 볼타 전지를 들여와 씀으로써 찬란한 성과를 냈다. 그러나 볼타를 전지의 발명으로 이끈 동기는, 서로 다른 두 금속이 접촉하면 전기적 작용이 일어난다는 그의 이론적 견해였다는 점도 인정해야 한다. 전지를 연구한 '화학적 이론가들'은 많은 설득력 있는 논증들로 볼타의 이론을 반박했다. 그러나 그들이 최초로 전지를 발명할 수 있었을 가능성은 낮다.

들여와 쓰기는, 동일한 시스템에 속한 타인이 더 먼저 얻었지만 본인도 어쨌든 스스로 얻게 될 결과를 사용하는 것처럼 간단 명료한 과정이 아님을 강조할 필요가 있다. 들여와 쓰기는 대개 모종의 비정합성을 동반하며, 그 비정합성이 극복된 다음에야 비로소 외래 요소가 본인의 시스템에 이롭게 융합될 수 있다. 예컨대 전지를 연구한 화학적 이론가들은 볼타 전지를 물리적으로 또 정신적으로 재구성한 다음에야 비로소 그것을 가지고 합리적인 연구를 수행할 수 있었다. 이는 쿤(2000, 23쪽)도 지적하는 바다. 3장에서 나는 19세기의 주요 원자화학 시스템 다섯 개 사이에서 일어난 들여와 쓰기의 다양한 사례들을 논했다. 특별히 언급할 만한 사례는, 베르셀리우스의 기radical 이론의 성과들이 치환-유형 시스템에 흡수된 것, 그리고 그 시스템의 분류용 분자 유형들이 물리적 부피-무게 시스템에서 결정적 도구들이 된 것이다. 이 모든 것은 문화권圈들과 경제권들이 서로에게서 대상들과 실천들을 수입할 때 해야 하는 조정 및 재발명과 유사하다. 들여와 쓰기는 해석적이며 적응적인 과정일 개연성이 높다. 비록 그 해석과 적응이 탈플로지스톤 공기를 산소로 바꾸는 것처럼 급진적이지는 않더라도 말이다.

5.2.3.3 경쟁

융합도 없고 들여와 쓰기도 없는 상황에서도 공존하는 실천 시스템들 사이에 생산적 경쟁 관계가 존재할 수 있다. 과학철학자들은 흔히 이론들 사이의 경쟁을 거론하지만, 전형적으로 경쟁을 시스템들 각각이 성취한 기록들의 경쟁으로 간주한다. 마치 그 기록들이 서로 철저히 격리된 채로 성취되기라도 한 것처럼 말이다. 이 한계는 연구 프로그램들 사이의 경쟁에 관한 러커토시(1970)의 설명에서 뚜렷이 나타난다. 아마도 여전히 그 설명은 과학철학계 안에서 널리 알려진 과학적 경쟁에 관한 설명들 가운데 가장 발전된 축에 드는데도 말이다. 현실의 경쟁은 상호작용적 과정이며, 경쟁자들은 서로에게 관심을 기울이고 서로의 행동으로부터 영향을 받는다. 이는 스포츠나 경제에서뿐 아니라 과학에서도 마찬가지다. 경쟁의 효과가 반드시 긍정적인 것은 아니지만, 나는 여기에서 긍정적 효과들을 살펴보고 어떻게 그것들을 촉진하면서 부정적 효과들을 완화할 것인지 고찰하고자 한다.

임의의 특수한 사례에서 경쟁의 효과를 더 명확히 들여다보기 위하여 우리가 던질 질문은, 경쟁에서 어떤 규칙들과 관습들이 받아들여지는가, 그리고 그것들이 경쟁자들의 행동을 어떻게 조형

하는가shape 하는 것이다. 경제 영역에서 자본주의자들이 신성불가
침으로 간주하는 것은 경쟁이 효율성을 높이는 긍정적 효과를 낸다
는 것이다. 이 효과는 예컨대 기업들이 더 많은 소비자들을 끌어들
이기 위해 가격을 낮추고자 할 때 발생한다. 지금 나는 경제적 경쟁
을 지나치게 단순화하고 있지만, 이런 투박한 수준의 사고도 과학
에서의 경쟁에 관한 통상적인 철학적 논의를 개선하는 데 도움이
된다고 생각한다. 경쟁은 과학자들의 행동에 어떤 영향을 미칠까?
간단히 얘기할 수는 없다. 왜냐하면 과학자들이 무엇을 원하는지가
간단하지 않기 때문이다. 그들이 원하는 것은 명성과 존경일 수도
있고, 더 좋은 연구 시설과 더 큰 연구 팀일 수도 있고, 안정적인 교
수직이나 돈, 혹은 정말로 문제 풀이와 이해에서 얻는 만족일 수도
있다. 현실에서 그 원하는 것의 많은 부분은 과학자 본인의 동료들,
다음 세대의 학자들, 때로는 일반 대중의 인상을 끄는 유용한 연구
결과나 매력적인 아이디어의 생산을 통해서 얻어진다.

시스템들의 다원성은 무엇이 인상적이라고 간주되는지에
영향을 미치는데, 구체적으로 어떤 영향을 미치는지 살펴보는 것은
흥미로운 작업이다. 쿤의 정상과학과 같은 일원주의적 맥락 안에
서는 관심과 창조력이 소수의 문제들에 집중될 것이다. 첨단의 문
제들이 무엇인지에 대하여 모두 일치된 견해를 지녔을 테니까 말
이다. 또한 인식적 가치들에 대한 의견도 일치하는 경향이 있을 터
여서, 좁은 범위의 풀이 유형들이 소중히 여겨질 것이다. 다른 풀이
유형이나 다른 문제들을 추구하고자 하는 사람들은 억압당하거나
아예 무시당하기 십상일 것이다. 왜냐하면 그들을 선택하는 것은
본인들의 선호를 포기하거나 아예 과학계를 떠나는 것을 의미할 터

이기 때문이다. 반면에 다원주의 체제에서 경쟁하는 시스템들이 현존하면, 사람들을 똑같은 방침을 따르도록 만들기가 훨씬 더 어려울 것이다. 심지어 지배적인 시스템을 실천하는 과학자들도 자신들의 접근법을 정당화하고 자금 제공자들, 학생들, 잠재적 협력자들에게 '판매하는sell' 일을 더 열심히 해야 할 것이다. 인상적인 연구 결과의 산출에 관해서 말하면, 다원주의는 폭넓은 사람들에게 감명을 주는 것을, 이미 본인의 시스템 안에 들어와 있는 사람들에게 그 시스템이 얼마나 좋은지에 관하여 감명을 주는 것보다 더 중요한 일로 만들 것이다. 그런 일에 공을 들이는 것은 시간 낭비라고, 과학자들은 단지 자신들의 연구 프로젝트를 최선의 지적 논증으로 정당화하고 정부와 재단들은 그냥 필요한 지원을 해주면 그만이라고 한탄하는 사람들도 있을지 모르겠다. 그러나 그것은 오직 20세기 중반 미국에서 물리학과 관련 과학들만 누린 매우 드문 상황이었다. 그 상황은 오로지 원자폭탄과 냉전의 조합 덕분에 가능했다.[33]

한 과학 분야 내부에서 다수의 실천 시스템들 사이의 진정한 경쟁은 과학의 발전에 해방적이며 고무적인 효과를 발휘할 수 있다. 내가 보기에 3장에서 논한 원자화학 시스템 다섯 개의 공존은 정확히 그런 역할을 했으며, 2장에서 논한 '물을 화합물로 보는 전

---

33 폴 포먼(1987)이 양자전자공학quantum elecronics을 예로 들어 주장하듯이, 심지어 그 상황에서도 과학자들은 연구 내용에 아무 영향도 끼치지 않는 무조건적인 자금을 실은 받고 있지 않았다. 포먼의 논문에 전적으로 동의하지 않더라도, 그것의 주요 논점을 파악할 수 있다. 그 논점은, 자금 지원은 '순수 과학'을 과학자들이 원했을 법한 이상으로부터 멀리 떼어놓는 결과를 초래했다는 것이다.

기화학'의 내부에서 경쟁한 시스템들도 유사한 역할을 했다. 그리고 성과가 시원치 않은 시스템들을 서둘러 단호하게 제거하지 않는 것이 중요하다. 빛에 관한 파동 이론과 입자 이론 사이의 오랜 경쟁을 생각해보라. 전자나 후자가 명백히 우위를 점한 듯한 순간들이 여러 번 있었지만, 양자 모두 보존되었고, 내가 보기에 그 공존은 상호 고무라는 긍정적 효과를 냈다. 경쟁의 혜택은 오직 경쟁이 존재할 때만 유지될 수 있다. 경제 영역에서 가차 없는 경쟁은 승자의 독점으로 이어질 수 있으며, 그러면 경쟁의 목적 전체가 무너진다. 과학에서도 마찬가지다. 우리가 패배자들을 제거할 작정이라면, 새로운 경쟁자들이 대신 들어와 경쟁을 이어가게 만드는 메커니즘도 확보할 필요가 있다.

경쟁자들을 성급히 제거하지 말라는 경고는 내가 '누락 효과 lacuna effect'라고 부르는 것과 관련해서도 나온다. 다음과 같은 상황을 상상해보라. 두 개의 지식 시스템이 서로 다른 목표들을 지녔는데, 한 시스템은 스스로 정한 목표들을 잘 성취하는 반면, 다른 시스템은 자신의 목표들을 달성하지 못한다. 이 상황에서 상식은 자신의 기준에 따라서도 성공하지 못하는 시스템을 폐기하라고 명령할 것이다. 나는 정반대를 주장하고자 한다. 실패하는 시스템의 목표들이 가치 있다는 일반적 합의가 있기만 하다면, 그 시스템은 보존되어야 한다. 왜냐하면 그 시스템의 실패들은 과학 전체가 추구해야 할 소중한 목표들을 일깨울 것이기 때문이다. 실패하는 시스템을 우리가 그냥 내버린다면, 성취되지 않은 목표들은 망각되기 십상일 것이다. 이는 어떤 의학 분야에서 신속한 성과가 나오지 않는다는 이유로 그 분야 전체를 포기하는 것과 유사하다. 플로지스톤주의 시스템을 너무 서둘러 내친 것에 대하여 내가 1장에서 제기한 비판의 한 부분은, 그로 인해 화학자들이 금속들의 공통 속성들 및 전기와의 관계를 비롯한 여러 사항을 설명할 필요성을 너무 쉽게 망각할 수 있게 되었다는 것이었다. 플로지스톤주의자들은 비록 매우 설득력 있거나 유익한 설명을 내놓지 못했지만, 그들이 존속했더라면 적어도 질문들은 살아남았을 것이다. 또한 전기분해의 메커니즘을 설명하기 위한 전기화학자들의 노력과(2장) 온전한 물리적 원자상像을 얻기 위한 일부 원자화학자들의 노력을(3장) 생각해보라. 이 노력들은 19세기가 저물 때까지 거의 다 성공하지 못했지만 그 중요한 질문들을 살아남게 했다. 또 다른 간단한 예로 나는 특수상대성이론을 둘러싸고 벌어진 상황을 들고자 한다. 특수상대성이론이 가차 없이 반론을 억압하며 지배권을 틀어쥔 탓에 많은 물리학자들은 상대론적 효과들에 대한 역학적 설명의 추구가 유용한 일일 가능성을 망각했다.[34]

5.2.4 과학사와 과학철학의 임무

지금까지 규범적 인식적 다원주의를 옹호하는 논증들을 제시했으므로 이제 나는 그 다원주의를 어떻게 능동화할 것인지, 어떻게 실천에 옮길 것인지 고찰하고자 한다. 주요 행동 강령은 **증식하기**proliferate, 곧 정통 실천 시스템, 유행하는 실천 시스템과 더불

---

34 하비 브라운의 저서 *Physical Relativity*(2005)는 이 망각을 교정하는 중요한 작품이다. 브라운은 이 책으로 상을 받았다.

어 가치 있는 대안적 실천 시스템들을 육성하기다. 내가 의도하는 다원주의는 단지 지식의 평가knowledge-evaluation에 관한 교설이 아니라 지식의 육성knowledge-building에 관한 교설이다. 어떤 관점에서 보면, 과학에서 다원주의를 가장 잘 실천할 수 있는 사람들은 당연히 현장의 과학자들이다. 그러나 과학자들은 이미 그들의 직업적 제약이 허용하는 만큼만 다원주의적일 개연성이 높다. 또한 아무튼 많은 과학자가 자기 분야 바깥에서 나온 철학적 교설을 추종하여 자신이 과학을 하는 방식을 기꺼이 바꿀 개연성은 낮다. 그러므로 능동적 다원주의적 연구는 아마도 직업적 과학자가 아닌 사람들의 몫일 것이며, 과학사학자와 과학철학자가 그럴싸하게 수행할 수 있는 유용한 연구의 몇몇 방향들이 뚜렷하게 존재한다. 나는 우리 과학철학자와 과학사학자가 과학에서 '어떤 것들이든지 좋다'가 확립되는 데 기여하기 위하여 무엇을 할 수 있는가에 관한 구체적인 아이디어 몇 개를 제시하고자 한다. 또한 다원주의에 대한 이 같은 관심이 우리 자신의 학문적 실천을 어떻게 변화시킬 수 있는가에 관한 아이디어도 제시할 것이다. 과학사와 과학철학에서의 성공적인 다원주의적 연구는 결국 과학자들에게 영감을 주어 그들을 더 다원주의적으로 만들 수도 있을 것이다. 설령 그렇게 만들지 못하더라도, 그런 연구는 과학적 지식의 질을 향상할 수 있을 것이다. 이것이 내가 5.3.4에서 추가로 다룰 '상보적 과학'의 사명이다.

5.2.4.1 다원주의적 역사 서술[35]

우선 쿤의 《과학혁명의 구조》를 여는 기억할 만한 첫 문장 (1970, 1쪽)을 상기하자. "역사를 일화나 연대기 이상의 것들을 담은 저장소로 본다면, 역사는 지금 우리를 지배하는 과학의 이미지를 결정적으로 바꿔놓을 수 있을 것이다." 다원주의적 역사 서술은 과학이 어떻게 진보해왔는가에 관한 통상적인 견해를 중요하게 수정하는 구실을 할 수 있다. 쿤의 연구는, 승리주의triumphalism가 어느 정도 스며든 전통적 과학사 서술이 신뢰를 잃는 데 큰 역할을 했다. 그 역사 서술은 승자의 관점에서 역사에 접근했는데, 특히 몇몇 중대한 국면에서 그러했다. 승리주의는 독특한 유형의 역사 서술적 일원주의다. 역사를 현재를 향한 진보로 서술하는 휘그주의와 달리, 승리주의는 임의의 주어진 사례에서 승자의 관점을 채택하며 특히 라봐지에가 플로지스톤주의자들을 이긴 것과 같은 두드러진 승리의 순간들에 초점을 맞춘다(Chang 2009b 참조). 그 승리의 순간들은 복잡하고 상황의존적인 다시-말하기, 다시-정리하기, 선택적으로 기념하기의 과정을 거쳐 두드러짐을 얻으며, 원리를 갖춘 휘그주의적 관점에서 보면 그 사건들의 선택은 상당히 무계획적이다.[36] 심지어 우리가 처한 포스트모던한 조건에서도, 역사 서술에서의 승리주의는 깊은 수준에서 건재하고 있다. 내가 이 책의 처음 세 장에서 대결의 상대로 삼은 표준적인 설명들이 생생히 보여주듯이 말이다. 승리주의의 현존은 과학사학자들이 어떤 연구 주제를 선택

35　다원주의적 역사 서술은 테오도레 아라바지스가 옹호하는 역사 서술**에 관한** 다원주의와 구별되어야 한다. 나는 후자도 지지한다.

36　라봐지에를 기념하는 것에 대해서는 Bensaude-Vincent(1996) 참조. 승리주의와 휘그주의의 차이, 특히 화학혁명에 대한 설명에서 양자의 차이는 Chang(2009b) 참조.

하는가에서 가장 뚜렷하게 드러난다. 왜 여전히 다윈과 뉴튼 같은 과학의 영웅들에 그토록 많은 관심이 집중될까? 그에 못지않게 많은 과학사학자들이 그 영웅들에 관한 저술에서 영웅 숭배를 강하게 배척하는데도, 왜 그토록 관심이 집중되는 것일까? 누구나 아는 이름들을 거론함으로써 대중의 상상력을 사로잡을 필요가 있다는 것은 충분히 수긍이 가는 변명이 아니다. 반대 사례를 대자면, 존 해리슨(*Longitude*, Sobel 1995)과 헨리에타 랙스(Skloot 2010)를 다룬 초대형 베스트셀러들을 상기하는 것으로 충분하다.

　과학사 서술을 다원주의적으로 재정향하는 작업은 심층적인 잠재력을 지녔다. 이미 지난 몇십 년 동안 많은 업적이 이루어졌지만, 나는 훨씬 더 많은 연구가 필요하고 또한 그 재정향의 취지가 무엇인지를 더 잘 설명할 필요가 있다고 생각한다. 역사 서술적 다원주의는 역사 서술에 관한 다음과 같은 3단계의 명령이라고 할 수 있다.

1. 과거 과학적 논쟁의 패배자들에게 특별한 관심을 기울이고, 그들을 **불운하게** 배제된 합리적 대안으로 해석할 수 있을 가능성을 최선을 다해 살펴보라. 역사 서술적 다원주의는, 이긴 쪽은 옳았기 때문에 이겼다는 승리주의의 자기만족적 전제가 과연 옳은지 검사하겠다는 결심을 기초로 삼는다. 이 맥락에서 보면, 1장과 2장에서 이루어진 화학혁명과 리터의 비정통 전기화학에 대한 재검사는 매우 유익했다. 최근에 과학사 분야에서 나온 많은 고전적인 책들—밀리컨과 에렌하프트를 다룬 홀튼의 저서(1978), 코페르니쿠스 혁명을 다룬 쿤의 저서(1957), 보일과 홉스를 다룬 셰이핀과 셰퍼의 저서(1985), 기본입자 물리학을 다룬 피커링의 저서(1984), 중력파를

다룬 콜린스의 저서(2004), 전염병에 관한 이론들을 다룬 워보이스의 저서(2000), 그 밖에 수많은 책들—의 배후에는 동일한 비판적 다원주의적 정신이 있다고 나는 믿는다. 물론 이 책들의 저자들 본인은 자신이 나아가는 방향이 다원주의라고 명확히 밝히지 않은 경우가 많지만 말이다.[37]

2. **종결**과 종결에 대한 설명에 집착하는 것에서 벗어나라. 역사 서술에서 우리의 초점을 합의 형성이 아닌 다른 곳으로 돌리려 애씀으로써 우리는 많은 역사학자와 대다수의 과학자와 심지어 일부 사회학자가 보이는, 되돌아보며 깔끔하게 정리하는 경향에 맞설 수 있다. 2장과 3장에서 나의 초점의 많은 부분은 19세기 중반에 놓였다. 당시에 전기화학과 원자화학은 제각각 내부적으로 전반적인 이론적 합의 없이 진보했다. 3장의 이야기는 물론 잘 알려진 합의(물의 분자식 H_2O, 그리고 그 분자식에 부합하는 원자량들의 시스템)를 향해 나아갔지만, 또한 나는 그 도달된 합의가 원자화학의 모든 측면들을 포괄하지 못했음을 보여주려 애썼다. 다원주의적 역사 서술은 모난 돌 같은 개인주의자와 괴짜 하위 공동체를 찾아내고 경축할 것이다. 특히 프리스틀리처럼 자신을 후대에 알릴 능력과 결의를 갖추지 못한 개인주의자와 공동체를 말이다.

3. 다원성을 과학의 정상적인 특징으로 부각하라. 과학 발전의

---

37 또한 더글러스 올친의 '역逆휘그주의reverse whiggism'도 역사 서술적 다원주의와 맥이 통한다. 역휘그주의에서 "역사 서술자는 지금은 평판이 떨어진 과거의 이론적 입장에서 출발하여 앞으로 나아가지, 시간을 거슬러 되짚어가지는 않는다".(1992, 110쪽)

역사에서 합의가 나타나지 않은 구간들에 초점을 맞추면서 다수의 실천 시스템들이 상호작용하며 작동했다는 **개관**을 얻으려 노력하라. 이를 위해서는 신선한 역사 서술적 틀을 짤 필요가 있으며, 나의 '실천 시스템'이라는 개념은(1.2.1.1 참조) 내가 보기에 좋은 출발점이다. 나는 3장에서 다섯 가지 원자화학 시스템들의 상호연관된 발전을 한 화폭에 그려 보여주고, 2장에서 물을 화합물로 간주하는 전기화학 이론들의 다수성을 보여줌으로써 이 방향의 역사 서술을 어느 정도 시도했다. 1장에서는 플로지스톤주의 시스템 내부와 심지어 산소주의 시스템 내부의 다원성을 언뜻 간략하게만 언급할 수 있었지만, 거기에서도 훨씬 더 많은 이야기를 할 수 있었다.

역사적 에피소드를, 심지어 다들 이미 '죽도록 지겹게' 이야기했다고 여기는 에피소드를 다원주의적 관점에서 다시 이야기함으로써 많은 것을 얻을 수 있음을 이 책의 처음 세 장에 담긴 나의 연구가 보여주었기를 바란다. 우리는 그 자체로 매우 흥미로운 역사적 자료를 많이 재발견할 수 있다. 또한 딱히 승리한 사람은 아무도 없지만 좋은 과학이 많이 실행된 사례들을 이야기하는 경험을 하고 나면, 과학에서 관건은 오로지 승리도 아니고 심지어 합의도 아님을 깨닫기가 쉬워질 것이다. 이것은 놀라운 이야기가 아닐 텐데, 다원주의적 역사 서술은 현재 작동 중인 다원주의적 과학을 부각할 것이며, 새로운 역사적 자료의 발굴은 새로운 과학의 이미지가 형성되는 것에도 불가피하게 기여할 것이다. 이 사정은, 특정 유형의 사례들만 "편식one-sided diet"하기 때문에 발생하는 "철학적 질병"을 치유하려는 루트비히 비트겐슈타인의 노력(Wittgenstein 1958,

155e, §593)을 연상시킨다.

5.2.4.2 다원주의적 과학철학자의 실천

　　과거의 과학에 실제로 존재했던 다원성을 드러내는 것이 다원주의적 과학사학자의 일차적인 임무라면, 다원주의적 과학철학자의 일차적인 임무는, 통상적인 과학관의 바탕에 깔린 우리의 일원주의적 집착을 들춰내는 것이다. 그 집착이 스며든 전제들이 일단 식별되면, 그것들을 비판적으로 꼼꼼히 검토하여 과연 정당한지 알아볼 수 있다. 만일 정당하지 않다고 느껴지면, 우리는 그것들을 적절한 다원주의적 전제들로 교체하고서 어떤 유형의 새로운 질문들과 대답들이 발생하는지 살펴볼 수 있다.

　　훌륭한 출발점 하나는 이론 선택에 관한 철학적 논의일 것이다. 그 논의는 많은 과학자들이 품은 철학적 이상으로서의 일원주의를 강하게 반영한다. 자신들이 궁극적으로 진리인 이론을 소유하고 있는지 여부를 모름을 인정하더라도, 여전히 과학자들은 경쟁하는 이론들 중 하나가 명백히 더 낫다면 나머지 이론들은 제거될 필요가 있다고 생각하는 경향이 있다. 많은 철학자들도 이 생각을 공유하며, 그들의 논의는 과학자들의 선입견을 강화한다. 심지어 과학이 '진리'를 다룬다고 생각하지 않는 사람들 사이에서도 과학자는 그때그때 단 하나의 이론을 가지고 연구해야 마땅하다는 생각이 널리 퍼져 있다. 상징적인 사례로 쿤을 들 수 있다. 그는 '정상과학'의 단계에서 어떤 하나의 과학 분야 안에서는 하나의 패러다임이 독점적 지위를 실제로 누리며 또한 누려야 한다고 강하게 주장한다. 경쟁하는 패러다임들이 공존하는 탈정상과학은 일시적이며 불편한 단계이며 불가피하게 또 다른 정상과학 단계로 이행하여 정착한다고 쿤은 설명한다.

　　이와 관련해서 러커토시는 핵심적인 예외지만, 겉보기에만 그러하다. 쿤에 맞서서 그는 한 과학 분야 안에 항상 다수의 연구 프로그램들이 있어야 한다고 주장한다. 이 주장을 듣고 러커토시를 다원주의자로 상상할 수도 있을 것이다. 그러나 정반대로, 러커토시가 다수의 프로그램들을 원하는 유일한 이유는 그것들이 서로 경쟁하여 결국 과학자들이 가장 좋은 하나를 선택하고 나머지를 버릴 수 있기 위해서다. 앞서 5.2.3.3에서 나는 이런 유형의 경쟁관에 대한 반론을 제시했다. 연구 프로그램들 사이의 경쟁에 의해 정의되는 과학 연구 단계가 왜 깔끔하게 종결되어야 하는지를 러커토시는 설명하지 않는다. 그 프로그램들 가운데 하나가, 그리고 오직 하나만이 결국 진보성에서 탁월한 지위에 오를 것임을 그는 당연시하는 듯하다. 그러나 러커토시는 우리가 그런 결과를 예상해야 하는 이유를 제시하지 않는다. 어쩌면 하나의 과학 단계가 그런 가능한 종결점에 의해 **정의되는** 것인지도 모른다. 그렇다면 러커토시는 경쟁이 종결될지 여부와 얼마나 빨리 종결될지에 관한 개연성을 경험적으로 예측하고 있는 것이 아니다. 그리하여 우리는 다시 역사 서술에 관한 다음과 같은 질문을 마주하게 된다. 왜 우리는 진행 중인 경쟁 대신에 깔끔한 승리의 순간들에 이토록 기꺼이 특권을 부여하는 것일까?

　　왜 이론 선택은 단지 각각의 과학자가 특정한 탐구의 길을 가기로 결정하는 문제일 수 없을까? 왜 그 결정이 다른 모든 길은 열등하며 폐쇄되어야 한다는 것을 함축하지 않으면 안 될까? 과학적 합리성이란 반드시 모든 각각의 개인이 일원주의적 선택을 하고 모든 개인들이 그 선택에 합의한다는 것을 의미하지 않아도 되어야 마땅하다. 과학자가 어떤 주어진 연구 분야 안에서 서로 엇갈리는 지식 시스템들 가운데 하나를 일원주의적으로 선택하기를 자제하는 것은 합리적인 행동일 경우가 매우 많다. 그리고 우리 철학자들이 이론 평가에 관한 논의를 다원주의적인 방식으로 하기 시작한다면, 우리는 과학자들이 그런 선택 자제의 합리성을 더 명확히 깨닫는 데 도움을 줄 수도 있을 것이다. 밀접하게 연관된 사안 하나는 특정한 과학적 결과의 불가피성에 관한 질문이다(Hacking 2000; Soler 2008). 이 대목에서 '불가피한'을 뜻하는 영어 'inevitable'에 들어 있는 'able'(할 수 있음)을 잠깐 주목할 필요가 있다. 그 접미사는 다른 무엇에 못지않게 우리 자신의 능력이 관건임을 넌지시 일깨운다. 불가피성은 피할 수 없음을 뜻하며, 무언가를 피할 수 없는지 여부는 일반적으로 우리가 그것을 피하는 시도를 해본 연후에야 말할 수 있다. 우리는 외견상 반석처럼 탄탄한 과학적 지식에 방법론적 회의methodological skepticism를 적용함으로써 혜택을 얻을 수도 있을 것이다. 우리가 무언가를 피하려는 시도를 하고 실패하기 전까지는—바꿔 말해, 다원성을 시도하기 전까지는—그 무언가가 어떤 것이든지 그것의 불가피성을 승인하지 말라. 이 책에 실린 물에 대한 연구는 이 교훈을 주는 실례다.

다원주의에 전적으로 동의하지는 않더라도 다원주의에 관한 생각을 진지하게 하기만 한다면, 이론 평가와 연관된 철학적 사안들을 규정하는 몇몇 일원주의적 방식에서 벗어나게 될 것이다. 예컨대 '최선의 설명을 향한 추론'이라는 아이디어 자체가 상당히 부질없게 느껴지기 시작할 것이다. 어떤 선택지가 최선인지 말할 수 있으려면 먼저 **모든** 그럴싸한 선택지들을 알 필요가 있다는 난점은 제쳐두더라도, 우리는 이런 질문을 제기해야 한다. 왜 우리는 그렇게 가장 좋은 하나의 선택지로 귀착하는 일원주의적 추론에 그토록 연연해야 할까? 마찬가지로 제거적 귀납eliminative induction, 베이즈주의의 수렴에 대한 염려, 과학적 진보에 관한 모든 일차원적 논쟁도 부질없다는 느낌이 들기 시작할 것이다. 다른 한편, 다른 철학적 주제들은 신선하게 표현되어 더 생산적이며 흥미로운 방식으로 논의될 것이다. 예컨대 환원주의는, 과학 이론들이나 분야들 사이의 위계에 관한 사안이나 한 이론/분야가 다른 이론/분야를 불필요하게 만들거나 제거하는 것에 관한 사안으로 다뤄지는 대신에, 동일한 현상 영역을 다루는 다양한 과학적 실천 시스템들 사이의 관계에 관한 질문으로 다뤄질 수 있다.

5.2.4.3 상보적 증식

이제껏 제안한 과학철학과 과학사 서술의 기본적 재정향은 우리를 더 능동적으로 연구할 수 있게 해줄 것이며, 그 새로운 연구는 통상적으로 거론되는 과학철학이나 과학사를 능가할 것이다. 그 새로운 연구는 내(Chang 2004, 6장)가 구상하는 '상보적 과학'으로서의 과학사 및 과학철학과 매우 밀접하게 맥이 통한다.

경쟁하는 지식 시스템들에 관한 다원주의는 열등성 판정이 사형선고와 같지 않으며 같지 않아야 마땅함을 깨달을 수 있게 해준다. 이런 관점에서 역사를 되돌아보면, 우리는 '틀렸고' '시대에 뒤처진' 많은 이론들이 여전히 살아 있음을 보기 시작할 것이다. 한 지식 시스템이 실재를 상대하면서 거둔 성공에 기초하여 일단 잘 정착했다면, 자연법칙들 자체에서 어떤 진정한 존재론적 변화가 일어나지 않는 한, 어떻게 그 시스템이 갑자기 타당성이나 쓸모를 잃을 수 있는지 납득하기 어렵다. 실제로 흔히 과학자들은 어떤 궁극적 의미에서는 타당하지 않다고 간주되는 지식 시스템들을 보존하고 사용한다. 앞서 언급했듯이, 지구 중심 세계관은 여전히 우리의 일상생활의 바탕에 깔려 있으며, 이는 상당히 정당하다. 다른 유사한 사례들도 많다. 뉴튼 역학은 대다수의 실천적 적용에서 여전히 사용되고 모든 물리학 교육 시스템에서 가르쳐진다. 왜냐하면 뉴튼 역학의 개념들은 현대적 실천들에서 맡을 역할이 여전히 있기 때문이다. 궤도상태orbital는 여전히 많은 화학 연구에서 기반으로 구실한다. 비록 최신 양자이론에 따르면 궤도함수는 존재하지 않는다고 여겨지지만 말이다. 기하광학은 지금도 쓸모가 있으며, 고전적 파동광학은 더욱더 그러하다. 물론 옛 이론들은 그것들이 정착한 영역을 벗어나면 잘 적용되지 않음을 당연히 인정하지만, 그것들은 실천에서 여전히 그 자체로 제구실을 하며 새로운 이론으로의 원리적 환원은 고작 약속어음의 성격을 띨 때가 많다는 점도 인정해야 한다. 과학자들은 과도한 일원주의에 립서비스 차원의 지지를 표할 수도 있겠지만, 그들의 실제 실천은 심지어 이론물리학의 많은 영역들에서도 훨씬 더 다원주의적인 경향이 있다. 오직 와인버그 풍의 '최종 이론의 꿈'만이 우리의 잘 정착된 지식 시스템들을 갑자기 초라하고 보존할 가치가 없게 보이도록 만들 수 있다.

　　다원주의적 과학사와 과학철학의 능동적 임무는 과학적 실천 시스템들을 증식하여 현재의 정통 시스템을 보완하는 것이다.

이미 첫 절(5.1)에서 언급했듯이, 그런 상보적 증식의 첫걸음은 **보호**
다. 이는 사람들이 소멸의 위기에 처한 야생동물이나 언어를 보호
하는 것에 빗댈 수 있다. 보호는 현재 남아 있는 것을 식별하는 작
업에서 시작하여 그것을 보존하는 노력으로 이어진다. 과학을 잘
알며 과학에서 약간 벗어난 관찰자로서 우리 과학사학자와 과학철
학자는, 소멸의 위기에 처했지만 가치 있는 지식 시스템들의 수호
자로 나설 수 있다. 과학사를 훑어보면, 배척되었다고 여겨진 과거
의 지식이 실은 모종의 형태로 살아남은 것을 발견할 수도 있다. 앞
서 우리는 그런 사례들을 다양하게 보았다. 그런 사례들에서 우리
는 그 시스템들의 생존을 강조하고 그것들의 계속적 번성을 위한
정신적 물리적 공간을 더 잘 제공할 수 있다.

　　상보적 증식의 다음 단계는 충분한 정당화 없이 죽임당한
지식 시스템을 되살리는 것이다. 또한 우리는 보호하고 되살린 것
을 더 발전시킬 수도 있다. 더글러스 올친(1997)은 오늘날의 학생들
에게 산화 환원 반응을 가르치면서 플로지스톤의 개념을 성공적으
로 사용하기까지 했다. 내가 1.2.4.1에서 논증했듯이, 플로지스톤은
후대의 화학에서 다른 이름들로 **사실상** 부활했다. 오들링이 지적
한 대로 화학적 퍼텐셜에너지로, 또 루이스가 간파한 대로 전자들
로 말이다. 이 신新플로지스톤주의적 개념들은 확실히 더욱 발전된
것들이었으며 많은 혜택을 낳았다. 이런 사례들이 현실적이거나 잠
재적인 방식으로 혹시 더 있을까? 4.1에서 나는 물이 원소라는 견
해와 베르셀리우스와 데이비의 구식 전기화학 이론들이 여전히 유
용한 구실을 할 수 있을 가능성을 시사했다. 만일 우리가 '기본적인
elementary'의 의미에 대한 우리의 생각을 유연화하는 법을 배울 수

있다면, 물이 원소라는 견해는 여전히 유용할 수 있다. 내가 추구
해왔지만 이 책에서 제시하지 않은, 다른 생산적 부활의 가능성이
있는 것들은 전기에 관한 단일 유체 이론, 냉기가 복사된다는 개념
(Chang 2002), 전지에 관한 볼타의 원조 이론(Chang 2011c) 등이다.

　　요약하자. 내가 옹호하는 능동적 규범적 인식적 다원주의의
궁극적 목표는 다수의 지식 시스템들을 육성함으로써 과학을 향상
하는 것이다. 이와 관련하여 과학사와 과학철학이 서술과 논평을
넘어서 수행할 수 있는 가장 능동적인 역할은, 과학자들이 일원주
의 전통의 제약 때문에―때로는 정상과학의 필수적 요구들 때문
에, 때로는 상상력의 결핍 때문에―취급하고 있지 않은 **과학적** 질
문들을 다루는 것이다. 우리가 충분한 철학적 감각을 갖추고 과학
사에 접근하여 타당한 이유 없이 버려지거나 은폐된 과거의 요소들
을 찾아낸다면, 역사는 우리에게 효과적인 출발점을 제공한다. 똑
같은 접근법을 현재의 과학에도 적용할 수 있다. 나는 나 자신의 과
학사 과학철학 브랜드에 '상보적 과학'이라는 이름을 붙였다. 나의
상보적 과학은 과학사와 과학철학의 지적 도구들과 관점들을 사용
하여 현재의 전문화된 과학이 외면하는 과학적 질문들을 다룬다.
처음에 이 생각을 내놓을 때 나는 잘 알지 못했지만, 상보적 과학이
라는 프로젝트는 철저한 다원주의의 표현이다.[38]

38　나는 이 연관성을 5.3.4에서 추가로 탐구할 것이다.

5.3 다원주의의 실천에 관한 추가 언급

5.3.1 다원주의 대 다원주의적 태도

　　나의 다원주의 브랜드가 너무 확고하고 단호하다고 생각하는 사람들도 있을지 모르겠다. 나는 다원주의를 희석하여 더 입맛에 맞게 만드는 대신에 더 팔팔하고 당당하게 만듦으로써 더 큰 설득력을 발휘하게 하려 했다. 하지만 무엇보다도 나의 동기들 가운데 도드라지는 것은 겸허함과 신중함이라는 점을 감안하면, 다원주의 자체에도 더 조심스럽게 접근하는 것이 합당하지 않을까? 켈러트, 론지노, 워터스(2006, xiii쪽)는 이른바 "다원주의적 태도the pluiralist stance"를 옹호한다. 그 태도의 '동기'는 그들이 편집한 책에 실린 다양한 연구들에서 '경험적으로' 얻어졌다.[39] 그들은 다원주의적 입장을 이렇게 정의한다. "해석이나 평가에서 일원주의적 전제들에 의존하는 것을 피하겠다는 결심과, 몇몇 과학적 맥락에서 다수성의 제거 불가능성에 대한 열린 마음의 조합."

　　나의 다원주의는 두 가지 측면에서 켈러트-론지노-워터스의 다원주의적 태도와 어긋난다. 첫째 측면은 간단명료하다. 그들은 다원주의(혹은 다원주의적 태도)를 "과학 탐구의 내용과 실천을 해석하기 위한 접근법"으로 간주하는 반면, 나의 능동적 다원주의는 작심하고 해석을 넘어선다. 과학을 단지 이렇게 저렇게 해석하

39　내가 다원주의적 태도로 후퇴하면 안 되는 이유에 대하여 생각하도록 만들어준 켄 워터스에게 감사하고 싶다. 또한 유사한 토론을 해준 존 노턴에게도 감사의 뜻을 전한다.

는 것은 대수롭지 않다고 나는 느낀다. 켈러트, 론지노, 워터스(xv 쪽)도 이 문제를 예견한다. "다원주의적 해석의 이로운 점은 무엇일까? (⋯) 그 해석은 진보로 이어지지 않는 무의미한 논란을 피할 수단을 제공한다. 또한 과학 지식의 편파성을 부각하는 데 기여한다." 나는 이 목표들에 동의하지만 이것들이 너무 수동적이라고 생각한다. 이 장의 앞부분에서 설명한 대로 나는 혼란을 제거하는 것을 넘어서 (적어도 과학적 지식의 편파성을 인정하는 채로 **살아가는** 법을 배움으로써) 과학의 진보를 직접 촉진하기를 열망한다.

　　또 다른 어긋남의 측면은 더 미묘하다. 내가 보기에 다원주의와 다원주의적 태도 중 하나를 선택하려 하는 것은 부질없는 짓이다. 왜냐하면 **실천에서** 다원주의적 태도는 완전한 다원주의와 똑같아지기 때문이다. 켈러트, 론지노, 워터스(xiv쪽)는 어떤 주어진 주제 영역에서 다원주의와 일원주의 가운데 어느 쪽이 더 생산적이냐, 하는 질문을 대답 없이 열어둔다. "모든 각각의 현상에 대해서 반드시 다수의 환원 불가능한 모형들이나 설명들이 존재할 것이라고 우리는 보지 않는다. 어떤 상황들이 다수의 접근법들을 요구하는지 판별하려면 경험적 탐구가 필요하다고 본다." 그렇다면 우리가 그 질문에 답할 수 있는 유일한 길은 일원주의적 접근법과 다원주의적 접근법을 둘 다 시험해보는 것이다. 그런데 다원주의를 어떻게 시험해볼 것인가? 그 실험을 하려면, 정말로 공을 들여 일련의 시스템들을 창조하고 육성하면서 그것들이 제각각 자체적으로 또 상호작용하면서 어떻게 발전하는지 관찰해야 한다. 또한 우리가 탐지하는 성공의 경향이 안정적인지 확인하기 위해 이 관찰을 충분히 오래 지속해야 한다. 우리가 시험해보는 특정한 시스템들의 조합이

성과를 내지 못하는 것으로 드러나면, 우리는 무릇 다원주의를 포기하기 전에 다른 조합들을 시도해야 한다. 이쯤 되면, 우리는 실험이 종결되리라는 명확한 전망 없이 다원주의에 목까지 잠겨 있는 셈이며 따라서 차라리 다원주의자로 불리는 편이 더 나을 것이다! 경험적 질문은 오직 경험을 실행한 다음에만 제대로 대답할 수 있으며, 우리가 진짜 경험을 통해 질문에 답하려 하지 않는다면, 질문을 경험적 질문으로 간주하기를 고집하는 것은 무의미하다.

　　이 실험에 진지하게 임하고 마침내 이런 결론을 내리는 것이 원리적으로 가능하다. '일원주의가 일관되게 더 나은 성과를 낸다. 따라서 우리는 애초부터 일원주의자여야 했으며 미래에도 그러해야 한다.' 나는 이런 결론이 나올 개연성은 낮다고 보지만, 그 가능성을 원리적으로 배제할 수는 없다. 그러나 누가 그런 실험을 기꺼이 수행하겠는가? 설령 작업적 난점들을 극복할 수 있다 하더라도[40] 일원주의에 조금이라도 애착을 가진 사람들 중에 이 거래에 응할 자가 과연 있을지 나는 모르겠다. 그리고 누가 그들을 비난할 수 있겠는가? 이와 관련해서 일원주의와 다원주의의 비대칭성을 보여주는 생생한 비유가 있다. 비록 매우 불완전한 비유이기는 하지만 말이다. 다원주의적 태도는 일부일처제와 난혼亂婚, promicuity을 둘 다 시험해봄으로써 그중 하나를 선택하려 하는 것과 유사하다. 난혼을 즐기는 사람에게 이 실험은 대수롭지 않겠지만, 일부일

---

[40]　한 가지 난점만 지적하자면, 일원주의와 다원주의의 혜택을 충분히 정확하게 측정하는 방법을 그럴싸하게 찾아내는 것부터가 어마어마하게 어려울 것이다.

처 관계를 맺은 사람이 난혼을 시험한다면 엄청난 대가를 치르게 될 것이다. 실험이 충분히 진척되면, 실험 참가자는 문란한 성생활을 하고 있을 테고 아마도 그의 충실한 파트너로부터 버림받은 상태일 것이다! "이토록 멀리 들어와 버렸으니, 내가 더 헤쳐나가지 말아야 한다면/ 돌아가기도 건너가기에 못지않게 지루할 게야."[41]

　　요컨대 다원주의적 태도의 실험은 다원주의자에(혹은 적어도 일원주의를 향한 성향이 강하지 않은 사람에) 의해 수행되어야 할 것이다. 다원주의자들의 공동체가 한동안 일원주의를 시험해보는 것은 상상할 수 있다. 그러나 우리는 이 일원주의 시험이 불필요함을 깨닫게 될 것이다. 지난 한 세기 정도에 걸친 과학 연구의 많은 부분은 일원주의 실험이었다! 우리는 일원주의에 대한 경험을 충분히 얻었으며 일원주의를 가지고 우리가 어떤 성과들을 얻었는지 안다. 우리에게 심각하게 결핍된 것은 그에 맞먹을 만한 다원주의 실험 데이터다. 왜냐하면 다원주의는 최근의 과학에서 큰 규모로 시도된 적이 없으니까 말이다. 그러므로 지금 우리에게 필요한 것은, 의심할 바 없이 계속될 일원주의적 과학과 나란히, 다량의 다원주의적 과학을 시작하는 것이다. 생물학의 몇몇 영역들과 비교적 새로운 일부 과학 분야들에서는 이미 다량의 다원주의가 실천되고 있다고 말하는 사람들도 있을지 모르겠다. 정말 그렇다면 그것은 전적으로 좋은 일이지만, 우리가 일원주의에서 얻은 것에 못지않게 충분한 경험을 다원주의에서 얻으려면 다원주의적 실천이 훨씬 더 많이 이

---

[41] 《맥베스》, 3막 4장, 136-137행.

루어질 필요가 있다고 나는 느낀다(나는 판을 일원주의와 다원주의의 맞대결로 지나치게 단순화하는 것에 찬성하지 않지만, 이 절에서 제시한 나의 언급들은 다양한 강도와 유형의 다원주의를 배치한 연속적 스펙트럼이나 심지어 다차원 공간에도 쉽게 적용될 수 있다고 생각한다).

5.3.2 형이상학과 인식론 사이에서

나는 나의 입장을 인식적 다원주의로 규정했다. 하지만 나는 형이상학적 다원주의도 지지해야 하지 않을까? 실제로 인식적 다원주의는 형이상학적 다원주의를 최소한 어느 정도 필요로 하지 않을까? 따지고 보면, 나는 겸허함을 내 논증들의 전제로 삼았는데, 그 겸허함은 실재가 우리 정신이 단순한 도식들을 통해 파악할 수 있는 수준보다 더 풍부하고 복잡하다는 느낌에서 유래한다. 따라서 나는 나의 인식론적 입장이 몇몇 기본적인 형이상학적 전제로부터 완전히 자유로운 양 내세우지 않겠다. 그러나 나는 어떤 **구체적인** 형이상학적 전제나 결론에도 연루되지 않기를 원한다. 왜냐하면 그런 전제나 결론을 충분히 잘 뒷받침하는 것이 가능하다고 생각하지 않기 때문이다. 이 입장은 내가 실제로 전제하는 약간의 형이상학과 일관된다. 그 약간의 형이상학이란 우리가 실재의 진면목에(실재의 진면목이 어떤 의미이건 간에) 직접 접근하는 것은 불가능하다는 말과 같다! 나는 다음과 같은 몇 가지 특수한 방식으로 형이상학적이게 되고 싶지 않다.

첫째, 나는 존재론적 다수성에 대해서는 어떤 전제도 채택하지 않는다. 내가 보기에 존재론적 다원주의는 존재론적 일원주의와 마찬가지로 검증 불가능한 견해다. 나의 인식적 다원주의는 존재론적 다원주의를 토대로 삼지 않는다. 만일 형이상학적 다원 주의가 '단 하나의 세계the one world' 경험의 부정을 의미한다면, 나는 형이상학적 다원주의가 별로 마뜩치 않으며, 가능 세계들possible worlds이나 다중우주multiverse에 대한 논의는 내가 여기에서 탐구하고자 하는 생각의 노선에 도움이 되지 않는다. 나는 이스라엘 셰플러(1999, 425쪽)의 '다원실재론pluralism'에 기꺼이 동의하고자 한다. 그의 다원실재론은 "우리가 만들지 않은 대상들로 이루어진 하나의 세계"를 긍정하지만(혹은 "우리의 만들기에 의존하지 않으며 탐구 가능한 대상들의 존재를 인정하지만") "그런 대상들에 대한 탐구가 유일무이한 세계 버전world-version으로 수렴한다는 것"을 부정한다. 이 입장은 외적 실재가 하나라고 보는 한에서 존재론적 일원주의지만, 그 '하나의 세계'에 대한 탐구가 '세계 버전들'의 다원성을 정합적으로 산출할 가능성을 허용한다는 점에서 인식적 다원주의다.

이런 입장은 또한 그 상정된 하나의 세계가 무엇으로 이루어졌는가에 관한 어떤 구체적인 형이상학적 믿음도 포함하지 않는다. 따라서 이런 입장은 다양한 유형의 항목들에 실재성을 부여한다는 의미에서의 존재론적 다원주의와 전적으로 양립 가능하다. 예컨대 존 뒤프레의 "문란한 실재론promiscuous realism"(1993, 7쪽 등)은 단 한 가지 유형의 것들(물질 또는 정신)이나 두 가지 유형의 것들(물질과 정신)이 아니라 많은 유형의 것들이 실재함을 인정한다. 파울 파이어아벤트(1999, 3쪽)는 같은 논점을 더 시적으로 표현한다. "우리가 거주하는 세계는 우리의 가장 과격한 상상을 능가할 정도로 풍요롭다. 나무들, 꿈들, 일출들이 있다. 뇌우들, 그림자들, 강들이 있다. 전쟁들, 벼룩에게 물림들, 연애들이 있다. 사람들의 삶들, 신들, 온 은 하들이 있다. (…) 어떤 현상에도, 아무리 제한된 현상이라 하더라도, 한계가 없다." 나는 이 다원주의적 비전이 미적으로 아주 멋지다고 생각하지만, 인식적 다원주의가 이 비전을 받아들일 필요는 없다.

또한 내 버전의 인식적 다원주의는 자연의 복잡성에 대한 강한 전제를 채택하지 않는다. 첫 절(5.1)에서 언급했듯이, 나는 세계가 낸시 카트라잇의 주장대로 "알록달록한" 곳이라고 확신할 수 없다. 과학적 실천의 기록은 통일성과 단순성을 전제한 도식들의 실패를 아주 흔하게 보여주며, 실제 세계의 문제들은 특수하고 단편적인 접근법들에 의해 가장 효과적으로 다뤄지는 경향이 있다는 카트라잇의 지적에 나는 동의한다. 그런데 윌리엄 제임스의 말마따나 "다원주의적 경험주의"는 "포괄적인 윤곽이 없으며 회화로서의 고귀함이 거의 없는 혼탁하고 뒤죽박죽이며 기괴한" 세계상을 제안한다.[42] 이 대목에서도 내가 형이상학적 선택을 해야 한다면, 나는 제임스와 카트라잇이 내놓은 세계상의 반대에 찬성하기보다는 그 세계상에 찬성하겠다. 그러나 이런 선택은 필수적이지도 않고 진정한 보증도 없다. 우리의 겸허한 과학이 지난 몇 세기 동안 이룬 실적에서 얻은 증거는 실재의 진면목에 관하여 무언가 최종적인 것을 시사하기에 충분할 만큼 강력하지 않다. 통일적인 도식들도 과학에서 일부 인상적인 성공을 이뤄냈다. 물론 몇몇 일원주의자들이 이야기

---

42 Bernstein(1989, 10쪽)에서 재인용. 원래 출처는 William James, *A Pluralistic Universe.*

하는 대로, 순수한 승리의 연쇄를 이뤄내지는 않았지만 말이다. 또한 내가 이해할 수 없으며 따라서 내 눈에 띄면 매우 복잡하다고 여길 신비로운 통일성과 단순성이 자연에 존재할 가능성도 배제할 수 없다!

우리가 상당히 확실하게 아는 바는, 세계가 인간의 관점에서 헤아리기 어렵다는 것이지 어떤 절대적인 의미에서 복잡하거나 단순하다는 것이 아니다. 알려진 존재론적 복잡성이라면 어떤 것이든지 다원주의를 옹호하는 논증을 강화하는 경향이 있을 것이다. 그러나 자연 속의 외견상 단순한 것들조차도 불가해할 수 있으며 제대로 탐구하면 무한정한 복잡성을 드러낼 가능성이 있음을 인정하는 것도 중요하다. 이 책에서 나는 사회성 곤충들을 다루는 생물학(Mitchell 2003)이나 인간 행동을 다루는 과학들(Longino 2006)처럼 명백히 복잡한 분야들에서뿐 아니라 '가장 단순한' 물리적 영역에서도 다원주의가 설득력 있는 철학임을 보여주었기를 바란다. 여기에서도 켈러트, 론지노, 워터스(2006, xi쪽)의 '들어가는 말 introduction'에 나오는 친절하고 명확한 문장을 참조할 만하다. "일부 현상들에 대해서는 알 가치가 있는 모든 것이나 심지어 인과적인(또는 근본적인) 모든 것을 단 하나의 포괄적인 방식으로 표현할 길이 결코 없을 수도 있다고 우리는 생각한다." 물의 기본 조성이 그렇게 복잡하거나 모호한 사안일 수도 있을 것이다. 그러나 실제로 그렇다면, 그보다 훨씬 더 단순한 과학적 주제들을 많이 발견할 가망은 내가 보기에 거의 없다.

나의 다원주의를 형이상학적 입장으로부터 구별하기 위해서는, 내가 다원주의를 옹호할 때의 궁극적 목표는 실재의 본성을 서술하는 것이 아님을 강조하는 것도 중요하다. 오히려 나는 어쩔 수 없이, 거리낌과 불편함을 무릅쓰고 몇몇 형이상학적 추정을 하며, 실은 우리의 빈약하고 지나치게 단순한 도식들로 포착할 수 없는 것에 관하여 부정적인 추정만 한다. 전반적으로, 앞서 인용한 파이어아벤트의 비전을 희석하여 받아들이면서 나는 인간의 지성은 자연의 풍요를 남김없이 퍼낼 역량이 없다고 믿는다. 이 믿음은 내가 이 장에서 옹호한 겸허함뿐 아니라 4장에서 밝힌 능동적 실재주의의 노력과도 완벽하게 조화를 이룬다.

5.3.3 일원주의자들도 도움이 될 수 있을까?

일원주의가 동기부여에서 긍정적인 측면이 있음을 부정할 수는 없다. 그리고 어쩌면 일원주의는 광신적일수록 더 좋을 것이다. 본인의 시스템이 유일무이하게 우월하다는 확고한 믿음만큼 고무적인 것은 드물다. 인류 역사에서 가장 위대한 성취들 중 다수는 광신주의를 통해 이루어졌다. 예컨대 중세 유럽의 거대한 대성당들을 생각해보라. 나는 그것들을 더없이 존경한다. 그것들을 설계하고 건축하는 데 필요했을 탁월한 솜씨와 조직력뿐 아니라, 기술의 지원이 그토록 빈약했던 시절에 그런 엄청난 건물들을 세울 생각을 품기만 하기 위해서도 반드시 필요했을 헌신과 확신도 더없이 존경스럽다. 그러나 그 모든 마땅한 존경과 더불어, 나는 그 대성당들을 지은 사람들은 틀림없이 종교적 광신주의자였으며 광신주의는 그런 위대한 성취들에 필수적이었음에 틀림없다고 결론짓지 않을 수 없다. 그 위대한 성취를 위하여 어떤 비용을 치렀을까? 경제적 비용만 따질 일이 아니다. 그 사업에 피와 땀을 바친 사람들의 삶에서는 또 어떤 비용이 치러졌을까? 게다가 우리는 똑같은 광신주의가 낳은 다른 결과들을 고려해야 한다. 이교도에 대한 화형에서부터 사회를 지배한 위계 구조까지의 모든 것을 말이다. 그렇다. 거대한 대성당 건축은 인상적인 성취였으며 당대의 역사 단계에서는 광신주의와 인간의 희생을 필요로 했다. 하지만 그 성취에 대한 우리의 변함없는 존경 때문에, 그 성취를 위해 헌신하는 것이 중세 유럽의 입장에서 과연 최선의 행동이었는가, 하는 솔직한 질문이 억압되어서는 안 될 것이다. 과거를 평가하는 일에 휘말리는 것을 원치 않는다 하더라도, 우리는 적어도 다음과 같은 점에 쉽게 합의할 수 있다. 즉, 오늘날 그 정도 규모의 건물을 짓기 위해서는 광신주의가 필요하지 않다. 우리의 사회는 충분히 부유하고 우리의 기술은 충분히 성숙했기 때문에, 사람들이 극단적으로 고생하거나 극단적인 신앙으로 탈세속적 목적에 봉사하지 않더라도 우리는 웅장한 건물들을 지을 수 있다.

　　이 상황을 과학과 비교하면 상당히 의미심장하다. 그렇다, 뉴튼, 케플러, 아인슈타인이 각자의 임무에 충분히 헌신하기 위해서는 거의 광신적인 일원주의적 신념이 아마도 필수적이었을 것이다. 그리고 그런 신념을 품는 가장 쉬운 길은 진리를 중심에 놓고 사고하는 것이었을 터이다. 또한 그 진리는 적어도 뉴튼과 그의 동시대인들 중 다수의 경우에서는 종교적 진리와 명확히 연결되어 있었다('일원주의적monistic'이라 함은 실은 '수도승적monastic'이라는 뜻일까? 실제로 영어에서는 어원의 연관성이 있다. 'monastery'(수도원)와 'monk'(수도승)는 둘 다 '단 하나'를 뜻하는 희랍어 '모노스monos'에서 유래했으니까 말이다). 그리고 한때는, 특히 데카르트주의자들과 라이프니츠주의자들

이 최종적으로 패배한 뒤에는, 가장 유망한 방향으로 충분히 많은
자원과 인력을 동원하고 집중하기 위해서 '모든 사람'이 '뉴튼주의
자'가 되는 것이 필수적이라고 느껴졌을 것이다. 그러나 거듭되는
질문이지만, 그것을 위해 어떤 비용을 치렀을까? 물리학자들은 뉴
튼주의 정통 이론에 매료된 나머지 절대공간 및 절대시간의 작업
적 무의미성을 두 세기 동안이나 알아채지 못했고, 예컨대 브리지
먼은 이 사실을 한탄하면서 만약에 그들이 자기네 사정을 더 잘 자
각했더라면 "아직 태어나지 않은 아인슈타인들의 공로는 불필요해
졌을 것"(Bridgman 1927, 24쪽)이라고 아쉬워했다. 요새는 과학의 많
은 부분이 광신적 일원주의 없이 실행되는 듯하다. 가용한 자원이
더 늘어나고 계산 성능이 대폭 향상되고 과학자들의 수가 더 많아
진 오늘날, 과학은 무엇이라도 성취하기 위하여 모든 에너지와 자
원을 반드시 한 방향으로 집중하는 대신에 다양한 모형들을 더 여
유 있게 시험해볼 수 있다. 쿤은 몇몇 역사적 에피소드를 연구하고
거기에서 패러다임 독점의 필수성을 감지했는데, 그런 그가 아마도
옳았다고 나는 생각한다. 그러나 이 책의 1장, 2장, 3장에서 충분히
예증했듯이, 패러다임의 독점이 늘 필수적이었던 것은 아니다. 또
한 역사에 관해서는 쿤이 옳았다고 하더라도, 과학의 현재와 미래
가 과거와 유사할 것이라거나 유사해야 한다는 결론이 나오지는 않
는다. 우리가 더 성장하여 과학적 일원주의에서 벗어난다면, 우리
는 어쩌면 모종의 정신적 가치를 잃겠지만 대신에 더 큰 성숙함을
얻을 것이다(4.2.4 참조). 또한 다원주의 체제 안에는 다른 유형의 긍
정적인 정신적 가치들이 있다. 이는 더 관용적인 교파들이 제공하
는 종교적 성취가 있는 것과 마찬가지다.

일원주의의 가치에 관한 질문은 다원주의의 자기성찰성 reflexivity에 관한 질문, 혹은 메타 수준의 다원주의에 관한 질문의 형태로도 제기될 수 있다. 다원주의는 다원주의 자신에도 적용되어야 하고, 따라서 우리는 일원주의와 다원주의를 둘 다 허용해야 하지 않을까? 이 입장은 켈러트, 론지노, 워터스의 다음과 같은 다원주의적 태도와도 조화를 이룰 것이다. '일원주의와 다원주의를 경쟁시키고 어느 쪽이 더 잘하는지 보라.' 이 질문에 대한 나의 첫 번째 언급은 메타 수준으로의 도약은 보편적인 의무가 아니라는 것이다. 내가 내놓는 다원주의는 과학에 관한 교설이지, 그 자체로 과학의 일부가 아니다. 따라서 그 다원주의는 그것 자신에 적용되지 않는다. 자기 자신을 과학의 일부로 간주하는 철저한 자연주의적 과학철학에게는 사정이 다를 것이다. 여기까지는 간단하다. 그러나 나의 상보적 과학의 개념과(더 자세한 논의는 5.2.4, 5.3.4 참조) 연관된 더 미묘한 논점이 있다. 그 개념은 과학자들이 방치한 과학적 질문들을 과학철학자들이 다뤄야 한다고 제안한다. 그렇다면 나의 과학철학 브랜드는 과학의 영역에 발을 들이고 따라서 자기성찰성에 관한 질문에 답해야 하는 것이 아닐까? 그렇다, 옳은 지적이다. 그러나 다원주의 자체는 상보적 과학의 일부도 아니다. 물론 다원주의가 상보적 과학을 위하여 매우 중요한 동기와 정당화를 제공하는 것은 사실이지만 말이다.

그럼에도 우리는 다원주의적 과학 체제 아래에서 일원주의의 지위에 관한 질문을 다룰 필요가 있다. 이는 관용적 사회에서 절대주의자들을 어떻게 처우할 것인가에 관한 정치적 질문을 다룰 필요가 있는 것과 마찬가지다. 이 작업을 일원주의의 장점과 단점을

살펴봄으로써 간단명료하게 하고, 자기성찰성의 문제에 얽혀들지
말자고 나는 제안한다. 우리는 **일부 사람들에서** 일원주의가, 그리
고 오직 일원주의만이 생산할 수 있는 에너지를 써먹을 수 있고 써
먹어야 마땅하다. 이번에도 비유를 들자. 일부 사람들이 오직 일신
교적 신을 믿음으로써만 자선 사업을 하고 올바른 삶을 살고자 한
다면, 사회는 그들이 그런 믿음을 품는 것을 환영해야 마땅하다. 그
리고 다원주의는 다양한 브랜드의 일원주의자들이 격려를 받으며
나름의 사업을 추구해야 한다고 권고할 것이다. 그래야 그들 각자
가 발전하여 사회에 혜택을 줄 테니까 말이다. 그러나 일원주의에
대한 이 같은 다원주의적 인정에 붙여야 할 두 가지 중요한 제한조
건이 있다. 첫째, 오직 일원주의자들만 존재한다면, 우리는 고작 **관
용적** 다원주의의 혜택만 얻을 수 있다. **상호작용적** 다원주의를 실
현하려면, 진정한 상호작용이 가능하도록 적어도 일부 사람들은 다
원주의자여야 한다. 경쟁의 혜택조차도, 사람들이 다른 시스템들을
돌아봄 없이 단지 각자의 시스템만 추구하는 것이 아니라 규칙에
따라 서로 경쟁할 때만 실현될 것이다. 둘째, 다원주의는 오직 다원
주의를 충분히 존중하는 일원주의자들만 허용할 수 있다. 유일무이
한 진리의 추구 등에 관한 무해한 허풍을 어쩌면 우리는 허용할 수
있을 것이다. 그러나 다원주의는 경쟁을 말살하려는 불관용적 일원
주의자들을 허용할 수 없다. 이는 자유민주주의가 전체주의적 정치
운동에 제한을 두어야 하는 것과 명백히 유사하다.

5.3.4 계속되는 상보적 과학

앞선 저서 《온도계의 철학》(영어판 Chang 2004, 3쪽)에서 나는

상보적 과학을 다음과 같이 정의했다.

> [상보적 과학은] 역사적 철학적 탐구를 통해 과학 지식에 기여한
> 다. 현재의 전문화된 과학에서 배제된 과학적 질문들을 제기한
> 다. [상보적 과학의] 출발점은 명백한 것을 재검토하기, 교육받은
> 이들의 상식이 된 기초적인 과학의 진리들을 우리는 왜 받아들일
> 까 하고 묻기다. 전문화된 과학에서는 많은 것들이 질문과 비판
> 으로부터 보호받기 때문에, 그 과학의 입증된 효율성은 또한 불
> 가피하게 어느 정도의 교조주의와 초점의 편협함을 동반하고, 그
> 로 인해 실제로 지식의 상실이 발생할 수 있다. '상보적' 유형의
> 과학사와 과학철학은 이 상황을 개선할 수 있다.[43]

　　이 책은 상보적 과학 프로젝트를 이어가려는 시도였으며, 이
제 나는 그 목표가 얼마나 잘 달성되었는지 간략히 평가하고자 한
다. 작업은 두 가지 방식으로 진행될 것이다. 첫째, 나는 상보적 과
학이 과학 지식을 발전시킬 수 있는 주요한 세 가지 방식에 따라서
이 책의 성과를 평가할 것이다. 둘째, 특히 그 평가에 비추어 나는
다원주의와 상보적 과학 사이의 관계를 추가로 명확히 하려 한다.
　　상보적 과학의 기여를 분류하는 세 범주는 회복, 비판적 의
식, 새로운 발전이다(Chang 2004, 241-247쪽). 이 책에 실린 나의 연

43　이 아이디어를 최초로 명확히 제시한 문헌인 Chang(1999)은 여전히 독
립적인 선언문 구실을 할 수 있다. 물론 Chang(2004, 6장)의 진술이 더 폭넓고
더 발전되어 있지만 말이다.

구는 잊힌 과학 지식을 많이 회복했을까? 사실에 중점을 두고 말하면, 몇몇 전작들에서와 달리 이 책에서 나는 물의 끓는점의 비정상적 변이(Chang 2004, 1장, 2007b)와 냉기의 반사(Chang 2002)처럼 충격적인 상실된 사실을 발굴하지 못했다. 그러나 나는 이 책에서 프리스틀리의 전기화학 실험들을 재현하면서 얻은 간략하고 단편적인 경험을 제시했으며, 이는 빙산의 일각이다(2.3.2). 초기 전기화학에는 이상하게 들리는 실험 결과들이 수두룩하며, 나는 그것들을 재현하고 추가로 탐구하는 작업에 이미 착수했다(Chang 2011c 참조). 이것이 나의 다음 주요 프로젝트의 주제가 될 것이다. 이번 연구에서 이뤄낸 주요 회복 성과는 버려진 (사실들이 아니라) 아이디어들의 복권이었다. 가장 중요한 것을 언급하면, 나는 플로지스톤주의 화학 시스템을 라봐지에주의 화학에 맞선, 설득력과 생명력을 갖춘 대안으로서 인정할 수 있었다. 서둘러 덧붙이는데, 이것은 진정으로 독창적인 성과가 아니다. 여러 과학사학자들이 똑같은 것을 인정했으니까 말이다. 그러나 나는 그 논점을 거침없고 당당하게 제시하는 데 성공했다고 생각한다. 또한 나는 과거에 오들링과 루이스가 플로지스톤을 되살렸던 것을 상기시켰다. 그 회복의 사례들뿐 아니라 오들링과 루이스 자체도 잊힌 지 오래된 상태였다. 이와 유사하게 나는 전기분해에 대한 리터의 해석을 복권하는 데 힘을 보탰으며 그 복권을 플로지스톤의 복권과 연결했다.

　　어쩌면 이 책에 실린 가장 진지한 상보적 연구는 비판적 의식의 방향에서 이루어졌을 것이다. 모든 것이 걸린 질문 하나가 연구 전체를 추진했다. 우리는 물이 H_2O라는 것을 어떻게 알까? 과학자들은 어떻게 그것에 합의하게 되었을까? 나는 물을 H_2O로 보는 과학적 견해의 형성에 가장 중요하게 기여한 세 가지 발전을 면밀히 탐구했다. 각 사례에서 나는 과학자들이 벌인 매우 중대한 토론들과 논쟁들을 발견했으며 이긴 진영이 완전하고 명백하게 우월했던 것은 아니라는 결론에 이르렀다. '물은 H_2O다'처럼 결정적인 과학적 상식이 당면 주제였다는 사실은 비판적 의식이 절박하게 필요하다는 느낌을 일으켰다. 나는 우리 모두가 물은 **단순히** H_2O가 아님을 의식하는 것과 과학자들이 그 믿음에 도달한 미묘하고 정교한 이유들을 아는 것이 매우 중요하다고 믿는다. 이런 유형의 비판적 의식은 우리의 과학 지식의 질을 높인다. 그리고 나는 비판적 의식을 북돋는 것이야말로 과학사학자와 과학철학자의 핵심 임무라고 주장한다. 특히 정당화하기 어려운 과거의 과학적 결정들을 우리가 발견할 때, 과학사학자와 과학철학자는 우리의 비판적 의식을 북돋아야 마땅하다. 나는 과학사학자와 과학철학자의 비판적 의식을 여러 방식으로 방해하는 다음과 같은 통념들 각각에 반대한다. (i)과학자들은 일반적으로 옳은 결정을 내리며, 우리는 주로 과학자들의 행동을 합리화하는 좋은 길을 모색해야 한다. (ii)과학적 이론 선택에서 확실성과 합리성의 결여는 어떤 경우에든지 겉모습에 불과하며, 우리는 간과된 요인들에 주의를 기울임으로써 그 겉모습을 떨쳐내야 한다. (iii)우리는 현재 과학의 판결에 따라 과거 과학의 인식적 가치를 판단해야 한다. (iv)혹은 과거 과학의 인식적 가치를 아예 판단하지 말아야 한다. (v)무엇보다도 우리는 내려진 과학적 결정에 대한 인과적 설명을 모색해야 한다.

새로운 발전의 방향에서 평가하면, 이번 프로젝트의 직접적 성과는 빈약했다. 1장에서 간략하게 서술된 플로지스톤의 부활은 흥미진진한 새로운 발전들로 이어졌으리라고 나는 생각하지만, 1.2.4에서 설명했듯이, 플로지스톤이 요절한 후 기나긴 두 세기 동안 화학자들과 물리학자들은 다양한 경로를 거쳐 결국 그 발전들에 도달했다. 3장과 4장에서 진행한, 원자와 분자와 원소에 관한 나의 숙고가 '원소'라는 명칭의 의미에 관하여 몇 가지 새롭고 유용한 통찰들을 산출한 것은 어쩌면 아예 하찮지는 않을 것이다. 그러나 내가 보기에 이 책에 실린 나의 연구의 귀결들 가운데 가장 먼 미래까지 영향을 미칠 것은 2장에서 나온다. 그 귀결은 기초 전기화학에 관한 상보적 연구 프로젝트의 출범이며, 그 프로젝트는 현재 진행 중이다. 매우 초보적인 나의 보고서(Chang 2011c)에서 보여주었듯이, 나는 볼타의 (소금물을 전해질 용액으로 사용하는) 원조 전지에 대한 새로운 이해를 제공하는 것을 목표로 삼은 연구에 착수했다. 그 연구는 그 전지가 어떻게 작동하는가에 관한 19세기의 논쟁을 다루는 순수한 역사학적 연구를 뛰어넘을 것이다. 이론적인 측면에 대해서 말하면, 지금까지 그 연구는 볼타가 원래 품었던 접촉 퍼텐셜 contact potential 개념을 현대적인 전기화학의 틀 안에 수용하기 위한 기반을 닦았다. 그리고 그 결과는 현대적인 전기화학의 틀을(적어도 그 틀이 기초적인 교과서들에 제시된 모습을) 수정할 필요성을 시사한다. 실험적인 측면에 대해서 말하면, 나는 오늘날의 화학 연구자 대다수에게도 꽤 낯선 현상 몇 가지를 일으켰다. 예컨대 H_2O가 음전극에서 직접 분해되는 현상, 양전극에서 금이 용해되는 현상, Cu^+ 이온이 Cu^{++} 이온보다 더 많이 생산되는 현상을 일으켰는데, 이 모든 현상들은 농도가 충분히 높은 NaCl 수용액의 전기분해에서 일어났다. 또한 나는 탈이온수를 사용하는 무전해질electrolyte-less 전지나

(들룩의 '건조 전지'를 연상시키는) 두 금속 사이에 놓인 손가락에 관한 몇몇 사실들을 관찰했다. 앞으로 훨씬 더 많은 성과가 나올 것이다.

물의 초기 역사에 관한 이 연구 프로젝트가 상보적 과학 프로젝트를 여러 흥미진진한 방식으로 이어왔다는 결론을 내리게 되어 나는 기쁘다. 나는 상보적 과학이 과학 지식의 향상에 기여하는 주요 방식 세 가지를 생각했는데, 방금 간략히 설명한 대로 이 프로젝트는 그 세 가지 방식의 기여를 넉넉히 해냈다. 게다가 이 장에서 제시한 다원주의에 대한 설명과 옹호는 상보적 과학 프로젝트에 대한 상세한 추가 설명이기도 하다. 이로써 내가 과거에 제시한 다음과 같은 간결하고 잠정적인 선언이 내실을 얻었다. "상보적 과학은 본래적으로 다원주의적 기획이다. (…) 상보적 과학에서 이론적 가능성들을 생각 없이 묵살하는 일은 없다. (…) 상보적 과학자가 배척된 연구 프로그램의 드러나지 않은 잠재력을 탐구하기 위하여 그 프로그램을 집어들 때, 혹은 참신한 연구 프로그램을 제안할 때, 그는 자신의 특수한 이단 행위가 유일무이한 진리를 대변한다는 괴짜의 확신을 품고 그렇게 하는 것이 아니다."(Chang 2004, 247쪽) 상보적 과학은 과학사와 과학철학에서의 능동적 규범적 인식적 다원주의의 표현이다.

● **옮긴이의 말**

이 책의 번역이 시작될 때 저자는 자신의 학문적 견해가 무척 독특하다는 점을 강조하면서 그 때문에 주변의 평범한 사람들에게 쉬이 가닿기 어려우리라는 회의적 전망을 토로했다. 번역자인 나는 그다지 염려하지 않았는데, 그것은 저자의 견해가 아무리 낯설다 하더라도 이미 꽤 성숙하여 다양한 목소리를 수용할 수 있는 우리 사회가 그를 외면할 리는 없다는 속 편한 믿음 때문이기도 했고, 어차피 18세기 중반부터 19세기 후반까지의 화학의 역사와 그 배후의 철학을 다루는 이 전문 학술서가 끌어모을 수 있는 독자는 그리 많지 않으리라는 비관적 예감 때문이기도 했다. 지금은 양쪽 다 어느 정도 수정할 필요를 느낀다. 장하석은 정말 참신한 학자고, 이 책은 전문 독자층을 넘어 폭넓은 일반인에게 읽힐 필요가 있다.

작업이 시작되면서 나는 처음 만난 장하석의 과감하고 참신하고 도발적이기까지 한 과학사 해석과 그 바탕의 올곧은 다원주의에 흠뻑 빠져들었다. 수시로 나의 번역을 보고받고 원고의 일부를 꼼꼼히 수정해주어 어디에서도 바라기 힘든 배움의 기회를 선사해준 장하석에게 감사한다. 그 와중에 그도 이미 오래전에 연구한 프리스틀리와 라봐지에의 대결을 돌아보고, 전기분해를 둘러싼 다양한 해석들을 되짚어보고, 그가 학자로서 깃발처럼 치켜든 '상보적 과학'과 '능동적 실재주의'를 새삼 되새기면서 독자의 반응에 대한 염려 따위는 제쳐두고 꽤 유익한 시간을 보냈기를 바란다.

내가 번역가로서 이제껏 해온 일 가운데 즐겁고 보람 있기로 세 손가락까지는 몰라도 다섯 손가락 안에는 확실히 드는 작업이었다. 일을 마칠 즈음, 좀 더 젊을 때 이 책을 만났으면 얼마나 좋았을까, 하는 아쉬움과, 이제라도 이 책을 만나서 내 생각의 폭을 넓힌 것이 얼마나 기쁘고 자랑스러운가, 하는 뿌듯함이 함께 느껴졌다. 칸트가 《순수이성비판》을 쓴 것이 57세 때다. 우리가 학자로서 살아 있는 한, 우리의 경험과 배움은 끝나지 않을 것이며, 나이를 먹음에 따라 우리는 바라건대 더 성숙하고 겸허해져서 더 많은 가능성을 열어놓게 될 것이다.

　　나는 장하석을 과학사에 박식한 과학철학자쯤으로 알고 만났지만, 이제는 그를 실재와 앎과 유한한 인간의 삶에 대해서 중대한 메시지를 전해주는 주요 철학자로 평가한다. 어쩌면 장하석 본인은 이런 평가에 반발할지 모른다. 그는 줄곧 '형이상학적' 난제를 피하면서 간단하고 잠정적인 '작업적 정의'를 내놓음으로써 경쾌하게 논의를 이어가는 쪽을 선택한다. 그가 한결같이 중시하는 것은 실천, 작업, 잠정적이며 상대적인 성공, 오류 가능성, 점진적인 앎의 과정이지, 전통적인 철학에서 흔히 거론되는 절대적 진리, 궁극의 결말, 절대적 확실성이 아니다.

　　그러나 장하석이 종결된 앎이 아니라 끝없는 알아가기 과정을 인간적 인식의 진면목으로 부각하고 절대적 확실성의 추구를 함정으로 지목하면서 유연한 오류가능주의를 옹호할 때, 그는 이미 철학의 중심에 깊이 들어와 있다. 아래 인용문에서 나는 본격적인 철학자 장하석을 읽지 않을 수 없다. "나는 실재란 탐구하는 사람의 의지에 종속되지 않는 모든 것이며, 앎이란 실재의 저항으로 인해 좌절하지 않고 행위하는 능력이라고 본다."(426쪽) 장하석은 실재를

'우리의 의지에 따르지 않는 것'으로 정의함으로써 21세기의 새로운 실재론자 몇몇과 비슷한 성향을 나타낸다. 실재는 부정적인 방식으로 작동한다. 실재는 우리의 뜻을 벗어남으로써 우리에게 배움을 주는 무언가다. 장하석은 그런 실재를 대하는 올바른 태도로 '능동적 실재주의'를 권하면서 기존의 '실재론'과 달리 실천의 의지가 짙게 밴 자신의 '실재주의'를 이렇게 설명한다. "과학에 대한 '실재주의'는, 우리가 객관적 진리를 어떻게 얻을 수 있는지 혹은 얻어왔는지에 관한 어떤 형이상학적 오만이 아니라, 우리 자신을 실재에 노출시키기로 결심하는 과학적 태도여야 마땅하다."(456~457쪽)

　　실재주의는 자신의 뜻을 거스르는 실재에 자신을 최대한 많이 노출시키겠다는 결심이다. 거창한 철학을 내려놓고 상식의 수준에서 생각해봐도 앎, 배움, 경험, 아픔은 꽤 잘 어울리는 항목들이다. 실질적인 앎은 실재로부터 배운 바일 테고, 배움의 주요 원천은 경험일 테고, 중대하고 값진 경험은 흔히 아픔을 동반하니까 말이다. 그러니 장하석을 비롯한 능동적 실재주의자, 곧 실재와 최대한 많이 접촉하기로 결심한 사람은 애초에 자신이 품은 뜻이 깨지는 아픔을 감내하면서 실재로부터 겸허히 배우겠다는 사람이다. 장하석이 다원주의의 근본 동기로 겸허함을 꼽을 때, 우리 문화에서 오래전부터 꿈꿔온 이상적인 지식인이 언뜻 떠오르는 것은 나만의 독특한 연상일 리 없다. 우리는 두루 품을 줄 아는 지식인을 존중해왔다. 올곧은 다원주의자 장하석의 말을 들어보자.

　　다원주의를 옹호하는 가장 근본적인 동기는 겸허함이다. 우리는, 엄청나게 복잡하고 보아하니 고갈되지 않으며 궁극적으로 예측 불가능한 세상을 이해하고 그것과 관계 맺으려 하는 유한한 존재들이다. 우리가 단 하나의 완벽한 과학 시스템을 발견할 성싶지 않다면, 다수의 과학 시스템들을 육성하는 것이 합당하다. 그 시스템들 각각은 나름의 고유한 장점들이 있을 것이다. 우리가 속담 속에서 코끼리를 만지는 맹인들과 유사하다면, 우리는 우리 자신의 특수한 경험을 너무 많이 일반화하지 않는 법을 배워야 할 뿐 아니라, 더 많은 협력자들을 모아서 코끼리의 모든 다양한 부분들에 도달하려 노력해야 한다.(532쪽)

코끼리를 만지는 맹인의 비유는 자연스럽게 우리를 이 글의 첫머리로 되돌려보낸다. 장하석의 목소리가 우리 사회에서 극히 낯설지 않을까, 하는 그의 우려는 아쉽게도 일리가 있다. 일부 독자는 장하석이 과학에 흠집을 내려 한다고 느낄지도 모른다. 책의 제목만 보고도 고개를 갸우뚱거리며 멀찌감치 떨어질 사람도 있을 것이다. 이유는 간단하다. 우리 중 상당수가 내면화한 과학의 이미지, 교과서에 말끔히 정리된 문장들과 해답지에 명확히 인쇄된 정답들의 이미지가 강력한 반발력을 발휘하기 때문이다. 코끼리를 만지는 맹인의 비유에 빗대면, 오늘날 많은 이들은 숱한 맹인의 부질없는 탐색을 밀어내고 유일무이한 정답을 선포하는 눈뜬 사람의 역할을 다름 아니라 과학에 맡기곤 한다! 오직 과학만이 유일하고 영구적인 진리를 말할 수 있다고들 한다.

그러나 이것은 일부 진영에서 내세우는 과학의 이미지일 뿐, 과학의 실상이 전혀 아니라는 점을 명심하자. 이 같은 과학의 교과서-정답표 이미지에 흠뻑 젖어 있는 독자는 이 책의 첫 부분을 읽어가기가 꽤 거북할 수 있다. 그러나 과학은 현실 속에서 살아가는 유한한 인간의 활동이라는 엄연한 사실을 상기하기 바란다. 실제로 책을 어느 정도 읽으면 그 사실이 생생하게 와닿기 시작할 것이다. 이 책의 1장, 2장, 3장은 그 사실을 그저 추상적으로 선언하는 것에 머물지 않고 역사에 대한 치밀한 조사와 분석과 설득력 있는 재구성으로 되살려낸다. 거기에 담긴 우여곡절이 과학의 실상이다. 그리고 그 실상에 기초한 장하석의 철학, 곧 '능동적 실재주의'와 '다원주의'가 본격적으로 논의되는 대목은 4장과 5장이다.

누가 과학을 사랑한다고 하면, 과연 과학의 이미지가 아니라 실상을 사랑하는 것일까, 하는 의문을 종종 품게 된다. 인간관계에서도 비합리적 이상화에 기초한 사랑은 오래가기 어렵고 생산적이기는 더더욱 어렵다. 과학에 대한 생산적인 사랑, 과학에 대한 현실적이고 겸허한 사랑은 앞선 비유에서 코끼리를 만지는 맹인들과 과학자 사이에 근본적인 차이가 없음을 인정하는 것에서 출발해야 할 것이다. 그래야 진열장 안의 노벨상 메달을 선망하는 눈빛이나 신줏단지 앞에서의 절대적 복종심으로 과학에 접근하는 철저히 비과학적인 태도를 벗어나 과학을 우리 삶의 진정한 일부로 살려낼 수 있을 것이다. 《물은 H$_2$O인가?》라는 가히 불경스러운 제목을 단 이 책의 의도를 누가 '과학 흠집내기'로 폄하한다면, 나는 이 책의 훌륭한 성취는 '과학을 삶 속으로 끌어들여 생동하게 한 것'이라고 맞받아치겠다.

마지막으로 우리 사회와 관련하여 이 책이 갖는 의미를 짚어보지 않을 수 없다. 우리는 오랫동안 일원주의가 지배하는 사회에서 살았다. 일사불란, 총화단결, 혼연일체, 일로매진은 우리 다수에게 너무나 익숙한 구호다. 다원주의는 그 자체로 불온한 사상에 가까웠다. 세상이 바뀌어 이제 교조주의적 이데올로기의 힘은 퍽 약해졌지만, "부자 되세요!"라는 광고 문구가 적나라하게 요약해준 일원주의적 성공 이데올로기는 여전히 막강하게 우리 삶을 지배하는 듯하다. 단 하나의 진리가 지배할 법한 과학에서마저 풍요로운 다원성을 읽어내고 권장하는 이 책을 읽으면서 나는 각자에게 각자의 성공이 있는 삶을 새삼 갈망했다. 과학의 가장자리나 근처가 되었든, 멀리 떨어진 다른 곳이 되었든, 내 손길이 닿는 곳에서 다원주의에 기여하고 싶다. 우리 사회가 장하석 같은 학자를 낳은 것은 무척 기쁜 일이다.

참고문헌

들어가는 말

Chang, Hasok. 2004. *Inventing temperature: Measurement and scientific progress*. New York: Oxford University Press. 《온도계의 철학》(동아시아, 2013)

Eisenberg, D., and W. Kauzmann. 2005. *The structure and properties of water*. Oxford: Oxford University Press.

Hendry, Robin Findlay. 2008. Chemistry. In *The Routledge companion to the philosophy of science*, ed. Stathis Psillos and Martin Curd, 520–530. London: Routledge.

1장

Allchin, Douglas. 1992. Phlogiston after oxygen. *Ambix* 39: 110–116.

Allchin, Douglas. 1994. James Hutton and phlogiston. *Annals of Science* 51: 615–635.

Allchin, Douglas. 1997. Rekindling phlogiston: From classroom case study to interdisciplinary relationships. *Science and Education* 6: 473–509.

Ashbee, Ruth. 2007. The discovery of chlorine: A window on the Chemical Revolution. In *An element of controversy: The life of chlorine in science, medicine, technology and war*, ed. Hasok Chang and Catherine Jackson, 15–40. London: British Society for the History of Science.

Bakewell, Sarah. 2010. *How to live: A life of Montaigne in one question and twenty attempts at an answer*. London: Chatto & Windus. 《어떻게 살 것인가?》(책읽는수요일, 2012)

Bensaude-Vincent, Bernadette. 1983. A founder myth in the history of science? The Lavoisier case. In *Functions and uses of disciplinary histories*, ed. Loren Graham, Wolf Lepenies, and Peter Weingart, 53–78. Dordrecht: Reidel.

Bensaude-Vincent, Bernadette. 1996. Between history and memory: Centennial and bicentennial images of Lavoisier. *Isis* 87: 481–499.

Bensaude-Vincent, Bernadette, and Jonathan Simon. 2008. *Chemistry: The impure science*. London: Imperial College Press.

Black, Joseph. 1803. *Lectures on the elements of chemistry*. Edinburgh: W. Creech.

Brande, William Thomas. 1814. The Bakerian Lecture: On some new electro-chemical phenomena. *Philosophical Transactions of the Royal Society* 104: 51-61.

Brock, William H. 1992. *The Fontana history of chemistry*. London: Fontana Press.

Brooke, John Hedley. 1980. Davy's chemical outlook: The acid test. In *Science and the sons of genius: Studies on Humphry Davy*, ed. Sophie Forgan, 121-175. London: Science Reviews Ltd.

Bridgman, Percy Williams. 1959. *The way things are*. Cambridge, MA: Harvard University Press.

Buchwald, Jed. 1992. Kinds and the wave theory of light. *Studies in History and Philosophy of Science* 23: 39-74.

Burlingame, Leslie. 1981. Lamarck's chemistry: The Chemical Revolution rejected. In *The analytic spirit: Essays in the history of science in honor of Henry Guerlac*, ed. Harry Woolf, 64-81. Ithaca/London: Cornell University Press.

Butler, Anthony R. 1984. Lavoisier: A letter from Sweden. *Chemistry in Britain* 20: 617-619.

Cavendish, Henry. 1766. Three papers, containing experiments on factitious air. *Philosophical Transactions of the Royal Society* 56: 141-184.

Cavendish, Henry. 1784. Experiments on air, Part 2. *Philosophical Transactions of the Royal Society* 74: 119-153.

Chang, Hasok. 2004. *Inventing temperature: Measurement and scientific progress*. New York: Oxford University Press.

Chang, Hasok. 2007b. *The myth of the boiling point*. http://www.cam.ac.uk/hps/chang/boiling, first posted on 18 October 2007.

Chang, Hasok. 2008. Contingent transcendental arguments for metaphysical principles. In *Kant and the philosophy of science today*, ed. Michela Massimi, 113-133. Cambridge: Cambridge University Press.

Chang, Hasok. 2009b. We have never been whiggish (about phlogiston). *Centaurus* 51: 239-264.

Chang, Hasok. 2009c. Ontological principles and the intelligibility of epistemic activities. In *Scientific understanding: Philosophical perspectives*, ed. Henk De Regt, Sabina Leonelli, and Kai Eigner, 64-82. Pittsburgh: University of Pittsburgh Press.

Chang, Hasok. 2010. The hidden history of phlogiston: How philosophical failure can generate historiographical refinement. *HYLE* 16(2): 47-79.

Chang, Hasok. 2011a. The philosophical grammar of scientific practice. *International Studies in the Philosophy of Science* 25: 205–221.

Chang, Hasok. 2011b. The persistence of epistemic objects through scientific change. *Erkenntnis* 75: 413–429.

Chang, Hasok. 2011c. How historical experiments can improve scientific knowledge and science education: The cases of boiling water and electrochemistry. *Science and Education* 20: 317–341.

Chang, Hasok. 2011d. Compositionism as a dominant way of knowing in modern chemistry. *History of Science* 49: 247–268.

Chang, Hasok. 2012a. Joseph Priestley (1733–1804). In *Philosophy of chemistry*, ed. Andrea I. Woody, Robin Findlay Hendry, and Paul Needham, 55–62. San Diego: North Holland/ Elsevier.

Chang, Hasok. 2012b. Incommensurability: Revisiting the Chemical Revolution. In *T. S. Kuhn's* The Structure of Scientific Revolutions: *Impact, relevance and open issues*, ed. Vasso Kindi and Theodore Arabatzis. London: Routledge.

Chang, Hasok, and Catherine Jackson, eds. 2007. *An element of controversy: The life of chlorine in science, medicine, technology and war.* London: British Society for the History of Science.

Court, S. 1972. The *Annales de chimie* 1789–1815. *Ambix* 19: 113–128.

Crosland, Maurice, ed. 1971. *The science of matter*. Harmondsworth: Penguin Books Ltd.

Crosland, Maurice. 1980. Davy and Gay–Lussac: Competition and contrast. In *Science and the sons of genius: Studies on Humphry Davy*, ed. Sophie Forgan, 95–120. London: Science Reviews Ltd.

Crosland, Maurice. 1983. A practical perspective on Joseph Priestley as a pneumatic chemist. *British Journal for the History of Science* 16: 223–238.

Crosland, Maurice. 1994. *In the shadow of Lavoisier: The* Annales de chimie *and the establishment of a new science*. Oxford: British Society for the History of Science.

Crosland, Maurice. 1995. Lavoisier, the two French revolutions and "the imperial despotism of oxygen". *Ambix* 42: 101–118.

Crowther, J.G. 1962. *Scientists of the Industrial Revolution*. London: The Cresset Press.

Crum–Brown, Alexander. 1866. Note on phlogistic theory. *Proceedings of the Royal Society of Edinburgh* 5: 328–330.

Darrigol, Olivier. 2000. *Electrodynamics from Ampère to Einstein*. Oxford: Oxford University Press.

Davy, Humphry. 1812. *Elements of chemical philosophy*. London: J. Johnson and Co.

De Luc, Jean-André. 1803. *Introduction a la physique terrestre par les fluides expansibles; précé- dée de deux memoires sur la nouvelle théorie chymique, considérée sous différens points de vue. Pour servir de suite et de développement aux* Recherches sur les modifications de l'atmosphère, 2 vols. Paris/Milan: La Veuve Nyon; J.Luc Nyon.

Debus, Allen G. 1967. Fire analysis and the elements in the sixteenth and the seventeenth centuries. *Annals of Science* 23: 127-147.

Dewey, John. 1938. *Logic: The theory of inquiry*. New York: Holt, Reinhardt & Winston.

Djerassi, Carl, and Roald Hoffmann. 2001. *Oxygen*. Weinheim: Wiley-VCH.

Donovan, Arthur. 1988. Lavoisier and the origins of modern chemistry. *Osiris (2nd Series)* 4: 214-231.

Donovan, Arthur. 1993. *Antoine Lavoisier: Science, administration and revolution*. Oxford: Blackwell.

Duveen, Denis I., and Herbert S. Klickstein. 1954. A letter from Berthollet to Blagden relating to the experiments for a large scale synthesis of water carried out by Lavoisier and Meusnier in 1875. *Annals of Science* 10: 58-62.

Elliott, John. 1780. *Philosophical observations on the senses of vision and hearing; to which are added, a treatise on harmonic sounds, and an essay on combustion and animal heat*. London: J. Murray.

Fourcroy, Antoine. 1801. *Système des connaissances chimiques et de leurs applications aux phénomènes de la nature et de l'art*. Paris: Baudouin.

Fox, Robert. 1971. *The caloric theory of gases from Lavoisier to Reignault*. Oxford: Clarendon Press.

Friedman, Michael. 2001. *Dynamics of reason*. Stanford: CSLI Publications. 《이성의 역학》(서광사, 2012)

Fuller, Steve. 2008a. The normative turn: Counterfactuals and a philosophical historiography of science. *Isis* 99: 576-584.

Gago, Ramón. 1988. The new chemistry in Spain. *Osiris (2nd Series)* 4: 169-195.

Golinski, Jan. 1992. *Science as public culture: Chemistry and enlightenment in Britain 1760-1820*. Cambridge: Cambridge University Press.

Golinski, Jan. 1995. The nicety of experiment. In *The values of precision*, ed. M. Norton Wise, 72-91. Princeton: Princeton University Press.

Gray, Tamsin, Rosemary Coates, and Mårten Åkesson. 2007. The elementary nature of chlorine. In *An element of controversy: The life of chlorine in science, medicine, technology and war*, ed. Hasok Chang and Catherine Jackson, 41-72. London: British Society for the History of Science.

Guerlac, Henry. 1975. *Antoine-Laurent Lavoisier: Chemist and revolutionary*. New York: Charles Scribner's Sons.

Guerlac, Henry. 1976. Chemistry as a branch of physics: Laplace's collaboration with Lavoisier. *Historical Studies in the Physical Sciences* 7: 193-276.

Hacking, Ian. 1992. The self-vindication of the laboratory sciences. In *Science as practice and culture*, ed. Andrew Pickering, 29-64. Chicago: University of Chicago Press.

Hacking, Ian. 2000. How inevitable are the results of successful science? *Philosophy of Science* 67: 58-71.

Harrington, Robert. 1804. *The death warrant of the French theory of chemistry*. London: Longman.

Hartley, Harold. 1971. *Studies in the history of chemistry*. Oxford: Clarendon Press.

Hawthorn, Geoffrey. 1991. *Plausible worlds: Possibility and understanding in history and the social sciences*. Cambridge: Cambridge University Press.

Heilbron, John. 2005. Jean-André De Luc: Citoyen de Genève and philosopher to the Queen of England. *Archives des Sciences* 58: 75-92.

Holmes, Frederic L. 1971. Analysis by fire and solvent extractions: The metamorphosis of a tradition. *Isis* 62: 128-148.

Holmes, Frederic L. 2000. The "revolution in chemistry and physics": Overthrow of a reigning paradigm or competition between existing research programs? *Isis* 91: 735-753.

Hoyningen-Huene, Paul. 1993. *Reconstructing scientific revolutions: Thomas S. Kuhn's philosophy of science*. Chicago: University of Chicago Press.

Hoyningen-Huene, Paul. 2008. Thomas Kuhn and the Chemical Revolution. *Foundations of Chemistry* 10: 101-115.

Hoyningen-Huene, Paul, and Howard Sankey, eds. 2001. *Incommensurability and related matters*. Dordrecht: Kluwer.

Hufbauer, Karl. 1982. *The formation of the German chemical community (1720-1795)*. Berkeley/Los Angeles: University of California Press.

Hutton, James. 1794. *A dissertation upon the philosophy of light, heat and fire*. Edinburgh: Cadell, Junior, Davies.

James, Frank A.J.L., ed. 1991. *The correspondence of Michael Faraday*, vol. 1, 1811-1831. London: The Royal Institution of Great Britain.

Jungnickel, Christa, and Russell McCormmach. 1999. *Cavendish: The experimental life*. Lewisburgh: Bucknell University Press.

Kant, Immanuel. [1787] 1998. *Critique of pure reason* (trans: Paul Guyer and Allen W. Wood). Cambridge: Cambridge University Press. 《순수이성비판》(아카넷, 2006)

Kim, Mi Gyung. 2003. *Affinity, that elusive dream: A genealogy of the*

Chemical Revolution. Cambridge, MA: The MIT Press.

Kim, Mi Gyung. 2005. Lavoisier: The father of modern chemistry? In *Lavoisier in perspective*, ed. Marco Beretta, 167-191. Munich: Deutsches Museum.

Kirwan, Richard. 1789. *An essay on phlogiston and the composition of acids*. London: J. Johnson.

Kitcher, Philip. 1993. *The advancement of science: Science without legend, objectivity without illusions*. New York/Oxford: Oxford University Press.

Klein, Ursula. 1994. Origin of the concept of chemical compound. *Science in Context* 7(2): 163-204.

Klein, Ursula. 1996. The chemical workshop tradition and the experimental practice: Discontinuities within continuities. *Science in Context* 9(3): 251-287.

Klein, Ursula, and Wolfgang Lefèvre. 2007. *Materials in eighteenth-century science: A historical ontology*. Cambridge, MA: The MIT Press.

Knight, David. 1978. *The transcendental part of chemistry*. Folkestone: Dawson.

Kuhn, Thomas S. 1970. *The structure of scientific revolutions*, 2nd ed. Chicago: University of Chicago Press. 《과학혁명의 구조》(까치, 2013)

Kuhn, Thomas S. 1977. Objectivity, value judgment, and theory choice. In *The essential tension: Selected studies in scientific tradition and theory change*, 320-339. Chicago: University of Chicago Press.

Lavoisier, Antoine-Laurent. 1786. Refléxions sur le phlogistique, pour servir de développement à la théorie de la combustion et de la calcination, publiée en 1777. *Mémoires de l'Académie des Sciences* 1783(1786): 505-538.

Lavoisier, Antoine-Laurent. [1789] 1965. *Elements of chemistry*. New York: Dover.

Lavoisier, Antoine-Laurent, and Pierre-Simon Laplace. [1783] 1920. *Mémoire sur la chaleur*. Paris: Gauthier-Villars.

Le Grand, H.E. 1975. The "conversion" of C. L. Berthollet to Lavoisier's chemistry. *Ambix* 22: 58-70.

Lewis, Gilbert Newton. 1926. *The anatomy of science*. New Haven: Yale University Press.

Liebig, Justus. 1851. *Familiar letters on chemistry, in its relations to physiology, dietetics, agriculture, commerce, and political economy*, 3rd ed. London: Taylor, Walton, & Maberly.

Lubbock, Constance A. 1933. *The Herschel chronicle: The life-story of William Herschel and his sister Caroline Herschel*. Cambridge: Cambridge University Press.

638

Mauskopf, Seymour H. 1988. Gunpowder and the Chemical Revolution. *Osiris (2nd Series)* 4: 93–120.

Mauskopf, Seymour H. 2002. Richard Kirwan's phlogistic theory: Its success and fate. *Ambix* 49: 185–205.

McCann, H. Gilmann. 1978. *Chemistry transformed: The paradigmatic shift from phlogiston to oxygen.* Norwood: Ablex.

McEvoy, John G. 1997. Positivism, whiggism and the Chemical Revolution: A study in the historiography of chemistry. *History of Science* 35: 1–33.

McEvoy, John G. 2010. *The historiography of the Chemical Revolution: Patterns of interpretation in the history of science.* London: Pickering & Chatto.

Middleton, W.E. Knowles. 1965. *A history of the theories of rain and other forms of precipitation.* London: Oldbourne.

Morris, Robert J. 1972. Lavoisier and the caloric theory. *British Journal for the History of Science* 6: 1–38.

Multhauf, Robert P. 1962. On the use of the balance in chemistry. *Proceedings of the American Philosophical Society* 106: 210–218.

Multhauf, Robert P. 1996. Operational practice and the emergence of modern chemical concepts. *Science in Context* 9(3): 241–249.

Musgrave, Alan. 1976. Why did oxygen supplant phlogiston? Research programmes in the Chemical Revolution. In *Method and appraisal in the physical sciences*, ed. Colin Howson, 181–209. Cambridge: Cambridge University Press.

Nordmann, Alfred. 1986. Comparing incommensurable theories. *Studies in History and Philosophy of Science* 17: 231–246.

Odling, William. 1871. On the revived theory of phlogiston. *Proceedings of the Royal Institution of Great Britain* 6: 315–325.

Partington, J.R., and Douglas McKie. 1937–1939. Historical studies on the phlogiston theory (in 4 parts). *Annals of Science* 2: 361–404; 3: 1–58; 3: 337–371; 4: 113–149.

Perrin, Carlton E. 1973. Lavoisier's table of the elements: A reappraisal. *Ambix* 20: 95–105.

Perrin, Carlton E. 1981. The triumph of the antiphlogistians. In *The analytic spirit: Essays in the history of science in honor of Henry Guerlac*, ed. Harry Woolf, 40–63. Ithaca/London: Cornell University Press.

Pickstone, John V. 2000. *Ways of knowing: A new history of science, technology and medicine.* Manchester: Manchester University Press.

Pickstone, John V. 2007. Working knowledges before and after circa 1800: Practices and disciplines in the history of science, technology, and medicine. *Isis* 98: 489–516.

Poirier, Jean-Pierre. 1996. *Lavoisier: Chemist, biologist, economist*. Philadelphia: University of Pennsylvania Press.

Poirier, Jean-Pierre. 2005. Lavoisier's balance sheet method: Sources, early signs and late developments. In *Lavoisier in perspective*, ed. Marco Beretta, 69-77. Munich: Deutsches Museum.

Priestley, Joseph. 1774. *Experiments and observations on different kinds of air*. London: J. Johnson.

Priestley, Joseph. 1775. An account of further discoveries in air, in letters to Sir John Pringle, Bart. P.R.S. and the Rev. Dr. Price, F.R.S. *Philosophical Transactions of the Royal Society* 65: 384-394.

Priestley, Joseph. 1788. Experiments and observations relating to the principle of acidity, the composition of water, and phlogiston. *Philosophical Transactions of the Royal Society* 78: 147-157.

Priestley, Joseph. 1790. *Experiments and observations on different kinds of air, and other branches of natural philosophy, connected with the subject*, 2nd ed., 3 vols. Birmingham: Thomas Pearson.

Priestley, Joseph. [1796] 1969. *Considerations on the doctrine of phlogiston, and the decomposition of water (and two lectures on combustion, etc. by John MacLean)*. New York: Kraus Reprint Co.

Priestley, Joseph. 1803. *The doctrine of phlogiston established and that of the composition of water refuted*. Philadelphia: P. Byrne.

Priestley, Joseph. 1970. *Autobiography of Joseph Priestley, with introduction by Jack Lindsay*. Bath: Adam & Dart.

Pyle, Andrew. 2000. The rationality of the Chemical Revolution. In *After Popper, Kuhn and Feyerabend*, ed. Robert Nola and Howard Sankey, 99-124. Dordrecht: Kluwer.

Radick, Gregory. 2008. Why what if? *Isis* 99: 547-551.

Russell, Colin A. 1963. The electrochemical theory of Berzelius (in 2 parts). *Annals of Science* 19: 117-145.

Schofield, Robert E. 1963. *The Lunar Society of Birmingham: A social history of provincial science and industry in eighteenth-century England*. Oxford: Clarendon Press.

Schofield, Robert E. 1997. *The enlightenment of Joseph Priestley: A study of his life and work from 1733 to 1773*. University Park: Pennsylvania State University Press.

Schofield, Robert E. 2004. *The enlightened Joseph Priestley: A study of his life and work from 1773 to 1804*. University Park: Pennsylvania State University Press.

Siegfried, Robert. 1964. The Phlogistic conjectures of Humphry Davy. *Chymia* 9: 117-124.

Siegfried, Robert. 1982. Lavoisier's table of simple substances: Its origin and interpretation. *Ambix* 29: 29-48.

Siegfried, Robert. 1988. The Chemical Revolution in the history of chemistry. *Osiris (2nd Series)* 4: 35-52.

Siegfried, Robert. 1989. Lavoisier and the phlogistic connection. *Ambix* 36: 31-40.

Siegfried, Robert. 2002. *From elements to atoms: A history of chemical composition.* Philadelphia: American Philosophical Society.

Siegfried, Robert, and Betty Jo Dobbs. 1968. Composition, a neglected aspect of the Chemical Revolution. *Annals of Science* 24: 275-293.

Soler, Léna. 2008. Revealing the analytical structure and some intrinsic major difficulties of the contingentist/inevitabilist issue. *Studies in History and Philosophy of Science* 39: 230-241.

Stevenson, W.F. 1849. *The composition of hydrogen, and the non-decomposition of water incontrovertibly established.* London: James Ridgway.

Sudduth, William M. 1978. Eighteenth century identifications of electricity with phlogiston. *Ambix* 25: 131-147.

Taylor, Georgette. 2006. *Variations on a theme: Patterns of congruence and divergence among 18th century chemical affinity theories.* Ph.D. dissertation. London: University College London.

Thomson, Thomas. 1802. *A system of chemistry,* 4 vols. Edinburgh: Bell & Bradfute and E.Balfour.

Tunbridge, Paul A. 1971. Jean André De Luc, F.R.S. *Notes and Records of the Royal Society of London* 26: 15-33.

Uglow, Jenny. 2002. *The lunar men: Five friends whose curiosity changed the world.* London: Faber & Faber.

van Fraassen, Bas. 1980. *The scientific image.* Oxford: Clarendon Press.

2장

Arrhenius, Svante. 1902. *Text-book of electrochemistry* (trans: McCrae, J.). London: Longmans, Green, and Co.

Berzelius, Jöns Jakob. 1811. Essai sur la nomenclature chimique. *Journal de Physique* 73: 253-286.

Berzelius, Jöns Jakob, and Wilhelm Hisinger. 1803. Versuch, betreffend die Wirkung der elek- trischen Säule auf Salze und auf einige von ihren Basen. *(Gehlen's) Neuen allgemeinen Journal der Chemie* 1: 115-149.

Bevilacqua, Fabio and Lucio Fregonese, eds. 2000-2003. *Nuova Voltiana: Studies on Volta and his times*, 5 vols. Milan: Hoepli.

Brock, William H. 1992. *The Fontana history of chemistry*. London: Fontana Press.

Brooke, John Hedley. 1980. Davy's chemical outlook: The acid test. In *Science and the sons of genius: Studies on Humphry Davy*, eds. Sophie Forgan, 121-175. London: Science Reviews Ltd.

Brown, Sanborn C. 1950. The caloric theory of heat. *American Journal of Physics* 18: 367-373.

Brown, Sanborn C. 1979. *Benjamin Thompson, Count Rumford*. Cambridge, MA: The MIT Press.

Cajori, Florian. 1929. *A history of physics*. New York: Macmillan.

Chang, Hasok. 1999. History and philosophy of science as a continuation of science by other means. *Science and Education* 8: 413-425.

Chang, Hasok. 2004. *Inventing temperature: Measurement and scientific progress*. New York: Oxford University Press.

Chang, Hasok. 2007a. Scientific progress: Beyond foundationalism and coherentism. In *Philosophy of science (Royal Institute of Philosophy Supplement 61)*, eds. Anthony O'Hear, 1-20. Cambridge: Cambridge University Press.

Chang, Hasok. 2007b. The myth of the boiling point. http://www.cam.ac.uk/hps/chang/boiling. First posted on 18 Oct 2007.

Chang, Raymond. 2010. *Chemistry*. Boston: McGraw-Hill.

Chang, Hasok. 2011c. How historical experiments can improve scientific knowledge and science education: The cases of boiling water and electrochemistry. *Science and Education* 20: 317-341.

Chang, Hasok. 2011d. Compositionism as a dominant way of knowing in modern chemistry. *History of Science* 49: 247-268.

Christensen, Dan Ch. 1995. The Ørsted-Ritter partnership and the birth of romantic natural philosophy. *Annals of Science* 52: 153-185.

Court, S. 1972. The *Annales de chimie* 1789-1815. *Ambix* 19: 113-128.

Coutts, A. 1959. William Cruickshank of Woolwich. *Annals of Science* 15: 121-133.

Croft, A.J. 1984. The oxford electric bell. *European Journal of Physics* 5: 193-194.

Crosland, Maurice. 1978. *Gay-Lussac: Scientist and bourgeois*. Cambridge: Cambridge University Press.

Crosland, Maurice. 1980. Davy and Gay-Lussac: Competition and contrast. In *Science and the sons of genius: Studies on Humphry Davy*, ed. Sophie Forgan, 95-120. London: Science Reviews Ltd.

Cruickshank, William. 1800a. Some experiments and observations on galvanic electricity. *(Nicholson's) Journal of Chemistry, Natural Philosophy, and the Arts* 4: 187-191.

Cruickshank, William. 1800b. Additional remarks on galvanic electricity. *(Nicholson's) Journal of Chemistry, Natural Philosophy, and the Arts* 4: 254-264.

Cunningham, Andrew, and Nicholas Jardine , eds. 1990. *Romanticism and the sciences*. Cambridge: Cambridge University Press.

Darrigol, Olivier. 2000. *Electrodynamics from Ampère to Einstein*. Oxford: Oxford University Press.

Davy, Humphry. 1800a. Account of some experiments made with the galvanic apparatus of Signor Volta. *(Nicholson's) Journal of Chemistry, Natural Philosophy, and the Arts* 4: 275-281.

Davy, Humphry. 1800b. An account of some additional experiments and observations on the galvanic phenomena. *(Nicholson's) Journal of Chemistry, Natural Philosophy, and the Arts* 4: 394-402.

Davy, Humphry. 1807. The Bakerian Lecture [for 1806]: On some chemical agencies of electricity. *Philosophical Transactions of the Royal Society* 97: 1-56.

Davy, Humphry. 1808a. The Bakerian Lecture [for 1807]: On some new phenomena of chemical changes produced by electricity, particularly the decomposition of the fixed alkalies, and the exhibition of the new substances which constitute their bases; and on the general nature of alkaline bodies. *Philosophical Transactions of the Royal Society* 98: 1-44.

Davy, Humphry. 1808b. Electro-chemical researches, on the decomposition of the earths; with observations on the metals obtained from the alkaline earths, and on the amalgam procured from ammonia. *Philosophical Transactions of the Royal Society* 98: 333-370.

Davy, Humphry. 1809. The Bakerian Lecture [for 1808]: An account of some new analytical researches on the nature of certain bodies, particularly the alkalies, phosphorus, sulphur, carbo- naceous matter, and the acids hitherto undecompounded; with some general observations on chemical theory. *Philosophical Transactions of the Royal Society* 99: 39-104.

Davy, Humphry. 1810. The Bakerian Lecture for 1809: On some new electrochemical researches, on various objects, particularly the metallic bodies, from the alkalies, and earths, and on some combinations of hydrogene [sic]. *Philosophical Transactions of the Royal Society* 100: 16-74.

Davy, Humphry. 1812. *Elements of chemical philosophy*. London: J. Johnson and Co.

Donovan, Michael. 1816. *Essay on the origin, progress and present state of galvanism, etc.* Dublin: Hodges and McArthur.

Faraday, Michael. 1833. Experimental researches in electricity, fifth series. *Philosophical Transactions of the Royal Society* 123: 675-710.

Faraday, Michael. 1834. Experimental researches in electricity, seventh series. *Philosophical Transactions of the Royal Society* 124: 77-122.

Faraday, Michael. 1844. *Experimental researches in electricity, 2 vols, reprinted from the Philosophical Transactions of 1838-1843, with other electrical papers from the Quarterly Journal of Science and Philosophical Magazine.* London: Richard and John Edward Taylor.

Faraday, Michael. 1993. *The forces of matter (Royal Institution Christmas Lectures).* Amherst, NY: Prometheus Books.

Gilbert, T.R., R.V. Kirss, N. Foster, and G. Davies. 2009. *Chemistry: The science in context.* New York: Norton.

Golinski, Jan. 1992. *Science as public culture: Chemistry and enlightenment in Britain 1760-1820.* Cambridge: Cambridge University Press.

Gorbunova, K.M., L.J. Antropov, Yu.I. Solov'ev, and J.P. Stradins. 1978. Early electrochemistry in the USSR. In *Proceedings of the Symposium on Selected Topics in the History of Electrochemistry*, eds. George Dubpernell and J.H. Westbrook, 226-256. Princeton: The Electrochemical Society.

Gray, Harry B., and Gilbert P. Haight Jr. 1967. *Basic principles of chemistry.* New York: W. A. Benjamin.

Gray, Tamsin, Rosemary Coates, and Mårten Åkesson. 2007. The elementary nature of chlorine. In *An element of controversy: The life of chlorine in science, medicine, technology and war*, eds. Hasok Chang and Catherine Jackson, 41-72. London: British Society for the History of Science.

Grotthuss, Christian Johann Dietrich (Theodor). 1806. Memoir upon the decomposition of water, and of the bodies which it holds in solution, by means of galvanic electricity. *Philosophical Magazine* 25: 330-339.

Grotthuss, Christian Johann Dietrich (Theodor). 1810. On the influence of galvanic electricity in metallic arborizations. *(Nicholson's) Journal of Chemistry, Natural Philosophy, and the Arts* 28: 112-125.

Hackmann, Willem. 2001. The enigma of Volta's "contact tension" and the development of the "Dry pile". In *Nuova Voltiana: Studies on Volta and his times*, vol. 3, eds. F. Bevilacqua and L. Fregonese, 103-119. Milan: Hoepli.

Hartley, Harold. 1971. *Studies in the history of chemistry.* Oxford: Clarendon Press.

Haüy, René-Just. 1806. *Traité élémentaire de physique.* Paris: Courcier.

Henry, William. 1813. On the theories of the excitement of galvanic electricity. *(Nicholson's) Journal of Chemistry, Natural Philosophy, and the Arts* 35: 259-271.

Hong, Sungook. 1994. Controversy over Voltaic contact phenomena. *Archive for History of Exact Sciences* 47: 233–289.

Housecroft, C.E., and E.C. Constable. 2010. *Chemistry: An introduction to organic, inorganic and physical chemistry*. Harlow: Pearson.

Hufbauer, Karl. 1982. *The formation of the German chemical community (1720–1795)*. Berkeley/Los Angeles: University of California Press.

James, Frank A.J.L. 1989. Michael Faraday's first law of electrochemistry – How context develops new knowledge. In *Electrochemistry, past and present*, eds. John T. Stock and Mary Virginia Orna, 32–49. Washington, DC: American Chemical Society.

Kipnis, Nahum. 2001. Debating the nature of Voltaic electricity. In *Nuova Voltiana: Studies on Volta and his times*, vol. 3, eds. F. Bevilacqua and L. Fregonese, 121–151. Milan: Hoepli.

Knight, David. 1967. *Atoms and elements*. London: Hutchinson.

Knight, David. 1978. *The transcendental part of chemistry*. Folkestone: Dawson.

Kragh, Helge. 2000. Confusion and controversy: Nineteenth century theories of the Voltaic pile. In *Nuova Voltiana: Studies on Volta and his times*, vol. 1, eds. F. Bevilacqua and L. Fregonese, 133–157. Milan: Hoepli.

Kuhn, Thomas S. 1970. *The structure of scientific revolutions*, 2nd ed. Chicago: University of Chicago Press.

Kuhn, Thomas S. 2000. *The road since Structure: Philosophical essays, 1970–1993, with an autobiographical interview*. Chicago: University of Chicago Press.

Levine, I.N. 2002. *Physical chemistry*. Boston: McGraw–Hill.

Lilley, Samuel. 1948. 'Nicholson's Journal' (1797–1813). *Annals of Science* 6: 78–101.

Lowry, T.M. 1936. *Historical introduction to chemistry*, revised ed. London: Macmillan.

Lund, Matthew. 2010. *N. R. Hanson: Observation, discovery, and scientific change*. Amherst, NY: Prometheus Books.

Melhado, Evan M. 1980. *Jacob Berzelius: The emergence of his chemical system*. Stockholm: Almqvist & Wiksell International.

Mottelay, Paul Fleury. 1922. *Bibliographical history of electricity and magnetism: Chronologically arranged*. London: Charles Griffin & Company Limited.

Nicholson, William. 1800. Account of the new electrical or galvanic apparatus of Sig. Alessandro Volta, and experiments performed with the same. *(Nicholson's) Journal of Chemistry, Natural Philosophy, and the Arts* 4: 179–187.

Ostwald, Wilhelm. 1980. *Electrochemistry: History and theory*, 2 vols (trans: Date, N. P.). New Delhi/Bombay/Calcutta/New York: Amerind Publishing Co. Pvt. Lt.

Pancaldi, Giuliano. 2003. *Volta: Science and culture in the age of enlightenment*. Princeton: Princeton University Press.

Partington, J.R. 1964. *A history of chemistry*, vol. 4. London: Macmillan.

Pauling, Linus, and Peter Pauling. 1975. *Chemistry*. San Francisco: W. H. Freeman and Company.

Priestley, Joseph. 1788. Experiments and observations relating to the principle of acidity, the composition of water, and phlogiston. *Philosophical Transactions of the Royal Society* 78: 147-157.

Priestley, Joseph. [1796] 1969. *Considerations on the doctrine of phlogiston, and the decomposition of water* (and two lectures on combustion, etc. by John MacLean). New York: Kraus Reprint Co.

Priestley, Joseph. 1802. Observations and experiments relating to the pile of Volta. *(Nicholson's) Journal of Chemistry, Natural Philosophy, and the Arts, new series* 1: 198-204.

Rumford [Benjamin Thompson, Count]. 1799. An inquiry concerning the weight ascribed to heat. *Philosophical Transactions of the Royal Society* 89: 179-194.

Russell, Colin A. 1959. The electrochemical theory of Sir Humphry Davy (in 2 parts). *Annals of Science* 15: 1-25.

Russell, Colin A. 1963. The electrochemical theory of Berzelius (in 2 parts). *Annals of Science* 19: 117-145.

Schofield, Robert E. 2004. *The enlightened Joseph Priestley: A study of his life and work from 1773 to 1804*. University Park: Pennsylvania State University Press.

Schwab, J.J. 1962. *The teaching of science as enquiry*. Cambridge, MA: Harvard University Press.

Siegel, Harvey. 1990. *Educating reason: Rationality, critical thinking and education*. New York: Routledge.

Sinclair, Alexandra. 2009. *Beyond the law(s): Michael Faraday's experimental researches, series 8*. London: University College London.

Siegfried, Robert. 1964. The phlogistic conjectures of Humphry Davy. *Chymia* 9: 117-124.

Singer, George John. 1814. *Elements of electricity and electro-chemistry*. London: Longman, Hurst, Rees, Orme, and Brown; R. Triphook.

Snelders, H.A.M. 1979. The Amsterdam experiment on the analysis and synthesis of water 1789. *Ambix* 26: 116-133.

Snelders, H.A.M. 1988. The new chemistry in the Netherlands. *Osiris (2nd*

Series) 4: 121-145.

Stevenson, W.F. 1849. *The composition of hydrogen, and the non-decomposition of water incontrovertibly established.* London: James Ridgway.

Thornton, John L. 1967. Charles Hunnings Wilkinson (1763 or 64-1850). *Annals of Science* 23: 277-286.

Toulmin, Stephen. 1970. Does the distinction between normal and revolutionary science hold water? In *Criticism and the growth of knowledge*, eds. Imre Lakatos and Alan Musgrave, 39-47. Cambridge: Cambridge University Press.

Volta, Alessandro. 1800. On the electricity excited by the mere contact of conducting substances of different kinds. In a letter from Mr. Alexander Volta, F.R.S. Professor of Natural Philosophy in the University of Pavia, to the Rt. Hon. Sir Joseph Banks, Bart. K.B. P.R.S. *Philosophical Transactions of the Royal Society* 90: 403-431.

Wetzels, Walter J. 1978a. J. W. Ritter: The beginnings of electrochemistry in Germany (with commentary by George Dubpernell). In *Proceedings of the Symposium on Selected Topics in the History of Electrochemistry*, eds. George Dubpernell and J.H. Westbrook, 68-76. Princeton: The Electrochemical Society.

Wetzels, Walter J. 1978b. J. W. Ritter: Electrolysis with the Volta-pile (with commentary by George Dubpernell). In *Proceedings of the Symposium on Selected Topics in the History of Electrochemistry*, eds. George Dubpernell and J. H. Westbrook, 77-87. Princeton: The Electrochemical Society.

Wetzels, Walter J. 1990. Johann Wilhelm Ritter: Romantic physics in Germany. In *Romanticism and the sciences*, eds. Andrew Cunningham and Nicholas Jardine, 199-212. Cambridge: Cambridge University Press.

Wilkinson, Charles Hunnings. 1804. *Elements of galvanism, in theory and practice, with a comprehensive view of its history, from the first experiments of Galvani to the present time, etc.*, 2 vols. London: John Murray.

Williams, L. Pearce. 1965. *Michael Faraday.* London: Chapman and Hall.

3장

Almeder, Robert. 2008. Pragmatism and science. In *The Routledge companion to the philosophy of science*, ed. Stathis Psillos and Martin Curd, 91-99. Abingdon: Routledge.

Anonymous. 1864. A sad case. *Chemical News,* July 2, 1864, 12.

Anonymous. 1865. Water from a maniacal Point of View. *Chemical News,* October 27, 1865, 206.

Anonymous. 2000. *The Hutchinson dictionary of scientific biography.* Oxford: Helicon.

Avogadro, Amedeo. 1923. Essay on a manner of determining the relative masses of the elementary molecules of bodies and the proportions in which they enter into these compounds. In *Foundations of the molecular theory,* 28-51. Edinburgh: Oliver & Boyd.

Bernstein, Richard J. 1989. Pragmatism, pluralism and the healing of wounds. *Proceedings and Addresses of the American Philosophical Association* 3(63): 5-18.

Berzelius, Jöns Jakob. 1813. Essay on the cause of chemical proportions, and some circumstances relating to them; together with a short and easy method of explaining them [part 1]. *Annals of Philosophy* 2: 443-454.

Berzelius, Jöns Jakob. 1814. Essay on the cause of chemical proportions, and some circumstances relating to them; together with a short and easy method of explaining them [part 2]. *Annals of Philosophy* 3: 51-62.

Blackmore, John T., ed. 1992. *Ernst Mach - A deeper look.* Dordrecht: Kluwer.

Bloxam, Charles Loudon. 1867. *Chemistry inorganic and organic with experiments and a comparison of equivalent and molecular formulae.* London: John Churchill & Sons.

Bradley, John. 1992. *Before and after Cannizzaro.* North Ferriby: J. Bradley.

Bridgman, Percy Williams. 1927. *The logic of modern physics.* New York: Macmillan.

Bridgman, Percy Williams. 1938. Operational analysis. *Philosophy of Science* 5: 114-131.

Brock, William H. 1992. *The Fontana history of chemistry.* London: Fontana Press.

Brock, William H. 1997. *Justus von Liebig: The chemical gatekeeper.* Cambridge: Cambridge University Press.

Brock, William H. 2011. *The case of the poisonous socks: Tales from chemistry.* London: Royal Society of Chemistry.

Brooke, John Hedley. 1973. Chlorine substitution and the future of organic chemistry: Methodological issues in the Laurent-Berzelius correspondence (1843-1844). *Studies in History and Philosophy of Science* 4: 47-94.

Brooke, John Hedley. 1981. Avogadro's hypothesis and its fate: A case-study in the failure of case-studies. *History of Science* 19: 235-273.

Cannizzaro, Stanislao. 1910. *Sketch of a course of chemical philosophy.*

Edinburgh: The Alembic Club.

Cardwell, D.S.L., ed. 1968. *John Dalton and the progress of science*. Manchester: Manchester University Press.

Cavendish, Henry. 1784. Experiments on air. *Philosophical Transactions of the Royal Society* 74: 119-153.

Chalmers, Alan. 2009. *The scientist's atom and the philosopher's stone: How science succeeded and philosophy failed to gain knowledge of atoms*. Dordrecht: Springer.

Chang, Hasok. 2004. *Inventing temperature: Measurement and scientific progress*. New York: Oxford University Press.

Chang, Hasok. 2005. A case for old-fashioned observability, and a reconstructed constructive empiricism. *Philosophy of Science* 72: 876-887.

Chang, Hasok. 2007a. Scientific progress: Beyond foundationalism and coherentism. In *Philosophy of science (Royal Institute of Philosophy Supplement 61)*, ed. Anthony O'Hear, 1-20. Cambridge: Cambridge University Press.

Chang, Hasok. 2008. Contingent transcendental arguments for metaphysical principles. In *Kant and the philosophy of science today*, ed. Michela Massimi, 113-133. Cambridge: Cambridge University Press.

Chang, Hasok. 2009a. Operationalism. In *Stanford encyclopedia of philosophy (online)*, Fall 2009 ed., ed. Edward N. Zalta. http://plato.stanford.edu/archives/fall2009/entries/operationalism/

Chang, Hasok. 2009c. Ontological principles and the intelligibility of epistemic activities. In *Scientific understanding: Philosophical perspectives*, ed. Henk De Regt, Sabina Leonelli, and Kai Eigner, 64-82. Pittsburgh: University of Pittsburgh Press.

Dalton, John. 1808. *A new system of chemical philosophy*, vol. 1, part 1. Manchester/London: R. Bickerstaff.

Dalton, John. 1810. *A new system of chemical philosophy*, vol. 1, part 2. Manchester/London: R. Bickerstaff.

Dalton, John. 1827. *A new system of chemical philosophy*, vol. 2, part 1. Manchester/London: George Wilson.

Duhem, Pierre. 2002. *Mixture and chemical combination, and related essays*. Dordrecht: Kluwer.

Dumas, Jean-Baptiste. 1828. *Traité de chimie appliquée aux arts*. Paris: Bechet Jeune.

Dumas, Jean-Baptiste. 1837. *Leçons de philosophie chimique*. Paris: Bechet Jeune.

Dumas, Jean-Baptiste. 1840. Mémoire sur la loi des substitutions et la théorie des types. *Comptes Rendus* 10: 149-178.

Fisher, Nicholas. 1982. Avogadro, the chemists, and historians of chemistry. *History of Science* 20: 77-102, 212-231.

Fox, Robert. 1968. The background to the discovery of Dulong and Petit's Law. *British Journal for the History of Science* 4: 1-22.

Frankland, Edward. 1866. *Lecture notes for chemical students, embracing mineral and organic chemistry*. London: John Van Voorst.

Freund, Ida. 1904. *The study of chemical composition*. Cambridge: Cambridge University Press.

Fruton, Joseph S. 2002. *Methods and styles in the development of chemistry*. Philadelphia: American Philosophical Society.

Gardner, Michael. 1979. Realism and instrumentalism in 19th century atomism. *Philosophy of Science* 46: 1-34.

Gay-Lussac, Joseph-Louis. 1923. Memoir on the combination of gaseous substances with each other. In *Foundations of the molecular theory*, 8-24. Edinburgh: Oliver & Boyd.

Gillies, Donald A. 1972. Operationalism. *Synthese* 25: 1-24.

Gjertsen, Derek. 1984. *The classics of science: A study of twelve enduring scientific works*. New York: Lilian Barber Press, Inc.

Gmelin, L. 1843. *Handbuch der Chemie*, 10 vols. Heidelberg: Karl Winter.

Gregory, Joshua C. 1931. *A short history of atomism from Democrius to Bohr*. London: A. & C. Black.

Hacking, Ian. 1983. *Representing and intervening*. Cambridge: Cambridge University Press. 《표상하기와 개입하기》(한울아카데미, 2005)

Hartley, Harold. 1971. *Studies in the history of chemistry*. Oxford: Clarendon.

Hofmann, A.W. 1865. *Introduction to modern chemistry experimental and theoretical, embodying twelve lectures delivered in the Royal College of Chemistry, London*. London: Walton and Maberley.

Holton, Gerald. 1995. Percy W. Bridgman, physicist and philosopher. In *Einstein, history, and other passions*, 221-227. Woodbury: American Institute of Physics Press.

Holton, Gerald, and Stephen G. Brush. 2001. *Physics: The human adventure*. New Brunswick: Rutgers University Press.

Honderich, Ted. 1995. *The Oxford companion to philosophy*. Oxford: Oxford University Press.

Ihde, Aaron J. 1984. *The development of modern chemistry*. New York: Dover.

Jackson, Catherine. 2009. *Analysis and synthesis in nineteenth-century organic chemistry*. Ph.D. dissertation. London: University College London.

Kekulé, August. 1861. *Lehrbuch der organischen Chemie, oder der Chemie der Kohlenstoffverbindungen*, vol. 1. Stuttgart: Erlangen.

Kekulé, August. 1958. August Kekulé and the birth of the structural theory of organic chemistry in 1858 [Kekulé's speech at the "Benzolfest" (trans: O. Theodor Benfey)]. *Journal of Chemical Education* 35: 21-23.

Kemble, Edwin C., Francis Birch, and Gerald Holton. 1970. Bridgman, Percy Williams. *The Dictionary of Scientific Biography* 2: 457-461.

Klein, Ursula. 2001. The creative power of paper tools in early nineteenth-century chemistry. In *Tools and modes of representation in the laboratory sciences*, ed. Ursula Klein, 13-34. Dordrecht/Boston: Kluwer.

Klein, Ursula. 2003. *Experiments, models, paper tools: Cultures of organic chemistry in the nineteenth century*. Stanford: Stanford University Press.

Knight, David. 1967. *Atoms and elements*. London: Hutchinson.

Langford, Cooper H., and Ralph A. Beebe. 1969. *The development of chemical principles*. Reading, MA: Addison-Wesley.

Laurent, Auguste. 1855. *Chemical method* (trans: William Odling). London: The Cavendish Society.

Levere, Trevor. 1971. *Affinity and matter: Elements of chemical philosophy 1800-1865*. Oxford: Clarendon Press.

Liebig, Justus. 1851. *Familiar letters on chemistry, in its relations to physiology, dietetics, agriculture, commerce, and political economy*, 3rd ed. London: Taylor, Walton, & Maberly.

Lowry, T.M. 1936. *Historical introduction to chemistry*, revised ed. London: Macmillan.

Mauskopf, Seymour H. 1969. The atomic structural theories of Ampère and Gaudin: Molecular speculation and Avogadro's hypothesis. *Isis* 60: 61-74.

Mauskopf, Seymour H. 1970. Haüy's model of chemical equivalents: Daltonian doubts exhumed. *Ambix* 21: 208-228.

Meinel, Christoph. 2004. Molecules and croquet balls. In *Models: The third dimension of science*, ed. Soraya de Chadarevian and Nick Hopwood, 247-275. Stanford: Stanford University Press.

Melhado, Evan M. 1980. *Jacob Berzelius: The emergence of his chemical system*. Stockholm: Almqvist & Wiksell International.

Morrell, J.B. 1972. The chemist breeders: The research schools of Liebig and Thomas Thomson. *Ambix* 19: 1-46.

Morselli, Mario. 1984. *Amedeo Avogadro*. Dordrecht: Reidel.

Moyer, Albert E. 1991. P. W. Bridgman's operational perspective on physics. *Studies in History and Philosophy of Science* 22: 237-258, 373-397.

Nye, Mary Jo. 1972. *Molecular reality: A perspective on the scientific work of Jean Perrin*. London/New York: Macdonald/American Elsevier.

Nye, Mary Jo. 1976. The nineteenth-century atomic debates and the dilemma of an 'indifferent hypothesis'. *Studies in History and Philosophy of Science* 7: 245-268.

Odling, William. [1855] 1963. Translator's preface to Laurent's *Chemical Method*. In *Classics in the theory of chemical combination*, ed. O. Theodor Benfey, 40-43. New York: Dover.

Odling, William. 1858a. Remarks on the doctrine of equivalents. *Philosophical Magazine* ser. 4, 16: 37-45.

Odling, William. 1858b. On the atomic weight of oxygen and water. *Journal of the Chemical Society* 11: 107-129.

Partington, J.R. 1964. *A history of chemistry*, vol. 4. London: Macmillan.

Priestley, Joseph. 1969. *Considerations on the doctrine of phlogiston, and the decomposition of water (and two lectures on combustion, etc. By John MacLean)*. New York: Kraus Reprint Co.

Putnam, Hilary. 1995. *Pragmatism: An open question*. Oxford: Blackwell.

Ramberg, Peter J. 2000. Pragmatism, belief, and reduction: Stereoformulas and atomic models in early stereochemistry. *HYLE* 6: 5-61.

Ramberg, Peter J. 2003. *Chemical structure, spatial arrangement: The early history of stereochemistry, 1874-1914*. Aldershot: Ashgate.

Rocke, Alan J. 1984. *Chemical atomism in the nineteenth century: From Dalton to Cannizzaro*. Columbus: Ohio State University Press.

Rocke, Alan J. 1992. The quiet revolution of the 1850s: Social and empirical sources of scientific theory. In *The chemical sciences in the modern world*, ed. Seymour H. Mauskopf, 87-118. Philadelphia: University of Pennsylvania Press.

Rocke, Alan J. 1993. *The quiet revolution: Hermann Kolbe and the science of organic chemistry*. Berkeley/Los Angeles: University of California Press.

Rocke, Alan J. 2001. Chemical atomism and the evolution of chemical theory in the nineteenth century. In *Tools and modes of representation in the laboratory sciences*, ed. Ursula Klein, 1-11. Dordrecht: Kluwer.

Rocke, Alan J. 2010. *Image and reality: Kekulé, Kopp, and the scientific imagination*. Chicago: University of Chicago Press.

Rogers, Eric M. 1960. *Physics for the inquiring mind*. Princeton: Princeton University Press.

Russell, Colin A. 1968. Berzelius and the development of the atomic theory. In *John Dalton and the progress of science*, ed. D.S.L. Cardwell, 259-273. Manchester: Manchester University Press.

Russell, Colin A. 1971. *The history of valency*. Leicester: Leicester University Press.

Servos, John W. 1990. *Physical chemistry from Ostwald to Pauling*. Princeton: Princeton University Press.

Thomson, Thomas. 1807. *A system of chemistry*, 3rd ed., 5 vols. Edinburgh: Bell & Bradfute and E. Balfour.

Thomson, Thomas. 1831. *A system of chemistry of inorganic bodies*, 7th ed., 2 vols. London: Baldwin & Cradock.

Van Fraassen, Bas. 1980. *The scientific image*. Oxford: Clarendon.

Walter, Maila. 1990. *Science and cultural crisis: An intellectual biography of Percy Williams Bridgman* (1882-1961). Stanford: Stanford University Press.

Williamson, Alexander W. 1852. Theory of etherification. *Journal of the Chemical Society* 4: 106-112, 229-239.

Wollaston, William Hyde. 1813. On the elementary particles of certain crystals: Bakerian Lecture [for 1812]. *Philosophical Transactions of the Royal Society* 103: 51-63.

Wollaston, William Hyde. 1814. A synoptic scale of chemical equivalents. *Philosophical Transactions of the Royal Society* 104: 1-22.

Wollaston, William Hyde. 1822. On the finite extent of the atmosphere. *Philosophical Transactions of the Royal Society* 112: 89-98.

4장

Anonymous. 2003. *Minjung's Handy English-Korean Korean-English dictionary*, 6th ed. Seoul: Minjungseorim, Co.

Austin, J.L. 1962. *How to do things with words: The William James lectures delivered at Harvard University in 1955*. Oxford: Clarendon Press.

Austin, J.L. 1979. Truth. In *Philosophical papers*, 3rd ed, ed. J.O. Urmson and G.J. Warnock, 117-133. Oxford: Oxford University Press.

Bensaude-Vincent, Bernadette, and Jonathan Simon. 2008. *Chemistry: The impure science*. London: Imperial College Press.

Boyd, Richard. 1980. Scientific realism and naturalistic epistemology. In *PSA 1980: Proceedings of the Biennial Meeting of the Philosophy of Science Association 1980*, vol. 2 (Symposia), 613-662.

Brock, William H. 1992. *The Fontana history of chemistry*. London: Fontana Press.

Bueno, Otávio. 1999. What is structural empiricism? Scientific change in an empiricist setting. *Erkenntnis* 50: 59-85.

Bueno, Otávio. 2011. Structural empiricism, again. In *Scientific structuralism*, ed. Alisa Bokulich and Peter Bokulich, 81-103. Dordrecht: Springer.

Cartwright, Nancy. 1983. *How the laws of physics lie*. Oxford: Clarendon

Press.

Chakravartty, Anjan. 2004. Review of van Fraassen, *The empirical stance*. *Studies in History and Philosophy of Science* 35A: 173-184.

Chakravartty, Anjan. 2011. Scientific realism. In *Stanford encyclopedia of philosophy (online),* Summer 2011 ed., ed. Edward N. Zalta. http://plato.stanford.edu/archives/sum2011/entries/ scientific-realism/

Chang, Hasok. 2002. Rumford and the reflection of radiant cold: Historical reflections and metaphysical reflexes. *Physics in Perspective* 4: 127-169.

Chang, Hasok. 2003. Preservative realism and its discontents: Revisiting caloric. *Philosophy of Science* 70: 902-912.

Chang, Hasok. 2004. *Inventing temperature: Measurement and scientific progress*. New York: Oxford University Press.

Chang, Hasok. 2007b. *The myth of the boiling point*. http://www.cam.ac.uk/hps/chang/boiling. First posted on 18 Oct 2007.

Chang, Hasok. 2008. Contingent transcendental arguments for metaphysical principles. In *Kant and the philosophy of science today*, ed. Michela Massimi, 113-133. Cambridge: Cambridge University Press.

Chang, Hasok. 2009a. Operationalism. In *Stanford encyclopedia of philosophy (online)*, Fall 2009 ed., ed. Edward N. Zalta. http://plato.stanford.edu/archives/fall2009/entries/operationalism/

Chang, Hasok. 2010. The hidden history of phlogiston: How philosophical failure can generate historiographical refinement. *HYLE* 16(2): 47-79.

Chang, Hasok. 2011c. How historical experiments can improve scientific knowledge and science education: The cases of boiling water and electrochemistry. *Science and Education* 20: 317-341.

Chang, Hasok. 2011e. Beyond case-studies: History as philosophy. In *Integrating history and philosophy of science*, ed. Seymour H. Mauskopf and Tad Schmaltz, 109-124. Dordrecht: Springer.

Chang, Hasok, and Grant Fisher. 2011. What the ravens really teach us: The inherent contextuality of evidence. In *Evidence, inference and enquiry*, ed. William Twining, Philip Dawid, and Mimi Vasilaki, 341-366. Oxford: Oxford University Press and the British Academy.

Churchland, Paul M., and Clifford A. Hooker, eds. 1985. *Images of science: Essays on realism and empiricism, with a reply from Bas C. van Fraassen*. Chicago: University of Chicago Press.

Cohen, I. Bernard. 1956. *Franklin and Newton: An inquiry into speculative Newtonian experimental science and Franklin's work in electricity as an example thereof*. Philadelphia: American Philosophical Society.

Curiel, Erik. Forthcoming. Why rigid designation and the causal theory of reference cannot stand.

Dewey, John. 1938. *Logic: The theory of inquiry*. New York: Holt, Reinhardt & Winston.

Di Bucchianico, Maria Elena. 2009. *Modelling high temperature superconductivity: A philosoph- ical inquiry in theory, experiment and dissent*. Ph.D. dissertation. London: London School of Economics.

Doppelt, Gerald. 2005. Empirical success or explanatory success: What does current scientific realism need to explain? *Philosophy of Science* 72: 1076-1087.

Duhem, Pierre. 1962. *The aim and structure of physical theory*. New York: Atheneum.

Dupré, John. 1993. *The disorder of things: Metaphysical foundations of the disunity of science*. Cambridge, MA: Harvard University Press.

Feigl, Herbert. 1970. The 'orthodox' view of theories: Remarks in defense as well as critique. In *Analyses of theories and methods of physics and psychology*, ed. Michael Radner and Stephen Winokur, 3-16. Minneapolis: University of Minnesota Press.

Fine, Arthur. 1984. The natural ontological attitude. In *Scientific realism*, ed. Jarrett Leplin, 83-107. Berkeley/Los Angeles: University of California Press.

Frank, Philipp. 1949. Why do scientists and philosophers so often disagree about the merits of a new theory? In *Modern science and its philosophy*, 207-215. Cambridge, MA: Harvard University Press.

Frankl, Viktor. 1978. *The unheard cry for meaning: Psychotherapy and humanism*. New York: Simon and Schuster.

Fuller, Steve. 2003. *Kuhn vs. Popper: The struggle for the soul of science*. Cambridge: Icon Books.《쿤/포퍼 논쟁》(생각의나무, 2007)

Hacking, Ian. 1983. *Representing and intervening*. Cambridge: Cambridge University Press.

Hacking, Ian. 2000. How inevitable are the results of successful science? *Philosophy of Science* 67: 58-71.

Heilbron, John L. 1979. *Electricity in the 17th and the 18th centuries: A study of early modern physics*. Berkeley/Los Angeles: University of California Press.

Hendry, Robin Findlay. 2008. Chemistry. In *The Routledge companion to the philosophy of science*, ed. Stathis Psillos and Martin Curd, 520-530. London: Routledge.

Hesse, Mary. 1977. Truth and the growth of scientific knowledge. In *PSA 1976: Proceedings of the 1976 biennial meeting of the philosophy of science association, vol. 2 (Symposia)*, ed. Frederick Suppe and Peter D. Asquith, 261-281. East Lansing: Philosophy of Science Association.

Holton, Gerald, Hasok Chang, and Edward Jurkowitz. 1996. How a scientific discovery is made: A case history. *American Scientist* 84: 364-375.

Kuhn, Thomas S. 1957. *The Copernican Revolution: Planetary astronomy in the development of Western thought.* Cambridge, MA: Harvard University Press.

Kuhn, Thomas S. 1970. *The structure of scientific revolutions,* 2nd ed. Chicago: University of Chicago Press.

Kuhn, Thomas S. 1977. Objectivity, value judgment, and theory choice. In *The essential tension: Selected studies in scientific tradition and theory change,* 320-339. Chicago: University of Chicago Press.

Ladyman, James. 2009. Structural realism. In *Stanford encyclopedia of philosophy* (*online*), Summer 2009 ed., ed. Edward N. Zalta. http://plato.stanford.edu/archives/sum2009/entries/ structural-realism/

Laudan, Larry. 1977. *Progress and its problems: Towards a theory of scientific growth.* London/Henley: Routledge & Kegan Paul.

Laudan, Larry. 1981. A confutation of convergent realism. *Philosophy of Science* 48: 19-49.

Lewis, Clarence Irving. 1956. *Mind and the world order: Outline of a theory of knowledge.* New York: Dover.

Lycan, William G. 1998. Theoretical (epistemic) virtues. In *Routledge encyclopedia of philosophy,* ed. Edward Craig, vol. 9, 340-343. London: Routledge.

Lyons, Timothy D. 2003. Explaining the success of a scientific theory. *Philosophy of Science* 70: 891-901.

McLaughlin, Amy L. 2009. Peircean polymorphism: Between realism and anti-realism. *Transactions of the Charles S. Peirce Society* 45: 402-421.

McLaughlin, Amy L. 2011. In pursuit of resistance: Pragmatic recommendations for doing science within one's means. *European Journal for Philosophy of Science* 1: 353-371.

Needham, Paul. 2000. What is water? *Analysis* 60: 13-21.

Needham, Paul. 2002. The discovery that water is H_2O. *International Studies in the Philosophy of Science* 16: 205-226.

Neurath, Otto. [1931] 1983. Sociology in the framework of physicalism. In *Philosophical papers 1913-1946,* ed. Robert S. Cohen and Marie Neurath, 58-90. Dordrecht: Reidel.

Polanyi, Michael. 1964. *Science, faith and society.* Chicago: University of Chicago Press.

Polanyi, Michael. 1966. *The tacit dimension.* London: Routledge. 《암묵적 영역》 (박영사, 2015)

Polanyi, Michael. 1967. Science and reality. *The British Journal for the*

Philosophy of Science 18: 177-196.

Popper, Karl. 1972. *Conjectures and refutations: The growth of scientific knowledge*, 4th ed. London/Henley: Routledge & Kegan Paul.《추측과 논박》(민음사, 2001)

Popper, Karl. 1981. The rationality of scientific revolutions. In *Scientific revolutions*, ed. Ian Hacking, 80-106. Oxford: Oxford University Press.

Price, Huw. 2011. *Naturalism without mirrors*. New York/Oxford: Oxford University Press.

Psillos, Stathis. 1999. *Scientific realism: How science tracks truth*. London/New York: Routledge.

Putnam, Hilary. 1975a. What is mathematical truth? In *Mathematics, matter and method*, Philosophical papers, vol. 1, 60-78. Cambridge: Cambridge University Press.

Putnam, Hilary. 1975b. The meaning of 'meaning'. In *Mind, language and reality*, Philosophical papers, vol. 2, 215-271. Cambridge: Cambridge University Press.

Putnam, Hilary. 1978. *Meaning and the moral sciences*. London/Henley/Boston: Routledge & Kegan Paul.

Putnam, Hilary. 1995. *Pragmatism: An open question*. Oxford: Blackwell.

Resnik, David B. 1994. Hacking's experimental realism. *Canadian Journal of Philosophy* 24: 395-412.

Rorty, Richard. 1998. Pragmatism as romantic polytheism. In *The revival of pragmatism*, ed. Morris Dicksein, 21-36. Durham, NC: Duke University Press.

Smart, J.J.C. 1963. *Philosophy and scientific realism*. London: RKP.

Soler, Léna. 2008. Revealing the analytical structure and some intrinsic major difficulties of the contingentist/inevitabilist issue. *Studies in History and Philosophy of Science* 39: 230-241.

Spinelli, Ernesto. 1997. *Tales of un-knowing: Therapeutic encounters from an existential perspective*. London: Duckworth.

Stanford, P. Kyle. 2000. An antirealist explanation of the success of science. *Philosophy of Science* 67: 266-284.

Stanford, P. Kyle, and Philip Kitcher. 2000. Refining the causal theory of reference for natural kind terms. *Philosophical Studies* 97: 99-129.

Taber, Keith S. 2003. The atom in the chemistry curriculum: Fundamental concept, teaching model or epistemological obstacle? *Foundations of Chemistry* 5: 43-84.

Van Brakel, Jaap. 2000. *Philosophy of chemistry*. Leuven: Leuven University Press.

Van Fraassen, Bas. 1980. *The scientific image*. Oxford: Clarendon Press.

VandeWall, Holly. 2007. Why water is not H₂O, and other critiques of essentialist ontology from the philosophy of chemistry. *Philosophy of Science* 74: 906-919.

Weisberg, Michael. 2006. Water is not H₂O. In *Philosophy of chemistry: Synthesis of a new discipline*, ed. Davis Baird, Eric R. Scerri, and Lee C. McIntyre, 337-345. Dordrecht: Springer.

Wittgenstein, Ludwig. 1922. *Tractatus Logico-Philosophicus* (trans: C.K. Ogden, intro: Bertrand Russell). London/Boston/Henley: Routledge & Kegan Paul Ltd. 《논리철학논고》(책세상, 2020)

Wittgenstein, Ludwig. 1969. *On certainty*. New York: Harper & Row. 《확실성에 관하여》(책세상, 2020)

Worrall, John. 1989. Structural realism: The best of both worlds? *Dialectica* 43: 99-124.

Wray, K. Brad. 2007. A selectionist explanation for the success and failures of science. *Erkenntnis* 67: 81-89.

Wray, K. Brad. 2010. Selection and predictive success. *Erkenntnis* 72: 365-377.

5장

Allchin, Douglas. 1992. Phlogiston after oxygen. *Ambix* 39: 110-116.

Allchin, Douglas. 1997. Rekindling phlogiston: From classroom case study to interdisciplinary relationships. *Science and Education* 6: 473-509.

Anderson, Philip W. 1972. More is different: Broken symmetry and the nature of the hierarchical structure of science. *Science* 177(4047): 393-396.

Anderson, Philip W. 2001. Science: A 'dappled world' or a 'seamless web'? [Essay review of Nancy Cartwright, *The dappled world*]. *Studies in History and Philosophy of Modern Physics* 32: 487-494.

Arabatzis, Theodore. 2008. Causes and contingencies in the history of science: A plea for a pluralist historiography. *Centaurus* 50: 32-36.

Bensaude-Vincent, Bernadette. 1996. Between history and memory: Centennial and bicentennial images of Lavoisier. *Isis* 87: 481-499.

Bernstein, Richard J. 1989. Pragmatism, pluralism and the healing of wounds. *Proceedings and Addresses of the American Philosophical Association* 3(63): 5-18.

Birks, J.B., ed. 1962. *Rutherford at Manchester*. London: Heywood.

Bloor, David. 2007. Epistemic grace: Antirelativism as theology in disguise. *Common Knowledge* 13: 250-280.

Bridgman, Percy Williams. 1927. *The logic of modern physics*. New York: Macmillan.

Brown, Harvey. 2005. *Physical relativity: Space-time structure from a dynamical perspective*. Oxford: Oxford University Press.

Cartwright, Nancy. 1999. *The dappled world: A study of the boundaries of science*. Cambridge: Cambridge University Press.

Cat, Jordi, Nancy Cartwright, and Hasok Chang. 1996. Otto Neurath: Politics and the unity of science. In *The disunity of science*, ed. Peter Galison and David Stump, 347-369. Stanford: Stanford University Press.

Chang, Hasok. 1995. The quantum counter-revolution: Internal conflicts in scientific change. *Studies in History and Philosophy of Science* 26: 121-136.

Chang, Hasok. 1997. Can Planck's constant be measured with classical mechanics? *International Studies in the Philosophy of Science* 11: 223-243.

Chang, Hasok. 1999. History and philosophy of science as a continuation of science by other means. *Science and Education* 8: 413-425.

Chang, Hasok. 2002. Rumford and the reflection of radiant cold: Historical reflections and metaphysical reflexes. *Physics in Perspective* 4: 127-169.

Chang, Hasok. 2004. *Inventing temperature: Measurement and scientific progress*. New York: Oxford University Press.

Chang, Hasok. 2007b. The myth of the boiling point. http://www.cam.ac.uk/hps/chang/boiling. First posted on 18 Oct 2007.

Chang, Hasok. 2009b. We have never been whiggish (about phlogiston). *Centaurus* 51: 239-264.

Chang, Hasok. 2011c. How historical experiments can improve scientific knowledge and science education: The cases of boiling water and electrochemistry. *Science and Education* 20: 317-341.

Collins, Harry M. 2004. *Gravity's shadow: The search for gravitational waves*. Chicago: University of Chicago Press.

De Regt, Henk, Sabina Leonelli, and Kai Eigner, eds. 2009. *Scientific understanding: Philosophical perspectives*. Pittsburgh: University of Pittsburgh Press.

Duhem, Pierre. 1962. *The aim and structure of physical theory*. New York: Atheneum.

Evans, James, and Alan S. Thorndike, eds. 2007. *Quantum mechanics at the crossroads: New perspectives from history, philosophy and physics*. Berlin: Springer.

Faraday, Michael. 1834. Experimental researches in electricity, seventh series. *Philosophical Transactions of the Royal Society* 124: 77-122.

Feyerabend, Paul. 1975. *Against method*. London: New Left Books. 《방법에 반대한다》(그린비, 2019)

Feyerabend, Paul. 1999. *The conquest of abundance: A tale of abstraction vs. the richness of being*. Chicago: University of Chicago Press.

Forman, Paul. 1987. Behind quantum electronics: National security as basis for physical research in the United States, 1940-1960. *Historical Studies in the Physical and Biological Sciences* 18(1): 149-229.

Fortun, Mike, and Herbert J. Bernstein. 1998. *Muddling through: Pursuing science and truths in the 21st century*. Berkeley: Counterpoint.

Freund, Ida. 1904. *The study of chemical composition*. Cambridge: Cambridge University Press.

Fuller, Steve. 2008b. *Dissent over descent: Intelligent design's challenge to Darwinism*. Cambridge: Icon Books.

Galison, Peter. 1988. History, philosophy, and the central metaphor. *Science in Context* 2: 197-212.

Galison, Peter. 1997. *Image and logic: A material culture of microphysics*. Chicago: University of Chicago Press. 《상과 논리》(한길사, 2021)

Gillies, Donald A. 2008. *How should research be organised?* London: College Publications.

Gordin, Michael. 2004. *A well-ordered thing: Dmitrii Mendeleev and the shadow of the periodic table*. New York: Basic Books.

Hacking, Ian. 1983. *Representing and intervening*. Cambridge: Cambridge University Press.

Hacking, Ian. 2000. How inevitable are the results of successful science? *Philosophy of Science* 67: 58-71.

Hartley, Harold. 1971. *Studies in the history of chemistry*. Oxford: Clarendon Press.

Hertz, Heinrich. 1899. *The principles of mechanics* (trans: Jones, D.E., and Walley, J.T.). London: Macmillan.

Holton, Gerald. 1978. Subelectrons, presuppositions, and the Millikan-Ehrenhaft dispute. *Historical Studies in the Physical Sciences* 9: 161-224.

Holton, Gerald, Hasok Chang, and Edward Jurkowitz. 1996. How a scientific discovery is made: A case history. *American Scientist* 84: 364-375.

Kellert, Stephen H., Helen E. Longino, and C. Kenneth Waters, eds. 2006. *Scientific pluralism*. Minneapolis: University of Minnesota Press.

Kim, Kiheung. 2006. *The social construction of disease: From scrapie to prion*. London: Routledge.

Kitcher, Philip. 1993. *The advancement of science: Science without legend, objectivity without illusions*. New York/Oxford: Oxford University Press.

Kitcher, Philip. 2011. *Science in a democratic society*. Amherst, NY: Prometheus Books.

Knight, David. 1967. *Atoms and elements*. London: Hutchinson.

660

Kuhn, Thomas S. 1957. *The Copernican Revolution: Planetary astronomy in the development of Western thought.* Cambridge, MA: Harvard University Press.

Kuhn, Thomas S. 1970. *The structure of scientific revolutions,* 2nd ed. Chicago: University of Chicago Press.

Kuhn, Thomas S. 1977. Objectivity, value judgment, and theory choice. In *The essential tension: Selected studies in scientific tradition and theory change,* 320–339. Chicago: University of Chicago Press.

Kuhn, Thomas S. 2000. *The road since Structure: Philosophical essays, 1970–1993, with an autobiographical interview.* Chicago: University of Chicago Press.

Lakatos, Imre. 1970. Falsification and the methodology of scientific research programmes. In *Criticism and the growth of knowledge,* ed. Imre Lakatos and Alan Musgrave, 91–196. Cambridge: Cambridge University Press.

Laudan, Larry. 1981. A confutation of convergent realism. *Philosophy of Science* 48: 19–49.

Liebig, Justus. 1851. *Familiar letters on chemistry, in its relations to physiology, dietetics, agriculture, commerce, and political economy,* 3rd ed. London: Taylor, Walton, & Maberly.

Longino, Helen. 2006. Theoretical pluralism and the scientific study of behavior. In *Scientific pluralism,* ed. Stephen H. Kellert, Helen Longino, and C. Kenneth Waters, 102–131. Minneapolis: University of Minnesota Press.

Melhado, Evan M. 1980. *Jacob Berzelius: The emergence of his chemical system.* Stockholm: Almqvist & Wiksell International.

Miller, Arthur I. 1998. *Albert Einstein's special theory of relativity: Emergence (1905) and early interpretation (1905–1911).* New York: Springer.

Mitchell, Sandra D. 2003. *Biological complexity and integrative pluralism.* Cambridge: Cambridge University Press.

Mitchell, Sandra D. 2009. *Unsimple truths: Science, complexity, and policy.* Chicago: University of Chicago Press.

Pickering, Andrew. 1984. *Constructing quarks: A sociological history of particle physics.* Chicago: University of Chicago Press.

Popper, Karl. 1970. Normal science and its dangers. In *Criticism and the growth of knowledge,* ed. Imre Lakatos and Alan Musgrave, 51–58. Cambridge: Cambridge University Press.

Popper, Karl. 1981. The rationality of scientific revolutions. In *Scientific revolutions,* ed. Ian Hacking, 80–106. Oxford: Oxford University Press.

Preston-Thomas, H. 1990. The international temperature scale of 1990 (ITS-90). *Metrologia* 27: 3–10.

Priestley, Joseph. 1790. *Experiments and observations on different kinds of air, and other branches of natural philosophy, connected with the subject*, vol. 3, 2nd ed. Birmingham: Thomas Pearson.

Putnam, Hilary. 1995. *Pragmatism: An open question*. Oxford: Blackwell.

Ratzsch, Del. 1996. *The battle of beginnings: Why neither side is winning the creation-evolution debate*. Downers Grove: InterVarsity Press.

Ruse, Michael. 2005. *The evolution-creation struggle*. Cambridge: Harvard University Press.

Scerri, Eric R. 2007. *The periodic table: Its story and significance*. New York: Oxford University Press.

Scheffler, Israel. 1999. A plea for plurealism. *Transactions of the Charles S. Peirce Society* 35: 425-436.

Shapin, Steven, and Simon Schaffer. 1985. *Leviathan and the air-pump: Hobbes, Boyle, and the experimental life*. Princeton: Princeton University Press.

Shea, William. 1987. The quest for scientific rationality: Some historical considerations. In *Rational changes in science: Essays on scientific reasoning*, ed. Joseph C. Pitt and Marcello Pera, 155-176. Dordrecht: Reidel.

Skloot, Rebecca. 2010. *The immortal life of Henrietta lacks*. New York/London: Crown Publishers. 《헨리에타 랙스의 불멸의 삶》(문학동네, 2012)

Sobel, Dava. 1995. *Longitude: The true story of a lone genius who solved the greatest scientific problem of his time*. New York: Walker. 《경도 이야기》(웅진지식하우스, 2012)

Soler, Léna. 2008. Revealing the analytical structure and some intrinsic major difficulties of the contingentist/inevitabilist issue. *Studies in History and Philosophy of Science* 39: 230-241.

Stanford, P. Kyle. 2006. *Exceeding our grasp: Science, history and the problem of unconceived alternatives*. New York: Oxford University Press.

Thagard, Paul. 1978. Why astrology is a pseudoscience. *PSA 1978: Proceedings of the Biennial Meeting of the Philosophy of Science Association*, vol. 1, 223-234.

Van Fraassen, Bas. 1980. *The scientific image*. Oxford: Clarendon Press.

Watkins, John. 1970. Against normal science. In *Criticism and the growth of knowledge*, ed. Imre Lakatos and Alan Musgrave, 25-37. Cambridge: Cambridge University Press.

Weinberg, Steven. 1992. *Dreams of a final theory*. New York: Random House. 《최종 이론의 꿈》(사이언스북스, 2016)

Wimsatt, William C. 2007. *Re-engineering philosophy for limited beings: Piecewise approximations to reality*. Cambridge: Harvard University Press.

Wittgenstein, Ludwig. 1958. *Philosophical investigations* (trans: Anscombe,

G.E.M.). New York: Macmillan. 《철학적 탐구》(아카넷, 2016)

Worboys, Michael. 2000. *Spreading germs: Diseases, theories, and medical practice in Britain, 1865–1900*. Cambridge: Cambridge University Press.

Wylie, Alison, ed. 2006. *Epistemic diversity and dissent, Part 1*. Special issue of *Episteme: A Journal of Social Epistemology, vol. 3, issue 1/2*.

찾아보기

- "이 책의 전반적인 우수성에 우리는 깊은 인상을 받았다. 학술적으로 뛰어난 연구가 이 책의 역사적인 부분을 뒷받침하고, 저자는 그 위에서 자신의 철학적 논제를 명확하고 엄밀한 논증으로 발전시킨다. 이 책의 독창성 또한 인상적이다. 특히, 집중적으로 연구되지 않은 과학사의 에피소드들을 다루는 2장과 3장은 역사적으로 새로운 내용을 많이 포함하고 있다. 철학적으로 저자는 과학철학의 두 근본 영역인 실재론과 다원주의에 관한 새로운 이론을 제안한다. 우리는 이 책이 앞으로 많이 논의되고, 과학의 역사와 철학에서 중요한 텍스트가 되리라 확신한다."
  페르난두 질 과학철학 국제상 심사평

- "과학의 역사와 철학을 통합하는 작업의 모범사례다. 다루는 역사는 상세하고 예리하고 풍부하며, 옹호되는 철학적 견해는 도전적이다. 관련 분야에 전문적 지식을 갖춘 사람들뿐만 아니라 더 많은 독자에게 널리 읽힐 가치가 충분한, 귀중한 책이다."
  앨런 차머스, 《현대의 과학철학》《과학이란 무엇인가》 저자

- "이 책은 과학의 역사와 철학 분야의 전문가들에게 도전하는 신선한 통찰과 파격적인 사유로 가득 차 있다."
  요아힘 슈머, 카를스루에 공과대학교 철학과 교수